M

Diskrete Mathematik

vieweg studium
Aufbaukurs Mathematik

Herausgegeben von Martin Aigner, Peter Gritzmann, Volker Mehrmann
und Gisbert Wüstholz

Martin Aigner
Diskrete Mathematik

Walter Alt
Nichtlineare Optimierung

Albrecht Beutelspacher und Ute Rosenbaum
Projektive Geometrie

Gerd Fischer
Ebene algebraische Kurven

Wolfgang Fischer und Ingo Lieb
Funktionentheorie

Otto Forster
Analysis 3

Klaus Hulek
Elementare Algebraische Geometrie

Horst Knörrer
Geometrie

Helmut Koch
Zahlentheorie

Ulrich Krengel
Einführung in die Wahrscheinlichkeitstheorie und Statistik

Ernst Kunz
Einführung in die algebraische Geometrie

Wolfgang Kühnel
Differentialgeometrie

Wolfgang Lück
Algebraische Topologie

Werner Lütkebohmert
Codierungstheorie

Reinhold Meise und Dietmar Vogt
Einführung in die Funktionalanalysis

Erich Ossa
Topologie

Jürgen Wolfart
Einführung in die Zahlentheorie und Algebra

Gisbert Wüstholz
Algebra

vieweg

Martin Aigner

Diskrete Mathematik

Mit 600 Übungsaufgaben

6., korrigierte Auflage

vieweg

Bibliografische Information Der Deutschen Nationalbibliothek
Die Deutsche Nationalbibliothek verzeichnet diese Publikation in der
Deutschen Nationalbibliografie; detaillierte bibliografische Daten sind im Internet über
<http://dnb.d-nb.de> abrufbar.

Prof. Dr. Martin Aigner
Freie Universität Berlin
Institut für Mathematik II (WE 2)
Arnimallee 3
14195 Berlin
E-Mail: aigner@math.fu-berlin.de

1. Auflage 1993
2., durchgesehene Auflage 1996
3., durchgesehene Auflage 1999
4., durchgesehene Auflage Mai 2001
5., überarbeitete und erweiterte Auflage März 2004
6,. korrigierte Auflage August 2006

Lektorat: Ulrike Schmickler-Hirzebruch | Petra Rußkamp

Der Vieweg Verlag ist ein Unternehmen von Springer Science+Business Media.
www.vieweg.de

Umschlaggestaltung: Ulrike Weigel, www.CorporateDesignGroup.de
Satz und Layout: Christoph Eyrich, Berlin
Druck und buchbinderische Verarbeitung: Wilhelm & Adam, Heusenstamm
Gedruckt auf säurefreiem und chlorfrei gebleichtem Papier.

ISBN 978-3-8348-0084-8

Vorwort

Vor 50 Jahren gab es den Begriff „Diskrete Mathematik“ nicht, und er ist auch heute im deutschen Sprachraum keineswegs gebräuchlich. Vorlesungen dazu werden nicht überall und schon gar nicht mit einem einheitlichen Themenkatalog angeboten (im Gegensatz zum Beispiel zu den USA, wo sie seit langem einen festen Platz haben). Die Mathematiker verstehen unter Diskreter Mathematik meist Kombinatorik oder Graphentheorie, die Informatiker Diskrete Strukturen oder Boolesche Algebren. Das Hauptanliegen dieses Buches ist daher, solch einen Themenkatalog zu präsentieren, der alle Grundlagen für ein weiterführendes Studium enthält.

Die Diskrete Mathematik beschäftigt sich vor allem mit endlichen Mengen. Was kann man in endlichen Mengen studieren? Als allererstes kann man sie abzählen, dies ist das klassische Thema der Kombinatorik – in Teil I werden wir die wichtigsten Ideen und Methoden zur **Abzählung** kennenlernen. Auf endlichen Mengen ist je nach Aufgabenstellung meist eine einfache Struktur in Form von Relationen gegeben, von denen die anwendungsreichsten die Graphen sind. Diese Aspekte fassen wir in Teil II unter dem Titel **Graphen und Algorithmen** zusammen. Und schließlich existiert auf endlichen Mengen oft eine algebraische Struktur (oder man kann eine solche auf natürliche Weise erklären). **Algebraische Systeme** sind der Inhalt von Teil III.

Diese drei Gesichtspunkte bilden den roten Faden des Buches. Ein weiterer Aspekt, der die Darstellung durchgehend prägt, betrifft den Begriff der Optimierung. Die Entwicklung, welche die Kombinatorik in den letzten 50 Jahren vollkommen revolutionierte und sie erst zum heutigen Gebiet der Diskreten Mathematik machte, war die Frage nach schnellen Algorithmen. Es genügte nicht mehr, ein kombinatorisches Problem theoretisch zu lösen, man wollte eine Lösung explizit konstruieren, und dies wenn möglich anhand eines schnellen Algorithmus. Es ist sicher kein Zufall, dass dieser Optimierungsgesichtspunkt gerade Ende der 40er Jahre an Bedeutung gewann, genau parallel zur Entwicklung der ersten schnellen Rechner. In diesem Buch wird dementsprechend großer Wert auf den algorithmischen Standpunkt gelegt, vor allem in Teil II, wie dies ja auch schon im Titel zum Ausdruck kommt. Die Diskrete Mathematik ist heute eine Grundlagenwissenschaft auch der Informatik, und das Buch sollte durch die Stoffauswahl für Mathematiker und Informatiker gleichermaßen interessant sein.

Die drei Teile sind so organisiert, dass sie weitgehend unabhängig voneinander studiert werden können, mit Ausnahme der Kapitel 1 und 6, welche die Grundlagen der Abzählung und Graphen behandeln – sie sollten in jedem Fall gelesen werden. Der gesamte Stoff kann in einer zweisemestrigen Vorlesung behandelt werden, die Kapitel 1–3, 6–8 und 13 waren Inhalt einer einsemestrigen Veranstaltung. Es ist üblich, in einem Vorwort auf den Nutzen der Übungen hinzuweisen. In einem Buch über Diskrete Mathematik kann der Wert der Übungen gar nicht hoch genug eingeschätzt werden, was man schon daraus erkennen kann, dass die Übungen (und Lösungen) fast ein Viertel des Textes ausmachen. Diskrete Mathematik behandelt vor allem konkrete Probleme, und ohne Praxis wird man sie trotz aller theoretischer Kenntnisse nicht lösen können. Zusätzlich wird in den Übungen des öfteren auf weiterführende Fragen hingewiesen. Die Übungen jedes Kapitels sind (durch einen Strich) zweigeteilt. Der erste Teil sollte ohne große Mühe zu lösen sein, der zweite Teil ist etwas schwieriger. Viele Übungen enthalten Hinweise, und für Übungen, die mit $\triangleright$ bezeichnet sind, findet man im Anhang eine Lösung. Jeder Teil endet mit einer knappen Literaturliste mit Hinweisen für ein weiterführendes Studium.

An Vorkenntnissen wird nur Vertrautheit mit den mathematischen Grundbegriffen vorausgesetzt und an manchen Stellen Kenntnisse aus der Linearen Algebra und Analysis, wie sie üblicherweise im 1. Semester erworben werden. Die verwendeten Bezeichnungen entsprechen durchwegs dem Standard, vielleicht mit den folgenden Ausnahmen:

$A = \sum A_i$	Menge A ist *disjunkte Vereinigung* der A_i
$A = \prod A_i$	Menge A ist *kartesisches* Produkt der A_i
$\binom{A}{k}$	Familie aller k–*Untermengen* von A.

Der Vorteil ist, dass sich die Bezeichnungen unmittelbar auf die Mengengrößen übertragen:

$$|\sum A_i| = \sum |A_i|, \quad |\prod A_i| = \prod |A_i|, \quad |\binom{A}{k}| = \binom{|A|}{k}.$$

Sind die Mengen A_i nicht notwendig disjunkt, so setzen wir wie üblich $A = \bigcup A_i$. Die Elemente von $\prod A_i = A_1 \times \ldots \times A_n$ sind wie gewohnt alle n-Tupel $(a_1, \ldots, a_n), a_i \in A_i$. Eine k-Menge besteht aus k Elementen. $\mathcal{B}(S)$ ist die Familie aller Untermengen von S. Die Bezeichnungen $\lceil x \rceil, \lfloor x \rfloor$ für $x \in \mathbb{R}$ bedeuten x aufgerundet auf die nächste ganze Zahl bzw. x abgerundet. $|S|$ bezeichnet die Anzahl der Elemente in S.

Das Buch ist aus einer Reihe von Vorlesungen für Mathematik- und Informatikstudenten hervorgegangen. Der Mitarbeit (und der Kritik) dieser Hörer gebührt daher mein erster Dank. Besonderen Dank schulde ich meinem Kollegen G. Stroth und meinen Studenten T. Biedl, A. Lawrenz und H. Mielke, die den gesamten Text durchgesehen und an vielen Stellen verbessert haben. T. Thiele hat wesentlich zur graphischen Gestaltung beigetragen. E. Greene, S. Hoemke und M. Barrett danke ich herzlich für die kompetente Abfassung in LaTeX, und dem Vieweg-Verlag für die angenehme Zusammenarbeit.

Berlin, Ostern 1993 Martin Aigner

Vorwort zur fünften Auflage

In den letzten Jahren hat sich die Diskrete Mathematik als Grundlagenfach in Mathematik und Informatik etabliert. Ein mehr oder minder einheitlicher Themenkatalog ist entstanden, und die Verbindungen zu anderen Gebieten, vor allem zur theoretischen Informatik, wurden mit beidseitigem Gewinn ausgebaut. Wenn ich die vielen freundlichen Kommentare und Ratschläge etwas unbescheiden in Anspruch nehme, hat auch dieses Buch seit seinem Erscheinen vor genau 10 Jahren ein wenig zu dieser rundum erfreulichen Entwicklung beigetragen.

Die vorliegende Auflage stellt eine grundlegende Überarbeitung und Erweiterung dar. Zu den bisherigen Kapiteln kommen zwei neue hinzu: Eines über die Abzählung von Mustern mit Symmetrien, das einen Zugang zu einem der elegantesten Sätze der Kombinatorik bietet, und ferner wurde das Kapitel über Codes erweitert und geteilt in Codierung und Kryptographie, nicht zuletzt wegen der großen Bedeutung in der aktuellen inner- und außermathematischen Diskussion. Und schließlich kommen 100 neue Übungen hinzu, die die Leser zum Nachdenken und weiterem Studium einladen sollen.

Wie schon die 1. Auflage wurde auch die vorliegende von Frau Barrett kompetent erstellt. Ihr sei herzlich gedankt, und ebenfalls Christoph Eyrich, der die Endredaktion besorgte, und Frau Schmickler-Hirzebruch vom Vieweg-Verlag für die angenehme Zusammenarbeit.

Berlin, Ostern 2003 Martin Aigner

Inhaltsverzeichnis

Teil I: Abzählung

Die Diskrete Mathematik studiert endliche Mengen, und als erstes wollen wir uns fragen, wie viele Elemente eine gegebene Menge besitzt. Zum Beispiel können wir fragen, wie viele Paare die Menge $\{1,2,3,4\}$ enthält. Die Antwort ist 6, wie jeder weiß – sehr aufregend ist das Ergebnis aber nicht, da wir daraus nicht erkennen, wie viele Paare $\{1,2,\ldots,6\}$ oder $\{1,2,\ldots,1000\}$ enthalten. Interessant wird die Sache erst, wenn wir die Anzahl der Paare in $\{1,\ldots,n\}$ für *beliebiges* n bestimmen können.

Ein typisches diskretes Abzählproblem sieht demnach folgendermaßen aus: Gegeben sei eine *unendliche* Familie von *endlichen* Mengen S_n (wobei n eine Indexmenge I durchläuft, z. B. die natürlichen Zahlen), und die Aufgabe besteht darin, die *Zählfunktion* $f : I \to \mathbb{N}_0$, $f(n) = |S_n|$, $n \in I$, zu bestimmen. Meist sind die Mengen S_n durch einfache kombinatorische Bedingungen gegeben.

Als erstes, mehr philosophisches Problem, stellt sich die Frage, was man unter einer „Bestimmung" von f zu verstehen hat. Am befriedigendsten ist natürlich eine *geschlossene Formel.* Ist z. B. S_n die Menge der Permutationen einer n-Menge, so haben wir $f(n) = n!$, und jeder wird dies als ausreichende Bestimmung akzeptieren. Leider ist in den allermeisten Fällen solch eine Formel nicht zu erreichen. Was macht man dann?

1. Summation. Angenommen, wir wollen nicht alle Permutationen von $\{1, \ldots, n\}$ abzählen, sondern nur die fixpunktfreien, d. h. jene Permutationen, bei denen i nicht an i-ter Stelle auftritt, für alle i. Sei D_n die Anzahl dieser Permutationen. Zum Beispiel sind 231, 312 die einzigen fixpunktfreien Permutationen für $n = 3$, also ist $D_3 = 2$. Wir werden später beweisen, dass

$$D_n = n! \sum_{k=0}^{n} \frac{(-1)^k}{k!}$$

für alle n gilt. Hier liegt also eine Summationsformel vor.

2. Rekursion. Aus kombinatorischen Erwägungen folgt, wie wir sehen werden, die Beziehung $D_n = (n-1)(D_{n-1} + D_{n-2})$ für $n \geq 3$. Aus den Anfangswerten $D_1 = 0$, $D_2 = 1$ folgt daraus die allgemeine Formel. Beispielsweise erhalten wir $D_3 = 2$, $D_4 = 9$, $D_5 = 44$. Eine Rekursion ist manchmal einer geschlossenen Formel durchaus vorzuziehen. Die *Fibonacci Zahlen* F_n sind definiert durch $F_0 = 0$, $F_1 = 1$, $F_n = F_{n-1} + F_{n-2}$ $(n \geq 2)$. Später werden wir daraus die Formel

$$F_n = \frac{1}{\sqrt{5}}((\frac{1+\sqrt{5}}{2})^n - (\frac{1-\sqrt{5}}{2})^n)$$

ableiten, aber wahrscheinlich wird jeder (oder zumindest jeder Computer aufgrund der Irrationalität von $\sqrt{5}$) die Rekursion bevorzugen.

3. Erzeugende Funktionen. Eine Methode, die sich als besonders fruchtbar erwiesen hat, besteht darin, die Werte $f(n)$ der Zählfunktion als *Koeffizienten* einer Potenzreihe aufzufassen,

$$F(z) = \sum_{n \geq 0} f(n) z^n \,.$$

$F(z)$ heißt dann die *Erzeugende Funktion* der Zählfunktion f. Fragen wir z. B. nach der Anzahl der n-Untermengen einer r-Menge für festes r, so ist $f(n) = \binom{r}{n}$ (Binomialkoeffizient), und wir wissen aus dem Binomialsatz, dass

$$\sum_{n \geq 0} \binom{r}{n} z^n = (1+z)^r$$

gilt. Wir werden sehen, wie sich daraus auf verblüffend einfache Weise Identitäten über Binomialkoeffizienten ableiten lassen.

4. Asymptotische Analyse. In späteren Kapiteln werden wir Algorithmen für die verschiedensten Probleme studieren. Neben der Korrektheit des Algorithmus interessiert natürlich besonders, wie schnell er ist – wir fragen also nach der Laufzeit des Algorithmus. Sehr oft ist der Algorithmus durch eine Rekursion gegeben. In Sortierproblemen wird uns beispielsweise die Rekursion

$$f(n) = \frac{2}{n} \sum_{k=0}^{n-1} f(k) + an + b$$

mit $a > 0$ begegnen. In diesem Fall ist eine Lösung leicht zu erhalten, aber allgemein kann die Bestimmung von $f(n)$ äußerst schwierig sein. Wir werden dann versuchen, $f(n)$ durch leichter zugängliche Funktionen $a(n)$ und $b(n)$ mit $a(n) \leq f(n) \leq b(n)$ abzuschätzen, und uns zufriedengeben, wenn wir das Problem *asymptotisch* gelöst haben, das heißt eine bekannte Funktion $g(n)$ gefunden haben (z. B. ein Polynom oder eine Exponentialfunktion), welche dieselbe *Größenordnung* wie $f(n)$ hat.

1 Grundlagen

1.1 Elementare Zählprinzipien

Wir wollen einige fundamentale Regeln zusammenfassen, auf denen alle Abzählung basiert. Die ersten beiden Regeln (die so einsichtig sind, dass sie nicht bewiesen werden müssen) beruhen auf einer Klassifikation der Elemente der abzuzählenden Menge.

Summenregel. *Sei* $S = \sum_{i=1}^{t} S_i$ *eine disjunkte Vereinigung, dann gilt* $|S| = \sum_{i=1}^{t} |S_i|$.

In der Anwendung tritt die Summenregel meist in folgender Gestalt auf: Wir klassifizieren die Elemente von S nach gewissen Eigenschaften E_i $(i = 1, \ldots, t)$, die sich gegenseitig ausschließen, und setzen $S_i = \{x \in S : x \text{ hat Eigenschaft } E_i\}$.

Die Summenregel bildet die Grundlage für die meisten Rekursionen. Betrachten wir folgendes Beispiel: Für eine n-Menge X sei $S = \binom{X}{k}$ die Menge aller k-Untermengen von X, also $|S| = \binom{n}{k}$. Sei $a \in X$. Wir klassifizieren die k-Untermengen A, je nachdem ob $a \in A$ oder $a \notin A$ ist, $S_1 = \{A \in S : a \in A\}$, $S_2 = \{A \in S : a \notin A\}$. Wir erhalten die Mengen aus S_1, indem wir alle $(k-1)$-Untermengen von $X \smallsetminus \{a\}$ mit a kombinieren, also $|S_1| = \binom{n-1}{k-1}$, und alle Mengen von S_2, indem wir alle k-Untermengen von $X \smallsetminus \{a\}$ nehmen, also $|S_2| = \binom{n-1}{k}$. Nach der Summenregel erhalten wir daraus die fundamentale Rekursion für die Binomialkoeffizienten:

$$\binom{n}{k} = \binom{n-1}{k-1} + \binom{n-1}{k} \quad (n \geq 1)\,.$$

In Abschnitt 4 werden wir ausführlich auf die Binomialzahlen eingehen.

Produktregel. *Sei* $S = S_1 \times S_2 \times \ldots \times S_t$ *ein Mengenprodukt, dann gilt* $|S| = \prod_{i=1}^{t} |S_i|$.

Angenommen, wir können auf 3 Wegen von Köln nach Düsseldorf und auf 5 Wegen von Düsseldorf nach Münster fahren. Dann gibt es $15 = 3 \cdot 5$ Wege, um von Köln nach Münster über Düsseldorf zu gelangen.

Es ist oft nützlich, die Produktregel als *Baumdiagramm* zu verdeutlichen. Seien a, b, c die Wege von Köln nach Düsseldorf und $1, 2, 3, 4, 5$ die Wege von Düsseldorf nach Münster, dann zeigt das folgende Diagramm die 15 Wege von Köln nach Münster:

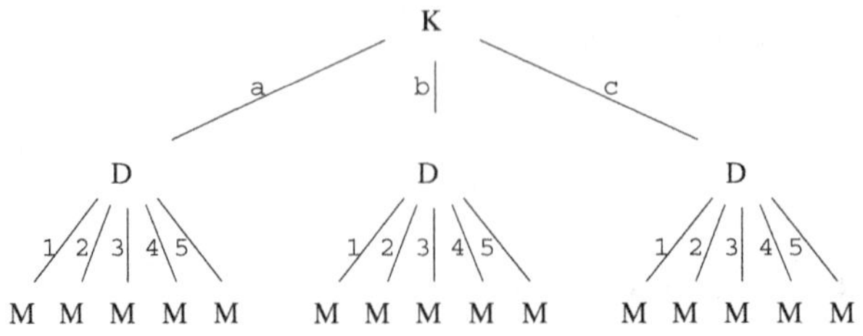

Eine Folge von 0 und 1 nennen wir ein $0,1$-**Wort** und die Anzahl der 0'en und 1'en die *Länge* des Wortes. Wie viele verschiedene $0,1$-Wörter der Länge n gibt es? Für jede Stelle des Wortes gibt es 2 Möglichkeiten, also ist die Antwort nach der Produktregel 2^n.

Die nächsten beiden Regeln vergleichen zwei Mengen.

Gleichheitsregel. *Existiert eine Bijektion zwischen zwei Mengen S und T, so gilt* $|S| = |T|$.

Die typische Anwendung der Gleichheitsregel sieht folgendermaßen aus: Wir wollen eine Menge S abzählen. Gelingt es uns, S bijektiv auf eine Menge T abzubilden, deren Größe wir kennen, so können wir $|S| = |T|$ schließen.

Wie viele verschiedene Untermengen besitzt eine n-Menge X, z. B. $X = \{1, \ldots, n\}$? Zu jeder Untermenge A betrachten wir den **charakteristischen Vektor** $w(A) = a_1 a_2 \ldots a_n$ von A mit $a_i = 1$ falls $i \in A$ ist, und $a_i = 0$ falls $i \notin A$ ist. Jeder Vektor $w(A)$ ist also ein $0,1$-Wort der Länge n, und man sieht sofort, dass die Abbildung w eine Bijektion zwischen der Menge S aller Untermengen von $\{1, \ldots, n\}$ und der Menge T aller $0,1$-Wörter der Länge n ergibt. Die Mächtigkeit von T kennen wir schon, $|T| = 2^n$, also folgt nach der Gleichheitsregel auch $|S| = 2^n$.

Für unsere letzte Regel benötigen wir ein paar Begriffe. Ein **Inzidenzsystem** (S, T, I) besteht aus zwei Mengen S und T und einer Relation I (genannt Inzidenz) zwischen den Elementen aus S und T. Falls eine Relation aIb zwischen $a \in S$ und $b \in T$ besteht, so nennen wir a und b *inzident*, ansonsten nicht-inzident. Ein bekanntes Beispiel liefert die Geometrie: S ist eine Punktmenge, T eine Geradenmenge, und pIg bedeutet, dass der Punkt p auf der Geraden g liegt.

Regel vom zweifachen Abzählen. *Es sei (S, T, I) ein Inzidenzsystem, und für $a \in S$ bezeichne $r(a)$ die Anzahl der zu a inzidenten Elemente aus T, und analog $r(b)$ für $b \in T$ die Anzahl der zu b inzidenten Elemente aus S. Dann gilt*

$$\sum_{a \in S} r(a) = \sum_{b \in T} r(b).$$

Die Regel wird sofort einsichtig, wenn wir das Inzidenzsystem als Rechteckschema darstellen. Wir nummerieren die Elemente aus S und T, $S = \{a_1, \ldots, a_m\}$, $T =$

$\{b_1, \ldots, b_n\}$. Nun stellen wir eine $m \times n$-Matrix $M = (m_{ij})$ auf, genannt die **Inzidenzmatrix**, indem wir

$$m_{ij} = \begin{cases} 1 & \text{falls} \quad a_i I b_j \\ 0 & \text{sonst} \end{cases}$$

setzen. Die Größe $r(a_i)$ ist dann genau die Anzahl der 1'en in der i-ten Zeile, und analog $r(b_j)$ die Anzahl der 1'en in der j-ten Spalte. Die Summe $\sum_{i=1}^{m} r(a_i)$ ist somit gleich der Gesamtzahl der 1'en (zeilenweise gezählt), während $\sum_{j=1}^{n} r(b_j)$ dieselbe Zahl (spaltenweise gezählt) ergibt.

Beispiel. Zur Illustration betrachten wir die Zahlen von 1 bis 8, $S = T = \{1, \ldots, 8\}$ und erklären $i \in S$, $j \in T$ inzident, wenn i ein Teiler von j ist, in Zeichen $i|j$. Die zugehörige Inzidenzmatrix hat demnach folgende Gestalt, wobei wir der Übersichtlichkeit halber nur die 1'en eintragen:

	1	2	3	4	5	6	7	8
1	1	1	1	1	1	1	1	1
2		1		1		1		1
3			1			1		
4				1				1
5					1			
6						1		
7							1	
8								1

Die Anzahl der 1'en in Spalte j ist genau gleich der Anzahl der Teiler von j, die wir mit $t(j)$ bezeichnen wollen, also z. B. $t(6) = 4$, $t(7) = 2$. Wir stellen uns nun die Frage, wie viele Teiler eine Zahl von 1 bis 8 im *Durchschnitt* hat, d. h. wir wollen $\bar{t}(8) = \frac{1}{8}\sum_{j=1}^{8} t(j)$ berechnen. In unserem Beispiel ist $\bar{t}(8) = \frac{5}{2}$. Aus der Tafel erkennen wir folgende Werte:

n	1	2	3	4	5	6	7	8
$\bar{t}(n)$	1	$\frac{3}{2}$	$\frac{5}{3}$	2	2	$\frac{7}{3}$	$\frac{16}{7}$	$\frac{5}{2}$

Wie groß ist nun $\bar{t}(n)$ für beliebiges n ? Das scheint auf den ersten Blick eine hoffnungslose Angelegenheit. Für Primzahlen p gilt $t(p) = 2$, während für 2-er Potenzen ein großer Wert $t(2^k) = k + 1$ resultiert. Versuchen wir dennoch unsere Regel des zweifachen Abzählens. Nach Spalten gezählt erhalten wir, wie gesehen, $\sum_{j=1}^{n} t(j)$. Wie viele 1'en sind in der i-ten Zeile? Offenbar entsprechen die 1'en den Vielfachen von i, nämlich $1 \cdot i, 2 \cdot i, \ldots$, und das letzte Vielfache $\leq n$ ist $\lfloor \frac{n}{i} \rfloor \cdot i$, also ist $r(i) = \lfloor \frac{n}{i} \rfloor$. Unsere Regel ergibt daher

$$\bar{t}(n) = \frac{1}{n}\sum_{j=1}^{n} t(j) = \frac{1}{n}\sum_{i=1}^{n} \lfloor \frac{n}{i} \rfloor \sim \frac{1}{n}\sum_{i=1}^{n} \frac{n}{i} = \sum_{i=1}^{n} \frac{1}{i} \,,$$

wobei der Fehler beim Übergang von $\lfloor \frac{n}{i} \rfloor$ auf $\frac{n}{i}$ für alle i kleiner als 1 ist, also auch in der Summe. Die letzte Größe $\sum_{i=1}^{n} \frac{1}{i}$ wird uns noch oft begegnen, sie heißt die n-te **harmonische Zahl** H_n. Aus der Analysis wissen wir, dass $H_n \sim \log n$ etwa so groß ist wie der natürliche Logarithmus, und wir erhalten das erstaunliche Ergebnis, dass die Teilerfunktion trotz aller Unregelmäßigkeit im *Durchschnitt* sich vollkommen regelmäßig verhält, nämlich $\bar{t}(n) \sim \log n$.

1.2 Die fundamentalen Zählkoeffizienten

Einige Zahlen wie die Binomialkoffizienten $\binom{n}{k}$ tauchen immer wieder auf. Wir wollen die wichtigsten Zahlen nun besprechen. Am Ende des Abschnittes wird auch der Grund klar werden, warum gerade diese Zahlen in so vielen Abzählproblemen erscheinen.

Die ersten Begriffe, die wir mit einer Menge assoziieren, sind **Untermengen** und **Partitionen**. Sei N eine n-Menge, dann bezeichnet, wie wir wissen, $\binom{n}{k}$ die Anzahl der k-Untermengen von N; $\binom{n}{k}$ heißen die **Binomialkoeffizienten**. Nun betrachten wir alle **Mengen-Partitionen** von n in k disjunkte Blöcke, kurz k-Partitionen, und bezeichnen deren Anzahl mit $S_{n,k}$. Die Zahlen $S_{n,k}$ heißen die **Stirling-Zahlen zweiter Art** (warum zweiter Art hat historische Gründe und wird bald klar werden).

Zum Beispiel besitzt $N = \{1, 2, 3, 4, 5\}$ folgende 2-Partitionen, wobei wir die Klammern weglassen:

$$\begin{aligned} 12345 \quad = \quad & 1234 + 5, \quad 1235 + 4, \quad 1245 + 3, \\ & 1345 + 2, \quad 2345 + 1, \quad 123 + 45, \\ & 124 + 35, \quad 125 + 34, \quad 134 + 25, \\ & 135 + 24, \quad 145 + 23, \quad 234 + 15, \\ & 235 + 14, \quad 245 + 13, \quad 345 + 12, \end{aligned}$$

also ist $S_{5,2} = 15$.

Analog zu Mengen-Partitionen können wir auch **Zahl-Partitionen** erklären. Sei $n \in \mathbb{N}$, dann heißt $n = n_1 + n_2 + \cdots + n_k, \quad n_i \geq 1 \ (\forall i)$, eine k-Partition von n. Ihre Anzahl sei $P_{n,k}$. Da es auf die Reihenfolge der n_i's nicht ankommt, können wir $n_1 \geq n_2 \geq \ldots \geq n_k$ voraussetzen.

Für $n = 8$ erhalten wir die folgenden 4-Partitionen:

$$8 = 5+1+1+1\,,\ 4+2+1+1\,,\ 3+3+1+1\,,\ 3+2+2+1\,,\ 2+2+2+2\,,$$

also ist $P_{8,4} = 5$.

Wir haben eben erwähnt, dass es auf die Reihenfolge der Summanden in einer Zahl-Partition nicht ankommt, wir können daher auch von *ungeordneten* Zahl-Partitionen sprechen. Ebensowenig spielt bei den Untermengen oder Mengen-Partitionen die Reihenfolge eine Rolle. Als nächstes wollen wir uns nun überlegen, wie viele *geordnete* k-Untermengen oder k-Partitionen es gibt. Geordnet heißt also, dass die geordnete Untermenge $\{1,2,3\}$ von $\{3,1,2\}$ oder $\{3,2,1\}$ verschieden ist, obwohl sie als gewöhnliche Mengen gleich sind. Desgleichen sind die geordneten Mengen-Partitionen $123+45$ und $45+123$ verschieden, oder die Zahl-Partitionen $3+3+1+1$ und $3+1+3+1$.

Um die entsprechenden Koeffizienten zu berechnen, benötigen wir Permutationen. Sei N eine n-Menge, z. B. $N=\{1,2,\ldots,n\}$. Wir betrachten Wörter der Länge k mit lauter verschiedenen Einträgen; wir nennen sie k-**Permutationen** von N. Zum Beispiel sind 1234 und 5612 zwei 4-Permutationen von $N=\{1,2,\ldots,6\}$. Wie viele solcher k-Permutationen gibt es? Für die erste Stelle haben wir n Möglichkeiten. Ist das erste Element gewählt, so haben wir $n-1$ Möglichkeiten für die zweite Stelle. Ist auch dieses Element gewählt, so bleiben $n-2$ Möglichkeiten für die dritte Stelle, usf. Die Produktregel ergibt daher:

$$\textit{Anzahl der } k\textit{-Permutationen einer } n\textit{-Menge} = n(n-1)\ldots(n-k+1).$$

Insbesondere folgt für $k=n$, dass die Anzahl der n-Permutationen, d. h. aller Permutationen von N, gleich $n! = n(n-1)\ldots 2\cdot 1$ ist.

Die Größen $n(n-1)\ldots(n-k+1)$ erscheinen so häufig in Abzählproblemen, dass wir ihnen einen eigenen Namen geben:

$$n^{\underline{k}} := n(n-1)\ldots(n-k+1) \text{ heißen die } \textbf{fallenden Faktoriellen}$$

(von n der Länge k). Analog dazu setzen wir

$$n^{\overline{k}} := n(n+1)\ldots(n+k-1) \text{ und nennen } n^{\overline{k}} \text{ die } \textbf{steigenden Faktoriellen}.$$

Zurück zu unserem Problem der Abzählung geordneter Objekte. Für Untermengen und Mengen-Partitionen ist dies ganz einfach. Jede k-Untermenge ergibt $k!$ geordnete k-Untermengen und jede k-Mengen-Partition ergibt $k!$ geordnete k-Mengen-Partitionen, da die verschiedenen Elemente bzw. Blöcke auf $k!$ Arten permutiert werden können. Also erhalten wir für die entsprechenden Anzahlen

$$k!\binom{n}{k} \quad \text{bzw.} \quad k!\, S_{n,k}\,.$$

Nun ist klar, dass die geordneten k-Untermengen nichts anderes als die k-Permutationen von N sind, also erhalten wir für $\binom{n}{k}$ die übliche Formel

$$\binom{n}{k} = \frac{n(n-1)\ldots(n-k+1)}{k!} = \frac{n^{\underline{k}}}{k!}\,.$$

Die Abzählung geordneter Zahl-Partitionen ist ein wenig subtiler, da die Summanden ja nicht *verschieden* zu sein brauchen, einige Permutationen daher die gleiche geordnete Partition ergeben. Zum Beispiel erhalten wir aus $3+1+1$ nicht $6=3!$ verschiedene geordnete Partitionen sondern nur 3, nämlich $3+1+1$, $1+3+1$, $1+1+3$. Die folgende Formel ist eine schöne Illustration der Gleichheitsregel:

$$\textit{Anzahl der geordneten } k\textit{-Partitionen von } n \textit{ ist } \binom{n-1}{k-1}\ .$$

Zum Beweis konstruieren wir eine Bijektion von der Menge S aller geordneten k-Partitionen von n auf die Menge T aller $(k-1)$-Untermengen in $\{1, 2, \ldots, n-1\}$. Sei $n = n_1 + n_2 + \cdots + n_k \in S$, dann erklären wir $f : S \to T$ durch $f(n_1 + \cdots + n_k) = \{n_1, n_1 + n_2, \ldots, n_1 + \cdots + n_{k-1}\}$. Wegen $n_i \geq 1$ ist $1 \leq n_1 < n_1 + n_2 < \cdots < n_1 + \cdots + n_{k-1} \leq n - 1$, d. h. $f(n_1 + \cdots + n_k) \in T$. Die Umkehrabbildung ist $g(\{a_1 < a_2 < \ldots < a_{k-1}\}) = a_1 + (a_2 - a_1) + \cdots + (a_{k-1} - a_{k-2}) + (n - a_{k-1})$, und f, g sind offensichtlich invers zueinander. Den Rest besorgt die Gleichheitsregel. Als Beispiel erhalten wir für $n = 6$, $k = 3$ die folgenden $\binom{5}{2} = 10$ geordneten 3-Partitionen von 6:

$$4+1+1\,,\ 1+4+1\,,\ 1+1+4\,,\ 3+2+1\,,\ 3+1+2\,,\ 2+3+1\,,\ 2+1+3\,,$$
$$1+3+2\,,\ 1+2+3\,,\ 2+2+2\,.$$

Als letztes wollen wir noch den Begriff einer **Multimenge** einführen. Sprechen wir von einer Menge, so setzen wir stets voraus, dass die Elemente alle *verschieden* sind. In einer Multimenge lassen wir diese Forderung fallen. $M = \{1, 1, 2, 2, 3\}$ ist z. B. eine Multimenge über $\{1, 2, 3\}$, wobei 1 und 2 mit der *Vielfachheit* 2 auftreten, 3 mit der Vielfachheit 1. Die Mächtigkeit einer Multimenge ist die Anzahl der Elemente gezählt mit ihrer Vielfachheit, in unserem Beispiel ist $|M| = 5$. Die folgende Formel zeigt uns die Bedeutung der steigenden Faktoriellen:

$$\textit{Anzahl der } k\textit{-Multimengen über einer } n\textit{-Menge}$$
$$= \frac{n(n+1)\ldots(n+k-1)}{k!} = \frac{n^{\overline{k}}}{k!}\ .$$

Wiederum liefert die Gleichheitsregel den Beweis. Sei S die Menge aller k-Multimengen über $\{1, 2, \ldots, n\}$ und T die Menge aller k-Untermengen von $\{1, 2, \ldots, n + k - 1\}$, also $|T| = \binom{n+k-1}{k} = \frac{n^{\overline{k}}}{k!}$. Für $\{a_1 \leq a_2 \leq \ldots \leq a_k\} \in S$ setzen wir $f(\{a_1 \leq \ldots \leq a_k\}) = \{a_1, a_2 + 1, a_3 + 2, \ldots, a_k + (k-1)\}$. Es gilt $1 \leq a_1 < a_2 + 1 < \ldots < a_k + (k-1) \leq n + (k-1)$, also ist $f(\{a_1 \leq \ldots \leq a_k\}) \in T$. Die inverse Abbildung ist $g(\{b_1 < \ldots < b_k\}) = \{b_1 \leq b_2 - 1 \leq \ldots \leq b_k - (k-1)\}$, und der Beweis ist fertig.

Unsere fundamentalen Zählkoeffizienten treten in ganz natürlicher Weise beim Abzählen von Abbildungen auf. Betrachten wir die Abbildungen $f : N \to R$, wobei $|N| = n$, $|R| = r$ sein soll. Die *Gesamtzahl* der Abbildungen ist r^n, da wir für jedes Element r mögliche Bilder haben, so dass wir mit der Produktregel r^n erhalten. Desgleichen liefert die Produktregel für die Anzahl der *injektiven* Abbildungen $r(r-1)\ldots(r-n+1)$. Wie sieht es mit den *surjektiven* Abbildungen aus? Jede Abbildung f kann durch die Urbilder $\{f^{-1}(y) : y \in R\}$ beschrieben werden. Zum Beispiel entspricht die Abbildung f

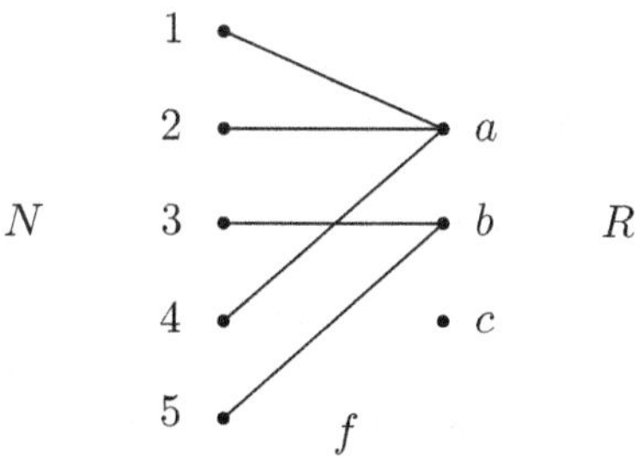

den Urbildern $f^{-1}(a) = \{1, 2, 4\}$, $f^{-1}(b) = \{3, 5\}$, $f^{-1}(c) = \varnothing$. Ist insbesondere f surjektiv, so bilden die Urbilder eine *geordnete r-Partition* von N, und umgekehrt ergibt jede solche Partition genau eine surjektive Abbildung. In Zusammenfassung haben wir also:

$$\begin{aligned} |\mathrm{Abb}\,(N, R)| &= r^n \\ |\mathrm{Inj}\,(N, R)| &= r^{\underline{n}} \\ |\mathrm{Surj}\,(N, R)| &= r!\, S_{n,r}\,. \end{aligned}$$

Jede Abbildung $f : N \to R$ hat ein *eindeutiges Bild* $A \subseteq R$, $A = \{f(x) : x \in N\}$, und f ist surjektiv von N auf A. Klassifizieren wir daher die Abbildungen nach ihren Bildern, so ergibt die Summenregel

$$\begin{aligned} r^n = |\mathrm{Abb}\,(N, R)| &= \sum_{A \subseteq R} |\mathrm{Surj}\,(N, A)| \\ &= \sum_{k=0}^{r} \sum_{|A|=k} |\mathrm{Surj}\,(N, A)| \\ &= \sum_{k=0}^{r} \binom{r}{k} k!\, S_{n,k} \\ &= \sum_{k=0}^{r} S_{n,k} r^{\underline{k}}, \end{aligned}$$

und wir erhalten eine Formel, welche die Potenzen, fallenden Faktoriellen und Stirling Zahlen verknüpft:

$$r^n = \sum_{k=0}^{n} S_{n,k} r^{\underline{k}}\,. \qquad (1)$$

Dabei können wir die Summation bei n abbrechen, da es offenbar keine k-Partitionen von N mit $k > n$ gibt, d. h. $S_{n,k} = 0$ ist für $k > n$.

Besonders einprägsam werden unsere Zählkoeffizienten, wenn wir die Menge N als *Bälle* ansehen, R als *Fächer* und eine Abbildung $f : N \to R$ als *Verteilung* der Bälle in die Fächer. Injektiv heißt dann, dass in ein Fach höchstens ein Ball kommt, surjektiv, dass jedes Fach mindestens einen Ball enthält. Angenommen, die Bälle können nicht unterschieden werden, die Fächer aber schon. Wie viele Verteilungen gibt es dann? Im injektiven Fall wählen wir jedesmal n der r Fächer, die einen Ball enthalten (welcher ist gleichgültig, da wir die Bälle nicht unterscheiden können), und erhalten somit genau die n-Untermengen von R mit der Anzahl $\binom{r}{n}$. Erlauben wir beliebige Verteilungen, so ergeben sich genau die n-Multimengen von R, deren Anzahl wir als $\frac{r^{\overline{n}}}{n!}$ berechnet haben. Wie ist es im surjektiven Fall? Auch diese Verteilungen kennen wir schon. Das Fach i enthält $n_i \geq 1$ Bälle, insgesamt ist also $n = n_1 + \ldots + n_r$ eine geordnete Zahl-Partition von n, und deren Anzahl ist $\binom{n-1}{r-1}$.

Kombinieren wir alle Fälle, je nachdem ob die Bälle und Fächer unterscheidbar bzw. nicht unterscheidbar sind, so erhalten wir das folgende Diagramm, welches alle unsere fundamentalen Koeffizienten auf einen Blick ergibt:

$\lvert N\rvert = n,\ \lvert R\rvert = r$	beliebig	injektiv	surjektiv	bijektiv
N unterscheidbar R unterscheidbar	r^n	$r^{\underline{n}}$	$r!S_{n,r}$	$r! = n!$
N nicht unterscheidbar R unterscheidbar	$\dfrac{r^{\overline{n}}}{n!}$	$\dfrac{r^{\underline{n}}}{n!} = \binom{r}{n}$	$\binom{n-1}{r-1}$	1
N unterscheidbar R nicht unterscheidbar	$\sum_{k=1}^{r} S_{n,k}$	0 oder 1	$S_{n,r}$	1
N nicht unterscheidbar R nicht unterscheidbar	$\sum_{k=1}^{r} P_{n,k}$	0 oder 1	$P_{n,r}$	1

1.3 Permutationen

Permutationen einer Menge, z. B. von $N = \{1, 2, \ldots, n\}$, können auf mehrere Weisen dargestellt werden. Zunächst ist eine Permutation π einfach eine bijektive Abbildung $\pi = \binom{1 \quad 2 \ \ldots \ n}{\pi(1)\ \pi(2) \ldots \pi(n)}$. Halten wir die Ausgangsmenge in der Reihenfolge $1, 2, \ldots, n$ fest, so können wir π eindeutig als *Wort* $\pi = \pi(1)\,\pi(2)\,\ldots\,\pi(n)$ schreiben.

Jede Permutation π ist äquivalent zu einer Menge von *Zyklen*. Sei zum Beispiel

$$\pi = \begin{pmatrix} 1\,2\,3\,4\,5\,6\,7\,8\,9 \\ 5\,8\,3\,1\,9\,7\,6\,2\,4 \end{pmatrix},$$

dann geht 1 nach 5, 5 nach 9, 9 nach 4 und 4 nach 1. Die Elemente $(1, 5, 9, 4)$ bilden einen Zyklus. Verfahren wir genau so mit den restlichen Elementen, so erhalten wir die **Zyklendarstellung** von $\pi, \pi = (1, 5, 9, 4)(2, 8)(3)(6, 7)$. Die Anzahl der Elemente in einem Zyklus ist die *Länge* des Zyklus. Zyklen der Länge 1 nennen wir **Fixpunkte**. Wir bemerken zwei Dinge: Zum einen kommt es bei der Zyklendarstellung nicht auf die *Reihenfolge* der Zyklen an, wir könnten in unserem Beispiel auch $\pi = (6, 7)(1, 5, 9, 4)(3)(2, 8)$ schreiben – es ist immer noch dieselbe

Permutation. Zweitens können wir innerhalb eines Zyklus mit jedem beliebigen Element beginnen, dann ist die Reihenfolge allerdings festgelegt. Zum Beispiel ist auch $(7,6)(9,4,1,5)(8,2)(3)$ eine Zyklendarstellung von π.

Für $n = 3$ erhalten wir beispielsweise die 6 Permutationen geschrieben als Wörter

$$123 \qquad 132 \qquad 213 \qquad 231 \qquad 312 \qquad 321$$

und in Zyklendarstellung

$$(1)(2)(3) \quad (1)(2,3) \quad (1,2)(3) \quad (1,2,3) \quad (1,3,2) \quad (1,3)(2).$$

Die Zyklendarstellung von π ergibt insbesondere eine Partition von N mit den Zyklen als Blöcken. In Analogie zu den Mengen definieren wir $s_{n,k}$ als die Anzahl der Permutationen von $\{1,\ldots,n\}$ mit k Zyklen, und nennen $s_{n,k}$ die **Stirling-Zahlen erster Art**. Als Beispiel haben wir $s_{n,1} = (n-1)!$, da wir in einem Zyklus der Länge n als Anfangselement 1 nehmen können, und dann die restlichen Elemente beliebig permutieren können. Ein weiteres Beispiel ist $s_{n,n-1} = \binom{n}{2}$, da eine Permutation mit $n-1$ Zyklen aus $n-2$ Fixpunkten und einem 2-er Zyklus besteht, den wir ersichtlich auf $\binom{n}{2}$ Arten wählen können. Natürlich folgt aus der Definition

$$n! = \sum_{k=1}^{n} s_{n,k} \quad (n \geq 1) .$$

Für eine Permutation π bezeichne $b_i(\pi)$ die Anzahl der Zyklen der Länge i $(i = 1,\ldots,n)$ und $b(\pi)$ die Gesamtzahl der Zyklen, also

$$\begin{aligned} n &= \sum_{i=1}^{n} i\, b_i(\pi) \\ b(\pi) &= \sum_{i=1}^{n} b_i(\pi) . \end{aligned}$$

Der **Typ** der Permutation π ist der formale Ausdruck $t(\pi) = 1^{b_1(\pi)} \ldots n^{b_n(\pi)}$. In unserem obigen Beispiel haben wir $t(\pi) = 1^1 2^2 4^1$. (Die Zahlen i mit $b_i(\pi) = 0$ lassen wir weg.)

Wir sehen sofort, dass es genau soviele mögliche Typen von Permutationen gibt wie Zahl-Partitionen von n. Für $n = 5$ erhalten wir beispielsweise

Partition	Typ
5	5^1
$4+1$	$1^1 4^1$
$3+2$	$2^1 3^1$
$3+1+1$	$1^2 3^1$
$2+2+1$	$1^1 2^2$
$2+1+1+1$	$1^3 2^1$
$1+1+1+1+1$	1^5

Wie viele Permutationen gibt es nun zu einem gegebenen Typ $1^{b_1}2^{b_2}\ldots n^{b_n}$? Wir schreiben die vorderhand leeren Zyklen hin

$$\underbrace{(.)\ldots(.)}_{b_1}\underbrace{(..)\ldots(..)}_{b_2}\underbrace{(\ldots)\ldots(\ldots)}_{b_3}\ldots$$

und füllen die Plätze der Reihe nach mit den $n!$ Wörtern. Auf diese Weise erhalten wir sicherlich die Permutationen von dem angegebenen Typ. Im allgemeinen werden wir jedoch dieselbe Permutation mehrfach produzieren. Da es auf die *Reihenfolge* der Zyklen nicht ankommt, können wir die b_i Zyklen der Länge i als ganzes permutieren, dies ergibt $b_1!b_2!\ldots,b_n!$ Mehrfachzählungen. Schließlich können wir das Anfangselement eines Zyklus fest angeben, also erhalten wir innerhalb der Zyklen weitere $1^{b_1}2^{b_2}\ldots n^{b_n}$ Mehrfachzählungen (diesmal ist damit ein echtes Produkt gemeint). Resultat: Sei $\sum_{i=1}^n ib_i = n$, dann gilt:

$$\textit{Anzahl der Permutationen vom Typ } 1^{b_1}2^{b_2}\ldots n^{b_n} = \frac{n!}{b_1!\ldots b_n!1^{b_1}2^{b_2}\ldots n^{b_n}}\,.$$

Insbesondere ergibt dies:

$$s_{n,k} = \sum_{(b_1,\ldots,b_n)} \frac{n!}{b_1!\ldots b_n!1^{b_1}\ldots n^{b_n}} \quad \text{mit} \sum_{i=1}^n ib_i = n\,, \sum_{i=1}^n b_i = k$$

$$n! = \sum_{(b_1,\ldots,b_n)} \frac{n!}{b_1!\ldots b_n!1^{b_1}\ldots n^{b_n}} \quad \text{mit} \sum_{i=1}^n ib_i = n\,.$$

Für $n = 5$ können wir unsere Liste nun ergänzen:

Anzahl der Permutationen	Stirlingzahlen
24	$s_{5,1} = 24$
30, 20	$s_{5,2} = 50$
20, 15	$s_{5,3} = 35$
10	$s_{5,4} = 10$
1	$s_{5,5} = 1$
$120 = 5!$	

Permutationen werden uns noch oft begegnen, insbesondere bei Sortierproblemen. Betrachten wir eine Permutation $a_1, a_2, \ldots, a_n$ von $\{1, \ldots, n\}$ als Liste, so wollen wir diese Liste durch möglichst wenige Vertauschungen in die richtige Reihenfolge $1, 2, \ldots, n$ bringen. Die Übungen geben einen ersten Einblick in die dabei entstehenden Probleme.

1.4 Rekursionen

Für die Binomialkoeffizienten haben wir bereits eine befriedigende geschlossene Formel $\binom{n}{k} = \frac{n(n-1)\dots(n-k+1)}{k!}$ abgeleitet, für die Stirling Zahlen $s_{n,k}$ erster Art eine etwas unhandliche Summenformel (die noch dazu wegen der unbekannten Anzahl der Summanden $= P_{n,k}$ Schwierigkeiten bereitet). Für die Zahlen $S_{n,k}$ existiert vorläufig nur die Definition. Rekursionen helfen uns hier weiter.

Binomialkoeffizienten. Wir haben

(1) $$\binom{n}{k} = \frac{n(n-1)\dots(n-k+1)}{k!} = \frac{n^{\underline{k}}}{k!} \qquad (n \geq k \geq 0)$$

(2) $$\binom{n}{k} = \frac{n!}{k!(n-k)!} \qquad (n \geq k \geq 0)$$

insbesondere also

(3) $$\binom{n}{k} = \binom{n}{n-k} \qquad (n \geq k \geq 0)\,.$$

Es ist nützlich, $\binom{n}{k}$ auch für negative Zahlen, ja für beliebige komplexe Zahlen n zu erklären, und k für beliebige ganze Zahlen. Zuerst setzen wir $\binom{0}{0} = 1$, das ist sinnvoll, da die leere Menge $\varnothing$ genau eine 0-Untermenge, nämlich $\varnothing$, enthält. Ebenso setzen wir $n^{\underline{0}} = n^{\overline{0}} = 1$ für die fallenden und steigenden Faktoriellen, und $0! = 1$.

Der Ausdruck $r^{\underline{k}} = r(r-1)\dots(r-k+1)$ oder $r^{\overline{k}} = r(r+1)\dots(r+k-1)$ ist für beliebiges $r \in \mathbb{C}$ sinnvoll, z. B. $(-\frac{1}{2})^{\underline{3}} = (-\frac{1}{2})(-\frac{3}{2})(-\frac{5}{2}) = -\frac{15}{8}$, $(-2)^{\overline{2}} = (-2)(-1) = 2$. Für $k!$ müssen wir allerdings zunächst $k \geq 0$ voraussetzen, da die Fakultätsfunktion für $k < 0$ nicht ohne weiteres erklärt werden kann. Wir geben daher die allgemeine Definition für $r \in \mathbb{C}$:

(4) $$\binom{r}{k} = \begin{cases} \frac{r(r-1)\dots(r-k+1)}{k!} = \frac{r^{\underline{k}}}{k!} & (k \geq 0) \\ 0 & (k < 0)\,. \end{cases}$$

Rekursion.

(5) $$\binom{r}{k} = \binom{r-1}{k-1} + \binom{r-1}{k} \qquad (r \in \mathbb{C}, k \in \mathbb{Z}).$$

Die Formel folgt direkt aus (4). Wir geben noch einen zweiten Beweis, der die wichtige sogenannte „Polynommethode“ verdeutlicht. Für $k < 0$ sind beide Seiten von (5) gleich 0, und für $k = 0$, sind beide Seiten gleich 1. Sei also $k \geq 1$. Wir wissen schon, dass (5) für alle *natürlichen* Zahlen r richtig ist. Ersetzen wir r durch eine Variable x, so erhalten wir

$$\binom{x}{k} \stackrel{?}{=} \binom{x-1}{k-1} + \binom{x-1}{k}.$$

Auf den beiden Seiten stehen jeweils Polynome in x über $\mathbb{C}$ vom Grad k, und wir wissen, dass diese beiden Polynome denselben Wert für alle natürlichen Zahlen annehmen. Nun besagt ein Satz aus der Algebra, dass Polynome vom Grad k, die an mindestens $k+1$ Stellen übereinstimmen, identisch sind. Hier stimmen sie sogar für unendlich viele Werte überein, also gilt tatsächlich die *Polynomgleichung*

$$\binom{x}{k} = \binom{x-1}{k-1} + \binom{x-1}{k} \qquad (k \geq 1)\,. \tag{6}$$

und daher ist (5) für alle $x = r \in \mathbb{C}$ richtig.

Die Polynome $x^{\underline{k}} = x(x-1)\dots(x-k+1)$ bzw. $x^{\overline{k}} = x(x+1)\dots(x+k-1)$ mit $x^{\underline{0}} = x^{\overline{0}} = 1$ nennen wir wieder die **fallenden** bzw. **steigenden Faktoriellen**. Übrigens können wir auch aus der offensichtlichen Gleichung $x^{\underline{k}} = x(x-1)^{\underline{k-1}} = (k+(x-k))(x-1)^{\underline{k-1}} = k(x-1)^{\underline{k-1}} + (x-1)^{\underline{k-1}}(x-k) = k(x-1)^{\underline{k-1}} + (x-1)^{\underline{k}}$ durch Division mit $k!$ sofort auf (6) schließen.

Die Rekursion (5) ergibt für $n, k \in \mathbb{N}_0$ das **Pascalsche Dreieck:**

n \ k	0	1	2	3	4	5	6	7	..
0	1								
1	1	1							
2	1	2	1						
3	1↘	3	3	1					
4	1	4↘	6	4	1				
5	1	5	10↘	10	5	1			
6	1	6	15	20	15	6	1		
7	1	7	21	35	35	21	7	1	
⋮									

$$\binom{n}{k}$$

wobei die leeren Stellen jeweils 0 sind, da $\binom{n}{k} = 0$ ist für $n < k$. Die Geheimnisse und Schönheiten des Pascalschen Dreiecks füllen ganze Bände. Wir wollen nur drei Formeln festhalten. Erstens ist die Zeilensumme mit Index n, $\sum_{k=0}^{n} \binom{n}{k} = 2^n$, da wir hierbei ja genau die Untermengen einer n-Menge abzählen. Betrachten wir nun eine Spaltensumme mit Index k bis zur Zeile n, also $\sum_{m=0}^{n} \binom{m}{k}$. Für $k = 2$, $n = 6$ erhalten wir $35 = \binom{7}{3}$ und für $k = 1, n = 5, 15 = \binom{6}{2}$. Allgemein gilt

$$\sum_{m=0}^{n} \binom{m}{k} = \binom{n+1}{k+1} \qquad (n, k \geq 0)\,. \tag{7}$$

Für $n = 0$ ist dies sicherlich richtig, und mit Induktion erhalten wir aus (5)

$$\sum_{m=0}^{n+1} \binom{m}{k} = \sum_{m=0}^{n} \binom{m}{k} + \binom{n+1}{k} = \binom{n+1}{k+1} + \binom{n+1}{k} = \binom{n+2}{k+1}.$$

Schließlich betrachten wir noch die Diagonalen von links oben nach rechts unten, also den Ausdruck $\sum_{k=0}^{n} \binom{m+k}{k}$, wobei m die Anfangszeile und n die Endspalte bezeichnet. Im Dreieck ist die Diagonale mit $m = 3$, $n = 3$ eingezeichnet, und die Summe ist $35 = \binom{7}{3}$.

(8) $$\sum_{k=0}^{n} \binom{m+k}{k} = \binom{m+n+1}{n} \qquad (m, n \geq 0)\,.$$

Der Beweis wird wiederum durch Induktion geliefert. Übrigens gilt (8) für beliebiges $m \in \mathbb{C}$.

Negation.

(9) $$\binom{-r}{k} = (-1)^k \binom{r+k-1}{k} \qquad (r \in \mathbb{C}\,,\ k \in \mathbb{Z})\,.$$

Wir haben $(-x)^{\underline{k}} = (-x)(-x-1)\ldots(-x-k+1) = (-1)^k\, x(x+1)\ldots(x+k-1)$, also die allgemeine Polynomgleichung

(10) $$(-x)^{\underline{k}} = (-1)^k\, x^{\overline{k}}\,.$$

Division durch $k!$ ergibt hieraus sofort (9). Die Formel (10) heißt das *Reziprozitätsgesetz* zwischen den fallenden und steigenden Faktoriellen.

Wir können aus (9) sofort eine weitere erstaunliche Eigenschaft des Pascalschen Dreieckes ableiten. Betrachten wir die *alternierenden Summen* einer Zeile, z. B. der 7-ten Zeile. Wir erhalten $1\,,\ 1-7=-6\,,\ 1-7+21=15\,,\ -20\,,\ 15\,,\ -6\,,\ 1\,,\ 0$, also genau die darüberstehenden Zahlen mit wechselnden Vorzeichen. Tatsächlich, mit (9) und (8) sehen wir

$$\sum_{k=0}^{m} (-1)^k \binom{n}{k} = \sum_{k=0}^{m} \binom{k-n-1}{k} = \binom{m-n}{m} = (-1)^m \binom{n-1}{m}\,.$$

Binomialsatz. Durch Ausmultiplizieren des linken Produktes erhalten wir

$$(x+y)^n = \sum_{k=0}^{n} \binom{n}{k} x^k\, y^{n-k} \qquad (n \geq 0)\,.$$

Insbesondere ergibt dies für $y = 1$:

$$(x+1)^n = \sum_{k=0}^{n} \binom{n}{k} x^k\,.$$

Setzen wir hier $x = 1$ bzw. $x = -1$, so resultieren die uns schon bekannten Formeln

$$(11) \qquad 2^n = \sum_{k=0}^{n} \binom{n}{k} \quad \text{bzw.} \quad 0 = \sum_{k=0}^{n} (-1)^k \binom{n}{k} \quad (n \geq 1)\,.$$

Als letztes wollen wir eine der wichtigsten Formeln überhaupt ableiten.

Vandermonde Identität.

$$(12) \qquad \binom{x+y}{n} = \sum_{k=0}^{n} \binom{x}{k} \binom{y}{n-k} \qquad (n \geq 0)\,.$$

Wir beweisen die Gleichung für natürliche Zahlen $x = r$, $y = s$. Der Rest folgt dann mit unserer Polynommethode. Seien R und S disjunkte Mengen mit $|R| = r$, $|S| = s$. Links steht $\binom{r+s}{n}$, also die Anzahl aller n-Untermengen von $R + S$. Wir klassifizieren nun diese Untermengen A nach ihrem Durchschnitt $|A \cap R| = k$, $k = 0, \ldots, n$. Gilt $|A \cap R| = k$, so muss $|A \cap S| = n - k$ sein, d. h. es gibt genau $\binom{r}{k}\binom{s}{n-k}$ k-Untermengen mit $|A \cap R| = k$ (Produktregel). Anwendung der Summenregel liefert nun das Ergebnis.

Stirling Zahlen. Betrachten wir zunächst die Stirling Zahlen zweiter Art $S_{n,k}$. Ähnlich wie für Binomialzahlen haben wir jedenfalls $S_{n,k} = 0$ für $n < k$, da eine n-Menge höchstens eine n-Partition gestattet. Wir setzen zusätzlich $S_{0,0} = 1$ und $S_{0,k} = 0$ für $k > 0$, $S_{n,0} = 0$ für $n > 0$. Es gilt die folgende Rekursion:

$$(13) \qquad S_{n,k} = S_{n-1,k-1} + k\, S_{n-1,k} \qquad (n, k > 0)\,.$$

Zum Beweis verwenden wir natürlich die Summenregel. Sei N eine n-Menge. Wir klassifizieren die k-Partitionen nach einem festen Element $a \in N$. Bildet $\{a\}$ für sich einen Block, so bilden die restlichen Blöcke eine $(k-1)$-Partition von $N \smallsetminus \{a\}$. Dies ergibt den Summanden $S_{n-1,k-1}$. Andernfalls entfernen wir a. $N \smallsetminus \{a\}$ ist in diesem Fall in k Blöcke zerlegt, und wir können a in jeden dieser k Blöcke einfügen, also erhalten wir $k\, S_{n-1,k}$ Partitionen im zweiten Fall.

Unsere Rekursion ergibt das *Stirling Dreieck zweiter Art*:

n \ k	0	1	2	3	4	5	6	7	$\cdots$
0	1								
1	0	1							
2	0	1	1						
3	0	1	3	1					
4	0	1	7	6	1				
5	0	1	15	25	10	1			
6	0	1	31	90	65	15	1		
7	0	1	63	301	350	140	21	1	
$\vdots$									

$S_{n,k}$

Einige spezielle Werte fallen sofort auf: $S_{n,1} = 1$, $S_{n,2} = 2^{n-1} - 1$, $S_{n,n-1} = \binom{n}{2}$, $S_{n,n} = 1$. $S_{n,n-1} = \binom{n}{2}$ ist klar, da eine $(n-1)$-Partition aus einem Paar und $n-2$ einzelnen Elementen besteht. Zerlegen wir N in zwei disjunkte Blöcke, so sind diese beiden Mengen $A, N \setminus A$ komplementär zueinander und $A \neq \varnothing, N$. Also gilt $S_{n,2} = \frac{2^n-2}{2} = 2^{n-1} - 1$.

Nun zu den Stirling Zahlen $s_{n,k}$ erster Art. Wie üblich setzen wir $s_{0,0} = 1$, $s_{0,k} = 0$ $(k > 0)$, $s_{n,0} = 0$ $(n > 0)$. Die Rekursion lautet in diesem Fall:

$$s_{n,k} = s_{n-1,k-1} + (n-1)s_{n-1,k} \qquad (n, k > 0)\,. \tag{14}$$

Wie gewohnt klassifizieren wir die Permutationen von N mit k Zyklen nach einem Element $a \in N$. Es gibt $s_{n-1,k-1}$ solcher Permutationen, die a als 1-Zyklus enthalten. Ansonsten zerfällt $N \setminus \{a\}$ in k Zyklen und wir können a vor jedes der $n-1$ Elemente aus $N \setminus \{a\}$ in einen Zyklus eintragen.

Die kleinen Werte des Stirling Dreiecks erster Art sehen folgendermaßen aus:

n \ k	0	1	2	3	4	5	6	7
0	1							
1	0	1						
2	0	1	1					
3	0	2	3	1				
4	0	6	11	6	1			
5	0	24	50	35	10	1		
6	0	120	274	225	85	15	1	
7	0	720	1764	1624	735	175	21	1

$s_{n,k}$

Einige Werte kennen wir schon: $s_{n,1} = (n-1)!$, $s_{n,n-1} = \binom{n}{2}$, $s_{n,n} = 1$. Zur Berechnung von $s_{n,2}$ verwenden wir (14). Division durch $(n-1)!$ ergibt

$$\frac{s_{n,2}}{(n-1)!} = \frac{(n-2)!}{(n-1)!} + \frac{(n-1)s_{n-1,2}}{(n-1)!} = \frac{s_{n-1,2}}{(n-2)!} + \frac{1}{n-1}\,,$$

also durch Iteration $s_{n,2} = (n-1)!(\frac{1}{n-1} + \frac{1}{n-2} + \ldots + 1) = (n-1)!H_{n-1}$, wobei H_{n-1} die uns schon bekannte $(n-1)$-ste harmonische Zahl bezeichnet.

Warum heißen $s_{n,k}$ und $S_{n,k}$ Stirling Zahlen erster und zweiter Art? Hier ist der Grund. In Abschnitt 2 haben wir $r^n = \sum\limits_{k=0}^{n} S_{n,k} r^{\underline{k}}$ für alle $r \in \mathbb{N}$ gezeigt. Mit unserer bewährten Polynommethode können wir somit auf die Polynomgleichung

$$x^n = \sum_{k=0}^{n} S_{n,k} x^{\underline{k}} \tag{15}$$

schließen. Drücken wir umgekehrt die fallenden Faktoriellen $x^{\underline{n}}$ durch die Potenzen x^k aus, so behaupten wir

$$x^{\underline{n}} = \sum_{k=0}^{n} (-1)^{n-k} s_{n,k} x^k\,. \tag{16}$$

Für $n = 0$ ist dies offensichtlich richtig. Induktion liefert nun mit Hilfe von (14)

$$\begin{aligned} x^{\underline{n}} &= x^{\underline{n-1}}(x-n+1) = \sum_{k=0}^{n-1}(-1)^{n-1-k}s_{n-1,k}x^k(x-n+1) \\ &= \sum_{k=0}^{n-1}(-1)^{n-1-k}s_{n-1,k}x^{k+1} + \sum_{k=0}^{n-1}(-1)^{n-k}(n-1)s_{n-1,k}x^k \\ &= \sum_{k=0}^{n}(-1)^{n-k}(s_{n-1,k-1}+(n-1)s_{n-1,k})x^k \\ &= \sum_{k=0}^{n}(-1)^{n-k}s_{n,k}x^k\ . \end{aligned}$$

Dies ist der Grund für die Bezeichnung erster und zweiter Art. Die Polynomfolgen (x^n) und $(x^{\underline{n}})$ können eindeutig wechselweise als Linearkombination dargestellt werden, und die Verbindungskoeffizienten von $x^{\underline{n}}$ ausgedrückt durch x^k bzw. x^n ausgedrückt durch $x^{\underline{k}}$ sind (bis auf das Vorzeichen) genau die Stirling Zahlen erster bzw. zweiter Art. Später werden wir diesen Gedanken bei der Ableitung von allgemeinen Inversionsformeln aufgreifen. Übrigens werden in der Literatur die Stirling Zahlen erster Art auch durch $(-1)^{n-k}s_{n,k}$ bezeichnet, also mit wechselndem Vorzeichen.

1.5 Diskrete Wahrscheinlichkeitsrechnung

Kombinatorik und diskrete Wahrscheinlichkeitstheorie waren ursprünglich fast gleichbedeutend. Eines der ersten Lehrbücher über Kombinatorik von Whitworth 1901 trug beispielsweise den Titel „Choice and Chance“. Jeder kennt Probleme der Art: Gegeben eine Schachtel mit 4 weißen und 3 blauen Kugeln. Wie groß ist die Wahrscheinlichkeit, bei einer Ziehung von 4 Kugeln genau 2 weiße und 2 blaue zu erhalten? Das ist natürlich ein kombinatorisches Problem. Heute spielen auch noch ganz andere Fragen eine große Rolle. Um Nachrichten sicher übertragen zu können, brauchen wir möglichst zufällige Symbolfolgen, z. B. 0, 1-Folgen. Was ist eine „zufällige“ Folge? Oder wie erzeugt man eine Zufallszahl? Angenommen, wir wollen eine Vermutung über Permutationen der Länge n testen. Da $n!$ ab etwa $n = 20$ auch für den schnellsten Rechner außer Reichweite ist, „simulieren“ wir, indem wir einige Permutationen „zufällig“ herausgreifen; aber was ist eine *Zufalls-Permutation*? Vereinfacht gesagt sind die Methoden der diskreten Wahrscheinlichkeitsrechnung Abzählargumente, die wir auch aus der Kombinatorik ableiten könnten. Aber die Begriffe der Wahrscheinlichkeitstheorie erlauben oft einen sehr viel schnelleren und eleganteren Zugang.

Die Wahrscheinlichkeitstheorie beginnt mit der Idee eines **Wahrscheinlichkeitsraumes** (Ω, p). Ω ist eine endliche Menge, und p ist eine Abbildung $p : \Omega \to [0, 1]$, welche jedem $\omega \in \Omega$ die **Wahrscheinlichkeit** $p(\omega)$, $0 \le p(\omega) \le 1$, zuordnet. Schließlich verlangen wir als Normierung $\sum_{\omega\in\Omega} p(\omega) = 1$.

Das eingängigste Beispiel ist das Werfen eines Würfels. Hier ist $\Omega = \{1, 2, 3, 4, 5, 6\}$ und $p(\omega)$ gibt die Wahrscheinlichkeit an, dass die Zahl ω geworfen wird. In einem idealen Würfel ist $p(\omega) = \frac{1}{6}$ für alle $\omega \in \Omega$. Der Würfel könnte aber ebenso gut „gezinkt" sein, mit sagen wir, $p(1) = p(4) = \frac{1}{4}$, $p(2) = p(5) = p(6) = \frac{1}{10}$, $p(3) = \frac{1}{5}$. Wir nennen p die (Wahrscheinlichkeits-) **Verteilung** auf Ω. Setzen wir $p_0 = (\frac{1}{6}, \frac{1}{6}, \frac{1}{6}, \frac{1}{6}, \frac{1}{6}, \frac{1}{6})$, $p_1 = (\frac{1}{4}, \frac{1}{10}, \frac{1}{5}, \frac{1}{4}, \frac{1}{10}, \frac{1}{10})$, so sind also p_0, p_1 zwei Verteilungen.

Eine beliebige Untermenge $A \subseteq \Omega$ heißt ein **Ereignis**, und wir definieren $p(A) = \sum_{\omega \in A} p(\omega)$. Insbesondere ist also $p(\varnothing) = 0$, $p(\Omega) = 1$. Bei unserem Würfelexperiment könnten wir z. B. fragen, wie groß die Wahrscheinlichkeit ist, dass eine gerade Zahl gewürfelt wird, d. h. wir fragen nach der Wahrscheinlichkeit des Ereignisses $A = \{2, 4, 6\}$. Für unsere beiden Verteilungen erhalten wir $p_0(A) = \frac{1}{2}$, $p_1(A) = \frac{9}{20}$, der gezinkte Würfel „benachteiligt" gerade Zahlen.

Aus der Definition folgt sofort:

(1) $A \subseteq B \Longrightarrow p(A) \le p(B)$,

(2) $p(A \cup B) = p(A) + p(B) - p(A \cap B)$,

(3) $p(A) = \sum\limits_i p(A_i)$ für eine Partition $A = \sum A_i$,

(4) $p(\Omega \smallsetminus A) = 1 - p(A)$,

(5) $p(\bigcup\limits_i A_i) \le \sum\limits_i p(A_i)$.

Formel (3) ist natürlich nichts anderes als unsere Summenregel. Sind alle Elemente $\omega \in \Omega$ gleichwahrscheinlich, $p(\omega) = \frac{1}{|\Omega|}$, so sprechen wir von einem *uniformen* Wahrscheinlichkeitsraum (Ω, p), und nennen p die **Gleichverteilung** auf Ω. In diesem Fall gilt also für ein Ereignis $p(A) = \frac{|A|}{|\Omega|}$, was üblicherweise so ausgedrückt wird: $p(A) =$ Anzahl der „günstigen" Fälle ($\omega \in A$) geteilt durch die Anzahl der „möglichen" Fälle ($\omega \in \Omega$).

Ebenso gibt es eine Produktregel. Angenommen, wir werfen den Würfel zweimal hintereinander und fragen nach den möglichen Ausgängen. Der Wahrscheinlichkeitsraum ist nun $\Omega^2 = \{1, \ldots, 6\}^2$ und $p(\omega, \omega')$ ist die Wahrscheinlichkeit, dass beim erstenmal ω und beim zweitenmal ω' gewürfelt wird. Wir sagen, die Würfe sind **unabhängig**, falls $p(\omega, \omega') = p(\omega)\,p(\omega')$ für alle $(\omega, \omega') \in \Omega^2$ ist. Für das Ereignis (A, B) gilt dann

$$p(A,B) = \sum_{(\omega,\omega')} p(\omega,\omega') = \sum_{(\omega,\omega') \in A \times B} p(\omega)\,p(\omega') = \sum_{\omega \in A} p(\omega) \sum_{\omega' \in B} p(\omega') = p(A)\,p(B).$$

Allgemein erhalten wir die folgende zur Produktregel entsprechende Aussage: Sind $(\Omega_1, p_1), \ldots, (\Omega_m, p_m)$ unabhängig, so gilt für die Verteilung p auf $\Omega_1 \times \ldots \times \Omega_m$ und $A_1 \subseteq \Omega_1, \ldots, A_m \subseteq \Omega_m$

$$p(A_1, \ldots, A_m) = \prod_{i=1}^{m} p_i(A_i)\,. \qquad (6)$$

Beispielsweise ist die Wahrscheinlichkeit, beim ersten Mal eine gerade Zahl A und beim zweiten Mal eine ungerade Zahl B zu würfeln, für unsere Verteilungen p_0, p_1

$$\begin{aligned} p_{00} &= p_0(A)\,p_0(B) = \tfrac{1}{2}\cdot\tfrac{1}{2} = \tfrac{1}{4} \\ p_{11} &= p_1(A)\,p_1(B) = \tfrac{9}{20}\cdot\tfrac{11}{20} = \tfrac{99}{400}\,. \end{aligned}$$

Nehmen wir zuerst den fairen Würfel und beim zweiten Mal den gezinkten Würfel, so erhalten wir

$$p_{01} = p_0(A)\,p_1(B) = \frac{1}{2}\cdot\frac{11}{20} = \frac{11}{40}\,.$$

Wirklich interessant wird die Wahrscheinlichkeitstheorie, wenn wir den Elementen oder Ereignissen Werte zuteilen und nach der Verteilung der Werte fragen. Eine **Zufallsvariable** X ist eine Abbildung $X : \Omega \to \mathbb{R}$. Zum Beispiel können wir beim zweimaligen Würfeln nach der *Summe* der Augen fragen, also ist $X : \{1, \ldots, 6\}^2 \to T = \{2, 3, \ldots, 12\}$. Eigentlich ist X eine Funktion, doch ist der Name Zufallsvariable allgemein gebräuchlich. Mittels X können wir nun auf dem Bild $T \subseteq \mathbb{R}$ eine Verteilung definieren:

$$p_X(x) = p(X = x) := \sum_{X(\omega)=x} p(\omega) \qquad (x \in T)\,.$$

Es gilt $\sum_{x\in T} p_X(x) = \sum_x \sum_{X(\omega)=x} p(\omega) = 1$, also ist p_X tatsächlich eine Verteilung auf T, die von X *induzierte* Verteilung. Die Größe $p_X(x)$ gibt also genau die Wahrscheinlichkeit an, dass die Zufallsvariable unter dem gegebenen Experiment den Wert x annimmt. Wenn wir Probleme betrachten, die nur die Zufallsvariable X betreffen, so können wir mit dem im allgemeinen viel kleineren Raum (T, p_X) arbeiten, anstelle des zugrundeliegenden Raumes (Ω, p).

Sehen wir uns die induzierten Verteilungen $p_{00}(X = x)$ und $p_{11}(X = x)$ für unsere beiden Würfel an:

s		2	3	4	5	6	7	8	9	10	11	12
$p_{00}(X = s)$	$\frac{1}{36}$ (	1	2	3	4	5	6	5	4	3	2	1)
$p_{11}(X = s)$	$\frac{1}{400}$ (	25	20	44	66	56	68	49	36	24	8	4)

Haben wir zwei Zufallsvariablen $X : \Omega \to T$, $Y : \Omega \to U$ mit den induzierten Verteilungen p_X und p_Y, so ist die *gemeinsame* Verteilung auf $T \times U$ durch

$$p(x, y) = p(X = x \wedge Y = y) = \sum_{X(\omega)=x,\, Y(\omega)=y} p(\omega)$$

erklärt. Wir nennen X und Y **unabhängig**, falls

(7) $$p(x, y) = p_X(x)\,p_Y(y) \quad \text{für alle} \quad (x, y) \in T \times U \quad \text{gilt.}$$

Es ist unmittelbar klar, wie diese Begriffe auf m Zufallsvariablen zu übertragen sind. $X_1, \ldots, X_m$ heißen unabhängig, falls

$$p(X_1 = x_1 \wedge \ldots \wedge X_m = x_m) = \prod_{i=1}^{m} p(X_i = x_i) \quad \text{für alle } (x_1, \ldots, x_m) \text{ gilt.}$$

Das zweimalige Werfen eines Würfels mit X_1 die erste Augenzahl und X_2 die zweite ergibt unabhängige Variablen. Ist X_1 die Summe der Augenzahlen zweier Würfe und X_2 das Produkt, so werden wir aber keineswegs Unabhängigkeit erwarten können, und tatsächlich erhalten wir schon für den kleinsten Fall $x_1 = 2$, $x_2 = 1$, $p_{00}(X_1 = 2) = \frac{1}{36}$, $p_{00}(X_2 = 1) = \frac{1}{36}$, aber

$$p_{00}(X_1 = 2 \wedge X_2 = 1) = \frac{1}{36} > p_{00}(X_1 = 2)\, p_{00}(X_2 = 1) = \frac{1}{36^2} \,.$$

Um das Verhalten einer Zufallsvariablen $X : \Omega \to T$ zu studieren, bedient man sich gewisser Maßzahlen. Die wichtigsten davon sind der **Erwartungswert** EX und die **Varianz** VX.

Der Erwartungswert sagt uns, welchen Wert die Zufallsvariable im *Durchschnitt* annimmt. Wir setzen

$$\text{(8)} \qquad EX := \sum_{\omega \in \Omega} p(\omega)\, X(\omega) \,.$$

Ist (Ω, p) uniform, $|\Omega| = n$, so ist $EX = \frac{1}{n} \sum_{\omega \in \Omega} X(\omega)$ also nichts anderes als der übliche Durchschnittswert. Mittels der induzierten Verteilung p_X auf T erhalten wir

$$\text{(9)} \qquad EX = \sum_{x \in T} p_X(x)\, x \,,$$

da offenbar $\sum_{\omega \in \Omega} p(\omega)\, X(\omega) = \sum_{x \in T} \sum_{\omega : X(\omega) = x} p(\omega) x = \sum_{x \in T} p_X(x) x$ gilt.

Für unsere beiden Würfel ist der Erwartungswert der Augensumme zweier Würfe einmal $\frac{1}{36}(1 \cdot 2 + 2 \cdot 3 + \cdots + 1 \cdot 12) = 7$ und für den gezinkten Würfel 6,3. Schon dieses kleine Beispiel zeigt, dass wir einige Regeln brauchen, um EX effektiv berechnen zu können.

Sind X, Y zwei Zufallsvariablen auf Ω, so auch die Summe $X + Y$ auf Ω, und nach (8) erhalten wir sofort

$$\text{(10)} \qquad E(X + Y) = \sum_{\omega \in \Omega} p(\omega)\, (X(\omega) + Y(\omega)) = EX + EY \,.$$

Ebenso gilt $E(\alpha X) = \alpha EX$ und $E(\alpha) = \alpha$ für eine Konstante α. Der Erwartungswert ist also eine *lineare* Funktion:

$$\text{(11)} \qquad E(\alpha_1 X_1 + \ldots + \alpha_m X_m) = \sum_{i=1}^{m} \alpha_i\, EX_i \,.$$

Für unser Würfelexperiment können wir somit sagen: Der Erwartungswert der Summe zweier Würfe ist gleich der Summe der Erwartungswerte der einzelnen

Würfe. Ist zum Beispiel X_1 die Augenzahl des ersten Wurfes und X_2 des zweiten Wurfes, so gilt $EX_1 = EX_2 = \frac{7}{2}$ für den fairen Würfel und $EX_1 = EX_2 = 3{,}15$ für den gezinkten Würfel. Für die Summe $X = X_1 + X_2$ erhalten wir demnach $EX = EX_1 + EX_2 = 7$ bzw. $6{,}3$.

Das *Produkt* zweier Zufallsvariablen ist nicht so leicht zu behandeln, jedoch haben wir die bequeme Formel

$$(12) \qquad E(XY) = (EX)(EY) \qquad \text{falls } X, Y \text{ unabhängig sind.}$$

Zum Beweis benutzen wir (7) und (9). Für $X : \Omega \to T$, $Y : \Omega \to U$ gilt

$$\begin{aligned} E(XY) &= \sum_{\omega \in \Omega} p(\omega)\, X(\omega)\, Y(\omega) = \sum_{(x,y) \in T \times U} p(X = x \wedge Y = y) \cdot x\, y \\ &= \sum_{(x,y) \in T \times U} p_X(x)\, p_Y(y)\, xy = \sum_{x \in T} p_X(x) x \cdot \sum_{y \in U} p_Y(y) y \\ &= (EX)(EY)\,. \end{aligned}$$

Die nächste wichtige Maßzahl ist die Varianz einer Zufallsvariablen. Angenommen, wir ziehen 5 Lose $\{L_1, \ldots, L_5\}$ mit der gleichen Wahrscheinlichkeit $\frac{1}{5}$. Beim ersten Mal bekommen wir die Auszahlungen $X : 0, 2, 5, 8, 85$ je nach Los, und beim zweitenmal $Y : 18, 19, 20, 21, 22$. Der Erwartungswert ist jedesmal derselbe $EX = EY = 20$, und doch unterscheiden sich die beiden Auszahlungen erheblich. In der Auszahlung Y gruppieren sich die Zahlungen eng um den Mittelwert EY, während sie bei X weit auseinanderliegen. Genau dieses „Auseinanderliegen" wird durch die Varianz gemessen.

Die Varianz VX ist definiert durch

$$(13) \qquad VX = E((X - EX)^2)\,.$$

Schreiben wir wie üblich $EX = \mu$, so ist $(X - \mu)^2$ wieder eine Zufallsvariable, die den quadratischen Abstand von X zu μ misst, und die Varianz gibt an, wie groß dieser erwartete Abstand ist. Mittels (11) erhalten wir

$$\begin{aligned} VX &= E((X - \mu)^2) = E(X^2 - 2\mu X + \mu^2) = E(X^2) - 2\mu\, EX + E(\mu^2) \\ &= E(X^2) - 2(EX)^2 + (EX)^2\,, \end{aligned}$$

also

$$(14) \qquad VX = E(X^2) - (EX)^2\,.$$

Sind X und Y unabhängige Zufallsvariablen, so folgt laut (11) und (12)

$$\begin{aligned} V(X+Y) = {} & E((X+Y)^2) - (E(X+Y))^2 = E(X^2) + 2E(XY) + \\ & E(Y^2) - (EX)^2 - 2(EX)(EY) - (EY)^2 \;=\; VX + VY\,. \end{aligned}$$

Für zwei unabhängige Variablen gilt also: Varianz der Summe ist gleich Summe der Varianzen.

Was ergeben nun unsere beiden Lottoziehungen? Im Fall X erhalten wir $VX = \frac{1}{5}(0^2 + 2^2 + 5^2 + 8^2 + 85^2) - 20^2 = 1063,6$ bzw. $VY = 2$. Die *Standardabweichung* $\sqrt{VX}$ ist im ersten Fall 32,6 und im zweiten Fall 1,41. Die erste Ziehung wird also von einem Hasardeur bevorzugt werden, die zweite von einem, der auf Nummer sicher gehen will.

Nach all diesen theoretischen Überlegungen ist es Zeit für ein Beispiel. Angenommen, wir ziehen zufällig eine Permutation π der Länge n. Wie viele Fixpunkte wird π haben? Der zugrundeliegende Wahrscheinlichkeitsraum ist die Menge Ω aller $n!$ Permutationen, alle mit der Wahrscheinlichkeit $\frac{1}{n!}$. Die uns interessierende Zufallsvariable ist $F(\pi)$ = Anzahl der Fixpunkte von π , und wir fragen nach dem Erwartungswert EF. Zunächst scheint dies ziemlich hoffnungslos, da wir noch keine Formel für die Anzahl der Permutationen mit k Fixpunkten haben. Die Theorie hilft uns hier weiter.

Es sei $F_i : \Omega \to \{0,1\}$ die Zufallsvariable mit $F_i(\pi) = 1$ oder 0, je nachdem ob π an der i-ten Stelle einen Fixpunkt hat oder nicht. Offensichtlich nimmt F_i den Wert 1 für $(n-1)!$ Permutationen an, und wir erhalten $EF_i = \frac{1}{n!}(n-1)! = \frac{1}{n}$ für alle i. Da ebenso offensichtlich $F = F_1 + \ldots + F_n$ ist, schließen wir aus (11)

$$E(F) = \sum_{i=1}^{n} E(F_i) = 1\,,$$

d. h. im Durchschnitt können wir genau einen Fixpunkt erwarten. Die Varianz ist nicht unmittelbar klar, da die Variablen F_i natürlich nicht unabhängig sind. Wir haben

$$\begin{aligned} E(F^2) &= E((\sum_{i=1}^{n} F_i)^2) = E(\sum_{i=1}^{n}\sum_{j=1}^{n} F_iF_j) = \sum_{i=1}^{n}\sum_{j=1}^{n} E(F_iF_j) \\ &= \sum_{i=1}^{n} E(F_i^2) + 2 \sum_{1\le i<j\le n} E(F_iF_j)\,. \end{aligned}$$

Nun gilt $F_i^2 = F_i$, da $F_i = 1$ oder 0 ist, und daher $E(F_i^2) = E(F_i) = \frac{1}{n}$. Weiter haben wir $E(F_iF_j) = \sum\{p(\pi) : \pi \text{ hat Fixpunkte bei } i \text{ und } j\} = \frac{(n-2)!}{n!} = \frac{1}{n(n-1)}$. Daraus folgt $E(F^2) = 1 + \binom{n}{2}\frac{2}{n(n-1)} = 2$, und daher

$$VF = E(F^2) - (EF)^2 = 2 - 1 = 1.$$

Unser Ergebnis wird üblicherweise so ausgedrückt: Eine Permutation hat im Durchschnitt 1 ± 1 Fixpunkte.

1.6 Existenzaussagen

Bei den allermeisten Problemen werden wir die genaue Anzahl von vorgegebenen Objekten nicht bestimmen können. Wir müssen uns dann mit *Abschätzungen* und Aussagen über die *Größenordnung* zufriedengeben – mehr darüber in Kapitel 5. Einen ganz anderen Charakter erhält das Problem, wenn wir uns die Frage stellen, ob *überhaupt* ein Objekt mit den angegebenen Bedingungen *existiert*. Eine Antwort erhalten wir, wenn es uns gelingt, ein solches Objekt direkt zu *konstruieren*, oder umgekehrt die *Nichtexistenz* zu beweisen. Wir konzentrieren uns hier auf den Existenzaspekt. Alle möglichen Objekte durchzuprobieren, um zu sehen, ob eines den Bedingungen genügt, wird meist zu aufwendig sein. Gesucht ist also eine Aussage, die es uns erlaubt, die Existenz zu behaupten, *ohne* alle Objekte durchzugehen, ja ohne das gesuchte Objekt überhaupt zu kennen.

Ein Beispiel möge dies erläutern. Es seien $a_1, a_2, \ldots, a_n$ ganze Zahlen, die nicht verschieden zu sein brauchen. Existiert dann eine Teilmenge der Zahlen, deren Summe ein Vielfaches von n ist? Da es 2^n Teilsummen gibt, ist Durchprobieren für großes n unmöglich. Können wir trotzdem die Existenz einer solchen Summe behaupten? Für kleine Zahlen $n = 2, 3, 4$ oder 5 kann man ohne weiteres nachprüfen, dass so eine Teilsumme stets existiert. Aber stimmt dies auch für beliebiges n?

Die einfachste, aber sehr anwendungsreiche, Methode ist das Schubfachprinzip (im Englischen pigeonhole principle, also Taubenschlagprinzip, genannt).

Schubfachprinzip.

(1) *Verteilt man n Elemente auf r Fächer, $n > r$, so existiert ein Fach, das mindestens zwei Elemente enthält.*

Völlig klar, da ist nichts zu beweisen. In der Sprache der Abbildungen lautet das Prinzip: Sind N und R zwei Mengen mit $|N| = n > r = |R|$ und f eine Abbildung von N nach R, so existiert ein $a \in R$ mit $|f^{-1}(a)| \geq 2$. Wir können (1) sofort verschärfen:

(2) *Sei $f : N \to R$ mit $|N| = n > r = |R|$, so existiert ein $a \in R$ mit $|f^{-1}(a)| \geq \lfloor \frac{n-1}{r} \rfloor + 1$.*

Wäre nämlich $|f^{-1}(a)| \leq \lfloor \frac{n-1}{r} \rfloor$ für alle $a \in R$, so hätten wir $n = \sum_{a \in R} |f^{-1}(a)| \leq r \lfloor \frac{n-1}{r} \rfloor < n$, was nicht geht.

Mit dem Schubfachprinzip können wir mühelos unser Zahlenproblem lösen. Wir zeigen sogar mehr, nämlich dass unter den Summen $\sum_{i=k+1}^{\ell} a_i$ aufeinanderfolgender Zahlen $a_{k+1}, a_{k+2}, \ldots, a_\ell$ bereits ein Vielfaches von n vorkommt. Wir setzen $N = \{0, a_1, a_1 + a_2, a_1 + a_2 + a_3, \ldots, a_1 + a_2 + \cdots + a_n\}$. Teilen wir eine beliebige ganze Zahl m durch n, so erhalten wir als Rest $0, 1, \ldots$ oder $n - 1$. Wir schreiben $R = \{0, 1, 2, \ldots, n-1\}$ und erklären $f : N \to R$, indem wir $f(m)$ gleich dem Rest bei Division durch n setzen. Da $|N| = n + 1 > n = |R|$ ist, folgt aus (1), dass es zwei Summen $a_1 + \ldots + a_k$, $a_1 + \ldots + a_\ell$, $k < \ell$, gibt, die denselben Rest bei Division durch n ergeben (wobei eine der beiden Summen die leere Summe sein könnte, die wir mit 0 bezeichnet haben). Also hat $\sum_{i=k+1}^{\ell} a_i = \sum_{i=1}^{\ell} a_i - \sum_{i=1}^{k} a_i$ den Rest 0, und ist somit ein Vielfaches von n. Wir bemerken noch, dass die Anzahl n der Summanden kleinstmöglich ist, da wir nur $a_1 = a_2 = \ldots = a_{n-1} = 1$ zu setzen brauchen.

Eine weitere schöne Anwendung des Schubfachprinzips ist folgendes Beispiel. Sei $a_1, \ldots, a_{n^2+1}$ eine Folge von $n^2 + 1$ verschiedenen reellen Zahlen. Dann gibt es entweder eine *monoton steigende* Unterfolge $a_{k_1} < a_{k_2} < \ldots < a_{k_{n+1}}$ $(k_1 < \ldots < k_{n+1})$ von $n + 1$ Zahlen oder eine *monoton fallende* Unterfolge $a_{\ell_1} > a_{\ell_2} > \ldots > a_{\ell_{n+1}}$ von $n + 1$ Zahlen.

Hier bedarf es schon einigen Geschickes, das Schubfachprinzip anzuwenden. Zu a_i assoziieren wir die Zahl t_i, welche die Länge einer längsten monoton steigenden Unterfolge mit Anfangsglied a_i angibt; t_i ist also eine Zahl zwischen 1 und $n^2 + 1$. Gilt $t_i \geq n + 1$ für ein i, so haben wir eine gesuchte ansteigende Folge gefunden. Nehmen wir also an, $t_i \leq n$ für alle i. Die Abbildung $f : a_i \mapsto t_i$ zeigt uns laut (2), dass es ein $s \in \{1, \ldots, n\}$ gibt, so dass $\lfloor \frac{n^2}{n} \rfloor + 1 = n + 1$ Zahlen $a_{\ell_1}, a_{\ell_2}, \ldots, a_{\ell_{n+1}}$ $(\ell_1 < \ell_2 < \ldots < \ell_{n+1})$ alle die maximale Länge s mit Anfangsglied a_{ℓ_i} haben. Betrachten wir zwei aufeinanderfolgende Glieder a_{ℓ_i}, $a_{\ell_{i+1}}$ dieser Teilfolge. Wäre $a_{\ell_i} < a_{\ell_{i+1}}$, so gäbe es eine ansteigende Unterfolge $a_{\ell_{i+1}} < \ldots$ der Länge s und damit eine der Länge $s + 1$ mit Anfangsglied a_{ℓ_i}, im Widerspruch zu $f(a_{\ell_i}) = s$. Die a_{ℓ_i} erfüllen also $a_{\ell_1} > a_{\ell_2} > \ldots > a_{\ell_{n+1}}$, und wir haben unsere gewünschte absteigende Folge erhalten. Der Leser kann sich mühelos überlegen, dass die Aussage für n^2 Zahlen nicht mehr richtig ist, $n^2 + 1$ also wieder bestmöglich ist.

Der Satz von Ramsey. Eine weitreichende Verallgemeinerung des Schubfachprinzips wurde von dem Logiker Ramsey gefunden. Sehen wir uns nochmals das Schubfachprinzip an. Es ist vorteilhaft, die r Fächer als Farben zu interpretieren. Eine Abbildung $f : N \longrightarrow R$ ist also eine Färbung von N, und das Prinzip besagt: Wenn mehr Elemente als Farben vorliegen, so müssen bei *jeder* Färbung mindestens zwei Elemente dieselbe Farbe erhalten.

Wir können dies noch genauer spezifizieren. Es seien natürliche Zahlen $\ell_1, \ldots, \ell_r$ gegeben, und eine n-Menge N mit $n \geq \ell_1 + \ldots + \ell_r - r + 1$. Dann muss es bei *jeder* Färbung von N eine Farbe i geben, so dass ℓ_i Elemente mit der Farbe i gefärbt sind. Wir nennen dies die *Ramsey-Eigenschaft* für $(\ell_1, \ldots, \ell_r)$. Der ursprüngliche Fall (1) bezieht sich also auf $\ell_1 = \ldots = \ell_r = 2$.

Hat eine n-Menge die Ramsey-Eigenschaft, so natürlich auch jede größere Menge. Es interessiert uns daher das kleinste solche n und dies ist offenbar genau $\ell_1 + \cdots + \ell_r - r + 1$, da für $m = \sum_{i=1}^{r} \ell_i - r = \sum_{i=1}^{r} (\ell_i - 1)$ ja die Färbung vorliegen könnte, in der für jedes i genau $\ell_i - 1$ Elemente mit i gefärbt sind. Der Satz von Ramsey besagt nun, dass ein analoges Ergebnis für Färbungen von h-Mengen gilt ($h = 1$ ist das Schubfachprinzip). Wir wollen dies nur für $h = 2$, also Paare, zeigen und für zwei Farben. Der allgemeine Fall folgt dann leicht (siehe Übung 54).

(3) *Es seien k und ℓ natürliche Zahlen ≥ 2. Dann gibt es eine kleinste Zahl $R(k, \ell)$, genannt die Ramsey Zahl, so dass folgendes gilt: Ist N eine n-Menge mit*

$n \geq R(k,\ell)$ und färben wir alle Paare aus N beliebig mit rot oder blau, dann gibt es entweder eine k-Menge in N, deren Paare alle rot gefärbt sind oder eine ℓ-Menge, deren Paare alle blau gefärbt sind.

Offenbar gilt $R(k,2) = k$, da in einer k-Menge entweder alle Paare rot gefärbt sind oder ein Paar blau gefärbt ist ($\ell = 2$). Analog haben wir $R(2,\ell) = \ell$. Nun verwenden wir Induktion nach $k+\ell$. Wir nehmen an, dass $R(k-1,\ell)$ und $R(k,\ell-1)$ existieren und zeigen

$$R(k,\ell) \leq R(k-1,\ell) + R(k,\ell-1)\,.$$

Es sei also die Menge N mit $|N| = n = R(k-1,\ell) + R(k,\ell-1)$ gegeben, deren Paare beliebig mit rot oder blau gefärbt sind. Sei $a \in N$, dann zerfällt $N \setminus a$ in $R \cup B$, wobei $x \in R$ ist, falls $\{a,x\}$ rot gefärbt ist bzw. $y \in B$, falls $\{a,y\}$ blau gefärbt ist. Da

$$|R| + |B| = R(k-1,\ell) + R(k,\ell-1) - 1$$

ist, so muss entweder $|R| \geq R(k-1,\ell)$ sein oder $|B| \geq R(k,\ell-1)$. Nehmen wir den ersten Fall an (der zweite geht analog). Nach Induktion gibt es in R entweder $k-1$ Elemente, deren Paare alle rot gefärbt sind, dann haben wir zusammen mit a unsere gesuchte k-Menge. Oder es gibt eine ℓ-Menge, deren Paare alle blau gefärbt sind, und wir sind wieder fertig.

Aus der „Pascal"-Rekursion $R(k,\ell) \leq R(k-1,\ell) + R(k,\ell-1)$ und den Anfangsbedingungen erkennen wir sofort

$$R(k,\ell) \leq \binom{k+\ell-2}{k-1}.$$

Zum Beispiel erhalten wir für den ersten interessanten Fall $R(3,3) \leq \binom{4}{2} = 6$, und 6 ist auch der genaue Wert (warum?).

Mit der folgenden Interpretation wird der Satz von Ramsey in vielen Büchern über mathematische Puzzles erwähnt. N ist eine Menge von Personen, ein rotes Paar bedeutet, dass sich die beiden kennen, und ein blaues, dass sie sich nicht kennen. Die Ramsey-Zahl $R(3,3) = 6$ besagt somit: In jeder Gruppe von 6 Personen gibt es immer drei, die untereinander bekannt sind, oder drei, die sich gegenseitig nicht kennen.

Eine ganz andere außerordentlich nützliche Methode ist wahrscheinlichkeitstheoretischer Natur. Wir definieren auf unseren Objekten einen Wahrscheinlichkeitsraum und zeigen, dass die Wahrscheinlichkeit für ein Objekt, die gegebenen Bedingungen zu erfüllen, größer als 0 ist. Dann *muss* es ein solches Objekt geben.

Als Illustration betrachten wir folgendes Färbungsproblem, das auf den berühmten ungarischen Mathematiker Paul Erdős zurückgeht. Es sei $\mathcal{F}$ eine Familie von d-Mengen, $d \geq 2$, aus einer Grundmenge X. Wir sagen, dass $\mathcal{F}$ *2-färbbar* ist, falls es eine Färbung der Elemente von X mit zwei Farben gibt, so dass in jeder Menge $A \in \mathcal{F}$ *beide* Farben auftreten.

Es ist klar, dass man nicht jede Familie $\mathcal{F}$ so färben kann. Ist zum Beispiel $\mathcal{F}$ die Familie aller d-Untermengen einer $(2d-1)$-Menge, so muss es (nach dem Schubfachprinzip) eine gleichgefärbte d-Menge geben. Andererseits ist aber auch klar, dass jede Teilfamilie einer 2-färbbaren Familie selber 2-färbbar ist. Wir interessieren uns also für die *kleinste* Zahl $m = m(d)$, für die es eine Familie $\mathcal{F}$ mit $|\mathcal{F}| = m$ gibt, welche *nicht* 2-färbbar ist. Das obige Beispiel zeigt also $m(d) \leq \binom{2d-1}{d}$. Wie ist es mit einer unteren Schranke für $m(d)$?

(4) *Wir haben $m(d) > 2^{d-1}$, das heißt: Jede Familie mit höchstens 2^{d-1} d-Mengen ist 2-färbbar.*

Sei $\mathcal{F}$ mit $|\mathcal{F}| \leq 2^{d-1}$ gegeben. Wir färben X zufällig mit 2 Farben, wobei alle Färbungen gleich wahrscheinlich sind. Für $A \in \mathcal{F}$ sei E_A das Ereignis, dass die Elemente von A alle dieselbe Farbe erhalten. Da es genau zwei solche Färbungen auf A gibt, erhalten wir

$$p(E_A) = \frac{2}{2^d} = \frac{1}{2^{d-1}}\,.$$

Also gilt mit $|\mathcal{F}| \leq 2^{d-1}$ (wobei die Ereignisse nicht disjunkt sind)

$$p(\bigcup_{A\in\mathcal{F}} E_A) < \sum_{A\in\mathcal{F}} p(E_A) = m\frac{1}{2^{d-1}} \leq 1\,.$$

$\bigcup_{A\in\mathcal{F}} E_A$ ist nun das Ereignis, dass *irgendeine* Menge aus $\mathcal{F}$ einfarbig ist, und wir schließen wegen $p(\bigcup_{A\in\mathcal{F}} E_A) < 1$, dass es eine 2-Färbung von S ohne einfarbige Mengen geben *muss* – und genau das wollten wir zeigen.

Eine obere Schranke für $m(d)$ von der Größenordnung $d^2 2^d$ ist ebenfalls bekannt, wobei diesmal zufällige Mengen und eine feste Färbung verwendet werden. An exakten Werten kennt man nur die ersten beiden: $m(2) = 3$ und $m(3) = 7$.

Übungen zu Kapitel 1

1 Angenommen, Dekan B. setzt fest, dass jeder Student genau 4 der 7 angebotenen Vorlesungen belegen muss. Die Dozenten geben die jeweiligen Hörerzahlen mit 51, 30, 30, 20, 25, 12 und 18 an. Welcher Schluss kann daraus gezogen werden?

2 Es sind n paarweise disjunkte Mengen S_i gegeben. Die erste habe a_1 Elemente, die zweite a_2, usf. Zeige, dass die Anzahl der Mengen, die höchstens ein Element aus jedem S_i enthalten, gleich $(a_1+1)(a_2+1)\dots(a_n+1)$ ist. Wende das Ergebnis auf folgendes zahlentheoretische Problem an: Sei $n = p_1^{a_1}p_2^{a_2}\dots$ die Primzerlegung von n. Dann hat n genau $t(n) = \prod(a_i+1)$ Teiler. Folgere daraus, dass n genau dann eine Quadratzahl ist, wenn $t(n)$ ungerade ist.

▷ **3** Es sei $N = \{1, 2, \dots, 100\}$ und A eine Untermenge von N mit $|A| = 55$. Zeige, dass A zwei Zahlen a und b enthält mit $a - b = 9$. Gilt dies auch für $|A| = 54$?

4 Nummeriere die 12 Kanten eines Würfels so mit den Zahlen 1 bis 12, dass die Summe der drei Kanten an jeder Ecke dieselbe ist.

▷ **5** Im Parlament eines Landes gibt es 151 Sitze und drei Parteien. Wie viele Möglichkeiten (i, j, k) der Sitzverteilung gibt es, so dass keine Partei eine absolute Mehrheit hat?

6 Wie viele verschiedene Wörter kann man durch Permutation der Buchstaben aus $ABRAKADABRA$ bilden?

7 Zeige, dass $1! + 2! + \ldots + n!$ für $n > 3$ niemals eine Quadratzahl ist.

8 Zeige, dass für die Binomialkoeffizienten $\binom{n}{k}$ gilt:

$$\binom{n}{0} < \binom{n}{1} < \ldots < \binom{n}{\lfloor n/2 \rfloor} = \binom{n}{\lceil n/2 \rceil} > \ldots > \binom{n}{n},$$

wobei für gerades n die beiden mittleren Koeffizienten zusammenfallen.

▷ **9** Zeige ein analoges Resultat für die Stirling Zahlen zweiter Art. Zu jedem $n \geq 1$ gibt es ein $M(n)$, so dass gilt: $S_{n,0} < S_{n,1} < \ldots < S_{n,M(n)} > S_{n,M(n)+1} > \ldots > S_{n,n}$ oder $S_{n,0} < S_{n,1} < \ldots < S_{n,M(n)-1} = S_{n,M(n)} > \ldots > S_{n,n}$, wobei $M(n) = M(n-1)$ oder $M(n) = M(n-1) + 1$ ist. Dasselbe Resultat gilt auch für $s_{n,k}$. Hinweis: Verwende die Rekursionen für $S_{n,k}$ und schließe mit Induktion.

▷ **10** Zeige, dass jede natürliche Zahl n eine eindeutige Darstellung $n = \sum\limits_{k \geq 0} a_k k!$ mit $0 \leq a_k \leq k$ besitzt.

11 Leite folgende Rekursion für die Partitionszahlen $P_{n,k}$ ab: $P_{n,1} = P_{n,n} = 1$ und $P_{n,k} = P_{n-k,1} + P_{n-k,2} + \ldots + P_{n-k,k}$.

12 Die *Bellzahl* $\tilde{B}_n$ ist die Anzahl *aller* Mengen-Partitionen einer n-Menge, also $\tilde{B}_n = \sum_{k=0}^{n} S_{n,k}$ mit $\tilde{B}_0 = 1$. Zeige:

$$\tilde{B}_{n+1} = \sum_{k=0}^{n} \binom{n}{k} \tilde{B}_k .$$

▷ **13** Sei $f_{n,k}$ die Anzahl der k-Untermengen von $\{1, \ldots, n\}$, welche kein Paar aufeinanderfolgender Zahlen enthalten. Zeige:

a. $$f_{n,k} = \binom{n-k+1}{k},$$ b. $$\sum_k f_{n,k} = F_{n+2},$$

wobei F_n die n-te Fibonacci Zahl ist (d. h. $F_0 = 0$, $F_1 = 1$, $F_n = F_{n-1} + F_{n-2}$ $(n \geq 2)$).

14 Zeige, dass die Summe der Binomialzahlen im Pascalschen Dreieck in einer Diagonale von rechts oben nach links unten stets die Fibonacci Zahl F_{n+k+1} ist. Beispiel: Das Startelement $n = 4$, $k = 3$ ergibt $4 + 10 + 6 + 1 = 21 = F_8$.

15 Zeige $\binom{n}{r}\binom{r}{k} = \binom{n}{k}\binom{n-k}{r-k}$ und leite daraus $\sum\limits_{k=0}^{m} \binom{n}{k}\binom{n-k}{m-k} = 2^m \binom{n}{m}$ ab.

▷ **16** Ein übliches Kartenpaket mit 52 Karten wird gut gemischt. Was ist die Wahrscheinlichkeit, dass sowohl die oberste wie die unterste Karte eine Dame ist (alle 52! Permutationen gleichwahrscheinlich)?

17 Beim Lotto werden sechs Zahlen aus $\{1, 2, \ldots, 49\}$ ausgewählt. Wie groß ist die Wahrscheinlichkeit, dass die gezogene Menge 2 Zahlen mit Differenz 1 enthält?

18 Die Zufallsvariable X nehme nur die Werte 0 und 1 an. Zeige $VX = EX \cdot E(1 - X)$.

▷ **19** Zeige, dass in jeder Menge von $n+1$ Zahlen aus $\{1, 2, \ldots, 2n\}$ es immer ein Paar von Zahlen gibt, die relativ prim zueinander sind, und immer ein Paar, in dem die eine Zahl ein Teiler der anderen ist. Gilt dies auch für n Zahlen?

20 Konstruiere eine Folge von n^2 verschiedenen Zahlen, die weder eine monoton steigende noch eine monoton fallende Unterfolge der Länge $n+1$ enthält.

▷ **21** Die Eulersche φ-Funktion ist $\varphi(n) = |\{k : 1 \leq k \leq n, \quad k \text{ relativ prim zu } n\}|$. Beweise

$$\sum_{d|n} \varphi(d) = n\,.$$

22 Die Felder eines 4×7 Schachbrettes werden auf irgendeine Weise mit weiß und schwarz gefärbt. Zeige, dass es immer ein Rechteck gibt, dessen vier Eckfelder gleichgefärbt sind. Stimmt dies auch für ein 4×6 Schachbrett?

▷ **23** Sei $N = \{1, 2, 3, \ldots, 3n\}$. Jemand nimmt irgendwelche n Zahlen aus N weg. Zeige, dass man dann weitere n Zahlen entfernen kann, so dass die restlichen n Zahlen in der Reihenfolge ungerade, gerade, ungerade, gerade, ... erscheinen.

---

24 Entlang eines Kreises sind n Punkte gewählt, die mit rot oder blau markiert sind. Zeige: Es gibt höchstens $\lfloor \frac{3n-4}{2} \rfloor$ Sehnen, die verschieden gefärbte Punkte verbinden und die sich im Inneren des Kreises nicht schneiden.

▷ **25** Wir betrachten ein $n \times n$-Schachbrett, mit den Zeilen und Spalten nummeriert von 1 bis n. Eine Menge T von n Feldern heißt *Transversale*, falls keine zwei in derselben Zeile oder Spalte sind, mit anderen Worten $T = \{(1, \pi_1), \ldots, (n, \pi_n)\}$, wobei $(\pi_1, \ldots, \pi_n)$ eine Permutation von $\{1, \ldots, n\}$ ist. Es sei nun $n \geq 4$ gerade und die n^2 Felder seien so mit Zahlen gefüllt, dass jede Zahl genau zweimal vorkommt. Zeige, dass es immer eine Transversale gibt, die n *verschiedene* Zahlen enthält. Hinweis: Das Schachbrett enthalte r Paare von Feldern (in verschiedenen Zeilen und Spalten), die dieselbe Zahl enthalten. Konstruiere die $(n!) \times r$-Inzidenzmatrix (m_{ij}) mit $m_{ij} = 1$, falls die i-te Transversale das j-te Paar enthält. Zähle nun auf zwei Arten.

26 Wir wollen uns überlegen, wie wir alle $n!$ Permutationen von $\{1, \ldots, n\}$ effektiv auflisten können. Die gebräuchlichste Methode ist die lexikographische Anordnung. Wir sagen, $\pi = (\pi_1, \ldots, \pi_n)$ ist lexikographisch kleiner als $\sigma = (\sigma_1, \ldots, \sigma_n)$, wenn für das kleinste i mit $\pi_i \neq \sigma_i$ gilt $\pi_i < \sigma_i$. Zum Beispiel erhalten wir für $n = 3$ die Liste 123, 132, 213, 231, 312, 321. Zeige, dass der folgende Algorithmus zu $\pi = (\pi_1, \ldots, \pi_n)$ die Nachfolgerpermutation σ findet:

1. Suche den größten Index r mit $\pi_r < \pi_{r+1}$. Wenn kein solches r existiert, ist $\pi = (n, \ldots, 2, 1)$ die letzte Permutation.
2. Suche den Index $s > r$ mit $\pi_s > \pi_r > \pi_{s+1}$.
3. $\sigma = (\pi_1, \ldots \pi_{r-1}, \pi_s, \pi_n, \ldots, \pi_{s+1}, \pi_r, \pi_{s-1}, \ldots, \pi_{r+1})$ ist die Nachfolgerpermutation.

27 Analog zur vorigen Übung wollen wir alle 2^n Untermengen einer n-Menge auflisten. Wie üblich repräsentieren wir die Untermengen als 0,1-Wörter der Länge n. Die folgende Liste heißt Gray-Code. Angenommen $G(n) = \{G_1, \ldots, G_{2^n}\}$ sei die Liste für n, dann ist $G(n+1) = \{0G_1, 0G_2, \ldots, 0G_{2^n}, 1G_{2^n}, 1G_{2^n-1}, \ldots, 1G_1\}$. Zeige: a. Je zwei benachbarte 0,1-Wörter in $G(n)$ unterscheiden sich an genau einer Stelle. b. Sei $G(n,k)$ die Unterfolge von $G(n)$ mit genau k 1'en. Zeige, dass aufeinanderfolgende Wörter in $G(n,k)$ sich in genau zwei Stellen unterscheiden.

28 An einem Bridgeturnier nehmen $4n$ Spieler teil, und das Turnier findet an n Tischen statt. Jeder Spieler benötigt einen anderen Spieler als Partner und jedes Paar von Partnern benötigt ein anderes Paar als Gegner. Auf wie viele Arten kann die Wahl von Partner und Gegner erfolgen?

▷ **29** Auf wie viele Arten können wir die Zahlen $1,\ldots,n$ in einer Reihe anordnen, so dass abgesehen vom ersten Element die Zahl k nur dann platziert werden kann, falls einer der Vorgänger (nicht notwendig unmittelbar) $k-1$ oder $k+1$ ist? Beispiel: 3 2 4 5 1 6 oder 4 3 5 2 1 6.

30 Auf wie viele Arten können die Zahlen $1,\ldots,n$ in einem Kreis arrangiert werden, so dass benachbarte Zahlen sich um jeweils 1 oder 2 unterscheiden?

31 Gegeben sei eine Permutation $a_1a_2\ldots a_n$ von $\{1,\ldots,n\}$. Eine *Inversion* ist ein Paar a_i, a_j mit $i<j$ aber $a_i > a_j$. Beispiel: 1 4 3 5 2 hat die Inversionen 4,3; 4,2; 3,2; 5,2. Sei $I_{n,k}$ die Anzahl der n-Permutationen mit genau k Inversionen. Zeige:

a. $I_{n,0}=1$,
b. $I_{n,k}=I_{n,\binom{n}{2}-k}$ $(k=0,\ldots,\binom{n}{2})$.
c. $I_{n,k}=I_{n-1,k}+I_{n,k-1}$ für $k<n$. Gilt dies auch für $k=n$?
d. $\sum_{k=0}^{\binom{n}{2}}(-1)^k I_{n,k}=0$, $n\geq 2$.

▷ **32** Sei $a_1,a_2,\ldots,a_n$ eine Permutation von $\{1,\ldots,n\}$. Mit b_j bezeichnen wir die Anzahl der Zahlen links von j, die größer als j sind (also eine Inversion mit j bilden). Die Folge $b_1,\ldots,b_n$ heißt die *Inversionstafel* von $a_1,\ldots,a_n$. Zeige: $0\leq b_j\leq n-j$ $(j=1,\ldots,n)$, und beweise, dass umgekehrt jede Folge $b_1,\ldots,b_n$ mit $0\leq b_j\leq n-j$ $(\forall j)$ Inversionstafel zu genau einer Permutation ist.

33 Wir betrachten nochmals die lexikographische Anordnung der Permutationen aus Übung 26. Der kleinsten Permutation $(1,2,\ldots,n)$ ordnen wir die Nummer 0 zu, der nächsten die Nummer 1, usf. und schließlich der letzten Permutation $(n,n-1,\ldots,1)$ die Nummer $n!-1$. Die Aufgabe besteht darin, zu einer Permutation $\pi=(\pi_1,\ldots,\pi_n)$ die Nummer $\ell_n(\pi)$ zu bestimmen. Zeige: $\ell_1((1))=0, \ell_n(\pi)=(\pi_1-1)(n-1)!+\ell_{n-1}(\pi')$, wobei $\pi'=(\pi'_1,\ldots,\pi'_{n-1})$ aus π entsteht, indem wir π_1 entfernen und alle $\pi_j>\pi_1$ um 1 erniedrigen. Beispiel: $\ell_4(2314)=3!+\ell_3(213)=3!+2!+\ell_2(12)=8$.

34 Umkehrung der vorigen Übung. Sei ℓ, $0\leq\ell\leq n!-1$ gegeben. Bestimme die zugehörige Permutation π mit $\ell_n(\pi)=\ell$. Hinweis: Laut Übung 10 können wir ℓ in der Form $\ell=a_{n-1}(n-1)!+a_{n-2}(n-2)!+\ldots+a_1 1!$ mit $0\leq a_k\leq k$ darstellen.

35 Beweise die folgenden Rekursionen für die Stirling Zahlen:

a. $s_{n+1,k+1}=\sum\limits_i\binom{i}{k}s_{n,i}$, b. $S_{n+1,k+1}=\sum\limits_i\binom{n}{i}S_{i,k}$.

▷ **36** Die *Euler-Zahlen* $A_{n,k}$ zählen die Permutationen π von $\{1,\ldots,n\}$ mit genau k Anstiegen, d. h. k Stellen i mit $\pi_i<\pi_{i+1}$. Zum Beispiel haben wir für $n=3$: $A_{3,0}=1$, $A_{3,1}=4$, $A_{3,2}=1$. Zeige die Rekursion: $A_{n,k}=(n-k)A_{n-1,k-1}+(k+1)A_{n-1,k}$ $(n>0)$ mit $A_{0,0}=1, A_{0,k}=0$ $(k>0)$.

37 Viele Identitäten für Binomialzahlen können durch Abzählen von Gitterwegen gewonnen werden. Betrachten wir ein $m\times n$-Gitter, z. B. für $m=5$, $n=3$. (Beachte, dass m und n die Anzahl der Kanten ist.)

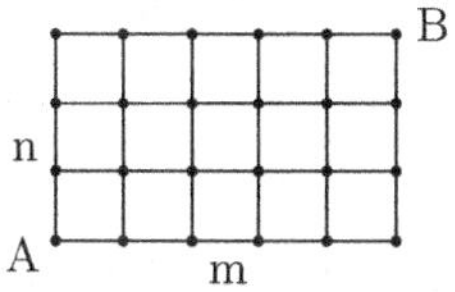

Zeige, dass die Anzahl der verschiedenen Wege von A nach B, die stets nach rechts oder nach oben gehen, gleich $\binom{m+n}{n}$ ist. Zum Beispiel haben wir für $m = 2$, $n = 2$ die $\binom{4}{2} = 6$ Wege

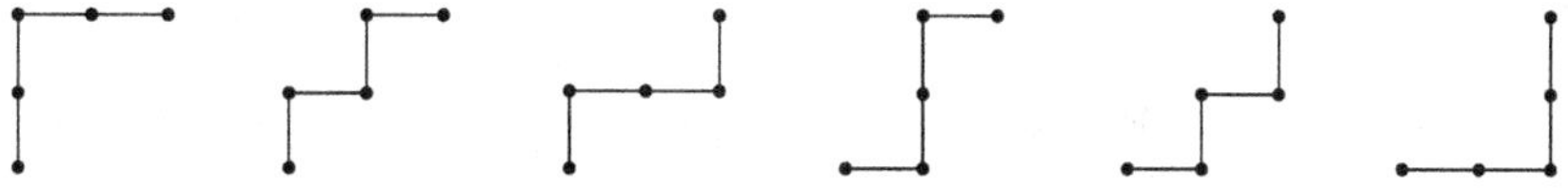

38 Zwei Beispiele zur Gittermethode. a. Klassifiziere die Gitterwege nach ihrem ersten Eintreffen auf der rechten Vertikalen und leite daraus Gleichung (8) aus 1.4 ab (siehe die linke Figur). Beweise die Vandermondesche Identität (12) aus Abschnitt 1.4 durch Klassifizierung der Gitterwege nach dem Schnittpunkt mit der in der Zeichnung angedeuteten Diagonalen (siehe die rechte Figur).

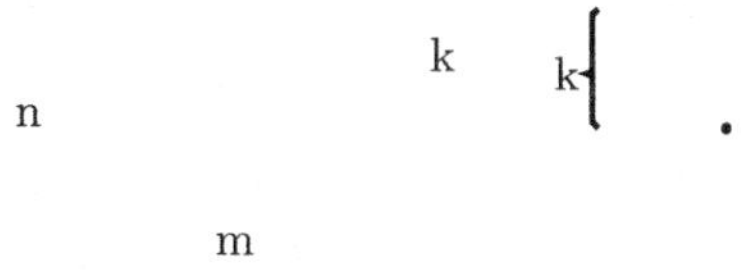

▷ **39** Auf wie viele Arten kann ein König von der linken unteren Ecke eines Schachbrettes nach der rechten oberen ziehen, wenn er stets nach oben, nach rechts oder diagonal nach rechts oben zieht? Hinweis: Setze r gleich der Anzahl der Diagonalzüge und summiere dann über r.

40 Zeige $r^{\underline{k}}(r - \frac{1}{2})^{\underline{k}} = \frac{(2r)^{\underline{2k}}}{2^{2k}}$ und folgere daraus die Formel $\binom{-\frac{1}{2}}{n} = (-\frac{1}{4})^n \binom{2n}{n}$.

▷ **41** Das folgende Problem geht auf J. L. F. Bertrand (1822–1900) zurück. Zwei Kandidaten A und B erhalten in einer Wahl a bzw. b Stimmen, $a > b$. Auf wie viele Arten können die Stimmzettel arrangiert werden, so dass bei der Auszählung, eine Stimme nach der anderen, A stets mehr Stimmen als B hat. Zum Beispiel erhalten wir für $a = 4$, $b = 2$ die folgenden Möglichkeiten: $AAAABB$, $AAABAB$, $AAABBA$,$AABAAB$, $AABABA$. Zeige, dass die gesuchte Zahl $\frac{a-b}{a+b}\binom{a+b}{a}$ ist. Hinweis: Zeichne eine Folge als Punkte (x, y), wobei y die Anzahl der A-Stimmen minus Anzahl der B-Stimmen ist, wenn x Stimmen ausgezählt sind. Die gesuchten Folgen sind dann die Wege von $(0, 0)$ nach $(a + b, a - b)$, welche nach $(0, 0)$ nicht mehr die x-Achse berühren.

42 Zeige, dass $(1+\sqrt{3})^{2n+1} + (1-\sqrt{3})^{2n+1}$ für jedes $n \geq 0$ eine natürliche Zahl darstellt. Hinweis: Binomialsatz. Da $0 < |1 - \sqrt{3}| < 1$ ist, muss also $-(1 - \sqrt{3})^{2n+1}$ der Anteil nach dem Komma von $(1 + \sqrt{3})^{2n+1}$ sein. Folgere daraus, dass der ganzzahlige Teil von $(1 + \sqrt{3})^{2n+1}$ stets 2^{n+1} als Faktor enthält.

▷ **43** Es sei $a_n = \frac{1}{\binom{n}{0}} + \frac{1}{\binom{n}{1}} + \ldots + \frac{1}{\binom{n}{n}}$.
Zeige, dass $a_n = \frac{n+1}{2n} a_{n-1} + 1$ ist und bestimme daraus $\lim\limits_{n \to \infty} a_n$ (falls dieser Grenzwert existiert).
Hinweis: Zeige, dass $a_n > 2 + \frac{2}{n}$ und $a_{n+1} < a_n$ ist für $n \geq 4$.

44 Offenbar teilen n Punkte auf einer Geraden diese in $n+1$ Teile.

a. Sei L_n =Maximalzahl von ebenen Stücken, in welche die Ebene durch n Geraden zerfällt. Bestimme eine Rekursion für L_n und berechne L_n.

b. Sei M_n = Maximalzahl von 3-dimensionalen Stücken, in welche der Raum $\mathbb{R}^3$ durch n Ebenen zerfällt. Bestimme eine Rekursion für M_n und berechne M_n.

c. Allgemein für $\mathbb{R}^n$.

▷ **45** Das Pascalsche Dreieck (etwas verschoben) ergibt einen verblüffenden Primzahltest. Wir nummerieren die Zeilen wie üblich mit $0, 1, 2, \ldots, n \ldots$, und ebenso die Spalten. In die n-te Zeile schreiben wir die $n+1$ Binomialkoeffizienten $\binom{n}{0}, \binom{n}{1}, \ldots, \binom{n}{n}$, aber verschoben in die Spalten mit den Nummern $2n$ bis $3n$ inklusive. Schließlich zeichnen wir einen Kreis um eine dieser $n+1$ Zahlen, falls sie ein Vielfaches von n ist. Die ersten Zeilen und Spalten sehen folgendermaßen aus:

$n \backslash k$	0	1	2	3	4	5	6	7	8	9	10	11	12
0	1												
1			①	①									
2					1	②	1						
3							1	③	③	1			
4									1	④	6	④	1

Zeige: Eine Zahl k ist genau dann Primzahl, wenn alle Elemente in der k-ten Spalte einen Kreis haben. Hinweis: k gerade ist leicht und für k ungerade beweise zunächst, dass das Element in der n-ten Zeile und k-ten Spalte $\binom{n}{k-2n}$ ist.

▷ **46** Zwei Würfel haben dieselbe Wahrscheinlichkeitsverteilung. Zeige, dass die Wahrscheinlichkeit, in zwei Würfen dieselbe Zahl zu werfen, immer mindestens $\frac{1}{6}$ ist.

47 Die folgenden wichtigen Ungleichungen schätzen den Abstand von X zum Erwartungswert EX ab. Beweise Markovs Ungleichung: Sei X eine Zufallsvariable, die nur Werte ≥ 0 annimmt, dann gilt $p(X \geq \alpha) \leq \frac{EX}{\alpha}$ für $\alpha \geq 0$. Folgere daraus Tschebyscheffs Ungleichung: $p(|X - EX| \geq \alpha) \leq \frac{VX}{\alpha^2}$ für eine Zufallsvariable X und $\alpha \geq 0$.

48 Schätze mit Hilfe der vorigen Übung die Wahrscheinlichkeit ab, dass eine Permutation $k+1$ Fixpunkte hat (alle Permutationen gleichwahrscheinlich).

▷ **49** n Jäger schießen zugleich auf r Hasen (sie treffen immer), wobei jeder Jäger mit gleicher Wahrscheinlichkeit auf jeden der Hasen zielt. Was ist die erwartete Anzahl der überlebenden Hasen? Zeige mit Hilfe von Markovs Ungleichung, dass für $n \geq r(\log r + 5)$ mit Wahrscheinlichkeit $> 0,99$ kein Hase überlebt.

50 Ein Zufallsgenerator wählt eine der Zahlen $1, 2, \ldots, 9$ aus, alle mit gleicher Wahrscheinlichkeit. Bestimme die Wahrscheinlichkeit, dass nach n Wahlen ($n > 1$) das Produkt dieser Zahlen durch 10 teilbar ist. Hinweis: Betrachte die Zufallsvariablen X_k = Anzahl der k, $1 \leq k \leq 9$.

▷ **51** Ein Spielkartenblatt mit n Karten enthält drei Asse. Es wird gemischt (alle Reihenfolgen gleichwahrscheinlich). Die Karten werden nun eine nach der anderen aufgedeckt bis das zweite As erscheint. Zeige, dass der Erwartungswert der dabei aufgedeckten Karten $\frac{n+1}{2}$ ist.

52 Es seien $(p_1, \ldots, p_6)$ und $(q_1, \ldots, q_6)$ die Wahrscheinlichkeitsverteilungen von zwei Würfeln. Zeige, dass die p_i, q_j niemals so gewählt werden können, dass die Summe $2, 3, \ldots, 12$ der Würfe alle gleichwahrscheinlich $(= \frac{1}{11})$ sind.

▷ **53** Es sei x eine reelle Zahl, dann gibt es unter den Zahlen $x, 2x, 3x, \ldots, (n-1)x$ mindestens eine, die von einer ganzen Zahl um höchstens $\frac{1}{n}$ abweicht.

54 Beweise den allgemeinen Satz von Ramsey: Es seien k und $\ell_1, \ldots, \ell_r$ gegeben. Dann gibt es eine kleinste Zahl $R(k; \ell_1, \ldots, \ell_r)$, so dass folgendes gilt: Ist N eine n-Menge mit $n \geq R(k; \ell_1, \ldots, \ell_r)$ und sind die k-Untermengen von N irgendwie mit den Farben $1, \ldots, r$ gefärbt, so gibt es eine Farbe i, so dass in einer ℓ_i-Untermenge von N alle k-Teilmengen mit i gefärbt sind. Hinweis: Induktion.

▷ **55** Zeige: Sind die Ramsey Zahlen $R(k-1, \ell)$ und $R(k, \ell-1)$ beide gerade, so gilt $R(k, \ell) < R(k-1, \ell) + R(k, \ell-1)$. Berechne daraus $R(3, 4)$.

56 Zeige für das 2-Färbungsproblem von Mengenfamilien in Abschnitt 1.6: $m(2) = 3$, $m(3) = 7$.

▷ **57** Beweise $R(k, k) \geq 2^{k/2}$. Hinweis: $R(2, 2) = 2$, $R(3, 3) = 6$, also sei $k \geq 4$. Sei $n < 2^{k/2}$. Insgesamt gibt es $2^{\binom{n}{2}}$ Bekanntheitssysteme. Sei A das Ereignis, $|A| = k$, dass alle Personen untereinander bekannt sind. Verwende nun die Wahrscheinlichkeitsmethode aus Abschnitt 1.6.

58 Jedes Paar von Städten in einem Land ist durch genau eine von drei Transportmöglichkeiten verbunden: Bus, Bahn oder Flugzeug, wobei alle drei Möglichkeiten vorkommen. Keine Stadt ist durch alle drei Transporte verbunden, und keine drei Städte sind paarweise durch denselben Transport verbunden. Bestimme die maximale Zahl der Städte. Hinweis: Betrachte die möglichen Transporte aus einer festen Stadt.

▷ **59** Angenommen n verschiedene Zahlen (n sehr groß) werden auf n Zetteln geschrieben und dann in einem Hut durchgemischt. Wir ziehen aus dem Hut eine Zahl nach der anderen. Unsere Aufgabe ist, die größte Zahl zu finden. Dabei müssen wir unmittelbar nach einer Ziehung sagen, *das ist die größte Zahl*, es ist nicht erlaubt, eine frühere Zahl zu benennen. Da wir nichts über die Größenordnungen der Zahlen wissen, erscheint die Aufgabe hoffnungslos. Und doch gibt es einen Algorithmus, der mit Wahrscheinlichkeit $> \frac{1}{3}$ die richtige Zahl benennt. Hinweis: Lasse s Zahlen vorbeigehen und erkläre dann die erste Zahl, die größer als alle bisherigen Zahlen ist, als größte.

60 Es sei $a_1, a_2, a_3, \ldots$ eine unendliche Folge natürlicher Zahlen. Dann existiert entweder eine unendliche streng monoton steigende Teilfolge $a_{i_1} < a_{i_2} < a_{i_3} < \ldots$ $(i_1 < i_2 < i_3 < \ldots)$ oder eine unendliche streng monoton fallende Teilfolge oder eine unendliche konstante Teilfolge $a_{j_1} = a_{j_2} = a_{j_3} = \ldots$.

2 Summation

Viele Abzählprobleme reduzieren sich auf die Auswertung von Summen, und umgekehrt lassen sich Zählkoeffizienten oft als eine Summe darstellen. Einige der Standardmethoden, wie man Summen berechnet, wollen wir nun kennenlernen.

2.1 Direkte Methoden

Wir schreiben eine Summe üblicherweise in der Form $\sum_{k=0}^{n} a_k$ oder $\sum_{0\le k\le n} a_k$. Der Laufindex wird meist mit k bezeichnet. Wollen wir die geraden Zahlen zwischen 0 und 100 aufsummieren, so könnten wir $\sum_{\substack{k=0\\ k \text{ gerade}}}^{100} k$ schreiben oder $\sum_{k=1}^{50} 2k$. Bequemer ist die folgende Wahr–Falsch-Notation: $\sum_{k=0}^{100} k[k = \text{gerade}]$. Der Klammerausdruck bedeutet

$$[k \text{ hat Eigenschaft } E] = \begin{cases} 1 & \text{falls } k \text{ die Eigenschaft } E \text{ erfüllt} \\ 0 & \text{falls nicht.} \end{cases}$$

Eine der elementarsten (und nützlichsten) Techniken ist die **Indextransformation**. Sei $i \ge 0$, dann ist

$$\sum_{k=m}^{n} a_k = \sum_{k=m+i}^{n+i} a_{k-i} = \sum_{k=m-i}^{n-i} a_{k+i} \, .$$

Also: Erniedrigung im Laufindex um i entspricht Erhöhung der Summationsgrenzen um i, und umgekehrt. Als weiteres Beispiel erhalten wir durch die Transformation $k \to n-k$ bzw. $k \to m+k$

$$\sum_{k=m}^{n} a_k = \sum_{k=0}^{n-m} a_{n-k} = \sum_{k=0}^{n-m} a_{m+k} \, .$$

Betrachten wir z. B. die *arithmetische Summe* $S = 0 \cdot a + 1 \cdot a + \ldots + n \cdot a = \sum_{k=0}^{n} ka$. Durch die Transformation $k \to n-k$ sehen wir $S = \sum_{k=0}^{n}(n-k)a$, und daher $2S = \sum_{k=0}^{n} ka + \sum_{k=0}^{n}(n-k)a = \sum_{k=0}^{n} na = n\sum_{k=0}^{n} a = n(n+1)a$, d. h. $S = \frac{n(n+1)}{2}a$.

Angenommen, wir haben ein quadratisches Schema von reellen Zahlen $a_i a_j$ gegeben $(i, j = 1, \ldots, n)$. Summieren wir alle Zahlen auf, so erhalten wir $S = \sum_{1\le i,j\le n} a_i a_j = (\sum_{i=1}^{n} a_i)(\sum_{j=1}^{n} a_j) = (\sum_{k=1}^{n} a_k)^2$. Unsere Aufgabe lautet nun, alle Produkte $a_i a_j$ unterhalb (und einschließlich) der Hauptdiagonale zu summieren, also $\underline{S} = \sum_{1\le j\le i\le n} a_i a_j$ zu bestimmen. Zunächst sehen wir, dass die

Summe oberhalb (und einschließlich) der Hauptdiagonale $\overline{S} = \sum_{1\le i\le j\le n} a_i a_j = \sum_{1\le i\le j\le n} a_j a_i = \underline{S}$ ist. Aus $S = \underline{S} + \overline{S} - \sum_{i=1}^n a_i^2 = 2\underline{S} - \sum_{k=1}^n a_k^2$ berechnen wir nun sofort

$$\underline{S} = \frac{1}{2}\Big(\Big(\sum_{k=1}^n a_k\Big)^2 + \sum_{k=1}^n a_k^2\Big) .$$

Welche direkte Methode wird man zur Berechnung von Summen zuerst ausprobieren? Zuallererst sicherlich **Induktion**. Ein einfaches Beispiel ist die Summation der ersten n ungeraden Zahlen $S_n = \sum_{k=1}^n (2k-1)$. Man beginnt mit einer Tafel kleiner Werte:

n	1	2	3	4	5	6
S_n	1	4	9	16	25	36

Das sollte genügen, um die Antwort $S_n = n^2$ zu vermuten. Für $n = 1$ haben wir $S_1 = 1^2 = 1$. Aus der Annahme $S_n = n^2$ folgt nun $S_{n+1} = S_n + (2n+1) = n^2 + 2n + 1 = (n+1)^2$, und die Richtigkeit der Aussage folgt mit Induktion.

Der Nachteil der Induktionsmethode ist klar. Wir müssen die richtige Antwort „raten“. Außerdem ist der Schluss von n auf $n+1$ des öfteren gar nicht einfach. Bei dieser zweiten Schwierigkeit kann man sich manchmal mit einer raffinierteren Variante der Induktion behelfen.

Betrachten wir die geometrisch-arithmetische Ungleichung: Seien $a_1, \ldots, a_n$ reelle Zahlen ≥ 0, dann gilt für alle $n \ge 1$:

$$(Pn) \quad \sqrt[n]{a_1 a_2 \ldots a_n} \le \tfrac{a_1 + \ldots + a_n}{n} \quad \text{oder}$$
$$a_1 a_2 \ldots a_n \le \left(\tfrac{a_1 + \ldots + a_n}{n}\right)^n .$$

Für $n = 1$ ist dies klar, für $n = 2$ haben wir $a_1 a_2 \le (\frac{a_1+a_2}{2})^2 \iff 4a_1a_2 \le a_1^2 + 2a_1a_2 + a_2^2 \iff 0 \le a_1^2 - 2a_1a_2 + a_2^2 = (a_1 - a_2)^2$, also ist auch $(P2)$ richtig. Der Schluss von n auf $n+1$ bereitet jedoch einige Mühe. Wir gehen statt dessen in zwei Schritten vor:

(a) $(Pn) \Longrightarrow (P(n-1))$
(b) $(Pn) \wedge (P2) \Longrightarrow P(2n)$.

Die Kombination dieser beiden Schritte liefert ebenfalls die volle Aussage (klar?). Zum Beweis von (a) setzen wir $b = \sum_{i=1}^{n-1} \frac{a_i}{n-1}$ und erhalten

$$\left(\prod_{k=1}^{n-1} a_k\right) \sum_{k=1}^{n-1} \frac{a_k}{n-1} = \left(\prod_{k=1}^{n-1} a_k\right) b \overset{(Pn)}{\le} \left(\frac{\sum_{k=1}^{n-1} a_k + b}{n}\right)^n = \left(\frac{n\sum_{k=1}^{n-1} a_k}{n(n-1)}\right)^n$$
$$= \left(\frac{\sum_{k=1}^{n-1} a_k}{n-1}\right)^n, \quad \text{also} \quad \prod_{k=1}^{n-1} a_k \le \left(\frac{\sum\limits_{k=1}^{n-1} a_k}{n-1}\right)^{n-1} .$$

Zu (b) haben wir

$$\prod_{k=1}^{2n} a_k = (\prod_{k=1}^{n} a_k)(\prod_{k=n+1}^{2n} a_k) \overset{(Pn)}{\leq} (\sum_{k=1}^{n} \frac{a_k}{n})^n (\sum_{k=n+1}^{2n} \frac{a_k}{n})^n \overset{(P2)}{\leq} \left(\frac{\sum_{k=1}^{2n} \frac{a_k}{n}}{2} \right)^{2n}$$

$$= \left(\frac{\sum_{k=1}^{2n} a_k}{2n} \right)^{2n} ,$$

und wir sind fertig.

Eine weitere nützliche Methode besteht darin, den ersten und letzten Term einer Summe zu **isolieren**. Sei $S_n = \sum_{k=0}^{n} a_k$, dann gilt mit Indextransformation

$$S_{n+1} = S_n + a_{n+1} = a_0 + \sum_{k=1}^{n+1} a_k = a_0 + \sum_{k=0}^{n} a_{k+1} \, .$$

Die Idee ist, die letzte Summe zu S_n in Beziehung zu setzen. Zwei Beispiele mögen dies erläutern. Zunächst betrachten wir die *geometrische Summe* $S_n = 1 + a^1 + a^2 + \ldots + a^n = \sum_{k=0}^{n} a^k$. Isolieren der Terme ergibt

$$S_{n+1} = S_n + a^{n+1} = 1 + \sum_{k=0}^{n} a^{k+1} = 1 + a \sum_{k=0}^{n} a^k = 1 + aS_n \, ,$$

und wir erhalten $S_n + a^{n+1} = 1 + aS_n$, d. h. $S_n = \frac{a^{n+1}-1}{a-1}$ für $a \neq 1$. Für $a = 1$ ist das Ergebnis natürlich $S_n = n + 1$. Als nächstes sei $S_n = \sum_{k=0}^{n} k2^k$ zu berechnen. Unsere Methode ergibt

$$\begin{aligned} S_{n+1} &= S_n + (n+1)2^{n+1} = \sum_{k=0}^{n} (k+1)2^{k+1} = 2\sum_{k=0}^{n} k2^k + 2\sum_{k=0}^{n} 2^k \\ &= 2S_n + 2^{n+2} - 2 \, , \end{aligned}$$

und daraus

$$S_n = (n-1)2^{n+1} + 2 \, .$$

Sobald eine Formel bewiesen ist, sollte man sie zur Sicherheit für kleine Werte verifizieren: Für $n = 4$ erhalten wir $S_4 = 2^1 + 2 \cdot 2^2 + 3 \cdot 2^3 + 4 \cdot 2^4 = 2 + 8 + 24 + 64 = 98$ und rechts $3 \cdot 2^5 + 2 = 96 + 2 = 98$.

Wir wollen uns noch kurz dem zweiten Aspekt der Einleitung zuwenden: Darstellung einer Zählfunktion durch eine Summenformel. Die einfachste Form ist die folgende: Angenommen, die gesuchten Koeffizienten T_n $(n \geq 0)$ sind als Rekursion gegeben:

$$T_0 = \alpha$$
$$a_n T_n = b_n T_{n-1} + c_n \qquad (n \geq 1)\,.$$

Wir können darin T_{n-1} durch T_{n-2} ausdrücken, T_{n-2} durch T_{n-3} usw., bis wir bei T_0 angelangt sind. Das Ergebnis wird ein Ausdruck in a_k, b_k, c_k und α sein. Der folgende Ansatz erleichtert die Rechnung erheblich. Wir multiplizieren beide Seiten der Rekursion mit einem **Summationsfaktor** s_n, der

(1) $$s_{n-1}a_{n-1} = s_n b_n$$

erfüllt. Mit $S_n = s_n a_n T_n$ erhalten wir daraus

$$S_n = s_n(b_n T_{n-1} + c_n) = S_{n-1} + s_n c_n$$

also

$$S_n = \sum_{k=1}^{n} s_k c_k + s_0 a_0 T_0$$

und somit

(2) $$T_n = \frac{1}{s_n a_n}\Big(\sum_{k=1}^{n} s_k c_k + s_0 a_0 T_0\Big)\,.$$

Wie finden wir nun die Summationsfaktoren s_n? Durch Iteration der definierenden Gleichung (1) erhalten wir

(3) $$s_n = \frac{a_{n-1}s_{n-1}}{b_n} = \frac{a_{n-1}a_{n-2}s_{n-2}}{b_n b_{n-1}} = \ldots = \frac{a_{n-1}a_{n-2}\cdots a_0}{b_n b_{n-1}\cdots b_1}\,, \qquad s_0 = 1\,,$$

oder irgendein geeignetes Vielfaches. Allerdings müssen wir darauf achten, dass alle $a_i, b_j \neq 0$ sind.

Als Beispiel wollen wir die Anzahl D_n der fixpunktfreien Permutationen, der sogenannten *Derangements*, berechnen. Wir haben $D_1 = 0$, $D_2 = 1$ und setzen $D_0 = 1$. Sei $n \geq 3$. Wir klassifizieren die fixpunktfreien Permutationen π nach dem Bild $\pi(1)$ von 1. Offensichtlich kann $\pi(1)$ eine der Zahlen $2, 3, \ldots, n$ sein. Sei $\pi(1) = i$. Nun unterscheiden wir zwei Fälle: $\pi(i) = 1$ oder $\pi(i) \neq 1$. Im ersten Fall haben wir $\pi = \binom{1 \ldots i \,\ldots\, n}{i \ldots 1 \ldots \pi(n)}$, das heißt die Zahlen $k \neq 1, i$ können auf alle Arten fixpunktfrei abgebildet werden, und wir erhalten demnach D_{n-2} Permutationen. Im zweiten Fall haben wir $\pi = \binom{1 \;\ldots\; i \;\ldots\; n}{i \ldots \pi(i) \neq 1 \ldots \pi(n)}$. Ersetzen wir nun in der ersten Zeile i durch 1 und entfernen die erste Stelle, so erhalten wir eine fixpunktfreie Permutation auf $\{1, \ldots, n\} \setminus \{i\}$, und umgekehrt ergibt jede solche Permutation durch Wiederersetzung $1 \to i$ eine Permutation von $\{1, \ldots, n\}$ mit $\pi(i) \neq 1$. Aus der Gleichheitsregel folgt, dass im zweiten Fall genau D_{n-1} Permutationen resultieren. Da $\pi(1)$ die $n-1$ Werte $2, \ldots, n$ annehmen kann, ergibt die Summenregel die Rekursion

$$D_n = (n-1)(D_{n-1} + D_{n-2}) \tag{4}$$

und diese Rekursion gilt auch für $n = 2$, da wir $D_0 = 1$ gesetzt haben. Um unsere Technik der Summationsfaktoren anwenden zu können, benötigen wir aber eine Rekursion erster Ordnung. Kein Problem. Aus (4) ersehen wir

$$\begin{aligned} D_n - nD_{n-1} &= -(D_{n-1} - (n-1)D_{n-2}) \\ &= \quad D_{n-2} - (n-2)D_{n-3} \\ &\ \vdots \\ &= (-1)^{n-1}(D_1 - D_0) = (-1)^n , \end{aligned}$$

also

$$D_n = nD_{n-1} + (-1)^n \qquad (n \geq 1), \tag{5}$$

und jetzt haben wir unsere gewünschte Form. Mit $a_n = 1$, $b_n = n$, $c_n = (-1)^n$ erhalten wir laut (3) den Summationsfaktor $s_n = \frac{1}{n!}$ und daraus mit (2)

$$D_n = n!(\sum_{k=1}^{n} \frac{(-1)^k}{k!} + 1) = n! \sum_{k=0}^{n} \frac{(-1)^k}{k!} ,$$

oder

$$\frac{D_n}{n!} = \sum_{k=0}^{n} \frac{(-1)^k}{k!} .$$

Aus der Analysis wissen wir, dass $\sum_{k=0}^{n} \frac{(-1)^k}{k!}$ mit $n \to \infty$ gegen e^{-1} konvergiert. Daraus können wir das überraschende Ergebnis ableiten: Ziehen wir zufällig eine Permutation, so ist die Wahrscheinlichkeit, eine fixpunktfreie Permutation zu erhalten, für große n etwa $e^{-1} \sim \frac{1}{2.71} > \frac{1}{3}$. Amüsante Interpretation: Werden durch einen Windstoß die geordneten Manuskriptblätter eines Buches beliebig aufgewirbelt, so ist die Wahrscheinlichkeit, dass nachher keines mehr am richtigen Platz liegt, größer als $\frac{1}{3}$, eine wahrhaft betrübliche Erkenntnis.

2.2 Differenzenrechnung

Die Summation $\sum_{k=a}^{b} g(k)$ können wir als diskretes Analogon des bestimmten Integrals $\int_a^b g(x)\,dx$ auffassen. Der Hauptsatz der Differential-Integralrechnung liefert uns bekanntlich folgende Methode zur Auswertung des Integrals. Sei D der Differentialoperator. Es sei f eine *Stammfunktion* von g, also $g = Df$, dann gilt

$$\int_a^b g(x)\,dx = f(b) - f(a). \tag{1}$$

Wir wollen untersuchen, ob wir auch im diskreten Fall einen solchen „Differentialoperator“ finden können, der eine Berechnung der Summe wie in (1) erlaubt.

In der Analysis wird $Df(x)$ durch die Quotienten $\frac{f(x+h)-f(x)}{h}$ angenähert. Im diskreten Fall steht uns als beste Näherung $h = 1$ zur Verfügung, also $f(x+1) - f(x)$.

Für eine Funktion $f(x)$ erklären wir den **Translationsoperator** E^a mit *Schrittweite* a durch $E^a : f(x) \mapsto f(x+a)$, wobei wir $E = E^1$ setzen und $I = E^0$. I ist die *Identität*. Nun erklären wir die beiden fundamentalen Differenzenoperatoren: $\Delta = E - I$ und $\nabla = I - E^{-1}$, also

$$\begin{aligned} \Delta: \quad f(x) &\mapsto f(x+1) - f(x) \\ \nabla: \quad f(x) &\mapsto f(x) - f(x-1) . \end{aligned}$$

Δ heißt der (**Vorwärts-**) **Differenzenoperator** und ∇ der (**Rückwärts-**) **Differenzenoperator**.

Als Beispiel erhalten wir $\Delta(x^3) = (x+1)^3 - x^3 = 3x^2 + 3x + 1$, d. h. Δ bildet das Polynom x^3 auf das Polynom zweiten Grades $3x^2 + 3x + 1$ ab. Allgemein erniedrigt Δ den Grad eines Polynoms um 1, da sich die höchsten Potenzen wegkürzen.

Operatoren können wir auf die übliche Weise addieren, mit einem Skalarfaktor multiplizieren, und wir haben auch ein Produkt, die Komposition:

$$\begin{aligned} (P+Q)f &= Pf + Qf \\ (\alpha P)f &= \alpha(Pf) \\ (QP)f &= Q(Pf) . \end{aligned}$$

Alle Rechenregeln gelten für die Operatoren wie für reelle Zahlen, mit Ausnahme der Existenz eines multiplikativen Inversen. Berechnen wir beispielsweise Δ^n. Wegen $\Delta = E - I$ ist $\Delta^n = (E-I)^n$, und nach dem Binomialsatz, angewandt auf $(E-I)^n$, erhalten wir die wichtige Formel:

$$\begin{aligned} \Delta^n f(x) = (E-I)^n f(x) &= \sum_{k=0}^{n} (-1)^{n-k} \binom{n}{k} E^k f(x) \\ &= \sum_{k=0}^{n} (-1)^{n-k} \binom{n}{k} f(x+k) . \end{aligned} \tag{2}$$

Insbesondere ergibt dies für $x = 0$

$$\Delta^n f(0) = \sum_{k=0}^{n} (-1)^{n-k} \tbinom{n}{k} f(k) . \tag{3}$$

Wir können also $\Delta^n f(x)$ an der Stelle $x = 0$ (oder an irgendeiner anderen Stelle) berechnen, *ohne* das Polynom $\Delta^n f(x)$ zu kennen. Betrachten wir als Beispiel $\Delta^3(x^4)$. Hier ergibt sich $\Delta^3(x^4)_{x=0} = \sum_{k=0}^{3} (-1)^{3-k} \binom{3}{k} k^4 = -0 + 3 \cdot 1 - 3 \cdot 2^4 + 3^4 = 36$.

Zurück zu unserer eigentlichen Aufgabe. Eine wichtige Regel des Differenzierens besagt $Dx^n = nx^{n-1}$ für $n \in \mathbb{Z}$. Auch für die Differenzenoperatoren Δ und ∇ gibt es Folgen mit diesen Eigenschaften, die *fallenden* und *steigenden Faktoriellen* $x^{\underline{n}} = x(x-1)\ldots(x-n+1)$ bzw. $x^{\overline{n}} = x(x+1)\ldots(x+n-1)$, die wir schon in Abschnitt 1.4 kennengelernt haben.

Wir haben $(x+1)^{\underline{n}} = (x+1)x^{\underline{n-1}}$, $x^{\underline{n}} = x^{\underline{n-1}}(x-n+1)$ und daher

$$\Delta x^{\underline{n}} = (x+1)^{\underline{n}} - x^{\underline{n}} = (x+1)x^{\underline{n-1}} - x^{\underline{n-1}}(x-n+1) = nx^{\underline{n-1}}\,, \tag{4}$$

und analog

$$\nabla x^{\overline{n}} = x^{\overline{n}} - (x-1)^{\overline{n}} = x^{\overline{n-1}}(x+n-1) - (x-1)x^{\overline{n-1}} = nx^{\overline{n-1}}\,. \tag{5}$$

Wir wollen (4) und (5) auf beliebiges $n \in \mathbb{Z}$ erweitern. Wie sollen wir $x^{\underline{n}}$ bzw. $x^{\overline{n}}$ für $n < 0$ erklären? Betrachten wir die Quotienten $x^{\underline{n}}/x^{\underline{n-1}}$, so erhalten wir $x-n+1$, also z. B. $x^{\underline{3}}/x^{\underline{2}} = x-2$, $x^{\underline{2}}/x^{\underline{1}} = x-1$, $x^{\underline{1}}/x^{\underline{0}} = x$. Als nächsten Quotienten sollten wir $x^{\underline{0}}/x^{\underline{-1}} = 1/x^{\underline{-1}} = x+1$ erhalten, also *definieren* wir $x^{\underline{-1}} = \frac{1}{x+1}$, und dann $x^{\underline{-2}} = \frac{1}{(x+1)(x+2)}$ usf. Analog gehen wir für $x^{\overline{n}}$ vor. In Zusammenfassung geben wir die folgende Definition:

$$\begin{cases} x^{\underline{n}} = x(x-1)\ldots(x-n+1) & n \geq 0 \\ x^{\underline{-n}} = \frac{1}{(x+1)\ldots(x+n)} & n > 0 \end{cases} \tag{6}$$

$$\begin{cases} x^{\overline{n}} = x(x+1)\ldots(x+n-1) & n \geq 0 \\ x^{\overline{-n}} = \frac{1}{(x-1)\ldots(x-n)} & n > 0\,. \end{cases} \tag{7}$$

Die Formeln (4) und (5) gelten nun für alle $n \in \mathbb{Z}$. Prüfen wir dies für Δ nach:

$$\begin{aligned} \Delta x^{\underline{-n}} &= (x+1)^{\underline{-n}} - x^{\underline{-n}} = \frac{1}{(x+2)\ldots(x+n+1)} - \frac{1}{(x+1)\ldots(x+n)} = \\ &= \frac{1}{(x+1)\ldots(x+n+1)}(x+1-x-n-1) = (-n)\frac{1}{(x+1)\ldots(x+n+1)} = (-n)x^{\underline{-n-1}}. \end{aligned}$$

In Zusammenfassung gilt also für alle $n \in \mathbb{Z}$:

$$\Delta x^{\underline{n}} = n\,x^{\underline{n-1}} \tag{8}$$

$$\nabla x^{\overline{n}} = n\,x^{\overline{n-1}}\,. \tag{9}$$

Im Folgenden konzentrieren wir uns auf den Operator Δ. Rufen wir uns nochmals die analytische Methode in Erinnerung. Um $\int_a^b g(x)\,dx$ zu berechnen, bestimmen wir eine Stammfunktion f, d. h. $Df = g$, und erhalten dann $\int_a^b g(x)\,dx = f(b) - f(a)$.

Wir gehen nun genauso vor: f heißt eine (diskrete) **Stammfunktion** von g, falls $\Delta f = g$ gilt. Wir schreiben dann $f = \sum g$ und nennen f eine **unbestimmte Summe**, also

$$\Delta f = g \iff f = \sum g \,.$$

Das folgende Resultat ist das genaue Gegenstück zum Hauptsatz der Differential-Integralrechnung:

Satz 2.1. *Sei f eine Stammfunktion von g, dann gilt*

$$\sum_{k=a}^{b} g(k) = f(b+1) - f(a) \,.$$

Beweis. Wegen $\Delta f = g$ gilt $f(k+1) - f(k) = g(k)$ für alle k, und wir erhalten

$$\sum_{k=a}^{b} g(k) = \sum_{k=a}^{b} (f(k+1) - f(k)) = f(b+1) - f(a) \,,$$

da sich die $f(k)$ mit $a < k \leq b$ wechselweise wegkürzen. ■

Damit ergibt sich folgende Methode: Um $\sum_{k=a}^{b} g(k)$ zu berechnen, bestimmen wir eine Stammfunktion $f = \sum g$, und erhalten

$$\sum_{k=a}^{b} g(k) = \sum_{a}^{b+1} g(x) = f(x)\,\big|_a^{b+1} = f(b+1) - f(a) \,.$$

Vorsicht: Die Summationsgrenzen für f sind a und $b+1$! Um unsere Methode effektiv anwenden zu können, benötigen wir also eine Liste von Stammfunktionen. Ein Beispiel kennen wir schon:

$$\sum x^{\underline{n}} = \frac{x^{\underline{n+1}}}{n+1} \qquad \text{für } n \neq -1 \,.$$

Was ist $\sum x^{\underline{-1}}$? Aus $x^{\underline{-1}} = \frac{1}{x+1} = f(x+1) - f(x)$ folgt sofort $f(x) = 1 + \frac{1}{2} + \ldots + \frac{1}{x}$, d. h. $f(x) = H_x$, unsere wohlbekannte harmonische Zahl. In Zusammenfassung:

$$\sum x^{\underline{n}} = \begin{cases} \frac{x^{\underline{n+1}}}{n+1} & n \neq -1 \\ H_x & n = -1 \,. \end{cases} \tag{10}$$

H_x ist also das diskrete Analogon zum Logarithmus, und dies ist auch der Grund, warum die harmonischen Zahlen in vielen Summationsformeln erscheinen. Was ist das Analogon zu e^x? Gesucht ist eine Funktion $f(x)$ mit $f(x) = \Delta f(x) = f(x+1) - f(x)$. Daraus folgt $f(x+1) = 2f(x)$, d. h. $f(x) = 2^x$. Betrachten wir eine beliebige Exponentialfunktion c^x $(c \neq 1)$. Aus $\Delta c^x = c^{x+1} - c^x = (c-1)c^x$ schließen wir

$$\sum c^x = \frac{c^x}{c-1} \qquad (c \neq 1)\,. \tag{11}$$

Wir bemerken noch, dass die Operatoren Δ und $\sum$ linear sind, das heißt es gilt stets $\Delta(\alpha f + \beta g) = \alpha\Delta f + \beta\Delta g$ und $\sum(\alpha f + \beta g) = \alpha \sum f + \beta \sum g$.

Nun ist es aber an der Zeit, unsere Ergebnisse anzuwenden. Wollen wir zum Beispiel $\sum_{k=0}^{n} k^2$ berechnen, so benötigen wir eine Stammfunktion von x^2. Die kennen wir nicht, aber wir haben $x^2 = x(x-1) + x = x^{\underline{2}} + x^{\underline{1}}$ und erhalten nunmehr

$$\begin{aligned}
\sum_{k=0}^{n} k^2 &= \sum_{0}^{n+1} x^2 = \sum_{0}^{n+1} x^{\underline{2}} + \sum_{0}^{n+1} x^{\underline{1}} = \frac{x^{\underline{3}}}{3}\Big|_0^{n+1} + \frac{x^{\underline{2}}}{2}\Big|_0^{n+1} \\
&= \frac{(n+1)^{\underline{3}}}{3} + \frac{(n+1)^{\underline{2}}}{2} = \frac{(n+1)n(n-1)}{3} + \frac{(n+1)n}{2} = \frac{n(n+\frac{1}{2})(n+1)}{3}\,.
\end{aligned}$$

Es ist klar, wie diese Methode auf beliebige Potenzsummen $\sum_{k=0}^{n} k^m$ angewandt werden kann. Wir wissen aus Abschnitt 1.4, dass $x^m = \sum_{k=0}^{m} S_{m,k} x^{\underline{k}}$ ist. Daraus folgt für $m \geq 1$

$$\begin{aligned}
\sum_{k=0}^{n} k^m &= \sum_{0}^{n+1} x^m = \sum_{0}^{n+1}\Big(\sum_{k=0}^{m} S_{m,k} x^{\underline{k}}\Big) = \sum_{k=0}^{m} S_{m,k} \sum_{0}^{n+1} x^{\underline{k}} \\
&= \sum_{k=0}^{m} S_{m,k} \frac{x^{\underline{k+1}}}{k+1}\Big|_0^{n+1} = \sum_{k=0}^{m} \frac{S_{m,k}}{k+1} x^{\underline{k+1}}\Big|_0^{n+1} \\
&= \sum_{k=0}^{m} \frac{S_{m,k}}{k+1} (n+1)n \ldots (n-k+1)\,.
\end{aligned}$$

Wir haben also die Potenzsumme auf lauter elementare Größen zurückgeführt, Stirlingzahlen und fallende Faktorielle. Insbesondere sehen wir, dass $\sum_{k=0}^{n} k^m$ ein Polynom in n vom Grad $m+1$ mit höchstem Koeffizienten $\frac{1}{m+1}$ und konstantem Glied 0 ist (wegen $S_{m,0} = 0$ für $m \geq 1$). In den Übungen 2.37 und 3.45 werden wir diese Polynome näher bestimmen.

Auch eine Regel für **partielle Summation** gibt es. Aus

$$\begin{aligned}
\Delta\big(u(x)v(x)\big) &= u(x+1)v(x+1) - u(x)v(x) \\
&= u(x+1)v(x+1) - u(x)v(x+1) \\
&\qquad\qquad + u(x)v(x+1) \; - \; u(x)v(x) \\
&= (\Delta u(x))v(x+1) + u(x)(\Delta v(x))
\end{aligned}$$

folgt

$$\sum u\Delta v = uv - \sum (Ev)\Delta u\,,$$

also genau das Analogon zur partiellen Integration, abgesehen von der zusätzlichen Translation E.

Unsere schon bekannte Summe $\sum_{k=0}^{n} k2^k$ können wir nun wie folgt berechnen. Wir setzen $u(x) = x$, $\Delta v(x) = 2^x$ und erhalten wegen $\sum 2^x = 2^x, \Delta x = 1$

$$\begin{aligned}\sum_{k=0}^{n} k2^k &= \sum_{0}^{n+1} x2^x = x2^x \big|_0^{n+1} - \sum_{0}^{n+1} 2^{x+1} = (n+1)2^{n+1} - 2^{x+1} \big|_0^{n+1} \\ &= (n+1)2^{n+1} - 2^{n+2} + 2 = (n-1)2^{n+1} + 2\,.\end{aligned}$$

Noch ein Beispiel: Wir wollen die ersten n harmonischen Zahlen aufsummieren. Mit $u(x) = H_x$, $\Delta v(x) = 1 = x^{\underline{0}}$ ergibt dies unter Beachtung von (10)

$$\begin{aligned}\sum_{k=1}^{n} H_k &= \sum_{1}^{n+1} H_x x^{\underline{0}} = H_x x \big|_1^{n+1} - \sum_{1}^{n+1} \frac{1}{x+1}(x+1) = H_x x \big|_1^{n+1} - x \big|_1^{n+1} \\ &= (n+1)H_{n+1} - 1 - (n+1) + 1 = (n+1)(H_{n+1} - 1)\,.\end{aligned}$$

Natürlich könnten wir dieses Ergebnis auch mit unseren direkten Methoden aus Abschnitt 1 ableiten, aber mit wesentlich mehr Mühe. Die Differenzenrechnung läuft dagegen vollkommen automatisch ab. Da dies für $\sum H_k$ so gut geklappt hat, noch ein etwas komplizierteres Beispiel:

Was ist $\sum_{k=1}^{n} \binom{k}{m} H_k$? Aus der binomialen Rekursion haben wir $\binom{x+1}{m+1} = \binom{x}{m} + \binom{x}{m+1}$, also $\Delta\binom{x}{m+1} = \binom{x}{m}$ oder $\sum \binom{x}{m} = \binom{x}{m+1}$. Partielle Summation mit $u(x) = H_x$, $\Delta v(x) = \binom{x}{m}$ ergibt

$$\begin{aligned}\sum_{k=1}^{n} \binom{k}{m} H_k &= \sum_{1}^{n+1} \binom{x}{m} H_x = \binom{x}{m+1} H_x \big|_1^{n+1} - \sum_{1}^{n+1} \frac{1}{x+1}\binom{x+1}{m+1} \\ &= \binom{x}{m+1} H_x \big|_1^{n+1} - \frac{1}{m+1} \sum_{1}^{n+1} \binom{x}{m} \\ &= \binom{x}{m+1} H_x \big|_1^{n+1} - \frac{1}{m+1} \binom{x}{m+1} \big|_1^{n+1} \\ &= \binom{n+1}{m+1} (H_{n+1} - \frac{1}{m+1}) \qquad (m \geq 0)\,,\end{aligned}$$

da sich die unteren Grenzen wegkürzen.

Und noch einen Satz aus der Analysis können wir übertragen. Sei $f(x)$ ein Polynom, $f(x) = \sum_{k=0}^{n} a_k x^k$, dann wissen wir, dass für die Koeffizienten a_k gilt: $a_k = \frac{f^{(k)}(0)}{k!} = \frac{D^k f(0)}{k!}$, $D^k f$ die k-te Ableitung von f. $f(x) = \sum_{k=0}^{n} \frac{D^k f(0)}{k!} x^k$ heißt bekanntlich die Taylor-Entwicklung von f (an der Stelle 0). In der Differenzenrechnung entspricht Δ dem Differentialoperator D, $x^{\underline{k}}$ entspricht x^k, und es gilt tatsächlich für ein Polynom vom Grad n:

(12) $$f(x)=\sum_{k=0}^{n}\frac{\Delta^k f(0)}{k!}x^{\underline{k}}=\sum_{k=0}^{n}\Delta^k f(0)\binom{x}{k}.$$

Die Form (12) heißt die **Newton-Darstellung** von f. Zum Beweis bemerken wir zunächst, dass f eindeutig in der Gestalt $f(x)=\sum_{k=0}^{n}b_k x^{\underline{k}}$ dargestellt werden kann. Hat f den Grad 0, so ist dies offensichtlich richtig, $f=a_0=a_0x^{\underline{0}}$. Ist nun a_n der höchste Koeffizient von f, so hat das Polynom $g(x)=f(x)-a_nx^{\underline{n}}$ Grad $n-1$, und das Resultat folgt mit Induktion. Es bleibt also zu zeigen, dass $b_k=\frac{\Delta^k f(0)}{k!}$ ist. Wir bemerken zunächst $\Delta^k x^{\underline{i}}=i(i-1)\dots(i-k+1)x^{\underline{i-k}}=i^{\underline{k}}x^{\underline{i-k}}$. Aus $f(x)=\sum_{i=0}^{n}b_i x^{\underline{i}}$ folgt wegen der Linearität von Δ somit $\Delta^k f(x)=\sum_{i=0}^{n}b_i i^{\underline{k}}x^{\underline{i-k}}$. Für $i<k$ ist $i^{\underline{k}}=0$ und für $i>k$ ist $x^{\underline{i-k}}$ an der Stelle 0 gleich 0. Wir erhalten daher

$$\Delta^k f(0)=b_k k^{\underline{k}}=k!b_k \quad \text{also } b_k=\frac{\Delta^k f(0)}{k!}.$$

Betrachten wir als Beispiel $f(x)=x^n$. In diesem Fall wissen wir aus (15) in Abschnitt 1.4, dass $b_k=S_{n,k}$ ist, und wir schließen $k!\,S_{n,k}=(\Delta^k x^n)_{x=0}$. Aus (3) ergibt sich daraus (mit dem Laufindex i)

$$k!\,S_{n,k}=(\Delta^k x^n)_{x=0}=\sum_{i=0}^{k}(-1)^{k-i}\binom{k}{i}i^n,$$

und wir erhalten eine Summenformel für die Stirling Zahlen zweiter Art

(13) $$S_{n,k}=\frac{1}{k!}\sum_{i=0}^{k}(-1)^{k-i}\binom{k}{i}i^n.$$

2.3 Inversion

Betrachten wir die beiden Formeln (3) und (12) des vorigen Abschnittes, wobei wir $x=n$ in (12) setzen:

$$\Delta^n f(0)=\sum_{k=0}^{n}(-1)^{n-k}\binom{n}{k}f(k)$$
$$f(n)=\sum_{k=0}^{n}\binom{n}{k}\Delta^k f(0).$$

Setzen wir $u_k=f(k)$, $v_k=\Delta^k f(0)$, so sehen wir, dass die erste Formel die Größe v_n durch $u_0,u_1,\dots,u_n$ ausdrückt, und die zweite die Zahl u_n durch $v_0,v_1,\dots,v_n$. Wir sagen, dass hier eine **Inversionsformel** vorliegt. Überlegen wir uns, ob dieser Formel ein allgemeineres Prinzip zugrundeliegt. Den ersten Teil haben wir aus der Gleichung

(1) $$\Delta^n=(E-I)^n$$

geschlossen, d. h. wir haben Δ mittels E ausgedrückt. Drehen wir die Sache um, so sehen wir

(2) $$E^n = (\Delta + I)^n\,,$$

und dies ergibt natürlich die zweite Formel, da $E^n = (\Delta + I)^n = \sum_{k=0}^{n} \binom{n}{k} \Delta^k$ angewandt auf f impliziert

$$f(x+n) = \sum_{k=0}^{n} \binom{n}{k} \Delta^k f(x)\,,$$

also mit $x = 0$

$$f(n) = \sum_{k=0}^{n} \binom{n}{k} \Delta^k f(0)\,.$$

Entscheidend ist also der Zusammenhang (1) und (2), und dies ist nichts anderes als eine zweimalige Anwendung des Binomialsatzes. Setzen wir $E = x$ und $\Delta = x - 1$, so reduzieren (1) und (2) zu den Formeln

$$(x-1)^n = \sum_{k=0}^{n} (-1)^{n-k} \binom{n}{k} x^k$$

$$x^n = \sum_{k=0}^{n} \binom{n}{k} (x-1)^k\,.$$

Nun liegt das allgemeine Prinzip auf der Hand. Eine **Basisfolge** $(p_0(x), p_1(x), \ldots)$ ist eine Folge von Polynomen mit Grad $p_n = n$. Also, $p_0(x)$ ist eine Konstante $\neq 0$, $p_1(x)$ hat Grad 1, usw. Unsere Standardbeispiele sind die Potenzen (x^n) und die fallenden bzw. steigenden Faktoriellen $(x^{\underline{n}})$ bzw. $(x^{\overline{n}})$. Ist $f(x)$ irgendein Polynom vom Grad n, so können wir $f(x)$ eindeutig als Linearkombination der $p_k(x)$, $0 \leq k \leq n$, darstellen. Den Beweis haben wir im vorigen Abschnitt schon für die fallenden Faktoriellen $x^{\underline{k}}$ durchgeführt, und er funktioniert wortwörtlich für jede Basisfolge. Oder in der Sprache der Linearen Algebra: Die Polynome $p_0(x), p_1(x), \ldots, p_n(x)$ bilden eine Basis im Vektorraum aller Polynome vom Grad $\leq n$.

Es seien nun $\big(p_n(x)\big)$ und $\big(q_n(x)\big)$ zwei Basisfolgen, dann können wir also jedes $q_n(x)$ eindeutig durch $p_0(x), \ldots, p_n(x)$ ausdrücken, und umgekehrt jedes $p_n(x)$ durch $q_0(x), \ldots, q_n(x)$. Das heißt, es gibt eindeutige Koeffizienten $a_{n,k}$ und $b_{n,k}$ mit

(3) $$q_n(x) = \sum_{k=0}^{n} a_{n,k} p_k(x)$$

(4) $$p_n(x) = \sum_{k=0}^{n} b_{n,k} q_k(x)\,.$$

Wir nennen $a_{n,k}$, $b_{n,k}$ die **Zusammenhangskoeffizienten**, wobei wir $a_{n,k} = b_{n,k} = 0$ für $n < k$ setzen. Die Koeffizienten $(a_{n,k})$ und $(b_{n,k})$ bilden zwei untere (unendliche) Dreiecksmatrizen. Die Beziehungen (3) und (4) drücken sich als Matrizengleichungen folgendermaßen aus: Seien $A = (a_{i,j})$, $B = (b_{i,j})$, $0 \leq i, j \leq n$, dann gilt

$$\sum_{k \geq 0} a_{n,k} b_{k,m} = [n = m] \,,$$

d. h. die Matrizen A und B sind invers zueinander, $A = B^{-1}$.

Satz 2.2. *Seien $(p_n(x))$ und $(q_n(x))$ zwei Basisfolgen mit Zusammenhangskoeffizienten $a_{n,k}$ bzw. $b_{n,k}$. Dann gilt für zwei Folgen von Zahlen $u_0, u_1, u_2, \ldots$ und $v_0, v_1, v_2, \ldots$*

$$v_n = \sum_{k=0}^{n} a_{n,k} u_k \ (\forall n) \Longleftrightarrow u_n = \sum_{k=0}^{n} b_{n,k} v_k \ (\forall n) \,.$$

Beweis. Da die Matrizen $A = (a_{i,j})$, $B = (b_{i,j})$, $0 \leq i, j \leq n$, invers zueinander sind, gilt für zwei Vektoren $u = (u_0, \ldots, u_n)$, $v = (v_0, \ldots, v_n)$

$$v = Au \Longleftrightarrow u = Bv \,. \qquad \blacksquare$$

Jedes Paar von Basisfolgen liefert uns also eine Inversionsformel, sofern wir die Zusammenhangskoeffizienten bestimmen können. Schreiben wir unser erstes Beispiel

$$x^n = \sum_{k=0}^{n} \binom{n}{k} (x-1)^k$$

$$(x-1)^n = \sum_{k=0}^{n} (-1)^{n-k} \binom{n}{k} x^k$$

noch einmal hin. Für zwei Folgen $u_0, \ldots, u_n; v_0, \ldots, v_n$ gilt daher nach Satz 2.2

(5) $$v_n = \sum_{k=0}^{n} \binom{n}{k} u_k \ (\forall n) \Longleftrightarrow u_n = \sum_{k=0}^{n} (-1)^{n-k} \binom{n}{k} v_k \ (\forall n) \,.$$

Die Formel (5) heißt die **Binomial-Inversion**. Wir können sie durch die Ersetzung $u_n \to (-1)^n u_n$ auch auf eine symmetrische Form bringen:

(6) $$v_n = \sum_{k=0}^{n} (-1)^k \binom{n}{k} u_k \ (\forall n) \Longleftrightarrow u_n = \sum_{k=0}^{n} (-1)^k \binom{n}{k} v_k \ (\forall n) \,.$$

Die Methode der Inversion lautet also folgendermaßen: Wir wollen eine Zählfunktion (also eine Koeffizientenfolge) bestimmen. Können wir eine *bekannte* Folge durch die zu bestimmende mittels einer Seite der Inversionsformel ausdrücken, so ist die gewünschte Folge durch die andere Seite der Formel ausgedrückt.

Betrachten wir als Beispiel nochmals die Derangementzahlen D_n. Sei $d(n,k)$ die Anzahl der Permutationen der Länge n mit genau k Fixpunkten, somit $d(n,0) = D_n$. Da wir die k Fixpunkte auf $\binom{n}{k}$ Arten wählen können, gilt

$$d(n,k) = \binom{n}{k} D_{n-k} ,$$

und daher

$$n! = \sum_{k=0}^{n} d(n,k) = \sum_{k=0}^{n} \binom{n}{k} D_{n-k} = \sum_{k=0}^{n} \binom{n}{k} D_k . \tag{7}$$

Wenden wir nun die Binomial-Inversion (5) mit $u_n = D_n$, $v_n = n!$ an, so erhalten wir unsere alte Summenformel

$$D_n = \sum_{k=0}^{n} (-1)^{n-k} \binom{n}{k} k! = n! \sum_{k=0}^{n} \frac{(-1)^{n-k}}{(n-k)!} = n! \sum_{k=0}^{n} \frac{(-1)^k}{k!} .$$

Sehen wir uns noch die Basisfolgen (x^n) und $(x^{\underline{n}})$ an. Aus den Beziehungen

$$x^n = \sum_{k=0}^{n} S_{n,k} x^{\underline{k}}$$
$$x^{\underline{n}} = \sum_{k=0}^{n} (-1)^{n-k} s_{n,k} x^k .$$

aus (15), (16) in Abschnitt 1.4 folgt die **Stirling-Inversion**

$$v_n = \sum_{k=0}^{n} S_{n,k} u_k \ (\forall n) \iff u_n = \sum_{k=0}^{n} (-1)^{n-k} s_{n,k} v_k \ (\forall n) ,$$

und insbesondere auch $\sum_{k \geq 0} S_{n,k} (-1)^{k-m} s_{k,m} = [n = m]$.

Prüfen wir das anhand unserer Stirling-Tabellen für $n = 7$, $m = 3$ nach, so erhalten wir $\sum_{k \geq 0} S_{7,k} (-1)^{k-3} s_{k,3} = 301 - 350 \cdot 6 + 140 \cdot 35 - 21 \cdot 225 + 1624 = 0$.

2.4 Inklusion-Exklusion

Betrachten wir das folgende Problem: Wie viele Zahlen zwischen 1 und 30 gibt es, die relativ prim zu 30 sind? Wir können die Zahlen von 1 bis 30 natürlich hinschreiben und dann die relativ primen unter ihnen ablesen. Wie immer wollen wir aber die Aufgabe für allgemeines n lösen – und da helfen unsere bisherigen Methoden nicht weiter. Versuchen wir es mit folgendem Ansatz. Da $30 = 2 \cdot 3 \cdot 5$ die Primzerlegung von 30 ist, suchen wir alle Zahlen, die weder ein Vielfaches von 2 sind, noch von 3 und auch nicht von 5. Setzen wir $S = \{1, 2, \ldots, 30\}$ und erklären wir A_2 als die Menge der Vielfachen von 2, welche ≤ 30 sind, und analog

A_3 (Vielfache von 3) und A_5 (Vielfache von 5), so müssen wir also die Anzahl der Elemente in $S \setminus (A_2 \cup A_3 \cup A_5)$ bestimmen. Die gesuchte Menge ist demnach der schraffierte Teil des folgenden Mengendiagramms:

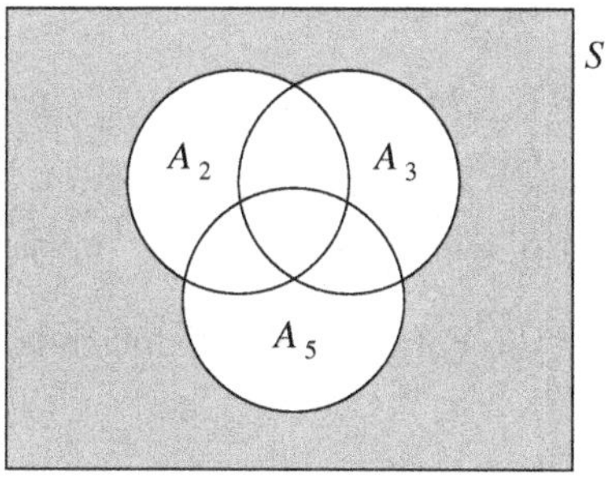

Jedes Element aus S fällt in genau einen der 8 Teile des Diagramms. Beginnen wir mit $|S| - |A_2| - |A_3| - |A_5|$, dann haben wir alle Elemente aus $A_2 \cup A_3 \cup A_5$ abgezogen, aber einige doppelt, da ein Element aus, sagen wir $A_2 \cap A_3$, ja zweimal abgezogen wurde. Geben wir diese Elemente wieder hinzu, so erhalten wir $|S| - |A_2| - |A_3| - |A_5| + |A_2 \cap A_3| + |A_2 \cap A_5| + |A_3 \cap A_5|$. Jetzt ist die Formel schon fast richtig: Alle Elemente sind genau einmal abgezogen, mit Ausnahme derer in $|A_2 \cap A_3 \cap A_5|$. Diese Elemente haben wir dreimal abgezogen, aber auch dreimal dazugezählt, also insgesamt noch nicht berücksichtigt. Ziehen wir diese letzte Gruppe ab, so erhalten wir die genaue Formel:

$$|S \setminus \cup A_i)| = |S| - |A_2| - |A_3| - |A_5| + |A_2 \cap A_3| + |A_2 \cap A_5| + |A_3 \cap A_5| - |A_2 \cap A_3 \cap A_5|.$$

Um unsere Ausgangsfrage zu beantworten, müssen wir $|A_i|, |A_i \cap A_j|, |A_2 \cap A_3 \cap A_5|$ bestimmen. Das ist aber leicht. A_2 sind die Vielfachen von 2, also $|A_2| = \frac{30}{2} = 15$, und analog $|A_3| = 10, |A_5| = 6$. $A_2 \cap A_3$ enthält offenbar die Vielfachen von 6, also ist $|A_2 \cap A_3| = \frac{30}{6} = 5$, und analog $|A_2 \cap A_5| = 3, |A_3 \cap A_5| = 2$, und schließlich ist $|A_2 \cap A_3 \cap A_5| = 1$, da nur 30 ein Vielfaches von 2,3 und 5 ist. Damit ist das Problem gelöst: Die Anzahl der Zahlen ≤ 30, welche zu 30 relativ prim sind, ist $30 - 15 - 10 - 6 + 5 + 3 + 2 - 1 = 8$. Die Zahlen sind $1, 7, 11, 13, 17, 19, 23, 29$.

Zur Berechnung von $|S \setminus (A_2 \cup A_3 \cup A_5)|$ schließen wir also Zahlen aus, schließen dann die zuviel abgezogenen Zahlen wieder ein, die jetzt zuviel gezählten Zahlen wieder aus, usf. Das ganze ist also eine Inklusion-Exklusions Methode und sie funktioniert für beliebige Mengen S und beliebige Untermengen $B_1, B_2, \ldots, B_m$ von S.

Seien $B_1, \ldots, B_m$ Untermengen von S, dann gilt

$$|S \setminus \bigcup_{i=1}^{m} B_i| = |S| - \sum_{i=1}^{m} |B_i| + \sum_{1 \leq i < j \leq m} |B_i \cap B_j| - \ldots + (-1)^m |B_1 \cap \ldots \cap B_m|.$$

Zum Beweis brauchen wir uns nur zu überlegen, wie oft ein Element $x \in S$ gezählt wird. Ist $x \in S \setminus \bigcup_{i=1}^{m} B_i$, so wird x auf der rechten Seite einmal gezählt, nämlich in

$|S|$. Sei also $x \in \bigcup_{i=1}^m B_i$, genauer x sei in $B_{i_1}, \ldots, B_{i_k}$, aber nicht in den anderen B_j's. Dann wird x zunächst einmal gezählt (in $|S|$), dann k-mal abgezogen (in $|B_{i_1}|, \ldots, |B_{i_k}|$), dann $\binom{k}{2}$ dazugezählt (in $|B_{i_1} \cap B_{i_2}|$, $|B_{i_1} \cap B_{i_3}|, \ldots$), dann $\binom{k}{3}$ abgezählt, usf. Insgesamt wird x also genau

$$1 - \binom{k}{1} + \binom{k}{2} - \binom{k}{3} + \ldots (-1)^k \binom{k}{k}$$

mal gezählt, und das ergibt 0, wie wir schon längst wissen (Abschnitt 1.4 (11)).

Für die Anwendungen wird die Formel meist in folgender Form benutzt, und das ist das eigentliche

Prinzip der Inklusion-Exklusion. *Es sei S eine Menge mit n Elementen, und $E_1, \ldots, E_m$ eine Menge von Eigenschaften, die die Elemente aus S besitzen oder nicht. Mit $N(E_{i_1} \ldots E_{i_k})$ bezeichnen wir die Anzahl der Elemente, welche die Eigenschaften $E_{i_1}, \ldots, E_{i_k}$ besitzen (und möglicherweise noch weitere). Dann gilt für die Anzahl $\overline{N}$ der Elemente, die überhaupt keine der Eigenschaften besitzen:*

$$(1) \qquad \overline{N} = n - \sum_{i=1}^m N(E_i) + \sum_{1 \le i < j \le m} N(E_i E_j) - \ldots + (-1)^m N(E_1 \ldots E_m).$$

Zum Beweis brauchen wir nur $B_i = \{x \in S : x \text{ besitzt } E_i\}$ zu setzen. Dann ist $N(E_{i_1} \ldots E_{i_k}) = |B_{i_1} \cap \ldots \cap B_{i_k}|$, $\overline{N} = |S \setminus \bigcup_{i=1}^m B_i|$, und (1) ist nichts anderes als unsere obige Formel.

In unserem Ausgangsbeispiel war E_2 die Eigenschaft „durch 2 teilbar“, E_3 „durch 3 teilbar“, E_5 „durch 5 teilbar“, und das Problem liegt somit genau darin, die Anzahl $\overline{N}$ zu bestimmen. Übung 43 zeigt, was das entsprechende Ergebnis für beliebiges n ist.

In vielen Beispielen hängt $N(E_{i_1} \ldots E_{i_k})$ nur von der Anzahl k ab, das heißt es gilt $N(E_{i_1} \ldots E_{i_k}) = N(E_{j_1} \ldots E_{j_k})$ für je zwei k-Untermengen von $\{E_1, \ldots, E_m\}$. Wir können also $N_k = N(E_{i_1} \ldots E_{i_k})$ für beliebige k-Mengen setzen, und Formel (1) nimmt die folgende einfache Gestalt an (mit $N_0 = n$):

$$(2) \qquad \overline{N} = \sum_{k=0}^m (-1)^k \binom{m}{k} N_k \, .$$

Das Prinzip der Inklusion-Exklusion ist von bestechender Einfachheit und gerade darum vielseitig anwendbar. Ein paar weitere Beispiele mögen dies illustrieren.

Zunächst noch einmal unsere altbekannten Derangement-Zahlen D_n. Die Vorgangsweise ergibt sich fast von selbst. S ist die Menge der n-Permutationen, und für $i = 1, \ldots, n$ ist E_i die Eigenschaft, dass i Fixpunkt ist. Wählen wir die Fixpunkte $i_1, \ldots, i_k$, so kann der Rest beliebig permutiert werden. Somit ist

$N(E_{i_1} \ldots E_{i_k}) = (n-k)!$ für jede k-Menge $\{i_1, \ldots, i_k\} \subseteq \{1, \ldots, n\}$, und wir erhalten laut (2)

$$D_n = \sum_{k=0}^{n} (-1)^k \binom{n}{k} (n-k)! = n! \sum_{k=0}^{n} \frac{(-1)^k}{k!} .$$

Im letzten Abschnitt haben wir die Formel für D_n mittels Binomial-Inversion bewiesen, und tatsächlich kann man zeigen, dass auch das Prinzip der Inklusion-Exklusion eine Inversion über einer geeigneten Struktur darstellt (siehe dazu die angegebene Literatur).

Als ein etwas schwierigeres Beispiel betrachten wir eine n-Menge $\{a_1, \ldots, a_n\}$ und fragen uns, wie viele Wörter der Länge $2n$ gebildet werden können, die jedes a_i genau zweimal enthalten, so dass gleiche Elemente niemals nebeneinander auftauchen. Für $n = 2$ erhalten wir zum Beispiel als einzige Wörter $a_1a_2a_1a_2$ und $a_2a_1a_2a_1$. Als Interpretation können wir uns eine lange Tafel vorstellen, und fragen, auf wie viele Arten n Ehepaare platziert werden können, so dass Ehepartner niemals nebeneinander sitzen. S sei die Menge aller Wörter der Länge $2n$ aus $\{1, 2, \ldots, n\}$, in denen jedes i genau zweimal auftritt. Ist E_i die Eigenschaft, dass ein Wort die Zahl i nebeneinander enthält, so fragen wir also genau nach $\overline{N}$. Betrachten wir eine k-Menge $\{i_1, \ldots, i_k\}$. Wie viele Wörter enthalten $i_1, i_2, \ldots, i_k$ jeweils nebeneinander? Zunächst überlegen wir uns, wie oft wir die $2k$ Zahlen $i_1, i_1, \ldots, i_k, i_k$ nebeneinander platzieren können. Betrachten wir die k Anfangsstellen der k Paare. Dies sind k Stellen zwischen 1 und $2n-1$, die sich jeweils um mindestens 2 unterscheiden (da die Stelle danach ja von dem zweiten Element besetzt ist). Die Anzahl dieser k Wahlen aus $\{1, 2, \ldots, 2n-1\}$ wurde in Übung 1.13 zu $\binom{2n-k}{k}$ berechnet. Nun können wir die k Paare auf $k!$ Arten permutieren, und die restlichen $n-k$ Paare auf $\frac{(2n-2k)!}{2^{n-k}}$ Arten in die offenen Stellen einfügen (der Nenner ergibt sich wegen der Doppelzählung bei den $n-k$ Paaren). Wir erhalten somit $N_k = \binom{2n-k}{k} k! \frac{(2n-2k)!}{2^{n-k}}$ und daher nach (2)

$$\overline{N} = \sum_{k=0}^{n} (-1)^k \binom{n}{k} \binom{2n-k}{k} k! \frac{(2n-2k)!}{2^{n-k}} .$$

Die Transformation $k \to n-k$ und Kürzen ergibt das endgültige Ergebnis

$$\overline{N} = \sum_{k=0}^{n} (-1)^{n-k} \binom{n}{k} \binom{n+k}{n-k} (n-k)! \frac{(2k)!}{2^k} = \sum_{k=0}^{n} (-1)^{n-k} \binom{n}{k} \frac{(n+k)!}{2^k} .$$

Kommen wir kurz zu Zahl-Partitionen zurück. Wie viele Partitionen von 7 gibt es, in denen alle Summanden ungerade sind und wie viele gibt es, in denen alle Summanden verschieden sind? Diese Anzahlen wollen wir mit $p_u(7)$ und $p_v(7)$ bezeichnen.

ungerade	verschieden
7	7
$5+1+1$	$6+1$
$3+3+1$	$5+2$
$3+1+1+1+1$	$4+3$
$1+1+1+1+1+1+1$	$4+2+1$

Also $p_u(7) = p_v(7) = 5$. Probieren wir andere kleine Zahlen, so kommen wir immer auf dasselbe Ergebnis $p_u(n) = p_v(n)$. Ist dies immer richtig? Kein Problem mit Inklusion-Exklusion. Sei $p(n)$ die Anzahl aller Partitionen von n. Wir berechnen zuerst $p_u(n)$. S ist die Menge aller Partitionen von n, und E_i die Eigenschaft, dass ein gerader Summand i vorkommt. Wie viele Partitionen enthalten 2? Offenbar $p(n-2)$ viele, da wir 2 jeweils wegstreichen. Nun ist klar, was herauskommt:

$$\begin{aligned} p_u(n) = \quad & p(n) \\ & - p(n-2) - p(n-4) - p(n-6) - \dots \\ & + p(n-2-4) + p(n-2-6) + p(n-2-8) + \dots \\ & - p(n-2-4-6) - \dots \end{aligned}$$

Nun zu $p_v(n)$. Hier ist E_i die Eigenschaft, dass i mehrmals als Summand auftritt. Also erhalten wir

$$\begin{aligned} p_v(n) = \quad & p(n) \\ & - p(n-1-1) - p(n-2-2) - p(n-3-3) - \dots \\ & + p(n-1-1-2-2) + p(n-1-1-3-3) + \dots \end{aligned}$$

und wir sehen, dass die beiden Berechnungen Zeile für Zeile übereinstimmen, also gilt tatsächlich $p_u(n) = p_v(n)$.

Auch in der Wahrscheinlichkeitsrechnung können wir das Prinzip oft verwenden. Gegeben n Bälle und r Fächer, $n \geq r$. Wir werfen die n Bälle zufällig in die Fächer. Wie groß ist die Wahrscheinlichkeit, dass kein Fach leer bleibt? Ω ist also die Menge aller r^n Verteilungen, alle gleich wahrscheinlich. Bezeichnen wir mit A_i das Ereignis, dass das Fach i leer bleibt, so besagt das Prinzip der Inklusion-Exklusion, dass für die gesuchte Wahrscheinlichkeit $\overline{p}$ gilt

$$\overline{p} = 1 - \sum_{i=1}^{r} p(A_i) + \sum_{1 \leq i < j \leq r} p(A_i \cap A_j) \mp \dots$$

Die Wahrscheinlichkeit für $A_{i_1} \cap \dots \cap A_{i_k}$ ist nun offenbar $p(A_{i_1} \cap \dots \cap A_{i_k}) = \frac{(r-k)^n}{r^n}$ (günstige durch mögliche Fälle), und es folgt

$$\overline{p} = \sum_{k=0}^{r} (-1)^k \binom{r}{k} \frac{(r-k)^n}{r^n} = \frac{1}{r^n} \sum_{k=0}^{r} (-1)^{r-k} \binom{r}{k} k^n \, .$$

Da $\overline{p}$ die Anzahl $r!S_{n,r}$ der surjektiven Abbildungen (günstig) geteilt durch die Anzahl r^n aller Abbildungen (möglich) ist, haben wir mittels Inklusion-Exklusion wiederum die Formel (13) aus Abschnitt 2.2 bewiesen.

Übungen zu Kapitel 2

▷ **1** Löse mit Hilfe eines Summationsfaktors die Rekursion $T_0 = 3$, $2T_n = nT_{n-1} + 3 \cdot n!$ $(n > 0)$.

2 Berechne $\sum_{k=0}^{n} kx^k$ $(x \neq 1)$: a. mit der Methode „Isolieren der Terme“, b. mittels der Doppelsumme $\sum_{1 \leq j \leq k \leq n} x^k$, c. durch Differenzieren von $\sum_{k=0}^{n} x^k$.

3 Berechne $\sum_k [1 \leq j \leq k \leq n]$ als Funktion von j und n.

▷ **4** Schreibe 1 und subtrahiere 1. Multipliziere das Ergebnis mit 2 und addiere 1. Multipliziere mit 3 und subtrahiere 1, multipliziere mit 4 und addiere 1. Schließlich: Multipliziere mit n und addiere $(-1)^n$. Zeige, dass das Ergebnis D_n ist. Beispiel: $4(3(2(1-1)+1)-1)+1 = 9 = D_4$.

5 In einer Tabelle mit 3 Zeilen und n Spalten sind in beliebiger Reihenfolge n rote, n weiße und n grüne Steine platziert. Zeige, dass man die Steine in jeder Zeile so umordnen kann, dass die Steine jeder Spalte verschieden gefärbt sind.

▷ **6** Berechne $\sum_{k=1}^{n-1} \frac{H_k}{(k+1)(k+2)}$ durch partielle Summation.

7 Berechne $\sum_{k=1}^{n} \frac{2k+1}{k(k+1)}$ auf zwei Arten: a. durch Partialbruchzerlegung $\frac{1}{k(k+1)} = \frac{1}{k} - \frac{1}{k+1}$, b. durch partielle Summation.

8 Beweise die folgenden Analoga zum Binomialsatz:

$$(x+y)^{\underline{n}} = \sum_{k=0}^{n} \binom{n}{k} x^{\underline{k}} y^{\underline{n-k}} \qquad (x+y)^{\overline{n}} = \sum_{k=0}^{n} \binom{n}{k} x^{\overline{k}} y^{\overline{n-k}}.$$

▷ **9** Die Lah-Zahlen sind definiert durch $L_{n,k} = (-1)^n \frac{n!}{k!} \binom{n-1}{k-1}$ $(n, k \geq 0)$.
Beweise: $(-x)^{\underline{n}} = \sum_{k=0}^{n} L_{n,k} x^{\underline{k}}$ und leite daraus die Lah-Inversionsformel ab:

$$v_n = \sum_{k=0}^{n} L_{n,k} u_k \ (\forall n) \iff u_n = \sum_{k=0}^{n} L_{n,k} v_k \ (\forall n).$$

10 Wieviele Buchstabenfolgen kann man aus E,H,I,R,S,W aufstellen, die weder WIR, IHR oder SIE enthalten? Also z. B. RSEWIH, aber nicht RSWIHE.

11 Wieviele natürliche Zahlen ≤ 1 Million sind weder von der Form x^2 noch x^3 noch x^5?

12 Bestimme die kleinste natürliche Zahl mit genau 28 Teilern.

▷ **13** Wir wissen, dass $\binom{n-m}{r-m}$ gleich der Anzahl der r-Untermengen einer n-Menge ist, die eine feste m-Menge M enthalten. Folgere daraus mit Inklusion–Exklusion $\binom{n-m}{r-m} = \sum_{k=0}^{m} (-1)^k \binom{m}{k} \binom{n-k}{r}$.

14 Sei $A_n = \sum_{k=0}^{n} n^{\underline{k}}$ $(n \geq 0)$. Leite eine Rekursion für A_n ab und berechne A_n.

15 Angenommen 60 % aller Professoren spielen Tennis, 65 % spielen Skat und 50 % spielen Schach; 45 % spielen jeweils zwei davon. Welchen Prozentsatz erhält man höchstens für die Gelehrten, die allen drei Vergnügungen nachgehen?

16 Wieviele ganzzahlige Lösungen der Gleichung $x_1 + x_2 + x_3 + x_4 = 30$ gibt es mit: a. $0 \leq x_i \leq 10$, b. $-10 \leq x_i \leq 20$, c) $0 \leq x_i$, $x_1 \leq 5$, $x_2 \leq 10$, $x_3 \leq 15$, $x_4 \leq 21$?

▷ **17** Was ist die Wahrscheinlichkeit, dass ein Blatt mit 13 Karten (von einem gewöhnlichen 52er Blatt) folgende Karten enthält: a. mindestens eine Karte in jeder Farbe, b. mindestens ein As, König, Dame und Junge?

▷ **18** Turm von Hanoi. Wir haben 3 Stäbe A,B,C. Auf A sind n verschiedene Scheiben der Größe nach angeordnet (kleinste oben, größte unten). Ein Zug bewegt eine oberste Scheibe auf einen anderen Stab, wobei die Scheibe immer nur auf eine größere gesetzt werden darf. Stelle Rekursionen für die folgenden Zahlen auf und berechne sie: a. T_n = Kleinste Anzahl der Züge, um den Turm von A nach B zu bewegen. b. S_n wie in a. mit der Einschränkung, dass nur Züge zwischen A und C bzw. B und C erlaubt sind, c. R_n = Anzahl der Züge von A nach B, wenn der Turm aus n verschiedenen Scheiben, zwei jeder Größe, besteht, wobei gleich große nicht unterscheidbar sind, d. h. es ist gleichgültig, welche oben liegt.

19 Berechne $\sum_{k=1}^{n}(-1)^k k$ und $\sum_{k=1}^{n}(-1)^k k^2$ mit der Methode „Isolieren der Terme".

▷ **20** Die folgende Aufgabe heißt Josephus-Problem (nach dem Historiker des 1. Jahrhunderts Flavius Josephus): n Menschen sind im Kreis herum aufgestellt, wir nummerieren sie 1 bis n. Jede zweite Person wird (im Uhrzeigersinn) eliminiert, wobei die Zählung bei 1 beginnt. Bestimme die Nummer $J(n)$ der letzten Person. Beispiel: $n = 10$, der Reihe nach werden eliminiert: $2, 4, 6, 8, 10, 3, 7, 1, 9$, also $J(10) = 5$. Hinweis: Beweise die Rekursionen $J(2n) = 2J(n) - 1 \ (n \geq 1)$, $J(2n+1) = 2J(n) + 1 \ (n \geq 1)$, $J(1) = 1$.

21 Sei $J(n)$ wie in der vorigen Übung definiert. Zeige: Falls $n = \sum_{k=0}^{m} a_k 2^k$ ist, $a_k \in \{0,1\}$, dann gilt $J(n) = \sum_{k=1}^{m} a_{k-1} 2^k + a_m$.

▷ **22** Berechne $S = \sum_{1 \leq j < k \leq n} (a_k - a_j)(b_k - b_j)$, und leite aus dem Ergebnis die Tschebyscheffsche Ungleichung ab:

$$(\sum_{k=1}^{n} a_k)(\sum_{k=1}^{n} b_k) \leq n \sum_{k=1}^{n} a_k b_k \quad \text{für} \quad a_1 \leq \ldots \leq a_n,\ b_1 \leq \ldots \leq b_n\,.$$

Hinweis: $2S = \sum_{1 \leq j,k \leq n} (a_k - a_j)(b_k - b_j)$.

23 Die folgenden fünf Übungen sind jeweils mit Induktion zu lösen. a. Auf einer Geraden sind n Strecken gegeben, die einander jeweils paarweise schneiden. Beweise, dass es einen Punkt gibt, der allen Strecken angehört. b. In der Ebene sind n Kreisscheiben gegeben, von denen jeweils drei gemeinsame Punkte besitzen. Zeige, dass es einen Punkt gibt, der zu allen Kreisflächen gehört. c. Im Raum sind n Kugeln gegeben, von denen jeweils vier gemeinsame Punkte besitzen. Wiederum gibt es einen Punkt im Durchschnitt von allen Kugeln. Hinweis: Seien $s_1, \ldots, s_{n+1}$ die Strecken. Betrachte $s = s_n \cap s_{n+1}$, und dann $s_1, \ldots, s_{n-1}, s$.

▷ **24** Es seien n Bauernhöfe $H_1, \ldots, H_n$ und n Brunnen $B_1, \ldots, B_n$ gegeben, keine drei auf einer Geraden. Von jedem Bauernhof soll zu einem Brunnen ein gerader Weg angelegt werden. Zeige, dass eine Zuordnung von den Brunnen zu den Bauernhöfen existiert, so dass keine zwei der n Wege einander schneiden.

25 Es sei M ein Punkt auf einer Geraden g in der Ebene. $\overrightarrow{MP_1}, \ldots, \overrightarrow{MP_n}$ seien Einheitsvektoren, wobei die Punkte P_i alle auf derselben Seite von g liegen.

Zeige: Ist n ungerade, so gilt $|\overrightarrow{MP_1} + \overrightarrow{MP_2} + \ldots + \overrightarrow{MP_n}| \geq 1$, wobei $|\vec{a}|$ die Länge des Vektors $\vec{a}$ ist. Hinweis: Schlage einen Einheitshalbkreis um M.

▷ **26** In der Ebene sind $n \geq 3$ Punkte gegeben. Das Maximum der Abstände zwischen zwei Punkten sei d. Zeige, dass der maximale Abstand d höchstens n mal auftreten kann. Hinweis: Überlege zunächst, was passiert, wenn von einem Punkt mindestens drei längste Abstände ausgehen.

27 Gegeben sind $2n+1$ Gewichte, wobei jedes eine ganzzahlige Anzahl von Gramm wiegt. Lässt man irgendein Gewicht weg, so lassen sich die restlichen immer in zwei Haufen von n Stück aufteilen, die gleiches Gesamtgewicht haben. Zeige, dass daraus folgt, dass alle Gewichte gleichschwer sein müssen.

28 Berechne $\Delta(c^{\underline{x}})$ und verwende das Ergebnis zur Summation von $\sum_{k=1}^{n} \frac{(-2)^{\underline{k}}}{k}$.

▷ **29** Seien $a_0, a_1, \ldots, a_n \in \mathbb{C}$ beliebig. a. Beweise $\sum_{k=0}^{n}(-1)^k\binom{n}{k}(a_0 + a_1 k + \ldots + a_n k^n) = (-1)^n n! a_n$. b. Leite daraus die Formel $\sum_{k=0}^{n}\binom{n}{k}\binom{n+k}{n}(-1)^k = (-1)^n$ ab.
Hinweis: In a. verwende $\Delta^n(f(x)) = \sum_{k=0}^{n}\binom{n}{k}(-1)^{n-k}f(x+k)$.

▷ **30** Die Zahl 15 kann auf 4 Arten als Summe aufeinanderfolgender Zahlen dargestellt werden: $15 = 15$, $7+8$, $4+5+6$, $1+2+3+4+5$. Bestimme die Anzahl der Darstellungen für beliebiges n. Hinweis: Betrachte $\sum_k^\ell x = \frac{1}{2}(\ell^{\underline{2}} - k^{\underline{2}}) = \frac{1}{2}(\ell - k)(\ell + k - 1)$.

31 Verifiziere die ersten Terme in Simpsons Formel $\int_x^{x+2} p(t)dt = 2(I + \Delta + \frac{\Delta^2}{6} - \frac{\Delta^4}{180} + \frac{\Delta^6}{180} \pm \ldots)p(x)$, $p(x) =$ Polynom.

32 Entwickle eine Differenzenrechnung mit dem Operator ∇ anstelle von Δ.

▷ **33** Berechne $\sum\limits_{k=0}^{n} \frac{(-1)^k}{\binom{n}{k}}$. Hinweis: Betrachte $\sum(-1)^x/\binom{n}{x}$.

34 Mit partieller Summation berechne $\sum_{k=1}^{n} \frac{H_k}{k}$.

35 Finde die unbestimmte Summe $\sum(-1)^k\binom{m}{k}H_k$. Hinweis: Partielle Summation.

36 Drücke $\sum_{k=1}^{n} H_k^2$ mittels n und H_n aus.

▷ **37** Es sei $S_m(n) = \sum_{k=0}^{n-1} k^m$, $m \geq 1$. Wir wissen aus Abschnitt 2.2, dass $S_m(n)$ ein Polynom in n vom Grad $m+1$ mit höchstem Koeffizienten $\frac{1}{m+1}$ und $S_m(0) = 0$ ist.
Zeige: a. $S_m(1-n) = (-1)^{m+1}S_m(n)$, b. $S_m(1) = 0$, c. $S_m(\frac{1}{2}) = (-1)^{m+1}S_m(\frac{1}{2})$, d. $S_m(\frac{1}{2}) = 0$ für gerades m.
Hinweis: Setze $\sum_{k=a}^{b-1} k^m = \sum_a^b x^m$ und verwende Summation mit geeigneten Grenzen a und b.

38 Ermittle die Zusammenhangskoeffizienten der Basen $\{x^{\overline{n}}\}$ und $\{x^{\underline{n}}\}$.

▷ **39** Bestimme die Zahlen $a_n \in \mathbb{N}_0$ aus der Identität $n! = a_0 + a_1 n^{\underline{1}} + a_2 n^{\underline{2}} + \ldots$

40 Zeige $\sum_k \binom{n}{k}\frac{(-1)^k}{x+k} = \frac{1}{x}\binom{x+n}{n}^{-1}$ und leite durch Binomialinversion eine neue Formel ab.

41 Die folgende Formel heißt Tschebyscheff Inversionsformel:
$v_n = \sum_{k=0}^{\lfloor n/2 \rfloor}\binom{n}{k}u_{n-2k} (\forall n) \iff u_n = \sum_{k=0}^{\lfloor n/2 \rfloor}(-1)^k \frac{n}{n-k}\binom{n-k}{k}v_{n-2k}\ (\forall n)$
Hinweis: Betrachte das Polynom $t_n(x) = \sum_{k=0}^{\lfloor n/2 \rfloor}(-1)^k \frac{n}{n-k}\binom{n-k}{k}x^{n-2k}$ und invertiere.

▷ **42** Beweise, dass die Anzahl der Zahl-Partitionen von n, deren Summanden alle nicht durch 3 teilbar sind, gleich ist der Anzahl, in denen kein Summand mehr als zweimal erscheint. Beispiel: $4 = 4,\ 2+2,\ 2+1+1,\ 1+1+1+1$ bzw. $4 = 4,\ 3+1,\ 2+2,\ 2+1+1$. Verallgemeinere auf d statt 3.

43 Sei $\varphi(n)$ die Anzahl der zu n relativ primen Zahlen k, $1 \leq k \leq n$. Beweise mit Inklusion-Exklusion $\varphi(n) = n(1-\frac{1}{p_1})\dots(1-\frac{1}{p_t})$, wobei p_i die Primteiler von n sind.

44 Verallgemeinere das Inklusions-Exklusionsprinzip. Es seien $E_1, \dots, E_m$ Eigenschaften der Elemente einer n-Menge S. Zeige, dass die Anzahl der Elemente, welche genau t Eigenschaften erfüllen, durch

$$\sum_{i_1<\dots<i_t} N(E_{i_1}\dots E_{i_t}) - \binom{t+1}{t}\sum N(E_{i_1}\dots E_{i_{t+1}}) + \dots \pm \binom{m}{t} N(E_1\dots E_m)$$

gegeben ist.

▷ **45** Benutze die vorangegangene Übung zur Berechnung der Permutationen mit genau t Fixpunkten.

3 Erzeugende Funktionen

Wir kommen nun zur dritten und weitaus anwendungsreichsten Methode der Zähltheorie. Wir fassen die gesuchten Zählkoeffizienten $a_0, a_1, a_2, \ldots$ als Koeffizienten einer Potenzreihe $\sum_{n\geq 0} a_n z^n$ auf. Mit diesen Potenzreihen können wir rechnen, das heißt wir operieren mit den Koeffizienten als *Ganzes*. Wir werden sehen, dass sich manche bisher unzugänglichen Probleme erstaunlich leicht bewältigen lassen.

3.1 Definition und Beispiele

Es sei eine Folge $a_0, a_1, a_2, \ldots$ gegeben. Die **Erzeugende Funktion** von (a_n) ist die formale Reihe $A(z) = \sum_{n\geq 0} a_n z^n$. Zwei Bemerkungen sind angebracht: Die Variable z drückt aus, dass wir über den komplexen Zahlen $\mathbb{C}$ rechnen, obwohl wir es meistens mit ganzen Zahlen zu tun haben. Mit „formal" ist gemeint, dass wir die Potenzen z^n nur als „Aufhänger" für das Rechnen verwenden. Konvergenzfragen werden völlig außer acht gelassen. Manchmal ist es vorteilhaft, den Indexbereich nicht einzuschränken. Wir schreiben dann $\sum_n a_n z^n$ mit dem Einverständnis, dass $a_n = 0$ ist für $n < 0$. Für den Koeffizienten a_n von z^n setzen wir auch $a_n = [z^n]A(z)$.

Mit den formalen Reihen können wir rechnen. Die *Summe* von $\sum a_n z^n$ und $\sum b_n z^n$ ist natürlich $\sum (a_n + b_n) z^n$, und ein *Vielfaches* $c \sum a_n z^n$ ist die Reihe $\sum (ca_n) z^n$. Wir haben auch ein *Produkt*. Ist $A(z) = \sum a_n z^n$, $B(z) = \sum b_n z^n$, so setzen wir

(1) $$A(z)\,B(z) = \sum_{n\geq 0} \Big(\sum_{k=0}^{n} a_k b_{n-k}\Big) z^n \,.$$

Das Produkt (1) heißt die **Konvolution** von $A(z)$ und $B(z)$. Es ergibt sich einfach durch Ausmultiplizieren. Was ist der Beitrag zur Potenz z^n in $A(z)\,B(z)$? Wir müssen alle Potenzen z^k aus $A(z)$ und z^{n-k} aus $B(z)$ berücksichtigen mit den Koeffizienten a_k bzw. b_{n-k}, und dann die Summe bilden. Wir sehen, dass die Reihen $A(z) = 0$ bzw. $A(z) = 1$ Nullelement bzw. Einselement in bezug auf Addition und Multiplikation von Reihen bilden.

Die formalen Reihen erfüllen alle üblichen Rechenregeln mit der Ausnahme, dass $A(z)$ kein multiplikatives Inverses besitzen muss. Aber auch diese Frage, wann $A(z)$ eine inverse Reihe $B(z)$ mit $A(z)\,B(z) = 1$ besitzt, ist leicht zu beantworten. Da $a_0 b_0 = 1$ gelten muss, ist $a_0 \neq 0$ eine notwendige Bedingung dafür, dass $A(z)$ ein Inverses besitzt. Das ist aber auch schon hinreichend. Sei $A(z) = \sum a_n z^n$ mit $a_0 \neq 0$. Für die gesuchte inverse Reihe $B(z) = \sum b_n z^n$ muss $b_0 = a_0^{-1}$ gelten. Nehmen wir nun an, dass $b_0, b_1, \ldots, b_{n-1}$ schon bestimmt sind, so folgt aus $\sum_{k=0}^{n} a_k b_{n-k} = 0$, dass $b_n = -a_0^{-1} \sum_{k=1}^{n} a_k b_{n-k}$ wohlbestimmt ist.

Betrachten wir als Beispiel die *geometrische* Reihe $\sum_{n\geq 0} z^n$. Aus (1) folgt sofort $(\sum_{n\geq 0} z^n)(1-z) = 1$, also ist die Reihe $1-z$ das Inverse von $\sum z^n$, und wir schreiben $\sum_{n\geq 0} z^n = \frac{1}{1-z}$.

Stellen wir eine Liste der wichtigsten erzeugenden Funktionen zusammen:

(a) $\sum\limits_{n\geq 0} z^n = \frac{1}{1-z}$

(b) $\sum\limits_{n\geq 0} (-1)^n z^n = \frac{1}{1+z}$

(c) $\sum\limits_{n\geq 0} z^{2n} = \frac{1}{1-z^2}$

(d) $\sum\limits_{n\geq 0} \binom{c}{n} z^n = (1+z)^c \qquad (c \in \mathbb{C})$

(e) $\sum\limits_{n\geq 0} \binom{c+n-1}{n} z^n = (1-z)^{-c} \qquad (c \in \mathbb{C})$

(f) $\sum\limits_{n\geq 0} \binom{m+n}{n} z^n = \frac{1}{(1-z)^{m+1}} \qquad (m \in \mathbb{Z})$

(g) $\sum\limits_{n\geq 0} \frac{z^n}{n!} = e^z$

(h) $\sum\limits_{n\geq 1} \frac{(-1)^{n+1} z^n}{n} = \log(1+z)$.

Formel (d) ist für $c \in \mathbb{N}_0$ gerade der Binomialsatz. Der allgemeine Fall wird in der Analysis bewiesen. Für (e) verwenden wir die Negationsformel (9) aus Abschnitt 1.4. Wir haben $\binom{c+n-1}{n} z^n = \binom{-c}{n}(-z)^n$, und das Resultat folgt aus (d). Formel (f) folgt aus (e) mit $m = c-1$, und die letzten beiden Ausdrücke sind wohlbekannte Reihenentwicklungen.

Eine Anwendung des Konvolutionsproduktes können wir sofort notieren. Sei $A(z) = \sum_{n\geq 0} a_n z^n$ gegeben. Dann ist $\frac{A(z)}{1-z} = \sum_{n\geq 0}(\sum_{k=0}^{n} a_k) z^n$, da alle Koeffizienten von $\frac{1}{1-z} = \sum_{n\geq 0} z^n$ gleich 1 sind. Zum Beispiel erhalten wir mit $A(z) = \frac{1}{1-z}$, dass $\frac{1}{(1-z)^2} = \sum_{n\geq 0}(n+1)z^n$ ist, oder allgemein

$$\frac{1}{(1-cz)^2} = \frac{\sum (cz)^n}{1-cz} = \sum_{n\geq 0}(n+1)(cz)^n = \sum_{n\geq 0}(n+1)c^n z^n .$$

Die Index-Transformation lässt sich ebenfalls leicht ausdrücken. Ist $A(z) = \sum_n a_n z^n$, so haben wir $z^m A(z) = \sum_n a_n z^{n+m} = \sum_n a_{n-m} z^n$, d. h. Multiplikation mit z^m entspricht einer Indexverminderung um m. Zum Beispiel erhalten wir aus Formel (f) die Gleichung $\sum_n \binom{n}{m} z^n = \sum_n \binom{n}{n-m} z^n = z^m(1-z)^{-m-1}$.

3.2 Lösung von Rekursionen

Erzeugende Funktionen geben uns eine wichtige Methode an die Hand, um beliebige Rekursionen mit konstanten Koeffizienten zu lösen.

Als Beispiel betrachten wir die einfachste aller zweistelligen Rekursionen

$$F_0 = 0, F_1 = 1, F_n = F_{n-1} + F_{n-2} \qquad (n \geq 2).$$

Die Zahlen F_n heißen nach ihrem Entdecker die **Fibonacci Zahlen**. Sie tauchen in so vielen Problemen auf, dass ihrer Untersuchung eine eigene mathematische Zeitschrift gewidmet ist.

Eine Tabelle der ersten Fibonacci Zahlen sieht so aus:

n	0	1	2	3	4	5	6	7	8	9	10
F_n	0	1	1	2	3	5	8	13	21	34	55

Wie berechnen wir nun die n-te Fibonacci Zahl F_n? Die folgende Vorgehensweise ist bereits typisch für alle Rekursionen.

1. Drücke die Rekursion in einer einzigen Formel aus, inklusive der Anfangsbedingungen. Wie immer ist $F_n = 0$ für $n < 0$. $F_n = F_{n-1} + F_{n-2}$ gilt auch für $n = 0$, aber für $n = 1$ ist $F_1 = 1$, aber die rechte Seite 0. Also ist die vollständige Rekursion
$$F_n = F_{n-1} + F_{n-2} + [n = 1]\,.$$
2. Interpretiere die Gleichung in 1. mit Hilfe von erzeugenden Funktionen. Wir wissen schon, dass Indexerniedrigung einer Multiplikation mit einer Potenz von z entspricht. Also erhalten wir
$$\begin{aligned} F(z) = \sum F_n z^n &= \sum F_{n-1} z^n + \sum F_{n-2} z^n + \sum [n = 1] z^n \\ &= zF(z) + z^2 F(z) + z\,. \end{aligned}$$
3. Löse die Gleichung in $F(z)$. Das ist leicht:
$$F(z) = \frac{z}{1 - z - z^2}\,.$$
4. Drücke die rechte Seite als formale Reihe aus und ermittle daraus die Koeffizienten.

Dies ist der schwierigste Schritt. Zunächst schreiben wir $1 - z - z^2$ in der Form $1 - z - z^2 = (1 - \alpha z)(1 - \beta z)$, und ermitteln dann durch Partialbruchzerlegung Konstanten a und b mit
$$\frac{1}{(1 - \alpha z)(1 - \beta z)} = \frac{a}{1 - \alpha z} + \frac{b}{1 - \beta z}\,.$$
Nun ist die Arbeit getan, denn es gilt:
$$\begin{aligned} F(z) = z\left(\frac{a}{1 - \alpha z} + \frac{b}{1 - \beta z}\right) &= z(a \sum \alpha^n z^n + b \sum \beta^n z^n) \\ &= \sum_n (a\alpha^{n-1} + b\beta^{n-1}) z^n \end{aligned}$$
und somit

(1) $$F_n = a\alpha^{n-1} + b\beta^{n-1}\,.$$

Um eine vollständige Lösung (1) zu erhalten, müssen wir also erstens α und β ermitteln, und zweitens a und b.

Setzen wir $q(z) = 1-z-z^2$, so heißt $q^R(z) = z^2-z-1$ das *reflektierte Polynom*, und wir behaupten, aus $q^R(z) = (z-\alpha)(z-\beta)$ folgt $q(z) = (1-\alpha z)(1-\beta z)$, d. h. α und β sind genau die Nullstellen des reflektierten Polynoms.

Wir wollen dies gleich allgemein beweisen. Sei $q(z) = 1 + q_1 z + \ldots + q_d z^d$ ein Polynom über $\mathbb{C}$ vom Grad $d \geq 1$ und konstantem Koeffizienten 1. Das reflektierte Polynom $q^R(z)$ entsteht durch Reflektion der Potenzen z^i, also $q^R(z) = z^d + q_1 z^{d-1} + \ldots + q_d\,, q_d \neq 0$. Offenbar gilt $q(z) = z^d q^R(\frac{1}{z})$. Seien nun $\alpha_1, \ldots, \alpha_d$ die Nullstellen von $q^R(z)$, also $q^R(z) = (z-\alpha_1)\ldots(z-\alpha_d)$. Über $\mathbb{C}$ ist so eine Darstellung immer möglich, wobei die α_i's natürlich nicht alle verschieden zu sein brauchen. Aus $q(z) = z^d q^R(\frac{1}{z})$ folgt

$$q(z) = z^d(\frac{1}{z} - \alpha_1)\ldots(\frac{1}{z} - \alpha_d) = (1-\alpha_1 z)\ldots(1-\alpha_d z)\,,$$

wie behauptet. Die Bestimmung von $\alpha_1, \ldots, \alpha_d$ (oder α, β in unserem Beispiel der Fibonacci Zahlen) ist also nichts anderes als die Nullstellenbestimmung von $q^R(z)$.

Für die Fibonacci Zahlen erhalten wir

$$q^R(z) = z^2 - z - 1 = (z - \frac{1+\sqrt{5}}{2})(z - \frac{1-\sqrt{5}}{2})\,,$$
$$q(z) = 1 - z - z^2 = (1 - \frac{1+\sqrt{5}}{2}z)(1 - \frac{1-\sqrt{5}}{2}z)\,.$$

Die übliche Bezeichnung für diese Nullstellen ist $\phi = \frac{1+\sqrt{5}}{2}, \hat{\phi} = \frac{1-\sqrt{5}}{2}$ (auch $\tau\,, \hat{\tau}$ ist gebräuchlich). Die Zahl ϕ heißt der *goldene Schnitt*, sie ist eine der fundamentalen Zahlen der gesamten Mathematik, und war schon in der Antike bekannt. Der Name goldener Schnitt rührt von folgendem Problem her: Gegeben sei ein Rechteck mit Seitenlängen r und $s, r \geq s$. Welches Verhältnis $\frac{r}{s}$ müssen r und s erfüllen, so dass nach Wegschneiden eines Quadrates der Seitenlänge s wiederum ein Rechteck mit dem gleichen Verhältnis resultiert?

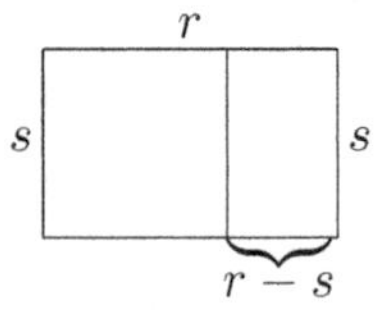

Ist $x = \frac{r}{s}$, so soll also $x = \frac{r}{s} = \frac{s}{r-s} = \frac{1}{x-1}$ gelten. Das Verhältnis x muss demnach die Gleichung $x^2 - x - 1 = 0$ erfüllen, also ist $x = \phi$, da $x \geq 1$ vorausgesetzt ist. Aus der Gleichung $z^2 - z - 1 = (z-\phi)(z-\hat{\phi})$ folgen die Beziehungen

$$\hat{\phi} = -\phi^{-1}\,, \quad \phi + \hat{\phi} = 1\,.$$

Wir kommen zum zweiten Problem, der Bestimmung von a und b. Wir setzen a und b als unbekannte Koeffizienten in der Partialbruchzerlegung an:

$$\frac{1}{(1-\phi z)(1-\hat{\phi} z)} = \frac{a}{1-\phi z} + \frac{b}{1-\hat{\phi} z}\,.$$

Auf gemeinsamen Nenner gebracht haben wir $(a+b)-(a\hat{\phi}+b\phi)z=1$, d. h. a und b müssen das Gleichungssystem

$$\begin{aligned} a+\ \ b&=1\\ \hat{\phi}a+\phi b&=0 \end{aligned}$$

erfüllen. Auflösung ergibt $a=\frac{\phi}{\sqrt{5}}$, $b=-\frac{\hat{\phi}}{\sqrt{5}}$, und wir erhalten nach (1)

$$F_n=\frac{\phi}{\sqrt{5}}\phi^{n-1}-\frac{\hat{\phi}}{\sqrt{5}}\hat{\phi}^{n-1},$$

$$F_n=\frac{1}{\sqrt{5}}\left(\left(\frac{1+\sqrt{5}}{2}\right)^n-\left(\frac{1-\sqrt{5}}{2}\right)^n\right). \tag{2}$$

Da $|\frac{1-\sqrt{5}}{2}|<1$ ist, erkennen wir, dass F_n die zu $\frac{1}{\sqrt{5}}\phi^n$ *nächstgelegene* ganze Zahl ist.

Der folgende allgemeine Satz besagt, dass unsere Schritte 1. bis 4. immer funktionieren.

Satz 3.1. *Sei $q_1,\ldots,q_d$ eine feste Folge komplexer Zahlen, $d\geq 1$, $q_d\neq 0$, $q(z)=1+q_1z+\ldots+q_dz^d=(1-\alpha_1z)^{d_1}\ldots(1-\alpha_kz)^{d_k}$, wobei also die α_i's die verschiedenen Nullstellen von $q^R(z)$ sind mit den Vielfachheiten d_i, $i=1,\ldots,k$. Für eine Zählfunktion $f:\mathbb{N}_0\to\mathbb{C}$ sind die folgenden Bedingungen äquivalent:*

(A1) *Rekursion der Länge d. Für alle $n\geq 0$ gilt*

$$f(n+d)+q_1f(n+d-1)+\ldots+q_df(n)=0\,.$$

(A2) *Erzeugende Funktion.*

$$F(z)=\sum_{n\geq 0}f(n)z^n=\frac{p(z)}{q(z)},$$

wobei $p(z)$ ein Polynom vom Grad $<d$ ist.

(A3) *Partialbruchzulegung.*

$$F(z)=\sum_{n\geq 0}f(n)z^n=\sum_{i=1}^{k}\frac{g_i(z)}{(1-\alpha_iz)^{d_i}},$$

für Polynome $g_i(z)$ vom Grad $<d_i$, $i=1,\ldots,k$.

(A4) *Explizite Darstellung.*

$$f(n)=\sum_{i=1}^{k}p_i(n)\alpha_i^n,$$

wobei die $p_i(n)$ Polynome in n vom Grad $<d_i$ sind, $i=1,\ldots,k$.

Beweis. Wir definieren die Mengen V_i durch

$$V_i = \{f : \mathbb{N}_0 \to \mathbb{C} : f \text{ erfüllt (A}i\text{)}\}\ , \quad i = 1, \ldots, 4\ .$$

Jede dieser vier Mengen ist ein Vektorraum über $\mathbb{C}$, da Summe und skalares Vielfaches wieder die jeweilige Bedingung erfüllen. Als nächstes sehen wir, dass jeder dieser Vektorräume Dimension d hat. In (A1) können wir die Anfangswerte $f(0), \ldots, f(d-1)$ beliebig wählen, in (A2) die d Koeffizienten $p_0, p_1, \ldots, p_{d-1}$ von $p(z)$ und in (A3), (A4) jeweils d_i Koeffizienten von $g_i(z)$ bzw. $p_i(n)$ mit $\sum_{i=1}^{k} d_i = d$. Wenn wir also $V_i \subseteq V_j$ zeigen können, so folgt $V_i = V_j$.

Sei $f \in V_2$, dann ergibt Koeffizientenvergleich für z^{d+n} in $q(z) \sum_{n \geq 0} f(n) z^n = p(z)$ gerade die Rekursion (A1), d. h. $f \in V_1$, und somit $V_1 = V_2$.

Sei $f \in V_3$. Auf gemeinsamen Nenner gebracht erhalten wir

$$\sum_{n \geq 0} f(n) z^n = \frac{\sum\limits_{i=1}^{k} g_i(z) \prod\limits_{j \neq i} (1 - \alpha_j z)^{d_j}}{\prod\limits_{i=1}^{k} (1 - \alpha_i z)^{d_i}} = \frac{p(z)}{q(z)}$$

mit Grad $p(z) \leq \max(\text{Grad } g_i(z) + \sum_{j \neq i} d_j) < \sum_{i=1}^{k} d_i = d$, und wir erhalten $f \in V_2$, somit $V_1 = V_2 = V_3$.

Schließlich wollen wir $V_3 \subseteq V_4$ zeigen. Sei $f \in V_3$, $F(z) = \sum_{i=1}^{k} \frac{g_i(z)}{(1-\alpha_i z)^{d_i}}$. Betrachten wir einen Summanden $\frac{g_i(z)}{(1-\alpha_i z)^{d_i}}$. Nach Beispiel (e) des vorigen Abschnittes haben wir

$$\frac{1}{(1 - \alpha_i z)^{d_i}} = \sum_{n \geq 0} \binom{d_i + n - 1}{n} \alpha_i^n z^n = \sum_{n \geq 0} \binom{d_i + n - 1}{d_i - 1} \alpha_i^n z^n\ .$$

Multiplikation mit $g_i(z) = g_0 + g_1 z + \ldots + g_{d_i - 1} z^{d_i - 1}$ bedeutet Indexverschiebung, d. h. wir erhalten

$$\begin{aligned} \frac{g_i(z)}{(1 - \alpha_i z)^{d_i}} &= \sum_{n \geq 0} \left(\sum_{j=0}^{d_i - 1} g_j \binom{d_i + n - j - 1}{d_i - 1} \alpha_i^{n-j} \right) z^n \\ &= \sum_{n \geq 0} \left(\sum_{j=0}^{d_i - 1} \alpha_i^{-j} g_j \binom{n + d_i - j - 1}{d_i - 1} \alpha_i^n \right) z^n \end{aligned}$$

Schreiben wir nun $p_i(n) = \sum_{j=0}^{d_i - 1} \alpha_i^{-j} g_j \binom{n + d_i - j - 1}{d_i - 1}$, so ist $p_i(n)$ ein Polynom in n vom Grad $\leq d_i - 1$, also ist $f \in V_4$, und wir sind fertig. ∎

Betrachten wir als Beispiel die Rekursion

$$f(n+2) - 6f(n+1) + 9f(n) = 0$$

mit den Anfangswerten $f(0) = 0$, $f(1) = 1$. Hier ist $q(z) = 1-6z+9z^2 = (1-3z)^2$, also die Lösung von der Form

$$f(n) = (a + bn)3^n .$$

Aus $0 = f(0) = a$ erhalten wir $a = 0$, und aus $1 = f(1) = (a + b)3$ ergibt sich $b = \frac{1}{3}$. Die Lösung ist somit $f(n) = n3^{n-1}$.

Wie berechnen wir die Polynome $g_i(z)$ oder $p_i(n)$? Besonders einfach wird die Sache, wenn die Nullstellen $\alpha_1, \ldots, \alpha_d$ von $q^R(z)$ alle verschieden sind, d. h. $d_i = 1$ für alle i und $k = d$ gilt. In diesem Fall sind die Polynome $g_i(z)$ vom Grad 0, also $g_i(z) = a_i \quad (i = 1, \ldots, d)$, und ebenso $p_i(n) = a_i$. Aus

$$\frac{p(z)}{q(z)} = \frac{\sum\limits_{i=1}^{d} a_i \prod\limits_{j \neq i} (1 - \alpha_j z)}{\prod\limits_{i=1}^{d} (1 - \alpha_i z)}$$

folgt $p(z) = \sum_{i=1}^d a_i \prod\limits_{j\neq i} (1 - \alpha_j z)$. Für $z = \frac{1}{\alpha_i}$ erhalten wir daraus

$$p(\frac{1}{\alpha_i}) = a_i \prod_{j \neq i} (1 - \frac{\alpha_j}{\alpha_i}) ,$$

da in einem Summanden $a_h \prod_{j \neq h}(1 - \frac{\alpha_j}{\alpha_i})$ von $p(z)$ für $h \neq i$ der Faktor $1 - \frac{\alpha_i}{\alpha_i} = 0$ auftritt. Daraus erhalten wir nun die Formel

$$(3) \qquad a_i = \frac{p(\frac{1}{\alpha_i})}{\prod\limits_{j\neq i} (1 - \frac{\alpha_j}{\alpha_i})} \qquad (i = 1, \ldots, d) .$$

Den Ausdruck (3) können wir noch weiter vereinfachen. Mit $q(z) = \prod_{i=1}^d (1 - \alpha_i z)$ gilt für die Ableitung $q'(z) = -\sum_{i=1}^d \prod_{j \neq i} (1 - \alpha_j z)\alpha_i$, und daher $q'(\frac{1}{\alpha_i}) = -\prod_{j\neq i}(1 - \frac{\alpha_j}{\alpha_i})\alpha_i$. Eingesetzt in (3) ergibt dies

$$(4) \qquad a_i = \frac{-\alpha_i p(\frac{1}{\alpha_i})}{q'(\frac{1}{\alpha_i})} \qquad (i = 1, \ldots, d) .$$

Zum Beispiel können wir die Rechnung für die Fibonacci Zahlen abkürzen, ohne den Weg über die Partialbruchzerlegung zu gehen. Hier ist $p(z) = z$, $q(z) = 1 - z - z^2$, $q'(z) = -1 - 2z$, $\alpha_1 = \phi$, $\alpha_2 = \hat{\phi}$, also

$$a_i = \frac{-\alpha_i (\frac{1}{\alpha_i})}{-1 - \frac{2}{\alpha_i}} = \frac{\alpha_i}{\alpha_i + 2} .$$

Nun berechnet man sofort $\frac{\phi}{\phi+2} = \frac{1}{\sqrt{5}}$, $\frac{\hat{\phi}}{\hat{\phi}+2} = -\frac{1}{\sqrt{5}}$ und erhält wiederum (2).

Unsere Methode der erzeugenden Funktionen erweist sich auch bei simultanen Rekursionen als erfolgreich. Ein Problem in einem mathematischen Wettbewerb 1980 stellte folgende Frage: Schreibe die Zahl $(\sqrt{2}+\sqrt{3})^{1980}$ in Dezimaldarstellung. Was ist die letzte Stelle vor und die erste Stelle nach dem Komma?

Das scheint erstens hoffnungslos, und zweitens, was hat das mit Rekursionen zu tun? Betrachten wir allgemein $(\sqrt{2}+\sqrt{3})^{2n}$. Wir erhalten $(\sqrt{2}+\sqrt{3})^0 = 1$, $(\sqrt{2}+\sqrt{3})^2 = 5+2\sqrt{6}$, $(\sqrt{2}+\sqrt{3})^4 = (5+2\sqrt{6})^2 = 49+20\sqrt{6}$. Sind alle Ausdrücke $(\sqrt{2}+\sqrt{3})^{2n}$ von der Form $a_n + b_n\sqrt{6}$? Klar mit Induktion:

$$\begin{aligned}(\sqrt{2}+\sqrt{3})^{2n} &= (\sqrt{2}+\sqrt{3})^{2n-2}(\sqrt{2}+\sqrt{3})^2\\ &= (a_{n-1}+b_{n-1}\sqrt{6})(5+2\sqrt{6})\\ &= (5a_{n-1}+12b_{n-1}) + (2a_{n-1}+5b_{n-1})\sqrt{6}\,.\end{aligned}$$

Wir erhalten also gleichzeitig eine Rekursion für die Folgen (a_n) und (b_n):

$$\begin{aligned}a_n &= 5a_{n-1}+12b_{n-1}\\ b_n &= 2a_{n-1}+5b_{n-1}\end{aligned} \tag{5}$$

mit den Anfangswerten $a_0 = 1$, $b_0 = 0$.

Die Lösung dieser Rekursionen erfolgt mit unseren 4 Schritten:
Schritt 1.

$$\begin{aligned}a_n &= 5a_{n-1}+12b_{n-1}+[n=0] \qquad (\text{da } a_0 = 1)\\ b_n &= 2a_{n-1}+5b_{n-1}\,.\end{aligned}$$

Schritt 2. Mit $A(z) = \sum_{n\geq 0} a_n z^n$, $B(z) = \sum_{n\geq 0} b_n z^n$ ergibt sich

$$\begin{aligned}A(z) &= 5zA(z)+12zB(z)+1\\ B(z) &= 2zA(z)+5zB(z)\,.\end{aligned}$$

Schritt 3. Wir lösen nach $A(z)$ auf. Aus der zweiten Gleichung haben wir $B(z) = \frac{2z\,A(z)}{1-5z}$, und eingesetzt in die erste ergibt dies

$$A(z) = 5z\,A(z) + \frac{24z^2\,A(z)}{1-5z} + 1$$

oder

$$A(z) = \frac{1-5z}{1-10z+z^2}\,.$$

Schritt 4. Hier ist $q(z) = q^R(z)$ und wir erhalten $q(z) = (1-(5+2\sqrt{6})z)(1-(5-2\sqrt{6})z)$. Da die beiden Nullstellen verschieden sind, können wir Formel (4) verwenden, und erhalten mühelos für die Koeffizienten von $A(z)$

$$a_n = \frac{1}{2}((5+2\sqrt{6})^n + (5-2\sqrt{6})^n)\,. \tag{6}$$

Schön, jetzt kennen wir a_n (und b_n können wir natürlich analog berechnen), aber was sagt uns das über die Kommastellen in $(\sqrt{2}+\sqrt{3})^{2n} = a_n + b_n\sqrt{6}$ für $n = 990$? Nun, zunächst wissen wir $(5+2\sqrt{6})^n = (\sqrt{2}+\sqrt{3})^{2n} = a_n + b_n\sqrt{6}$, d. h. (6) ergibt $a_n = \frac{1}{2}(a_n + b_n\sqrt{6} + (5-2\sqrt{6})^n)$ oder

$$a_n = b_n\sqrt{6} + (5-2\sqrt{6})^n\,. \tag{7}$$

Bezeichnen wir mit $\{x\}$ den Anteil einer reellen Zahl nach dem Komma, also $x = \lfloor x \rfloor + \{x\}$, $0 \leq \{x\} < 1$. Da a_n ganzzahlig ist, folgt aus (7) $\{b_n\sqrt{6}\} + \{(5-2\sqrt{6})^n\} = 1$. Nun geht $(5-2\sqrt{6})^n \to 0$ wegen $5-2\sqrt{6} < 1$. Das heißt für große n, und sicherlich für $n = 990$, gilt $(5-2\sqrt{6})^n = 0{,}00\ldots$ und daher $\{b_n\sqrt{6}\} = 0{,}99\ldots$ Die erste Stelle nach dem Komma von $a_{990} + b_{990}\sqrt{6}$ ist demnach 9. Sei nun A die Einerstelle von a_{990} und B diejenige von $b_{990}\sqrt{6}$, also $a_{990} = \ldots A$ und $b_{990}\sqrt{6} = \ldots B, 9\ldots$ Aus (7) folgt $A \equiv B + 1 \pmod{10}$, und somit ist die Einerstelle von $a_{990} + b_{990}\sqrt{6}$ gleich $A + B \equiv 2A - 1 \pmod{10}$. Für Leser, die mit dem modulo Rechnen nicht vertraut sind – in Abschnitt 12.1 wird dies nachgeholt. Wir müssen also nur noch A bestimmen und dazu benutzen wir die ursprüngliche Rekursion (5). Die ersten Werte der Einerstelle (mod 10) sind

n	a_n	b_n
0	1	0
1	5	2
2	9	0
3	5	8
4	1	0
5	5	2

Die Einerstellen von a_n wiederholen sich also periodisch alle 4 Schritte. Insbesondere ist $990 \equiv 2 \pmod 4$, also $A = 9$, und wir erhalten das Ergebnis $2 \cdot 9 - 1 \equiv 7 \pmod{10}$, also ist 7 die gesuchte letzte Ziffer vor dem Komma.

3.3 Erzeugende Funktionen vom Exponentialtyp

Für viele Zählfunktionen (a_n) ist es vorteilhaft, anstelle der üblichen erzeugenden Funktion die Funktion

$$\hat{A}(z) = \sum_{n\geq 0} \frac{a_n}{n!} z^n$$

zu betrachten. Wir nennen $\hat{A}(z)$ die **exponentielle erzeugende Funktion** der Folge (a_n).

Multiplikation von zwei exponentiellen erzeugenden Funktionen $\hat{A}(z) = \sum_{n\geq 0} \frac{a_n}{n!} z^n$, $\hat{B}(z) = \sum_{n\geq 0} \frac{b_n}{n!} z^n$ ist einfach. Sei $\hat{C}(z) = \sum_{n\geq 0} \frac{c_n}{n!} z^n$, mit $\hat{C}(z) = \hat{A}(z)\,\hat{B}(z)$. Nach der Produktformel (1) in Abschnitt 3.1 erhalten wir

$$\frac{c_n}{n!} = \sum_{k=0}^{n} \frac{a_k}{k!} \frac{b_{n-k}}{(n-k)!}\,,$$

also

$$c_n = \sum_{k=0}^{n} \binom{n}{k} a_k b_{n-k} \,. \tag{1}$$

Wegen des Auftretens von $\binom{n}{k}$ heißt (1) die **Binomial-Konvolution**. Sind also die Zählfunktionen (a_n), (b_n) und (c_n) durch (1) verbunden, so können wir sofort $\hat{C}(z) = \hat{A}(z)\,\hat{B}(z)$ schließen.

Testen wir dies an einem einfachen Beispiel. Für die Exponentialfunktion e^{az} gilt $e^{az} = \sum_{n\geq 0} \frac{a^n}{n!} z^n$, d. h. e^{az} ist die exponentielle erzeugende Funktion der geometrischen Folge $(a^0, a^1, a^2, \ldots)$. Aus $e^{az}e^{bz} = e^{(a+b)z}$ folgt mittels (1) sofort

$$(a+b)^n = \sum_{k=0}^{n} \binom{n}{k} a^k b^{n-k} \,,$$

d. h. der Binomialsatz ist nichts anderes als die binomiale Konvolution von Exponentialfunktionen.

Ein anderes Beispiel: In Abschnitt 1 haben wir $\sum_{n\geq 0} \binom{a}{n} z^n = (1+z)^a$ erhalten. Schreiben wir die linke Seite $\sum_{n\geq 0} \frac{a^{\underline{n}}}{n!} z^n$, so stellen wir fest, dass $(1+z)^a$ die exponentielle erzeugende Funktion der Folge $(a^{\underline{n}})$ ist. Da $(1+z)^a\,(1+z)^b = (1+z)^{a+b}$ gilt, erhalten wir mit Binomialkonvolution

$$(a+b)^{\underline{n}} = \sum_{k=0}^{n} \binom{n}{k} a^{\underline{k}} b^{\underline{n-k}}$$

oder

$$\binom{a+b}{n} = \sum_{k=0}^{n} \binom{a}{k} \binom{b}{n-k} \,,$$

unsere wohlbekannte Vandermonde Identität (12) aus Abschnitt 1.4.

Was ist die exponentielle erzeugende Funktion der Derangementzahlen D_n? In Abschnitt 2.3 haben wir in (7) die Beziehung $n! = \sum_{k=0}^{n} \binom{n}{k} D_k$ gefunden. Die Folge $(n!)$ ist also die binomiale Konvolution der Folge (D_k) mit der konstanten Folge $(1, 1, \ldots)$, deren exponentielle erzeugende Funktion natürlich e^z ist. Nach (1) folgt daher für $\hat{D}(z) = \sum_{n\geq 0} \frac{D_n}{n!} z^n$,

$$\hat{D}(z)e^z = \sum_{n\geq 0} \frac{n!}{n!} z^n = \sum_{n\geq 0} z^n = \frac{1}{1-z} \,,$$

und wir schließen $\hat{D}(z) = \frac{e^{-z}}{1-z}$. Fassen wir dies als Gleichung zwischen gewöhnlichen erzeugenden Funktionen auf, so wissen wir aus Abschnitt 1, dass die rechte Seite die ersten n Glieder von e^{-z} aufsummiert. Also erhalten wir abermals unsere altbekannte Formel

$$\frac{D_n}{n!} = \sum_{k=0}^{n} \frac{(-1)^k}{k!} \,.$$

Ganz allgemein entspricht unsere Binomial-Inversionsformel (5) aus Abschnitt 2.3 der selbstverständlichen Gleichung

$$\hat{V}(z) = \hat{U}(z)e^z \Longleftrightarrow \hat{U}(z) = \hat{V}(z)e^{-z}$$

mit $\hat{U}(z) = \sum_{n\geq 0} \frac{u_n}{n!} z^n$, $\hat{V}(z) = \sum_{n\geq 0} \frac{v_n}{n!} z^n$.

Noch ein Beispiel, das die Prägnanz der Methode der Erzeugenden Funktionen deutlich macht. Sei a_n die Anzahl der Abbildungen f von $\{1,\ldots,n\}$ nach $\{1,\ldots,n\}$ mit der Eigenschaft, dass mit $j \in$ Bild (f) auch alle $i < j$ in Bild (f) sind, $a_0 = 1$. Zum Beispiel erhalten wir $a_2 = 3$ mit den Abbildungen $1 \to 1, 2 \to 1; 1 \to 1, 2 \to 2; 1 \to 2, 2 \to 1$. Angenommen, f bildet genau k Elemente auf 1 ab, dann können diese Elemente auf $\binom{n}{k}$ Arten gewählt werden, und der Rest kann auf a_{n-k} Weisen auf $\{2,\ldots,n\}$ abgebildet werden. Wir erhalten somit

$$a_n = \sum_{k=1}^{n} \binom{n}{k} a_{n-k} \qquad \text{oder} \qquad 2a_n = \sum_{k=0}^{n} \binom{n}{k} a_{n-k} + [n=0]\,.$$

Für die exponentielle erzeugende Funktion ergibt dies

$$2\hat{A}(z) = e^z \hat{A}(z) + 1$$

also

$$\hat{A}(z) = \frac{1}{2-e^z}\,.$$

Durch Entwickeln der rechten Seite erhalten wir

$$\frac{1}{2-e^z} = \frac{1}{2}\cdot\frac{1}{1-e^z/2} = \frac{1}{2}\sum_{k\geq 0}\left(\frac{e^z}{2}\right)^k = \sum_{k\geq 0}\frac{1}{2^{k+1}}\sum_{n\geq 0}\frac{k^n z^n}{n!}$$

und daraus mit Koeffizientenvergleich für z^n:

$$a_n = \sum_{k\geq 0}\frac{k^n}{2^{k+1}}\,.$$

Wir haben also nicht nur eine kombinatorische Interpretation der Reihe $\sum_{k\geq 0}\frac{k^n}{2^{k+1}}$ gefunden, wir wissen auch, dass ihr Wert eine natürliche Zahl, nämlich a_n, ist. Für $n = 2$ erhalten wir beispielsweise $\sum_{k\geq 0}\frac{k^2}{2^{k+1}} = 3$ und für $n = 3$, $\sum_{k\geq 0}\frac{k^3}{2^{k+1}} = 13$.

Übungen zu Kapitel 3

1 Verifiziere die Identität $\sum_{k=0}^{n}\binom{n}{k}^2 = \binom{2n}{n}$ durch erzeugende Funktionen.

▷ **2** Eine Untermenge $A \subseteq \{1,\ldots,n\}$ heißt *dick*, falls $k \geq |A|$ ist für alle $k \in A$. Zum Beispiel ist $\{3,5,6\}$ dick, aber nicht $\{2,4,5\}$. Sei $f(n)$ die Anzahl der dicken Untermengen von $\{1,\ldots,n\}$, wobei $\varnothing$ per Definitionem dick ist. Zeige: a. $f(n) = F_{n+2}$ (Fibonacci Zahl), b. Beweise daraus $F_{n+1} = \sum_{k=0}^{n}\binom{n-k}{k}$ und c. $\sum_{k=0}^{n}\binom{n}{k}F_k = F_{2n}$.

3 Die folgenden Übungen zeigen einige Eigenschaften der Fibonacci Folge. a. $\sum_{k=0}^{n} F_k = F_{n+2} - 1$, b. $\sum_{k=1}^{n} F_{2k-1} = F_{2n}$, c. $\sum_{k=0}^{n} F_k^2 = F_n F_{n+1}$.

4 Sei A die Matrix $A = \binom{11}{10}$. Beweise

$$A^n = \begin{pmatrix} F_{n+1} & F_n \\ F_n & F_{n-1} \end{pmatrix}$$

und leite daraus $F_{n+1}F_{n-1} - F_n^2 = (-1)^n$ ab. Beweise ferner $F_{n+1}^2 - F_{n+1}F_n - F_n^2 = (-1)^n$ und zeige umgekehrt, dass aus $|m^2 - mk - k^2| = 1$ für $m, k \in \mathbb{Z}$ folgt $\{m, k\} = \{\pm F_{n+1}, \pm F_n\}$ für ein $n \in \mathbb{N}_0$.

▷ **5** Die Lucas Zahl ist $L_n = F_{n-1} + F_{n+1}$. Zeige $F_{2n} = F_n L_n$ und drücke L_n durch ϕ und $\hat{\phi}$ aus.

6 Zeige, dass jede natürliche Zahl n eine eindeutige Darstellung $n = F_{m_1} + \ldots + F_{m_t}$ mit $m_i \geq m_{i+1} + 2$, $m_t \geq 2$, besitzt. Beispiel: $33 = 21 + 8 + 3 + 1$.

7 Sei A_n die Anzahl der Belegungen eines $2 \times n$-Rechteckes mit 1×2 Dominosteinen. Bestimme eine Rekursion für A_n und berechne A_n.

8 Löse die allgemeine Rekursion $a_0 = \alpha$, $a_1 = \beta$, $a_n = sa_{n-1} + ta_{n-2}$ $(n \geq 2)$.

▷ **9** Es sei $f(n)$ die Anzahl der Wörter der Länge n, in denen die Buchstaben alle 0,1 und 2 sind, und in denen niemals zwei 0'en hintereinander vorkommen, z. B. $f(1) = 3$, $f(2) = 8$, $f(3) = 22$. Berechne $f(n)$.

10 Die Bellzahl $\tilde{B}_n$ haben wir in Übung 1.12 betrachtet. Bestimme die exponentielle erzeugende Funktion der Bellzahlen und beweise $\tilde{B}_n = \frac{1}{e} \sum_{k \geq 0} \frac{k^n}{k!}$.

11 Bestimme die erzeugende Funktion und die exponentielle erzeugende Funktion von $a_n = 2^n + 5^n$.

▷ **12** Bestimme die exponentielle erzeugende Funktion für die Anzahl a_k der k-Permutationen von n für festes n, und für die Anzahl b_n für festes k.

13 Sei $\hat{A}(z) = \sum_{n \geq 0} a_n \frac{z^n}{n!}$. Zeige: $(\hat{A}(z))' = \sum_{n \geq 0} a_{n+1} \frac{z^n}{n!}$, also Indexverschiebung entspricht Differentiation.

▷ **14** Verwende die vorige Übung zur Berechnung von $\hat{S}_m(z) = \sum_{n \geq 0} S_{n,m} \frac{z^n}{n!}$, $S_{n,m}$= Stirling Zahl 2. Art. Schließe weiter $\sum_{m \geq 0} \hat{S}_m(z) t^m = e^{t(e^z - 1)}$.

15 Sei $A(z) = \sum a_n z^n$.
Zeige, dass $\frac{1}{2}(A(z) + A(-z)) = \sum a_{2n} z^{2n}$ und $\frac{1}{2}(A(z) - A(-z)) = \sum a_{2n+1} z^{2n+1}$ ist.

▷ **16** Wir wissen, dass die erzeugende Funktion der Fibonacci Zahlen $F(z) = \frac{z}{1-z-z^2}$ ist. Berechne daraus die erzeugende Funktion $\sum_n F_{2n} z^n$ der Fibonacci Zahlen mit geradem Index.

▷ **17** Löse die Rekursion $g_0 = 1$, $g_n = g_{n-1} + 2g_{n-2} + \ldots + ng_0$ durch Betrachtung der erzeugenden Funktion $G(z)$ und der vorhergehenden Übung.

18 Berechne die erzeugende Funktion der harmonischen Zahlen.

19 Bestimme mittels der vorhergehenden Übung $\sum_{k=0}^{n} H_k H_{n-k}$.

▷ **20** Jede erzeugende Funktion $F(z) = \sum_{n\geq 0} a_n z^n$ mit $a_0 = 1$ definiert eine Polynomfolge $(p_n(x))$ durch $F(z)^x = \sum_{n\geq 0} p_n(x)z^n$, wobei $p_n(1) = a_n$ und $p_n(0) = [n = 0]$ ist. Zeige, dass $p_n(x)$ Grad n hat und beweise die Konvolutionsformeln $\sum_{k=0}^{n} p_k(x)p_{n-k}(y) = p_n(x+y)$ bzw. $(x+y)\sum_{k=0}^{n} kp_k(x)p_{n-k}(y) = nxp_n(x+y)$. Hinweis: Für $n > 0$ ist $[z^n]e^{x \log F(z)}$ ein Polynom vom Grad n in x, welches ein Vielfaches von x ist.

21 Benutze die vorhergehende Übung, um folgende Identitäten zu beweisen:
a. $\sum\limits_k \binom{tk+r}{k}\binom{tn-tk+s}{n-k}\frac{r}{tk+r} = \binom{tn+r+s}{n}$, b. $\sum\limits_k \binom{n}{k}(tk+r)^k(tn-tk+s)^{n-k}\frac{r}{tk+r} = (tn+r+s)^n$.

22 Sei $p(n)$ die Anzahl der Zahl-Partitionen von n mit $p(0) = 1$.
Zeige: $p(n) = [z^n](\sum z^k)(\sum z^{2k})(\sum z^{3k})\ldots = [z^n]\frac{1}{(1-z)(1-z^2)\ldots}$. Hinweis: $\sum z^k$ gibt den Anteil der 1-Summanden an, $\sum z^{2k}$ den Anteil der 2-Summanden usf.

23 Gib einen Beweis von $p_u(n) = p_v(n)$ aus Abschnitt 2.4 mittels erzeugender Funktionen. Hinweis: Die erzeugende Funktion von $p_u(n)$ ist $P_u(z) = \frac{1}{(1-z)(1-z^3)(1-z^5)\ldots}$. Berechne analog $P_v(z)$ und vergleiche.

▷ **24** Eine wahrscheinlichkeitserzeugende Funktion $P_X(z)$, kurz W-erzeugende Funktion, für eine Zufallsvariable $X : \Omega \longrightarrow \mathbb{N}_0$ ist $P_X(z) = \sum p_n z^n$, wobei $p_n = p(X = n)$ ist. Zeige: a. $EX = P'_X(1)$, P'_X = Ableitung von P_X, b. $VX = P''_X(1) + P'_X(1) - (P'_X(1))^2$, c. $P_{X+Y}(z) = P_X(z)P_Y(z)$ für unabhängige Zufallsvariablen X, Y.

25 Die Zufallsvariable X nehme die Werte $0, 1, \ldots, n-1$ alle mit Wahrscheinlichkeit $\frac{1}{n}$ an. Berechne $P_X(z)$.

▷ **26** Es sei X die Anzahl von „Kopf", wenn eine Münze n-mal geworfen wird (jedesmal Wahrscheinlichkeit $\frac{1}{2}$). Berechne $P_X(z)$ und daraus EX, VX.

27 Angenommen, eine Münze (Wahrscheinlichkeit $\frac{1}{2}$) wird solange geworfen, bis zum n-ten Mal „Kopf" auftritt. Es sei X die Anzahl der Würfe, wobei wir voraussetzen, dass höchstens s-mal hintereinander „Zahl" erscheint. Berechne $P_X(z)$, EX und VX.

▷ **28** Sei Ω die Menge der Permutationen von $\{1, \ldots, n\}$ und X_n die Zufallsvariable, die jeder Permutation die Anzahl der Inversionen zuordnet (siehe Übung 1.31).
Zeige, dass für die W-erzeugende Funktion $P_n(z)$ von X gilt $P_n(z) = \prod_{i=1}^{n} \frac{1+z+\ldots+z^i}{i}$. Folgere daraus $EX = \frac{n(n-1)}{4}, VX = \frac{n(2n+5)(n-1)}{72}$.
Hinweis: Folgere aus $I_{n,k} = I_{n-1,k} + I_{n-1,k-1} + \ldots + I_{n-1,k-n+1}$ die Beziehung $P_n(z) = \frac{1+z+\ldots+z^{n-1}}{n}P_{n-1}(z)$.

▷ **29** Gegeben sei ein $3\times n$-Rechteck, das wir mit 2×1-Dominosteinen belegen. Berechne die Anzahl A_n der verschiedenen Belegungen (also z. B. $A_0 = 1$, $A_1 = 0$, $A_2 = 3$). Hinweis: Sei B_n die Anzahl der Belegungen, in denen die linke obere Ecke frei bleibt, also $B_0 = 0$, $B_1 = 1$, $B_2 = 0$. Stelle nun Rekursionen für $A(z)$, $B(z)$ auf.

30 Auf wieviele Arten können wir einen $2 \times 2 \times n$ Turm aus $2 \times 1 \times 1$ Steinen bauen? Hinweis: Sei a_n die gewünschte Zahl, und b_n die Anzahl, wo oben ein $2 \times 1 \times 1$ Stein fehlt. Löse simultan $A(z)$, $B(z)$.

▷ **31** Sei a_n die Anzahl der Zerlegungen der natürlichen Zahl n in Potenzen von 2, wobei die Ordnung keine Rolle spielt. Beispiel: $a_3 = 2$, $3 = 2+1 = 1+1+1$, $a_4 = 4$ mit $4 = 2+2 = 2+1+1 = 1+1+1+1$. Wir setzen $a_0 = 1$. Sei $b_n = \sum_{k=0}^{n} a_k$. Berechne $A(z)$ und $B(z)$. Was ergibt sich daraus für a_n, b_n?

32 Betrachte die Folge $a_n = (1+\sqrt{2})^n + (1-\sqrt{2})^n$. Zeige, dass a_n immer eine natürliche Zahl ist, z. B. $a_0 = a_1 = 2$, $a_2 = 6$. Bestimme eine Rekursion für a_n und folgere daraus für $n \geq 1$, dass $\lceil (1+\sqrt{2})^n \rceil$ genau dann gerade ist, wenn n gerade ist.

33 Sei F_n die n-te Fibonacci Zahl. Zeige $F_{n+k} = F_k F_{n+1} + F_{k-1} F_n$ und insbesondere $F_{2n} = F_n F_{n+1} + F_{n-1} F_n$. F_{2n} ist also ein Vielfaches von F_n. Zeige allgemein, dass F_{kn} ein Vielfaches von F_n ist.

▷ **34** Zeige $2^{n-1} F_n = \sum_k \binom{n}{2k+1} 5^k$.

35 Für $S \subseteq \mathbb{N}$ bezeichne $S+1$ die Menge $\{x+1 : x \in S\}$. Wie viele Untermengen von $\{1,\ldots,n\}$ gibt es mit der Eigenschaft $S \cup (S+1) = \{1,\ldots,n\}$?

36 Bestimme Rekursionen: a. für die Anzahl der 0,1-Wörter der Länge n mit einer geraden Zahl von 0'en, b. für die Anzahl der 0,1,2-Wörter der Länge n mit jeweils gerade vielen 0'en und 1'en. Stelle die erzeugenden Funktionen auf und bestimme die Anzahlen.

37 Ein Blatt mit n Karten, bezeichnet 1 bis n, ist gegeben. Falls die oberste Karte k ist, so werden die obersten k Karten in umgekehrter Reihenfolge hingelegt. Falls nun ℓ die oberste Karte ist, so werden die ersten ℓ umgedreht. Die Sache endet, wenn 1 oben ist. Beispiel:

$$32514 \longrightarrow 52314 \longrightarrow 41325 \longrightarrow 23145 \longrightarrow 32145 \longrightarrow 12345.$$

Zeige, dass die Anzahl der Runden höchstens $F_{n+1} - 1$ ist (F_n Fibonacci Zahl). Hinweis: Überlege, dass wir höchstens $F_{n-1} - 1$ Runden brauchen, um die höchste Karte nach oben zu bringen, und höchstens F_n Runden danach.

▷ **38** Sei $q \in \mathbb{N}$, $q > 1$. Betrachte die Rekursion $f_{m,0} = 1$ ($m \geq 0$), $f_{0,n} = 1$ ($n \geq 0$), $f_{m,n} = f_{m,n-1} + (q-1) f_{m-1,n-1}$ ($m, n \geq 1$). Berechne $f_{m,n}$. Hinweis: Stelle die erzeugende Funktion $F(x,y) = \sum_{m,n \geq 0} f_{m,n} x^m y^n$ auf.

39 Beweise die Formel $\sum_{k=0}^{n} F_k F_{n-k} = \frac{1}{5}(2nF_{n+1} - (n+1)F_n)$.
Hinweis: Es gilt $\sum_{k=0}^{n} F_k F_{n-k} = [z^n] F(z)^2$. Drücke nun $F(z)^2$ mittels ϕ und $\hat{\phi}$ aus.

▷ **40** Stelle die exponentielle erzeugende Funktion der g_n auf definiert durch $g_0 = 0$, $g_1 = 1$, $g_n = -2n g_{n-1} + \sum_k \binom{n}{k} g_k g_{n-k}$ ($n > 1$) .

41 Berechne $\sum_{0<k<n} \frac{1}{k(n-k)}$ auf zwei Arten: a. Partialbruchzerlegung, b. Erzeugende Funktionen.

▷ **42** Es sei $f(n)$ die Anzahl der zyklischen Permutationen $(a_1,\ldots,a_n)$ von $\{1,\ldots,n\}$, so dass a_i, a_{i+1} niemals aufeinanderfolgende Zahlen $1,2; 2,3; \ldots; n,1$ sind. Beispiel: $f(1) = f(2) = 0, f(3) = 1$ mit (1,3,2) als einziger Möglichkeit. Zeige $f(n) + f(n+1) = D_n$ (Derangement-Zahl) und stelle die exponentielle erzeugende Funktion der $f(n)$ auf.

43 Löse die Rekursion $a_0 = a_1 = 1$, $a_n = a_{n-1} + (n-1)a_{n-2}$ ($n \geq 2$) mit exponentiellen erzeugenden Funktionen.

44 Die *Bernoulli-Zahlen* B_n sind definiert durch die Rekursion $\sum_{k=0}^{n} \binom{n}{k} B_k = B_n + [n = 1]$, also $B_0 = 1$, $B_1 = -\frac{1}{2}$, $B_2 = \frac{1}{6}$, $B_3 = 0$. Zeige, dass für die exponentielle erzeugende Funktion $\hat{B}(z)$ gilt $\hat{B}(z) = \frac{z}{e^z - 1}$.

▷ **45** Es sei $S_m(n) = \sum_{0 \leq k < n} k^m$ die m-te Potenzsumme. Wir wissen aus Abschnitt 2.2, dass $S_m(n)$ ein Polynom in n vom Grad $m+1$ ist (siehe auch Übung 2.37). Nun wollen wir die Koeffizienten des Polynoms bestimmen. a. Sei $\hat{S}(z,n) = \sum_{m \geq 0} S_m(n) \frac{z^m}{m!}$. Zeige: $\hat{S}(z,n) = \frac{e^{nz}-1}{e^z-1}$ und schließe mit der vorigen Übung $\hat{S}(z,n) = \frac{e^{nz}-1}{z} \hat{B}(z)$. b. $B_m(x) =$

$\sum_k \binom{m}{k} B_k x^{m-k}$ heißt das m-te *Bernoullipolynom*. Zeige für $\hat{B}(z,x) = \sum_{m\geq 0} B_m(x)\frac{z^m}{m!}$, dass $\hat{B}(z,x) = \frac{ze^{xz}}{e^z-1}$ gilt. c. Folgere daraus $\hat{S}(z,n) = \frac{1}{z}[\hat{B}(z,n) - \hat{B}(z,0)]$. d. Beweise nun durch Koeffizientenvergleich für z^m in c. die Formel $S_m(n) = \frac{1}{m+1}\sum_{k=0}^{m}\binom{m+1}{k}B_k n^{m+1-k}$. Hinweis zu a.: Schreibe $\hat{S}(z,n) = \sum_{m\geq 0}(\sum_{0\leq k<n} k^m)\frac{z^m}{m!} = \sum_{0\leq k<n}\sum_{m\geq 0}\frac{(kz)^m}{m!}$.

46 Sei $T_{m,n} = \sum_{k=0}^{n-1}\binom{k}{m}\frac{1}{n-k}$, $m,n \geq 1$. Zeige $T_{m,n} = \binom{n}{n-m}(H_n - H_m)$. Hinweis: $T_{m,n} = [z^n]\sum_{n\geq 0}\binom{n}{m}z^n \cdot \sum_{n\geq 1}\frac{z^n}{n}$ und $\sum_{n\geq 1}\frac{z^n}{n} = \log\frac{1}{1-z}$.

4 Abzählung von Mustern

Viele Abzählprobleme sind von ganz anderer Art als wir sie bisher kennengelernt haben – sie sind durch Symmetrien auf der zugrundeliegenden Struktur bestimmt. Wie man an solche Fragen herangeht, wollen wir uns in diesem Kapitel überlegen.

4.1 Symmetrien

Die folgenden Beispiele werden sofort klar machen, worum es geht. Wir werden alle drei Probleme im Lauf des Kapitels lösen.

A. Jemand hat eine Kette mit n Perlen um den Hals, die weiß oder schwarz gefärbt sind. Wie viele verschiedene gefärbte Ketten gibt es? Zunächst einmal: was heißt hier verschieden? Wir betrachten zwei gefärbte Ketten als gleich, falls sie durch eine Drehung ineinander übergehen.

Für $n = 4$ erhalten wir 6 verschiedene Ketten:

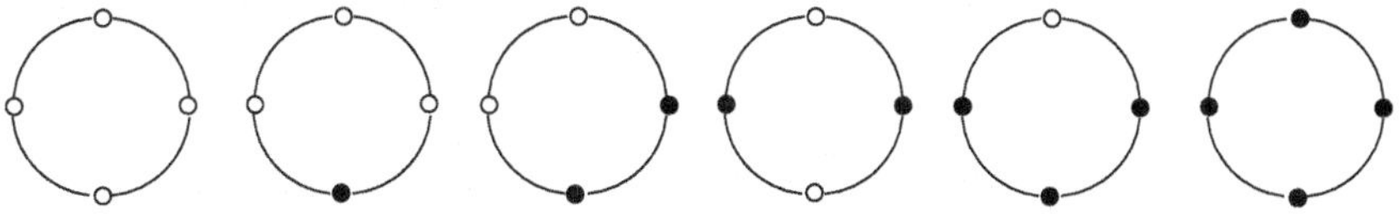

Färben wir die 4 Perlen mit W(eiß), S(chwarz) und R(ot), wie viele Ketten gibt es dann? Wenn wir die Typen mit $W \geq S \geq R$ hinschreiben, so ergibt sich

W	S	R	Anzahl
4	0	0	1
3	1	0	1
2	2	0	2
2	1	1	3

Da wir nun in den einzelnen Typen die Farben permutieren können, so erhalten wir insgesamt $3 \cdot 1 + 6 \cdot 1 + 3 \cdot 2 + 3 \cdot 3 = 24$ verschiedene Ketten. Was wir wirklich wissen wollen, ist natürlich das allgemeine Resultat für n Perlen und r Farben.

B. Betrachten wir einen Würfel, dessen Seiten mit W oder S gefärbt sind. Wie viele Farbmuster gibt es hier? Wir werden zwei gefärbte Würfel als gleich ansehen, wenn eine Drehung des Würfels die Farben zur Deckung bringt, zum Beispiel:

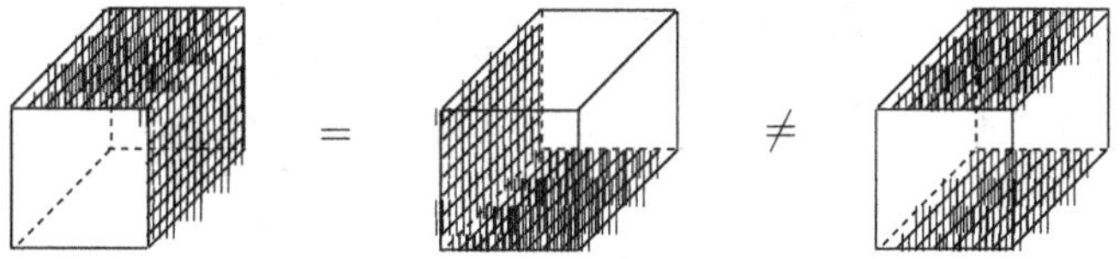

Die folgende Tabelle verifiziert man am besten, indem man einen Würfel zur Hand nimmt:

Farb-Typ		Anzahl
6	0	$2 \cdot 1$
5	1	$2 \cdot 1$
4	2	$2 \cdot 2$
3	3	$1 \cdot 2$
		10

Wiederum interessiert uns der allgemeine Fall, wenn r Farben zur Auswahl stehen.

C. Nun noch ein etwas schwierigeres Beispiel. Ein Alkohol besteht aus einem OH-Atom (1-wertig), C-Atomen (4-wertig) und H-Atomen (1-wertig). Wie viele Alkohole gibt es mit genau n C-Atomen? Für $n \leq 3$ ist dies leicht nachzuprüfen:

$n = 1$:

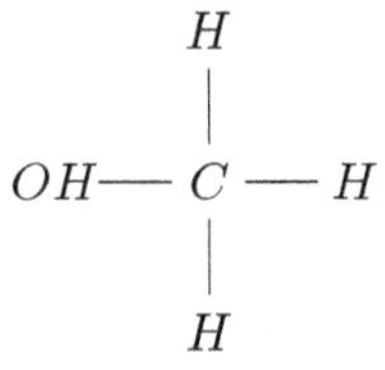

$n = 3$:

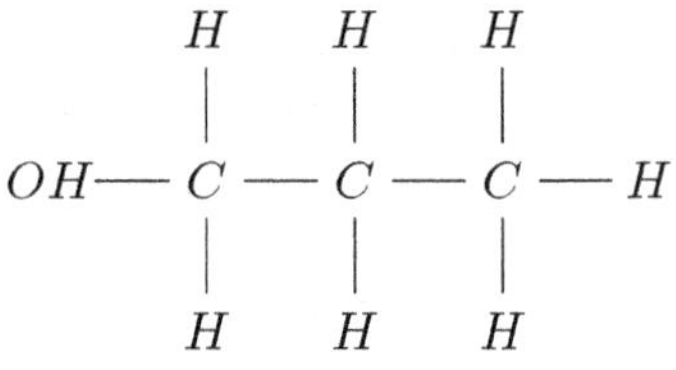

$n = 2$:

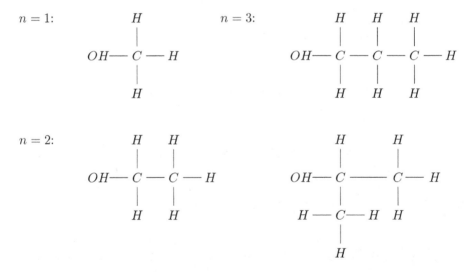

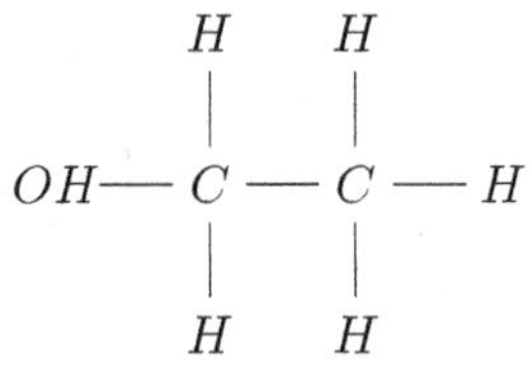

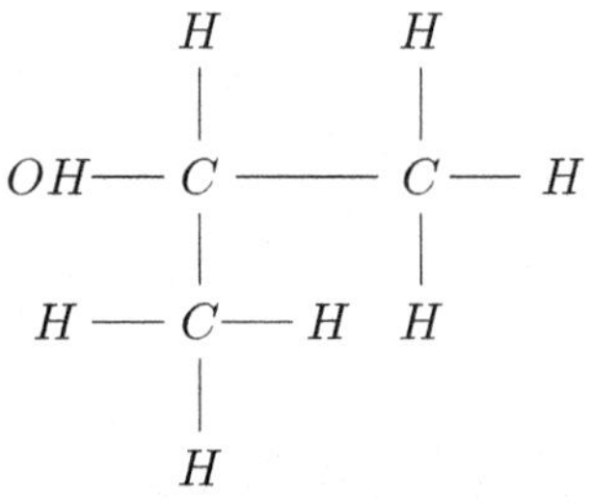

In allen drei Beispielen sehen wir, dass „Gleichheit“ durch die Symmetrien der Struktur bestimmt ist. In Beispiel A sind dies die n zyklischen Verschiebungen, in Beispiel B die Symmetrien des Würfels, und im letzten Beispiel die Permutationen der drei an $OH - C$ anhängenden Teilstrukturen. Sehen wir uns diese Symmetrien näher an. Sie bilden jeweils eine *Gruppe* G. Wir setzen im Folgenden eine gewisse Vertrautheit mit Gruppen und insbesondere dem Modulo-Rechnen voraus. Die Abschnitte 12.1 und 12.2 geben darüber genauer Bescheid.

Betrachten wir das Halskettenproblem mit den Perlen $N = \{1, 2, \ldots, n\}$. Die Symmetrien G sind die Verschiebungen $g_i : a \longmapsto a + i \pmod{n}$, $i = 0, 1, \ldots, n-1$, und das Produkt ist die Hintereinanderausführung, also $g_i g_j : a \longrightarrow (a+j) + i = a + (j+i) \pmod{n}$. Offenbar ist $g_i = g_1^i$ und wir nennen $G = C_n$ die *zyklische Gruppe* der Ordnung n.

Nun zum Würfel. In der Geometrie lernt man, dass jede Drehung, die den Würfel zur Deckung bringt, eine Achse aufweist. Diese Achse kann durch zwei gegenüberliegende Seiten gehen (genauer durch die Seitenmittelpunkte), durch gegenüberliegende Kanten oder durch diametral gegenüberliegende Ecken. Es gibt somit 3 Seitenachsen, 6 Kantenachsen und 4 Eckenachsen. Die Figur zeigt, dass jede Seitenachse (abgesehen von der Identität) drei weitere Symmetrien ergibt,

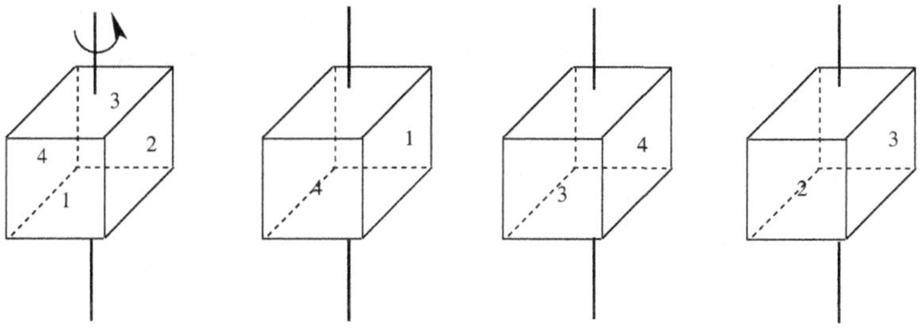

wobei die obere und untere Seite jeweils fest bleibt.

Insgesamt enthält die Symmetriegruppe des Würfels 24 Elemente:

Identität	1
Seitenachsen	$3 \cdot 3$
Kantenachsen	$6 \cdot 1$
Eckenachsen	$4 \cdot 2$
	24

In Beispiel C erhalten wir, wie gesehen, die Gruppe S_3 der 6 Permutationen auf den drei Teilstrukturen.

Permutationen, die wir schon in Abschnitt 1.3 behandelt haben, werden im folgenden eine zentrale Rolle spielen. Die Gruppe aller Permutationen auf N (mit Hintereinanderausführung als Multiplikation) heißt die *symmetrische Gruppe* S_N. Für $N = \{1, \ldots, n\}$ schreiben wir kurz S_n. Jede Untergruppe $G \leq S_N$ heißt eine *Permutationsgruppe* auf N. Zum Beispiel ist die Gruppe C_n aus Beispiel A die Permutationsgruppe bestehend aus den n Verschiebungen.

4.2 Problemstellung

Betrachten wir wieder das Kettenproblem. Sei $N = \{1, \ldots, n\}$ die Menge der Perlen und $R = \{1, \ldots, r\}$ die Farben. Eine gefärbte Kette ist also nichts anderes als eine Abbildung $f : N \longrightarrow R$, und wir wissen, dass es insgesamt r^n Abbildungen gibt. Wir schreiben kurz $R^N = \text{Abb}(N, R)$.

Sei $G = C_n$ die zyklische Gruppe. Zwei „gleiche" Ketten entsprechen dann ersichtlich zwei Abbildungen f und f' mit $f' = f \circ g$ für ein $g \in G$ (wir drehen um g und färben mittels f).

Wir nennen zwei Abbildungen f, f' daher *äquivalent*, in Zeichen $f' \sim f$, falls es ein $g \in G$ gibt mit $f' = f \circ g$. Man prüft sofort nach, dass $\sim$ eine Äquivalenzrelation ist. Gilt z. B. $f' \sim f$, $f'' \sim f'$ mit $f' = f \circ g$, $f'' = f' \circ h$, so folgt $f'' = (f \circ g) \circ h = f \circ (gh)$, also $f'' \sim f$. Die Äquivalenzklassen von R^N unter $\sim$ heißen *Muster*, und unser Problem A besteht somit genau in der Abzählung der Muster.

Ist zum Beispiel $G = S_N$ die volle symmetrische Gruppe auf N, so entspricht dies genau der Situation, dass die Elemente von N nicht unterscheidbar sind, und wir erhalten laut der Tabelle am Ende von Abschnitt 1.2 genau $\binom{r+n-1}{n}$ Muster. Um zur eigentlichen Problemstellung zu kommen, benötigen wir noch zwei Verallgemeinerungen. Betrachten wir Beispiel B. Die Gruppe G ist die Gruppe der 24 Symmetrien des Würfels und N die Seiten des Würfels. Wir könnten aber auch die Kanten färben ($|N| = 12$) oder die Ecken ($|N| = 8$). Jedesmal *wirkt* dieselbe Gruppe G auf der jeweiligen Menge N, das heißt jede Würfelsymmetrie bewirkt eine *Permutation* auf der betrachteten Menge N.

Diese Idee ergibt die folgende grundlegende Definition. Sei G eine Gruppe. Wir sagen, G **wirkt vermöge** τ auf N, falls $\tau : G \longrightarrow S_N$, $g \longmapsto \tau_g$, ein Homomorphismus von G in die symmetrische Gruppe S_N ist. Das heißt, es gilt $\tau_{gh} = \tau_g \tau_h$ für alle $g, h \in G$. In dieser allgemeinen Fassung setzen wir wieder

$$f' \sim f \iff f' = f \circ \tau_g \text{ für ein } g \in G\,.$$

Dies ergibt abermals eine Äquivalenzrelation auf R^N, und wir nennen die Äquivalenzklassen wieder die **Muster**.

In Beispiel B gibt also τ_g die tatsächliche Permutation der Seiten (oder Kanten bzw. Ecken) an, die von der Würfelsymmetrie g erzeugt wird.

Zur zweiten Verallgemeinerung. Wir könnten in Beispiel A detaillierter fragen, wie viele Kettenmuster genau a_j Perlen der Farbe j enthalten. Um dies in den Griff zu bekommen, ordnen wir jeder Farbe $j \in R$ eine Variable x_j zu und erklären das **Gewicht** $w(f)$ einer Abbildung $f : N \longrightarrow R$ durch

$$w(f) = \prod_{i \in N} x_{f(i)}\,.$$

Sind f, f' äquivalente Abbildungen mit $f' = f \circ \tau_g$, so berechnen wir

$$w(f') = \prod_{i \in N} x_{f'(i)} = \prod_{i \in N} x_{(f \circ \tau_g)(i)} = \prod_{i \in N} x_{f(i)} = w(f)\,,$$

da mit $i \in N$ auch $\tau_g(i)$ ganz N durchläuft. Äquivalente Abbildungen haben somit dasselbe Gewicht, und wir können unzweideutig das **Gewicht** $w(M) = w(f)$ für $f \in M$ eines Musters M definieren.

Wählen wir z. B. in Problem A für Weiß die Variable W und für Schwarz die Variable S, so bedeutet $W^2 S^2$, dass die Kette zwei weiße und zwei schwarze Perlen enthält.

Und damit sind wir endgültig bei der Problemstellung angelangt.

Problem. Gegeben seien Mengen N und R, $|N| = n$, $|R| = r$, eine Gruppe G, die auf N wirkt, und Variablen x_j $(j \in R)$. Sei $\mathcal{M}$ die Menge der Muster, berechne den **Enumerator**

$$w(R^N; G) = \sum_{M \in \mathcal{M}} w(M)\,.$$

Setzen wir insbesondere $x_j = 1$ für alle $j \in R$, so hat jedes Muster Gewicht 1, und wir erhalten die *Anzahl* $|\mathcal{M}|$ der Muster.

Beispiel A. Sei $n = 4$, $r = 2$ mit den Variablen W und S, dann ist der Enumerator, wie wir gesehen haben:

$$w(R^N; C_4) = W^4 + W^3S + 2W^2S^2 + WS^3 + S^4\,.$$

Beispiel B. Für den Würfel ergibt sich

$$w(\text{Seiten}; G) = W^6 + W^5S + 2W^4S^2 + 2W^3S^3 + 2W^2S^4 + WS^5 + S^6\,.$$

Beispiel C. Sei x die Variable der C-Atome, so erhalten wir

$$w(\text{Alkohol}; S_3) = 1 + x + x^2 + 2x^3 + 3x^4 + 7x^5 + \dots$$

Hier liegt also eine erzeugende Funktion vor, die wir noch genau bestimmen werden.

4.3 Muster und Zyklenindikator

Nun wollen wir die Muster von R^N unter der Aktion τ der Gruppe G näher studieren. Sei $f \in R^N$, dann besteht das Muster $M(f)$, welches f enthält, genau aus den f' mit $f' = f \circ \tau_g$ für ein $g \in G$. Setzen wir $\tau_g f := f \circ \tau_g$, so ist also $M(f) = \{\tau_g f : g \in G\}$.

Wir wollen diese Situation gleich allgemein behandeln. Es sei G eine Gruppe, die auf der Menge X vermöge τ wirkt. Wir setzen wie gewohnt $y \sim x$, falls $y = \tau_g x$ für ein $g \in G$ ist. Wiederum ist $\sim$ eine Äquivalenzrelation, deren Klassen wir die *Muster* nennen. Das Muster $M(x)$, welches x enthält, ist $M(x) = \{\tau_g x : g \in G\}$. Die folgenden Begriffe führen zu einem der anwendungsreichsten Sätze der Kombinatorik, der insbesondere die Anzahl $|\mathcal{M}|$ der Muster bestimmt.

Die **Fixgruppe** G_x von $x \in X$ ist $G_x = \{g \in G : \tau_g x = x\}$. G_x ist offenbar eine Untergruppe von G. Die **Fixpunktmenge** von $g \in G$ ist $X_g = \{x \in X : \tau_g x = x\}$. Zweifaches Abzählen der Paare $\{(x, g) : \tau_g x = x\}$ liefert

$$(1) \qquad \sum_{x \in X} |G_x| = \sum_{g \in G} |X_g|\,,$$

und dies führt zu dem folgenden Satz, dem sogenannten Lemma von Burnside–Frobenius:

Satz 4.1. *Die Gruppe G wirke auf X. Dann gilt*

$$|\mathcal{M}| = \frac{1}{|G|} \sum_{g \in G} |X_g| .$$

Beweis. Wir haben $M(x) = \{\tau_g x : g \in G\}$. Nun gilt

$$\tau_g x = \tau_h x \iff \tau_{g^{-1}h} x = x \iff g^{-1}h \in G_x \iff h = ga, \ a \in G_x .$$

Das heißt, zu jedem $g \in G$ ergeben genau $|G_x|$ Gruppenelemente h (nämlich $h = ga$ für $a \in G_x$) *dasselbe* Element $\tau_g x \in M(x)$. Also gilt

$$|M(x)| = \frac{|G|}{|G_x|} \text{ für alle } x \in X .$$

Insbesondere erhalten wir für $y \in M(x)$, das heißt $M(y) = M(x)$, $|G_x| = |G_y|$, und somit

$$|G| = |M(x)||G_y| = \sum_{y \in M(x)} |G_y| .$$

Summation über die Muster ergibt mit (1)

$$|\mathcal{M}||G| = \sum_{\text{Muster } M(x)} \sum_{y \in M(x)} |G_y| = \sum_{y \in X} |G_y| = \sum_{g \in G} |X_g| ,$$

und wir sind fertig. ∎

Die Bedeutung des Lemmas liegt auf der Hand. In vielen Beispielen ist die Berechnung der Fixpunktmengen X_g leicht, und daraus resultiert dann die Anzahl $|\mathcal{M}|$ der Muster.

Testen wir das Lemma von Burnside–Frobenius am Beispiel A mit $n = 4$, $r = 2$. In diesem Fall ist $X = R^N$. Die Identität $g_0 : a \longmapsto a$ hält alle Abbildungen fest, also ist $|X_{g_0}| = 16$. Ist f in X_{g_1} oder X_{g_3}, so müssen alle Farben gleich sein (klar?), also kommen nur die einfarbigen Ketten in Frage, $|X_{g_1}| = |X_{g_2}| = 2$. Schließlich bedingt $f \in X_{g_2}$, dass 1 und 3 dieselbe Farbe haben und ebenso 2 und 4. Wir erhalten $|X_{g_2}| = 4$ und insgesamt nach dem Lemma unser altbekanntes Ergebnis

$$|\mathcal{M}| = \frac{1}{4}(16 + 2 + 4 + 2) = 6 .$$

Kehren wir zurück zu unserem Ausgangsproblem, $X = R^N$ mit $\tau_g f = f \circ \tau_g$. Um $|\mathcal{M}|$ zu berechnen, müssen wir nach Satz 4.1 die Fixpunktmengen

$$R_g^N = \{f \in R^N : f \circ \tau_g = f\}$$

bestimmen. Nun kommt die Zyklenzerlegung von τ_g ins Spiel, die wir in Abschnitt 1.3 eingeführt haben. Die Permutation τ_g zerlege N in die Zyklen

$$(a, \tau_g a, \tau_g^2 a, \ldots)(b, \tau_g b, \tau_g^2 b, \ldots) \ldots .$$

Aus $f = f \circ \tau_g$ folgt $f(a) = f(\tau_g a) = f(\tau_g^2 a) = \ldots$ und ebenso für die anderen Zyklen. Mit anderen Worten: Die Abbildung f ist genau dann in der Fixmenge R_g^N, wenn f auf allen Zyklen von τ_g *konstant* ist.

Nun benötigen wir einen letzten Begriff und können dann den Hauptsatz beweisen. In Abschnitt 1.3 haben wir den *Typ* einer Permutation π auf einer n-Menge N erklärt durch

$$t(\pi) = 1^{b_1(\pi)} 2^{b_2(\pi)} \ldots n^{b_n(\pi)}$$

wobei $b_i(\pi)$ die Anzahl der Zyklen der Länge i bezeichnet. Es gilt natürlich $\sum_{i=1}^n i b_i = n$. Sei nun wie gewohnt G eine Gruppe, die auf R^N wirkt, dann ist der **Zyklenindikator** von G das Polynom in den Variablen $z_1, z_2, \ldots, z_n$

$$Z(G; z_1, \ldots, z_n) = \frac{1}{|G|} \sum_{g \in G} z_1^{b_1(\tau_g)} z_2^{b_2(\tau_g)} \ldots z_n^{b_n(\tau_g)}, \tag{2}$$

wobei die $b_i(\tau_g)$ wie oben definiert sind.

Als Illustration nehmen wir Beispiel B. Die einzelnen Symmetrien ergeben

Identität	z_1^6
Seitenachsen	$3(z_1^2 z_2^2 + 2 z_1^2 z_4)$
Kantenachsen	$6 z_2^3$
Eckenachsen	$8 z_3^2$.

Zum Beispiel ergeben die 8 Drehungen $\neq$ id mit Eckenachsen jeweils zwei 3-Zyklen auf den Seiten, so dass insgesamt der Beitrag $8z_3^2$ resultiert. Der Zyklenindikator ist daher

$$Z(G; z_1, \ldots, z_6) = \frac{1}{24}(z_1^6 + 3 z_1^2 z_2^2 + 6 z_1^2 z_4 + 6 z_2^3 + 8 z_3^2).$$

4.4 Der Satz von Polya

Der folgende Klassiker der Abzähltheorie führt die Berechnung des Enumerators auf den Zyklenindikator zurück.

Satz 4.2 (Polya). *Seien N und R Mengen, $|N| = n$, $|R| = r$, G eine Gruppe, die auf N wirkt und x_j ($j \in R$) Variablen. Dann gilt für den Muster-Enumerator*

$$w(R^N; G) = \sum_{M \in \mathcal{M}} w(M) = Z(G; \sum_{j \in R} x_j, \sum_{j \in R} x_j^2, \ldots, \sum_{j \in R} x_j^n).$$

Das heißt, wir erhalten $w(R^N; G)$ durch die Ersetzung $z_k \longmapsto \sum_{j \in R} x_j^k$ im Zyklenindikator.

Beweis. Es sei M ein Muster von R^N unter G. Wenden wir G auf M an, so erhalten wir natürlich nur ein Muster, nämlich M selber. Aus Satz 4.1 erhalten wir daher

$$(1) \qquad 1 = \frac{1}{|G|} \sum_{g \in G} |M_g| ,$$

wobei $M_g = \{f \in M : f \circ \tau_g = f\}$ ist. Wir wissen, dass alle $f \in M$ dasselbe Gewicht $w(f) = w(M)$ haben. Multiplikation von (1) mit $w(M)$ ergibt daher

$$w(M) = \frac{1}{|G|} \sum_{g \in G} |M_g| w(f) = \frac{1}{|G|} \sum_{g \in G} \sum_{f \in M, f \circ \tau_g = f} w(f) .$$

Summieren wir nun über alle Muster M, so resultiert

$$(2) \qquad w(R^N; G) = \frac{1}{|G|} \sum_{g \in G} \sum_{f \in R^N, f \circ \tau_g = f} w(f) .$$

Sehen wir uns einen Summanden $\sum_{f \in R^N, f \circ \tau_g = f} w(f)$ der inneren Summe an. Wir wissen, dass $f \circ \tau_g = f$ genau dann gilt, wenn f auf allen Zyklen von τ_g konstant ist. Es sei $t(\tau_g) = 1^{b_1} 2^{b_2} \ldots n^{b_n}$ der Typ von τ_g, also

$$\tau_g = \underbrace{(\cdot)(\cdot) \ldots (\cdot)}_{b_1} \underbrace{(\cdot\cdot) \ldots (\cdot\cdot)}_{b_2} \ldots ,$$

dann sind die Bilder der Zyklen unter der Abbildung f Elemente

$$a_{11}, a_{12}, \ldots, a_{1b_1};\ a_{21}, \ldots, a_{2b_2};\ \ldots$$

somit

$$w(f) = (x_{a_{11}} x_{a_{12}} \ldots x_{a_{1b_1}})(x^2_{a_{21}} \ldots x^2_{a_{2b_2}}) \ldots .$$

Da nun *alle* Abbildungen, die auf den Zyklen konstant sind, vorkommen, so erhalten wir durch Ausmultiplizieren

$$\sum_{f \in R^N, f \circ \tau_g = f} w(f) = (\sum_{j \in R} x_j)^{b_1} (\sum_{j \in R} x_j^2)^{b_2} \ldots (\sum_{j \in R} x_j^n)^{b_n} .$$

Dieser Ausdruck entspricht aber genau dem Summanden von g im Zyklenindikator, und wir erhalten mit (2)

$$\begin{aligned} w(R^N; G) &= \frac{1}{|G|} \sum_{g \in G} \left[(\sum_{j \in R} x_j)^{b_1(\tau_g)} \ldots (\sum_{j \in R} x_j^n)^{b_n(\tau_g)} \right] \\ &= Z(G; \sum_{j \in R} x_j, \sum_{j \in R} x_j^2, \ldots, \sum_{j \in R} x_j^n) , \end{aligned}$$

und der Beweis ist erbracht. ∎

Setzen wir $x_j = 1$ für alle $j \in R$, so ist $\sum_{j \in R} x_j^k = r$ für alle k, und wir notieren die

Folgerung 4.3. *Unter den Voraussetzungen des Satzes 4.2 ist*

$$|\mathcal{M}| = Z(G; r,\ r, \ldots,\ r)\,.$$

Noch eine Folgerung können wir unmittelbar hinschreiben. Wir betrachten $r = 2$ und interpretieren die Muster als Farbmuster mit den Farben weiß und schwarz. Setzen wir $x_{\text{weiß}} = x$ und $x_{\text{schwarz}} = 1$, so ergibt der Satz:

Folgerung 4.4. *Unter den Voraussetzungen des Satzes 4.2 mit $r = 2$ gilt*

$$\sum_{k=0}^{n} a_k x^k = Z(G; 1 + x,\ 1 + x^2, \ldots, 1 + x^n)\,,$$

wobei a_k die Anzahl der Muster ist, in denen die Farbe weiß genau k-mal auftritt.

Nun wollen wir endgültig unsere Probleme lösen. Nach dem Satz von Polya müssen wir jeweils den Zyklenindikator bestimmen.

Beispiel A. Sei $N = \{1, \ldots, n\}$ und $g_i : a \longmapsto a + i \pmod n$ die Verschiebung um i Stellen. Da alle Stellen gleichberechtigt sind, ist klar, dass g_i die Menge N in Zyklen derselben Länge d zerlegt, für ein gewisses d. Also ist der Typ $t(g_i) = d^{n/d}$, und d insbesondere ein Teiler von n. In g_i wird jede Stelle a um i verschoben, das heißt d ist die kleinste Zahl, so dass wir wieder bei a ankommen. Also ist d die kleinste Zahl mit $n|di$. Daraus folgt $\frac{n}{\mathrm{ggT}(n,i)}|d$ und somit $d = \frac{n}{\mathrm{ggT}(n,i)}$, da mit diesem d natürlich $n|di$ gilt. Ist z. B. $n = 6$, $i = 4$, so erhalten wir die Zyklenzerlegung $(1,5,3)(2,6,4)$ in Übereinstimmung mit $d = \frac{6}{\mathrm{ggT}(6,4)} = 3$. In der Lösung zur Übung 1.21 wird gezeigt, dass es genau $\varphi(d)$ Zahlen i gibt mit $\mathrm{ggT}(i,n) = \frac{n}{d}$, wobei $\varphi(d)$ die Eulersche φ-Funktion ist. In Zusammenfassung erhalten wir also die bestechend einfache Formel

$$Z(C_n; z_1, \ldots, z_n) = \frac{1}{n} \sum_{d|n} \varphi(d) z_d^{n/d}\,.$$

Folgerung 4.3 besorgt nun den Rest. Die Anzahl der Halsketten mit n Perlen und r Farben ist

$$|\mathcal{M}_n| = \frac{1}{n} \sum_{d|n} \varphi(d) r^{n/d}\,.$$

Für $n = 4$ ergibt dies

$$|\mathcal{M}_4| = \frac{1}{4}(r^4 + r^2 + 2r) = \frac{1}{4} r(r+1)(r^2 - r + 2)\,.$$

Es gibt also zum Beispiel 70 Halsketten mit 4 Farben und 616 Ketten mit 7 Farben.

Beispiel B. Hier haben wir den Zyklenindikator schon in Abschnitt 3 berechnet. Färben wir die Seiten des Würfels mit r Farben, so erhalten wir

$$\begin{aligned} |\mathcal{M}| &= \frac{1}{24}(r^6 + 3r^4 + 12r^3 + 8r^2) \\ &= \frac{1}{24}r^2(r+1)(r^3 - r^2 + 4r + 8), \end{aligned}$$

und zum Beispiel für $r = 2$ und $r = 3$, $|\mathcal{M}| = 10$ bzw. $|\mathcal{M}| = 57$.

Beispiel C. Wir wollen die erzeugende Funktion $T(x) = \sum_{n \geq 0} t_n x^n$ bestimmen, wobei t_n die Anzahl der Alkohole mit n C-Atomen ist. Für $n \geq 1$ nennen wir das an OH anstoßende C-Atom die *Wurzel*. Von der Wurzel gehen drei Verbindungen aus, die wir beliebig permutieren können:

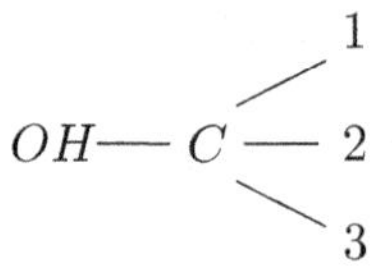

Wir setzen $N = \{1, 2, 3\}$. In jeder Stelle i von N hängt ein Alkohol A_i, wobei wir die Wurzel als OH-Atom von A_i auffassen. Sei R die Menge der Alkohole A, wobei wir jedem A das Gewicht x^n zuordnen, n =Anzahl der C-Atome. Ein Alkohol entspricht dann einer Abbildung $f : N \longrightarrow R$, und die verschiedenen Alkohole genau den Mustern von R^N unter der symmetrischen Gruppe S_3. Der Zyklenindikator von S_3 ist leicht berechnet:

$$Z(S_3; z_1, z_2, z_3) = \frac{1}{6}(z_1^3 + 3z_1 z_2 + 2z_3).$$

Ferner haben wir $\sum_{A \in R} x_A^k = T(x^k)$. Ziehen wir noch die Wurzel in Betracht, so ergibt sich aus dem Satz von Polya die Funktionalgleichung

$$T(x) = 1 + \frac{x}{6}[T(x)^3 + 3T(x)T(x^2) + 2T(x^3)].$$

Durch Koeffizientenvergleich erhalten wir mit $t_0 = 1$

$$t_n = \frac{1}{6}[\sum_{i+j+k=n-1} t_i t_j t_k + 3 \sum_{i+2j=n-1} t_i t_j + 2t_{\frac{n-1}{3}}] \quad (n \geq 1).$$

Die ersten Werte sind

n	0	1	2	3	4	5	6	7	8
t_n	1	1	1	2	4	8	17	39	89

Als Illustration betrachten wir $n = 5$, wobei nur die OH- und C-Atome gezeichnet sind:

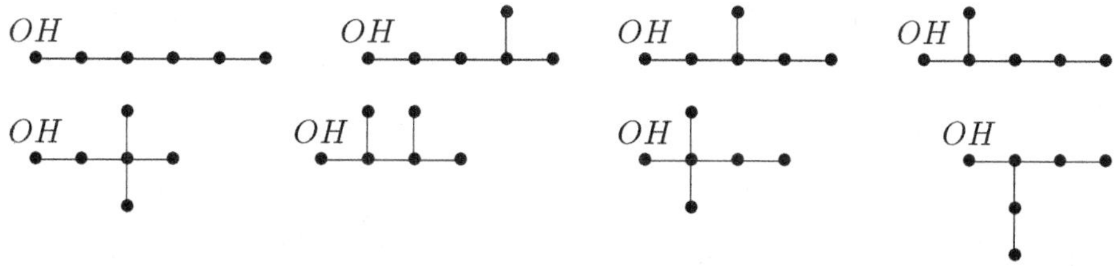

Zum Schluss wollen wir uns noch ein Schachbrettproblem vornehmen, das die Kraft der Polya Theorie aufs schönste illustriert. Auf wie viele Arten können wir n Türme auf ein $n \times n$-Schachbrett stellen, so dass sie sich gegenseitig nicht schlagen? Nun, das ist nach einem Moment Nachdenken klar: Diese Stellungen entsprechen genau den $n!$ Permutationen π mit den Feldern (i, π_i), $i = 1, \ldots, n$. Aber wie viele *Muster* gibt es? Die Symmetriegruppe besteht hier aus den 4 Drehungen der Brettes plus Spiegelungen – die entsprechende Gruppe wird **Diedergruppe** D_4 genannt und besitzt also 8 Elemente. Für $n \leq 4$ können wir die Muster sofort hinzeichnen:

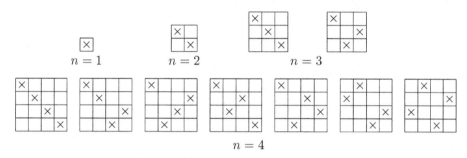

$n = 1$ $n = 2$ $n = 3$

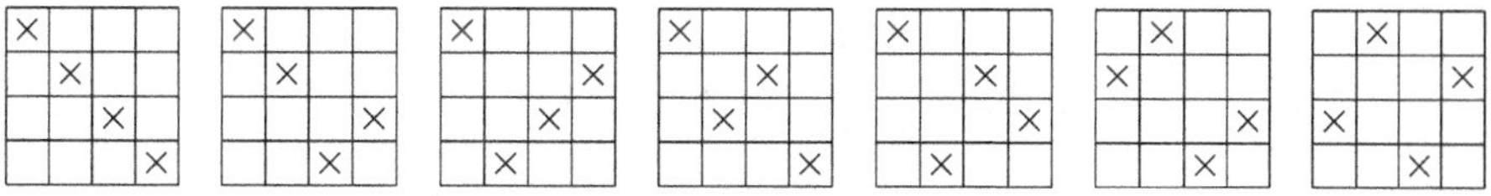

$n = 4$

Und für beliebiges n? Kein Problem mit dem Lemma von Burnside-Frobenius. Sei N^2 die Menge der Felder (i, j) und g_i die Drehung $i \cdot 90°$ im Uhrzeigersinn, $i = 0, 1, 2, 3$. Anschließend erhalten wir mit der Spiegelung h um die senkrechte Mittelachse alle 8 Symmetrien.

Um das Lemma anwenden zu können, müssen wir uns überlegen, wohin ein Feld (i, j) bewegt wird. Die folgende Tabelle gibt dies an (nachprüfen!):

$$
(3) \qquad
\begin{array}{lll}
(i,j) & \xrightarrow{g_0} & (i,\ j) \\
 & \xrightarrow{g_1} & (j,\ n+1-i) \\
 & \xrightarrow{g_2} & (n+1-i,\ n+1-j) \\
 & \xrightarrow{g_3} & (n+1-j,\ i)
\end{array}
\qquad
\begin{array}{lll}
(i,j) & \xrightarrow{hg_0} & (i,\ n+1-j) \\
 & \xrightarrow{hg_1} & (j,\ i) \\
 & \xrightarrow{hg_2} & (n+1-i,\ j) \\
 & \xrightarrow{hg_3} & (n+1-j,\ n+1-i)\,.
\end{array}
$$

Insbesondere sehen wir, dass eine Permutation (i, π_i) wieder in eine Permutation übergeführt wird. Die Gruppe D_4 wirkt also auf der Menge X der Permutationen. Jetzt müssen wir nur noch die Fixpunktmengen X_g bestimmen bzw. ihre Größe und sind fertig. Wir sehen uns g_1 an, die anderen Fälle werden ebenso leicht erledigt. Sei $\{(i, \pi_i) : i \in N\} \in X_{g_1}$. Ist $i \xrightarrow{\pi} j$, so gilt laut der Tabelle $j \xrightarrow{\pi}$

$n+1-i$. Wenden wir π auf $n+1-i$ an, so ergibt sich $n+1-i \xrightarrow{\pi} n+1-j$, und mit einer weiteren Iteration $n+1-j \xrightarrow{\pi} i$. Somit zerfällt π in Zyklen der Gestalt $(i,\ j,\ n+1-i,\ n+1-j)$, aber Vorsicht: Es könnte sein, dass sich der Zyklus schon vorher schließt!

Falls $i \xrightarrow{\pi} i$ ein Fixpunkt ist, so haben wir $i \longrightarrow i \longrightarrow n+1-i = i$, also $i = \frac{n+1}{2}$. Das kann nur für ungerades n eintreten, und es ist unmittelbar klar, dass das Mittelfeld $(\frac{n+1}{2}, \frac{n+1}{2})$ fest bleibt. Sei also $i \xrightarrow{\pi} j \neq i$. Falls ein 2-Zyklus (i, j) vorliegt, so erhalten wir $i \longrightarrow j \longrightarrow n+1-i = i \longrightarrow j = n+1-j$, also $i = j = \frac{n+1}{2}$, was nicht geht. Es gibt also keine 2-Zyklen und analog sieht man, dass es keine 3-Zyklen gibt. Resultat: Falls n ungerade ist, so besteht $\pi \in X_{g_1}$ aus einem Fixpunkt und $\frac{n-1}{4}$ 4-Zyklen, und falls n gerade ist, so besteht π aus $\frac{n}{4}$ 4-Zyklen. Es muss also n von der Gestalt $n = 4t+1$ oder $n = 4t$ sein.

Wir sehen, dass in jedem 4-Zyklus $(i,\ j,\ n+1-i,\ n+1-j)$ zwei Zahlen $\leq \frac{n}{2}$ sind und zwei Zahlen $\geq \frac{n}{2}$. Wir haben also nach Wahl von $\{i,\ j,\ n+1-i,\ n+1-j\}$ zwei mögliche Zyklen. Zum Beispiel erhalten wir für $n = 5$ die 4-Zyklen $(1,2,5,4)$ und $(1,4,5,2)$, was den Aufstellungen $(1,2),(2,5),(3,3),(4,1),(5,4)$ bzw. $(1,4),(2,1),(3,3),(4,5),(5,2)$ entspricht:

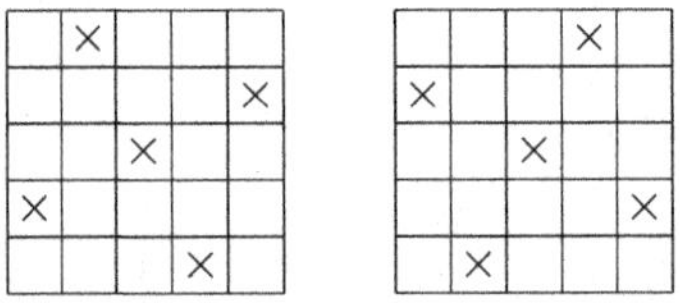

Beide Stellungen sind invariant unter g_1, wie es ja sein muss.

Jetzt müssen wir nur noch zählen, auf wie viele Arten wir die 4-Mengen wählen können. Das ist aber leicht. Zu 1 können wir eine der anderen Zahlen $j \leq \frac{n}{2}$ wählen, die beiden restlichen n und $n+1-j$ liegen dann fest. Nun wählen wir das nächste Paar, usf. Insgesamt ergeben sich

$$\frac{n-3}{2} \cdot \frac{n-7}{2} \cdots 1 \qquad \text{für} \qquad n = 4t+1$$

bzw.

$$\frac{n-2}{2} \cdot \frac{n-6}{2} \cdots 1 \qquad \text{für} \qquad n = 4t$$

Möglichkeiten. Ziehen wir noch in Betracht, dass jede 4-Menge auf 2 Arten einen 4-Zyklus ergibt, so erhalten wir

$$(4) \qquad |X_{g_1}| = \begin{cases} (n-3)(n-7)\cdots 2 & n = 4t+1 \\ (n-2)(n-6)\cdots 2 & n = 4t\,, \end{cases}$$

und durch Symmetrie $|X_{g_3}| = |X_{g_1}|$. Für g_2 berechnet man für $n \geq 2$

$$(5) \qquad |X_{g_2}| = \begin{cases} (n-1)(n-3)\cdots 2 & n \text{ ungerade} \\ n(n-2)\cdots 2 & n \text{ gerade}\,, \end{cases}$$

und natürlich ist $|X_{g_0}| = n!$.

Schließlich erhält man aus (3) für $n \geq 2$

$$|X_{hg_0}| = |X_{hg_2}| = 0\,, \tag{6}$$

während unsere Tafel (3) für hg_1 (und durch Symmetrie für hg_3) zeigt, dass $i \xrightarrow{\pi} j$ impliziert $j \xrightarrow{\pi} i$. X_{hg_1} besteht also aus allen Permutationen (genannt *Involutionen*), deren Zyklen Länge 1 oder 2 haben. Sei i_n die Anzahl der Involutionen.

Bezeichnen wir mit a_1 den Ausdruck auf der rechten Seite von (4) und mit a_2 den von (5), so ergibt das Lemma von Burnside-Frobenius unser endgültiges Resultat für die Anzahl $|\mathcal{M}_n|$ der Turm-Aufstellungen, $n \geq 2$:

$$|\mathcal{M}_n| = \begin{cases} \frac{1}{8}(n! + 2a_1 + a_2 + 2i_n) & n = 4t,\ 4t+1 \\ \frac{1}{8}(n! + a_2 + 2i_n) & n = 4t+2,\ 4t+3\,. \end{cases}$$

Nun brauchen wir noch eine Formel für i_n. In Übung 20 wird die Rekursion $i_{n+1} = i_n + n i_{n-1}$ ($i_0 = 1$) abgeleitet. Die ersten Werte sind demnach

n	0	1	2	3	4	5	6	7	8
i_n	1	1	2	4	10	26	76	232	764

Für $n = 4$ berechnen wir $|\mathcal{M}_4| = \frac{1}{8}(24 + 4 + 8 + 20) = 7$ wie gesehen, und weiter haben wir $|\mathcal{M}_5| = 23$, $|\mathcal{M}_6| = 115$, $|\mathcal{M}_7| = 694$, $|\mathcal{M}_8| = 5282$.

Übungen zu Kapitel 4

▷ **1** Eine Fahne ist in n waagerechte Stücke unterteilt. Wie viele Schwarz-Weiß Muster gibt es mit genau k weißen Stücken, wobei die Fahne um 180° gedreht werden kann? Überprüfe das Ergebnis für $n = 5$, $k = 3$ und $n = 6$, $k = 4$.

2 Sei G die Symmetriegruppe des Würfels. Bestimme den Zyklenindikator, wenn N die Menge der Kanten bzw. Ecken ist. Wie viele Muster mit 2 oder 3 Farben gibt es jeweils?

3 Wie viele Muster erhalten wir, wenn wir die 12 Kanten des Würfels mit 12 verschiedenen Farben färben?

▷ **4** Betrachte den Zyklenindikator der symmetrischen Gruppe S_n (ohne ihn zu berechnen) und folgere $\sum_{k=0}^{n} s_{n,k} x^k = x^{\overline{n}}$, $s_{n,k}$ = Stirling Zahl 1. Art.

5 Wie viele Seitenmuster (Kantenmuster, Eckenmuster) des Würfels gibt es, in denen Schwarz und Weiß gleich oft auftreten?

6 Eine Halskette kann auch abgenommen werden und verkehrt herum umgelegt werden. Die Symmetriegruppe ist dann die Diedergruppe D_n mit $|D_n| = 2n$, $n \geq 3$. Bestimme den Zyklenindikator von D_n. Hinweis: Die zyklische Gruppe C_n ist eine Untergruppe.

7 Sei $n = 6$, $r = 2$. Zeige durch Betrachtung von C_6 und D_6, dass es genau zwei gefärbte Ketten gibt, die ohne Umdrehen verschieden sind, aber mit Umdrehen gleich. Welche?

▷ **8** Betrachte das Tetraeder

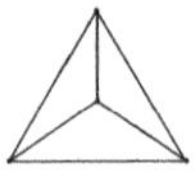

und bestimme die Symmetriegruppe. Zeige ohne Ausrechnen: Färben wir die Ecken bzw. Seiten mit r Farben, so erhalten wir immer dieselbe Anzahl von Mustern.

9 Betrachte analog zu Alkoholen Moleküle mit OH, an denen D (3-wertig) und H (1-wertig) hängen. Bestimme die erzeugende Funktion $\sum_{n \geq 0} d_n x^n$, d_n =Anzahl der D-Atome.

▷ **10** Wie viele Muster von Gitterwegen von $(0,0)$ nach (n,n) wie in Übung 1.37 gibt es, wenn wir Wege als gleich betrachten, falls sie zur Deckung gebracht werden können? Beispiel:

Hinweis: Jeder Weg entspricht einer Folge von n 0'en und n 1'en. Überlege, welche Gruppe auf diesen Folgen wirkt.

▷ **11** Sei $N = \{1, \ldots, n\}$. Bestimme die Wahrscheinlichkeit, dass in einer zufälligen Permutation 1 in einem Zyklus der Länge k enthalten ist (alle Permutationen gleich wahrscheinlich). Was ist der Erwartungswert für die Länge des Zyklus, der 1 enthält? Was ist der Erwartungswert für die Anzahl der Zyklen?

12 Bestimme die Symmetriegruppe des Oktaeders und berechne den Zyklenindikator für die Seiten.

13 Zeige, dass es genau drei Eckenmuster des Oktaeders gibt, in denen drei Ecken rot, zwei Ecken blau und eine Ecke grün gefärbt sind. Zeichne sie.

14 Eine Firma führt quadratische 3×3-Karten mit jeweils 2 Löchern als Identitätskarten ein, z. B.

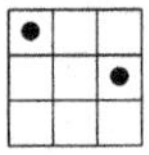

wobei Vorder- und Rückseite nicht unterscheidbar sind. Wie viele Mitarbeiter kann die Firma höchstens beschäftigen? Hinweis: Überlege, welche Gruppe auf den 9 Feldern wirkt und wende das Lemma von Burnside–Frobenius an.

15 Es seien $x_1, \ldots, x_r$ Variablen. Ein Polynom $f(x_1, \ldots, x_r)$ heißt *symmetrisch*, falls $f(x_{\pi(1)}, \ldots, x_{\pi(r)}) = f(x_1, \ldots, x_r)$ für jede Permutation $\pi \in S_r$. Wichtige Beispiele sind die *elementarsymmetrischen* Funktionen $a_k(x_1, \ldots, x_r) = \sum_{i_1 < \ldots < i_k} x_{i_1} \cdots x_{i_k}$, also z. B. $a_1(x_1, \ldots, x_r) = x_1 + \ldots + x_r$ bzw. die *Potenzfunktionen* $s_k(x_1, \ldots, x_r) = \sum_{j=1}^{r} x_j^k$. Beweise mit Hilfe des Satzes von Polya die Formel von Waring: $a_n(x_1, \ldots, x_r) = Z(S_n; s_1, -s_2, s_3, \ldots, (-1)^{n-1} s_n)$.

▷ **16** Beweise das zum Satz von Polya analoge Resultat für die Menge der injektiven Abbildungen $\mathrm{Inj}(N, R)$: $w(\mathrm{Inj}(N, R); G) = \frac{n!}{|G|} a_n(x_1, \ldots, x_r)$ mit $a_n(x_1, \ldots, x_r)$ wie in der vorigen Übung. Was folgt daraus für $x_1 = \ldots = x_r = 1$ und $G = \{\, \mathrm{id} \,\}$ bzw. $G = S_n$?

▷ **17** Berechne die Anzahl der nicht-isomorphen Multiplikationstafeln auf zwei Elementen $0, 1$. Es gibt $2^4 = 16$ Tafeln. Zwei Multiplikationen $x \cdot y$ und $x \circ y$ heißen *isomorph*, falls es eine Bijektion φ gibt mit $\varphi(x \cdot y) = \varphi(x) \circ \varphi(y)$. Hinweis: Lemma von Burnside-Frobenius. Bestimme die Anzahl für drei Elemente.

18 Sei N n-Menge, $G \leq S_N$. Wir nennen zwei Untermengen A, B G-äquivalent, falls $B = \{g(a) : a \in A\}$ für ein $g \in G$. Sei m_k die Anzahl der Muster der k-Mengen. Zeige: $\sum_{k=0}^{n} m_k x^k = Z(G; 1+x,\ 1+x^2, \ldots,\ 1+x^n)$. Folgere $|\mathcal{M}| = \frac{1}{|G|} \sum_{g \in G} 2^{b(g)}$, wobei $b(g)$ =Anzahl der Zyklen von g.

▷ **19** Leite aus der vorigen Übung die folgenden uns schon bekannten Formeln ab: a. $\sum_{k=0}^{n} \binom{n}{k} x^k = (1+x)^n$, b. $(n+1)! = \sum_{g \in S_n} 2^{b(g)} = \sum_{k=0}^{n} s_{n,k} 2^k$, c. $\sum_{d|n} \varphi(d) = n$.

20 Zeige: Die Anzahl der fixpunktfreien Involutionen ist $(n-1)(n-3)(n-5)\cdots$. Zeige für die Anzahl i_n aller Involutionen von $\{1, \ldots, n\}$ die Rekursion $i_{n+1} = i_n + n i_{n-1}$ ($i_0 = 1$) und folgere daraus für die exponentielle erzeugende Funktion $\sum_{n \geq 0} i_n \frac{z^n}{n!} = e^{z + \frac{z^2}{2}}$. Berechne hieraus i_n.

▷ **21** Sei $T_n = Z(S_n; z_1, \ldots, z_n)$. Zeige: $\sum_{n \geq 0} T_n y^n = \exp(\sum_{k \geq 1} z_k \frac{y^k}{k})$ und folgere daraus abermals die Formel für die exponentielle erzeugende Funktion der Involutionen. Welche Funktion erhält man für Permutationen, die nur 3-Zyklen haben, oder allgemein für h-Zyklen?

22 Verallgemeinere Übung 21. Sei $F(x) = \sum_{n \geq 0} a_n x^n$ eine erzeugende Funktion, dann gilt: $\sum_{n \geq 0} Z(S_n; F(x),\ F(x^2), \ldots,\ F(x^n)) y^n = \exp(\sum_{k \geq 1} F(x^k) \frac{y^k}{k})$.
Was ergibt sich für $F(x) = 1$?

▷ **23** Sei $N = \{1, 2, \ldots, n\}$, $R = \{W,\ S\}$, und G eine Gruppe, die auf N wirkt. Wir nennen ein Muster M *selbst-dual*, falls $f \in M$ impliziert $h \circ f \in M$, wobei h die Involution $W \longleftrightarrow S$ ist. Mit anderen Worten: M bleibt unter der Vertauschung der Farben invariant. Sei $\overline{m}$ die Anzahl der selbst-dualen Muster. Zeige $\overline{m} = Z(G; 0, 2, 0, 2, \ldots)$. Hinweis: Verwende $h \circ f \sim f \iff h \circ f = f \circ \tau_g$ für ein $g \in G$.

24 Berechne mit der vorigen Übung die Anzahl der selbst-dualen Muster für das Halskettenproblem. Für eine 2er-Potenz $n = 2^s$ ergibt sich eine besonders einfache Formel, welche? Gib die vier Muster für $n = 8$ an.

25 Vervollständige das Beispiel der nicht-schlagenden Turm-Muster.

5 Asymptotische Analyse

Wir haben in den vorangegangenen Abschnitten eine Reihe von Methoden kennengelernt, wie man eine Zählfunktion $f(n)$ in den Griff bekommt: Summationen, Rekursionen, erzeugende Funktionen. Was tun, wenn keine dieser Methoden zum Ziel führt? Dann werden wir versuchen, $f(n)$ nach oben und unten abzuschätzen, um wenigstens eine ungefähre Vorstellung von der Größenordnung von $f(n)$ zu bekommen.

5.1 Wachstum von Funktionen

Jeder weiß aus der Analysis, dass n, n^2 oder c^n $(c > 1)$ mit wachsendem n gegen ∞ gehen, aber dass n^2 „schneller" wächst als n und c^n „schneller" als n^2. Diesen Begriff der Schnelligkeit des Wachstums einer Funktion wollen wir nun genau fassen.

Wir betrachten Funktionen $f(n)$, die auf den natürlichen Zahlen erklärt sind. Uns interessiert, wie schnell die Werte $|f(n)|$ ansteigen, d. h. es kümmert uns nicht, ob die Werte $f(n)$ positiv oder negativ sind, sondern nur wie groß sie absolut sind. Wir sagen, $g(n)$ **wächst schneller als** $f(n)$, in Zeichen $f(n) \prec g(n)$, falls für jedes $\varepsilon > 0$ ein $n_0(\varepsilon)$ existiert, so dass

(1) $$|f(n)| \leq \varepsilon |g(n)| \quad \text{für alle } n \geq n_0(\varepsilon) \text{ gilt.}$$

Insbesondere impliziert also $g(n) = 0$ stets $f(n) = 0$ für $n \geq n_0(\varepsilon)$. Hat $g(n)$ nur endlich viele 0-Werte (und dies ist praktisch immer der Fall), so gilt

$$f(n) \prec g(n) \iff \lim_{n\to\infty} \frac{f(n)}{g(n)} = 0\,,$$

wobei wir den Quotienten für die endlich vielen Werte $g(n) = 0$ undefiniert lassen. Als erstes bemerken wir, dass die Relation $\prec$ *transitiv* ist, also aus $f(n) \prec g(n)$, $g(n) \prec h(n)$ stets $f(n) \prec h(n)$ folgt.

Zum Beispiel haben wir $n \prec n^2 \prec n^3$ oder allgemein $n^a \prec n^b$ für je zwei reelle Zahlen $a < b$. Aus der Analysis kennen wir weitere Beispiele: $\log n \prec n$, also auch $\log\log n \prec \log n$, oder allgemein $\log n \prec n^\varepsilon$ für jedes $\varepsilon > 0$. Wenden wir darauf die Exponentialfunktion mit Basis $c > 1$ an, so erhalten wir in unserer Hierarchie

$$c \prec \log n \prec n^\varepsilon \prec c^n \prec n^n\,,$$

und so fort. Kurz ausgedrückt: Der Logarithmus wächst langsamer als jede Potenz, und jede Potenz langsamer als jede Exponentialfunktion.

Frage: Wo steht die Fakultätsfunktion $n!$? Sicher kann $n!$ nicht schneller wachsen als n^n, und ebenso klar ist, dass $n!$ mindestens so schnell wächst wie 2^n, da

$n! \geq 2^n$ ist für $n \geq 4$. Genauer sehen wir $n! \geq m^n$ für jede natürliche Zahl m, also auch $n! \geq c^n$ für jedes $c > 1$ ab einem gewissen n.

Unser Ausgangspunkt war der Begriff „schnelleres" Wachstum, jetzt sprechen wir von „höchstens" so schnell oder „mindestens" so schnell. Mit anderen Worten, wir wollen eine Funktion $f(n)$ asymptotisch (d. h. ab $n \geq n_0$) nach *oben* bzw. *unten abschätzen*. Dazu wird die folgende suggestive Notation verwendet:

$$(2) \qquad O(g(n)) = \{f(n) : \text{es existiert eine Konstante } C > 0 \\ \text{so dass } |f(n)| \leq C|g(n)| \text{ ist für } n \geq n_0\} \;.$$

$O\big(g(n)\big)$ ist also die Menge aller Funktionen $f(n)$, die asymptotisch durch $g(n)$ nach oben abgeschätzt werden. Gehört $f(n)$ zu $O\big(g(n)\big)$, so schreiben wir $f(n) = O\big(g(n)\big)$. Dies scheint zwar auf den ersten Blick merkwürdig, wir sollten ja $f(n) \in O\big(g(n)\big)$ schreiben, wird aber traditionell so verwendet, und hat Rechenvorteile, wie wir sehen werden. Wir dürfen aber niemals vergessen, dass $f(n) = O\big(g(n)\big)$ von links nach rechts gelesen wird, also eine „einseitige" Gleichung ist. Ansonsten würden wir z. B. aus $n = O(n^2)$, $n^2 = O(n^2)$ auf die absurde Gleichung $n = n^2$ kommen.

Betrachten wir als Beispiel das Polynom $p(n) = 2n^3 - n^2 + 6n + 100$. Wir erhalten $p(n) = O(n^3)$, da

$$|p(n)| \leq 2|n^3| + |n^2| + 6|n| + 100 \leq 2|n^3| + |n^3| + 6|n^3| + 100 \leq 10|n^3| \text{ für } n \geq 5 \;.$$

Zwei Bemerkungen zum Gebrauch der O-Notation. Erstens sind wir nur an „großen" n interessiert (think big). Und zweitens sagt $f(n) = O(g(n))$ zunächst nichts darüber aus, wie schnell $f(n)$ nun tatsächlich wächst. In unserem Beispiel gilt natürlich auch $p(n) = O(n^4)$ oder $p(n) = O(n^5)$. Wir werden also versuchen, eine möglichst gute Abschätzung zu finden.

Für Abschätzungen nach unten haben wir ein analoges Symbol:

$$(3) \qquad \Omega\big(g(n)\big) = \{f(n) : \text{es existiert eine Konstante } C > 0\,, \\ \text{so dass } |f(n)| \geq C|g(n)| \text{ ist für } n \geq n_0\}\,.$$

Wir schreiben wiederum $f(n) = \Omega\big(g(n)\big)$, falls $f(n)$ zu $\Omega\big(g(n)\big)$ gehört. Offenbar gilt $f(n) = O\big(g(n)\big) \iff g(n) = \Omega\big(f(n)\big)$. Es ist unmittelbar einsichtig, dass O und Ω transitiv sind, d. h. aus $f(n) = O\big(g(n)\big)$, $g(n) = O\big(h(n)\big)$ folgt $f(n) = O\big(h(n)\big)$, und analog für Ω. Kurz ausgedrückt:

$$O\big(O(f(n))\big) = O\big(f(n)\big)\;,\;\; \Omega\big(\Omega(f(n))\big) = \Omega\big(f(n)\big)\;.$$

Jetzt liegt es nahe, auch ein Symbol einzuführen, welches O und Ω zusammenfasst:

$$(4) \quad \Theta(g(n)) = \{f(n) : \text{es existieren Konstanten } C_1 > 0\,,\; C_2 > 0\;, \\ \text{so dass } C_1|g(n)| \leq |f(n)| \leq C_2|g(n)| \text{ ist für } n \geq n_0\}\,.$$

Setzen wir wieder $f(n) = \Theta(g(n))$, falls $f(n)$ zu $\Theta\big(g(n)\big)$ gehört, so gilt $f(n) = \Theta\big(g(n)\big) \iff f(n) = O\big(g(n)\big)$ und $f(n) = \Omega\big(g(n)\big)$. Das Symbol Θ können wir also als „gleich schnelles“ Wachstum interpretieren, und wir schreiben manchmal

$$f(n) \asymp g(n) \iff f(n) = \Theta(g(n)) \iff g(n) = \Theta(f(n))\,.$$

Eine stärkere Version von $\asymp$ erhalten wir durch

$$f(n) \sim g(n) \iff \lim_{n\to\infty}\left|\frac{f(n)}{g(n)}\right| = 1\,. \tag{5}$$

Falls $f(n) \sim g(n)$ gilt, so sagen wir, $f(n)$ und $g(n)$ sind **asymptotisch gleich**.

Offensichtlich sind $\asymp$ und $\sim$ Äquivalenzrelationen, die mit $\prec$, O und Ω verträglich sind. Das heißt z. B., dass aus $f \prec g$ und $f \asymp f'$ auch $f' \prec g$ folgt, oder aus $f = O(g)$ und $f \sim f'$ auch $f' = O(g)$.

Beispiel. Polynome können wir sofort analysieren. Hat $p(n)$ den Grad d, so gilt $\lim_{n\to\infty} \frac{p(n)}{n^k} = 0$ für $k > d$, und $p(n) \asymp n^d$, und wir folgern für Polynome p und q:

$$\begin{array}{lcl} p(n) \prec q(n) & \iff & \text{Grad}\, p(n) < \text{Grad}\, q(n) \\ p(n) \asymp q(n) & \iff & \text{Grad}\, p(n) = \text{Grad}\, q(n) \\ p(n) \sim q(n) & \iff & \text{Grad}\, p(n) = \text{Grad}\, q(n) \text{ und die höchsten} \\ & & \text{Koeffizienten sind im Absolutbetrag gleich.} \end{array} \tag{6}$$

Kehren wir zurück zu $n!$. Wegen $\log n! = \sum_{k=1}^{n} \log k$ folgt durch Ober- und Untersummenbildung der Logarithmusfunktion $\log x$

$$\log(n-1)! < \int_1^n \log x \, dx = n \log n - n + 1 < \log n!\,, \tag{7}$$

und daraus

$$e\Big(\frac{n}{e}\Big)^n < n! < \frac{(n+1)^{n+1}}{e^n} = (n+1)\Big(\frac{n}{e}\Big)^n\Big(1+\frac{1}{n}\Big)^n < (n+1)e\Big(\frac{n}{e}\Big)^n\,.$$

Bis auf den Faktor $n+1$ stimmen die untere und obere Schranke überein. Das genaue Resultat liefert die **Stirlingsche Formel**. Es gilt $\lim\limits_{n\to\infty} \frac{n!}{n^{n+\frac{1}{2}}e^{-n}} = \sqrt{2\pi}$, und somit

$$n! \sim \sqrt{2\pi n}\Big(\frac{n}{e}\Big)^n\,. \tag{8}$$

Aus (8) ergibt sich nun $c^n \prec n! \prec n^n$, wie man sofort nachprüft. Betrachten wir nochmals (7). Die beiden Ungleichungen ergeben

$$\log n! \sim n \log n\,.$$

Genaueren Aufschluß über das Wachstum von $\log n!$ erhalten wir durch Logarithmieren von (8):

$$\lim_{n\to\infty} (\log n! - (n \log n - n + \frac{\log n}{2} + \log\sqrt{2\pi})) = 0 \,.$$

Die Zahl $\sigma = \log\sqrt{2\pi} \approx 0,919$ heißt *Stirling Konstante*, und die folgende Formel *Stirling Approximation*:

$$\text{(9)} \qquad \log n! = n \log n - n + \frac{\log n}{2} + \sigma + R(n)$$

mit $R(n) \to 0$. Wir sehen also, dass das Wachstum von $\log n!$ auch genauer bestimmt werden kann. Zum Beispiel gilt auch

$$\log n! \sim n \log n - n + \frac{\log n}{2}$$

oder anders geschrieben

$$\log n! = n \log n - n + O(\log n) \,.$$

Apropos Logarithmus. Wir haben bei Stirlings Approximation den *natürlichen* Logarithmus $\log n$ verwendet. In vielen Algorithmen rechnet man zur Basis 2, also kommt der *binäre* Logarithmus $\log_2 n$ ins Spiel, und aus der Schule sind wir den 10er Logarithmus $\log_{10} n$ gewöhnt. Für unsere O-Notation macht dies alles keinen Unterschied. Da sich je zwei Logarithmen nur um einen konstanten Faktor > 0 unterscheiden, es gilt $\log_b n = \frac{\log_a n}{\log_a b}$ $(a, b > 1)$, bedeuten $O(\log n)$, $O(\log_2 n)$ oder allgemein $O(\log_a n)$ alle dasselbe. Da wir es in den meisten Problemen mit dem binären Logarithmus zu tun haben, wollen wir ihn kurz $\lg n = \log_2 n$ bezeichnen.

Zu all unseren Symbolen sei noch eins hinzugefügt. Wir schreiben

$$\text{(10)} \qquad o(g(n)) = \{f(n) : \text{für jedes } \varepsilon > 0 \text{ existiert } n_0(\varepsilon) \text{ mit } |f(n)| \leq \varepsilon|g(n)| \text{ für } n \geq n_0(\varepsilon)\}.$$

Mit der üblichen Schreibweise $f(n) = o\big(g(n)\big)$, falls $f(n)$ zu $o\big(g(n)\big)$ gehört, bedeutet $f(n) = o\big(g(n)\big)$ also nichts anderes als $f(n) \prec g(n)$.

Die Bezeichnung $f(n) = o(1)$ besagt daher, dass $f(n) \to 0$ geht, während $f(n) = O(1)$ bedeutet, dass $f(n)$ beschränkt bleibt. Zum Beispiel können wir (9) in der Form

$$\log n! = n \log n - n + \frac{\log n}{2} + \sigma + o(1)$$

ausdrücken, während durch Ober- und Untersummenbildung von $\frac{1}{x}$

$$\frac{1}{2} + \ldots + \frac{1}{n} < \log n < 1 + \frac{1}{2} + \ldots + \frac{1}{n-1}$$

folgt, also

$$H_n = \log n + O(1)\,.$$

Ein weiterer Vorteil der O-Notation ist, dass wir „überflüssige Details" in den O-Summanden schieben können. Erhalten wir beispielsweise in einer Rechnung $\sqrt{n+a}$ für eine Konstante a, so können wir sofort $\sqrt{n+a} = \sqrt{n} + O(1)$ setzen, da $\sqrt{n+a} - \sqrt{n} \leq |a|$ gilt, und können nun die Rechnung mit dem bequemeren Ausdruck $\sqrt{n} + O(1)$ fortsetzen.

5.2 Größenordnung von Rekursionen

Erinnern wir uns an die Fibonacci Rekursion. Aus $F_n = F_{n-1} + F_{n-2}$ und den Anfangswerten $F_0 = 0$, $F_1 = 1$ haben wir mit unseren Methoden aus Abschnitt 3.2 geschlossen, dass $F_n = \frac{1}{\sqrt{5}}(\phi^n - \hat{\phi}^n)$ ist. Da $|\hat{\phi}| < 1$ ist, sehen wir, dass F_n asymptotisch gleich $\frac{1}{\sqrt{5}}\,\phi^n$ ist, in unserer neuen Schreibweise

$$F_n \sim \frac{1}{\sqrt{5}}\,\phi^n\,,\quad \phi = \frac{1+\sqrt{5}}{2}\,,$$

oder weniger genau

$$F_n \asymp \phi^n\,.$$

Die Fibonacci Zahlen wachsen also exponentiell schnell, und zwar so wie die Exponentialfunktion zur Basis $\phi \approx 1{,}61$.

Ändert sich das Wachstum, wenn wir die Rekursion beibehalten, aber neue Anfangswerte verwenden? Zum Beispiel erhalten wir für $F_0 = -2$, $F_1 = 3$ die Fibonacci-Folge $-2, 3, 1, 4, 5, 9, 14, \ldots$ oder für $F_0 = 1$, $F_1 = -1$ die Folge $1, -1, 0, -1, -1, -2, -3, -5, \ldots$ Nun, unsere 4 Schritte aus Abschnitt 3.2 bleiben dieselben, es gilt wieder $F(z) = \frac{c+dz}{1-z-z^2}$ mit gewissen von den Anfangsbedingungen bestimmten Konstanten c, d. Mittels Satz 3.1 erhalten wir daraus

$$F_n = a\phi^n + b\hat{\phi}^n\,.$$

und somit wiederum $F_n \asymp \phi^n$, oder $F_n \sim a\phi^n$, außer wenn $a = 0$ ist. Dies tritt sicher auf, wenn $F_0 = F_1 = 0$ ist, in welchem Fall wir die 0-Folge erhalten, und noch für einen weiteren Fall (welchen?).

Eine explizite Lösung einer Rekursion wird uns mit einigen Manipulationen immer das richtige Wachstum angeben. Ganz anders ist die Frage, ob wir das Wachstum einer durch eine Rekursion gegebenen Zählfunktion bestimmen können, *ohne* die Lösung zu kennen. Dies wird besonders dann interessant sein, wenn wir die Rekursion explizit gar nicht lösen können.

Für Rekursionen mit fester Länge und konstanten Koeffizienten ist dies nicht weiter neu. Aus der Formel (A4) in Abschnitt 3.2 erkennen wir, dass die absolut größte Wurzel von $q^R(z)$ den Rest dominiert. Wir interessieren uns im folgenden also für Rekursionen mit Koeffizienten, von denen einige oder alle von n abhängen.

Den einfachsten Fall $a_n T_n = b_n T_{n-1} + c_n$ haben wir in Abschnitt 2.1 behandelt. Die dortige Methode funktioniert, weil die Glieder T_n, T_{n-1} aufeinanderfolgende Indizes haben. In vielen, wenn nicht den meisten Problemen werden wir eine „Divide and conquer" Methode verwenden, die auf ganz andere Rekursionen führt.

Betrachten wir folgendes Beispiel: In einem Tennisturnier nehmen n Spieler teil. In der ersten Runde scheiden alle Verlierer aus. Die Sieger spielen in Paaren in der zweiten Runde, die Verlierer scheiden wieder aus, usf. Wieviele Runden $T(n)$ benötigen wir, um den Sieger zu ermitteln? Setzen wir, um es uns einfach zu machen, $n = 2^k$. Unsere Rekursion lautet dann

$$T(n) = T(n/2) + 1 \ , \quad T(1) = 0 \ , \tag{1}$$

da nach der ersten Runde $\frac{n}{2}$ Spieler übrig bleiben. Nun, diese Rekursion ist einfach genug:

$$T(2^k) = T(2^{k-1}) + 1 = T(2^{k-2}) + 2 = \ldots = T(1) + k = k \ ,$$

also $T(n) = \lg n$, $n = 2^k$.

Der Fall $n \neq 2^k$ ist nun auch schnell erledigt. In der ersten Runde scheiden $\lfloor \frac{n}{2} \rfloor$ aus und $\lceil \frac{n}{2} \rceil$ bleiben übrig. Die allgemeine Rekursion ist demnach

$$T(n) = T(\lceil \frac{n}{2} \rceil) + 1 \ , \quad T(1) = 0 \ , \tag{2}$$

und wir vermuten $T(n) = \lceil \lg n \rceil$. $\lceil \lg n \rceil$ ist die Potenz k von 2 mit $2^{k-1} < n < 2^k$. Insbesondere gilt dann $2^{k-1} < n+1 \leq 2^k$, also $\lceil \lg n \rceil = \lceil \lg(n+1) \rceil$, und damit auch $\lceil \lg \frac{n}{2} \rceil = \lceil \lg \frac{n+1}{2} \rceil = \lceil \lg \lceil \frac{n}{2} \rceil \rceil$. Gehen wir mit unserer Vermutung $T(n) = \lceil \lg n \rceil$ in (2), so erhalten wir

$$\begin{aligned} T(n) &= \lceil \lg \lceil \frac{n}{2} \rceil \rceil + 1 = \lceil \lg \frac{n}{2} \rceil + 1 = \lceil \lg n - \lg 2 \rceil + 1 \\ &= \lceil \lg n \rceil \ . \end{aligned}$$

Probieren wir ein weiteres Beispiel:

$$T(n) = T(n/2) + n \ , \quad T(1) = 0 \ , \tag{3}$$

wiederum für $n = 2^k$. Iteration ergibt

$$T(2^k) = T(2^{k-1}) + 2^k = T(2^{k-2}) + 2^k + 2^{k-1} = \ldots = T(1) + 2^k + \ldots + 2^1 = 2^{k+1} - 2 \ ,$$

also $T(n) = 2n - 2 = \Theta(n)$, und für beliebiges n verschwindet die Differenz von $\lceil \frac{n}{2} \rceil$ zu $\frac{n}{2}$ in $\Theta(n)$.

Machen wir es uns noch etwas komplizierter:

$$T(n) = 3T(\lfloor \frac{n}{2} \rfloor) + n \ , \quad T(1) = 1 \ . \tag{4}$$

Iteration mit $n = 2^k$ ergibt

$$\begin{aligned} T(2^k) &= 3T(2^{k-1}) + 2^k = 3(3T(2^{k-2}) + 2^{k-1}) + 2^k = 3^2T(2^{k-2}) + 3 \cdot 2^{k-1} + 2^k \\ &= \ldots = 3^k 2^0 + 3^{k-1}2 + 3^{k-2}2^2 + \ldots + 3^0 2^k \,. \end{aligned}$$

Durch Induktion oder mittels Konvolution von $\sum 3^n z^n$ und $\sum 2^n z^n$ berechnen wir die rechte Seite zu $3^{k+1} - 2^{k+1}$. Setzen wir $3 = 2^{\lg 3}$, so erhalten wir $3^{k+1} = 3 \cdot 3^k = 3 \cdot (2^{\lg 3})^k = 3n^{\lg 3}$, und somit

$$T(n) = 3n^{\lg 3} - 2n = \Theta(n^{\lg 3}) \quad \text{für } n = 2^k \,.$$

Wieder können wir erwarten, dass die Rundung $\lfloor \frac{n}{2} \rfloor$ in $\Theta(n^{\lg 3})$ verschwindet.

Betrachten wir nun allgemein die Rekursion

$$T(n) = a\,T(n/b) + f(n) \,, \quad T(1) = c \,,$$

wobei wir $\frac{n}{b}$ als $\lfloor \frac{n}{b} \rfloor$ oder $\lceil \frac{n}{b} \rceil$ interpretieren. Das Ergebnis hängt offenbar von a, b und $f(n)$ ab. Der folgende Satz zeigt das Wachstum von $T(n)$.

Satz 5.1. *Sei $a \geq 1$, $b > 1$, und $T(n) = a\,T(n/b) + f(n)$.*
a. *Falls $f(n) = O(n^{\log_b a - \varepsilon})$ für ein $\varepsilon > 0$, dann gilt $T(n) = \Theta(n^{\log_b a})$.*
b. *Falls $f(n) = \Theta(n^{\log_b a})$, dann gilt $T(n) = \Theta(n^{\log_b a} \lg n)$.*
c. *Falls $f(n) = \Omega(n^{\log_b a + \varepsilon})$ für ein $\varepsilon > 0$, und $a\,f(\frac{n}{b}) \leq c\,f(n)$ für ein $c < 1$ und $n \geq n_0$, dann gilt $T(n) = \Theta(f(n))$.*

Wir wollen diesen Satz nicht beweisen, sondern ihn an einigen Beispielen erläutern. Im Wesentlichen zeigt er, wie das Wachstum von $T(n)$ von der Größenordnung von $f(n)$ abhängt. Im Fall c. dominiert $f(n)$, im Fall a. dominiert der Summand $a\,T(n/b)$.

Beispiele. Betrachten wir zunächst $f(n) = C$ eine Konstante. Es ergeben sich die folgenden Fälle:

$a = 1$	$T(n) = \Theta(\lg n)$	Fall b.
$a = b > 1$	$T(n) = \Theta(n)$	Fall a.
$a \neq b, a, b > 1$	$T(n) = \Theta(n^{\log_b a})$	Fall a.

Oder für $f(n) = \Theta(n)$:

$1 \leq a < b$	$T(n) = \Theta(n)$	Fall c.
$1 \leq a = b$	$T(n) = \Theta(n \lg n)$	Fall b.
$1 < b < a$	$T(n) = \Theta(n^{\log_b a})$	Fall a.

Verifizieren wir unseren Satz an Hand des Beispieles

$$T(n) = 4T(n/2) + n^2 \,.$$

Da $\log_2 4 = 2$ ist, haben wir $f(n) = n^2 = n^{\log_2 4}$, das heißt Fall b. des Satzes findet Anwendung, und wir erhalten $T(n) = \Theta(n^2 \lg n)$. Sobald wir die richtige Größenordnung von $T(n)$ bestimmt haben, können wir natürlich auch versuchen, das Ergebnis induktiv zu beweisen:

$$\begin{aligned} T(n) &= 4T(\frac{n}{2}) + n^2 = 4\Theta((\frac{n}{2})^2 \lg \frac{n}{2}) + n^2 \\ &= \Theta(n^2(\lg n - 1)) + n^2 = \Theta(n^2 \lg n - n^2 + n^2) = \Theta(n^2 \lg n) . \end{aligned}$$

5.3 Laufzeit von Algorithmen

Ein Algorithmus ist im Lexikon erklärt als „eine spezielle Methode zur Lösung eines vorgegebenen Problems". Jeder kennt Algorithmen und verwendet Algorithmen von Kindheit an. Um n Zahlen $a_1, a_2, \ldots, a_n$ zu addieren, können wir zuerst $a_1 + a_2$ bilden, dann a_3 dazuzählen, dann a_4, usf. bis wir das Ergebnis $S = \sum_{i=1}^{n} a_i$ haben. Wir brauchen bei dieser Methode $n-1$ Additionen. Geht es auch mit weniger? Mit einem Algorithmus verbinden wir intuitiv einen Optimalitätsbegriff. Wir wollen nicht *irgendeine* Rechenvorschrift finden, sondern eine möglichst effiziente.

Kombinatorik hat sich seit jeher vor allem mit Fragen der Abzählung und Existenz von Konfigurationen beschäftigt. Einige dieser Methoden haben wir schon kennengelernt. Aber erst mit dem Gesichtspunkt der „optimalen Konfiguration" wurde die Kombinatorik zu dem, was wir heute Diskrete Mathematik nennen. Es ist sicher kein Zufall, dass die ersten, allgemein verwendeten Algorithmen für schwierige Probleme entwickelt wurden, als die ersten schnellen Computer auftauchten. Der Simplex-Algorithmus zur Lösung von großen Ungleichungssystemen ist ein herausragendes Beispiel – wir werden später darauf zurückkommen.

Eine besonders schöne Illustration zur Erläuterung der drei Aspekte Abzählung, Existenz und Optimalität ist das *Problem des Handlungsreisenden* – kurz TSP genannt (Traveling Salesman Problem).

Ein Vertreter möchte n Städte durch eine Rundreise jeweils einmal besuchen und an den Ausgangspunkt zurückkehren. Für die Reise zwischen den Städten S_i und S_j erwachsen ihm die Kosten $c_{ij} \geq 0$. Nun möchte er seine Reise natürlich so wählen, dass die Gesamtkosten der n Strecken minimal werden. Das Abzählproblem ist trivial: es gibt $n!$ Rundreisen, oder wenn wir einen festen Ausgangspunkt wählen, $(n-1)!$. Unter diesen $n!$ Rundreisen gibt es natürlich eine (oder mehrere) billigste, also gibt auch das Existenzproblem nichts her. Aber wie findet der Vertreter eine optimal billige Rundreise ? Simples Durchprobieren scheitert am exponentiellen Wachstum von $n!$. Für $n = 12$ müßte er bereits $11! = 39916800$ Reisen vergleichen. Wir sehen also, dass die Frage der Optimalität eng mit der Berechenbarkeit mittels Computern verbunden ist. Hat ein Problem exponentielle Länge der Berechnung oder, wie wir sagen werden, *exponentielle Laufzeit*, so werden wir es als algorithmisch unlösbar ansehen. Ob dies für das Problem des Handlungsreisenden zutrifft, ist eine offene Frage – und wir werden in Abschnitt 8.5 sehen, dass es in einem gewissen Sinn *die* zentrale Frage in der Theorie der Algorithmen schlechthin ist.

Fassen wir die wichtigsten Begriffe über Algorithmen zusammen.

(1) **Struktur des Problems.** Gegeben ist eine *Eingabe*, und der Algorithmus produziert mittels einer Folge von Schritten die *Ausgabe.*

In unserem Problem des Handlungsreisenden ist die Eingabe die Kostenmatrix (c_{ij}), $1 \leq i,j \leq n$, und der Algorithmus ergibt eine Permutation $i_1, i_2, \ldots, i_n$, so dass $c_{i_1 i_2} + c_{i_2 i_3} + \ldots + c_{i_{n-1} i_n} + c_{i_n i_1}$ minimal ist unter allen Permutationen.

(2) **Korrektheit des Algorithmus.** Wir sagen, ein Algorithmus ist *korrekt*, wenn er zu jeder Eingabe tatsächlich eine gewünschte Ausgabe produziert.

Der Korrektheitsbeweis oder, wie man auch sagt, die *Validation* des Algorithmus kann zu großen Schwierigkeiten führen. Der Algorithmus könnte stoppen oder eine unkorrekte Ausgabe produzieren.

(3) **Entwurf von Algorithmen.** Ein Algorithmus kann mit Worten beschrieben werden oder mit einem Computerprogramm oder sogar als Hardware. Auch die Datenstruktur spielt eine wichtige Rolle. Wir können die Daten als Liste eingeben oder als Matrix oder rekursiv. Die Wahl der „richtigen“ Datenstruktur ist von zentraler Bedeutung - wir werden einige im Verlauf unserer Diskussion noch kennenlernen.

(4) **Analyse von Algorithmen.** Ist die Korrektheit bewiesen, so möchte man natürlich wissen, wie „schnell“ der Algorithmus nun tatsächlich ist. Die *Laufzeit* eines Algorithmus ist die Anzahl der Einzelschritte, die zur Ausführung benötigt werden, gemessen an den Eingabegrößen.

Zwei Beispiele mögen das erläutern: Angenommen wir wollen ein Polynom $p(x) = a_n x^n + a_{n-1} x^{n-1} + \ldots + a_0$ an einer Stelle c auswerten. Wieviele Multiplikationen benötigen wir? Die Eingabegröße ist sinnvollerweise n, der Grad des Polynoms. Jedesmal wenn wir eine Multiplikation ausführen, zählen wir 1. Alle anderen Operationen, z. B. Additionen, sind kostenlos.

Üblicherweise würden wir so vorgehen: Wir produzieren sukzessive die Potenzen $c, c^2 = c \cdot c, c^3 = c^2 \cdot c, \ldots, c^n = c^{n-1} \cdot c$, dazu benötigen wir $n-1$ Multiplikationen, und berechnen mit n weiteren Multiplikationen $p(c) = a_n c^n + a_{n-1} c^{n-1} + \ldots + a_1 c + a_0$. Die Laufzeit ist also $2n-1$. Aber es geht schneller mit dem sogenannten Horner-Schema:

$$p(c) = c(\ldots(c(c(ca_n + a_{n-1}) + a_{n-2}) + a_{n-3})\ldots) + a_0 \,.$$

Hier benötigen wir nur n Multiplikationen (von links mit c), und es kann gezeigt werden, dass dies bestmöglich ist. Das heißt, es gibt keinen Algorithmus, der mit weniger als n Multiplikationen auskommt.

Das zweite Beispiel betrifft das Sortieren von Zahlen. Die Eingabe ist eine Menge von n verschiedenen Zahlen $a_1, a_2, \ldots, a_n$. Als Ausgabe sollen die Zahlen sortiert erscheinen $a'_1 < a'_2 < \ldots < a'_n$. Ein Rechenschritt besteht in einem Vergleich von zwei Zahlen $a_i : a_j$, wobei wir als Antwort $a_i < a_j$ oder $a_i > a_j$ erhalten. Die Anzahl der möglichen Ausgaben ist also $n!$, und wir werden später sehen, dass jeder Sortieralgorithmus mindestens $\lg n! = \Theta(n \lg n)$ Vergleiche benötigt.

Wie sollen wir nun konkret sortieren? Probieren wir das Prinzip „Divide and conquer". Wir teilen die n Zahlen in zwei möglichst gleich große Haufen, also $n = \lfloor \frac{n}{2} \rfloor + \lceil \frac{n}{2} \rceil$. Das Auf- und Abrunden soll uns nicht weiter stören, wir nehmen also an, $n = \frac{n}{2} + \frac{n}{2}$. Jeden der zwei Haufen sortieren wir für sich, und erhalten $b_1 < b_2 < \ldots < b_{n/2}$ bzw. $c_1 < c_2 < \ldots < c_{n/2}$. Nun „vereinigen" wir die zwei Listen Schritt für Schritt. Die kleinste Zahl in der Gesamtliste ist offenbar b_1 oder c_1. Mit einem Vergleich können wir also die minimale Zahl bestimmen, sie sei ohne Beschränkung der Allgemeinheit b_1. Nun haben wir die beiden Listen $b_2 < \ldots < b_n$ und $c_1 < \ldots < c_n$. Die nächstkleinere Zahl ist nun b_2 oder c_1, und ein Vergleich ergibt diese Zahl. Wir werfen sie hinaus, und nehmen uns die Restlisten vor. Auf diese Weise sehen wir, dass die geordnete Gesamtliste nach spätestens n weiteren Vergleichen feststeht, genauer nach $n-1$ Vergleichen (warum?). Für die Laufzeit $T(n)$ dieser Zusammenlegungsmethode erhalten wir daher die Rekursion

$$T(n) = 2T(n/2) + n \, , \; T(1) = 0 \, ,$$

und es folgt aus dem letzten Abschnitt

$$T(n) = \Theta(n \lg n) \, .$$

Unser Algorithmus ist also asymptotisch optimal. Auf Sortieralgorithmen werden wir ausführlich in Kapitel 9 eingehen.

Übungen zu Kapitel 5

1 Beweise die folgenden Gleichungen: a. $O(f(n))O(g(n)) = O(f(n)g(n))$, b. $O(f(n)g(n)) = f(n)O(g(n))$, c. $O(f(n)) + O(g(n)) = O(|f(n)| + |g(n)|)$.

▷ **2** Ist die folgende Aussage richtig?
Aus $f_1(n) \prec g_1(n)$, $f_2(n) \prec g_2(n)$ folgt $f_1(n) + f_2(n) \prec g_1(n) + g_2(n)$.

3 Sei $f(n) = n^2$ (n gerade) und $f(n) = 2n$ (n ungerade). Zeige: $f(n) = O(n^2)$, aber nicht $f(n) = o(n^2)$ oder $n^2 = O(f(n))$.

▷ **4** Zeige, dass es für $f \prec h$ stets g gibt mit $f \prec g \prec h$.

5 Bestimme jeweils eine Funktion $g(n) \neq \Theta(f(n))$ von der Form $g \colon \mathbb{N} \longrightarrow \mathbb{R}$, so dass $f(n) = O(g(n))$ gilt, für die folgenden Funktionen f.
a. $f(n) = \binom{n}{2}$, b. $f(n) = \frac{5n^3+1}{n+3}$, c. $f(n) = \frac{n^2 3^n}{2^n}$, d. $f(n) = n!$.

▷ **6** Was ist in dem folgenden Schluss falsch? Es sei $T(n) = 2T(\lfloor \frac{n}{2} \rfloor) + n$, $T(1) = 0$. Wir nehmen induktiv $T(\lfloor \frac{n}{2} \rfloor) = O(\lfloor \frac{n}{2} \rfloor)$ an mit $T(\frac{n}{2}) \le c\frac{n}{2}$. Dann gilt $T(n) \le 2c\lfloor \frac{n}{2} \rfloor + n \le (c+1)n = O(n)$.

7 Sei $T(n) = 2T(\lfloor \sqrt{n} \rfloor) + \lg n$. Durch die Substitution $n = 2^m$ zeige $T(n) = O(\lg n \lg \lg n)$.

8 Bestimme die Größenordnung von $T(n)$ in den folgenden Fällen: a. $T(n) = 3T(n-1) + n^2 2^n$, b. $T(n) = 3T(n-1) + \frac{n+1}{n+2}3^n$, c. $T(n) = 2T(n-1) + \frac{1+n^2}{3+n^2}2^{n-1}$, d. $T(n) = 2T(n/3) + n\sqrt{n}$.

9 Angenommen, wir haben einen Algorithmus, der für eine Eingabe der Länge n, n Schritte aufweist, wobei der i-te Schritt i^2 Operationen benötigt. Zeige, dass die Laufzeit des Algorithmus $O(n^3)$ ist.

▷ **10** Eine Addditionskette für n ist eine Folge $1 = a_1, a_2, \ldots, a_m = n$, so dass für alle k gilt $a_k = a_i + a_j$ für gewisse $i, j < k$. Beispiel: $n = 19$, $a_1 = 1$, $a_2 = 2$, $a_3 = 4$, $a_4 = 8 = 4+4$, $a_5 = 9 = 8+1$, $a_6 = 17 = 9+8$, $a_7 = 19 = 17+2$. Sei $\ell(n)$ die kürzeste Länge einer Additionskette für n. Zeige: $\lg n \le \ell(n) \le 2\lg n$. Gibt es Zahlen n mit $\ell(n) = \lg n$?

11 Zeige, das jede Permutation $a_1 a_2 \ldots a_n$ durch sukzessive Vertauschung benachbarter Elemente auf die Form $12\ldots n$ gebracht werden kann. Beispiel: $3124 \longrightarrow 3214 \longrightarrow 2314 \longrightarrow 2134 \longrightarrow 1234$. Was ist die minimale Anzahl von Vertauschungen?

▷ **12** Verifiziere genau, ob die folgende Gleichung richtig ist: $\sum_{k=0}^{n}(k^2+O(k)) = \frac{n^3}{3}+O(n^2)$. Beachte: Dies ist eine Mengengleichung (von links nach rechts).

13 Zeige $O(x+y)^2 = O(x^2) + O(y^2)$ für reelle Zahlen x, y.

14 Beweise $(1-\frac{1}{n})^n = e^{-1}(1 - \frac{1}{2n} - \frac{5}{24n^2} + O(\frac{1}{n^3}))$. Hinweis: Schreibe $(1-\frac{1}{n})^n = e^{n\log(1-\frac{1}{n})}$.

▷ **15** Sei $a_n = O(f(n))$ und $b_n = O(f(n))$.
Zeige oder widerlege, dass für die Konvolution $\sum_{k=0}^{n} a_k b_{n-k} = O(f(n))$ gilt. a. $f(n) = n^{-a}$, $a > 1$, b. $f(n) = a^{-n}$, $a > 1$. Hinweis: In a. gilt $\sum_{k\ge 0}|f(k)| < \infty$, daraus folgt die Richtigkeit.

16 Wir wissen, dass $n! \prec n^n$ gilt. Zeige andererseits $n^n < (n!)^2$ für $n \ge 3$. Gilt auch $n^n \prec (n!)^2$?

17 Löse die Rekursion $T(n) = 2T(\lfloor \frac{n}{2} \rfloor) + n^2$, $T(1) = 0$.

▷ **18** Zeige, dass $T(n) = T(\frac{n}{4}) + T(\frac{3n}{4}) + n$ die Lösung $T(n) = O(n \lg n)$ hat, durch Entwickeln der rechten Seite. Das heißt, wir schreiben $n = \frac{n}{4} + \frac{3n}{4} = (\frac{n}{16} + \frac{3n}{16}) + (\frac{3n}{16} + \frac{9n}{16})$ usf.

19 Löse mit derselben Methode $T(n) = T(an) + T((1-a)n) + n$, $0 < a < 1$.

▷ **20** Ein Algorithmus A habe eine Laufzeit gegeben durch die Rekursion $T(n) = 7T(\frac{n}{2}) + n^2$. Ein anderer Algorithmus A' sei durch die Rekursion $S(n) = \alpha S(\frac{n}{4}) + n^2$ gegeben. Was ist das größte α, für welches A' schneller ist als A, d. h. für das gilt: Laufzeit $(A') \prec$ Laufzeit (A)?

21 Gib möglichst gute asymptotische untere und obere Schranken für die folgenden Rekursionen. a. $T(n) = 2T(\frac{n}{2}) + n^3$, b. $T(n) = 3T(\frac{n}{4}) + \sqrt{n}$, c. $T(n) = T(\sqrt{n}) + 10$.

22 Schätze das Größenwachstum der größten Binomialkoeffizienten $f(n) = \binom{n}{n/2}$ ab. Hinweis: Stirling Formel.

▷ **23** Die folgende Rekursion wird uns bei Sortierproblemen begegnen:
$T(n) = \frac{2}{n}\sum_{k=0}^{n-1} T(k) + an + b$, $T(0) = 0$ mit $a > 0$. Zeige, dass $n \prec T(n) \prec n^2$ gilt. Hinweis: Probiere $T(n) = cn$ bzw. $T(n) = cn^2$.

24 Zeige, dass für $T(n)$ aus der vorigen Übung gilt $T(n) = cn \lg n + o(n \lg n)$ mit $c = a \log 4$. Hinweis: Probiere $T(n) = cn \lg n$.

▷ **25** Der Euklidische Algorithmus zur Berechnung des größten gemeinsamen Teilers zweier Zahlen funktioniert bekanntlich durch sukzessive Division mit Rest. Beispiel: Gegeben seien 154, 56. Dann haben wir $154 = 2 \cdot 56 + 42$, $56 = 1 \cdot 42 + 14$, $42 = 3 \cdot 14$, also ist $14 = \text{ggT}(154, 56)$. Sei $a > b$. Zeige, dass aus $b < F_{n+1}$ (Fibonacci Zahl) folgt, dass die Anzahl der Rechenschritte zur Berechnung von $\text{ggT}(a, b)$ höchstens $n - 1$ ist, und schließe daraus, dass die Anzahl der Schritte $O(\log b)$ ist. Zeige ferner, dass die Anzahl der Schritte höchstens 5-mal die Anzahl der Ziffern in b ist (gegeben in Dezimaldarstellung).

▷ **26** Ein Kellner hat n verschieden große Pizzas auf einem Teller. Bevor er sie serviert, möchte er sie in die richtige Reihenfolge bringen, d. h. die kleinste oben, dann die nächstkleinere, usf. bis zur größten unten. Eine Operation besteht darin, unter die k-te Pizza zu greifen und die ersten k als Ganzes umzudrehen. Wieviele solcher Umdrehungen benötigt der Kellner? In Permutationen ausgedrückt heißt dies: Eine Operation besteht in einem Flip der ersten k Elemente. Beispiel: $3241 \longrightarrow 2341 \longrightarrow 4321 \longrightarrow 1234$. Für π sei $\ell(\pi) =$ Minimalzahl der Flips, und $\ell(n) = \max_{\pi} \ell(\pi)$. Zeige: $n \leq \ell(n) \leq 2n - 3$.
Hinweis für die obere Schranke: Bringe n mit 2 Flips an den Schluss, dann $n - 1$ mit 2 Flips an die vorletzte Stelle usf.

27 Betrachte ein verwandtes Problem. Eine Permutation π von $\{1, \ldots, n\}$ ist gegeben, die wir in die Form $1, 2, \ldots, n$ bringen wollen. In jedem Schritt können wir das erste Element an irgendeiner Stelle einordnen. Die Anzahl der Schritte in einem optimalen Algorithmus ist $\ell(\pi)$ mit $\ell(n) = \max \ell(\pi)$. Berechne $\ell(n)$.

28 Das Sieb des Eratosthenes zur Entscheidung, ob $n \geq 3$ Primzahl ist, geht folgendermaßen: Teste alle Zahlen $2, 3, \ldots, \lfloor\sqrt{n}\rfloor$ und stelle fest, ob eine davon ein Faktor von n ist. Wenn ja, ist n keine Primzahl, wenn nein, ist n Primzahl. Warum können wir bei $\lfloor\sqrt{n}\rfloor$ stoppen ? Wieviele Schritte benötigt dieser Algorithmus maximal?

▷ **29** Im Turm von Hanoi (siehe Übung 2.18) seien 4 Stäbe A, B, C, D gegeben und das Problem bestehe darin, einen Turm von n Scheiben unter den üblichen Bedingungen von A auf D zu transferieren. Sei W_n die minimale Anzahl von Zügen. Zeige:

$$W_{\binom{n+1}{2}} \leq 2W_{\binom{n}{2}} + T_n\,,$$

wobei T_n die minimale Anzahl für 3 Stäbe ist. Bestimme daraus eine Funktion $f(n)$ mit $W_{\binom{n+1}{2}} \leq f(n)$. Hinweis: Betrachte $U_n = (W_{\binom{n+1}{2}} - 1)/2^n$.

30 Angenommen, wir haben am Anfang 1 und 2 gegeben. Bei jedem Schritt gilt $a_\ell = a_i + a_j + a_k$, $i, j, k < \ell$, d. h. wir dürfen drei Zahlen addieren. Kann jede Zahl n mit so einer 3-gliedrigen Additonskette erreicht werden? Wenn ja, schätze die Länge $m(n)$ nach oben und unten ab. Verallgemeinere auf k-gliedrige Ketten mit den Anfangswerten $1, 2, \ldots, k - 1$.

31 Um das Produkt A, B zweier $n \times n$-Matrizen zu berechnen, brauchen wir mit der üblichen Methode n^3 Multiplikationen, je n für jedes der n^2 inneren Produkte aus Zeilen in A und Spalten in B. Insbesondere also 8 für $n = 2$. Die folgende bemerkenswerte Methode von Strassen benötigt nur 7 Multiplikationen. Sei $A = \left(\begin{smallmatrix} a & b \\ c & d \end{smallmatrix}\right)$, $B = \left(\begin{smallmatrix} \alpha & \beta \\ \gamma & \delta \end{smallmatrix}\right)$. Zeige, dass die Elemente von AB eine Summe von Termen $\pm m_i$ ist, wobei $m_1 = (a + d)(\alpha + \delta)$, $m_2 = (c + d)\alpha$, $m_3 = a(\beta - \delta)$, $m_4 = d(\gamma - \alpha)$, $m_5 = (a + b)\delta$, $m_6 = (a - c)(\alpha + \beta)$, $m_7 = (b - d)(\gamma + \delta)$. Wieviele Additionen/Subtraktionen benötigt die normale Berechnung, wieviele Strassens Methode? Finde eine Methode, die $O(n^{\lg 7})$ Multiplikationen für das Produkt zweier $n \times n$-Matrizen benötigt. Hinweis: Halbiere die Matrizen und verwende Rekursion mit $n = 2$ als Start.

▷ **32** Es sei N eine natürliche Zahl, die wir in Binärdarstellung $a_k a_{k-1} \ldots a_0$ bringen wollen. Zeige, wie man den Euklidischen Algorithmus dazu verwenden kann und schätze die Laufzeit $f(n)$ ab, $n =$ Anzahl der Stellen von N in Dezimaldarstellung. Hinweis: Dividiere N sukzessive durch 2.

33 Aus Übung 11 folgt, dass jede Permutation π durch Vertauschung benachbarter Elemente in jede andere Permutation σ gebracht werden kann. Was ist die minimale Anzahl von Vertauschungen, die für jedes Paar π und σ genügt?

Literatur zu Teil I

Ideen und Methoden zur Abzählung bilden das klassische Thema der Kombinatorik. Eine umfangreiche Auswahl von Summations- und Inversionsformeln findet man in den Büchern von Riordan und Knuth. Sehr detailliert wird das Thema Summation und Differenzen in Graham–Knuth–Patashnik abgehandelt. Einige Themen wie die Differenzenrechnung auf Ordnungen (z. B. Möbius-Inversion) wurden ganz ausgespart. Wer etwas darüber erfahren will, dem sei das Buch von Aigner empfohlen. Einen tieferen Einstieg in die Theorie der Erzeugenden Funktionen bieten die Bücher von Aigner, Stanley und Wilf. Schöne Einführungen in die Wahrscheinlichkeitsrechnung geben das Buch von Krengel und der Klassiker von Feller. Daran sollte man das Buch von Alon–Spencer anschließen, das eine ausgezeichnete Darstellung der gerade für die Diskrete Mathematik wichtigen Methoden enthält. Wer mehr über die asymptotische Analyse erfahren will, dem sei wieder Graham–Knuth–Patashnik empfohlen, und als Weiterführung das Buch von Greene und Knuth. Eine schöne Auswahl von Anwendungen findet man in Montroll. Und zu guter Letzt seien die Bücher von Matoušek–Nešetril und Lovász empfohlen, insbesondere das letzte ist eine wahre Fundgrube von alten und neuen Problemen (samt Hinweisen und Lösungen).

M. Aigner: *Combinatorial Theory.* Springer-Verlag.

N. Alon, J. Spencer: *The Probabilistic Method.* Wiley Publications.

W. Feller: *Probability Theory and its Applications.* Wiley Publications.

R. Graham, D. Knuth, O. Patashnik: *Concrete Mathematics.* Addison-Wesley.

D. Greene, D. Knuth: *Mathematics for the Analysis of Algorithms.* Birkhäuser.

D. Knuth: *The Art of Computer Programming I, Fundamental Algorithms.* Addison-Wesley.

U. Krengel: *Einführung in die Wahrscheinlichkeitstheorie und Statistik.* Vieweg-Verlag.

L. Lovász: *Combinatorial Problems and Exercises.* North-Holland.

J. Matoušek, J. Nešetril: *Diskrete Mathematik, eine Einladungsreise.* Springer-Verlag.

E. Montroll: *Applied Combinatorial Mathematics* (Beckenbach, ed.). Wiley.

J. Riordan: *Combinatorial Identities.* J. Wiley & Sons.

R. Stanley: *Enumerative Combinatorics I, II.* Cambridge University Press.

H. Wilf: *Generatingfunctionology.* Academic Press.

Teil II: Graphen und Algorithmen

Im ersten Teil haben wir verschiedene Methoden kennengelernt, wie wir endliche Mengen abzählen. Nun wollen wir uns die Mengen selber ansehen. Die Mengen, die in einem Problem auftreten, haben ja meist eine vorgegebene Struktur, die wir bei der Untersuchung (und auch bei der Abzählung) ausnützen. Oder wir bringen sie in eine gewisse Form, um sie z. B. geeignet in den Rechner eingeben zu können. Die Erzeugung guter *Datenstrukturen* ist eine der wichtigsten Aufgaben der Informatik.

Einige Strukturen sind uns so vertraut, dass wir mit ihnen umgehen, ohne viel Aufhebens zu machen. Zum Beispiel *Listen* $a_1 < a_2 < \ldots < a_n$ – die Elemente sind linear geordnet. Oder *Matrizen* (a_{ij}) – die Elemente sind nach Zeilen und Spalten angeordnet. Oder allgemein *Schemata* $(a_{i_1 i_2 \ldots i_k})$ mit k Indizes, oder Dreiecksschemata wie das Pascalsche Dreieck, das wir im ersten Teil besprochen haben.

Die einfachste Struktur auf einer Menge wird von einer *binären Relation* erzeugt. Zwei Elemente stehen in der vorgegebenen Beziehung oder nicht - und das sind genau **Graphen**. Graphen sind also nichts anderes als Mengen, auf denen eine binäre Relation erklärt ist.

Die natürlichen Zahlen besitzen beispielsweise neben der $<$-Relation $1 < 2 < 3 < 4 \ldots$ die Teilerrelation $|$, z. B. $2|4, 3|12, 5 \nmid 11$. Die Teilerrelation ist *transitiv*, ergibt also eine *Ordnung* auf $\mathbb{N}$. In Kapitel 12 werden wir ausführlich auf das modulo-Rechnen auf $\mathbb{N}$ eingehen – hier handelt es sich um eine *Äquivalenzrelation.*

Graphen bilden die fundamentale Datenstruktur in der Diskreten Mathematik – und der Grund ist einleuchtend. Man kann in praktisch jeder Situation eine sinnvolle binäre Relation erklären, sie also als Graphen modellieren. Die $<$-Relation und die Teilerrelation haben wir schon erwähnt, ein anderes Beispiel ist die Inklusion $A \subseteq B$ von Mengen – wir erhalten das *Mengendiagramm* oder die *Boolesche Algebra* aller Untermengen einer festen Menge S. In einem Algorithmus setzen wir zwei Programmschritte in Verbindung, falls sie im Programm nacheinander auftreten – wir erhalten ein *Flussdiagramm.* Auch außermathematische Fragen ergeben Graphen als sinnvolle Modellierungen. Um die soziale Struktur einer Gruppe zu studieren, können wir die *Sympathiebeziehung* zugrundelegen – oder die Abhängigkeit zwischen Personen, um die *hierarchische* Struktur zu analysieren. *Verkehrssysteme* können wir studieren, indem wir Plätze in Relation setzen, falls sie durch eine Straße verbunden sind.

Die wichtigste Anwendung von Graphen ergeben sich in der Optimierung von vorgegebenen Situationen. Wir wollen ja zum Beispiel ein Verkehrssystem nicht nur beschreiben, sondern einen optimalen Verkehrsfluss ermitteln. Praktisch das ganze Gebiet der kombinatorischen Optimierung und der Entwurf guter **Algorithmen** verwendet Graphen als zugrundeliegende Struktur. Wir werden ausführlich darauf eingehen, besonders in den Kapiteln 8–10. Zunächst wollen wir in den ersten beiden Kapiteln die nötigen Grundbegriffe zusammenstellen.

6 Graphen

6.1 Definition und Beispiele

Ein **Graph** $G = (E, K)$ besteht aus einer (endlichen) **Eckenmenge** E und einer Menge $K \subseteq \binom{E}{2}$ von Paaren $\{u, v\}, u \neq v$, genannt **Kanten**.

Die Namen Ecken und Kanten deuten auf die bildliche Darstellung hin, mit der wir uns einen Graphen vorstellen. Sei z. B. $E = \{1, 2, 3, 4, 5\}$, $K = \{\{1, 2\}, \{1, 3\}, \{2, 3\}, \{2, 4\}, \{2, 5\}, \{3, 5\}\}$. Wir zeichnen G als Diagramm:

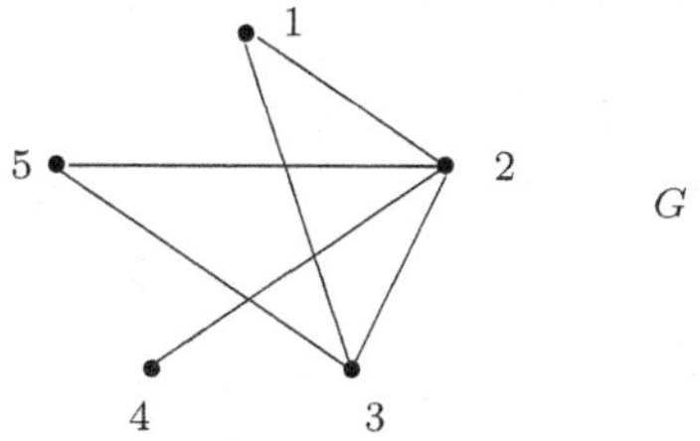

Dadurch ist auch der Name „Graph" erklärt – das Ecken-Kanten-System erinnert an die übliche graphische Darstellung von Funktionen. Hier wie dort ist die graphische Darstellung natürlich nur ein Hilfsmittel, das uns erleichtert, uns die abstrakte Struktur $G = (E, K)$ vorzustellen.

Jede Menge E mit einer binären Relation können wir als Graphen interpretieren, indem wir $\{u, v\} \in K$ setzen, falls u und v in der vorgegebenen Relation stehen. Nehmen wir als Beispiel die Teilerrelation. Sei $E = \{1, 2, \ldots, 8\}$ und $\{i, j\} \in K$ falls i, j in der Teilerrelation $i \mid j$ stehen. Der zugehörige Graph ist:

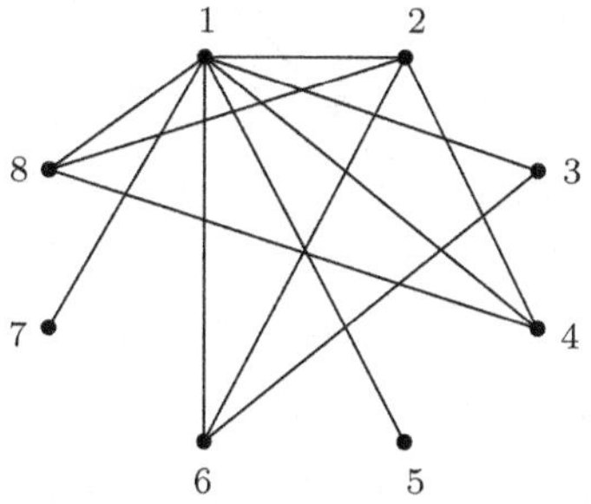

In Zukunft werden wir für die Kanten die Klammern weglassen und einfach $uv \in K$ schreiben.

Manchmal werden wir auch **Schlingen** uu zulassen, und **Mehrfachkanten** zwischen Ecken u, v. Wir sprechen dann von **Multigraphen**. Zum Beispiel ist

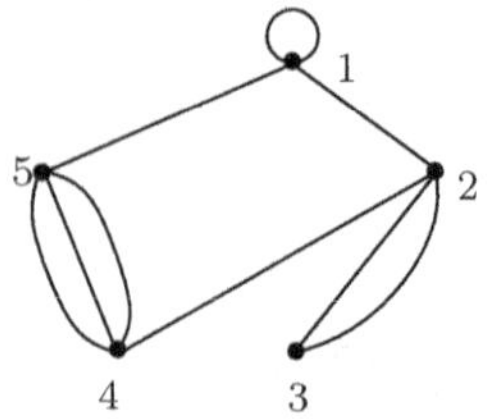

ein Multigraph mit einer Schlinge bei 1, einer Doppelkante bei $\{2,3\}$ und einer Dreifachkante bei $\{4,5\}$. Da die Terminologie nicht in allen Bücher übereinstimmt, sei nochmals betont, dass in unserer Definition Graphen *keine* Schlingen oder Mehrfachkanten besitzen.

Einige Graphen sind so wichtig, dass sie eigene Namen haben.

1. Ist $|E| = n$ und $K = \binom{E}{2}$, so sprechen wir vom **vollständigen Graphen** K_n.

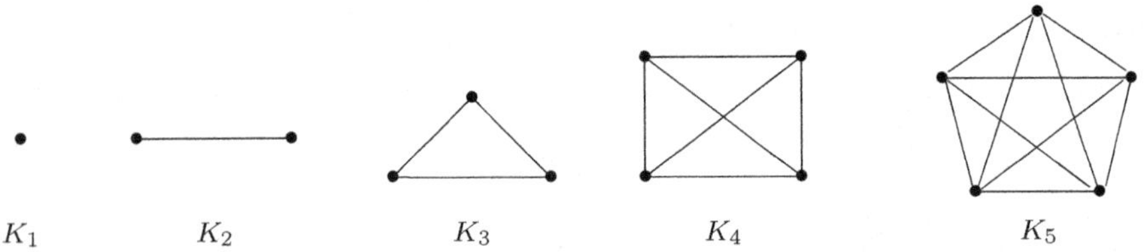

Für vollständige Graphen K_n haben wir also $|E| = n$, $|K| = \binom{n}{2}$.

2. Wir nennen einen Graphen $G = (S+T, K)$ **bipartit**, falls E aus zwei disjunkten Mengen S und T besteht, und jede Kante eine Ecke in S und die andere in T hat. Sind *alle* Kanten zwischen S und T vorhanden, so sprechen wir von einem **vollständigen bipartiten Graphen** $K_{S,T}$ oder $K_{m,n}$, falls $|S| = m$, $|T| = n$ ist. Als Beispiele haben wir:

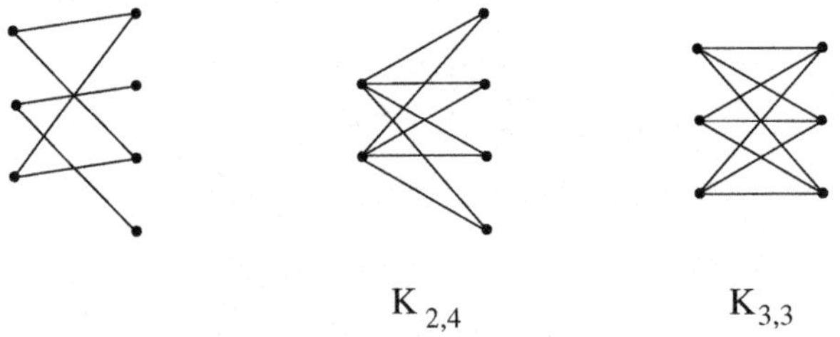

Für $K_{m,n}$ gilt somit $|E| = m + n$, $|K| = mn$.

Bipartite Graphen eignen sich vorzüglich für die Behandlung von Zuordnungsproblemen. Ist S eine Menge von Personen und T eine Menge von Jobs, so setzen wir $uv \in K, u \in S, v \in T$, falls die Person u für den Job v geeignet ist. Der so entstehende bipartite Graph modelliert also das Personen-Job-Zuordnungsproblem, das wir später detailliert studieren wollen.

3. Eine unmittelbare Verallgemeinerung sind die **vollständigen k-partiten Graphen** $K_{n_1,\ldots,n_k}$ mit $E = E_1 + \ldots + E_k$, $|E_i| = n_i$ $(i = 1, \ldots, k)$ und $K = \{uv : u \in E_i, v \in E_j, i \neq j\}$. Wir erhalten $|E| = \sum_{i=1}^{k} n_i$, $|K| = \sum_{i<j} n_i n_j$. Es ist klar, wie beliebige k-partite Graphen erklärt sind.

4. Ein **Hyperwürfel** Q_n hat als Eckenmenge alle 0,1-Folgen der Länge n, also $|E| = 2^n$. Wir setzen $uv \in K$, falls die Folgen u und v sich an genau einer Stelle unterscheiden. Der Graph Q_3 in der folgenden Figur erklärt den Namen.

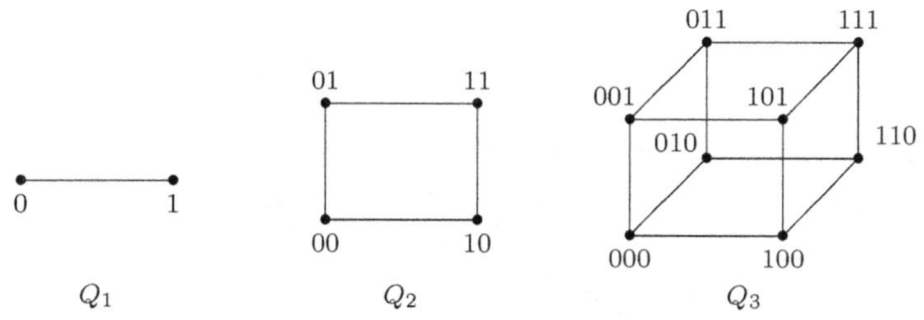

Für die Kantenzahl erhalten wir $|K(Q_1)| = 1$, $|K(Q_2)| = 4$, $|K(Q_3)| = 12$, und allgemein $|K(Q_n)| = n2^{n-1}$. (Beweis?)

Interpretieren wir wie üblich die 0,1-Folgen als charakteristische Vektoren von Untermengen einer festen n-Menge S, so hat Q_n als Ecken die 2^n Untermengen, und es gilt $AB \in K$, falls $A \subseteq B$ ist, und B genau ein Element mehr enthält als A (oder umgekehrt). In dieser Interpretation ist Q_n also genau das Diagramm der Booleschen Algebra $\mathcal{B}(S)$. Für $S = \{1, 2, 3, 4\}$ erhalten wir

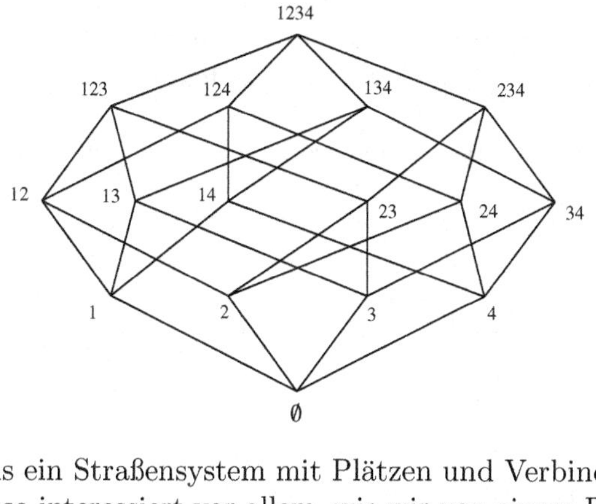

5. Denken wir uns ein Straßensystem mit Plätzen und Verbindungsstrecken modelliert als Graph, so interessiert vor allem, wie wir von einem Punkt des Straßensystems zu einem anderen kommen. Ein **Weg** P_n in einem Graphen besteht aus einer Folge $u_1, u_2, \ldots, u_n$ von verschiedenen Ecken mit $u_i u_{i+1} \in K$ für alle i. Die *Länge* des Weges ist die Anzahl $n - 1$ der Kanten $u_i u_{i+1}$.

Ein **Kreis** C_n ist eine Folge von verschiedenen Ecken $u_1, u_2, \ldots, u_n$ mit $u_i u_{i+1} \in K$ $(i = 1, \ldots, n-1)$ und $u_n u_1 \in K$. Die *Länge* von C_n ist die Anzahl n der Ecken bzw. Kanten.

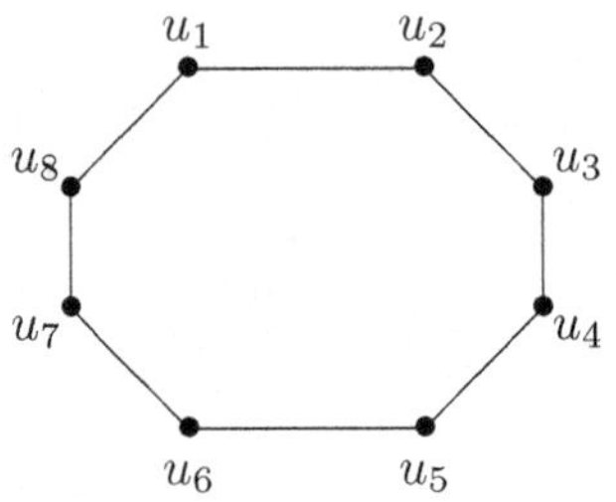

C_8

6. Ein berühmter Graph, der uns noch oft begegnen wird, ist der **Petersen Graph**:

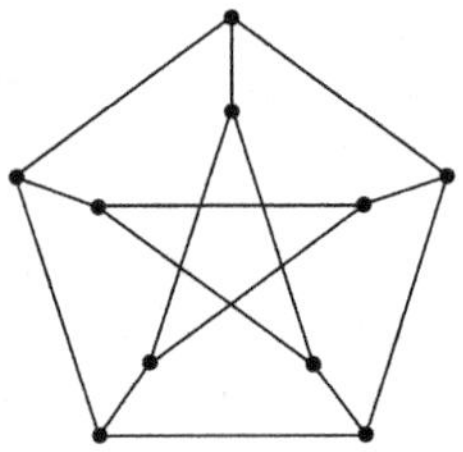

Wie für jede Struktur haben wir einen natürlichen Isomorphiebegriff, der besagt, wann zwei Graphen völlig strukturgleich sind. Zwei Graphen $G = (E, K)$ und $G' = (E', K')$ heißen **isomorph**, in Zeichen $G \cong G'$, falls es eine Bijektion $\varphi : E \to E'$ gibt, so dass $uv \in K \Leftrightarrow \varphi(u)\varphi(v) \in K'$ gilt. Zum Beispiel sind je zwei vollständige Graphen auf n Ecken isomorph, weshalb wir auch eine gemeinsame Bezeichnung K_n wählten, desgleichen vollständige k-partite Graphen. Ferner gilt z. B. $K_{2,2} \cong C_4 \cong Q_2$.

Was für Gemeinsamkeiten haben isomorphe Graphen? Sind z. B. die beiden folgenden Graphen isomorph?

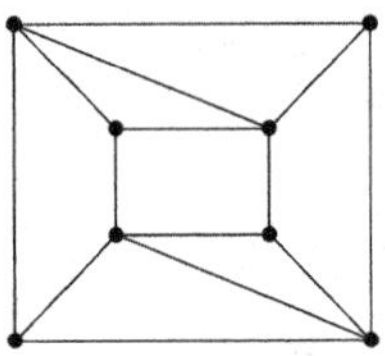

G

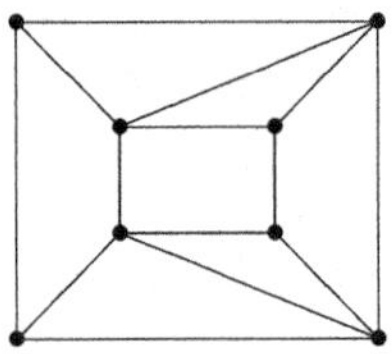

H

Beide Graphen haben 8 Ecken und 14 Kanten, gilt also $G \cong H$? Vor der Beantwortung dieser Frage stellen wir noch ein paar Begriffe zusammen.

Ist $uv \in K$, so nennen wir u und v **benachbart** oder **adjazent**. Falls $u \in E$, $k \in K$ mit $u \in k$ gilt, so sagen wir, u und k sind **inzident**, und u ist **Endecke** von k. Ebenso nennen wir zwei Kanten k und ℓ **inzident**, falls sie eine gemeinsame Endecke haben, also $k \cap \ell \neq \varnothing$ gilt. Die Menge der **Nachbarn** von

$u \in E$ bezeichnen wir mit $N(u)$, und nennen $d(u) = |N(u)|$ den **Grad** von u. Die Ecke u heißt **isoliert**, falls $d(u) = 0$ ist. Für die Mächtigkeit von E und K verwenden wir meist die Buchstaben $n = |E|$, $q = |K|$ und nennen n die **Ordnung** und q die **Größe** des Graphen G.

Zu jedem Graphen können wir die *Gradfolge* $d_1 \geq d_2 \geq \ldots \geq d_n$ aufstellen, $d_i = d(u_i)$, $i = 1, \ldots, n$, und es ist klar, dass isomorphe Graphen dieselbe Gradfolge besitzen. Außerdem bildet ein Isomorphismus jede Ecke auf eine Ecke vom selben Grad ab.

Kehren wir zurück zu unserem Beispiel. Sowohl G als auch H haben vier Ecken vom Grad 4 und vier Ecken vom Grad 3, also sind auch die Gradfolgen 4,4,4,4,3,3,3,3 identisch. Sind G und H deswegen isomorph? Nein. In G sind keine der Ecken vom Grad 3 benachbart, in H jedoch schon, also folgt $G \not\cong H$.

Die Grade eines Graphen ergeben einen einfachen, aber sehr anwendungsreichen Satz.

Satz 6.1. *Sei $G = (E, K)$ ein Graph, dann gilt*

$$\sum_{u \in E} d(u) = 2|K|\,.$$

Beweis. Wir zählen die Paare $(u, k), u \in E, k \in K$ mit $u \in k$, auf zweifache Art ab. Nach den Ecken summiert erhalten wir $\sum_{u \in E} d(u)$, und nach den Kanten $2|K|$, da jede Kante zwei Endecken hat. ■

Folgerung 6.2. *Jeder Graph hat eine gerade Anzahl von Ecken ungeraden Grades.*

Beweis. Seien E_0 und E_1 die Ecken geraden bzw. ungeraden Grades. Nach 6.1 gilt $2|K| = \sum_{u \in E_0} d(u) + \sum_{u \in E_1} d(u)$. Da die linke Seite und der erste Summand rechts gerade Zahlen sind, muss auch $\sum_{u \in E_1} d(u)$ gerade sein, also muss die Anzahl $|E_1|$ der Summanden gerade sein. ■

Wir nennen einen Graphen r-**regulär**, falls alle Grade $d(u) = r$ sind. K_n ist zum Beispiel $(n-1)$-regulär, C_n 2-regulär und Q_n n-regulär. Satz 6.1 ergibt demnach für r-reguläre Graphen die Beziehung $r|E| = 2|K|$, und wir berechnen als Beispiel $|K(Q_n)| = n2^{n-1}$.

6.2 Darstellung von Graphen

Die bildliche Darstellung eines Graphen ist anschaulich, aber sie ist offenbar ungeeignet, wenn wir einen Graphen z. B. in einen Computer eingeben wollen. Was ist nun eine geeignete Datenstruktur für $G = (E, K)$? Wir könnten alle Paare $uv \in K$ angeben, oder zu jedem $u \in E$ die Liste der Nachbarn aufstellen. Zwei weitere Darstellungen bieten sich an, die für viele Zwecke geeigneter sind: die **Adjazenzmatrix** A und die **Inzidenzmatrix** B. Wir nummerieren die Ecken $u_1, \ldots, u_n$

und die Kanten $k_1, \ldots, k_q$. Die Adjazenzmatrix ist die $n \times n$-Matrix $A = (a_{ij})$ mit

$$a_{ij} = \begin{cases} 1 & \text{falls } u_i u_j \in K \\ 0 & \text{sonst.} \end{cases}$$

A ist also eine symmetrische Matrix mit 0'en in der Hauptdiagonale, deren Zeilen- und Spaltensummen gleich den Graden sind.

Die Inzidenzmatrix $B = (b_{ij})$ ist die $n \times q$-Matrix $B = (b_{ij})$ mit

$$b_{ij} = \begin{cases} 1 & \text{falls } u_i \in k_j \\ 0 & \text{sonst.} \end{cases}$$

Abzählen der 1'en in B nach Zeilen und Spalten entspricht genau Satz 6.1. Sei B^T die transponierte Matrix von B. Für die symmetrische $n \times n$-Matrix $M = BB^T$, $M = (m_{ij})$ gilt somit

$$m_{ij} = \begin{cases} d(u_i) & \text{falls } i = j \\ a_{ij} & \text{falls } i \neq j \end{cases}$$

d. h.

$$M = \begin{pmatrix} d(u_1) & & 0 \\ & \ddots & \\ 0 & & d(u_n) \end{pmatrix} + A\,.$$

Für bipartite Graphen $G = (S + T, K)$ auf den definierenden Eckenmengen S und T haben wir eine weitere nützliche Darstellung. Sei $S = \{u_1, \ldots, u_m\}$, $T = \{v_1, \ldots, v_n\}$, dann ist $D = (d_{ij})$ gegeben durch

$$d_{ij} = \begin{cases} 1 & \text{falls } u_i v_j \in K \\ 0 & \text{sonst.} \end{cases}$$

Als Beispiel haben wir

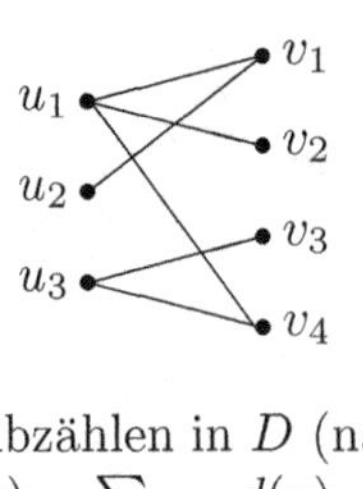

$$\longrightarrow \quad D = \begin{pmatrix} 1 & 1 & 0 & 1 \\ 1 & 0 & 0 & 0 \\ 0 & 0 & 1 & 1 \end{pmatrix}.$$

Das zweifache Abzählen in D (nach Zeilen bzw. Spalten) entspricht also der Gleichung $\sum_{u \in S} d(u) = \sum_{v \in T} d(v)$.

Wozu sind diese Matrizen, abgesehen von einer bequemen Darstellung als Eingabe in den Rechner, gut? Betrachten wir die ℓ-te Potenz A^ℓ der Adjazenzmatrix mit dem üblichen Matrizenprodukt. Wir behaupten, dass der Eintrag $A^\ell(i, j)$ genau gleich der Anzahl der Kantenzüge von u_i nach u_j der Länge ℓ ist. Dabei können Kanten und Ecken auch mehrmals durchlaufen werden, aber insgesamt ℓ Kanten mit Anfangsecke u_i und Endecke u_j. Für $\ell = 1$ ist dies gerade die Definition von A. Nun schließen wir mit Induktion. Es gilt

$$A^\ell(i,j) = \sum_{k=1}^{n} A^{\ell-1}(i,k)A(k,j)\,.$$

Klassifizieren wir die Kantenzüge nach der letzten Ecke u_k vor u_j, so ist die rechte Seite nichts anderes als unsere altbekannte Summenregel. Auf Anwendungen der Inzidenzmatrix werden wir im nächsten Kapitel eingehen.

Betrachten wir nochmals die Adjazenzmatrix. Jede Nummerierung f von E ergibt eine Adjazenzmatrix A_f. Gibt es besondere „gute" Nummerierungen?

Beispiel. Betrachten wir die beiden folgenden Nummerierungen:

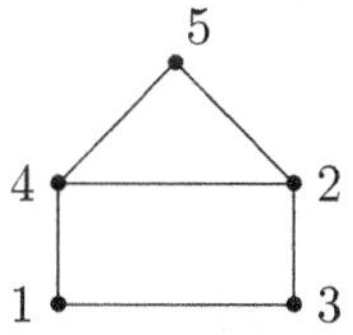

$$\xrightarrow{f} \quad \begin{pmatrix} 0 & 0 & 1 & 1 & 0 \\ 0 & 0 & 1 & 1 & 1 \\ 1 & 1 & 0 & 0 & 0 \\ 1 & 1 & 0 & 0 & 1 \\ 0 & 1 & 0 & 1 & 0 \end{pmatrix} = A_f$$

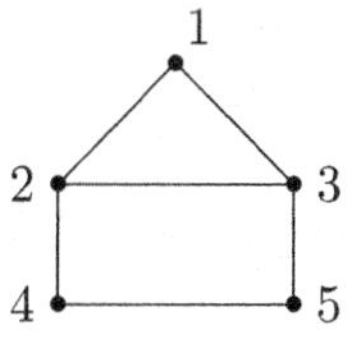

$$\xrightarrow{g} \quad \begin{pmatrix} 0 & 1 & 1 & 0 & 0 \\ 1 & 0 & 1 & 1 & 0 \\ 1 & 1 & 0 & 0 & 1 \\ 0 & 1 & 0 & 0 & 1 \\ 0 & 0 & 1 & 1 & 0 \end{pmatrix} = A_g$$

Die zweite Nummerierung ergibt eine geringere Abweichung oder *Bandbreite* der 1'en in A_g von der Hauptdiagonale (nämlich $b_g = 2$) als die erste Nummerierung f ($b_f = 3$). Aus Platzgründen werden wir also g bevorzugen. Die Bandbreite b_f des Graphen G (nummeriert mittels f) ist also erklärt durch

$$b_f = \max_{uv \in K} |f(u) - f(v)|\,.$$

Daraus ergibt sich eine interessante Frage, das *Bandbreitenproblem*: Bestimme für einen Graphen G die **Bandbreite** $b(G) = \min_f (b_f : f \text{ Nummerierung})$.

Für einfache Graphen können wir die Bandbreite mühelos bestimmen. Für einen Weg P_n ($n \geq 2$) haben wir $b(P_n) = 1$ mit der Nummerierung

Ein Kreis C_n hat die Bandbreite $b(C_n) = 2$. Sicher gilt $b(C_n) \geq 2$, da die Ecke mit Nummer 1 einen Nachbarn mit Nummer ≥ 3 hat. Die folgenden Nummerierungen

sind optimal:

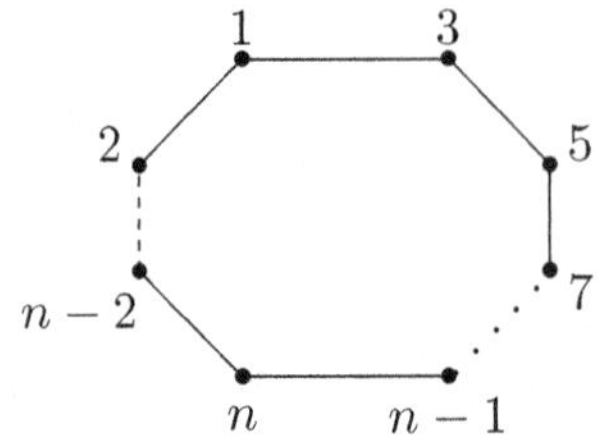

n gerade

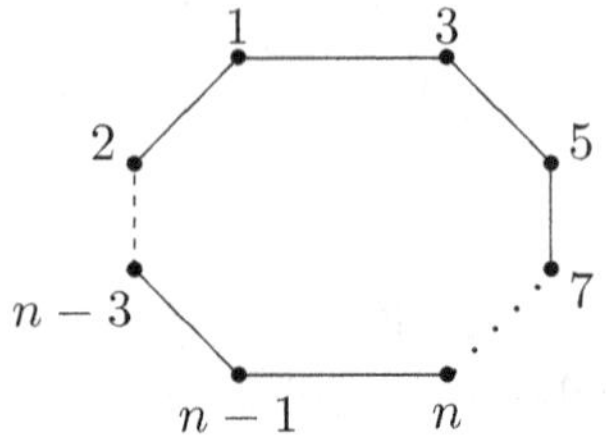

n ungerade

Klarerweise gilt $b(K_n) = n-1$, und auch für die Graphen $K_{m,n}$ ist die Bandbreite nicht schwer zu berechnen (siehe Übung 6.28). Für Hyperwürfel Q_n ist die Bestimmung der Bandbreite aber bereits alles andere als leicht, und das allgemeine Bandbreitenproblem ist ein beweisbar schwieriges, ein sogenanntes NP-vollständiges Problem. Mehr darüber in Abschnitt 8.5.

6.3 Wege und Kreise

Um einen Graphen G näher kennenzulernen, müssen wir etwas über seine Unterstrukturen herausfinden. Die folgende Definition ist klar: Ein Graph $H = (E', K')$ heißt ein **Untergraph** von $G = (E, K)$, falls $E' \subseteq E$ ist und $K' \subseteq K$. H heißt ein **induzierter Untergraph**, falls $K' = K \cap \binom{E'}{2}$ gilt, d. h. H enthält alle Kanten zwischen den Ecken in E', die auch in G vorhanden sind. Im folgenden Beispiel sind H_1, H_2 Untergraphen von G, aber nur H_2 ist induziert.

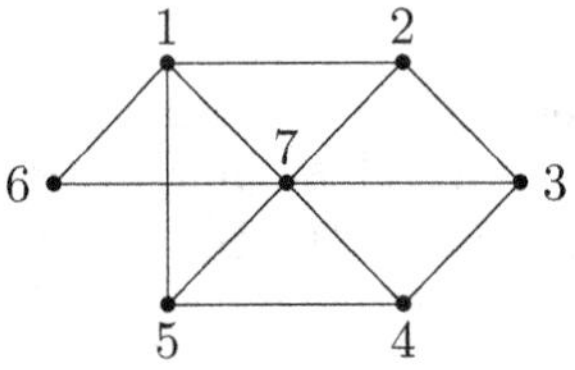

G

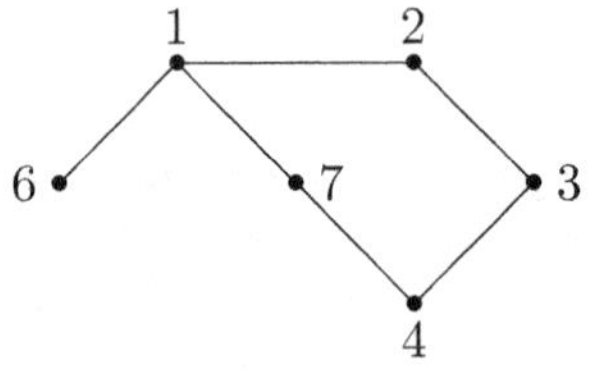

H_1

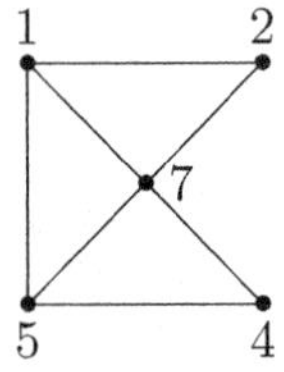

H_2

Besonders wichtige Untergraphen erhalten wir, indem wir Ecken bzw. Kanten weglassen. Sei $G = (E, K)$ gegeben, dann bezeichnet $G \setminus A, A \subseteq E$, den Graphen, der durch Weglassen von A und allen mit A inzidenten Kanten entsteht, und $G \setminus B, B \subseteq K$, den Graphen $G = (E, K \setminus B)$. Die Graphen $G \setminus A, A \subseteq E$, sind also stets induzierte Untergraphen. Lassen wir in unserem obigen Beispiel $A = \{1, 3, 6\}$ weg, so erhalten wir

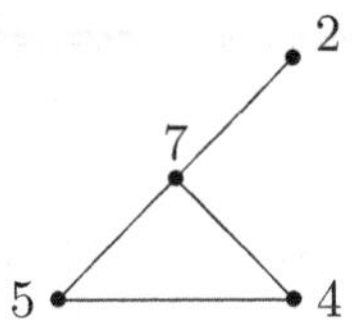

$G \setminus \{1, 3, 6\}$

Die ersten Untersuchungen, die wir über Graphen anstellen wollen, sind aus der bildlichen Darstellung motiviert. Denken wir wieder an das Beispiel eines Straßensystems. Als allererstes interessiert uns dabei, ob wir von einem Platz zu einem anderen überhaupt gelangen können, und wenn ja, wie viele Straßen wir in einem *kürzesten* Weg durchlaufen müssen. Die folgenden Definitionen ergeben sich unmittelbar aus dieser Überlegung.

Sei $G = (E, K)$ gegeben. Wir sagen, $v \in E$ ist *erreichbar* von $u \in E$, falls es einen Weg P mit Anfangsecke u und Endecke v gibt, kurz einen u, v-Weg. Offenbar ist Erreichbarkeit eine Äquivalenzrelation auf E. Die auf den einzelnen Äquivalenzklassen induzierten Untergraphen nennen wir die (zusammenhängenden) **Komponenten** von G.

Der folgende Graph hat 4 Komponenten:

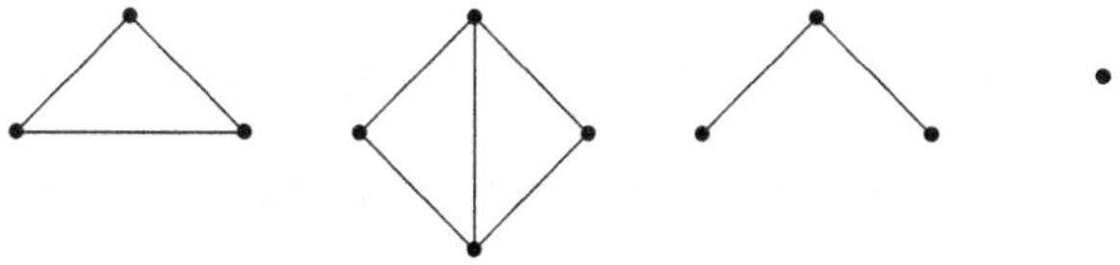

Ein Graph G heißt **zusammenhängend**, falls er nur eine Komponente hat. Wir nennen eine Kante k eines Graphen $G = (E, K)$ eine **Brücke**, falls die Entfernung von k die Anzahl der Komponenten erhöht. Der Graph H_1 von oben enthält genau eine Brücke, nämlich die Kante $\{1, 6\}$. H_2 enthält keine Brücke. Eine Kante ist genau dann eine Brücke in G, wenn sie in keinem Kreis des Graphen G enthalten ist (klar?).

Mit Hilfe von Wegen können wir einen Abstand einführen. Der **Abstand** $d(u, v)$ zweier Ecken u und v ist die Länge eines kürzesten Weges von u nach v, mit $d(u, u) = 0$, $u \in E$. Falls solch ein Weg nicht existiert (in diesem Fall liegen u und v in verschiedenen Komponenten), so setzen wir $d(u, v) = \infty$. $D(G) = \max\limits_{u,v \in E} d(u, v)$ ist der **Durchmesser** von G.

In dem folgenden Graphen G haben wir $d(u, v) = 2$, $d(u, w) = 3$, $d(v, w) = 2$, und $D(G) = 3$.

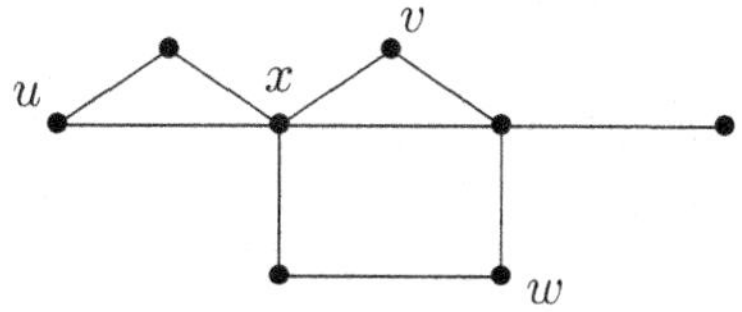

Es ist unmittelbar einsichtig, dass $d : E^2 \to \mathbb{N}_0$ die Dreiecksungleichung $d(u, v) \leq d(u, w) + d(w, v)$ erfüllt, also eine Metrik im Sinn der Analysis darstellt.

Betrachten wir als Beispiel den Hyperwürfel Q_n. Wir sehen sofort, dass $d(u, v)$ gleich der Anzahl der Koordinatenstellen ist, in denen u und v sich unterscheiden, woraus $D(Q_n) = n$ folgt.

Mit Hilfe der Kreise können wir eine sehr nützliche Charakterisierung bipartiter Graphen herleiten.

Satz 6.3. *Ein Graph G mit $n \geq 2$ Ecken ist genau dann bipartit, wenn alle Kreise gerade Länge haben. Insbesondere ist G also bipartit, wenn überhaupt keine Kreise existieren.*

Beweis. Wir können annehmen, dass G zusammenhängend ist, da wir sonst einfach die einzelnen Komponenten betrachten. Sei zunächst G bipartit mit den definierenden Eckenmengen S und T. Jeder Kreis muss abwechselnd zwischen S und T verlaufen, also gerade Länge haben. Nehmen wir nun umgekehrt an, dass alle Kreise von gerader Länge sind. Wir wählen $u \in E$ beliebig und setzen $u \in S$. Mit folgender Vorschrift erzeugen wir die Mengen S und T:

$$v \in \begin{cases} S & \text{falls } d(u,v) \text{ gerade} \\ T & \text{falls } d(u,v) \text{ ungerade.} \end{cases}$$

Es bleibt zu zeigen, dass Ecken aus S bzw. aus T niemals benachbart sind. Nehmen wir das Gegenteil an, mit $v, w \in T$, $vw \in K$ (der Fall $v, w \in S$ ist analog). Aus $vw \in K$ folgt, dass $|d(u,v) - d(u,w)| \leq 1$ ist, und daher $d(u,v) = d(u,w)$, da beide Zahlen ungerade sind.

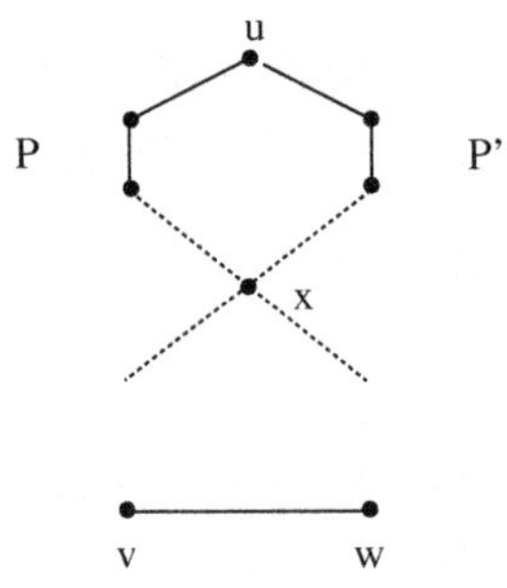

Sei P ein u,v-Weg der Länge $d(u,v)$, P' ein u,w-Weg der Länge $d(u,w)$, und x die letzte gemeinsame Ecke von P und P'. Dann ist $d(x,v) = d(x,w)$, und wir erhalten den Kreis $P(x,v), vw, P'(w,x)$ ungerader Länge, Widerspruch. ∎

Beispiel. Die Hyperwürfel Q_n sind bipartit mit den definierenden Eckenmengen $S = \{u : \#1\text{'en in } u \text{ gerade}\}$, $T = \{v : \#1\text{'en in } v \text{ ungerade}\}$. Die folgende Figur zeigt die Bipartition von Q_3, wobei die Ecken aus S mit $\circ$ gezeichnet sind, und jene aus T mit $\bullet$.

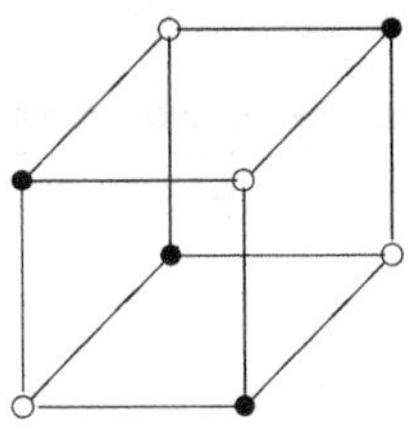

6.4 Gerichtete Graphen

Bisher haben wir Graphen betrachtet mit Kanten uv. In vielen Problemen ist es sinnvoll, sich die Kanten gerichtet vorzustellen. Ein Straßensystem mit Einbahnstraßen ist ein prägnantes Beispiel.

Ein **gerichteter** oder **orientierter Graph** $\vec{G} = (E, K)$ besteht aus einer Eckenmenge E und einer Menge $K \subseteq E^2$ von geordneten Paaren, die wir *gerichtete* oder *orientierte* Kanten nennen. In $k = (u, v)$ heißt $u = k^-$ die **Anfangsecke** und $v = k^+$ die **Endecke** von k. Jede gerichtete Kante (u, v) kommt höchstens einmal vor, und wir verlangen $u \neq v$. Ansonsten sprechen wir wieder von einem **gerichteten Multigraphen**.

Ein gerichteter Graph $\vec{G}$ heißt auch **Digraph** (aus dem Englischen directed graph). Anschaulich zeichnen wir einen gerichteten Graphen mit Pfeilen auf den Kanten $u \longrightarrow v$, u Anfangsecke, v Endecke.

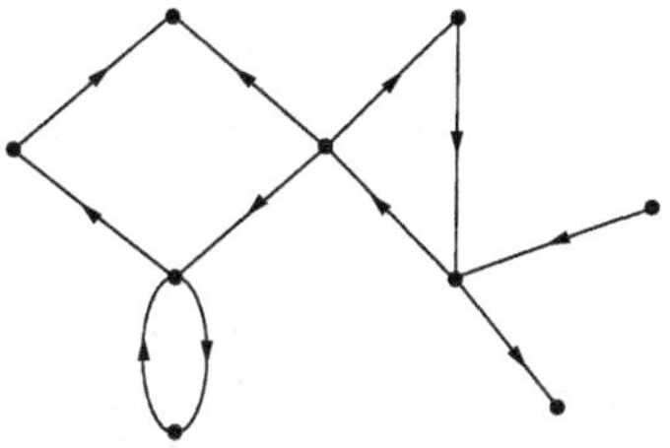

Beachte, dass in $\vec{G}$ beide gerichteten Kanten (u, v) und (v, u) auftreten können.

Entfernen wir die Orientierung, so erhalten wir den zugrundeliegenden ungerichteten Graphen, wobei wir parallele Kanten uv, vu zweimal zeichnen. Die meisten Definitionen können sinngemäß verallgemeinert werden. In $\vec{G} = (E, K)$ ist $d^+(u) = |\{k \in K : k^+ = u\}|$ der **In-Grad** und $d^-(u) = |\{k \in K : k^- = u\}|$ der **Aus-Grad**; $d^+(u)$ bezeichnet also die Anzahl der Pfeile, die nach u hineinführen und $d^-(u)$ die Anzahl jener, die von u wegführen. Offenbar gilt $\sum_{u \in E} d^+(u) = \sum_{u \in E} d^-(u) = |K|$.

Die Inzidenzmatrix $B = (b_{ij})$ eines gerichteten Graphen $\vec{G} = (E, K)$ ist die $n \times q$-Matrix mit

$$b_{ij} = \begin{cases} 1 & \text{falls } u_i = k_j^+ \\ -1 & \text{falls } u_i = k_j^- \\ 0 & \text{falls } u_i \notin k_j. \end{cases}$$

Die Zeilensummen sind $d^+(u) - d^-(u)$, und die Spalten summieren jeweils zu 0. Für die $n \times n$-Matrix BB^T erhalten wir demnach

$$BB^T = \begin{pmatrix} d(u_1) & & 0 \\ & \ddots & \\ 0 & & d(u_n) \end{pmatrix} - A\,,$$

wobei A die Adjazenzmatrix des zugrundeliegenden ungerichteten (Multi-) Graphen ist.

Beispiel.

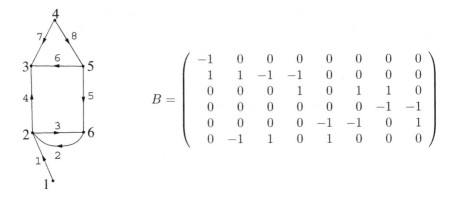

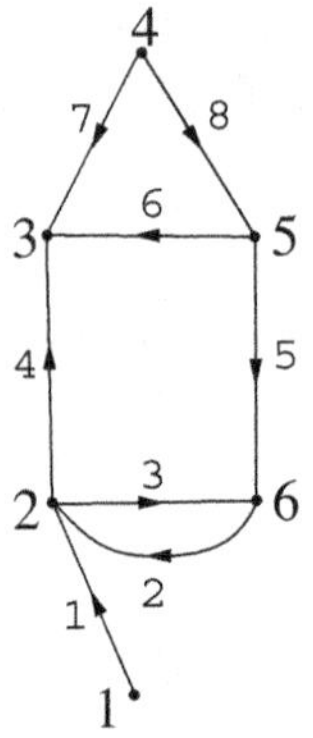

$$B = \begin{pmatrix} -1 & 0 & 0 & 0 & 0 & 0 & 0 & 0 \\ 1 & 1 & -1 & -1 & 0 & 0 & 0 & 0 \\ 0 & 0 & 0 & 1 & 0 & 1 & 1 & 0 \\ 0 & 0 & 0 & 0 & 0 & 0 & -1 & -1 \\ 0 & 0 & 0 & 0 & -1 & -1 & 0 & 1 \\ 0 & -1 & 1 & 0 & 1 & 0 & 0 & 0 \end{pmatrix}$$

Ein **gerichteter Weg** ist eine Folge von verschiedenen Ecken $u_1, u_2, \ldots, u_n$ mit $u_i \longrightarrow u_{i+1}$ für alle i, und die Länge des Weges ist wieder die Anzahl der gerichteten Kanten. Analog wird ein **gerichteter Kreis** $u_1 \longrightarrow u_2 \longrightarrow \ldots \longrightarrow u_n \longrightarrow u_1$ definiert.

Ein Graph $\vec{G}$, der keinen gerichteten Kreis enthält, heißt **azyklisch**. Jeden ungerichteten Graphen G können wir durch geeignete Orientierung zu einem azyklischen gerichteten Graphen machen. Wir brauchen nur die Ecken irgendwie zu nummerieren $u_1, u_2, \ldots, u_n$ und für $u_i u_j \in K$ stets die Richtung $u_i \longrightarrow u_j$ mit $i < j$ zu wählen. Ein gerichteter Weg $u_{i_1}, u_{i_2}, u_{i_3}, \ldots$ erfüllt dann $i_1 < i_2 < i_3 < \ldots$, er kann sich also nicht zu einem Kreis schließen.

Azyklische gerichtete Graphen $\vec{G}$ spielen eine fundamentale Rolle bei Transportproblemen. Wir stellen fest, dass $\vec{G}$ immer Ecken u enthält mit $d^+(u) = 0$, d. h. alle Kanten führen aus u heraus – solche Ecken nennen wir *Quellen*. Analog gibt es *Senken* v mit $d^-(v) = 0$, d. h. alle Kanten führen nach v hinein. Sei nämlich P ein längster gerichteter Weg in $\vec{G}$ von, sagen wir, u nach v. Wäre $(w, u) \in K$, so müsste w im Weg liegen (ansonsten wäre P nicht maximal lang), aber dann ergäbe

$$\underbrace{u \to \ldots \to w}_{P} \to u$$

einen gerichteten Kreis, was nicht geht. Also ist u eine Quelle und entsprechend v eine Senke. In Transportplänen wollen wir möglichst viel von den Quellen (= Produktionsstätten) zu den Senken (= Verbraucherstätten) transportieren. Die dabei auftretenden Fragen wollen wir später genau diskutieren.

Ein gerichteter Graph $\vec{G}$ heißt **zusammenhängend**, falls der zugrundeliegende Graph zusammenhängend ist. Für die Anwendungen ist folgende Version nützlich. $\vec{G}$ heißt **stark zusammenhängend**, falls von jeder Ecke u zu jeder anderen Ecke v ein gerichteter Weg existiert. In unserem obigen Beispiel gibt es einen gerichteten Weg von 4 nach 2, aber nicht von 2 nach 4, der Graph ist also nicht stark zusammenhängend. Die Quellen sind 1 und 4, die Ecke 3 ist die einzige Senke.

Nach all diesen Begriffen ist es Zeit, ein konkretes Problem zu lösen: das **Labyrinth-Problem**. Wir wollen das Labyrinth an einer Stelle betreten, alle Wege im Labyrinth erkunden und auch wieder herausfinden. Modelliert als Graph haben wir folgende Situation: Gegeben sei ein zusammenhängender Graph G. Wir starten in einer Ecke u_0, durchlaufen jede Kante in jeder Richtung einmal, und kehren wieder zu u_0 zurück.

Der folgende Algorithmus konstruiert eine Labyrinth-Tour: Starte bei u_0 und gehe entlang den Kanten nach folgenden Regeln:

(1) Keine Kante darf mehr als einmal in derselben Richtung durchlaufen werden.

(2) Erreichen wir zum *ersten* Mal $v \neq u_0$, so markieren wir die Kante (u, v), auf der wir v erreicht haben. Wir dürfen beim Verlassen von v die markierte Kante (v, u) erst dann benutzen, wenn alle anderen Kanten $(v, x), x \neq u$, verwendet worden sind.

Beispiel.

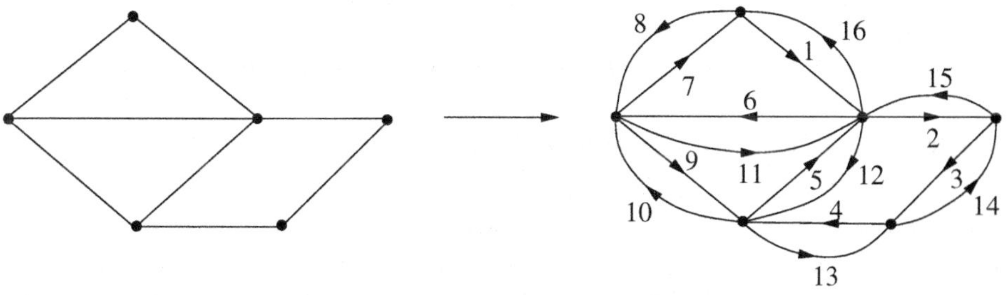

Wir wollen nun die Korrektheit unseres Algorithmus nachweisen. Es sei $u_0, u_1, \ldots, u_p$ der vom Algorithmus konstruierte gerichtete Kantenzug mit den Kanten W. Offenbar gilt $u_0 = u_p$ und $d_W^+(x) = d_W^-(x)$ für alle Ecken x in W, denn überall wo man hinkommt, kommt man auch wieder weg. Wir nennen v eine *gute* Ecke, falls alle mit v inzidenten Kanten in beiden Richtungen in W erscheinen. Klarerweise ist u_0 eine gute Ecke, da wir ansonsten weitergehen könnten. Angenommen, es gibt schlechte Ecken, dann sei v die erste schlechte Ecke auf unserer Tour W. Wir haben dann $d_W^+(v) = d_W^-(v) < d(v)$, also wurde nach Regel (2) die markierte Kante (u, v) in der Richtung (v, u) noch nicht benützt. Das bedeutet aber $d_W^+(u) = d_W^-(u) < d(u)$, d. h. der Vorgänger u ist auch schlecht, im Widerspruch zur Wahl von v. Somit ist jede Ecke, die wir auf W antreffen, gut. Nach Definition von „gut“ ist jeder Nachbar einer guten Ecke ebenfalls gut, d. h. die guten Ecken bilden einen zusammenhängenden Graphen, und da G zusammenhängend ist, muss also jede Ecke gut sein.

Übungen zu Kapitel 6

▷ **1** Sei G ein Graph mit mindestens 2 Ecken. Zeige, dass es stets zwei Ecken vom selben Grad gibt.

2 Bestimme die Graphen mit $n \geq 2$ Ecken, die $n-1$ verschiedene Grade besitzen.

3 Welche der drei abgebildeten Graphen sind isomorph?

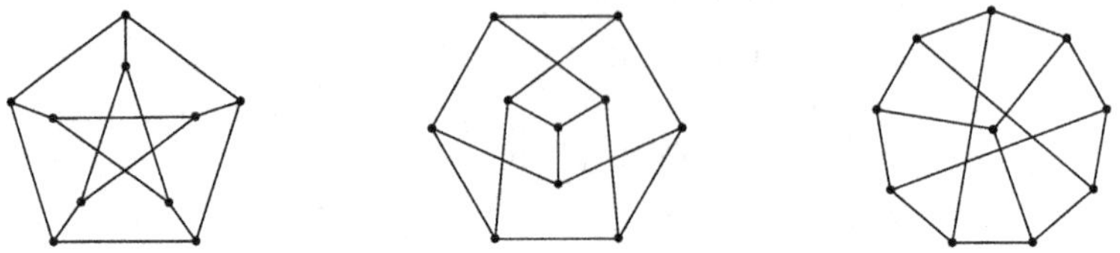

4 Bestimme die Automorphismengruppe der Graphen P_n, C_n und K_n.

▷ **5** Zeige, dass es für jedes gerade $n \geq 4$ immer einen 3-regulären Graphen mit n Ecken gibt.

6 Zeige, dass in einem zusammenhängenden Graphen je zwei längste Wege immer eine gemeinsame Ecke haben.

7 Der Graph G habe die Gradfolge $d_1 \leq \ldots \leq d_n$. Zeige, dass für die Bandbreite $b(G) \geq \max\limits_j \max\,(d_j - \lfloor \frac{j-1}{2} \rfloor, \frac{d_j}{2})$ gilt.

▷ **8** Zeige: Ein Graph mit n Ecken und q Kanten hat mindestens $n-q$ Komponenten.

9 Sei $G=(E,K)$ gegeben. Für $A \subseteq E$ bezeichne $R(A)$ die Menge der Ecken in $E \setminus A$, die mit mindestens einer Ecke aus A benachbart sind. Dann gilt für die Bandbreite $b(G) \geq \max\limits_{1 \leq s \leq n} \min\,(|R(A)| : |A| = s\}$.

▷ **10** Eine Eckenmenge A in einem Graphen G heißt *unabhängig*, falls keine zwei Ecken aus A durch eine Kante verbunden sind; $\alpha(G) = \max\,(|A| : A$ unabhängig) heißt die *Unabhängigkeitszahl* von G. Zeige $\alpha(G) \geq \frac{|E|}{\Delta+1}$ mit $\Delta = \max\,(d(u) : u \in E)$.

11 Berechne $\alpha(G)$ für Wege und Kreise.

12 Eine *Färbung* eines Graphen $G=(E,K)$ ist eine Abbildung $f : E \to C$ (Farbmenge), so dass $uv \in K$ impliziert $f(u) \neq f(v)$. Die *chromatische Zahl* $\chi(G)$ ist die kleinste Anzahl von Farben, die wir zur Färbung von G benötigen. Bestimme $\chi(K_n), \chi(K_{m,n})$, $\chi(Q_n), \chi(\text{Weg}), \chi(\text{Kreis})$.

▷ **13** Zeige $\alpha(G)\chi(G) \geq n, n = |E|$, und gib Beispiele für jedes n, für die Gleichheit gilt.

14 Zeige, dass eine Kante k genau dann eine Brücke ist, wenn sie in keinem Kreis enthalten ist. Welche Graphen haben nur Brücken? Zeige ferner, dass G keine Brücke hat, falls alle Grade gerade sind.

▷ **15** Angenommen, ein Graph $G=(E,K)$ mit $|K| \geq 3$ ohne isolierte Ecken hat keinen induzierten Untergraphen mit zwei Kanten. Zeige, dass $G = K_n, n \geq 3$, ist.

16 Der vollständige bipartite Graph $K_{1,n-1}$ heißt *Stern*. Beweise oder widerlege: a. Falls G auf n Ecken Durchmesser 2 hat, dann enthält G einen aufspannenden Stern (d. h. auf n Ecken). b. Falls G einen aufspannenden Stern enthält, dann hat G Durchmesser 2.

17 Zeige mit Graphentheorie: a. $\binom{n}{2} = \binom{k}{2} + \binom{n-k}{2} + k(n-k)$ für $0 \leq k \leq n$, b. Sei $\sum_{i=1}^{t} n_i = n$, dann ist $\sum_{i=1}^{t} \binom{n_i}{2} \leq \binom{n}{2}$.

---

18 Beweise oder widerlege: Sei $G = (E, K)$ Graph und $\overline{d} = \frac{1}{n} \sum_{u \in E} d(u)$ der Durchschnittsgrad. a. Entfernung einer Ecke von maximalem Grad erhöht nicht $\overline{d}$, b. Entfernung einer Ecke von minimalem Grad erniedrigt nicht $\overline{d}$.

19 Sei die Gradfolge eines Graphen in monotoner Weise $d_1 \geq d_2 \geq \ldots \geq d_n$ gegeben. Zeige, dass $\sum_{i=1}^{k} d_i \leq k(k-1) + \sum_{j=k+1}^{n} \min(d_j, k)$ für alle k gilt. Hinweis: Betrachte die Anzahl der Kanten zwischen den ersten k Ecken und dem Rest. Bemerkung: Diese Bedingung charakterisiert die „graphischen" Folgen $d_1 \geq \ldots \geq d_n$.

▷ **20** Zeige, dass ein dreiecksfreier Graph $G = (E, K)$ mit n Ecken höchstens $\frac{n^2}{4}$ Kanten hat. Zeige ferner, dass der Graph $K_{n/2,n/2}$ der einzige dreiecksfreie Graph mit n Ecken und $\frac{n^2}{4}$ Kanten ist. Hinweis: Betrachte eine kleinste Menge $A \subseteq E$, die alle Kanten trifft.

21 Verallgemeinere die vorige Übung: Sei $G = (E, K)$ ein Graph auf n Ecken, der keinen K_{t+1} enthält, dann gilt $|K| \leq \frac{n^2}{2}(1 - \frac{1}{t})$. Hinweis: Induktion nach t.

▷ **22** S sei eine Menge von n Punkten in der Ebene, so dass je zwei Punkte Abstand ≤ 1 haben. Zeige: Die Maximalzahl von Punkten, mit Abstand jeweils $> \frac{1}{\sqrt{2}}$, ist $\lfloor \frac{n^2}{3} \rfloor$. Hinweis: Konstruiere einen Graphen, der keinen K_4 enthält.

23 Das *Komplement* $\overline{G} = (E, \overline{K})$ eines Graphen $G = (E, K)$ hat dieselbe Eckenmenge E mit $uv \in \overline{K} \Leftrightarrow uv \notin K$. Sei G ein k-regulärer Graph. Zeige, dass die Gesamtzahl der Dreiecke in G und $\overline{G}$ genau $\binom{n}{3} - \frac{n}{2}k(n-k-1)$ ist.

24 Der Graph G heißt *selbst-komplementär*, falls $G \cong \overline{G}$ ist. Zeige, dass jeder selbstkomplementäre Graph $4m$ oder $4m+1$ Ecken hat, und bestimme alle diese Graphen mit $n \leq 8$ Ecken.

▷ **25** Seien n, k natürliche Zahlen mit $2k \leq n$. Der *Kneser Graph* $K(n, k)$ hat als Ecken alle k-Untermengen einer n-Menge, und zwei solche k-Mengen A, B sind genau dann durch eine Kante verbunden, wenn $A \cap B = \varnothing$ ist. Zeige: $\chi(K(n,k)) \leq n - 2k + 2$. Wie sieht $K(5, 2)$ aus?

▷ **26** Bestimme die Automorphismengruppe des Petersen Graphen. Hinweis: Verwende die vorige Übung.

27 Sei G ein Graph mit n Ecken und $n + 1$ Kanten. Zeige, dass G einen Kreis der Länge $\leq \lfloor \frac{2n+2}{3} \rfloor$ besitzt. Kann Gleichheit gelten?

▷ **28** Berechne die Bandbreite des Graphen $K_{m,n}$.

29 Leite aus Übung 9 eine untere Schranke für die Bandbreite des Hyperwürfels Q_n ab.

30 Sei G ein Graph mit n Ecken und q Kanten. Zeige, dass G zusammenhängend ist, falls $q > \binom{n-1}{2}$ gilt. Gibt es einen unzusammenhängenden Graphen mit $q = \binom{n-1}{2}$ Kanten?

31 Verallgemeinere die vorige Übung für starken Zusammenhang in gerichteten Graphen.

▷ **32** Sei G ein Graph mit Maximalgrad Δ. Zeige: $\chi(G) \leq \Delta + 1$.

33 Für einen Graphen H bezeichne $\delta(H)$ den Minimalgrad in H. Zeige: $\chi(G) \leq \max \delta(H) + 1$, wobei das Maximum über alle induzierten Untergraphen H von G genommen wird.

▷ **34** Zeige die Ungleichungen $\chi(G) + \chi(\overline{G}) \leq n + 1$, $\chi(G)\chi(\overline{G}) \geq n$.

▷ **35** Beweise, dass ein Graph G mit k Farben gefärbt werden kann (d. h. $\chi(G) \leq k$) genau dann, wenn die Kanten so orientiert werden können, dass in jedem Kreis C von G mindestens $\frac{|E(C)|}{k}$ Kanten in jeder der beiden Richtungen orientiert sind. Hinweis: Betrachte Wege von einer Ecke u nach einer Ecke v und zähle 1, falls die Kante in der richtigen Richtung orientiert ist und $-(k-1)$, falls sie entgegengesetzt orientiert ist.

36 Zeige, dass jeder selbst-komplementäre Graph mit mindestens zwei Ecken Durchmesser 2 oder 3 hat.

▷ **37** Die *Taillenweite* $t(G)$ eines Graphen G ist die Länge eines kürzesten Kreises in G (mit $t(G) = \infty$, falls G keinen Kreis besitzt). Ein k-regulärer Graph G mit $t(G) = t$ und der kleinstmöglichen Eckenzahl $f(k,t)$ heißt ein (k,t)-Graph, $k \geq 2, t \geq 3$. Bestimme die (k,t)-Graphen für a. $k = 2$, t beliebig, b. $t = 3$, k beliebig, c. $t = 4$, k beliebig, d. $k = 3$, $t = 5$ und zeige für $k \geq 3$

$$f(k,t) \geq \begin{cases} \frac{k(k-1)^r - 2}{k-2} & \text{falls } t = 2r+1 \\ \frac{(k-1)^r - 2}{k-2} & \text{falls } t = 2r. \end{cases}$$

38 Angenommen, ein Graph $G = (E,K)$ auf n Ecken hat Unabhängigkeitszahl α. Beweise $|K| \geq \frac{1}{2}(\lceil \frac{n}{\alpha} \rceil - 1)(2n - \alpha\lceil \frac{n}{\alpha} \rceil)$. Hinweis: Die extremalen Graphen bestehen aus disjunkten vollständigen Untergraphen.

39 Bestimme alle Graphen, die keinen induzierten Untergraphen mit 3 bzw. 4 Kanten enthalten.

▷ **40** Sei G zusammenhängend auf $n \geq 3$ Ecken. Die Ecke u heißt *Schnittecke*, falls $G \setminus \{u\}$ (d. h. G ohne u und die inzidenten Kanten) unzusammenhängend ist. Zeige: G hat mindestens zwei Ecken, die nicht Schnittecken sind, und wenn es genau zwei solche Ecken gibt, dann ist G ein Weg.

41 Sei $G = (E,K)$ gegeben. Für $k, k' \in K$ definiere $k \sim k' \Leftrightarrow k = k'$ oder k, k' liegen auf einem gemeinsamen Kreis. Zeige, dass $\sim$ eine Äquivalenzrelation ist. Zeige analog, dass $k \approx k' \Leftrightarrow k = k'$ oder $G \setminus \{k, k'\}$ hat mehr Komponenten als G, eine Äquivalenzrelation ist. Ist $\sim$ gleich $\approx$?

42 Es sei G folgender Graph. Die Ecken sind alle $n!$ Permutationen $a_1a_2\ldots a_n$, wobei $a_1\ldots a_n$, $b_1\ldots b_n$ benachbart sind, falls sie sich nur durch einen Austausch $a_i \longrightarrow a_j$ unterscheiden. Beispiel: $134562 \sim 164532$. Zeige, dass G bipartit ist.

▷ **43** Ein *Turnier* T ist ein gerichteter Graph, in dem zwischen je zwei Ecken genau eine gerichtete Kante besteht. Zeige, dass es in einem Turnier immer eine Ecke gibt, von der aus jede weitere Ecke durch einen gerichteten Weg der Länge ≤ 2 erreicht werden kann.

44 Zeige: Ein Turnier T ist genau dann stark zusammenhängend, wenn T einen aufspannenden gerichteten Kreis enthält (d. h. einen Kreis der Länge $n = |E|$). Hinweis: Betrachte einen längsten gerichteten Kreis.

▷ **45** Es sei $\pi : v_1v_2\ldots v_n$ eine Anordnung der Ecken eines Turniers. Eine *Feedback*-Kante ist ein Paar v_iv_j mit $i < j$ und $v_j \to v_i$. Es sei $j - i$ die Feedbacklänge dieser Kante, und

$f(\pi)$ die Summe aller Feedbacklängen. Zeige: Jede Ordnung π mit $f(\pi) = \min$ listet die Ecken mit nicht-steigenden Aus-Graden $d^-(v_1) \geq d^-(v_2) \geq \ldots \geq d^-(v_n)$ auf. Hinweis: Überlege, was passiert, wenn in π zwei benachbarte Ecken ausgetauscht werden.

▷ **46** Zeige, dass die Kanten eines Graphen G so orientiert werden können, dass der resultierende gerichtete Graph $\vec{G}$ stark zusammenhängend ist, genau dann, wenn G zusammenhängend und brückenlos ist.

47 Sei G ein Graph, in dem alle Ecken geraden Grad haben. Zeige, dass G so orientiert werden kann, dass in $\vec{G}$ stets $d^+(u) = d^-(u)$ gilt.

7 Bäume

7.1 Begriff und Charakterisierung

Die Theorie der Bäume wurde ursprünglich aus dem Studium der Kohlenwasserstoffverbindungen und anderer Isomere entwickelt.

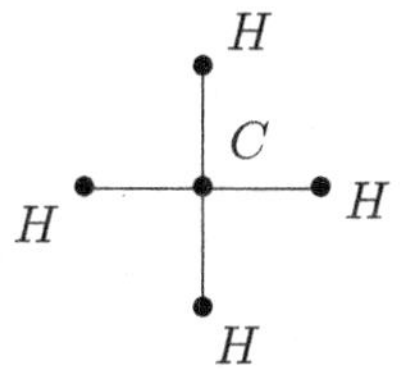

Methan

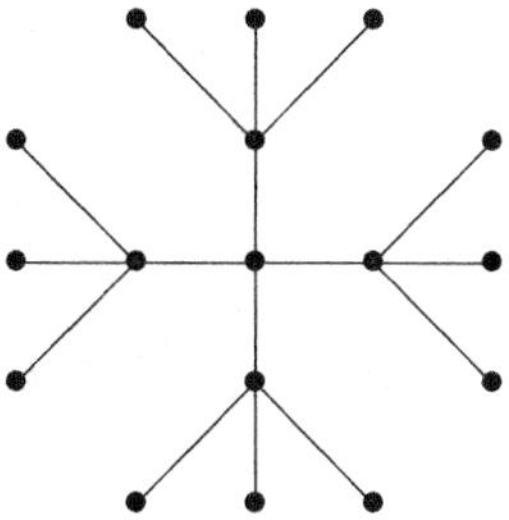

Isobutan

Cayley warf Ende des 19. Jahrhunderts die Frage auf, wie viele verschiedene Isomere einer bestimmten Zusammensetzung existieren. Dies führte zur Abzähltheorie von Graphen (siehe dazu Kapitel 4 und die Literaturhinweise). Die Bäume bilden die fundamentalen Bausteine für alle Graphen. Sie sind nicht nur als Graphen interessant, sondern sie ergeben auch die geeignete Datenstruktur für viele diskrete Probleme – insbesondere für Such- und Sortierprobleme, auf die wir in Kapitel 9 ausführlich eingehen werden.

Definition. Ein Graph heißt ein **Baum**, falls er zusammenhängend ist und keine Kreise enthält. Ein Graph, dessen Komponenten jeweils Bäume sind, heißt ein **Wald**.

Die Bäume mit höchstens 5 Ecken sind:

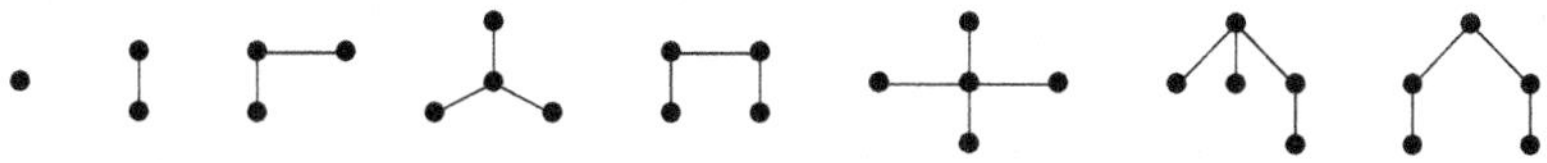

Sei $G = (E, K)$ ein zusammenhängender Graph. Ein Untergraph T, der ein Baum der Ordnung $n = |E|$ ist, heißt ein **aufspannender Baum**. Offenbar besitzt jeder zusammenhängende Graph G stets aufspannende Bäume. Entweder ist G bereits ein Baum, dann sind wir fertig, oder G besitzt einen Kreis C. Entfernen wir aus C eine Kante k, so ist $G_1 = (E, K \setminus \{k\})$ nach wie vor zusammenhängend. Entweder ist G_1 ein aufspannender Baum oder G_1 besitzt wieder einen Kreis C_1. Wir entfernen eine Kante k_1 aus C_1, usf. Nach endlich vielen Schritten erhalten wir einen aufspannenden Baum.

Satz 7.1. *Die folgenden Bedingungen sind äquivalent:*

a. *$G = (E, K)$ ist ein Baum.*
b. *Je zwei Ecken in G sind durch genau einen Weg verbunden.*
c. *G ist zusammenhängend, und es gilt $|K| = |E| - 1$.*

Beweis.

a. $\Rightarrow$ b. Wären u und v durch zwei Wege verbunden, so ergäbe dies einen Kreis.
b. $\Rightarrow$ a. Ist C ein Kreis, so sind je zwei Ecken aus C durch zwei verschiedene Wege verbunden.
a. $\Rightarrow$ c. Ein Baum besitzt Ecken vom Grad 1. Sei nämlich $P = u, u_1, u_2, \dots, v$ ein längster Weg in G , so sind alle Nachbarn von u in P, d. h. es gilt $d(u) = 1$ (und ebenso $d(v) = 1$), da G keine Kreise hat. Wir entfernen u und die inzidente Kante uu_1 und erhalten einen Baum $G_1 = (E_1, K_1)$ auf $n - 1$ Ecken mit $|E_1| - |K_1| = |E| - |K|$. Nach $n - 2$ Schritten erhalten wir einen Baum G_{n-2} auf 2 Ecken, d. h. $G_{n-2} = K_2$, und es gilt $|E| - |K| = |E_{n-2}| - |K_{n-2}| = 1$.
c. $\Rightarrow$ a. Sei T ein aufspannender Baum von G. Nach dem eben Bewiesenen ergibt dies

$$1 = |E(G)| - |K(G)| \leq |E(T)| - |K(T)| = 1\,,$$

also $K(G) = K(T)$, d. h. $G = T$. ∎

Besteht ein Graph $G = (E, K)$ aus t Komponenten, so folgt durch Anwendung von 7.1 auf die einzelnen Komponenten, dass jeder aufspannende Wald $|E| - t$ Kanten besitzt. Wir können noch andere Charakterisierungen von Bäumen angeben. Zum Beispiel: G ist genau dann ein Baum, wenn G zusammenhängend ist und jede Kante eine Brücke ist. (Beweis?) Ferner erhalten wir sofort aus 6.1:

Folgerung 7.2. *Ist T ein Baum der Ordnung $n \geq 2$, und $(d_1, d_2, \dots, d_n)$ die Gradfolge, so gilt*

$$\sum_{i=1}^{n} d_i = 2n - 2\,.$$

Wie viele aufspannende Bäume hat ein Graph G? Dies ist im allgemeinen ein schwieriges Problem. Für vollständige Graphen können wir aber leicht eine Antwort geben. Sei K_n der vollständige Graph auf $\{1, 2, \dots, n\}$. Die Anzahl der aufspannenden Bäume sei $t(n)$. Sehen wir uns kleine Werte von n an.

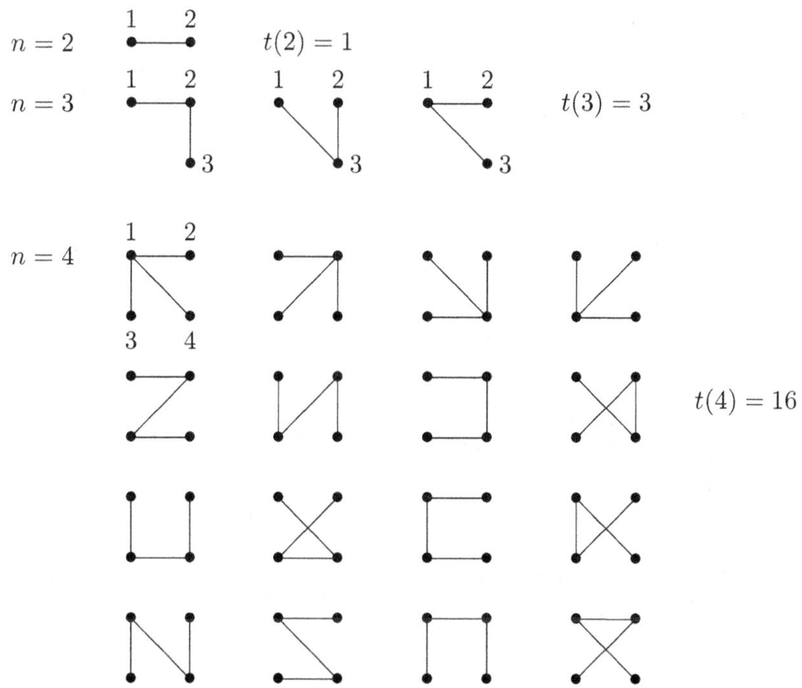

Für $t(5)$ berechnet man $t(5) = 125$. Man beachte, dass die Bäume nicht alle verschieden sind (im Sinne der Isomorphie). Die folgende Formel, die durch die ersten Werte nahegelegt wird, ist eines der verblüffendsten Abzählergebnisse.

Satz 7.3. *Es gilt* $t(n) = n^{n-2}$.

Beweis. Der Ausdruck n^{n-2} legt als Beweismethode die Gleichheitsregel nahe. Die Eckenmenge sei $E = \{1, \ldots, n\}$. Wir konstruieren nun eine Bijektion von der Menge aller Bäume auf die Menge aller Folgen $(a_1, \ldots, a_{n-2})$ mit $1 \leq a_i \leq n$, deren Anzahl, wie wir wissen, n^{n-2} ist. Die Zuordnung $T \longrightarrow (a_1, a_2, \ldots, a_{n-2})$ geschieht folgendermaßen:

(1) Unter allen Ecken vom Grad 1 suche jene mit minimaler Nummer v. Die Nummer des Nachbarn von v ist a_1.

(2) Entferne v und die inzidente Kante, dies ergibt einen Baum auf $n-1$ Ecken. Gehe zu (1) und führe die Vorschrift $(n-2)$-mal aus. Dies ergibt der Reihe nach die Zahlen $a_1, a_2, \ldots, a_{n-2}$.

Beispiel.

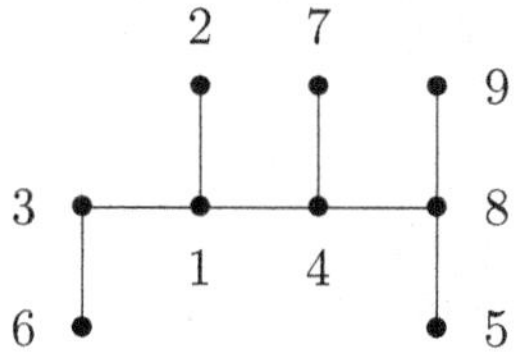

$\longrightarrow \quad (1, 8, 3, 1, 4, 4, 8)$.

Wir müssen nun umgekehrt zeigen, dass zu jeder Folge $(a_1, a_2, \ldots, a_{n-2})$ genau ein Baum T existiert. Was sagt uns die Folge über den Baum? Sei d_i der Grad der Ecke i. Angenommen, die Nummer i erscheint f_i-mal in der Folge. Da jedesmal, wenn i in die Folge aufgenommen wird, eine Nachbarecke von i entfernt wurde, haben wir $f_i \leq d_i - 1$ für alle i. Beachte $f_i \leq d_i - 1$, da i nach wie vor im Restbaum ist, also Grad ≥ 1 hat. Nach Satz 7.2 folgt

$$n - 2 = \sum_{i=1}^{n} f_i \leq \sum_{i=1}^{n} (d_i - 1) = 2n - 2 - n = n - 2 \,,$$

also $f_i = d_i - 1$ für alle i. Insbesondere sind also die Nummern, die überhaupt nicht in der Folge auftauchen, genau die Ecken vom Grad 1.

Daraus erhalten wir die inverse Zuordnung:
(1) Suche das minimale b_1, welches nicht in der Folge $(a_1, \ldots, a_{n-2})$ auftritt; dies ergibt die Kante $b_1 a_1$.
(2) Such das minimale $b_2 \neq b_1$, welches nicht in der Folge $(a_2, \ldots, a_{n-2})$ erscheint, usf.

Beachte, dass sich die letzte Kante automatisch aus der obigen Gradbedingung ergibt.

Beispiel.

a: 2 2 7 5 3 9 1 1

b: 4 6 2 7 5 3 8 9

$\longrightarrow$

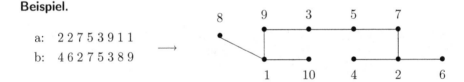

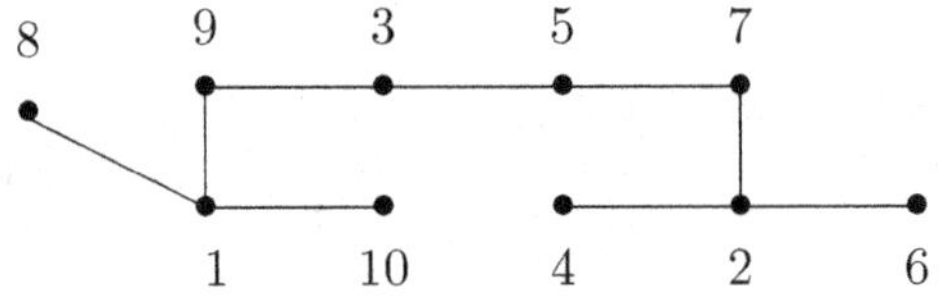

7.2 Breadth-First und Depth-First Suche

Wie finden wir in einem Graphen G, gegeben durch seine Adjazenzmatrix (oder gleichbedeutend durch seine Nachbarschaftslisten), einen aufspannenden Baum? Oder allgemein einen aufspannenden Wald? Wie erkennen wir überhaupt, ob G zusammenhängend ist?

Beispiel. G sei durch die folgenden Nachbarschaftslisten gegeben:

a	b	c	d	e	f	g	h
b	a	b	a	b	g	c	a
d	c	d	b			f	g
h	d	g	c			h	
	e						

Ist G zusammenhängend? Der folgende Algorithmus **Breadth-First-Suche** BFS konstruiert einen aufspannenden Baum (falls ein solcher existiert). Der Algorithmus durchsucht die Ecken der *Breite* nach, daher der Name.

(1) Starte mit einer Ecke und gib ihr die Nummer 1, 1 ist die *aktuelle* Ecke.
(2) Die aktuelle Ecke habe Nummer i, und es seien bereits die Nummern $1, \ldots, r$ vergeben. Falls $r = n$, stop. Andernfalls betrachte die noch nicht nummerierten Nachbarn von i und gib ihnen der Reihe nach die Nummern $r+1, r+2, \ldots$ und füge die Kanten $i(r+1), i(r+2), \ldots$ hinzu. Falls nun die Nummer $i+1$ nicht existiert, stop (G ist nicht zusammenhängend), anderenfalls gehe zur Ecke mit Nummer $i+1$, dies ist die neue aktuelle Nummer, und iteriere (2).

In unserem Beispiel erhalten wir:

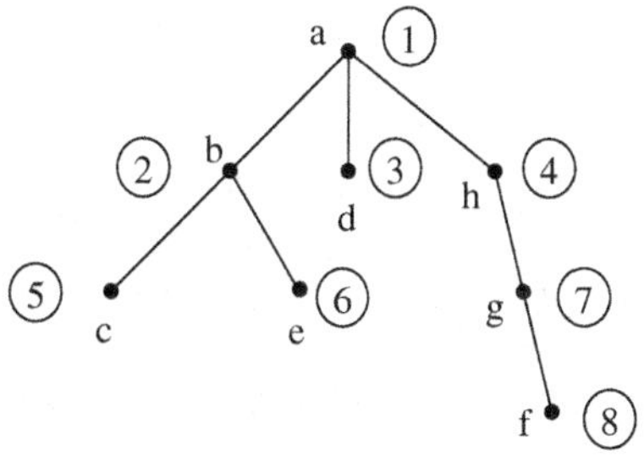

Also ist G zusammenhängend.

Wir wollen nun die Korrektheit unseres Algorithmus nachprüfen. Das heißt, ist G zusammenhängend, so erzeugt BFS tatsächlich einen aufspannenden Baum. Der Fall, wenn G nicht zusammenhängend ist, wird analog verifiziert. Sei also G zusammenhängend. Da eine nummerierte Ecke immer nur zu höchstens einer Ecke mit kleinerer Nummer benachbart ist, erzeugt BFS jedenfalls keine Kreise, und da Kanten immer an den aktuellen Graphen angehängt werden, ist der resultierende Graph T ein Baum. Angenommen $v \notin E(T)$, und u ist die Anfangsecke des Algorithmus. Da G zusammenhängend ist, gibt es einen Weg $u = v_0, v_1, \ldots, v$, und somit einen Index i mit $v_i \in E(T)$, $v_{i+1} \notin E(T)$. An einer Stelle des Algorithmus war v_i die aktuelle Ecke. Laut Schritt (2) werden alle noch nicht nummerierten Nachbarn von v_i hinzugenommen, also ist v_{i+1} doch in $E(T)$, Widerspruch.

In gewissem Sinne dual zu BFS ist **Depth-First-Suche** DFS. Wir gehen solange in die Tiefe (Kante für Kante), bis wir nicht mehr weiterkönnen. Dann gehen wir einen Schritt zurück und starten wieder in die Tiefe. Die Regeln für DFS sind:
(1) Starte mit einer Ecke und gib ihr die Nummer 1, 1 ist die *aktuelle* Ecke. Wähle einen Nachbarn von 1 und gib ihm die Nummer 2. Füge die Kante 12 ein. 2 ist nun die aktuelle Ecke, und 1 die *Vorgängerecke*.
(2) Die aktuelle Ecke habe Nummer i, und es seien die Nummern $1, \ldots r$ vergeben. Falls $r = n$ ist, stop. Andernfalls wähle einen noch nicht nummerierten Nachbarn von i, gib ihm die Nummer $r+1$, und füge die Kante $i(r+1)$ ein. Die aktuelle Ecke ist nun $r+1$ und i die Vorgängerecke. Falls keine nichtnummerierten Nachbarn von i existieren, gehe zur Vorgängerecke von i, falls $i > 1$. Dies ist nun die aktuelle Ecke. Iteriere (2). Wenn $i = 1$ ist, und keine nicht nummerierten Nachbarn existieren, so ist G nicht zusammenhängend, stop.

In unserem Beispiel erhalten wir

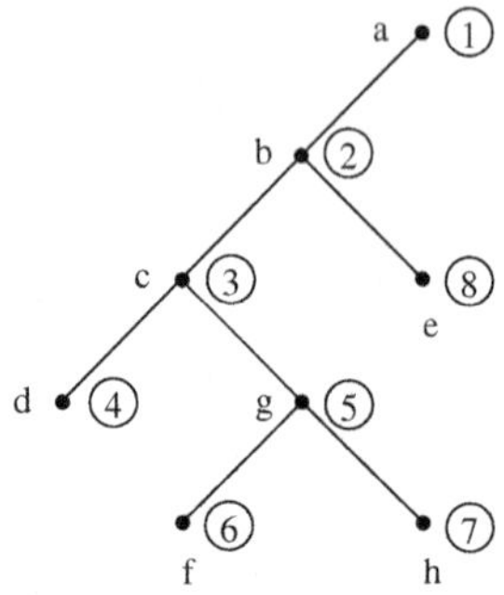

Der Korrektheitsbeweis für DFS verläuft analog zu dem von BFS.

Überlegen wir uns, wie lange z. B. der Algorithmus BFS läuft. Schritt (2) sucht alle nichtnummerierten Nachbarn der aktuellen Ecke ab, also benötigt BFS insgesamt $O(\sum_{u \in E} d(u)) = O(|K|)$ Schritte. Da der Algorithmus klarerweise auch $\Omega(|K|)$ Operationen braucht, haben wir als Laufzeit $\Theta(|K|)$. Die Analyse für Depth-First-Suche verläuft analog.

7.3 Minimale aufspannende Bäume

Angenommen, wir haben ein Kommunikationsnetz gegeben mit Schaltelementen (das sind die Ecken) und Verbindungen zwischen den einzelnen Elementen (das sind die Kanten). Die Verbindung zwischen den Schaltelementen u und v herzustellen, kostet $w(uv)$ Einheiten. Wir möchten einen Schaltplan konstruieren, so dass jedes Element mit jedem anderen kommunizieren kann, und die Gesamtkosten minimal sind. Ein analoges Problem ist die Konstruktion eines Streckenplans mit minimalen Gesamtkosten.

Wir modellieren dieses Problem durch einen **gewichteten Graphen**. Gegeben sei ein zusammenhängender Graph $G = (E, K)$ zusammen mit einer Gewichtsfunktion $w : K \longrightarrow \mathbb{R}$. Gesucht ist ein aufspannender Baum T mit minimalem Gewicht $w(T) = \sum\limits_{k \in K(T)} w(k)$.

Beispiel.

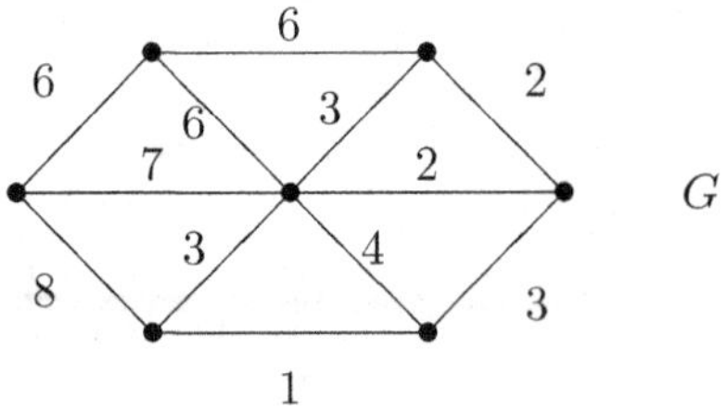

Eine naive Vorgehensweise ist die folgende. Man wählt zunächst eine Kante von minimalem Gewicht. Hat man schon j Kanten bestimmt, so wähle man als nächstes eine Kante minimalen Gewichts, so dass kein Kreis entsteht. Nach $n-1$ Schritten ist dann ein Baum konstruiert.

Für unseren Graphen erhalten wir z. B.

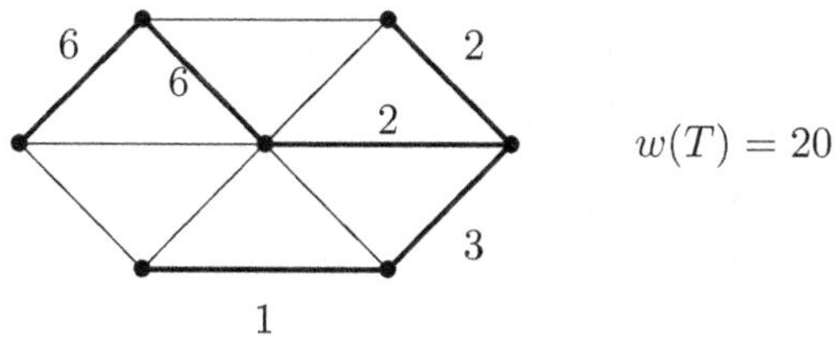

Ist dieser Baum bereits optimal? Tatsächlich ergibt unser Algorithmus immer das Optimum, wie wir gleich sehen werden. Da unsere Vorschrift immer die beste Kante nimmt, sprechen wir von einem **Greedy-Algorithmus** (aus dem Englischen greedy = gierig).

Die Strukturelemente unseres algorithmischen Problems sind die Wälder, die in G enthalten sind. Bevor wir die Optimalität des Greedy-Algorithmus beweisen, wollen wir die mengentheoretischen Eigenschaften der Wälder analysieren und so den Kern des Greedy-Algorithmus herausarbeiten.

Definition. S sei eine endliche Menge und $\mathcal{U} \subseteq \mathcal{B}(S)$ eine Familie von Untermengen von S. Das Paar $\mathcal{M} = (S,\mathcal{U})$ heißt ein **Matroid** und $\mathcal{U}$ die Familie der **unabhängigen Mengen** von $\mathcal{M}$, falls folgendes gilt:
1. $\varnothing \in \mathcal{U}$
2. $A \in \mathcal{U},\ B \subseteq A \Rightarrow B \in \mathcal{U}$
3. $A, B \in \mathcal{U},\ |B| = |A| + 1 \Rightarrow \exists v \in B \setminus A$ mit $A \cup \{v\} \in \mathcal{U}$.

Eine maximale unabhängige Menge heißt eine **Basis** des Matroides. Aufgrund von 3. folgt, dass je zwei Basen von $\mathcal{M}$ dieselbe Anzahl von Elementen enthalten (klar?); diese Anzahl heißt der **Rang** $r(\mathcal{M})$ des Matroides. Genauer besagt Axiom 3, dass jede unabhängige Menge durch Hinzunahme weiterer Elemente zu einer Basis ergänzt werden kann.

Der Name Matroid deutet auf eine Verallgemeinerung von Matrizen hin. Betrachten wir n Vektoren $\boldsymbol{a}_1, \boldsymbol{a}_2, \ldots, \boldsymbol{a}_n$ in einem Vektorraum der Dimension m über einem Körper, zum Beispiel den reellen Zahlen $\mathbb{R}$. Wir können die Vektoren $\boldsymbol{a}_j$ als Spalten $(a_{1j}, \ldots, a_{mj})^T$ schreiben und erhalten so eine $m \times n$-Matrix. S ist in diesem Fall die Menge $\{\boldsymbol{a}_1, \ldots, \boldsymbol{a}_n\}$ und $A \subseteq S$ ist unabhängig, falls die Vektoren in A eine *linear* unabhängige Menge bilden, wobei wir auch $\varnothing$ als linear unabhängig erklären. Axiom 2 ist klar, und 3 ist gerade der Steinitzsche Austauschsatz aus der Linearen Algebra. Der Rang ist in diesem Fall natürlich die Dimension des Unterraumes, aufgespannt von den $\boldsymbol{a}_j$'s.

Zurück zu Graphen. Wir betrachten alle Untergraphen $H = (E, A)$ auf der gesamten Eckenmenge E und können daher $H = (E, A)$ mit der Kantenmenge $A \subseteq K$ identifizieren. Die Familie dieser Untergraphen entspricht also gerade der

Familie $\mathcal{B}(K)$ aller Untermengen von K. $\mathcal{W} \subseteq \mathcal{B}(K)$ bezeichne nun die Familie der Kantenmengen aller *Wälder* von G.

Satz 7.4. *Gegeben der Graph $G = (E, K)$, dann ist $\mathcal{M} = (K, \mathcal{W})$ ein Matroid.*

Beweis. Die Axiome 1 und 2 sind unmittelbar klar. Seien nun $W = (E, A)$ und $W' = (E, B)$ zwei Wälder mit $|B| = |A| + 1$. Ferner seien $T_1, \ldots, T_m$ die Komponenten von $W = (E, A)$ mit den Eckenmengen $E_1, \ldots, E_m$ und Kantenmengen $A_1, \ldots, A_m$. Nach 7.1 haben wir $|A_i| = |E_i| - 1$, $i = 1, \ldots, m$, $E = E_1 + \ldots + E_m$, $A = A_1 + \ldots + A_m$.

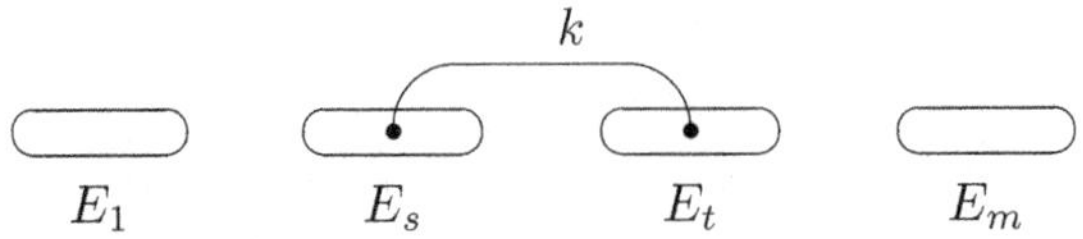

Da jeder Wald auf E_i höchstens $|E_i| - 1$ Kanten besitzt, so muss es wegen $|B| > |A|$ eine Kante $k \in B$ geben, die zwei verschiedene Mengen E_s und E_t verbindet. Dann ist aber $W'' = (E, A \cup \{k\})$ ein Wald, und Axiom 3 ist erfüllt. ∎

Wir sehen, dass die Basen von $\mathcal{M} = (K, \mathcal{W})$ die aufspannenden Wälder sind, und der Rang des Matroides $|E| - t$ ist, $t =$ Anzahl der Komponenten von G.

Schön, jetzt wissen wir, dass die Wälder ein Matroid bilden, aber wir wollen ja unser Minimales Baum Problem lösen. Der folgende Satz besagt, dass der Greedy Algorithmus eine optimale Basis in *jedem* beliebigen gewichteten Matroid $\mathcal{M} = (S, \mathcal{U})$ liefert. Umso mehr gilt dies also für Wälder, oder im Fall zusammenhängender Graphen für Bäume. Die Bedeutung dieses Satzes liegt auf der Hand: Wann immer wir in einem Optimierungsproblem mit Gewichtsfunktion eine Matroid Struktur nachweisen können, so funktioniert der Greedy Algorithmus! Ja mehr noch, in Übung 7.30 wird gezeigt, dass der Greedy Algorithmus allgemein *genau* für Matroide für jede Gewichtsfunktion das Optimum liefert.

Satz 7.5. *Sei $\mathcal{M} = (S, \mathcal{U})$ ein Matroid mit Gewichtsfunktion $w : S \longrightarrow \mathbb{R}$. Der folgende Algorithmus ergibt eine Basis minimalen Gewichtes:*

(1) *Sei $A_0 = \varnothing \in \mathcal{U}$.*

(2) *Ist $A_i = \{a_1, \ldots, a_i\} \subseteq S$, so sei $X_i = \{x \in S \setminus A_i : A_i \cup \{x\} \in \mathcal{U}\}$. Falls $X_i = \varnothing$ ist, so ist A_i die gesuchte Basis. Andernfalls wähle ein $a_{i+1} \in X_i$ von minimalem Gewicht, und setze $A_{i+1} = A_i \cup \{a_{i+1}\}$. Iteriere* (2).

Beweis. Sei $A = \{a_1, \ldots, a_r\}$ die erhaltene Menge. Dass A eine Basis ist, folgt sofort aus Axiom 3. Aufgrund der Greedy-Konstruktion sehen wir mit Axiom 2, dass $w(a_1) \le w(a_2) \le \ldots \le w(a_r)$ gelten muss. Für $w(a_1) \le w(a_2)$ ist dies wegen Schritt (1) klar. Sei $2 \le i \le r - 1$. Da $\{a_1, \ldots, a_r\} \in \mathcal{U}$ ist, so gilt auch $\{a_1, \ldots, a_{i-1}\} \in \mathcal{U}$. Also sind $a_i, a_{i+1} \in X_{i-1}$, und wegen Schritt (2) gilt $w(a_i) \le w(a_{i+1})$. Angenommen $B = \{b_1, \ldots, b_r\}$ wäre eine Basis mit $w(B) < w(A)$, wobei wir $w(b_1) \le \ldots \le w(b_r)$ annehmen. Dann gibt es einen kleinsten Index i mit

$w(b_i) < w(a_i)$ und wegen Schritt (1) gilt $i \geq 2$. Wir betrachten die unabhängigen Mengen $A_{i-1} = \{a_1, \ldots, a_{i-1}\}, B_i = \{b_1, \ldots, b_i\}$. Nach Axiom 3 existiert $b_j \in B_i \smallsetminus A_{i-1}$ mit $A_{i-1} \cup \{b_j\} \in \mathcal{U}$. Da nun $w(b_j) \leq w(b_i) < w(a_i)$ ist, hätte der Greedy Algorithmus im i-ten Schritt b_j anstelle von a_i gewählt, Widerspruch. ∎

Die Spezialisierung des Greedy Algorithmus für Matroide auf Graphen wurde von Kruskal entdeckt und heißt daher Kruskals Algorithmus für das MST-Problem (minimal spanning tree). Wie viele Rechenschritte benötigt Kruskals Algorithmus? Zuerst müssen wir die Kanten k_i nach ihrem Gewicht anordnen $w(k_1) \leq w(k_2) \leq \ldots \leq w(k_q)$, $q = |K|$. Mit anderen Worten, wir müssen die q Gewichte $w(k_i)$ sortieren. Wie man das macht, werden wir in Kapitel 9 studieren und dort beweisen, dass $O(q \lg q)$ Vergleiche nötig sind. Schritt (2) baut den Baum sukzessive auf. Nach i Schritten haben wir einen Wald mit $n - i$ Komponenten $E_1, E_2, \ldots, E_{n-i}$. Angenommen, k_h war die zuletzt hinzugefügte Kante. Wegen $w(k_1) \leq \ldots \leq w(k_h) \leq w(k_{h+1})$ nehmen wir die nächste Kante $k_{h+1} = uv$ und testen, ob sie zulässig ist, d. h. ob durch Hinzunahme kein Kreis erzeugt wird. Es gilt

$$k_{h+1} \text{ zulässig} \iff u, v \text{ sind in verschiedenen } E_j\text{'s.}$$

Wir stellen fest, in welchen Mengen E_u und E_v die Ecken u, v sind. Falls $E_u \neq E_v$ ist, so fügen wir k_{h+1} hinzu, und verschmelzen $E_u \cup E_v \cup \{uv\}$ zu einer Komponente. Falls $E_u = E_v$ ist, so testen wir die nächste Kante. Wir müssen also für u und v jeweils höchstens n Vergleiche durchführen, und die Gesamtzahl der Operationen in Schritt (2) ist $O(nq) = O(q^2)$. Insgesamt benötigt unser Algorithmus somit $O(q \lg q) + O(q^2) = O(q^2)$ Operationen, und der Leser kann sich überlegen, dass wir bei einer geeigneten Datenstruktur für den Schritt (2) nur $O(q \lg q)$ Operationen brauchen, also insgesamt $O(|K| \lg |K|)$.

Vertauschen wir minimal mit maximal und $\leq$ mit $\geq$, so ergibt der Greedy Algorithmus analog eine Basis mit maximalem Gewicht, oder für Graphen einen Baum von maximalem Gewicht.

7.4 Kürzeste Wege in Graphen

Ein anderes Optimierungsproblem auf gewichteten Graphen liegt auf der Hand. Angenommen, wir haben einen Straßenplan vor uns und befinden uns an einer Stelle u. Wir möchten von u in möglichst kurzer Zeit nach v kommen. Die Straßen k (= Kanten) haben ein Gewicht $w(k) \geq 0$, welches die Zeit angibt, die wir für die Benutzung von k benötigen (abhängig von Straßenbreite, Verkehr usf.).

Modelliert als Graph heißt dies: Gegeben ein zusammenhängender Graph $G = (E, K)$ und eine Gewichtsfunktion $w : K \to \mathbb{R}^+ = \{x \in \mathbb{R} : x \geq 0\}$. Sei $u \in E$. Für einen Weg $P = P(u, v)$ von u nach v bezeichnen wir mit $\ell(P) = \sum_{k \in K(P)} w(k)$ die (gewichtete) *Länge* von P. Gesucht ist ein *kürzester* u, v-Weg, für den also $\ell(P)$ minimal ist. Der **Abstand** $d(u, v)$ sei die Länge eines kürzesten Weges. Im speziellen Fall $w(k) = 1$ für alle $k \in K$ ist $\ell(P)$ natürlich genau die bisherige Länge (= Anzahl der Kanten) und $d(u, v)$ der bisherige Abstand.

Sei u fest gewählt. Der folgende berühmte Algorithmus von Dijkstra konstruiert einen aufspannenden Baum, dessen eindeutiger Weg von u nach v stets ein kürzester ist, für *alle* $v \in E$.

(1) Sei $u_0 = u, E_0 = \{u_0\}, K_0 = \varnothing, \ell(u_0) = 0$.

(2) Gegeben $E_i = \{u_0, u_1, \ldots, u_i\}, K_i = \{k_1, \ldots, k_i\}$. Falls $i = n-1$ ist, so sind wir fertig. Andernfalls betrachte für alle Kanten $k = vw$, $v \in E_i$, $w \in E \setminus E_i$ den Ausdruck $f(k) = \ell(v) + w(k)$ und wähle $\overline{k}$ mit $f(\overline{k}) = \min f(k)$. Sei $\overline{k} = \overline{v}\,\overline{w}$, dann setze $u_{i+1} = \overline{w}$, $k_{i+1} = \overline{k}$, $E_{i+1} = E_i \cup \{u_{i+1}\}$, $K_{i+1} = K_i \cup \{k_{i+1}\}$, $\ell(u_{i+1}) = f(\overline{k})$. Iteriere (2).

Beispiel.

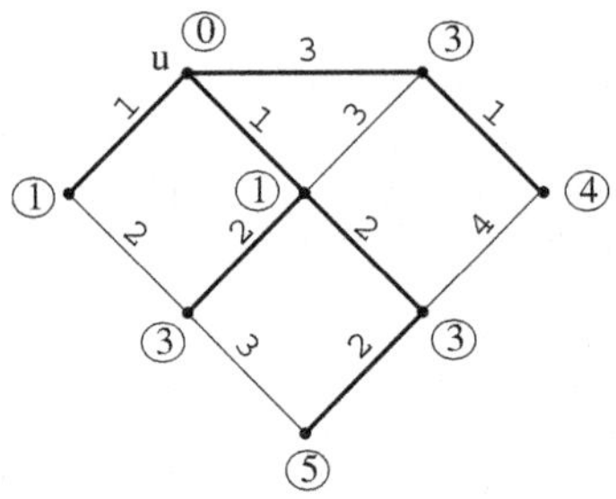

Die Werte in den Kreisen sind die Zahlen $\ell(v)$.

Satz 7.6. *Sei $G = (E, K)$ ein zusammenhängender Graph mit Gewichtsfunktion $w : K \longrightarrow \mathbb{R}^+$, $u \in E$. Der Algorithmus von Dijkstra ergibt einen aufspannenden Baum T mit der Eigenschaft, dass der eindeutige Weg von u nach v stets ein minimaler u,v-Weg in G ist mit $d(u,v) = \ell(v)$ für alle v.*

Beweis. Der Algorithmus konstruiert jedenfalls einen aufspannenden Baum. Im ersten Schritt wird eine Kante minimalen Gewichts von $u = u_0$ zu einem Nachbarn gewählt, also ist $k_1 = u_0 u_1$ ein minimaler u_0, u_1-Weg mit $\ell(u_1) = w(k_1) = d(u_0, u_1)$. Angenommen, der Teilbaum $T_i = (E_i, K_i)$ habe die gewünschten Eigenschaften, und Schritt (2) konstruiert $\overline{k} = \overline{v}\,\overline{w}$. Wir müssen zeigen, dass $\ell(\overline{w}) = f(\overline{k}) = \ell(\overline{v}) + w(\overline{k})$ gleich dem (gewichteten) Abstand $d(u_0, \overline{w})$ ist. Für den eben konstruierten $u_0, \overline{w}$-Weg P_0 gilt $\ell(P_0) = d(u_0, \overline{v}) + w(\overline{k}) = \ell(\overline{v}) + w(\overline{k}) = \ell(\overline{w})$. Sei P ein kürzester $u_0, \overline{w}$-Weg und v die letzte Ecke von E_i in P, mit $w \in E \setminus E_i$ als Nachfolger, $k = vw$. Dann sind die Teilwege $P(u_0, v)$, $P(w, \overline{w})$ ebenfalls kürzeste Wege, und wir erhalten

$$\begin{aligned} d(u_0, \overline{w}) &= \ell(P(u_0, v)) + w(k) + \ell(P(w, \overline{w})) \\ &= (\ell(v) + w(k)) + \ell(P(w, \overline{w})) \\ &= f(k) + \ell(P(w, \overline{w})) \\ &\geq f(\overline{k}) = \ell(\overline{w}) = \ell(P_0)\,, \end{aligned}$$

also ist P_0 ein kürzester Weg. ■

Wir sehen, dass unser Algorithmus stets eine kürzeste Verlängerung des Teilbaumes konstruiert. Wir haben es also wieder mit einem Greedy-Algorithmus zu tun.

Mehrere Varianten des Kürzeste-Wege-Problems kommen einem sofort in den Sinn. Angenommen, wir wollen nur einen kürzesten Weg zwischen zwei vorgegebenen Ecken u und v bestimmen. Wir können Dijkstras Algorithmus mit u als Quelle anwenden, dies ergibt auch einen kürzesten Weg von u nach v. Kein Algorithmus ist bekannt, der asymptotisch schneller als Dijkstras Algorithmus ist. Oder wir wollen kürzeste Wege für *alle* Eckenpaare u, v bestimmen. Wir können dieses Problem lösen, indem wir unseren Algorithmus auf jede Ecke u als Quelle anwenden, aber es geht normalerweise auch schneller, siehe dazu die Literatur.

Schließlich sollte klar sein, wie die Vorschrift für gerichtete Graphen modifiziert werden muß. In diesem Fall wollen wir also kürzeste *gerichtete* Wege von u zu allen anderen Ecken bestimmen.

Übungen zu Kapitel 7

1 Beweise die folgenden Charakterisierungen von Bäumen: Sei G ein Graph auf n Ecken und q Kanten. G ist genau dann ein Baum, wenn gilt: a. G hat keinen Kreis und $q = n-1$. b. G hat keinen Kreis, und wenn irgendzwei nichtbenachbarte Ecken durch eine Kante verbunden werden, dann hat der resultierende Graph genau einen Kreis. c. G ist zusammenhängend ($\neq K_n$, falls $n \geq 3$), und wenn irgendzwei nichtbenachbarte Ecken durch eine Kante verbunden werden, dann hat der resultierende Graph genau einen Kreis.

▷ **2** Zeige, dass ein zusammenhängender Graph mit einer geraden Anzahl von Ecken stets einen aufspannenden Untergraphen besitzt, in dem alle Ecken ungeraden Grad haben. Gilt dies auch für unzusammenhängende Graphen?

3 Sei G zusammenhängend. Für $u \in E$ setzen wir $r(u) = \max(d(u,v) : v \neq u)$. Der Parameter $r(G) = \min(r(u) : u \in E))$ heißt der *Radius* von G, und $Z(G) = \{u \in E : r(u) = r(G)\}$ das *Zentrum* von G. Zeige, dass das Zentrum eines Baumes entweder aus einer Ecke oder zwei benachbarten Ecken besteht.

4 Sei $d_1 \geq \ldots \geq d_n > 0$ eine Folge natürlicher Zahlen. Zeige, dass $(d_1, \ldots, d_n)$ genau dann die Gradfolge eines Baumes ist, wenn $\sum_{i=1}^{n} d_i = 2n-2$ gilt.

▷ **5** Bestimme unter allen Bäumen mit n Ecken jene Bäume, für welche die Summe $\sum_{u \neq v \in E} d(u,v)$ minimal bzw. maximal ist.

6 Führe den Korrektheitsbeweis für Depth-First-Suche.

7 In Verallgemeinerung von BFS oder DFS entwirf einen Algorithmus, der die Zusammenhangskomponenten eines Graphen bestimmt.

8 Verifiziere nochmals genau, dass alle Basen eines Matroides dieselbe Mächtigkeit haben.

▷ **9** Ein zusammenhängender Graph G habe lauter verschiedene Gewichte auf den Kanten. Zeige, dass G einen eindeutigen minimalen aufspannenden Baum besitzt.

10 Betrachte den folgenden Graphen G mit Kostenfunktion. Bestimme mit Dijkstras Algorithmus kürzeste Wege von u zu allen anderen Ecken.

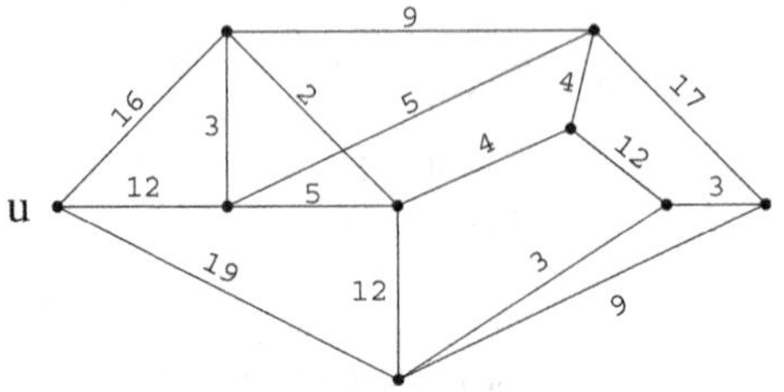

▷ **11** Zeige, dass ein Baum mindestens so viele Ecken vom Grad 1 hat wie der Maximalgrad beträgt. Wann gilt Gleichheit?

▷ **12** Diese Übung gibt einen rekursiven Beweis der Formel $t(n) = n^{n-2}$ für die Anzahl aufspannender Bäume in K_n. Nummeriere die Ecken $1, 2, \ldots, n$. Sei $C(n,k)$ die Anzahl der aufspannenden Bäume, in denen die Ecke n den Grad k hat. Beweise die Rekursion $C(n,k) = \frac{k(n-1)}{n-1-k} C(n, k+1)$ und schließe daraus die Formel.

▷ **13** Es sei B die Inzidenzmatrix eines Graphen G. Wir ändern in jeder Spalte auf beliebige Weise eine der beiden 1'en in -1 (entspricht einer Orientierung von G), und nennen die neue Matrix C. Sei $M = CC^T$. Beweise: Die Anzahl der aufspannenden Bäume von G ist gegeben durch $t(G) = \det M_{ii}$, wobei M_{ii} durch Streichen der i-ten Zeile und i-ten Spalte aus M hervorgeht (und dies gilt für jedes i). Hinweis: Sei P eine $r \times s$-Matrix und Q eine $s \times r$-Matrix, $r \leq s$. Dann sagt ein Satz der Linearen Algebra, dass $\det(PQ)$ gleich der Summe der Produkte von Determinanten korrespondierender $r \times r$-Untermatrizen ist.

14 Verifiziere mit Hilfe der vorigen Übung abermals $t(K_n) = n^{n-2}$.

15 Berechne $t(K_{m,n})$. Antwort: $m^{n-1} n^{m-1}$.

16 Sei der vollständige Graph K_n auf $\{1, \ldots, n\}$ gegeben, und $d_1, \ldots, d_n$ eine Folge natürlicher Zahlen ≥ 1 mit $\sum_{i=1}^{n} d_i = 2n - 2$. Zeige, dass die Anzahl der aufspannenden Bäume, in denen die Ecke i den Grad d_i hat, gleich $\frac{(n-2)!}{(d_1-1)! \ldots (d_n-1)!}$ ist, und leite daraus einen weiteren Beweis der Formel $t(K_n) = n^{n-2}$ ab.

▷ **17** Sei $G = K_n \smallsetminus \{k\}$ der vollständige Graph minus einer Kante. Berechne ohne Benutzung der Übung 13 die Anzahl der aufspannenden Bäume in G.

▷ **18** Der Gittergraph $G(2,n)$ besteht aus zwei Wegen mit n Ecken (jeweils nummeriert 1 bis n), deren Ecken mit derselben Nummer paarweise verbunden sind. Beispiel: $G(2,2) \cong C_4$. Bestimme die Anzahl der aufspannenden Bäume mit erzeugenden Funktionen.

19 Zeige: Jeder Automorphismus eines Baumes hält eine Ecke oder eine Kante fest. Hinweis: Übung 3.

20 Für n Autofahrer stehen n Parkplätze zur Verfügung. Jeder Autofahrer hat einen Lieblingsplatz, und zwar Fahrer i den Platz $g(i)$, $1 \leq g(i) \leq n$. Die Fahrer kommen der Reihe nach an, 1 zuerst, dann 2 usf. Der i-te Fahrer parkt sein Auto in Platz $g(i)$, falls er frei ist, wenn nicht nimmt er den nächsten freien Platz $k > g(i)$, falls es noch einen gibt. Beispiel: $n = 4$

$$\begin{array}{c|cccc} & 1 & 2 & 3 & 4 \\ \hline g & 3 & 2 & 2 & 1 \end{array}, \text{ dann } 1 \to 3,\ 2 \to 2,\ 3 \to 4,\ 4 \to 1,$$

aber

$$\begin{array}{c|cccc} & 1 & 2 & 3 & 4 \\ \hline g & 2 & 3 & 3 & 2 \end{array},\ 1 \to 2,\ 2 \to 3,\ 3 \to 4,\ 4 \to ?$$

Sei $p(n)$ die Anzahl der Funktionen g, die eine vollständige Belegung gestatten, berechne $p(n)$. Hinweis: $p(2) = 3$, $p(3) = 16$, $p(4) = 125$.

▷ **21** Sei $G = (E, K)$ ein zusammenhängender Graph und $w : K \to \mathbb{R}^+$ eine Kostenfunktion. Zeige, dass der folgende Algorithmus ebenfalls einen minimalen aufspannenden Baum konstruiert: (1) Wähle eine Kante uv minimalen Gewichtes und setze $S = \{u, v\}, T = E \setminus S$. (2) Falls $T = \varnothing$ stop, andernfalls wähle unter den Kanten zwischen S und T eine Kante $k = \overline{u}\,\overline{v}$ minimalen Gewichts, $\overline{u} \in S, \overline{v} \in T$ und setze $S \leftarrow S \cup \{\overline{v}\}, T \leftarrow T \setminus \{\overline{v}\}$, iteriere (2).

22 Schätze die Laufzeit des Algorithmus der vorigen Übung in der Eckenzahl n ab.

23 Gegeben K_n auf $\{1, \ldots, n\}$ mit der Kostenfunktion $w(ij) = i + j$. a. Konstruiere einen MST-Baum T. b. Was ist $w(T)$? c. Ist T eindeutig bestimmt?

▷ **24** Sei ein Matroid $\mathcal{M} = (S, \mathcal{U})$ gegeben, und $\mathcal{B}$ die Familie der Basen. Zeige, dass $\mathcal{B}$ folgende Bedingungen erfüllt: a. $A \neq B \in \mathcal{B} \Rightarrow A \not\subseteq B, B \not\subseteq A$, b. Sei $A \neq B \in \mathcal{B}$, dann existiert zu jedem $x \in A$ ein $y \in B$ mit $(A \setminus \{x\}) \cup \{y\} \in \mathcal{B}$. Zeige umgekehrt, dass eine Mengenfamilie $\mathcal{B}$, welche die Bedingungen a. und b. erfüllt, die Familie von Basen eines Matroides bildet.

25 Sei $\mathcal{M} = (S, \mathcal{U})$ ein Matroid und $\mathcal{B}$ die Familie von Basen. Zeige, dass die Familie $\mathcal{B}^* = \{S \setminus B : B \in \mathcal{B}\}$ ein Matroid $\mathcal{M}^*$ definiert. $\mathcal{M}^*$ heißt das zu $\mathcal{M}$ *duale* Matroid. Was ist der Rang von $\mathcal{M}^*$?

26 Sei $\mathcal{M} = (K, \mathcal{W})$ das übliche Matroid induziert durch den Graphen $G = (E, K)$. Beschreibe graphentheoretisch das duale Matroid $\mathcal{M}^*$. Das heißt, welche Kantenmengen sind unabhängig in $\mathcal{M}^*$?

▷ **27** Sei wie in der vorigen Übung $\mathcal{M} = (K, \mathcal{W})$ gegeben. Eine Kantenmenge $A \subseteq K$ heißt *minimal abhängig*, falls $A \notin \mathcal{W}$, aber $A' \in \mathcal{W}$ für jede echte Teilmenge A' von A. Beschreibe die minimal abhängigen Mengen im Graphen, und ebenso die minimal abhängigen Mengen in $\mathcal{M}^*$. Hinweis: Die minimal abhängigen Mengen in $\mathcal{M}^*$ sind *minimale Schnittmengen* A, d. h. $G = (E, K \setminus A)$ hat eine Komponente mehr als G und ist minimal mit dieser Eigenschaft.

28 Zeige, dass Kreise und minimale Schnittmengen immer eine gerade Anzahl von Kanten gemeinsam haben.

29 Sei B die Inzidenzmatrix von $G = (E, K)$, aufgefasst als Matrix über dem Körper $\{0, 1\}$. Zeige, dass $A \subseteq K$ genau dann unabhängig im Matroid $(K, \mathcal{W})$ ist, wenn die entsprechende Spaltenmenge linear unabhängig ist.

▷ **30** Sei $(S, \mathcal{U})$ ein Mengensystem, welches die Axiome 1 und 2 eines Matroides erfüllt. Zeige, dass $(S, \mathcal{U})$ genau dann ein Matroid ist (also auch Axiom 3 erfüllt), wenn der Greedy-Algorithmus für *jede* Gewichtsfunktion $w : S \to \mathbb{R}$ das Optimum liefert.

31 Entwirf einen Dijkstra-Algorithmus für gerichtete Graphen.

32 Bestimme die kürzesten Wege von 1 nach allen i in dem folgenden gerichteten Graphen, gegeben durch seine Gewichtsmatrix. Dabei bedeuten fehlende Einträge, dass diese Kanten nicht vorhanden sind:

	1	2	3	4	5	6	7
1			4	10	3		
2			1	3	2	11	
3		9		8	3	2	1
4		4	5		8	6	3
5	1		1	2		3	1
6		1	1	3	2		
7	2	4	3			2	

▷ **33** Dijkstras Algorithmus funktioniert nur für nichtnegative Kantengewichte $w(u,v) \in \mathbb{R}^+$. Angenommen, auf einem gerichteten Graphen haben wir auch negative Gewichte. Falls gerichtete Kreise mit negativem Gesamtgewicht existieren, so kann kein kürzester Abstand existieren (warum?). Es sei nun ein gerichteter Graph $\vec{G} = (E, K)$ mit Quelle $u \in E$ gegeben, und eine Gewichtsfunktion $w : K \to \mathbb{R}$ ohne negative Kreise, wobei wir annehmen, dass alle Ecken $x \neq u$ von u durch einen gerichteten Weg erreicht werden können. Zeige, dass der folgende Algorithmus von Bellman–Ford einen Baum mit gerichteten kürzesten Wegen von u liefert. (1) Nummeriere $K = \{k_1, \ldots, k_q\}$, setze $\ell(u) = 0$, $\ell(x) = \infty$ für $x \neq u, B = \varnothing$. (2) Durchlaufe die Kanten aus K. Sei $k_i = (x, y)$. Falls $\ell(x) + w(x,y) < \ell(y)$ ist, setze $\ell(y) \leftarrow \ell(x) + w(x,y)$ und $B \leftarrow (B \cup \{k_i\}) \setminus \{k\}$, wobei k die bisherige Kante in B mit Endecke y ist. Iteriere $(|E|-1)$-mal. $\vec{G} = (E, B)$ ist dann ein "kürzester" Baum. Hinweis: Sei $u, v_1, \ldots, v_k = v$ ein kürzester Weg in $\vec{G}$. Zeige mit Induktion, dass $\ell(v_i) = d(u, v_i)$ ist nach dem i-ten Durchlauf.

34 Bestimme kürzeste Wege von 1 in dem folgenden Graphen gegeben durch seine Längenmatrix:

	1	2	3	4	5
1		6	5		
2			7	3	−2
3				−4	8
4		−1			
5	2			7	

▷ **35** Überlege, wie man den Algorithmus von Bellman-Ford ergänzen muss, um bei der Existenz von negativen Kreisen die Meldung "keine Lösung" zu erhalten.

36 Ein Minimax- oder Bottleneck-Baum ist ein aufspannender Baum, in dem das Maximum der Kantengewichte so klein wie möglich ist. Zeige, dass jeder MST-Baum auch ein Minimax-Baum ist.

8 Matchings und Netzwerke

8.1 Matchings in bipartiten Graphen

Erinnern wir uns an das Job-Zuordnungsproblem. Gegeben ist eine Menge $S = \{P_1, \ldots, P_n\}$ von Personen und eine Menge $T = \{J_1, \ldots, J_n\}$ von Jobs. Wir setzen $P_iJ_j \in K$, falls P_i für den Job J_j geeignet ist. Wir wollen nun eine Zuordnung $P_i \longrightarrow J_{\varphi(i)}$ finden, so dass jede Person P_i einen geeigneten Job $J_{\varphi(i)}$ findet. Wann ist dies möglich? Allgemein werden wir Gewichte auf den Kanten P_iJ_j haben (die wir z. B. als Eignungskoeffizienten interpretieren können), und die Zuordnung soll optimal (= maximal groß) werden.

Definition. Gegeben ein bipartiter Graph $G = (S + T, K)$. Ein **Matching** $M \subseteq K$ ist eine Menge von paarweise nicht-inzidenten Kanten.

Der Name „Matching" ist heute auch im Deutschen gebräuchlich, und leitet sich aus dem englischen match (= Partner) ab. Wir interessieren uns also für ein maximal großes Matching M von $G = (S+T, K)$, und insbesondere für die **Matching-Zahl** $m(G)$ von G, welche die Anzahl von Kanten in einem maximal großen Matching bezeichnet. Ein Matching M heißt **Maximum Matching**, falls $|M| = m(G)$ ist.

Beispiel.

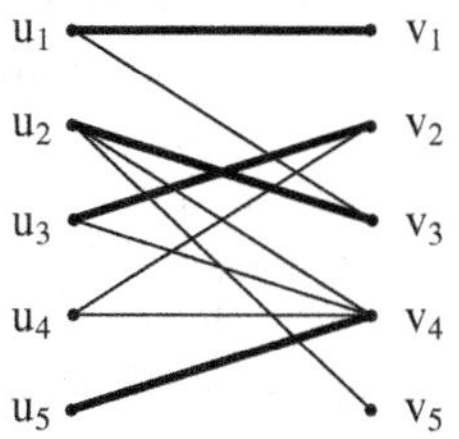

Die fetten Kanten ergeben ein Matching mit $m(G) = 4$. Warum ist $m(G) < 5$? Da u_3, u_4, u_5 zusammen zu v_2, v_4 benachbart sind, muss bei einem Matching eine der Ecken u_3, u_4, u_5 unberücksichtigt bleiben.

Wir wollen zuerst die Frage beantworten, wann $m(G) = |S|$ ist, d. h. wann *alle* Ecken aus S „gematcht" werden können. Für $A \subseteq S$ setzen wir $N(A) = \{v \in T : uv \in K \text{ für ein } u \in A\}$. $N(A)$ ist also die Menge der Nachbarn von A.

Satz 8.1. *Sei der bipartite Graph $G = (S + T, K)$ gegeben. Dann ist $m(G) = |S|$ genau dann, wenn $|A| \leq |N(A)|$ für alle $A \subseteq S$ gilt.*

Beweis. Die Notwendigkeit ist klar. Wenn $|A| > |N(A)|$ ist, dann können nicht alle Ecken aus A zugleich gematcht werden. Sei nun umgekehrt die Bedingung des Satzes erfüllt. Gegeben ein Matching $M \subseteq K$ mit $|M| < |S|$, dann zeigen wir, dass M nicht Maximum Matching ist. Sei $u_0 \in S$ eine Ecke, die nicht mittels M gematcht ist. Da $|N(\{u_0\})| \geq |\{u_0\}| = 1$ ist, existiert ein Nachbar $v_1 \in T$. Falls v_1 nicht gematcht ist in M, so fügen wir die Kante u_0v_1 hinzu. Nehmen wir also $u_1v_1 \in M$ an für ein $u_1 \neq u_0$. Da $|N\{u_0, u_1\}| \geq |\{u_0, u_1\}| = 2$ ist, gibt es eine Ecke $v_2 \neq v_1$, welche zu u_0 oder u_1 benachbart ist. Falls v_2 nicht gematcht ist, stop. Andernfalls existiert $u_2v_2 \in M$ mit $u_2 \notin \{u_0, u_1\}$. Wir fahren auf diese Weise fort und erreichen schließlich eine ungematchte Ecke v_r.

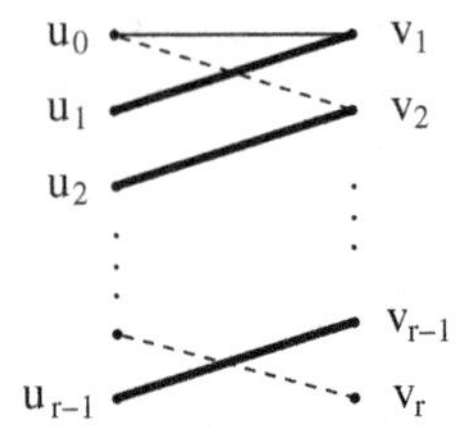

Jede Ecke v_j ist benachbart zu mindestens einer Ecke u_i mit $i < j$. Gehen wir von v_r rückwärts, so erhalten wir von hinten einen Weg $P = v_r, u_a, v_a, u_b, v_b, \ldots, u_h, v_h, u_0$ mit $r > a > b > \ldots > h > 0$. Die Kanten $u_av_a, u_bv_b, \ldots, u_hv_h$ sind in M, die Kanten $v_ru_a, v_au_b, \ldots, v_hu_0$ sind nicht in M. Wir ersetzen nun in P die M-Kanten durch die Kanten, die nicht in M sind (welche um eins mehr sind), und erhalten so ein Matching M' mit $|M'| = |M| + 1$. ∎

Satz 8.1 wird auch „Heiratssatz“ genannt. Amüsante Interpretation: S = Menge von Damen, T = Menge von Herren mit $u_iv_j \in K$, wenn u_i, v_j einer Heirat nicht abgeneigt sind. Der Satz gibt die genaue Bedingung an, wann alle Damen einen geeigneten Heiratspartner (= match) finden, ohne Bigamie zu betreiben.

Im Allgemeinen wird $G = (S + T, K)$ kein Matching der Mächtigkeit $|S|$ besitzen. Wie groß kann $m(G)$ sein? Falls $|A| - |N(A)| > 0$ ist, so bleiben mindestens $|A| - |N(A)|$ Ecken ungematcht, d. h. $m(G) \leq |S| - (|A| - |N(A)|)$. Mit $\delta = \max\limits_{A \subseteq S}(|A| - |N(A)|)$ sehen wir, dass $m(G) \leq |S| - \delta$ sein muss. Beachte, dass $\delta \geq 0$ gilt, da für $A = \varnothing, |A| - |N(A)| = 0$ ist. Der folgende Satz zeigt, dass in $m(G) \leq |S| - \delta$ stets Gleichheit gilt.

Satz 8.2. *Sei der bipartite Graph $G = (S + T, K)$ gegeben. Dann ist*

$$m(G) = |S| - \max_{A \subseteq S} (|A| - |N(A)|).$$

Beweis. Sei $\delta = \max\limits_{A \subseteq S}(|A| - |N(A)|)$. Wir wissen schon $m(G) \leq |S| - \delta$. Sei D eine neue Eckenmenge mit $|D| = \delta$. Wir erklären den bipartiten Graphen $G^* = (S + (T \cup D), K^*)$, indem wir zu G alle Kanten zwischen S und D hinzunehmen. Für $A \subseteq S$ gilt $N^*(A) = N(A) \cup D$, wobei $N^*(A)$ die Nachbarn von A in G^* sind.

Wir haben somit $|N^*(A)| = |N(A)| + \delta \geq |A|$, d. h. G^* hat ein Matching M^* der Mächtigkeit $|S|$ nach 8.1. Entfernen wir nun die Kanten aus M^*, die zu D führen, so erhalten wir ein Matching M in G mit $|M| \geq |S| - \delta$, und somit $m(G) = |S| - \delta$. ∎

Satz 8.2 kann noch auf eine andere Weise interpretiert werden. Wir nennen eine Eckenmenge $D \subseteq S + T$ einen **Träger** des bipartiten Graphen $G = (S + T, K)$, falls D jede Kante trifft oder, wie wir auch sagen, jede Kante *bedeckt*. Offenbar haben wir $|D| \geq |M|$ für jeden Träger D und jedes Matching M, da D jede Kante von M bedecken muss. Insbesondere gilt also $\min_D |D| \geq \max_M |M|$.

Satz 8.3. *Für einen bipartiten Graphen $G = (S + T, K)$ gilt*

$$\max(|M| : M \text{ Matching}) = \min(|D| : D \text{ Träger}).$$

Beweis. Aus dem vorigen Satz wissen wir, dass $m(G) = \max |M| = |S| - |A_0| + |N(A_0)| = |S \setminus A_0| + |N(A_0)|$ für ein $A_0 \subseteq S$ ist. Da $(S \setminus A_0) + N(A_0)$ ersichtlich ein Träger von G ist,

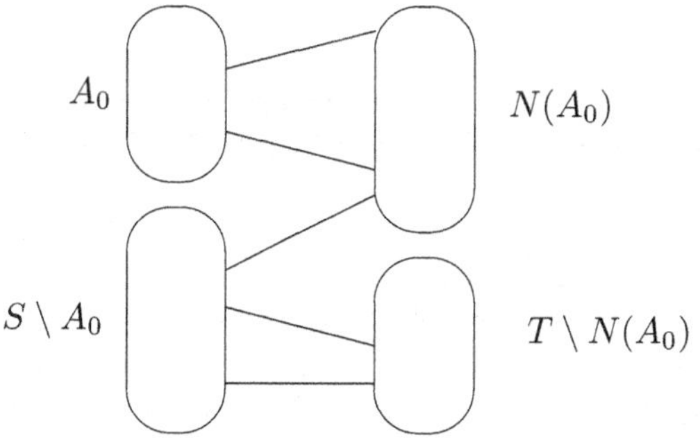

folgt $\min |D| \leq \max |M|$, und somit $\min |D| = \max |M|$. ∎

Die Aussage $\min |D| = \max |M|$ ist einer der fundamentalen „Gleichgewichtssätze“ der Graphentheorie, welcher die beiden Begriffe „Bedecken“ (= Träger) und „Packen“ (= Matching) in Beziehung setzt. Später werden wir den Satz auf Netzwerke ausweiten und ihn schließlich als Spezialfall des Hauptsatzes der Linearen Optimierung erkennen.

Der Heiratssatz kann auf vielfältige Weise kombinatorisch interpretiert werden, indem wir eine gegebene Situation als Matchingproblem auffassen. Das folgende Beispiel ist eine schöne Illustration:

Sei $\mathcal{A} = \{A_1, \ldots, A_m\}$ eine Mengenfamilie auf einer Grundmenge $T = \{t_1, \ldots, t_n\}$, wobei die Mengen A_i nicht verschieden sein müssen. Wir konstruieren einen bipartiten Graphen $G = (\mathcal{A} + T, K)$ vermittels $A_i t_j \in K \Leftrightarrow t_j \in A_i$. Als Beispiel erhalten wir für $A_1 = \{1, 2, 3\}, A_2 = \{1, 3\}, A_3 = \{2, 5, 6\}, A_4 = \{4, 6\}$ den folgenden Graphen.

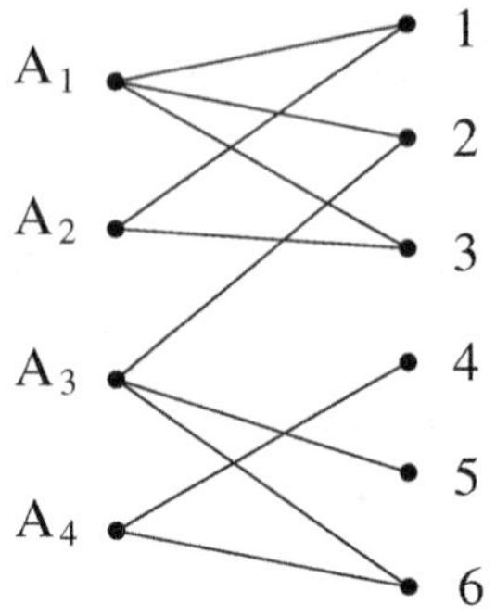

Ein Matching M mit $|M| = \ell$ entspricht einer *injektiven* Abbildung $\varphi : A_i \mapsto t_{\varphi i}$ $(i \in I \subseteq \{1, \ldots, m\}, |I| = \ell)$ mit $t_{\varphi i} \in A_i$. Wir nennen $T_I = \{t_{\varphi i} : i \in I\}$ eine **Transversale** oder **System von verschiedenen Repräsentanten** der Unterfamilie $\mathcal{A}_I = \{A_i : i \in I\}$, und φ eine **Auswahlfunktion** von $\mathcal{A}_I$. Wann besitzt ganz $\mathcal{A}$ eine Auswahlfunktion? Die Antwort gibt der Heiratssatz 8.1. Für $I \subseteq \{1, \ldots, m\}$ ist nach Konstruktion des bipartiten Graphen $N(\mathcal{A}_I) = \bigcup\limits_{i \in I} A_i \subseteq T$. Somit erhalten wir:

Satz 8.4. *Sei $\mathcal{A} = \{A_1, \ldots, A_m\}$ eine Mengenfamilie. $\mathcal{A}$ besitzt eine Transversale (oder Auswahlfunktion) genau dann, wenn $|\bigcup\limits_{i \in I} A_i| \geq |I|$ für alle $I \subseteq \{1, \ldots, m\}$ gilt.*

Eine weitere überraschende Anwendung des Resultates 8.3 ergibt einen wichtigen Satz über Matrizen. Angenommen $M = (m_{ij})$ ist eine $n \times n$-Matrix mit reellen Einträgen ≥ 0 , deren Zeilen- und Spaltensummen alle gleich $r > 0$ sind. Wir assoziieren zu M den bipartiten Graphen $G = (Z + S, K)$, $Z = \{z_1, \ldots, z_n\}$ Zeilen, $S = \{s_1, \ldots, s_n\}$ Spalten, indem wir

$$z_i s_j \in K \iff m_{ij} > 0$$

setzen. Ein Matching entspricht also einer Menge von positiven Einträgen m_{ij}, die in verschiedenen Zeilen und Spalten vorkommen. Wir nennen eine solche Menge $\{m_{ij}\}$ eine *Diagonale* der Matrix M. Ein *Träger* D ist eine Menge von Zeilen und Spalten, die zusammen alle positiven Einträge überdecken.

Beispiel.

$$\begin{array}{ccccc} \textcircled{2} & 0 & 1 & 3 & 0 \\ 0 & 4 & 0 & 0 & \textcircled{2} \\ 3 & \textcircled{1} & 2 & 0 & 0 \\ 1 & 1 & \textcircled{3} & 0 & 1 \\ 0 & 0 & 0 & \textcircled{3} & 3 \end{array}$$

Die eingekreisten Elemente bilden eine Diagonale.

Angenommen, M hat keine Diagonale der Größe n, dann gibt es nach 8.3 e Zeilen und f Spalten mit $e + f \leq n - 1$, die alle Einträge $\neq 0$ überdecken. Somit ist $rn = \sum m_{ij} \leq r(e + f) \leq r(n - 1)$, Widerspruch. Also existiert eine Diagonale $m_{1j_1}, \ldots, m_{nj_n}$ mit $\prod m_{ij_i} > 0$. Sei $c_1 = \min(m_{1j_1}, \ldots, m_{nj_n}) > 0$. Eine **Permutationsmatrix** ist eine $n \times n$-Matrix, welche genau eine 1 in jeder Zeile und Spalte enthält und 0'en sonst. Wir betrachten die Matrix $M_1 = M - c_1 P_1$, wobei P_1 die Permutationsmatrix ist, welche 1'en an den Stellen (i, j_i) und 0'en sonst hat. M_1 hat wieder Einträge ≥ 0 und gleiche Zeilen- und Spaltensummen $r - c_1$, und *mehr* Nullen als M. Fahren wir so fort, so erhalten wir schließlich die Nullmatrix und somit die Darstellung $M = c_1 P_1 + \ldots + c_t P_t$ mit $\sum_{i=1}^{t} c_i = r$. Als Spezialfall erhalten wir einen berühmten Satz von Birkhoff und von Neumann. Sei $M = (m_{ij})$ eine **doppelt-stochastische Matrix**, d. h. $m_{ij} \geq 0$, mit allen Zeilen und Spaltensummen $= 1$, dann ist $M = c_1 P_1 + \ldots + c_t P_t$, $\sum_{i=1}^{t} c_i = 1$, $c_i > 0$, $(i = 1, \ldots, t)$. Kurz ausgedrückt: Eine doppelt-stochastische Matrix ist eine konvexe Summe von Permutationsmatrizen. Wie wichtig dieser Satz ist, werden wir in Abschnitt 15.6 sehen.

8.2 Konstruktion von optimalen Matchings

Satz 8.2 gibt eine Formel für die Matching-Zahl $m(G)$ in einem bipartiten Graphen. Wie konstruiert man aber nun ein Maximum Matching? Dazu verwenden wir die Idee des Beweises von Satz 8.1. Die folgenden Überlegungen gelten zunächst für beliebige Graphen $G = (E, K)$. Ein Matching in $G = (E, K)$ ist natürlich wieder eine Menge von paarweise nichtinzidenten Kanten, und $m(G)$ ist die Mächtigkeit eines Maximum Matchings.

Sei M ein Matching in $G = (E, K)$. Ist die Ecke u in einer Kante von M, so nennen wir u **M-saturiert**, ansonsten **M-unsaturiert**. Ein **M-alternierender Weg** P ist ein Weg in G, der abwechselnd Kanten von M und $K \setminus M$ verwendet, wobei die beiden Endecken von P jeweils unsaturiert sind. Ein M-alternierender Weg enthält also genau eine Kante aus $K \setminus M$ mehr als aus M.

Beispiel.

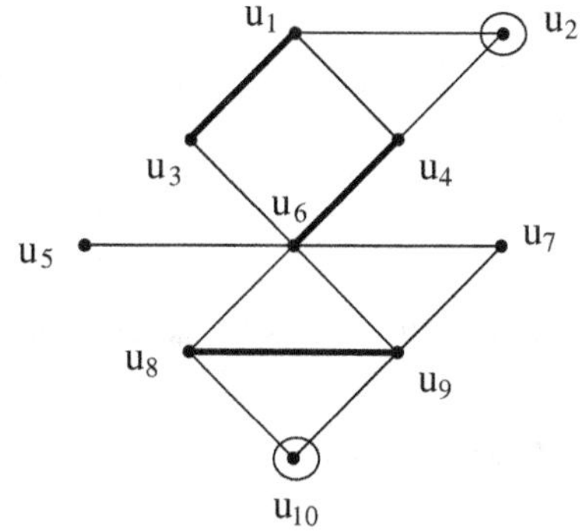

Die M-Kanten sind fett, $u_2, u_4, u_6, u_8, u_9, u_{10}$ ist ein M-alternierender Weg.

Satz 8.5. *Ein Matching M in $G = (E, K)$ ist genau dann ein Maximum Matching, wenn es keinen M-alternierenden Weg gibt.*

Beweis. Sei M ein Matching und $v_0, v_1, \ldots, v_{2k-1}, v_{2k}, v_{2k+1}$ ein M-alternierender Weg. Dann ist $(M \setminus \{v_1v_2, v_3v_4, \ldots, v_{2k-1}v_{2k}\}) \cup \{v_0v_1, v_2v_3, \ldots, v_{2k}v_{2k+1}\}$ ein Matching M' mit $|M'| = |M| + 1$. Seien umgekehrt M und M' Matchings mit $|M'| > |M|$. Wir setzen $N = (M \setminus M') \cup (M' \setminus M)$ gleich der symmetrischen Differenz von M und M'. H sei der von der Kantenmenge N aufgespannte Untergraph. Jede Ecke in H hat Grad 1 oder 2, also ist jede Komponente von H entweder ein alternierender Kreis (Kanten von M und M' abwechselnd) oder ein Weg mit den Kanten von M und M' abwechselnd. Da $|M'| > |M|$ ist, gibt es unter diesen Weg-Komponenten einen Weg P, der mit einer M'-Kante beginnt und endet. P ist also ein M-alternierender Weg, da die Endecken nicht M-saturiert sein können (andernfalls wären sie zweimal von M' bedeckt). ■

Betrachten wir in unserem Beispiel das Matching $M' = \{u_1u_4, u_3u_6, u_7u_9, u_8u_{10}\}$. Dann erhalten wir $N = (M \setminus M') \cup (M' \setminus M)$:

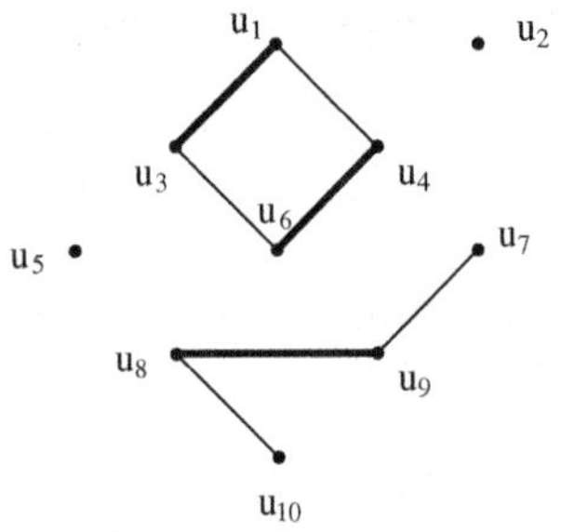

Die Ecken u_1, u_3, u_6, u_4 bilden einen alternierenden Kreis, und u_7, u_9, u_8, u_{10} einen M-alternierenden Weg. Austauschen der M- und M'-Kanten auf diesem Weg führt zum neuen Matching (siehe die linke Figur). Wiederum existiert ein M-alternierender Weg u_5, u_6, u_4, u_2. Austauschen liefert nun ein Maximum Matching in der rechten Figur.

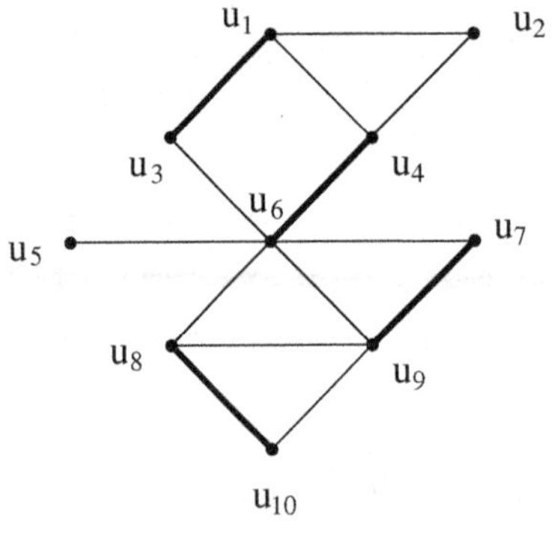

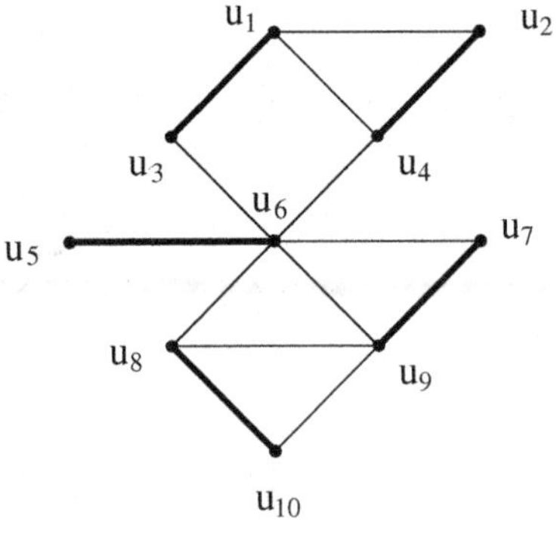

Satz 8.5 ergibt für bipartite Graphen die folgende Methode zur Konstruktion von Maximum Matchings. Gegeben $G = (S + T, K)$. Wir stellen uns die Frage: Ist $m(G) = |S|$? Wenn ja, so soll der Algorithmus ein Maximum Matching ergeben, wenn nein, so soll der Algorithmus dies feststellen.

(1) Beginne mit einem Matching M (z. B. $M = \varnothing$).

(2) Falls jede S-Ecke M-saturiert ist, so sind wir fertig. Andernfalls wähle eine M-unsaturierte Ecke $u \in S$ und beginne die folgende Konstruktion eines „alternierenden" Baumes B. Am Anfang besteht B aus der Ecke u.
Sei B im Lauf des Algorithmus:

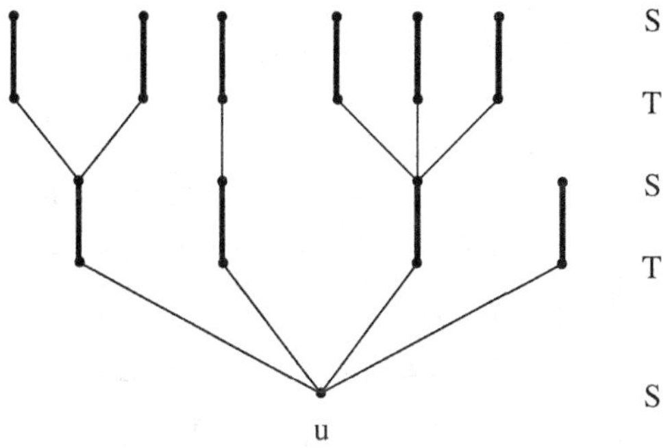

Der eindeutige Weg jeder Ecke zur „Wurzel" u alterniert zwischen M-Kanten und Nicht-M-Kanten. Die Ecken von Grad 1 sind alle in S. Sei $S_B = S \cap E(B)$, $T_B = T \cap E(B)$.

(∗) Frage: Ist $N(S_B) \subseteq T_B$?

Wenn ja, so gilt $|N(S_B)| = |T_B| = |S_B| - 1$ und nach Satz 8.1 ist $m(G) < |S|$, stop. Wenn nein, wähle $y \in N(S_B) \setminus T_B$. Sei $xy \in K$, $x \in S_B$.
Entweder ist y M-saturiert, $yz \in M$. Dann lassen wir den Baum B wachsen durch Hinzufügen der Kanten $xy \notin M$, $yz \in M$. Mit diesem neuen Baum B' gehen wir zu (∗).
Oder y ist M-unsaturiert, dann haben wir einen M-alternierenden Weg von u nach y gefunden. Wir tauschen wie im Beweis von 8.5 die Kanten. Mit dem neuen Matching M' gehen wir zu (2) und lassen den Baum wachsen.

Der Leser kann den angegebenen Algorithmus ohne große Mühe adaptieren, um allgemein ein Maximum Matching zu finden, und gleichzeitig einen Minimum Träger.

Kehren wir zu unserem Job-Zuordnungsproblem zurück, S = Menge von Personen, T = Menge von Jobs mit $u_i v_j \in K$, falls Person u_i für den Job v_j geeignet ist. Wir möchten nicht nur eine möglichst große Zuordnung $u_i \to v_{\varphi i}$ finden, sondern unter allen diesen Matchings eines mit einem möglichst großen Eignungskoeffizienten.

Zwei Varianten sind plausibel: Wir haben eine Gewichtsfunktion $w : S \to \mathbb{R}^+$ gegeben (Wert der Personen) und suchen ein Matching M mit $\sum_{u \in S \cap E(M)} w(u) =$

max. Oder wir setzen eine Gewichtsfunktion $w : K \to \mathbb{R}^+$ voraus (Eignungskoeffizient Person/Job) und sind an einem Matching M mit $\sum_{k \in M} w(k) = \max$ interessiert.

Betrachten wir zunächst die erste Variante. Eine Teilmenge $X \subseteq S$, die in $G = (S + T, K)$ gematcht werden kann, nennen wir wieder eine **Transversale** (inklusive $\varnothing$). Die Menge der Transversalen sei $\mathcal{T} \subseteq \mathcal{B}(S)$. Wir suchen also eine Maximum Transversale A mit maximalem Gewicht $w(A)$. Der folgende Satz zeigt, dass die Transversalen ein Matroid bilden – also führt nach Satz 7.5 der Greedy-Algorithmus zum Ziel.

Satz 8.6. *Sei $G = (S + T, K)$ ein bipartiter Graph, $\mathcal{T} \subseteq \mathcal{B}(S)$ die Familie der Transversalen. Dann bildet $(S, \mathcal{T})$ ein Matroid.*

Beweis. Die Axiome 1 und 2 eines Matroids sind klarerweise erfüllt. Seien nun A und A' Transversalen mit $|A'| = |A| + 1$ und den zugehörigen Matchings M, M', also $A = S \cap E(M)$, $A' = S \cap E(M')$, $|M'| = |M| + 1$. Wie im Beweis von 8.5 sehen wir, dass es einen M-alternierenden Weg P gibt, dessen Kanten abwechselnd in M und M' liegen. Da P ungerade Länge hat, muss eine der beiden Endecken u von P in S liegen. Da $u \in A' \setminus A$ ist, kann also u zu A hinzugenommen werden. ∎

Wenden wir uns der zweiten Variante zu. Gegeben ist ein bipartiter Graph $G = (S + T, K)$ mit einer Gewichtsfunktion $w : K \to \mathbb{R}^+$. Gesucht ist ein Matching M mit maximalem Gewicht $w(M) = \sum_{k \in M} w(k)$. Zunächst stellen wir fest, dass wir annehmen können, dass G alle Kanten zwischen S und T enthält, indem wir die neuen Kanten mit Gewicht 0 versehen. Ebenso können wir $|S| = |T|$ voraussetzen, indem wir Ecken zu S (oder T) hinzunehmen und wieder das Gewicht 0 für die zusätzlichen Kanten wählen. Wir können also $G = (S + T, K)$ als vollständigen bipartiten Graphen $K_{n,n}$ voraussetzen. Für ein Matching M von maximalem Gewicht können wir somit $|M| = n$ annehmen. Schließlich verwandeln wir das gegebene Maximum-Problem in ein Minimum-Problem, das leichter zu handhaben ist. Sei nämlich $W = \max_{k \in K} w(k)$, und $G' = (S + T, K)$ der Graph $K_{n,n}$ mit Kantengewicht $w'(k) = W - w(k) \geq 0$. Dann ist ersichtlich ein Maximum Matching M von minimalem Gewicht in G' ein Matching von maximalem Gewicht in G.

Mit $S = \{s_1, \ldots, s_n\}$, $T = \{t_1, \ldots, t_n\}$ setzen wir $w_{ij} = w(s_i t_j)$, wobei wir $w_{ij} \in \mathbb{N}_0$ voraussetzen. Die Gewichte bilden somit eine ganzzahlige Matrix (w_{ij}). Mit x_{ij} bezeichnen wir die Variable, die den Wert 1 annimmt, falls $s_i t_j \in M$ ist und 0, falls $s_i t_j \notin M$ ist. Ein Matching M wird also durch eine Wahl der x_{ij} festgelegt, so dass gilt:

$$(1) \qquad \sum_{j=1}^{n} x_{ij} = 1 \ \ (\forall i)\,, \quad \sum_{i=1}^{n} x_{ij} = 1 \ \ (\forall j)\,.$$

Mit anderen Worten, (x_{ij}) ist eine Permutationsmatrix, und dies bedeutet ja gerade ein Matching in $K_{n,n}$.

Unser Problem hat demnach folgende Gestalt: Gegeben die Matrix (w_{ij}). Gesucht ist eine Zuordnung (x_{ij}), welche (1) genügt, so dass $\sum w_{ij}x_{ij}$ minimal wird.

Angenommen, wir subtrahieren von der h-ten Zeile von (w_{ij}) einen festen Wert p_h. Dies ergibt eine Matrix (w'_{ij}). Da wegen (1)

$$\sum_{i,j} w'_{ij}x_{ij} = \sum_{i,j} w_{ij}x_{ij} - p_h \sum_{j} x_{hj} = \sum_{i,j} w_{ij}x_{ij} - p_h$$

ist, erkennen wir, dass die optimalen Zuordnungen für (w_{ij}) und (w'_{ij}) übereinstimmen. Dasselbe gilt natürlich auch für die Spalten, und wir können diese Subtraktionen mehrfach ausführen, ohne die optimalen Zuordnungen zu verändern. Ebenso können wir feste Zahlen zu einer Zeile oder Spalte addieren, ohne die optimalen Zuordnungen zu ändern. Diese Idee wollen wir nun ausnützen, um eine neue Matrix $(\overline{w}_{ij})$ zu erhalten, die im allgemeinen mehr Nullen enthält als (w_{ij}). Sei $p_h = \min\limits_j w_{hj}$ für $h = 1, \ldots, n$. Wir subtrahieren p_h von der h-ten Zeile für alle h und erhalten eine neue Matrix (w'_{ij}). Sei $q_\ell = \min\limits_i w'_{i\ell}$, $\ell = 1, \ldots, n$, dann subtrahieren wir q_ℓ von der ℓ-ten Spalte für alle ℓ und erhalten die sogenannte *reduzierte* Matrix $(\overline{w}_{ij})$, von der wir wissen, dass sie dieselben optimalen Zuordnungen (x_{ij}) wie die Ausgangsmatrix (w_{ij}) hat.

Nehmen wir als Beispiel die Matrix

$$(w_{ij}) = \begin{pmatrix} 9 & 11 & 12 & 11 \\ 6 & 3 & 8 & 5 \\ 7 & 6 & 13 & 11 \\ 9 & 10 & 10 & 7 \end{pmatrix}.$$

Wir haben $p_1 = 9, p_2 = 3, p_3 = 6, p_4 = 7$, und erhalten

$$(w'_{ij}) = \begin{pmatrix} 0 & 2 & 3 & 2 \\ 3 & 0 & 5 & 2 \\ 1 & 0 & 7 & 5 \\ 2 & 3 & 3 & 0 \end{pmatrix}.$$

Nun ist $q_1 = q_2 = q_4 = 0$, $q_3 = 3$, also erhalten wir die reduzierte Matrix

$$(\overline{w}_{ij}) = \begin{pmatrix} \textcircled{0} & 2 & 0 & 2 \\ 3 & 0 & 2 & 2 \\ 1 & \textcircled{0} & 4 & 5 \\ 2 & 3 & \textcircled{0} & 0 \end{pmatrix}.$$

Ein Matching entspricht genau einer Diagonale in der Matrix (jede Zeile und Spalte enthält einen Eintrag). Gibt es in $(\overline{w}_{ij})$ also eine Diagonale mit lauter Nullen, so sind wir fertig – dies wäre unsere optimale Zuordnung $(\overline{x}_{ij})$, da ja immer $\sum \overline{w}_{ij}x_{ij} \geq 0$ gilt. In unserem Beispiel ist die maximale Länge einer 0-Diagonale gleich 3 (die eingekreisten Einträge). Nun wissen wir aus dem vorigen Abschnitt, dass die maximale Länge einer 0-Diagonale gleich ist der minimalen Anzahl von Zeilen und Spalten, die alle Nullen bedecken. (Wir vertauschen einfach die Rollen der 0-Einträge und der Nicht 0-Einträge). In unserem Fall sind dies z. B. die Zeilen 1 und 4 und die Spalte 2. Wir nennen so eine Menge von Zeilen und Spalten kurz eine **minimale Bedeckung**.

Die letzte Phase des Algorithmus verläuft nun folgendermaßen: Entweder haben wir eine 0-Diagonale der Länge n gefunden, dann sind wir fertig, oder wir verändern die Matrix $(\overline{w}_{ij})$ zu einer neuen Matrix $(\overline{\overline{w}}_{ij})$, ohne die optimalen Zuordnungen zu ändern, so dass für die Gesamtsumme der Gewichte $\overline{\overline{W}} = \sum \overline{\overline{w}}_{ij} < \overline{W} = \sum \overline{w}_{ij}$ gilt. Es ist klar, dass die zweite Möglichkeit nur endlich oft auftreten kann (wegen $w_{ij} \in \mathbb{N}_0$), so dass der Algorithmus schließlich stoppt.

Es trete also der zweite Fall auf, und eine minimale 0-Bedeckung enthalte e Zeilen und f Spalten, $e + f < n$. Es sei $\overline{w} > 0$ das Minimum der unbedeckten Elemente. Wir ziehen zunächst $\overline{w}$ von den $n - e$ Zeilen ab, die nicht bedeckt sind, und addieren dann $\overline{w}$ zu allen f Spalten der Bedeckung. Die resultierende Matrix $(\overline{\overline{w}}_{ij})$ hat dann nach unserer früheren Bemerkung wieder dieselben optimalen Zuordnungen. In unserem Beispiel ist $\overline{w} = 1 = \overline{w}_{31}$:

$$(\overline{w}_{ij}) = \begin{array}{cccc} 0 & 2 & 0 & 2 \\ 3 & 0 & 2 & 2 \\ 1 & 0 & 4 & 5 \\ 2 & 3 & 0 & 0 \end{array} \longrightarrow \begin{array}{cccc} 0 & 2 & 0 & 2 \\ 2 & -1 & 1 & 1 \\ 0 & -1 & 3 & 4 \\ 2 & 3 & 0 & 0 \end{array} \longrightarrow \begin{array}{cccc} 0 & 3 & \textcircled{0} & 2 \\ 2 & \textcircled{0} & 1 & 1 \\ \textcircled{0} & 0 & 3 & 4 \\ 2 & 4 & 0 & \textcircled{0} \end{array} = (\overline{\overline{w}}_{ij}).$$

Für die Veränderung $\overline{w}_{ij} \to \overline{\overline{w}}_{ij}$ haben wir

$$\overline{\overline{w}}_{ij} = \begin{cases} \overline{w}_{ij} - \overline{w} & \text{falls } \overline{w}_{ij} \text{ unbedeckt ist} \\ \overline{w}_{ij} & \text{falls } \overline{w}_{ij} \text{ von einer Zeile oder Spalte bedeckt ist} \\ \overline{w}_{ij} + \overline{w} & \text{falls } \overline{w}_{ij} \text{ von einer Zeile und einer Spalte bedeckt ist.} \end{cases}$$

Insbesondere gilt also $\overline{\overline{w}}_{ij} \geq 0$ für alle i, j. Die Anzahl der doppelt bedeckten Einträge $\overline{w}_{ij}$ ist $e{\cdot}f$, und die Anzahl der unbedeckten Einträge ist $n^2 - n(e+f) + ef$. Für die Gesamtgewichte $\overline{W}$ und $\overline{\overline{W}}$ errechnen wir demnach

$$\begin{aligned} \overline{\overline{W}} - \overline{W} &= (ef)\overline{w} - (n^2 - n(e+f) + ef)\overline{w} = \\ &= (n(e+f) - n^2)\overline{w} < 0 \end{aligned}$$

wegen $e + f < n$. Unsere Analyse ist damit beendet.

In unserem Beispiel enthält nun $(\overline{\overline{w}}_{ij})$ eine 0-Diagonale der Länge 4 und eine optimale Zuordnung ist $x_{13} = x_{22} = x_{31} = x_{44} = 1$, $x_{ij} = 0$ sonst. Das ursprüngliche Job-Zuordnungsproblem hat also das Minimalgewicht $12 + 3 + 7 + 7 = 29$.

Fassen wir die Schritte des Algorithmus zusammen:

Input: Eine $(n \times n)$-Matrix (w_{ij}), $w_{ij} \in \mathbb{N}_0$.
Output: Eine optimale Zuordnung (x_{ij}).

(1) Initialisierung.

(1.1) Subtrahiere $p_i = \min_j w_{ij}$ von Zeile i in (w_{ij}) für alle $i = 1, \ldots, n$.

Die neue Matrix sei (w'_{ij}).

(1.2) Subtrahiere $q_j = \min_i w'_{ij}$ von Spalte j in (w'_{ij}) für alle $j = 1, \ldots, n$.

Die neue Matrix sei $(\overline{w}_{ij})$.

(2) Finde eine minimale 0-Bedeckung in $(\overline{w}_{ij})$. Falls die Bedeckung weniger als n Zeilen und Spalten enthält, gehe zu (3), ansonsten zu (4).

(3) Modifizierung der reduzierten Matrix.
Sei $\overline{w} > 0$ der kleinste unbedeckte Eintrag. Ändere $(\overline{w}_{ij})$ zu $(\overline{\overline{w}}_{ij})$, indem von allen unbedeckten Einträgen $\overline{w}$ abgezogen wird, und $\overline{w}$ zu allen doppelt bedeckten Einträgen dazuaddiert wird. Gehe zu (2).

(4) Bestimme eine 0-Diagonale der Länge n, und setze $x_{ij} = 1$ für die Einträge der 0-Diagonale und $x_{ij} = 0$ sonst, und stop.

Noch zwei Bemerkungen: Die Laufzeit des Algorithmus ist, wie man unschwer verifiziert, durch $O(n^3)$ beschränkt. Ein wesentlicher Punkt in der Analyse war, dass die Verminderung des Gesamtgewichtes $\overline{\overline{W}} < \overline{W}$ in (3) wegen der Ganzzahligkeit nach endlich vielen Iterationen stoppt. Sind die Gewichte $w_{ij} \in \mathbb{Q}^+$, also rational, so könen wir dies durch Multiplikation mit dem Hauptnenner auf den bisherigen Fall zurückführen. Sind die Gewichte w_{ij} aber reell, so ist zunächst nicht klar, dass das Verfahren jemals stoppt (die Verringerungen könnten immer kleiner werden). Hier müssen wir Stetigkeitsüberlegungen anstellen – mehr darüber im nächsten Abschnitt. Anstelle bipartiter Graphen können wir auch beliebige Graphen betrachten. Ein besonders wichtiger Spezialfall ist die Bestimmung eines Maximum Matchings M im vollständigen Graphen K_{2m}. Auch hierfür gibt es einen Algorithmus, der die Laufzeit $O(n^3)$ aufweist.

8.3 Flüsse in Netzwerken

Das Job-Zuordnungsproblem ist ein spezieller Fall einer allgemeinen Situation, die wir nun diskutieren wollen.

Definition. Ein **Netzwerk** über $\mathbb{N}_0$ von u nach v besteht aus einem gerichteten Graphen $\vec{G} = (E, K), u \neq v \in E$, zusammen mit einer Gewichtsfunktion $c : K \longrightarrow \mathbb{N}_0$. Die Ecke u heißt die **Quelle**, v die **Senke** des Netzwerkes, und c die **Kapazität**.

Wir können uns $\vec{G} = (E, K)$ als ein Straßensystem vorstellen, mit $c(k)$ als Kapazität, wie viel über die Straße k transportiert werden kann. Unsere Aufgabe ist herauszufinden, wie viel wir von der Quelle u zur Senke v transportieren können unter Beachtung der Kapazitätseinschränkung c.

Eine Funktion $f : K \longrightarrow \mathbb{N}_0$ heißt ein **Fluss** im Netzwerk $\vec{G} = (E, K)$. Der *Netto-Fluss* in der Ecke $x \in E$ ist $(\partial f)(x) = \sum_{k^+=x} f(k) - \sum_{k^-=x} f(k)$, d. h. $(\partial f)(x)$ misst den Einfluss minus den Ausfluss in x.

Definition. Gegeben das Netzwerk $\vec{G} = (E, K)$ mit Quelle u, Senke v und Kapazität c. f heißt ein **zulässiger Fluss von u nach v**, falls
a. $0 \le f(k) \le c(k)$ für alle $k \in K$
b. $(\partial f)(x) = 0$ für alle $x \ne u, v$.

Ein zulässiger Fluss transportiert also eine gewisse Menge von der Quelle zur Senke, so dass die Kapazität der Straßen nicht überschritten wird (Bedingung a) und nichts an den Zwischenstationen übrig bleibt (Bedingung b).

Der **Wert** $w(f)$ eines zulässigen Flusses ist $w(f) = (\partial f)(v)$, also der Netto-Fluss in die Senke. Offensichtlich ist $\sum_{x \in E} (\partial f)(x) = 0$, da in der Summe jeder Wert $f(k)$ einmal positiv und einmal negativ gezählt wird. Wegen Bedingung b folgt also $(\partial f)(u) + (\partial f)(v) = 0$, und somit $w(f) = -(\partial f)(u) = \sum_{k^- = u} f(k) - \sum_{k^+ = u} f(k)$. Also ist $w(f)$ auch gleich dem Netto-Fluss, der aus der Quelle herausfließt. Unser Problem besteht nun darin, den Wert $w(f)$ eines zulässigen Flusses zu maximieren. Betrachten wir das folgende Netzwerk. Auf jeder Kante k ist links der Fluss, rechts die Kapazität eingetragen.

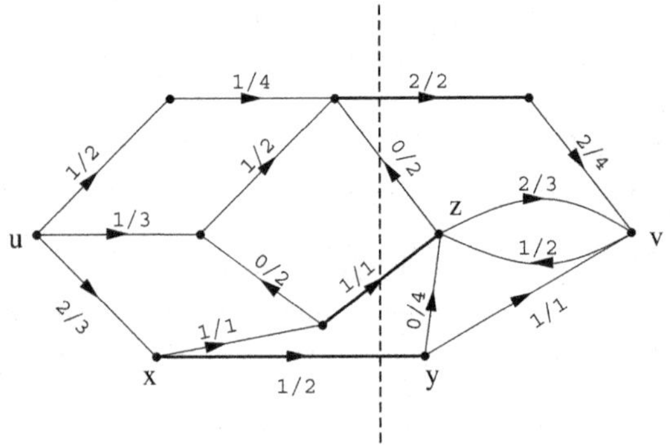

Der Wert des Flusses ist 4. Wie groß kann $w(f)$ sein? Theoretisch können $2+3+3 = 8$ Einheiten aus u entlang den drei Kanten ux herausfließen und ebenso 8 Einheiten in die Senke v hineinfließen. Denken wir uns nun das Netzwerk in zwei Hälften links und rechts der strichlierten Linie geteilt. Es ist anschaulich klar, dass der Wert eines Flusses durch die Kapazität der drei „Brücken" vom linken in den rechten Teil (fett gezeichnet) beschränkt ist, in diesem Fall also durch $2 + 1 + 2 = 5$.

Definition. Gegeben das Netzwerk $\vec{G} = (E, K)$ mit Quelle u, Senke v und Kapazität c. Ein **Schnitt** des Netzwerkes ist eine Partition $E = X + Y$ mit $u \in X$, $v \in Y$. Die **Kapazität** des Schnittes (X, Y) ist $c(X, Y) = \sum c(k)$, wobei über alle Kanten k mit $k^- \in X$, $k^+ \in Y$ summiert wird.

Lemma 8.7. *Sei $\vec{G} = (E, K)$ ein Netzwerk mit Quelle u, Senke v und Kapazität c. Dann gilt für jeden zulässigen Fluss f und jeden Schnitt (X, Y)*

$$w(f) \le c(X, Y).$$

Beweis. Wir setzen $S(A,B) = \{k \in K\colon k^- \in A,\ k^+ \in B\}$ für irgendeine Partition $E = A + B$. Sei nun (X,Y) ein Schnitt. Wegen $(\partial f)(y) = 0$ für $y \neq u, v$ gilt

$$w(f) = (\partial f)(v) = \sum_{y \in Y} (\partial f)(y)\,.$$

Sind beide Endecken einer Kante k in Y, so wird in der rechten Summe $f(k)$ einmal positiv, einmal negativ gezählt. Wir erhalten also einen Beitrag $\neq 0$ genau für die Kanten k zwischen X und Y, und es folgt wegen der Bedingungen an f

$$w(f) = \sum_{k \in S(X,Y)} f(k) - \sum_{k \in S(Y,X)} f(k) \leq \sum_{k \in S(X,Y)} f(k) \leq \sum_{k \in S(X,Y)} c(k) = c(X,Y)\,. \blacksquare$$

Unser Ziel ist der Nachweis der fundamentalen Gleichung

$$\max\ w(f) = \min\ c(X,Y)$$

des sogenannten Max Fluss-Min Schnitt-Satzes von Ford und Fulkerson. Ein zulässiger Fluss f_0 mit $w(f_0) = \max w(f)$ heißt ein **Maximum Fluss**, und analog ein Schnitt (X_0, Y_0) mit $c(X_0, Y_0) = \min c(X,Y)$ ein **Minimum Schnitt**. Zunächst ist nicht klar, ob ein Maximum Fluss oder Minimum Schnitt überhaupt existiert. Wir werden in unserem Hauptergebnis genau dies beweisen. Wie finden wir nun einen Maximum Fluss? Die folgende Methode ist eine Verallgemeinerung der alternierenden Wege in unserer Lösung des Matching Problems in bipartiten Graphen. Auch dort war das Ergebnis ja ein Maximum-Minimum-Satz. Wir können den Wert eines zulässigen Flusses nur erhöhen, indem wir den Netto-Ausfluss aus der Quelle vergrößern, ohne die Bedingung $(\partial f)(x) = 0$ für $x \neq u, v$ zu verletzen.

Ein (ungerichteter) Weg $P : u = x_0, x_1, x_2, \ldots, x_t = x$ heißt ein **zunehmender Weg** von u nach x im Netzwerk $\vec{G}$, falls

$$\begin{aligned} f(k_i) &< c(k_i) \quad \text{für jede „Vorwärtskante"} \quad k_i = (x_{i-1}, x_i) \\ 0 &< f(k_j) \quad \text{für jede „Rückwärtskante"} \quad k_j = (x_j, x_{j-1}). \end{aligned}$$

Ist f ein zulässiger Fluss, so definieren wir die Mengen $X_f, Y_f \subseteq E$ durch

$$\begin{aligned} X_f &= \{x : x = u \text{ oder es existiert ein zunehmender Weg von } u \text{ nach } x\} \\ Y_f &= E \setminus X_f\,. \end{aligned}$$

Satz 8.8. *Sei $\vec{G} = (E,K)$ ein Netzwerk über $\mathbb{N}_0$ mit Quelle u, Senke v und Kapazität c. Die folgenden Bedingungen sind für einen zulässigen Fluss f äquivalent:*
a. *f ist Maximum Fluss.*
b. *Es gibt keinen zunehmenden Weg von u nach v.*
c. *(X_f, Y_f) ist Schnitt.*
Für einen Maximum Fluss f gilt $w(f) = c(X_f, Y_f)$.

Beweis. *a.* $\Rightarrow$ *b.* Angenommen, P ist ein zunehmender Weg von u nach v. Wir definieren einen *elementaren Fluss* f_P durch:

$$f_P(k) = \begin{cases} 1 & \text{falls } k \in K(P), \quad k \text{ Vorwärtskante} \\ -1 & \text{falls } k \in K(P), \quad k \text{ Rückwärtskante} \\ 0 & \text{falls } k \notin K(P)\,. \end{cases}$$

Wir setzen $\alpha_1 = \min(c(k) - f(k) : k \in K(P)$ Vorwärtskante), $\alpha_2 = \min(f(k) : k \in K(P)$ Rückwärtskante). Aus der Definition eines zunehmenden Weges folgt, dass $\alpha = \min(\alpha_1, \alpha_2) > 0$ ist. Klarerweise ist $g = f + \alpha f_P$ wieder ein zulässiger Fluss und für den Wert gilt $w(g) = w(f) + \alpha > w(f)$. Also war f nicht Maximum Fluss.
b. $\Rightarrow$ *c.* Folgt aus der Definition von X_f, Y_f.
c. $\Rightarrow$ *a.* Betrachten wir eine Kante $k \in S(X_f, Y_f)$ mit Anfangsecke $x = k^- \in X_f$ und Endecke $y = k^+ \in Y_f$. Wäre $f(k) < c(k)$, so könnten wir einen zunehmenden Weg von u nach x um die Kante k nach y verlängern und hätten so einen zunehmenden Weg von u nach y, im Widerspruch zu $y \notin X_f$. Wir schließen also

$$f(k) = c(k) \text{ für alle } k \in S(X_f, Y_f)$$

und analog

$$f(k) = 0 \text{ für alle } k \in S(Y_f, X_f).$$

Daraus folgt nun

$$w(f) = \sum_{k \in S(X_f,Y_f)} f(k) - \sum_{k \in S(Y_f,X_f)} f(k) = \sum_{k \in S(X_f,Y_f)} c(k) = c(X_f, Y_f).$$

Wegen Lemma 8.7 ist also f Maximum Fluss mit $w(f) = c(X_f, Y_f)$, womit alles bewiesen ist. ∎

Betrachten wir unser Ausgangsbeispiel. Der angegebene Fluss f hat Wert 4 und der Schnitt Kapazität 5. Der Weg u, x, y, z, v ist ein zunehmender Weg mit $\alpha = 1$, also können wir entlang diesen Kanten den Fluss um 1 erhöhen und erhalten so einen Maximum Fluss f_0 mit Wert 5. Die Ecken aus X_{f_0} sind fett gezeichnet.

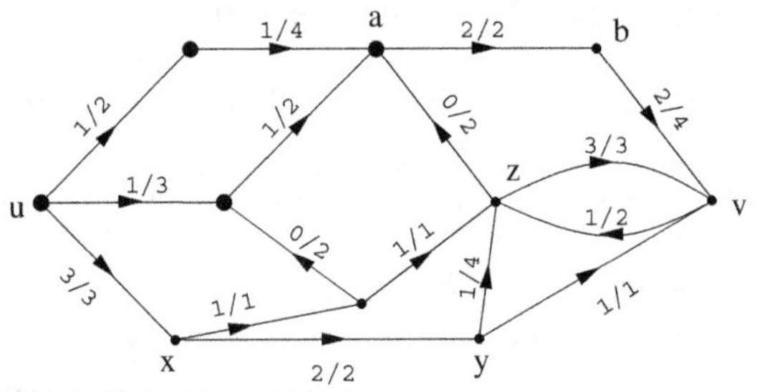

Die „Brücken“ $k \in S(X_{f_0}, Y_{f_0})$ sind ux, ab mit $f_0(k) = c(k)$.

Wir haben in 8.8 gezeigt, dass für einen Maximum Fluss f_0 stets $w(f_0) = c(X_{f_0}, Y_{f_0})$ ist, also $\max w(f) = \min c(X, Y)$ gilt. Aber wir wissen noch nicht, ob so ein Maximum Fluss überhaupt *existiert.*

Folgerung 8.9. *Es sei* $\vec{G} = (E, K)$ *ein Netzwerk mit ganzzahligen Kapazitäten* $c : K \to \mathbb{N}_0$. *Dann gibt es einen ganzzahligen Maximum Fluss* $f : K \to \mathbb{N}_0$, *und es gilt somit* $\max w(f) = \min c(X, Y)$.

Beweis. Analysieren wir unseren Beweis von 8.8. Wir starten mit dem ganzzahligen Fluss $f = 0$. Wenn f in einem Schritt des Algorithmus nicht maximal ist, so gibt es einen zunehmenden Weg von u nach v. Nun sehen wir, dass die Zahlen $\alpha_1 = \min(c(k) - f(k))$, $\alpha_2 = \min(f(k))$ ganzzahlig sind, und damit auch $\alpha = \min(\alpha_1, \alpha_2)$. Das heißt, mit jedem Schritt erhöhen wir den Wert des Flusses immer um eine positive *ganze* Zahl. Da nun die ganzzahlige Kapazität eines Schnittes eine obere Schranke ist, erhalten wir in endlich vielen Schritten einen ganzzahligen Fluss f_0, für den es keinen zunehmenden Weg mehr geben kann. Nach 8.8 ist dann f_0 ein Maximum Fluss. ■

Natürlich gibt es auch für rationale Kapazitäten $c : K \to \mathbb{Q}^+$ einen Maximum Fluss, wie man wieder durch Multiplizieren mit dem Hauptnenner erkennt. Für den allgemeinen Fall $c : K \to \mathbb{R}^+$ bedarf es Stetigkeitsüberlegungen. Ein konstruktiver Beweis wird durch einen Algorithmus von Edmonds–Karp geliefert, siehe dazu die Literatur. In Kapitel 15 werden wir außerdem den vollen Satz über $\mathbb{R}$ als Folgerung des Hauptsatzes der Linearen Optimierung ableiten.

Der Max Fluss–Min Schnitt-Satz ist Ausgangspunkt für eine Reihe von interessanten Anwendungen, von denen wir einige besprechen wollen. Unser erstes Maximum-Minimum Ergebnis war Satz 8.3, $\max(|M| : M \text{ Matching}) = \min(|D| : D \text{ Träger})$ für bipartite Graphen. Wir können dieses Ergebnis nun ohne Mühe aus 8.9 ableiten. Zu $G = (S + T, K)$ assoziieren wir ein Netzwerk $\vec{G}$, indem wir alle Kanten von S nach T orientieren. Zusätzlich definieren wir eine Quelle u^* und eine Senke v^*, wobei wir alle Kanten (u^*, x), $x \in S$, und (y, v^*), $y \in T$, hinzunehmen. Die Kapazität sei identisch 1. Die neuen Ecken- und Kantenmengen seien E^* und K^*.

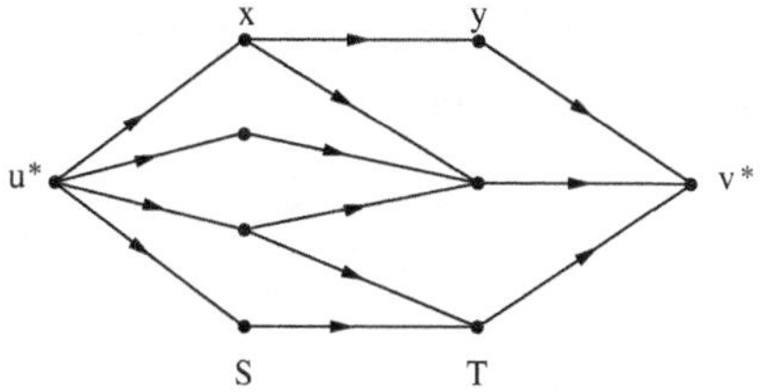

Wir wissen, dass es einen Maximum Fluss f gibt, der nur die Werte 0 und 1 annimmt. Betrachten wir irgendeinen zulässigen Fluss $f : K^* \to \{0, 1\}$, so sehen wir aus der Bedingung $(\partial f)(x) = 0$, $x \neq u^*, v^*$, dass im Falle $f(u^*, x) = 1$ genau eine Kante (x, y), die x in Richtung T verläßt, den Wert 1 hat. Dasselbe gilt für $y \in T$. Mit anderen Worten, die Kanten xy, $x \in S$, $y \in T$, mit $f(x, y) = 1$ bilden ein *Matching* in $G = (S + T, K)$, und der Wert des Flusses f ist $w(f) = |M|$. Umgekehrt ergibt ein Matching einen zulässigen 0,1-Fluss, indem wir den Kanten von M den

Flusswert 1 zuteilen, und auch den Verbindungen zu u^* bzw. v^*. Also: Maximum 0,1-Flüsse sind Maximum Matchings. Genauso sieht man, dass Minimum Schnitte zu Minimum Trägern korrespondieren (nachprüfen!), und 8.3 folgt tatsächlich aus 8.9. Mehr noch: Wenn wir unseren Beweis mit Hilfe alternierender Wege analysieren, so erkennen wir, dass es sich genau um die „zunehmende Wege"-Methode handelt.

Als weiteres Beispiel besprechen wir das **Angebot-Nachfrage-Problem**. Wir wollen von einer Menge S von Produktionsstätten Waren zu einer Menge T von Abnehmerstätten transportieren. Nennen wir S die Quellen und T die Senken. Mit jeder Quelle $x \in S$ assoziieren wir ein *Angebot* $a(x)$ und mit jeder Senke $y \in T$ eine *Nachfrage* $b(y)$. Unser Problem besteht in der Konstruktion eines Flusses, der nicht mehr aus $x \in S$ herausführt, als dort angeboten wird, also höchstens $a(x)$, und mindestens $b(y)$ in $y \in T$ hineinführt.

Sei $\vec{G} = (E, K)$ der gegebene orientierte Graph mit Kapazität $c : K \to \mathbb{R}^+$, $S, T \subseteq E$, $S \cap T = \varnothing$, mit den Funktionen $a : S \to \mathbb{R}^+, b : T \to \mathbb{R}^+$. Gesucht ist ein Fluss $f : K \to \mathbb{R}^+$, der den folgenden Bedingungen genügt:

a. $0 \leq f(k) \leq c(k)$
b. $\sum_{k^-=x} f(k) - \sum_{k^+=x} f(k) \leq a(x)$ für alle $x \in S$
c. $\sum_{k^+=y} f(k) - \sum_{k^-=y} f(k) \geq b(y)$ für alle $y \in T$
d. $\sum_{k^+=z} f(k) - \sum_{k^-=z} f(k) = 0$ für alle $z \in E \setminus (S \cup T)$.

Bedingung b misst den Netto-Ausfluss aus der Quelle x, Bedingung c den Netto-Einfluss in die Senke y. Ansonsten soll das übliche Erhaltungsgesetz $(\partial f)(z) = 0$ gelten.

Natürlich muss so ein Fluss überhaupt nicht existieren. Ein einfaches Beispiel ist

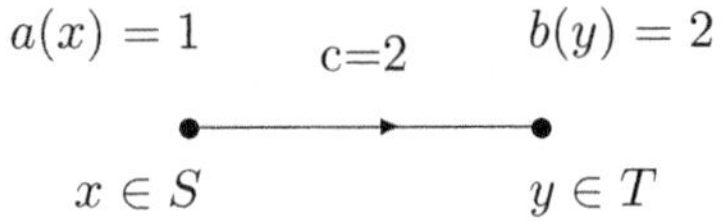

Klarerweise ist $\sum_{x \in S} a(x) \geq \sum_{y \in T} b(y)$ eine notwendige Bedingung, aber das genügt nicht, wie das folgende Beispiel zeigt:

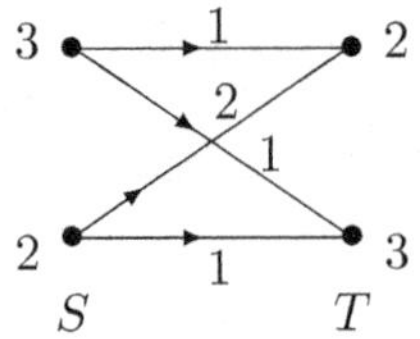

Hier ist zwar $\sum_{x \in S} a(x) = \sum_{y \in T} b(y) = 5$, aber in die rechte untere Ecke z kann wegen der Kapazitätsbeschränkung nur 2 hineinfließen, die Nachfrage $b(z) = 3$ also nicht befriedigt werden.

Zur Lösung fügen wir eine neue Quelle u^* und eine neue Senke v^* hinzu, und alle Kanten $(u^*, x), x \in S$, mit $c(u^*, x) = a(x)$ und alle Kanten $(y, v^*), y \in T$, mit $c(y, v^*) = b(y)$. Das so entstehende Netzwerk bezeichnen wir mit $\vec{G}^* = (E^*, K^*)$.

Behauptung: Der ursprüngliche Graph $\vec{G}$ besitzt genau dann einen Fluss, der a. bis d. genügt, wenn $\vec{G}^*$ einen zulässigen Fluss f^* im bisherigen Sinn hat, der alle Kanten (y, v^*) *saturiert*, d. h. $f^*(y, v^*) = c(y, v^*) = b(y)$ erfüllt. Der Wert des Flusses f^* ist demnach $w(f^*) = \sum_{y \in T} b(y)$.

Ist f^* solch ein zulässiger Fluss für $\vec{G}^*$, so gilt $f(u^*, x) \leq a(x)$ $(x \in S)$, also kann der Netto-Ausfluss von x in $\vec{G}$ nicht mehr als $a(x)$ betragen, d. h. Bedingung b. ist erfüllt. Ebenso muss wegen $f^*(y, v^*) = b(y)$ der Netto-Einfluss in $y \in T$ genau $b(y)$ betragen (Bedingung c). Die Umkehrung sieht man genauso leicht. Nach unserem Hauptsatz 8.8 existiert also ein Fluss in $\vec{G}$, der den Bedingungen a. bis d. genügt, genau dann, wenn $c(X^*, Y^*) \geq \sum_{y \in T} b(y)$ für jeden Schnitt (X^*, Y^*) in $\vec{G}^*$ gilt. Schreiben wir $X^* = X \cup \{u^*\}, Y^* = Y \cup \{v^*\}$, wobei X oder Y auch leer sein können, so resultiert als notwendige und hinreichende Bedingung

$$c(X^*, Y^*) = c(X, Y) + \sum_{x \in S \cap Y} a(x) + \sum_{y \in T \cap X} b(y) \geq \sum_{y \in T} b(y)$$

also

$$(1) \qquad c(X, Y) \geq \sum_{y \in T \cap Y} b(y) - \sum_{x \in S \cap Y} a(x) \text{ für alle } E = X + Y\,.$$

Eine Reihe weiterer Variationen sind möglich. Zum Beispiel könnten wir zulässige Flüsse f durch zwei Funktionen beschreiben $c(k) \leq f(k) \leq d(k)$, oder zusätzlich eine *Kostenfunktion* $\gamma(k)$ auf den Kanten einführen. Gesucht ist dann ein Maximum Fluss mit minimalen Kosten.

8.4 Eulersche Graphen, das Traveling Salesman-Problem

Jeder kennt Probleme der Art: Man zeichne eine Figur ohne Absetzen des Bleistifts. Zum Beispiel können wir die linke Figur in folgendem Diagramm (von der oberen Ecke ausgehend) durch die angegebene Kantenfolge in einem Zug zeichnen, und wieder an den Ausgangspunkt zurückkehren, aber nicht die rechte.

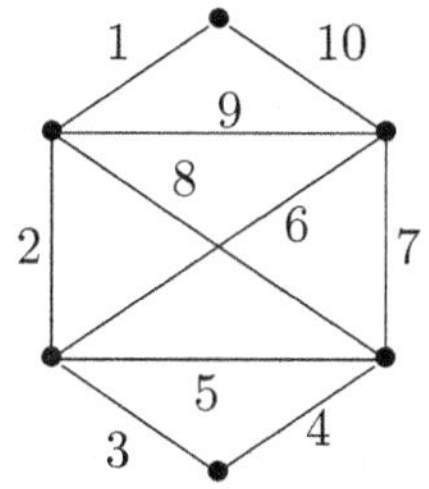

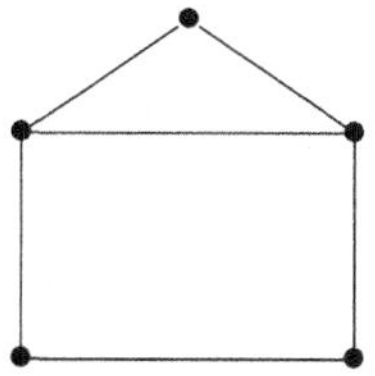

Auf das von Euler gestellte Königsberger Brückenproblem (das in jedem Buch über Graphentheorie zu finden ist) geht die Frage zurück, die wir nun behandeln wollen. Ausnahmsweise betrachten wir Multigraphen $G = (E, K)$, d. h. Schlingen und parallele Kanten sind erlaubt.

Sei $G = (E, K)$ ein Multigraph mit q Kanten. Eine Kantenfolge $k_1, \ldots, k_q$, mit k_i inzident zu k_{i+1}, die jede Kante genau einmal enthält, und an ihre Ausgangsecke zurückkehrt, heißt ein **Euler-Zug**. Verlangen wir nicht, dass die Anfangs- und Endecke identisch sind, so sprechen wir von einem **offenen Euler-Zug**. Unser zweites Beispiel besitzt keinen (geschlossenen) Euler-Zug, aber einen offenen Euler-Zug. Ein Graph heißt **Eulersch**, falls er einen Euler-Zug besitzt.

Wir stellen uns zwei Aufgaben:
1. Charakterisierung von Eulerschen Multigraphen.
2. Wie findet man einen Euler-Zug?

Satz 8.10. *Ein Multigraph $G = (E, K)$ mit $K \neq \varnothing$ ist genau dann Eulersch, wenn G zusammenhängend ist und alle Ecken geraden Grad haben (wobei Schlingen doppelt gezählt werden).*

Beweis. G muss offensichtlich zusammenhängend sein, und da beim Passieren einer Ecke der Grad jeweils um 2 erhöht wird, müssen alle Ecken geraden Grad haben. Seien nun umgekehrt die Bedingungen erfüllt. Da jeder Grad gerade ist, existieren Kreise (warum?). Es sei C ein geschlossener Kantenzug mit maximal vielen Kanten. Falls $K = K(C)$ ist, sind wir fertig. Andernfalls sei $G' = (E, K \smallsetminus K(C))$. Da G zusammenhängend ist, müssen G' und C eine gemeinsame Ecke u mit $d_{G'}(u) > 0$ haben. In G' hat wieder jede Ecke geraden Grad, also gibt es einen geschlossenen Kantenzug C' in G', der u enthält, und C' kann beim Durchlaufen von C an der Ecke u eingeschoben werden, im Widerspruch zur Maximalität von C. ∎

Wie findet man nun einen Euler-Zug? Man kann nicht einfach darauf losmarschieren, wie unser Ausgangsbeispiel zeigt. Wählen wir die Kanten nämlich in der angegebenen Reihenfolge, so bleiben wir in der Ecke u hängen. Der Grund ist, dass die sechste Kante den Restgraphen in zwei Komponenten zerlegt.

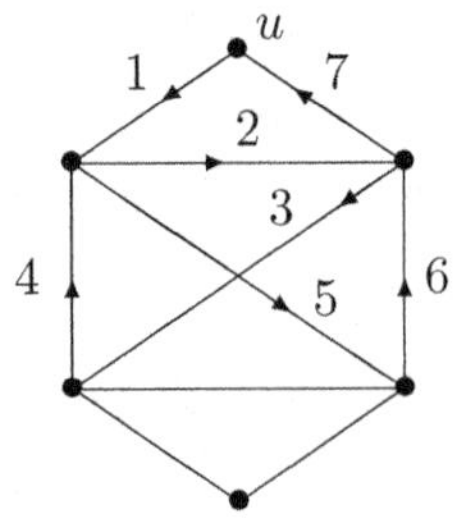

Der folgende Algorithmus konstruiert in jedem Eulerschen Multigraphen einen Euler-Zug:

(1) Starte in einer beliebigen Ecke u_0.

(2) Seien $u_0, u_1, \ldots, u_i$ mit den Kanten $k_j = u_{j-1}u_j \quad (j = 1, \ldots, i)$ bereits konstruiert. $G_i = (E, K \setminus \{k_1, \ldots, k_i\})$ sei der Restgraph. Falls $K \setminus \{k_1, \ldots, k_i\} = \varnothing$ ist, stop. Anderenfalls wähle unter den mit u_i inzidenten Kanten in G_i eine Kante k_{i+1}, die keine Brücke in G_i ist, solange dies möglich ist. Iteriere (2).

Beweis der Korrektheit. Der Algorithmus konstruiere $u_0, u_1, \ldots, u_p$ mit $W = \{k_1, \ldots, k_p\}$. Klarerweise gilt $u_p = u_0$. In G_p hat die Ecke u_0 den Grad 0, da wir ansonsten weitergehen könnten. Angenommen $K(G_p) \neq \varnothing$, dann gibt es Ecken v mit $d_{G_p}(v) > 0$. Es sei $S = \{v \in E : d_{G_p}(v) > 0\}$ und $T = \{v \in E : d_{G_p}(v) = 0\}$, es gilt also $S \neq \varnothing$, $T \neq \varnothing$. Sei nun ℓ der größte Index mit $u_\ell \in S$, $u_{\ell+1} \in T$. Solch ein ℓ muss es geben, da ansonsten der Kantenzug W (der in $u_0 \in T$ startet) ganz T ausschöpfen würde, ohne S zu betreten, im Widerspruch zum Zusammenhang von G.

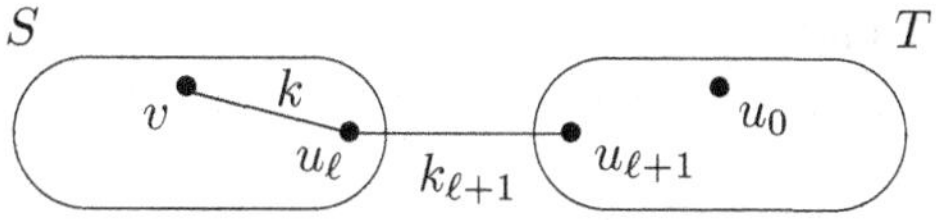

Da W nach $u_{\ell+1}$ die Menge T nicht mehr verlässt, und $d_{G_p}(x) = 0$ für alle $x \in T$ gilt, ist $k_{\ell+1}$ die einzige Kante in G_ℓ zwischen S und T und daher eine Brücke in G_ℓ. Nun ist aber $d_{G_p}(u_\ell) > 0$ gerade, also muss eine weitere Kante k in G_ℓ inzident mit u_ℓ sein. Nach Regel (2) ist daher k ebenfalls eine Brücke in G_ℓ und damit auch in G_p, da ja G_ℓ und G_p auf S identisch sind. Nun wissen wir, dass in G_p jede Ecke einen geraden Grad hat, da beim Passieren einer Ecke in W jeweils der Grad um 2 vermindert wird. Sind A und B die beiden Komponenten von G_p, die nach Entfernen von k entstehen,

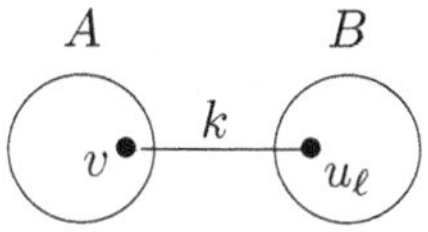

so wäre u_ℓ die einzige Ecke ungeraden Grades in B, was nach 6.2 nicht geht. Also war k doch keine Brücke, und wir sind fertig. ∎

Bemerkung: Da in polynomialer Zeit festgestellt werden kann, ob eine Kante Brücke ist (klar?), so liefert unser Algorithmus ein polynomiales Verfahren zur Konstruktion eines Euler-Zuges.

Als Anwendung können wir das **Problem des chinesischen Postboten** lösen (der Grund für die Bezeichnung liegt einfach darin, dass die Aufgabe von einem chinesischen Mathematiker gestellt wurde). Gegeben ein zusammenhängender Multigraph $G = (E, K)$ und eine Kostenfunktion $w : K \to \mathbb{R}^+$. Der Postbote startet in einer Ecke u_0 (Postamt) und muss jede Kante (Straße) mindestens einmal durchlaufen und nach u_0 zurückkehren. Er soll eine Tour W mit minimalen Kosten $\sum_{k \in W} w(k)$ konstruieren.

Wenn G Eulersch ist, so konstruiert der Postbote einfach einen Euler-Zug. Wenn G nicht Eulersch ist, so müssen wir Kanten vervielfachen, so dass der resultierende Multigraph $G^* = (E, K^*)$ Eulersch ist und $\sum_{k \in K^* \setminus K} w(k)$ minimal ist.

Lösung. Es sei U die Menge der Ecken ungeraden Grades, $|U| = 2m$.

(1) Für $u, v \in U$ bestimme die Länge $d(u, v)$ eines gewichteten kürzesten Weges (das Kürzeste Wege Problem aus Abschnitt 7.4).

(2) Betrachte den vollständigen Graphen K_{2m} auf U mit der Gewichtung $w(uv) = d(u, v)$. Bestimme ein gewichtetes minimales Matching $M = \{u_1v_1, \ldots, u_mv_m\}$. (Gewichtetes Matching Problem aus Abschnitt 8.2)

(3) Füge die optimalen u_iv_i-Wege P_i ein. Der so erhaltene Multigraph $G^* = G \cup \bigcup_{i=1}^{m} P_i$ ist dann eine Lösung.

Beispiel. In dem folgenden Graphen G ist $U = \{u, v\}$. Ein kürzester gewichteter u, v-Weg ist u, x, y, z, v mit $d(u, v) = 6$. Also erhalten wir den minimalen Multigraphen G^* rechts.

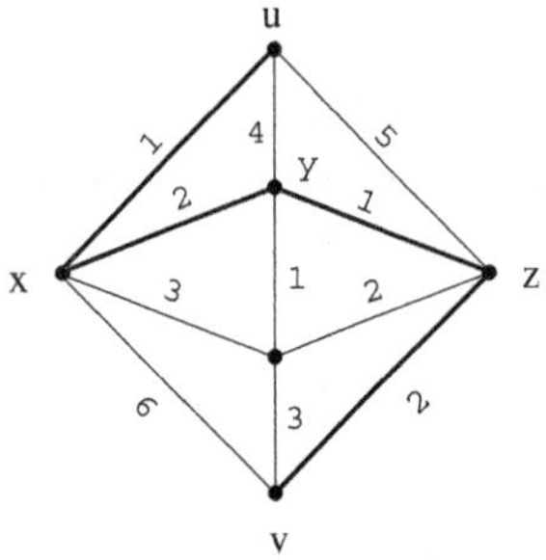

G

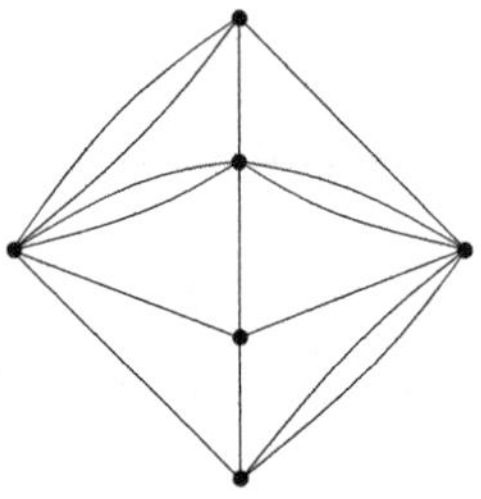

G^*

Euler-Züge können sinngemäß auf gerichtete Multigraphen $\vec{G} = (E, K)$ übertragen werden, $W = \{k_1, \ldots, k_q\}$ mit $k_i^+ = k_{i+1}^-$ und $k_q^+ = k_1^-$. Der folgende Satz ist das Gegenstück zu 8.10 und wird genauso bewiesen.

Satz 8.11. *Ein gerichteter Multigraph $\vec{G} = (E, K)$ ist genau dann Eulersch, wenn G zusammenhängend ist und $d^-(u) = d^+(u)$ für alle $u \in E$ gilt.*

Bisher haben wir geschlossene Kantenzüge betrachtet, die alle *Kanten* genau einmal enthalten. Analog können wir nach geschlossenen Kantenfolgen fragen, die alle *Ecken* genau einmal enthalten. Mit anderen Worten, wir suchen einen Kreis in G der Länge $n = |E|$. Auch mit diesem Problem ist ein berühmter Name assoziiert –

Hamilton, der diese Frage für den Dodekaedergraphen aufgeworfen hat (siehe die Figur). Kreise C_n heißen daher **Hamiltonsche Kreise**, und ein Graph G heißt **Hamiltonsch**, falls G einen solchen Kreis enthält.

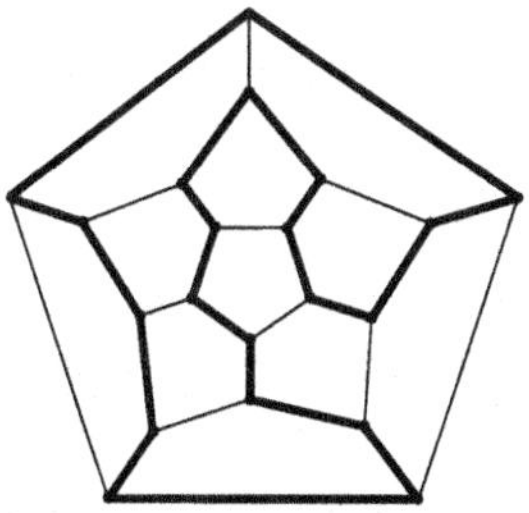

Die fetten Linien ergeben einen Hamiltonschen Kreis.

Im Gegensatz zu Eulerschen Graphen ist die Charakterisierung Hamiltonscher Graphen ein beweisbar schweres (NP-vollständiges) Problem. Wir werden darauf im nächsten Abschnitt zurückkommen. Man wird sich daher mit notwendigen und hinreichenden Bedingungen zufriedengeben (siehe dazu die Übungen).

Wir wenden uns nun einem der berühmtesten algorithmischen Probleme zu, dem **Traveling Salesman Problem** TSP (Problem des Handlungsreisenden), das wir schon kurz in Abschnitt 5.3 erwähnt haben: Ein Handlungsreisender startet in einer Stadt, macht eine Rundtour durch alle Städte auf seiner Liste und kehrt an seinen Ausgangspunkt zurück. Welche Reiseroute soll er wählen, um seine Gesamtkosten zu minimieren?

Gegeben ist also der vollständige Graph K_n und eine Kostenfunktion $w : K \to \mathbb{R}^+$ oder äquivalent dazu eine Kostenmatrix (w_{ij}), $1 \leq i, j \leq n$, mit

a. $w_{ij} \geq 0$

b. $w_{ij} = w_{ji}$ (Symmetrie).

Gesucht ist ein Hamiltonscher Kreis, d. h. eine zyklische Permutation $\pi = (i_1 = 1, i_2, \ldots, i_n)$ mit

$$w(\pi) = \sum_{i=1}^{n} w(i, \pi(i)) = \min \ .$$

Da es $(n-1)!$ zyklische Permutationen gibt, ist ein Durchprobieren für großes n unmöglich. Im nächsten Abschnitt werden wir sehen, dass auch das Traveling Salesman Problem zur Klasse der NP-vollständigen Probleme gehört, für die man keine guten Algorithmen (d. h. mit polynomialer Laufzeit in n) kennt, und für die es wahrscheinlich keine derartigen Algorithmen geben kann. Wie soll man nun vorgehen? Man wird ein **heuristisches Verfahren** versuchen, in der Hoffnung dem tatsächlichen Minimum möglichst nahe zu kommen.

Beispiel. Rheinlandproblem (nach M. Grötschel)

Die Kostenmatrix ist durch die folgende Tabelle der jeweiligen Entfernungen gegeben:

	A	B	D	F	K	W
Aachen	–	91	80	259	70	121
Bonn	91	–	77	175	27	84
Düsseldorf	80	77	–	232	47	29
Frankfurt	259	175	232	–	189	236
Köln	70	27	47	189	–	55
Wuppertal	121	84	29	236	55	–

Unsere Aufgabe besteht also darin, eine kürzeste Rundreise durch diese sechs Städte zu finden. Das Verfahren, das wahrscheinlich jedem als erstes in den Sinn kommt, ist das **„Nächster Nachbar"**-Verfahren NN:

(NN): Sei $E = \{E_1, \ldots, E_n\}$. Wähle eine beliebige Startecke E_{i_1}. Falls $E_{i_1}, \ldots, E_{i_m}$ konstruiert ist, suche eine Ecke $E_{j_0} \in E' = E \setminus \{E_{i_1}, \ldots, E_{i_m}\}$ mit $w(E_{j_0}, E_{i_m}) = \min\,(w(E_j, E_{i_m}) : E_j \in E')$ und setze $i_{m+1} = j_0$.

Betrachten wir die nächsten Nachbarn an beiden Enden des schon konstruierten Weges, so erhalten wir das **„Doppelte Nächster Nachbar"**-Verfahren DNN.

(DNN) : Sei wie in (NN) die Folge $E_{i_1}, \ldots, E_{i_m}$ bereits gewählt. In $E' = E \setminus \{E_{i_1}, \ldots, E_{i_m}\}$ sei E_{j_0} mit $w(E_{j_0}, E_{i_1}) = \min\,(w(E_j, E_{i_1}) : E_j \in E')$ und E_{j_1} mit $w(E_{j_1}, E_{i_m}) = \min(w(E_j, E_{i_m}) : E_j \in E')$. Falls $w(E_{j_0}, E_{i_1}) \leq w(E_{j_1}, E_{i_m})$ ist, hänge E_{j_0} an E_{i_1} an, andernfalls E_{j_1} an E_{i_m}.

In unserem Beispiel ergibt (NN) mit Startort Köln bzw. Frankfurt die Touren

$$\text{K} - \text{B} - \text{D} - \text{W} - \text{A} - \text{F} - \text{K} \qquad w = 702$$
$$\text{F} - \text{B} - \text{K} - \text{D} - \text{W} - \text{A} - \text{F} \qquad w = 658$$

Der Startort spielt also eine wesentliche Rolle für die Länge der Tour.

Für (DNN) erhalten wir z. B. mit Startort Köln:

$$\text{K} - \text{B}$$

Düsseldorf ist sowohl zu Köln (47) am nächsten wie auch zu Bonn (77). Da die Entfernung zu Köln geringer ist, hängen wir Düsseldorf an Köln an und erhalten

$$\text{D} - \text{K} - \text{B} -$$

Fahren wir auf diese Weise fort, so ergibt sich als Rundtour

$$\text{K} - \text{B} - \text{A} - \text{F} - \text{W} - \text{D} - \text{K} \qquad w = 689.$$

(DNN) wird im allgemeinen besser als (NN) sein, aber in ungünstigen Fällen können beide Verfahren sehr schlecht werden (weite Wege am Ende). Um diesen Nachteil wettzumachen, versuchen wir nun *Kreise* sukzessive zu vergrößern. Wir starten mit einem beliebigen Kreis der Länge 3. Sei der Kreis $C = (E_{i_1}, \ldots, E_{i_m})$ der Länge m konstruiert. Wenn wir $E_j \notin \{E_{i_1}, \ldots E_{i_m}\}$ in C einbauen wollen, sagen wir zwischen E_{i_k} und $E_{i_{k+1}}$, so ist die Nettozunahme der Kosten gegenüber C gleich $d(E_j, k) = w(E_{i_k}, E_j) + w(E_j, E_{i_{k+1}}) - w(E_{i_k}, E_{i_{k+1}})$. Wir setzen nun $d(E_j) = \min_k d(E_j, k)$ und wählen E_{j_0} mit $d(E_{j_0}) = \min\ (d(E_j) : E_j \notin \{E_{i_1}, \ldots, E_{i_m}\})$. E_{j_0} wird nun an der richtigen Stelle eingefügt. Dieses Verfahren heißt **„Billigste Insertion"** BI.

Bisher haben wir Verfahren betrachtet, die eine Rundtour Schritt für Schritt konstruieren. Wir wollen nun zwei globale Methoden studieren.

MST (Minimum Spanning Tree-Heuristik)

Die Idee ist einfach: Eine Tour ist ein Hamiltonscher Kreis. Lassen wir eine Kante weg, so erhalten wir einen aufspannenden Baum. MST besteht aus drei Teilen:

(1) Konstruiere einen minimalen aufspannenden Baum T (z. B. mit dem Greedy-Algorithmus aus Abschnitt 7.3).
(2) Verdopple alle Kanten in T. Dies ergibt einen Eulerschen Multigraphen T_D. Sei $C = \{v_1, v_2, \ldots\}$ ein Euler-Zug in T_D.
(3) In C ist ein Hamiltonscher Kreis enthalten (durch Überspringen schon durchlaufener Ecken).

In unserem Beispiel haben wir:

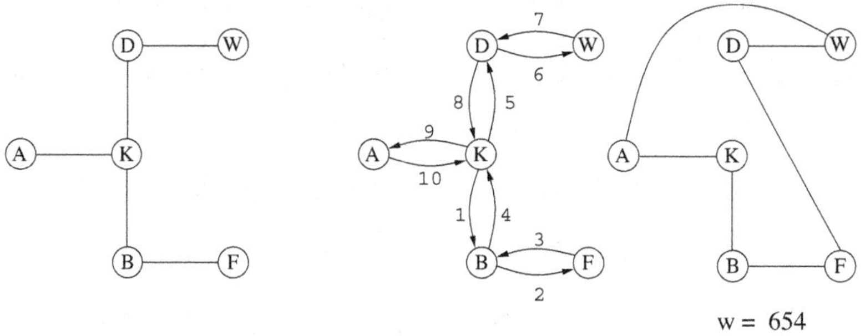

T Euler–Zug in T_D

CH (Christofides-Heuristik)

(1) Konstruiere einen minimalen aufspannenden Baum T.
(2) Sei U die Menge der Ecken ungeraden Grades in T, $|U| = 2m$. Konstruiere ein Maximum Matching (mit minimalen Kosten) M auf U, $M = \{u_1v_1, \ldots, u_mv_m\}$ und füge M zu T hinzu. Dies ergibt einen Eulerschen Multigraphen T_D.
(3) In T_D ist ein Hamiltonscher Kreis enthalten.

Für unser Rheinland Problem ergibt dies:

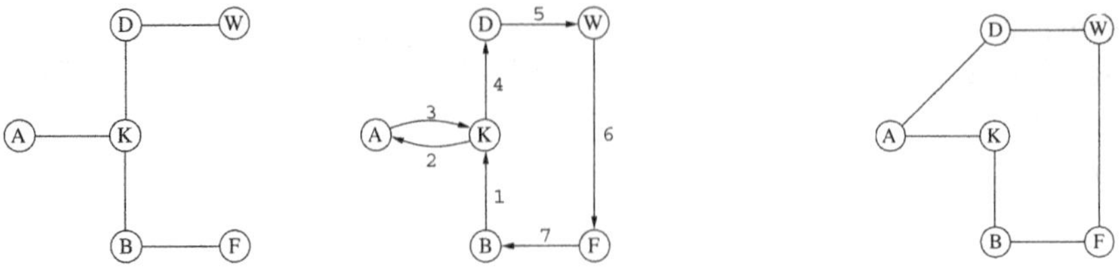

w(T) = 348 w (T_D) = 654 w = 617

U = { A, K, W, F }, M = { AK, WF }

Man kann zeigen, dass diese letzte Tour für das Rheinlandproblem optimal ist.

Wir haben erwähnt, dass TSP ein beweisbar schweres Problem ist. Können wir aber sagen, dass ein gegebenes (polynomiales) Verfahren wenigstens eine Tour konstruiert, die nicht zu weit vom wahren Minimum abweicht? Wir sagen, ein Algorithmus hat *Gütegarantie* ε, falls für die konstruierte Tour C gilt:

$$w(C) \leq (1+\varepsilon) w(C_{\text{opt}}) .$$

Für eine beliebige Kostenmatrix (w_{ij}) ist auch dies ein schweres Problem. Für einen wichtigen Spezialfall können wir aber genauere Aussagen machen, wenn nämlich die w_{ij}'s als geometrische Streckenlängen interpretiert werden, wie in unserem Beispiel. In diesem Fall erfüllen die w_{ij}'s die Dreiecksungleichung $w_{ij} \leq w_{ih} + w_{hj}$ für alle i, j, h, und wir sprechen von einem *metrischen* TSP. Sowohl *MST* als auch die Christofides-Heuristik *CH* sind schnelle Verfahren, da die Einzelschritte jeweils polynomiale Laufzeit haben. Es sei C_{MST} bzw. C_{CH} eine von der MST-Heuristik bzw. Christofides-Heuristik konstruierte Tour.

Satz 8.12. *Sei ein metrisches TSP mit Kostenmatrix* (w_{ij}) *gegeben. Dann gilt*
a. $w(C_{MST}) \leq 2\, w(C_{\text{opt}})$.
b. $w(C_{CH}) \leq \frac{3}{2} w(C_{\text{opt}})$.

Beweis. a. Da C_{opt} minus eine Kante ein Baum ist, gilt für den von MST in Phase (1) konstruierten Baum $T, w(T) \leq w(C_{\text{opt}})$ und somit $w(T_D) \leq 2w(C_{\text{opt}})$. Sei $C = \{v_1, v_2, \ldots\}$ der Euler-Zug, und $C_{MST} = \{v_{i_1}, v_{i_2}, \ldots\}$ die darin enthaltene Tour. Aus der Dreiecksungleichung folgt

$$w(v_{i_1}, v_{i_2}) \leq w(v_{i_1}, v_{i_1+1}) + \ldots + w(v_{i_2-1}, v_{i_2})$$

im Euler-Zug, und analog für $w(v_{i_2}, v_{i_3})$, usf. Wir erhalten daraus $w(C_{MST}) \leq w(T_D) \leq 2\, w(C_{\text{opt}})$.

b. Wiederum gilt $w(T) \leq w(C_{\text{opt}})$. Sei $\{v_1, v_2, \ldots, v_n\}$ eine minimale Tour, und $v_{i_1}, v_{i_2}, \ldots, v_{i_{2m}}$ die Ecken von U in dieser Reihenfolge. Wir betrachten die Matchings $M_1 = \{v_{i_1}v_{i_2}, v_{i_3}v_{i_4}, \ldots, v_{i_{2m-1}}v_{i_{2m}}\}$, $M_2 = \{v_{i_2}v_{i_3}, v_{i_4}v_{i_5}, \ldots, v_{i_{2m}}v_{i_1}\}$. Für das in der Christofides-Heuristik bestimmte Matching M gilt $w(M) \leq w(M_1)$,

$w(M) \leq w(M_2)$, und wegen der Dreiecksungleichung $w(M_1) + w(M_2) \leq w(C_{\text{opt}})$. Daraus erhalten wir $w(M) \leq \frac{1}{2}(w(M_1) + w(M_2)) \leq \frac{1}{2}w(C_{\text{opt}})$, also insgesamt

$$w(C_{CH}) \leq w(T) + w(M) \leq \frac{3}{2}w(C_{\text{opt}}). \qquad \blacksquare$$

Bemerkung: Die mit der Christofides-Heuristik bestimmte Gütegarantie $\varepsilon = \frac{1}{2}$ ist die beste bekannte Gütegarantie für das metrische Traveling Salesman-Problem.

8.5 Die Komplexitätsklassen P und NP

Wir haben nun eine Reihe von Problemen kennengelernt, für die schnelle Algorithmen existieren, z. B. das Kürzeste Wege Problem oder die Charakterisierung Eulerscher Graphen bzw. die Konstruktion eines Euler-Zuges. Umgekehrt haben wir die Charakterisierung Hamiltonscher Graphen oder das Traveling Salesman-Problem als „schwer“ bezeichnet. Wir wollen uns in diesem Abschnitt ein paar Gedanken über den Schwierigkeitsgrad abstrakter Probleme machen.

Wir definieren ein *abstraktes Problem* als eine Familie I von Eingaben (Instances) zusammen mit einer Familie S von Lösungen (Solutions). Zum Beispiel sind beim TSP die Eingaben alle Matrizen (w_{ij}) und die Lösungen die minimalen Touren. Beim Hamiltonschen Problem HP sind die Eingaben Graphen, zum Beispiel gegeben durch Adjazenzmatrizen und die Lösungen 1 und 0, 1 für ja (der Graph ist Hamiltonsch), 0 für nein (der Graph ist nicht Hamiltonsch). Wir sehen, dass das TSP ein **Optimierungsproblem** ist, und HP ein **Entscheidungsproblem**. Die Theorie der Komplexitätsklassen, wie wir sie im folgenden skizzieren, gilt für Entscheidungsprobleme. Um sie auch für Optimierungsprobleme anwenden zu können, müssen wir diese in Entscheidungsprobleme umwandeln. Typischerweise macht man das so, dass man zu einem Optimierungsproblem, z. B. dem TSP, noch eine Schranke M angibt. Das zugehörige Entscheidungsproblem lautet dann: Ist $w(C_{\text{opt}}) \leq M$? Eine Lösung des Optimierungsproblems ist dann natürlich auch eine Lösung des Entscheidungsproblems. Das Optimierungsproblem ist also mindestens so schwer wie das zugehörige Entscheidungsproblem.

Wie misst man nun den Schwierigkeitsgrad oder, wie wir sagen, die **Komplexität** eines Entscheidungsproblems? Durch den Aufwand, den man zur Lösung betreiben muss. Dazu müssen wir den Input *codieren*. Informell gesagt ist dies eine Abbildung der Eingaben auf 0,1-Wörter. Zum Beispiel können wir die Adjazenzmatrix eines Graphen durch die n^2 Einträge mit Wert 0 oder 1 codieren. Oder wir codieren natürliche Zahlen durch ihre binäre Darstellung. Wir sagen nun, ein Algorithmus löst ein Problem in Zeit $O(f(n))$, falls er zu jedem Input der Länge n die Lösung mit $O(f(n))$ Rechenschritten produziert. Das ist ein bisschen vage, zu einer genauen Begriffsbildung benötigt man das Konzept der formalen Sprachen und der Turing Maschinen. Das Buch von Garey–Johnson gibt dazu einen ausgezeichneten Überblick. Was unter einer **Laufzeit** $O(f(n))$ gemeint ist, sollte aber klar sein.

Ein Entscheidungsproblem heißt **polynomial** (genauer: lösbar in polynomialer Zeit), falls ein Algorithmus mit Laufzeit $O(n^s)$ für eine Konstante s existiert. Die *Komplexitätsklasse* P umfasst alle polynomialen Entscheidungprobleme.

Betrachten wir das Hamilton Problem HP. Angenommen, der Algorithmus probiert alles durch. Das heißt, wir schreiben alle $m!$ Permutationen der m Ecken hin und prüfen für jede Permutation nach, ob die Kanten alle in G sind. Wie groß ist die Laufzeit? Ist der Graph durch die Adjazenzmatrix gegeben, so ist die Länge der Eingabe $n = m^2$ oder $m = \sqrt{n}$. Für die $m!$ Permutationen brauchen wir also $\Omega(m!) = \Omega(\sqrt{n}!) = \Omega(2^{\sqrt{n}})$ Operationen, und das ist, wie wir aus Kapitel 5 wissen, für kein s gleich $O(n^s)$. Wir sagen also, der angegebene Algorithmus ist **exponentiell**. Gibt es aber vielleicht doch polynomiale Algorithmen für HP, d. h. ist HP $\in P$? Wahrscheinlich nicht. Warum, das wollen wir uns jetzt klarmachen.

Die nächste fundamentale Komplexitätsklasse ist die Klasse NP (non-deterministic polynomial). Wie der Name NP andeutet, wurde diese Klasse im Rahmen von nicht-deterministischen Problemem eingeführt. Wir behandeln sie mittels des äquivalenten Begriffes der **Verifikation**.

Ein Entscheidungsproblem ist in NP, falls eine *positive* Lösung (d. h. Antwort $1 =$ ja) in polynomialer Zeit verifiziert werden kann. Was heißt das? Angenommen, jemand behauptet, er habe für das TSP mit Input-Matrix (w_{ij}) eine Tour C konstruiert mit $w(C) \leq M$. Wir müssen nun imstande sein, in polynomialer Zeit zu überprüfen, ob C überhaupt ein Hamiltonscher Kreis ist, und zweitens ob $w(C) \leq M$ tatsächlich gilt.

Natürlich geht das: Wir brauchen nur die Zyklizität von C nachzuprüfen (ein Schritt pro Ecke) und dann $w(C)$ mit M zu vergleichen. Also ist TSP $\in NP$. Ganz anders ist die Frage, ob wir auch eine *negative* Lösung (Antwort $0 =$ nein) in polynomialer Zeit verifizieren können. Diese Klasse wird mit $co - NP$ bezeichnet.

Offenbar gilt $P \subseteq NP \cap co - NP$. Die beiden fundamentalen Fragen der Komplexitätstheorie, die heute zu den größten offenen Problemen der gesamten Mathematik gehören, betreffen diese drei Klassen: Ist $P \neq NP$? Ist $NP \neq co - NP$? Die meisten Forscher in diesem Gebiet glauben, dass die Antwort auf beide Fragen ja ist. Und dafür gibt es gute Gründe. Dazu betrachten wir eine spezielle Klasse von Problemen in NP, die sogenannten NP-vollständigen Probleme. Ein Entscheidungsproblem Q heißt **NP-vollständig**, falls es in NP liegt, und falls aus der polynomialen Lösbarkeit dieses Problems die polynomiale Lösbarkeit *aller* NP-Probleme folgt. Mit anderen Worten: $Q \in P \Rightarrow NP = P$. Wie beweist man nun, dass ein Problem Q NP-vollständig ist? Gegeben irgendein Problem $R \in NP$. Dann muss es möglich sein, R in *polynomialer* Zeit auf einen Spezialfall von Q zu „transformieren". Die polynomiale Transformation von R auf Q zusammen mit der polynomialen Lösung von Q ergibt dann $R \in P$. Q ist also „mindestens" so schwer wie R, die NP-vollständigen Probleme sind somit die „schwersten" Probleme in NP.

Wir werden uns gleich so eine Transformation ansehen. Aber zuerst müssen wir die Frage beantworten, ob es überhaupt ein NP-vollständiges Problem gibt. Das erste Beispiel eines solchen Entscheidungsproblems wurde von Cook 1971 angegeben, das Satisfiability-Problem SAT für Boolesche Ausdrücke, wir kommen darauf in Kapitel 11 zu sprechen. Ein weiteres Problem wurde von Karp 1972 als NP-vollständig bewiesen – unser Hamilton Problem HP.

Als Beispiel, was unter einer Transformation zu verstehen ist, beweisen wir, dass das Traveling Salesman Problem TSP ebenfalls NP-vollständig ist. Wir wissen schon, dass TSP in NP ist. Können wir nun HP in polynomialer Zeit auf TSP transformieren, dann ist TSP NP-vollständig, da dies ja bereits für HP gilt. So eine Transformation liegt auf der Hand. Gegeben der Graph $G = (E, K), E = \{1, 2, \ldots, n\}$. Wir assoziieren zu G ein *spezielles* TSP auf folgende Weise:

$$w_{ij} = \begin{cases} 0 & \text{falls } ij \in K \\ 1 & \text{falls } ij \notin K \,. \end{cases}$$

Offenbar besitzt G einen Hamiltonschen Kreis *genau dann*, wenn das spezielle TSP eine Tour C besitzt mit $w(C) \leq 0$ (und damit $= 0$). Können wir also TSP polynomial entscheiden, so auch HP.

Die meisten Probleme in NP, die wir in unserem Buch bisher besprochen haben, sind entweder in P oder sie sind NP-vollständig. Eines der bekanntesten Probleme, dessen Komplexitätsstatus ungeklärt ist, ist das *Graphenisomorphieproblem* GI. Die Eingabe besteht aus einem Paar von Graphen G und H, und die Frage lautet: Sind G und H isomorph ? GI ist sicherlich in NP (siehe Übung 46), und die bisherigen Arbeiten legen eher die Vermutung GI $\in P$ nahe. Seit der Einführung dieser Begriffe hat man hunderte von Entscheidungs- und Optimierungsproblemen als NP-vollständig erkannt. Doch trotz aller Anstrengungen kennt man für kein einziges dieser Probleme einen polynomialen Algorithmus – und wir wissen, falls man *eines* polynomial lösen könnte, so auch alle anderen. Diese, wenn man so will, empirische Tatsache spricht tatsächlich für $P \neq NP$. Informell gesagt sind Probleme in P leicht und solche nicht in P, also wahrscheinlich z. B. die NP-vollständigen Probleme, schwer. Natürlich muss man NP-vollständige Probleme trotz der vermutlichen Aussichtslosigkeit, einen schnellen Algorithmus zu finden, in der Praxis angehen. Wie man sich dabei behilft, z. B. mittels Heuristiken, haben wir anhand des TSP im vorigen Abschnitt besprochen.

Übungen zu Kapitel 8

1 Der bipartite Graph $G = (S + T, K)$ sei k-regulär, $k \geq 1$. Zeige, dass $|S| = |T|$ gilt und G stets ein Matching M mit $|M| = |S| = |T|$ enthält.

2 Ein 1-*Faktor* in einem beliebigen Graphen $G = (E, K)$ ist ein Matching M, das alle Ecken enthält, also $|M| = \frac{|E|}{2}$. G heißt 1-*faktorisierbar*, falls K in disjunkte 1-Faktoren zerlegt werden kann. Schließe mit Hilfe der vorigen Übung, dass ein k-regulärer bipartiter Graph, $k \geq 1$, 1-faktorisierbar ist.

▷ **3** Zeige, dass ein bipartiter Graph $G = (S + T, K)$ mit $|S| = |T| = n$ und $|K| > (m-1)n$ ein Matching der Größe m enthält. Ist m bestmöglich?

4 Sei $T = \{1, 2, \ldots, n\}$. Wie viele verschiedene Transversalen hat die Mengenfamilie $\mathcal{A} = \{\{1,2\},\{2,3\},\{3,4\},\ldots,\{n-1,n\},\{n,1\}\}$?

5 Zeige, dass ein Baum höchstens einen 1-Faktor besitzt.

6 Zeige, dass der Petersen Graph nicht 1-faktorisierbar ist.

▷ **7** Sei G ein Graph auf n Ecken, n gerade, in dem $d(u) + d(v) \geq n - 1$ für je zwei Ecken u, v gilt. Zeige, dass G einen 1-Faktor besitzt.

▷ **8** Das $m \times n$-Gitter $G(m,n)$ hat als Ecken die Paare $(i,j), 1 \leq i \leq m, 1 \leq j \leq n$, wobei $(i,j),(k,\ell)$ durch eine Kante verbunden sind, wenn $i = k, |j - \ell| = 1$ ist oder $j = \ell, |i - k| = 1$ (siehe Übung 7.18 für $G(2,n)$). Zeige, dass $G(m,n)$ genau dann einen 1-Faktor hat, wenn mn gerade ist. Berechne die Anzahl der 1-Faktoren in $G(2,n)$.

9 Löse das optimale Zuordnungsproblem für die beiden folgenden Matrizen auf $K_{4,4}$ bzw. $K_{5,5}$:

$$\begin{pmatrix} 8 & 3 & 2 & 4 \\ 10 & 9 & 3 & 6 \\ 2 & 1 & 1 & 5 \\ 3 & 8 & 2 & 1 \end{pmatrix}, \quad \begin{pmatrix} 8 & 7 & 5 & 11 & 4 \\ 9 & 7 & 6 & 11 & 3 \\ 12 & 9 & 4 & 8 & 2 \\ 1 & 2 & 3 & 5 & 6 \\ 11 & 4 & 2 & 8 & 2 \end{pmatrix}.$$

10 Analysiere nochmals genau, warum Satz 8.3 aus 8.9 folgt.

11 Löse das Chinesische-Postboten-Problem für das folgende Straßensystem:

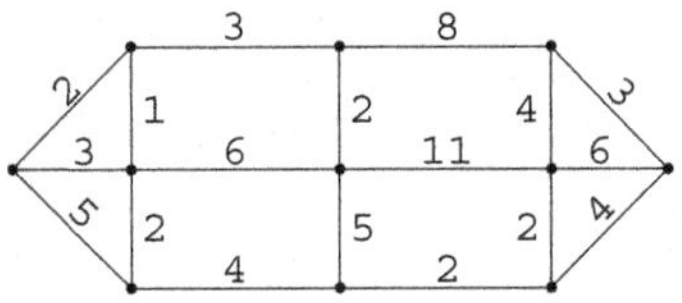

12 Eine Pipeline schickt Öl von A nach B. Das Öl kann via eine nördliche Route und via eine südliche Route gehen. Jede Route hat eine Zwischenstation mit einer Pipeline von Süden nach Norden. Die erste Hälfte der nördlichen Route (bis zur Station) hat eine Kapazität von 300 Barrel pro Stunde, die zweite Hälfte 400 Barrel/Stunde. Für die südliche Route sind die Kapazitäten 500 und 300, und für die Pipeline von Süden nach Norden 300 Barrel. Wie viele Barrel können maximal in der Stunde von A nach B transportiert werden?

▷ **13** Beweise: Sei $G = (E, K)$ Hamiltonsch und $A \subseteq E, A \neq \varnothing$. Dann hat $G \smallsetminus A$ höchstens $|A|$ Komponenten.

14 Zeige, dass der Petersen-Graph nicht Hamiltonsch ist.

▷ **15** Zeige, dass alle Hyperwürfel $Q_n, n \geq 2$, Hamiltonsch sind.

16 Konstruiere einen nicht-Hamiltonschen Graphen auf 10 Ecken, für den $d(u)+d(v) \geq 9$ für je zwei nichtbenachbarte Ecken gilt. (Siehe Übung 43, dass dies bestmöglich ist.)

▷ **17** Gegeben sei ein Würfel mit $27 = 3 \times 3 \times 3$ Käsestücken. Eine Maus sucht einen Weg von einem Eckstück über alle anderen Stücke, der schließlich im Mittelstück endet. Ist dies möglich? Diskutiere dieselbe Frage für $5 \times 5 \times 5$ und allgemein für $n \times n \times n$, n ungerade.

18 Teste die Methode (BI) „Billigste Insertion" für das Rheinlandproblem aus Abschnitt 8.4.

19 Eine weitere Methode zur Konstruktion einer Traveling Salesman-Tour ist „Fernste Insertion" (FI). Starte mit einem beliebigen Kreis der Länge 3. Sei $C = \{E_{i_1}, \ldots, E_{i_k}\}$ schon konstruiert. Zu jedem E_{i_j} bestimme $E'_{i_j} \notin C$ mit $w(E'_{i_j}, E_{i_j}) = \min(w(E_h, E_{i_j}) : E_h \notin C\}$ und unter den E'_{i_j} bestimme das „entfernteste" $E_{i_{j_0}}$ mit $w(E'_{i_{j_0}}, E_{i_{j_0}}) \geq w(E'_{i_j}, E_{i_j})$ für alle i_j. Nun baue $E'_{i_{j_0}}$ an der günstigsten Stelle ein wie in (BI). Teste (FI) für das Rheinland-Problem.

▷ **20** Das *Trägerproblem* hat als Eingabe (Graph $G, k \in \mathbb{N}$) mit der Frage: Existiert ein Träger D in G mit $|D| \leq k$? Das *Cliquenproblem* hat als Eingabe (Graph $G, k \in \mathbb{N}$) mit der Frage: Existiert ein vollständiger Untergraph $H \subseteq G$ mit $|E(H)| \geq k$? Zeige, dass beide Problem in NP liegen und polynomial äquivalent sind. Hinweis: Betrachte den komplementären Graphen $\overline{G}$. Übrigens sind beide Probleme NP-vollständig.

21 Konstruiere k-reguläre Graphen $(k > 1)$ ohne 1-Faktor für jedes k.

▷ **22** Sei $G = (S + T, K)$ bipartit. Zeige die Äquivalenz der folgenden Aussagen: a. G ist zusammenhängend und jede Kante ist in einem 1-Faktor, b. $|S| = |T|$ und $|N(A)| > |A|$ für alle $A \subseteq S$ mit $\varnothing \neq A \neq S$, c. $G \setminus \{u, v\}$ hat einen 1-Faktor für alle $u \in S, v \in T$.

23 Wir haben in Übung 6.10 die Unabhängigkeitszahl $\alpha(G)$ eingeführt. Zeige: Ein Graph G ist bipartit $\Leftrightarrow \alpha(H) \geq \frac{|E(H)|}{2}$ für jeden Untergraphen H von $G \Leftrightarrow m(H) = d(H)$ für jeden Untergraphen H von G. ($m(H)$ = Matchingzahl, $d(H)$ = Trägerzahl)

24 Zeige: Ist G ein k-regulärer Graph auf n Ecken, so gilt $\alpha(G) \leq \frac{n}{2}$.

25 Zeige, dass die Kantenmenge eines bipartiten Graphen G mit Maximalgrad Δ Vereinigung von Δ Matchings ist.

▷ **26** Zwei Personen spielen ein Spiel auf einem zusammenhängenden Graphen G. Sie wählen abwechselnd verschiedene Ecken $u_1, u_2, u_3, \ldots$ unter der Bedingung $u_i u_{i+1} \in K$ $(i \geq 1)$. Der letzte Spieler, der eine Ecke wählen kann, gewinnt. Zeige, dass der erste Spieler genau dann eine Gewinnstrategie hat, wenn G keinen 1-Faktor hat.

27 Überlege, wie die Methode des „Bäume Wachsens" aus Abschnitt 8.2 modifiziert werden kann, um allgemein ein Maximum Matching zu finden.

▷ **28** Zeige: Jeder k-reguläre bipartite Graph $G = (S + T, K)$ enthält mindestens $k!$ verschiedene 1-Faktoren. Hinweis: Induktion nach $n = |S| = |T|$.

29 Wir betrachten das übliche 8×8-Schachbrett. Entfernt man zwei weiße (oder zwei schwarze) Felder, so kann man den Rest nicht mehr mit 31 Dominosteinen belegen (klar?). Zeige aber: Entfernt man irgendein weißes und irgendein schwarzes Feld, so lässt sich das Brett mit 31 Dominosteinen belegen.

30 Sei M ein Matching in einem Graphen G, und $u \in E$ M-unsaturiert. Zeige: Wenn es keinen M-alternierenden Weg gibt, der in u startet, so ist u unsaturiert in einem Maximum Matching.

31 Sei $G = (E, K)$ ein Graph ohne isolierte Ecken, $m(G)$ sei die Matching-Zahl und $\beta(G)$ die kleinste Anzahl von Kanten, die alle Ecken treffen. Zeige $m(G) + \beta(G) = |E|$.

▷ **32** Zeige, dass für bipartite Graphen $G, \alpha(G) = \beta(G)$ gilt. Gib ein Beispiel eines nicht-bipartiten Graphen, für den die Behauptung falsch ist.

33 Zeige, dass die Laufzeit des Optimalen Matching-Algorithmus auf einem bipartiten Graphen $G = (S + T, K)$ in der Eckenzahl n gleich $O(n^3)$ ist.

▷ **34** Verallgemeinertes Tic-Tac-Toe. Ein Positionsspiel ist ein Paar $(S, \mathcal{F})$, $\mathcal{F} \subseteq \mathcal{B}(S)$. Die Mengen aus $\mathcal{F}$ heißen die *Gewinnmengen*. Zwei Spieler besetzen abwechselnd Positionen, d. h. Elemente von S. Ein Spieler gewinnt, wenn er eine Gewinnmenge $A \in \mathcal{F}$ vollständig besetzt hat. Das gewöhnliche 3×3-Tic-Tac-Toe hat also $|S| = 9$, $|\mathcal{F}| = 8$. Angenommen, es gilt $|A| \geq a$ für alle $A \in \mathcal{F}$, und jedes $s \in S$ ist in höchstens b Gewinnmengen. Zeige: Der zweite Spieler kann ein Unentschieden erzwingen, falls $a \geq 2b$ ist. Hinweis: Betrachte den bipartiten Graphen auf $S + (\mathcal{F} \cup \mathcal{F}')$ mit s adjazent zu A, A' falls $s \in A$, wobei $\mathcal{F}'$ eine Kopie von $\mathcal{F}$ ist. Was folgt für das $n \times n$-Tic-Tac-Toe?

35 Bestimme einen maximalen Fluss von 0 nach 11 in dem folgenden gerichteten Graphen, wobei die Zahlen die Kapazitäten sind.

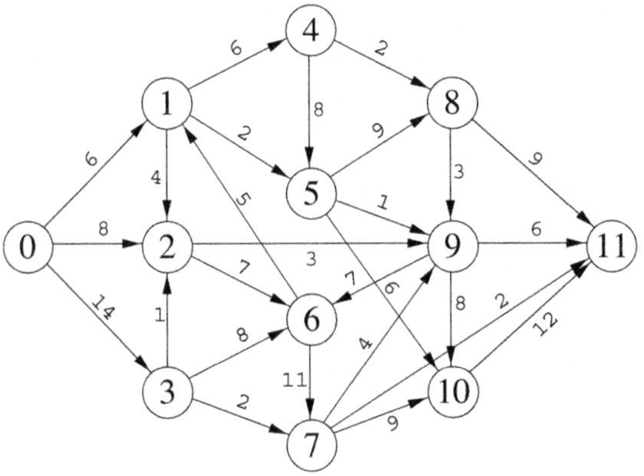

▷ **36** Es seien $(r_1, \ldots, r_m)$ und $(s_1, \ldots, s_n)$ zwei Folgen nichtnegativer ganzer Zahlen, die den Bedingungen $s_1 \geq \ldots \geq s_n$ und $\sum_{i=1}^{m} r_i = \sum_{j=1}^{n} s_j$ genügen. Zeige den Satz von Gale-Ryser: Genau dann gibt es eine $m \times n$-Matrix mit 0, 1-Einträgen und Zeilensummen $r_1, \ldots, r_m$ bzw. Spaltensummen $s_1, \ldots, s_n$, wenn $\sum_{i=1}^{m} \min(r_i, k) \geq \sum_{j=1}^{k} s_j$ für alle $k = 1, \ldots, n$ gilt. Hinweis: Transformiere das Problem auf ein Angebot-Nachfrage Problem auf dem bipartiten Graphen $G = (Z + S, K)$, $Z =$ Zeilen, $S =$ Spalten, und wende den entsprechenden Satz aus Abschnitt 8.3 an.

▷ **37** Die symmetrische Matrix (c_{ij}), $c_{ij} \geq 0$, erfülle die Dreiecksungleichung $c_{ik} \leq c_{ij} + c_{jk}$. Sei c_{NN} die Kosten einer „Nächster Nachbar" Tour. Zeige $c_{NN} \leq \frac{1}{2}(\lceil \lg n \rceil + 1)c_{\text{opt}}$. Hinweis: Seien $\ell_1 \geq \ldots \geq \ell_n$ die Kantenkosten der NN-Tour. Zeige zunächst $c_{\text{opt}} \geq 2\sum_{i=k+1}^{2k} \ell_i$ für $1 \leq k \leq \lfloor \frac{n}{2} \rfloor$ und $c_{\text{opt}} \geq 2\sum_{i=\lceil n/2 \rceil + 1}^{n} \ell_i$.

▷ **38** Sei $\vec{G} = (E, K)$ ein gerichteter Graph, $u \neq v \in E, (u, v) \notin K$. $A \subseteq K$ heißt *u, v-trennende Kantenmenge*, falls in $\vec{G} \setminus A$ kein gerichteter Weg von u nach v existiert. Eine Menge $\mathcal{W}$ von gerichteten u, v-Wegen heißt ein *u, v-Wegesystem*, falls je zwei Wege aus $\mathcal{W}$ kantendisjunkt sind. Beweise den Satz von Menger: $\max |\mathcal{W}| = \min |A|$ über alle Wegesysteme $\mathcal{W}$ und u, v-trennenden Kantenmengen A. Hinweis: Setze die Kapazität $c \equiv 1$, und nimm u als Quelle, v als Senke.

39 Beweise die Eckenversion des Satzes von Menger. Das heißt, $u \neq v \in E, (u,v) \notin K$. Die Mengen $A \subseteq E \setminus \{u,v\}$ sind trennende Eckenmengen, und die u,v-Wege aus $\mathcal{W}$ sind eckendisjunkt (bis auf u,v). Hinweis: Tranformiere das Problem in die Kantenversion.

40 Sei $\vec{G} = (E,K)$ ein gerichteter Graph, $S,T \subseteq E$. Eine S,T-trennende Eckenmenge A und ein S,T-Ecken-Wegesystem $\mathcal{W}$ werden analog zu den vorigen Übungen definiert. Beweise wieder max $|\mathcal{W}|$ = min $|A|$. Hinweis: Adjungiere zusätzliche Ecken u^*, v^* zu S bzw. T.

▷ **41** Spezialisiere die vorige Übung auf bipartite Graphen $G = (S + T, K)$.

42 Schätze die Laufzeit des Algorithmus zur Konstruktion eines Euler-Zuges in Abschnitt 8.4 ab.

▷ **43** G sei ein Graph mit $n \geq 3$ Ecken. Zeige: Gilt $d(u) + d(v) \geq n$ für jedes Paar nichtbenachbarter Ecken, so ist G Hamiltonsch. Hinweis: Angenommen, der Satz ist für n falsch. Dann wähle unter allen Gegenbeispielen eines mit einer maximalen Anzahl von Kanten.

44 Wir betrachten das *asymmetrische* Traveling Salesman-Problem ATSP, das heißt es kann $c_{ij} \neq c_{ji}$ sein. Gegeben sei die Kostenmatrix (c_{ij}) auf $\{1,\ldots,n\}$. Wir konstruieren folgenden gerichteten Graphen $\vec{G}$ auf $\{1,\ldots,n,n+1\}$. Die Kanten $(i,1), 1 \leq i \leq n$, werden ersetzt durch $(i, n+1)$ mit demselben Gewicht $c_{i,1}$, alle anderen Kanten bleiben unverändert. Zeige: ATSP ist äquivalent zur Bestimmung eines kürzesten gerichteten Weges der Länge n von 1 nach $n+1$ in $\vec{G}$.

45 Sei (c_{ij}) eine symmetrische Kostenmatrix für das TSP, $c_{ij} \geq 0$, welche die Dreiecksungleichung $c_{ik} \leq c_{ij} + c_{jk}$ erfüllt. Starte mit einer beliebigen Ecke v und schreibe $C_1 = \{v\}$. Sei der Kreis $C_k = \{u_1,\ldots,u_k\}$ schon konstruiert. Bestimme $u \notin C_k$ mit minimalem Abstand zu C_k und füge u vor der entsprechenden Ecke mit kürzestem Abstand ein. Zeige, dass für die so konstruierte Tour $c(T) \leq 2c(T_{\text{opt}})$ gilt.

▷ **46** Zeige, dass das Entscheidungsproblem, ob zwei Graphen G und H isomorph sind, in NP liegt, durch eine polynomiale Beschreibung der Verifikation $G \cong H$.

47 Zeige, dass $P \subseteq$ co-NP gilt.

▷ **48** Beweise, dass $NP \neq$ co-NP impliziert $P \neq NP$.

9 Suchen und Sortieren

9.1 Suchprobleme und Entscheidungsbäume

Eine Variante des folgenden Spieles kennt wahrscheinlich jeder. Jemand verlässt den Raum. Die übrigen Spieler einigen sich auf einen gewissen Begriff. Nach der Rückkehr sucht der ausgewählte Spieler nach dem Begriff, indem er Fragen stellt, die nur ja/nein Antworten erlauben. Errät er den gesuchten Begriff mit höchstens 20 Fragen, so hat er gewonnen.

Das „20-Fragen" Spiel enthält bereits alle wesentlichen Elemente eines allgemeinen Suchproblems: Gegeben ist ein Suchbereich S und ferner gewisse Tests, mit denen das gesuchte Element x^* bestimmt werden soll.

Betrachten wir ein mathematisches Beispiel: Der Frager weiß, dass der gesuchte Begriff eine Zahl von 1 bis 7 ist, der Suchbereich ist also $S = \{1, 2, \ldots, 7)$. Die zulässigen Tests sind: $x^* < i?$, wobei i irgendeine natürliche Zahl ist. Wie viele Fragen werden zur Bestimmung von x^* benötigt?

Einen Frage-Algorithmus können wir leicht anhand eines sogenannten **Entscheidungsbaumes** modellieren:

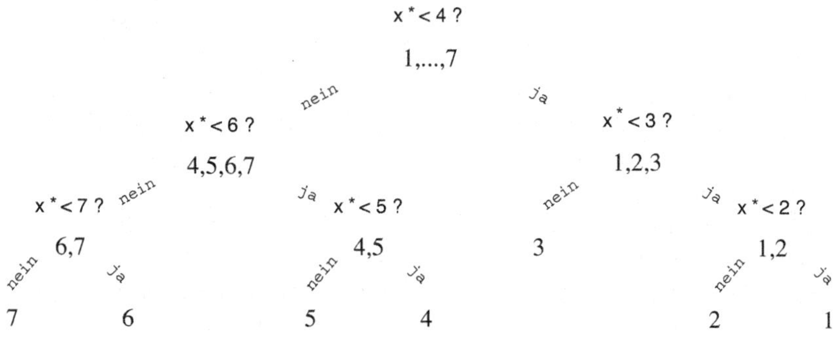

In den rund gezeichneten Ecken stehen die an dieser Stelle des Algorithmus noch möglichen Ergebnisse, in den eckig gezeichneten sind die eindeutigen Resultate enthalten. Wir sagen, dass der Spieler bei diesem Suchalgorithmus im **schlechtesten Fall** 3 Fragen benötigt, und im **Durchschnitt** (unter Annahme der Gleichwahrscheinlichkeit) $\frac{1}{7}(1 \cdot 2 + 6 \cdot 3) = \frac{20}{7}$ Fragen.

Ein weiteres allseits bekanntes Suchproblem betrifft Wägungen von Münzen. Wir haben n Münzen, von denen eine falsch ist. Alle echten Münzen haben dasselbe Gewicht, von der falschen wissen wir nur, dass ihr Gewicht verschieden ist, aber nicht, ob sie leichter oder schwerer ist. Der Suchbereich ist also $\{1_L, 1_S, 2_L, 2_S, \ldots, n_L, n_S\}$, wobei i_L bzw. i_S bedeutet, dass die i-te Münze falsch ist, und zwar leichter bzw. schwerer. In einem Test nehmen wir zwei Mengen A und B von Münzen,

$|A| = |B|$, legen A auf die linke Waagschale einer Balkenwaage, B auf die rechte Schale und beobachten das Ergebnis. Der Test hat also drei Ausgänge: $A < B$ (A ist leichter als B), $A = B$ (gleich schwer), $A > B$ (A ist schwerer als B). Der Ausgang $A < B$ gibt uns die Information, dass entweder die gesuchte Münze in A ist (und leichter ist) oder in B ist (und schwerer ist). Dasselbe gilt für $A > B$ mit den Rollen von A und B vertauscht. Im Fall $A = B$ wissen wir, dass die gesuchte Münze weder in A noch in B ist.

Für $n = 12$ führt der folgende Algorithmus zum Ziel, wobei der rechte Teil unseres Entscheidungsbaumes symmetrisch zum linken ist, so dass wir ihn der Übersichtlichkeit halber weglassen.

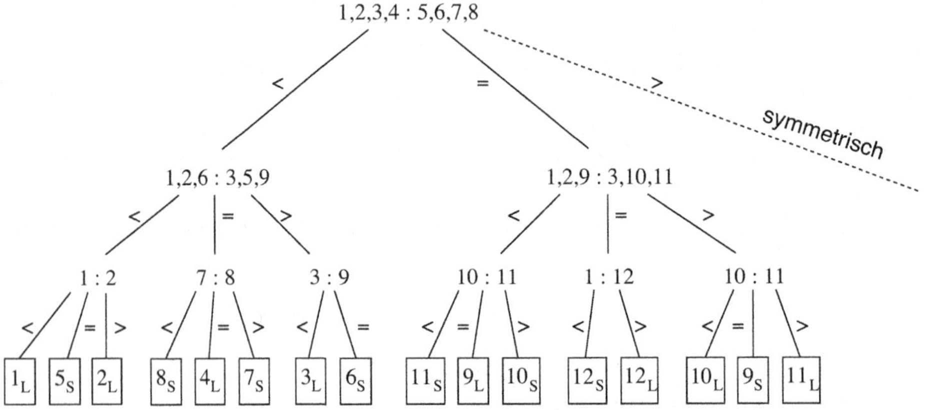

Jeder Frage-Algorithmus kann also durch einen Entscheidungsbaum dargestellt werden, und die Länge des Algorithmus korrespondiert genau zur Länge des Weges von der „Wurzel" zur jeweiligen „Endecke". Wir wollen nun die notwendigen Begriffe für allgemeine Suchprobleme zusammenstellen.

Ein **Wurzelbaum** (T, v) ist ein Baum im üblichen Sinn zusammen mit einer ausgezeichneten Ecke v, der **Wurzel** von T. Wir sagen auch, T ist verwurzelt in v. Wir wissen, dass für jede Ecke x von T genau ein Weg von v nach x existiert. Wir können uns diese Wege wie in den Beispielen als von oben nach unten verlaufend vorstellen – sie sind also eigentlich *gerichtete* Wege. Die folgenden Begriffe ergeben sich aus dieser Überlegung. Eine Ecke x ist **Vorgänger** von y, falls x in dem Weg $P(v, y)$ von v nach y enthalten ist, und x heißt *unmittelbarer Vorgänger*, falls $P(v, y) = v, \ldots, x, y$ ist. Analog haben wir die Begriffe **Nachfolger** und *unmittelbarer Nachfolger*. Die Ecken ohne Nachfolger (also jene vom Grad 1) heißen **Endecken** oder **Blätter** von T, die übrigen Ecken **innere Ecken**. Ebenso ist klar, was unter einem *Unterbaum verwurzelt in* x zu verstehen ist: x ist die Wurzel und der Baum enthält alle Nachfolger von x.

Die *Länge* $\ell(x)$ einer Ecke x ist die Länge des eindeutigen Weges von der Wurzel v nach x. Die Wurzel ist also die einzige Ecke mit Länge 0. Schließlich verstehen wir unter der **Länge** $L(T)$ des Baumes, $L(T) = \max\limits_{x \in E} \ell(x)$, die Länge eines längsten Weges von der Wurzel.

Der folgende Wurzelbaum hat 22 Ecken, 12 sind Blätter, 10 sind innere Ecken, die Länge des Baumes ist 4. Wir werden die inneren Ecken stets rund zeichnen und die Blätter eckig.

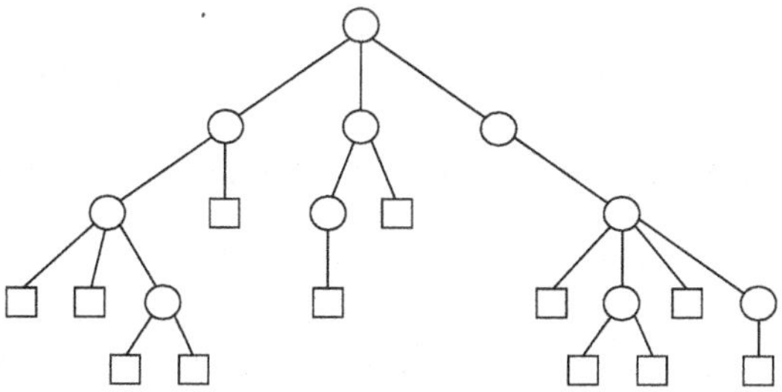

In einem Wurzelbaum T hat also jede Ecke, abgesehen von der Wurzel, genau einen unmittelbaren Vorgänger. Wir sagen, T ist ein **(n, q)-Baum**, falls T n Blätter hat, und die maximale Anzahl von unmittelbaren Nachfolgern einer inneren Ecke q ist, wobei wir stets $q \geq 2$ voraussetzen. T heißt ein **vollständiger (n, q)-Baum**, wenn jede innere Ecke genau q Nachfolger hat. Es gilt dann $q-1|n-1$ (siehe Übung 3). Mit $\mathcal{T}(n,q)$ bezeichnen wir die Klasse der (n,q)-Bäume.

Unser erster Algorithmus von oben liefert einen vollständigen $(7,2)$-Baum, unsere Wägeprozedur einen (nicht vollständigen) $(24,3)$-Baum, und unser letztes Beispiel ist ein $(12,4)$-Baum.

Wir haben also jeden Algorithmus $\mathcal{A}$ für ein gegebenes Suchproblem als einen (n,q)-Baum T dargestellt. Die Blätter von T korrespondieren zu den Ergebnissen, n ist dabei die Größe des Suchbereichs, und q ist die maximal mögliche Anzahl von Ausgängen bei unseren Testfragen. Die Länge $L(\mathcal{A})$ des Algorithmus im schlechtesten Fall (worst case) ist genau die Länge $L(T)$ des zugehörigen Entscheidungsbaumes T. Für ein gegebenes Suchproblem sind wir somit an der Größe

$$L = \min \; L(\mathcal{A})$$

über alle möglichen Algorithmen $\mathcal{A}$, d. h. über alle möglichen Entscheidungsbäume interessiert. Die folgende untere Schranke von L heißt die *informationstheoretische Schranke.*

Satz 9.1. *Sei $T \in \mathcal{T}(n,q)$, $n \geq 1$, $q \geq 2$. Dann gilt*

$$L(T) \geq \lceil \log_q n \rceil ,$$

wobei $\log_q n$ der Logarithmus zur Basis q ist.

Beweis. Wir zeigen, dass für einen Baum $T \in \mathcal{T}(n,q)$ der Länge L stets $q^L \geq n$ gilt. Für $L = 0$ ist dies klar. Nun verwenden wir Induktion nach L. Die unmittelbaren Nachfolger der Wurzel v seien $x_1, \ldots, x_t, t \leq q$. Einer der Unterbäume T_i verwurzelt in x_i, muss mindestens $\frac{n}{q}$ Blätter enthalten. Nach Induktion gilt

$q^{L(T_i)} \geq \frac{n}{q}$ und mit $L \geq L(T_i) + 1$ also $q^L \geq q^{L(T_i)+1} \geq n$. Da $L(T)$ eine ganze Zahl ist, folgt $L(T) \geq \lceil \log_q n \rceil$. ■

Das Wort „informationstheoretische" Schranke resultiert aus der Interpretation eines Suchprozesses als Informations-Gewinn. Am Anfang wissen wir nichts (Information 0), mit jeder Frage erhöhen wir unsere Information über das tatsächliche Ergebnis, bis wir am Schluss alles wissen (vollständige Information). Die Größe $\lceil \log_q n \rceil$ gibt also eine untere Schranke für die im schlechtesten Fall notwendige Anzahl von Fragen, um vollständige Information zu gewinnen.

Beispiel. Sind alle Tests erlaubt, so erhalten wir alle Bäume $T \in \mathcal{T}(n, q)$ als Entscheidungsbäume. Für einen vollständigen (n, q)-Baum T gilt offenbar $L(T) = \lceil \log_q n \rceil$, also ist die untere Schranke in diesem Fall erfüllt. Daraus ergibt sich sofort das allgemeine Problem: Für welche Familien $\mathcal{W}$ von (n, q)-Bäumen wird die untere Schranke angenommen, d. h. $\min(L(T) : T \in \mathcal{W}) = \lceil \log_q n \rceil$?

Betrachten wir nochmals unser Wägeproblem. Für 12 Münzen haben wir $n = 24$ mögliche Ergebnisse, also erhalten wir $L \geq \lceil \log_3 24 \rceil = 3$, somit $L = 3$ nach unserem Algorithmus von vorhin. Wie ist es nun mit 13 Münzen? Theoretisch ist auch hier $L = 3$ möglich, da $\log_3 26 < 3$ ist.

Angenommen, wir legen bei der ersten Wägung ℓ Münzen in jede Schale. Falls die linke Seite leichter ist, kann jede der ℓ Münzen auf der linken Seite leichter sein, oder jede der ℓ Münzen auf der rechten Seite schwerer. Insgesamt erhalten wir also 2ℓ mögliche Ergebnisse. Dieselbe Zahl 2ℓ erhalten wir, falls die rechte Seite leichter ist. Im Fall der Gleichheit ergeben sich $26 - 2\ell - 2\ell = 2m$ mögliche Ausgänge. Aus $26 = 2\ell + 2\ell + 2m$ schließen wir

$$\max(2\ell, 2m) \geq \frac{26}{3},$$

also $\max(2\ell, 2m) \geq 10$, da 2ℓ und $2m$ gerade sind. Aus der informationstheoretischen Schranke erkennen wir, dass $\max(2\ell, 2m)$ nicht in zwei Wägungen erledigt werden kann, also gilt $L \geq 4$. Dass vier Wägungen für 13 Münzen genügen, ist leicht zu sehen, somit ist $L = 4$ in diesem Fall. Der Leser kann sich überlegen (oder die Übungen konsultieren), dass dies der typische Ausnahmefall ist. Es gilt allgemein $L = \lceil \log_3(2n + 2) \rceil$ für das n-Münzenproblem.

9.2 Der Hauptsatz der Suchtheorie

Interessanter als die Bestimmung der Länge eines Suchprozesses im schlechtesten Fall ist der Durchschnittsfall. In den allermeisten Fällen werden die möglichen Ergebnisse nicht mit der gleichen Wahrscheinlichkeit auftreten. Wenn wir wissen, dass ein Ergebnis x_i sehr wahrscheinlich ist, dann werden wir einen Entscheidungsbaum konstruieren, der x_i eine kurze Länge ℓ_i zuteilt.

Unser allgemeines Problem stellt sich also wie folgt dar: Gegeben sei ein (n, q)-Baum T mit Blättern $x_1, \ldots, x_n$, und einer Wahrscheinlichkeitsverteilung

$(p_1, \ldots, p_n), p_i = p(x^* = x_i)$. Sei ℓ_i die Länge von x_i, dann sind wir an der *durchschnittlichen Länge*

$$\overline{L}(T) = \sum_{i=1}^{n} p_i \ell_i$$

interessiert, und insbesondere an $\overline{L} = \min \overline{L}(T)$, über alle Entscheidungsbäume T. $\overline{L}(T)$ ist also nichts anderes als der Erwartungswert für die Länge eines zufällig herausgegriffenen Blattes.

Zuerst müssen wir klären, wann ein Baum $T \in \mathcal{T}(n, q)$ mit Längen $\ell_1, \ldots, \ell_n$ der Blätter überhaupt existiert.

Satz 9.2. (Kraftsche Ungleichung)

a. *Sei $T \in \mathcal{T}(n, q)$ gegeben mit den Längen $\ell_1, \ldots, \ell_n$ der Blätter. Dann gilt $\sum_{i=1}^{n} q^{-\ell_i} \leq 1$, und wir haben Gleichheit genau dann, wenn T vollständig ist.*
b. *Seien $\ell_1, \ldots, \ell_n \in \mathbb{N}_0$ gegeben mit $\sum_{i=1}^{n} q^{-\ell_i} \leq 1$. Dann existiert ein Baum $T \in \mathcal{T}(n, q)$ mit den Längen $\ell_1, \ldots, \ell_n$.*

Beweis. Um a. zu beweisen, bemerken wir zunächst, dass ein beliebiger (n, q)-Baum durch Anhängen von Blättern an „ungesättigte" innere Ecken immer in einen vollständigen (n', q)-Baum T' mit $n' \geq n$ transformiert werden kann. Da die Summe $\sum q^{-\ell_i}$ dabei zunimmt, genügt es also, die Gleichheit für vollständige Bäume nachzuweisen. Wir verwenden Induktion nach n. Für $n = 0$ besteht der Baum nur aus der Wurzel, und wir haben $q^0 = 1$. Sei also $n > 0$. Wir ersetzen eine „Gabel" von Endecken der Länge ℓ:

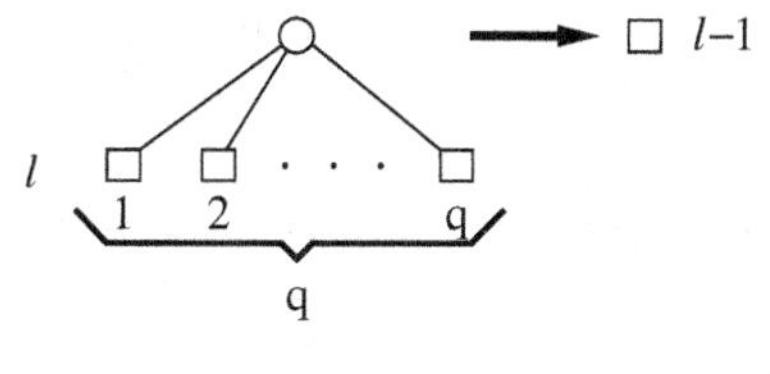

Der neue Baum T' ist ein vollständiger $(n - q + 1, q)$-Baum. Durch Induktion schließen wir

$$\underbrace{\sum_{i=1}^{n} q^{-\ell_i}}_{T} = \sum_{i=q+1}^{n} q^{-\ell_i} + q \cdot q^{-\ell} = \underbrace{\sum_{i=q+1}^{n} q^{-\ell_i} + q^{-(\ell-1)}}_{T'} = 1 \,.$$

Nun nehmen wir umgekehrt an, dass $\sum_{i=1}^{n} q^{-\ell_i} \leq 1$ gilt. Sei $w_k = |\{i : \ell_i = k\}|$, $k = 0, 1, \ldots, L = L(T)$, d. h. w_k ist die Anzahl der Blätter der Länge k in dem Baum T, den wir konstruieren wollen. Die Ungleichung $\sum q^{-\ell_i} \leq 1$ können wir daher als

$$\sum_{k=0}^{L} w_k q^{-k} \leq 1$$

schreiben, oder äquivalent als

$$(1) \qquad w_0 q^L + w_1 q^{L-1} + \ldots + w_{L-1} q + w_L \leq q^L .$$

Wir konstruieren den gewünschten Baum T induktiv. Falls $w_0 = 1$ ist, haben wir $L = 0$, und T besteht nur aus der Wurzel. Angenommen, wir haben T bereits bis zur Länge k bestimmt. Sei $N_k = \{u \in E : \ell(u) = k\}$. Wir haben bereits $w_0, w_1, \ldots, w_k$ Blätter der Längen $0, 1, \ldots, k$ konstruiert. In N_k stehen also die Ecken unterhalb dieser $w_0 + \ldots + w_k$ Blätter nicht mehr zur Verfügung, und wir folgern, dass in N_k noch

$$(2) \qquad q^k - \sum_{i=0}^{k} w_i q^{k-i}$$

innere Ecken frei sind. Nach (1) haben wir

$$w_{k+1} q^{L-k-1} \leq q^L - \sum_{i=0}^{k} w_i q^{L-i} ,$$

also

$$w_{k+1} \leq q^{k+1} - \sum_{i=0}^{k} w_i q^{k+1-i} = q(q^k - \sum_{i=0}^{k} w_i q^{k-i}) .$$

Mit (2) folgt, dass wir alle w_{k+1} Blätter der Länge $k+1$ platzieren können. ∎

Beispiel. Sei $n = 6$, $q = 2$, $\ell_1 = 1$, $\ell_2 = 2$, $\ell_3 = 3$, $\ell_4 = \ell_5 = 5$, $\ell_6 = 6$. Wir haben $w_0 = 0$, $w_1 = w_2 = w_3 = 1$, $w_4 = 0$, $w_5 = 2$, $w_6 = 1$ und $\sum_{k=0}^{6} w_k 2^{6-k} = 2^5 + 2^4 + 2^3 + 2 \cdot 2 + 1 = 61 \leq 2^6$. Die Konstruktion ist nun wie folgt:

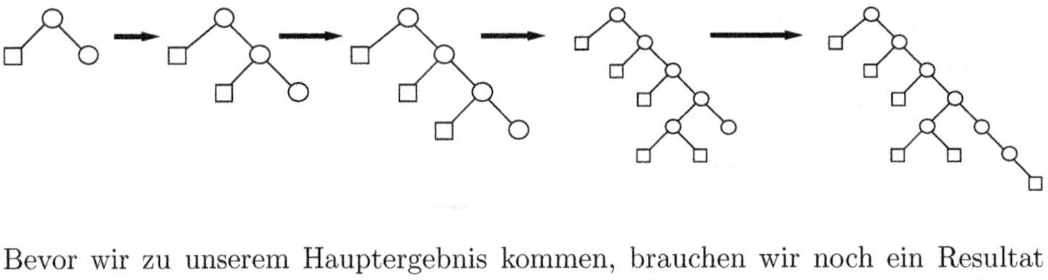

Bevor wir zu unserem Hauptergebnis kommen, brauchen wir noch ein Resultat über Logarithmen. Aus der Analysis wissen wir, dass für den natürlichen Logarithmus log gilt: $\log x \leq x - 1$ für $x > 0$ mit $\log x = x - 1$ genau für $x = 1$.

Hilfssatz 9.3. *Es seien $s_1, \ldots, s_n, y_1, \ldots, y_n$ positive reelle Zahlen mit $\sum_{i=1}^{n} s_i \leq \sum_{i=1}^{n} y_i$. Dann gilt $\sum_{i=1}^{n} y_i \log_q \frac{y_i}{s_i} \geq 0 \, (q > 1)$ mit Gleichheit genau dann, wenn $s_i = y_i$ für alle i gilt.*

Beweis. Da $\log_q x = \frac{\log x}{\log q}$ ist, genügt es, den natürlichen Logarithmus zu betrachten. Aus $\log x \le x - 1$ folgt

$$\sum_{i=1}^{n} y_i \log \frac{s_i}{y_i} \le \sum_{i=1}^{n} y_i(\frac{s_i}{y_i} - 1) = \sum_{i=1}^{n} s_i - \sum_{i=1}^{n} y_i \le 0\,,$$

und daher $\sum_{i=1}^{n} y_i \log \frac{y_i}{s_i} \ge 0$. Gleichheit kann nur gelten, wenn $\log \frac{s_i}{y_i} = \frac{s_i}{y_i} - 1$ für alle i ist, d. h. wenn $s_i = y_i$ für alle i gilt. ∎

Der folgende berühmte Satz von Shannon wird der 1. Hauptsatz der Informationstheorie genannt.

Satz 9.4. *Sei $n \ge 1$, $q \ge 2$, und $p = (p_1, \ldots, p_n)$ eine Wahrscheinlichkeitsverteilung auf den Blättern von $T \in \mathcal{T}(n,q)$. Dann gilt*

$$-\sum_{i=1}^{n} p_i \log_q p_i \le \overline{L} = \min \overline{L}(T) < (-\sum_{i=1}^{n} p_i \log_q p_i) + 1\,.$$

Beweis. Wir nehmen zunächst $p_i > 0$ für alle i an. Um die linke Ungleichung zu beweisen, müssen wir zeigen, dass $\overline{L}(T) = \sum_{i=1}^{n} p_i \ell_i \ge -\sum_{i=1}^{n} p_i \log_q p_i$ für *alle* Bäume $T \in \mathcal{T}(n,q)$ gilt. Aus der Kraftschen Ungleichung 9.2 haben wir $\sum_{i=1}^{n} q^{-\ell_i} \le 1 = \sum_{i=1}^{n} p_i$. Setzen wir in 9.3 $s_i = q^{-\ell_i}$, $y_i = p_i$, so erhalten wir daraus $\sum_{i=1}^{n} p_i \log_q \frac{p_i}{q^{-\ell_i}} = \sum_{i=1}^{n} p_i \log_q(p_i q^{\ell_i}) \ge 0$ oder $\overline{L}(T) = \sum_{i=1}^{n} p_i \ell_i \ge -\sum_{i=1}^{n} p_i \log_q p_i$.

Um die rechte Ungleichung zu beweisen, definieren wir natürliche Zahlen ℓ_i durch $-\log_q p_i \le \ell_i < (-\log_q p_i) + 1$. Wegen $0 < p_i \le 1$ sind die ℓ_i's wohldefiniert. Wir haben also $q^{-\ell_i} \le p_i$ für alle i und somit $\sum_{i=1}^{n} q^{-\ell_i} \le \sum_{i=1}^{n} p_i = 1$. Nach Teil b der Kraftschen Ungleichung existiert also ein Baum $T \in \mathcal{T}(n,q)$ mit den Längen $\ell_1, \ldots, \ell_n$ der Blätter, und wir erhalten

$$\overline{L}(T) = \sum_{i=1}^{n} p_i \ell_i < \sum_{i=1}^{n} p_i(-\log_q p_i + 1) = (-\sum_{i=1}^{n} p_i \log_q p_i) + 1\,.$$

Schließlich können wir die Voraussetzung $p_i > 0$ umgehen, indem wir $0 \cdot \log_q 0 = 0$ setzen. Der Beweis funktioniert dann auch in diesem Fall. ∎

Der Satz bestimmt die minimale Länge von (n,q)-Bäumen versehen mit einer Verteilung $(p_1, \ldots, p_n)$ bis auf einen Fehler < 1. Ist $q = 2$, so heißt $H(p_1, \ldots, p_n) = -\sum_{i=1}^{n} p_i \lg p_i$ die **Entropie** von $(p_1, \ldots, p_n)$. Sie ist also, im Sinne der Informationstheorie, ein Maß für die durchschnittliche Anzahl von ja/nein-Fragen, die nötig sind, um volle Information zu erhalten.

Sind alle Bäume $T \in \mathcal{T}(n,q)$ mögliche Entscheidungsbäume für das gegebene Suchproblem, so gibt 9.4 eine untere und obere Schranke für die durchschnittliche Suchdauer. Im allgemeinen kommen aber nur gewisse Bäume in Frage. Zum

Beispiel haben beim Wägungsproblem wegen $|A| = |B|$ die linken und rechten Unterbäume stets dieselbe Anzahl von Blättern. Wir können für beliebige Suchprobleme also zunächst nur die untere Schranke verwenden.

Kehren wir nochmals zu den Bäumen $T \in \mathcal{T}(n,q)$ zurück. Wir wissen, dass $\overline{L} = \min \overline{L}(T)$ etwa $-\sum_{i=1}^{n} p_i \log_q p_i$ ist. Aber was ist der *genaue* Wert $\overline{L}(p_1, \ldots, p_n)$? Der folgende berühmte Algorithmus von Huffman bestimmt diesen Wert. Übrigens können wir anstelle einer Verteilung $(p_1, \ldots, p_n)$ irgendwelche Gewichte $w_1, \ldots, w_n \in \mathbb{R}^+$ wählen. Setzen wir $p_i = w_i / \sum_{i=1}^{n} w_i \quad (i = 1, \ldots, n)$, so sind die optimalen Bäume natürlich für beide Probleme dieselben.

Sei also $(p_1, \ldots, p_n)$ eine Verteilung, wobei wir $p_1 \geq p_2 \geq \ldots \geq p_n \geq 0$ annehmen wollen. Der Baum $T \in \mathcal{T}(n,q)$ sei optimal für die Verteilung $(p_1, \ldots, p_n)$, d. h. $\overline{L}(T) = \sum_{i=1}^{n} p_i \ell_i = \overline{L}(p_1, \ldots, p_n)$. Wir können annehmen, dass $q-1$ ein Teiler von $n-1$ ist, indem wir weitere Blätter mit $p_j = 0$ hinzunehmen. Dies ändert offensichtlich nichts an $\overline{L}(T)$. Wir wollen nun T analysieren. Es seien $x_1, \ldots, x_n$ die Blätter von T mit den Längen $\ell_1, \ldots, \ell_n$ und den Wahrscheinlichkeiten $p_1 \geq \ldots \geq p_n$.

(i) Es gilt $\ell_1 \leq \ell_2 \leq \ldots \leq \ell_n$. Angenommen, es existieren Indizes i, j mit $p_i > p_j$, $\ell_i > \ell_j$. Vertauschen wir in T die Plätze von x_i und x_j, so erhalten wir einen Baum $T' \in \mathcal{T}(n,q)$ mit

$$\overline{L}(T') = \sum_{k \neq i,j} p_k \ell_k + p_i \ell_j + p_j \ell_i = \overline{L}(T) - (p_i - p_j)(\ell_i - \ell_j) < \overline{L}(T)\,,$$

im Widerspruch zur Optimalität von T.

(ii) Sei $L = L(T)$. Aus (i) folgt, dass $\ell_i = L$ impliziert $\ell_j = L$ für alle j mit $i \leq j \leq n$. Aus der Bedingung $q - 1 \mid n - 1$ folgt ferner, dass T vollständig ist. Hätte nämlich eine innere Ecke u mit $\ell(u) \leq L - 2$ weniger als q unmittelbare Nachfolger, so könnten wir ein Blatt der Länge L an u anhängen, und T wäre nicht minimal. Sei I die Menge der inneren Ecken u mit $\ell(u) \leq L - 2$ und J jene mit $\ell(u) = L - 1$. Jede Ecke mit Ausnahme der Wurzel hat genau einen unmittelbaren Vorgänger. Die Ecken von I haben q unmittelbare Nachfolger und $v_j \in J$ habe n_j Nachfolger (Blätter der Länge L). Durch zweifaches Abzählen erhalten wir

$$|I|q + \sum_{J} n_j = |I| + |J| - 1 + n\,,$$

(-1 wegen der Wurzel), somit

$$(n-1) - |I|(q-1) = \sum (n_j - 1)\,.$$

Wegen $q - 1 \mid n - 1$ folgt $q - 1 \mid \sum(n_j - 1)$. Ist $n_j = q$ für alle j, dann ist T vollständig. Andernfalls ersetzen wir soviele n_j durch q wie möglich (dies ändert $\overline{L}$ nicht). Für die übrigen n_j' gilt wegen $q - 1 \mid \sum(n_j - 1)$ dann $n_j' = 1$. Hat aber eine innere Ecke u, $\ell(u) = L - 1$, nur ein Nachfolgerblatt x, so können wir x an die Stelle von u hinaufschieben, im Widerspruch zur Minimalität von T.

(iii) Wir können also annehmen, dass $x_{n-q+1}, \ldots, x_n$ mit den Längen $\ell_{n-q+1} = \ldots = \ell_n = L$ alle einen gemeinsamen unmittelbaren Vorgänger v haben. Nun ersetzen wir die Gabel

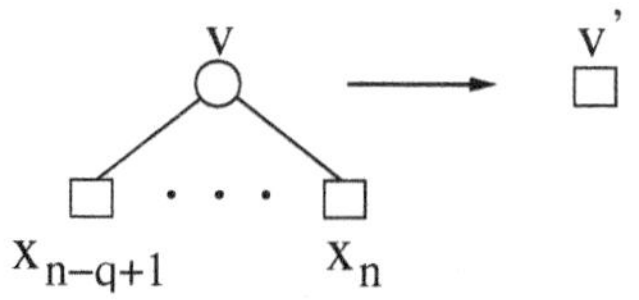

und erhalten einen vollständigen Baum $T' \in \mathcal{T}(n-q+1, q)$. Teilen wir v' die Wahrscheinlichkeit $p = p_{n-q+1} + \ldots + p_n$ zu, so folgt

$$\overline{L}(p_1, \ldots, p_{n-q}, p) \leq \overline{L}(T') = \overline{L}(T) - pL + p(L-1) = \overline{L}(T) - p\,.$$

(iv) Es sei umgekehrt U' ein optimaler $(n-q+1, q)$-Baum für die Verteilung $(p_1, \ldots, p_{n-q}, p)$ und v' eine Endecke, deren Wahrscheinlichkeit p ist, $\ell(v') = \ell$. Wir ersetzen

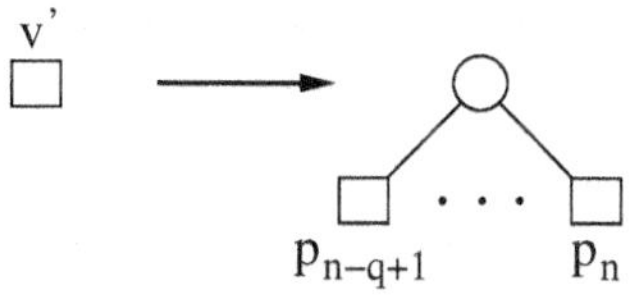

und erhalten einen (n, q)-Baum U für die Verteilung $(p_1, \ldots, p_n)$, wobei gilt

$$\begin{aligned}\overline{L}(p_1, \ldots, p_n) &\leq \overline{L}(U') - p\ell + p(\ell+1)\\ &= \overline{L}(U') + p.\end{aligned}$$

Nehmen wir (iii) und (iv) zusammen, so schließen wir

(v) $\overline{L}(p_1, \ldots, p_n) = \overline{L}(p_1, \ldots, p_{n-q}, p) + p$, wobei $p = p_{n-q+1} + \ldots + p_n$ ist. Mit anderen Worten: $T \in \mathcal{T}(n, q)$ ist genau dann optimal für die Verteilung $(p_1, \ldots, p_n)$, wenn $T' \in \mathcal{T}(n-q+1, q)$ optimal für die Verteilung $(p_1, \ldots, p_{n-q}, p)$ ist, wobei $p = p_{n-q+1} + \ldots + p_n$ die Summe der q kleinsten Wahrscheinlichkeiten ist.

Das ist die Basis für unseren Algorithmus. Die Ersetzung einer Gabel mit den kleinsten q Wahrscheinlichkeiten führt laut (iii) zu einem optimalen $(n-q+1, q)$-Baum. Wir ersetzen wieder eine Gabel usf., bis wir beim trivialen Baum angelangt sind. Nun entwickeln wir laut (iv) den trivialen Baum sukzessive in der umgekehrten Richtung, bis wir schließlich einen optimalen Baum für die angegebene Verteilung $(p_1, \ldots, p_n)$ erhalten. Zusätzlich hinzugefügte Blätter mit $p_j = 0$ streichen wir schließlich weg. Wir erkennen, dass der Huffman-Algorithmus wiederum ein Algorithmus vom Greedy-Typ ist.

Beispiel. Sei $n = 8$, $q = 3$, $p_1 = p_2 = 22$, $p_3 = 17$, $p_4 = 16$, $p_5 = 15$, $p_6 = p_7 = 3$, $p_8 = 2$. Um $q - 1 \mid n - 1$ zu erreichen, fügen wir ein Blatt mit $p_9 = 0$ hinzu. Die Phase (iii) von Huffmans Algorithmus sieht folgendermaßen aus:

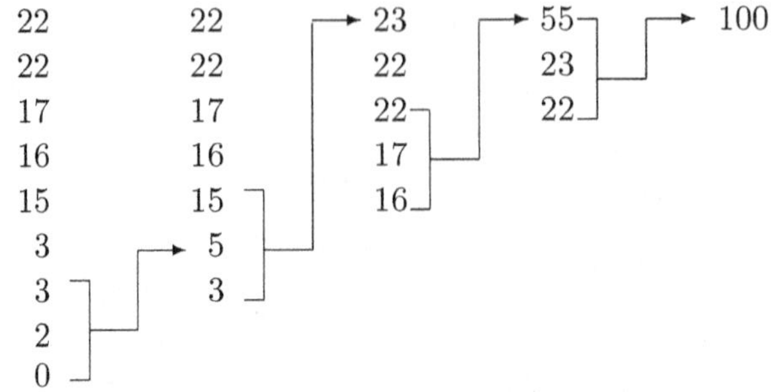

Nun „entwickeln" wir den trivialen Baum laut (iv):

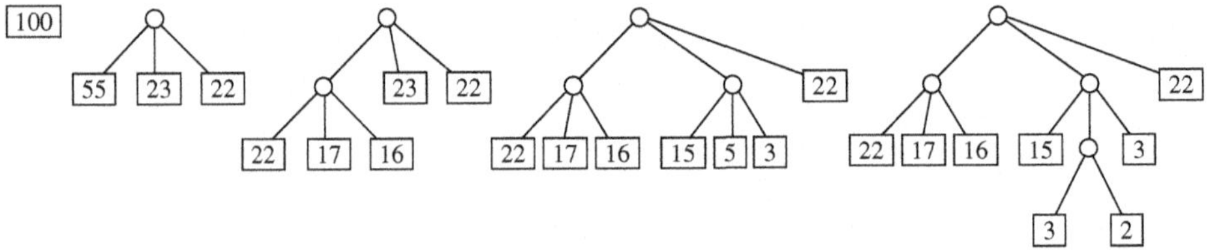

wobei wir das 0-Blatt am Schluss weglassen. Die durchschnittliche Länge des optimalen Baumes T ist also $\overline{L} = 22 + 2(22 + 17 + 16 + 15 + 3) + 3(3 + 2) = 183$, oder wenn wir durch $\sum_{i=1}^{8} p_i = 100$ dividieren, $\overline{L}(T) = 1,83$. Für die untere Schranke in 9.4 erhalten wir $-\sum \frac{p_i}{100} \log_3 \frac{p_i}{100} = 1,67$. Beachte, dass die Länge von T gleich 3 ist, also T nicht optimal im Sinne des schlechtesten Falles ist, $L(T) = \lceil \log_3 8 \rceil = 2$.

9.3 Sortieren von Listen

Viele Algorithmen verlangen in einem ersten Arbeitsgang, dass die zugrundeliegenden Elemente zunächst sortiert werden: Ein Beispiel war der Greedy Algorithmus für Matroide aus Abschnitt 7.3. Wir wollen nun die dabei auftretenden Probleme analysieren.

Angenommen, wir haben eine Liste von n verschiedenen Zahlen $a_1, \ldots, a_n$ gegeben, und unsere Aufgabe besteht darin, sie in die richtige Reihenfolge, zum Beispiel in aufsteigender Folge, zu bringen. Das heißt wir müssen die eindeutige Permutation π bestimmen, so dass $a_{\pi(1)} < a_{\pi(2)} < \ldots < a_{\pi(n)}$ gilt. Statt Zahlen können wir irgendeine Liste von Elementen betrachten, auf denen eine lineare Ordnung gegeben ist. Als Tests stehen uns *paarweise Vergleiche* $a_i : a_j$ zur Verfügung, mit den Antworten $a_i < a_j$ oder $a_j < a_i$.

Der Suchbereich S besteht also aus allen $n!$ möglichen Permutationen der a_i, jede einzelne Permutation ergibt genau eine mögliche lineare Ordnung, und jeder

Test hat $q = 2$ Ergebnisse. Bezeichnen wir mit $S(n)$ die Anzahl der Vergleiche, die ein optimaler Algorithmus (im schlechtesten Fall) benötigt, so liefert 9.1

$$S(n) \geq \lceil \lg n! \rceil . \tag{1}$$

Wie nahe können wir an die Schranke (1) herankommen? Betrachten wir als Beispiel $n = 4$. Es gilt $S(n) \geq \lceil \lg 24 \rceil = 5$. Wir können natürlich $a_1, \ldots, a_4$ sortieren, indem wir *alle* $\binom{4}{2} = 6$ Vergleiche $a_i : a_j$ durchführen. Die Schranke (1) besagt, dass wir jedenfalls 5 Vergleiche benötigen. Der folgende Algorithmus, dargestellt als Entscheidungsbaum, zeigt, dass es tatsächlich mit 5 Vergleichen geht, d. h. $S(4) = 5$ ist.

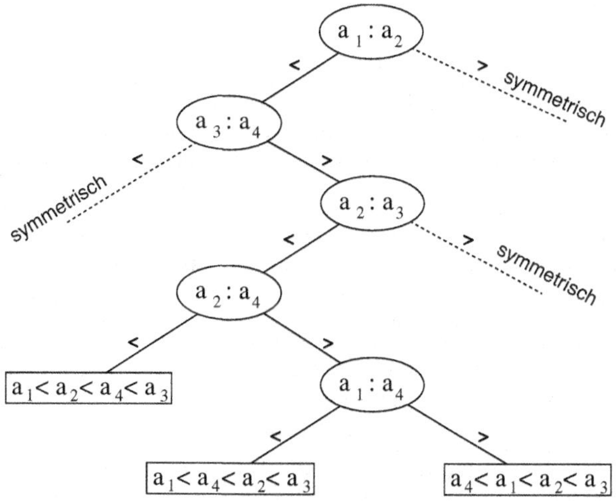

Verfolgen wir nochmals den genauen Ablauf des Algorithmus. Durch den ersten Vergleich $a_1 : a_2$ teilen wir die $4! = 24$ möglichen linearen Ordnungen in zwei Hälften zu je 12 ein, die eine mit $a_1 < a_2$, die andere mit $a_2 < a_1$. Wir können also oBdA $a_1 < a_2$ annehmen (das bedeutet „symmetrisch" für den rechten Unterbaum). Dasselbe gilt für $a_3 : a_4$, wir nehmen oBdA $a_4 < a_3$ an. Es bleiben somit 6 Ordnungen übrig, die mit $a_1 < a_2$ und $a_4 < a_3$ kompatibel sind. Nun vergleichen wir die beiden *maximalen* Elemente a_2, a_3, und können wiederum oBdA $a_2 < a_3$ annehmen. Unsere bis jetzt konstruierte Ordnung können wir als sogenanntes **Hasse-Diagramm** darstellen:

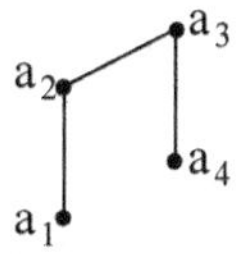

Wir zeichnen nur die *unmittelbaren* Ordnungsrelationen ein; die bis dahin konstruierte Ordnung ergibt sich durch Transitivität, also z. B. $a_1 < a_3$ aus $a_1 < a_2$ und

$a_2 < a_3$. Vergleichen wir nun $a_2 : a_4$, so haben wir im Fall $a_2 < a_4$ die gesamte lineare Ordnung ermittelt $a_1 < a_2 < a_4 < a_3$. Im Fall $a_2 > a_4$ erhalten wir das Hasse-Diagramm

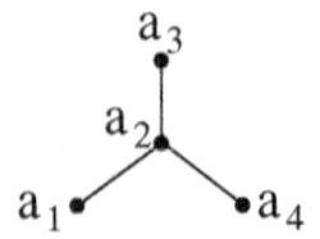

und müssen noch den 5. Vergleich $a_1 : a_4$ durchführen.

Für $n = 5$ erhalten wir $S(5) \geq \lceil \lg 120 \rceil = 7$. Da 120 nahe bei $2^7 = 128$ liegt, ist zu erwarten, dass ein Sortieralgorithmus mit 7 Vergleichen einiger Sorgfalt bedarf. Aber es geht, wie sich der Leser überzeugen sollte.

Wir wollen nun drei allgemeine Sortieralgorithmen besprechen: *Einfügen*, *Zusammenlegen* und QUICKSORT, und sie genau analysieren.

Die **Einfügungsmethode** wird wahrscheinlich jedem als erste einfallen. Wir vergleichen als erstes $a_1 : a_2$. Haben wir schon die richtige Ordnung $a_{h_1} < \ldots < a_{h_i}$ für die ersten i Elemente ermittelt, so nehmen wir a_{i+1} und sortieren es an die richtige Stelle in $a_{h_1} < \ldots < a_{h_i}$ ein. Setzen wir $a_{h_j} = b_j$, also $b_1 < \ldots < b_i$. Wir vergleichen nun a_{i+1} mit dem *Median* $b_{\frac{i+1}{2}}$, falls i ungerade ist, oder mit $b_{\frac{i}{2}}$, falls i gerade ist. Damit halbieren wir in etwa die möglichen Stellen, in denen a_{i+1} liegen kann. Nun nehmen wir in diesem kleineren Intervall wieder einen Vergleich mit dem Median vor, usf. Wie viele Vergleiche benötigen wir im schlechtesten Fall für die Einsortierung von a_{i+1}? Da wir für a_{i+1} die $i+1$ Möglichkeiten $a_{i+1} < b_1, b_1 < a_{i+1} < b_2, \ldots, b_i < a_{i+1}$ haben, brauchen wir nach 9.1 jedenfalls $\lceil \lg(i+1) \rceil$ Vergleiche. Induktion ergibt nun sofort, dass wir mit dieser Zahl von Vergleichen auch auskommen. Für $i = 1$ ist dies klar. Nach dem ersten Vergleich bleiben im schlechtesten Falle $\lceil \frac{i+1}{2} \rceil$ Möglichkeiten. Nach Induktion können wir a_{i+1} nun mit $\lceil \lg \lceil \frac{i+1}{2} \rceil \rceil$ weiteren Vergleichen einsortieren, also benötigen wir insgesamt $1 + \lceil \lg \lceil \frac{i+1}{2} \rceil \rceil = \lceil \lg(i+1) \rceil$ Vergleiche.

Für die Gesamtzahl $B(n)$ der Vergleiche erhalten wir daraus

$$B(n) = \sum_{i=2}^{n} \lceil \lg i \rceil \,.$$

Sei $n = 2^m + r$, $0 < r \leq 2^m$. Da $\lceil \lg i \rceil = k$ für $2^{k-1} < i \leq 2^k$ ist, schließen wir

$$B(n) = \sum_{k=1}^{m} k\, 2^{k-1} + r(m+1) \,.$$

In Abschnitt 2.1 haben wir $\sum_{k=1}^{m} k\, 2^k = (m-1)2^{m+1} + 2$ berechnet, also erhalten wir

$$B(n) = (m-1)2^m + 1 + (n - 2^m)(m+1) = n(m+1) - 2^{m+1} + 1$$

und somit

(2) $$B(n) = n\lceil \lg n\rceil - 2^{\lceil \lg n\rceil} + 1\,.$$

Aus der Stirling-Formel und (1) folgern wir $S(n) \geq \lg n! = \Omega(n \lg n)$, und aus (2), $S(n) \leq B(n) = O(n \lg n)$. Insgesamt haben wir mit (1) und (2) das Sortierproblem asymptotisch gelöst:

(3) $$S(n) = \Theta(n \lg n)\,.$$

Die **Zusammenlegungsmethode** (die wir schon kurz in Abschnitt 5.3 erwähnt haben) funktioniert rekursiv. Zuerst teilen wir die n Elemente in zwei möglichst gleiche Hälften, also $\lfloor \frac{n}{2} \rfloor$ und $\lceil \frac{n}{2} \rceil$ Elemente. Nun sortieren wir diese beiden Teillisten und legen sie dann zusammen. Seien $a_1 < \ldots < a_s$, $b_1 < \ldots < b_t$, $s = \lfloor \frac{n}{2} \rfloor$, $t = \lceil \frac{n}{2} \rceil$, die beiden geordneten Teillisten. Vergleichen wir $a_1 : b_1$, so haben wir das minimale Element bestimmt, wir legen es weg. Nun vergleichen wir die minimalen Elemente der neuen Listen und ermitteln so das zweitkleinste Element. Fahren wir so fort, so erhalten wir nach $s + t - 1 = \lfloor \frac{n}{2} \rfloor + \lceil \frac{n}{2} \rceil - 1 = n - 1$ Vergleichen die komplette Liste. Für die Anzahl $M(n)$ der Vergleiche erhalten wir somit die Rekursion
$$M(n) = M(\lfloor \frac{n}{2} \rfloor) + M(\lceil \frac{n}{2} \rceil) + (n-1)\,.$$

Man kann sich leicht durch Induktion überzeugen, dass stets $M(n) = B(n)$ gilt, also ist auch der Zusammenlegungsalgorithmus asymptotisch optimal.

Sehen wir uns die ersten Werte von $S(n)$ an. Als untere Schranke haben wir $\lceil \lg n! \rceil$ aus (1) und als obere Schranke $B(n) = M(n)$ aus (2):

n	2	3	4	5	6	7	8	9	10	11	12
$\lceil \lg n! \rceil$	1	2	5	7	10	13	16	19	22	26	29
$B(n)$	1	2	5	8	11	14	17	21	25	29	33

Für $n \leq 11$ ist die untere Schranke korrekt, d. h. $S(n) = \lceil \lg n! \rceil$, aber für $n = 12$ hat eine Computer-Suche den Wert $S(12) = 30$ ergeben. Der Einfügungsalgorithmus liefert hingegen nur für $n \leq 4$ den richtigen Wert.

Analysieren wir nochmals die Zusammenlegungsmethode. Sie funktioniert in drei Schritten:

1. Zerlege die Liste in zwei Teile (trivial).
2. Sortiere die Teillisten rekursiv.
3. Füge die sortierten Listen zusammen ($n - 1$ Vergleiche).

Der folgende Algorithmus, QUICKSORT, arbeitet genau umgekehrt:

1. Zerlege die Liste in eine untere und obere Hälfte R_1 und R_2, d. h. $a_i < a_j$ für alle $i \in R_1$, $j \in R_2$ ($n - 1$ Vergleiche).
2. Sortiere die Teillisten rekursiv.
3. Füge die sortierten Listen zusammen (trivial).

Sei $a_1, \ldots, a_n$ die gegebene Liste. In Schritt 1 vergleichen wir a_1 mit allen übrigen a_i und stellen fest, welche $a_i \leq a_1$ sind ($i \in R_1$) bzw. $a_j > a_1$ sind ($j \in R_2$). Dazu benötigen wir $n-1$ Vergleiche. Ist s der richtige Platz für a_1, so sortieren wir nun die unteren $s-1$ Elemente $< a_1$ und die oberen $n-s$ Elemente $> a_1$ rekursiv. Schritt 1 geschieht am einfachsten mit Hilfe zweier Zeiger i, j. Am Anfang ist $i = 1$, $j = n$. Nun vergleichen wir $a_i : a_j$. Falls $a_i > a_j$ ist, werden die Plätze von a_i, a_j ausgetauscht. Ansonsten wird j um 1 erniedrigt und wir vergleichen wieder $a_i : a_j$. Nach dem ersten Austausch wird i um 1 erhöht und wiederum $a_i : a_j$ verglichen. Sobald $a_i > a_j$ ist, tausche die Plätze von a_i und a_j. Erniedrige j um 1 und beginne wieder die Vergleiche $a_i : a_j$. Am Ende dieser $n-1$ Vergleiche steht a_1 am richtigen Platz, die Elemente links sind $< a_1$ und die Elemente rechts $> a_1$.

Das folgende Beispiel erläutert einen Durchgang von QUICKSORT. Die Elemente, die ausgetauscht werden, sind jeweils unterstrichen.

$$
\begin{array}{ccccccccc}
\underline{4} & 8 & 9 & 5 & 2 & 1 & 6 & 7 & \overleftarrow{\underline{3}} \\
3 & \overrightarrow{\underline{8}} & 9 & 5 & 2 & 1 & 6 & 7 & \underline{4} \\
3 & \underline{4} & 9 & 5 & 2 & \overleftarrow{\underline{1}} & 6 & 7 & 8 \\
3 & 1 & \overrightarrow{\underline{9}} & 5 & 2 & \underline{4} & 6 & 7 & 8 \\
3 & 1 & \underline{4} & 5 & \overleftarrow{\underline{2}} & 9 & 6 & 7 & 8 \\
3 & 1 & 2 & \overrightarrow{\underline{5}} & \underline{4} & 9 & 6 & 7 & 8 \\
3 & 1 & 2 & 4 & 5 & 9 & 6 & 7 & 8
\end{array}
$$

Die Anzahl der Vergleiche ist $1+1+3+1+1+1 = 8$. Wie gut ist QUICKSORT? Angenommen die Liste $a_1, \ldots, a_n$ ist bereits in der richtigen Ordnung $a_1 < \ldots < a_n$. Dann benötigt der erste Durchlauf $n-1$ Vergleiche mit a_1 als Referenzelement, der zweite Durchgang $n-2$ Vergleiche mit a_2 als Referenzelement, usf. Insgesamt führt der Algorithmus also alle $(n-1)+(n-2)+\ldots+2+1 = \binom{n}{2}$ Vergleiche durch, d. h. QUICKSORT benötigt im schlechtesten Fall $O(n^2)$ Vergleiche, mehr als das optimale $\Theta(n \lg n)$. Dass der schlechteste Fall ausgerechnet für die bereits sortierte Liste eintritt, ist etwas peinlich. Sehen wir uns nun aber die durchschnittliche Laufzeit an, wobei wir annehmen, dass alle $n!$ Permutationen gleichwahrscheinlich sind.

Sei Q_n die durchschnittliche Anzahl der Vergleiche. Mit Wahrscheinlichkeit $\frac{1}{n}$ ist s der richtige Platz von a_1, $1 \leq s \leq n$. Nach dem ersten Durchgang ergeben sich zwei Teillisten der Länge $s-1$ bzw. $n-s$. Wir erhalten also die Rekursion

$$Q_n = n - 1 + \frac{1}{n} \sum_{s=1}^{n} (Q_{s-1} + Q_{n-s}), \quad Q_0 = 0$$

das heißt

$$(4) \qquad Q_n = n - 1 + \frac{2}{n} \sum_{k=0}^{n-1} Q_k, \quad Q_0 = 0\,.$$

Mit der Methode der Summationsfaktoren aus Abschnitt 2.1 können wir die Rekursion mühelos lösen. Zunächst schreiben wir

$$n\,Q_n = n(n-1) + 2\sum_{k=0}^{n-1} Q_k \quad (n \geq 1)$$

$$(n-1)\,Q_{n-1} = (n-1)(n-2) + 2\sum_{k=0}^{n-2} Q_k \quad (n \geq 2)\,.$$

Subtraktion ergibt

$$n\,Q_n - (n-1)Q_{n-1} = 2(n-1) + 2\,Q_{n-1} \quad (n \geq 2)\,,$$

somit

$$n\,Q_n = (n+1)Q_{n-1} + 2(n-1) \quad (n \geq 1)\,,$$

da dies auch für $n = 1$ gilt $(Q_1 = 0)$.

Mit der Notation aus Abschnitt 2.1 (1) haben wir $a_n = n$, $b_n = n+1$, $c_n = 2(n-1)$. Der Summationsfaktor s_n ist also

$$s_n = \frac{(n-1)(n-2)\ldots 1}{(n+1)n\ldots 3} = \frac{2}{(n+1)n}\,,$$

und wir erhalten

$$Q_n = \frac{n+1}{2}\sum_{k=1}^{n} \frac{4(k-1)}{k(k+1)} = 2(n+1)\sum_{k=0}^{n-1} \frac{k}{(k+1)(k+2)}\,.$$

Wie sollen wir die Summe $\sum_{k=0}^{n-1} \frac{k}{(k+1)(k+2)}$ berechnen? Natürlich mit unserem Differenzenkalkül aus Abschnitt 2.2. Partielle Summation ergibt

$$\sum_{k=0}^{n-1} \frac{k}{(k+1)(k+2)} = \sum_{0}^{n} x \cdot x^{\underline{-2}} = x\frac{x^{\underline{-1}}}{-1}\Big|_0^n + \sum_{0}^{n} (x+1)^{\underline{-1}}$$

$$= -\frac{n}{n+1} + H_{n+1} - 1 = H_n - \frac{2n}{n+1}\,,$$

und wir erhalten

$$Q_n = 2(n+1)H_n - 4n\,. \tag{5}$$

Nun wissen wir, dass $H_n = \Theta(\log n)$ ist, woraus $Q_n = \Theta(n \lg n)$ folgt, also ist QUICKSORT im Durchschnitt optimal.

In vielen Problemen sind wir nicht an der gesamten sortierten Liste interessiert, sondern nur an einem Teil. Wie viele Vergleiche $W_1(n)$ brauchen wir zum Beispiel, um nur das Maximum der Elemente $a_1, \ldots, a_n$ zu ermitteln? Da jedes der n Elemente in Frage kommt, haben wir nach 9.1 die untere Schranke $W_1(n) \geq \lceil \lg n \rceil$. In diesem Fall ist die informationstheoretische Schranke keine große Hilfe. Jedes der Elemente a_i ungleich dem Maximum muss in mindestens einem Vergleich $a_i : a_j$ den Ausgang $a_i < a_j$ ergeben, da ansonsten a_i als Maximum nicht ausgeschlossen werden könnte, also gilt $W_1(n) \geq n - 1$. Andererseits ergibt die Folge der Vergleiche $a_1 : a_2$, $\max(a_1, a_2) : a_3$, $\max(a_1, a_2, a_3) : a_4, \ldots$ natürlich das Maximum, und wir erhalten $W_1(n) = n - 1$, sowohl im schlechtesten wie im Durchschnittsfall. Der Leser möge sich überlegen, wie viele Vergleiche man für die gleichzeitige Bestimmung des Maximums und Minimums benötigt. Nach dem eben Bewiesenen brauchen wir nicht mehr als $(n-1) + (n-2) = 2n - 3$ Vergleiche, aber es geht besser (siehe Übung 30).

9.4 Binäre Suchbäume

In den vorigen Abschnitten haben wir Entscheidungsbäume als Methode für Suchprobleme studiert. Nun betrachten wir **binäre Bäume**, d. h. Wurzelbäume mit jeweils höchstens zwei unmittelbaren Nachfolgern, als *Datenstrukturen* für geordnete Listen. Zu jeder Ecke v können wir also einen *linken* und *rechten* unmittelbaren Nachfolger v_L bzw. v_R assoziieren; falls v_L oder v_R nicht vorhanden ist, lassen wir das entsprechende Feld leer. Der *linke Unterbaum* von v ist der Unterbaum verwurzelt in v_L, entsprechend wird der rechte Unterbaum definiert.

Sei T nun ein binärer Baum mit n Ecken, und $A = \{a_1, \ldots, a_n\}$ eine Liste von n verschiedenen Elementen, die mittels $<$ linear geordnet sind. Wir speichern A in den Ecken E von T mittels der Zuordnung $\kappa : E \to A$, und sagen, T ist ein **binärer Suchbaum** für A, falls folgende Eigenschaft erfüllt ist: Sei $v \in E$, dann gilt $\kappa(x) < \kappa(v)$ für alle x im linken Unterbaum von v und $\kappa(x) > \kappa(v)$ für alle x im rechten Unterbaum von v.

Der Baum in der folgenden Figur ist ein binärer Suchbaum für die Menge $\{2, 4, 5, 7, 8, 10, 11, 12, 13, 15, 16, 18, 20\}$.

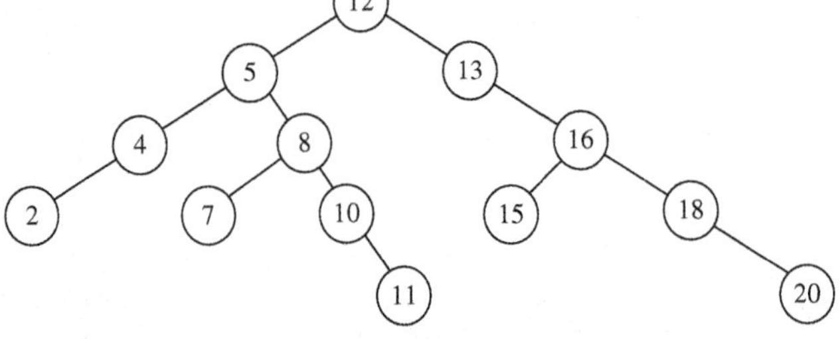

Warum speichern wir die Elemente nicht einfach in einer geordneten Liste ab? Der Vorteil von binären Suchbäumen als Datenstruktur liegt darin, dass eine Reihe von elementaren Operationen wie Suchen nach einem Element, Einfügen, Weglassen usf. sehr schnell durchgeführt werden können. Wir werden sehen, dass alle diese Operationen eine Laufzeit $O(L)$ haben, wobei L die Länge des Baumes ist.

Sei der binäre Suchbaum T auf A gegeben. Für ein $a \in A$ wollen wir die Ecke x mit $\kappa(x) = a$ bestimmen. Es ist klar, was zu tun ist. Wir vergleichen a mit $\kappa(v)$, v Wurzel. Falls $a = \kappa(v)$ ist, so sind wir fertig, $x = v$. Falls $a < \kappa(v)$ it, so vergleichen wir a mit $\kappa(v_L)$, und falls $a > \kappa(v)$ ist, so vergleichen wir a mit $\kappa(v_R)$. Auf diese Weise laufen wir den eindeutigen Weg von der Wurzel zur gesuchten Ecke x mit $\kappa(x) = a$, und die Anzahl der Vergleiche ist $O(L)$.

Ebenso einfach können wir das Minimum oder Maximum bestimmen. Wir gehen einmal immer nach links, das andere Mal immer nach rechts. Wiederum ist die Anzahl der Operationen $O(L)$.

Angenommen, wir wollen ein neues Element $b \notin A$ einfügen. Das heißt, wir müssen den Baum T um eine Ecke z ergänzen mit $\kappa(z) = b$, so dass der neue Baum T' Suchbaum für $A \cup \{b\}$ ist. Kein Problem. Wir vergleichen b mit $\kappa(v)$, v Wurzel. Falls $b < \kappa(v)$ ist, gehen wir nach links, ansonsten nach rechts. Ist v_L leer, so setzen wir $z = v_L$, $\kappa(z) = b$, ansonsten vergleichen wir b mit $\kappa(v_L)$. Im Fall $b > \kappa(v)$ setzen wir $z = v_R$, falls v_R leer ist, und vergleichen ansonsten b mit $\kappa(v_R)$. Auf diese Weise gelangen wir zu einer eindeutigen Ecke y, so dass $b < \kappa(y)$ und y_L leer ist ($z = y_L$, $\kappa(z) = b$), oder $b > \kappa(y)$ und y_R leer ist ($z = y_R$, $\kappa(z) = b$). Die Anzahl der Operationen ist abermals $O(L)$.

Angenommen, wir wollen in unserem Beispiel die Zahl 9 einfügen. Wir erhalten der Reihe nach $9 < 12$, $9 > 5$, $9 > 8$, $9 < 10$ und 10_L leer, also ergänzen wir den Baum:

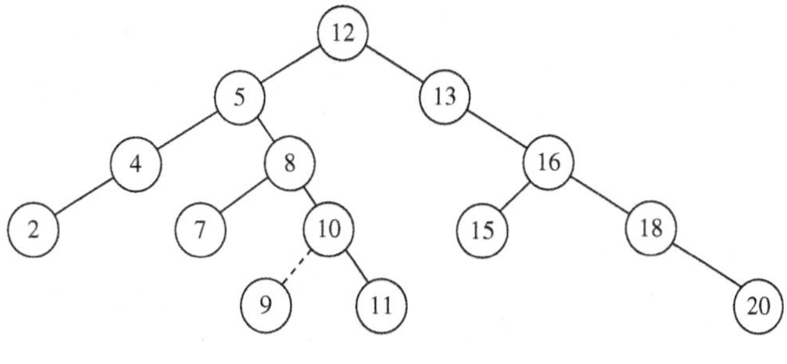

Ist T ein binärer Suchbaum, so können wir die in T gespeicherte Liste durch die folgende rekursive Methode, genannt **In-Order**, in sortierter Form ausgeben. Der Wert $\kappa(x)$ der Wurzel x eines Unterbaumes wird zwischen den Werten des linken Unterbaumes (verwurzelt in x_L) und denen des rechten Unterbaumes (verwurzelt in x_R) ausgedruckt – daher der Name In-Order. Die Laufzeit dieser Ausgabeprozedur ist ersichtlich $\Theta(n)$.

Wie erzeugen wir nun einen Suchbaum für eine gegebene Liste $\{a_1, \ldots, a_n\}$? Eine einfache Methode ist, dass wir die Elemente Schritt für Schritt nach unserer eben beschriebenen Methode einfügen. Nehmen wir als Beispiel $A = \{8, 2, 4, 9, 1, 7, 11, 5, 10, 12, 3, 6\}$. Der Baum wird nun sukzessive aufgebaut:

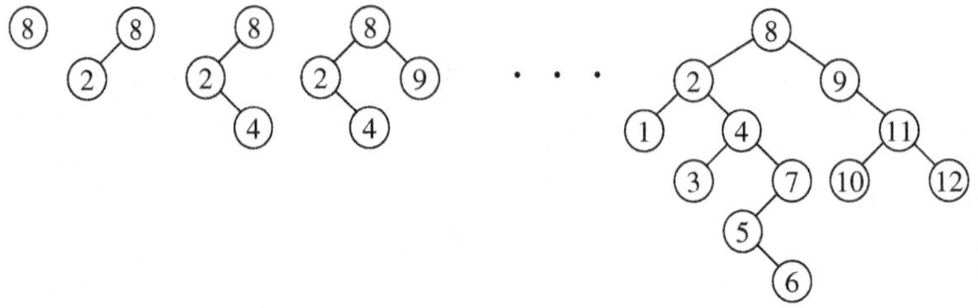

Jede Permutation $\pi = a_1 a_2 \ldots a_n$ ergibt auf diese Weise einen eindeutigen binären Suchbaum $T = T(\pi)$. Wir haben schon gesehen, dass der wichtigste Parameter für unsere elementaren Operationen die Länge $L(T)$ ist. Wir wollen nun zwei Größen bestimmen. Es seien $\ell_1(\pi), \ldots, \ell_n(\pi)$ die Längen der Zahlen $1, 2, \ldots, n$ im Baum $T(\pi)$. Dann ist $\overline{L}(\pi) = \frac{1}{n}\sum_{i=1}^{n} \ell_i(\pi)$ die *durchschnittliche* Länge und $L(\pi) = \max_{1 \le i \le n} \ell_i(\pi)$ die *maximale* Länge der Ecken i, d. h. die Länge $L(T(\pi))$ des Baumes. Was sind die Erwartungswerte $E(\overline{L}(n))$ bzw. $E(L(n))$, unter der Voraussetzung, dass alle $n!$ Permutationen gleichwahrscheinlich sind?

Betrachten wir als Beispiel $n = 3$. Die Permutationen π und ihre zugeordneten Bäume $T(\pi)$ sehen wie folgt aus:

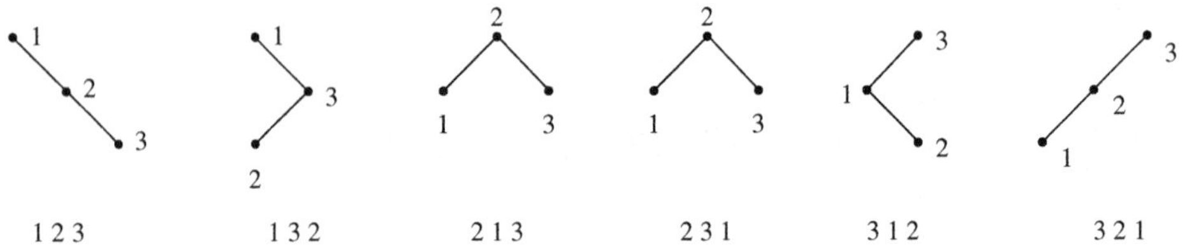

Für $\overline{L}(\pi)$ bzw. $L(\pi)$ erhalten wir der Reihe nach:

$$\begin{array}{lcccccc} \overline{L}(\pi): & 1 & 1 & \frac{2}{3} & \frac{2}{3} & 1 & 1 \\ L(\pi): & 2 & 2 & 1 & 1 & 2 & 2 \end{array}$$

also gilt $E(\overline{L}(3)) = \frac{1}{6}(1 + 1 + \frac{2}{3} + \frac{2}{3} + 1 + 1) = \frac{8}{9}, \quad E(L(3)) = \frac{5}{3}$.

Studieren wir zunächst $E(\overline{L}(n))$. Für eine Permutation π gilt $\overline{L}(\pi) = \frac{1}{n}\sum_{i=1}^{n} \ell_i(\pi)$. Erklären wir die Zufallsvariable $X_n : \pi \to \sum_{i=1}^{n} \ell_i(\pi)$, so ist also $E(\overline{L}(n)) = \frac{1}{n}E(X_n)$. Wir wollen nun $f(n) = E(X_n)$ bestimmen. Als Anfangswerte haben wir $f(0) = 0, f(1) = 0, f(2) = 1$, und aus unserem Beispiel $f(3) = \frac{8}{3}$. Klassifizieren wir X_n nach dem Wert i der Wurzel, so erhalten wir sofort die Rekursion

$$f(n) = \frac{1}{n}\sum_{i=1}^{n}[f(i-1) + (i-1) + f(n-i) + (n-i)],$$

da der linke Teilbaum die erwartete Längensumme $f(i-1)$ hat plus 1 für jeden Wert $< i$, analog für den rechten Teilbaum. Umformung ergibt

(1) $$f(n) = \frac{2}{n}\sum_{i=0}^{n-1} f(i) + n - 1\,, \quad f(0) = 0\,,$$

und diese Rekursion haben wir eben im vorigen Abschnitt beim Studium von QUICKSORT gelöst, mit dem Ergebnis $f(n) = 2(n+1)H_n - 4n$. Für den Erwartungswert $E(\overline{L}(n))$ ergibt sich somit

(2) $$E(\overline{L}(n)) = \frac{1}{n}f(n) = (2 + \frac{2}{n})H_n - 4\,,$$

oder

$$E(\overline{L}(n)) = \Theta(\log n)\,.$$

Prüfen wir das Ergebnis für $n = 3$ nach, so erhalten wir wieder

$$E(\overline{L}(3)) = (2 + \frac{2}{3})H_3 - 4 = \frac{8}{3}\cdot\frac{11}{6} - 4 = \frac{8}{9}\,.$$

Für die Länge L des Zufallsbaumes ist die Analyse etwas komplizierter. Wir erklären die Zufallsvariable $Y_n : \pi \to \max \ell_i(\pi)$ über alle *Blätter* i und müssen $E(Y_n)$ berechnen. Eine Rekursion analog zu (1) lässt sich nicht ableiten. Natürlich gilt $E(Y_n) \geq E(\overline{L}(n)) = \Theta(\log n)$. Wir werden also versuchen, $E(Y_n)$ nach oben durch eine leichter zugängliche Größe abzuschätzen.

Zunächst wollen wir allgemein die sogenannte Jensensche Ungleichung

(3) $$E(Y) \leq \lg E(2^Y)$$

für eine reelle Zufallsvariable Y beweisen, wobei wir im zugrundeliegenden Wahrscheinlichkeitsraum Ω Gleichverteilung annehmen. Sei $\Omega = \{\omega_1, \ldots, \omega_m\}, Y(\omega_i) = y_i$, dann bedeutet (3)

(4) $$\frac{1}{m}\sum_{i=1}^{m} y_i \leq \lg \frac{1}{m}\sum_{i=1}^{m} 2^{y_i}\,.$$

Setzen wir $x_i = 2^{y_i}$, so ist (4) äquivalent zu

$$\frac{1}{m}\sum_{i=1}^{m} \lg x_i \leq \lg \frac{1}{m}\sum_{i=1}^{m} x_i$$

oder

(5) $$\lg\,(\prod_{i=1}^{m} x_i)^{1/m} \leq \lg \frac{1}{m}\sum_{i=1}^{m} x_i\,.$$

Durch Potenzieren mit 2 ist (5) aber nichts anderes als die Ungleichung vom arithmetisch-geometrischen Mittel. Also ist (5) richtig und damit auch (3). Betrachten wir nun die Zufallsvariable $Z_n : \pi \to \sum 2^{\ell_i(\pi)}$ über alle Blätter i. Es gilt $E(2^{Y_n}) \leq E(Z_n)$ wegen $2^{\max \ell_i(\pi)} \leq \sum 2^{\ell_i(\pi)}$, also nach (3)

$$(6) \qquad E(Y_n) \leq \lg E(2^{Y_n}) \leq \lg E(Z_n)\,.$$

Die Funktion $g(n) = E(Z_n)$ erlaubt nun eine vollständige Analyse. Als Anfangswerte haben wir $g(0) = 0$, $g(1) = 1$, $g(2) = 2$. Klassifizieren wir wieder nach dem Wert i der Wurzel, so erhalten wir

$$g(n) = \frac{1}{n}\sum_{i=1}^{n} 2(g(i-1) + g(n-i)) \quad (n \geq 2)\,,$$

da die Ausdrücke $\sum 2^{\ell_j}$ in den Teilbäumen mit 2 multipliziert werden müssen (die Längen sind um 1 größer). Daraus ergibt sich

$$ng(n) = 4\sum_{i=0}^{n-1} g(i) \quad (n \geq 2)$$

$$(n-1)g(n-1) = 4\sum_{i=0}^{n-2} g(i) \quad (n \geq 3)$$

und durch Subtraktion

$$(7) \qquad ng(n) = (n+3)g(n-1) \qquad (n \geq 3)\,,$$

also

$$g(n) = \frac{(n+3)(n+2)\ldots 6}{n\,(n-1)\ldots 3}g(2) = \frac{(n+3)(n+2)(n+1)}{30} \leq n^3 \qquad (n \geq 2)\,.$$

Mittels (6) erhalten wir daraus

$$E(L(n)) = E(Y_n) \leq \lg g(n) \leq \lg n^3 = 3 \lg n\,.$$

Mit $\lg n = \lg e \cdot \log n$ ergibt dies schließlich

$$(8) \qquad E(L(n)) \leq 3 \lg e \cdot \log n \approx 4.34 \log n\,.$$

Es ist also nicht nur die durchschnittliche Länge einer Ecke, sondern sogar die durchschnittliche *maximale* Länge von der Größenordnung $\Theta(\log n)$.

Abschließend fragen wir uns, wie viele binäre Suchbäume auf n Ecken existieren. Diese Zahl sei C_n. Für $n = 1, 2, 3$ haben wir folgende Bäume:

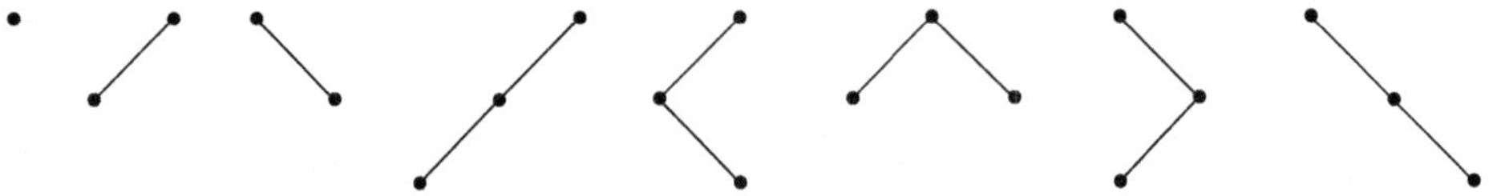

Es ist also $C_1 = 1, C_2 = 2, C_3 = 5$, und wir setzen $C_0 = 1$. Betrachten wir den linken und rechten Unterbaum der Wurzel, so ergibt sich sofort die folgende Rekursion:

$$C_n = C_0 C_{n-1} + C_1 C_{n-2} + \ldots + C_{n-1} C_0 \quad (n > 0)$$

oder

(9) $$C_n = \sum_{k=0}^{n-1} C_k C_{n-1-k} + [n = 0] \quad \text{für alle } n\,.$$

Dies sieht natürlich wie eine Konvolution aus, und wir verwenden unsere Methode aus Abschnitt 3.2. Sei $C(z) = \sum_{n \geq 0} C_n z^n$ die erzeugende Funktion. Die Konvolution (9) lautet für $C(z)$

$$C(z) = C(z) \cdot zC(z) + 1\,,$$

das heißt

$$(C(z))^2 - \frac{C(z)}{z} + \frac{1}{z} = 0\,.$$

Lösung dieser quadratischen Gleichung ergibt

$$C(z) = \frac{1}{2z} \pm \frac{\sqrt{1-4z}}{2z}\,.$$

Da für das Pluszeichen $C(0) = C_0 = \infty$ resultieren würde, muss das Minuszeichen gelten, also

$$C(z) = \frac{1 - \sqrt{1-4z}}{2z}\,.$$

Nun ist

$$\sqrt{1-4z} = \sum_{n \geq 0} \binom{\frac{1}{2}}{n} (-4z)^n = 1 + \sum_{n \geq 1} \frac{1}{2n} \binom{-\frac{1}{2}}{n-1} (-4z)^n\,.$$

Den Ausdruck $\binom{-\frac{1}{2}}{n}$ haben wir in Übung 1.40 berechnet: $\binom{-\frac{1}{2}}{n} = (-\frac{1}{4})^n \binom{2n}{n}$. Somit erhalten wir

$$\begin{aligned}\sqrt{1-4z} &= 1 + \sum_{n \geq 1} \frac{1}{2n} \binom{2n-2}{n-1} (-4) z^n = 1 - 2 \sum_{n \geq 1} \frac{1}{n} \binom{2n-2}{n-1} z^n \\ &= 1 - 2 \sum_{n \geq 0} \frac{1}{n+1} \binom{2n}{n} z^{n+1}\,,\end{aligned}$$

und daraus

$$C_n = \frac{1}{n+1} \binom{2n}{n}\,.$$

C_n heißt die n-te **Catalan-Zahl**, sie erscheint in Abzählproblemen fast so häufig wie die Binomialzahlen oder die Fibonacci-Zahlen. Eine Reihe von interessanten Beispielen ist in den Übungen enthalten.

Übungen zu Kapitel 9

1 Löse das Wägeproblem, wenn bekannt ist, dass die falsche Münze schwerer ist.

▷ **2** Wir betrachten das Suchproblem mit n Münzen, wobei eine Münze leichter oder schwerer ist. Zeige, dass ein optimaler Algorithmus die Länge $L = \lceil \log_3(2n + 2) \rceil$ hat.

3 Zeige, dass es für $n, q\,(q \geq 2)$ genau dann einen vollständigen (n, q)-Baum gibt, wenn $q - 1$ ein Teiler von $n - 1$ ist.

▷ **4** Sei T ein vollständiger binärer Baum mit n Blättern, $e(T)$ bezeichne die Summe der Längen der Blätter, $i(T)$ die Summe der Längen der inneren Ecken. Zeige: $e(T) = i(T) + 2(n - 1)$.

5 Sei die Menge $S = \{1, \ldots, n\}$ gegeben, und $x^* \in S$ ein unbekanntes Element. Zur Verfügung stehen nur die Tests $x^* < i?$ $(i = 2, \ldots, n)$ mit ja/nein Antworten. Zeige, dass $L = \lceil \lg n \rceil$ die optimale Länge eines Suchalgorithmus ist.

6 Gegeben die Verteilung $(30, 20, 15, 14, 11, 10)$ für die Blätter $1, 2, \ldots, 6$. Zeige, dass die folgenden Suchbäume optimal sind. Nur einer ist ein Huffman-Baum, welcher?

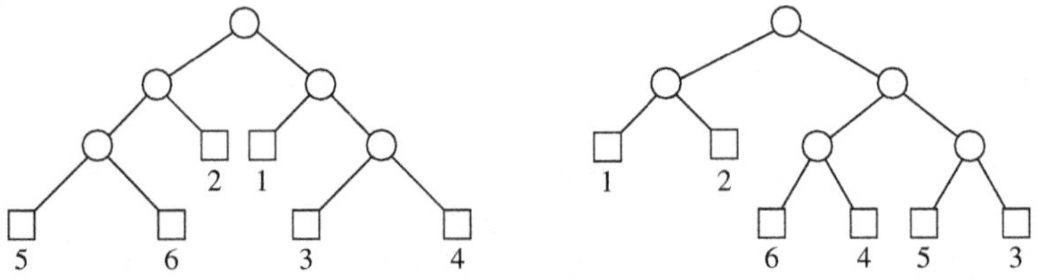

7 Beweise, dass das binäre Einsortieren und die Zusammenlegungsmethode aus Abschnitt 9.3 dieselbe Laufzeit $B(n) = M(n)$ haben.

▷ **8** Angenommen, wir sollen das Maximum einer Liste mit n Elementen ermitteln, wobei wir in jeder Runde $\lfloor \frac{n}{2} \rfloor$ disjunkte Vergleiche parallel durchführen können. Zeige, dass ein optimaler Algorithmus $\lceil \lg n \rceil$ Runden benötigt.

9 Wir wollen eine (ungeordnete) Liste mit n Elementen in einer Runde sortieren, wobei beliebige Vergleiche erlaubt sind (also auch nicht-disjunkte). Zeige, dass wir alle $\binom{n}{2}$ Vergleiche durchführen müssen.

10 Bestimme optimale Sortieralgorithmen für $n = 6, 7, 8$ Elemente. Hinweis: Die Suchlängen sind 10, 13, 16.

▷ **11** Gegeben ist die Menge $S = \{1, \ldots, n\}$ und eine natürliche Zahl $d \geq 0$. Wir sollen eine unbekannte Zahl $x^* \in S$ ermitteln. Die erlaubten Tests sind $x^* = i?$ mit den Antworten $x^* = i, |x^* - i| \leq d, |x^* - i| > d$. Sei $L_d(n)$ die optimale Suchlänge. Zeige: a. $L_0(n) = n - 1$, b. $L_1(n) = \lceil \frac{n}{3} \rceil$ für $n \geq 3$ mit $L_1(1) = 0$, $L_1(2) = 1$, c. Was ist $L_2(n)$?

12 Die nächsten Übungen behandeln die Catalan-Zahlen C_n aus Abschnitt 9.4. Es seien $x_0, x_1, \ldots, x_n$ Variablen, die wir beklammern wollen, wobei die Reihenfolge von x_0 bis x_n erhalten bleibt. Beispiel: $n = 1$, $(x_0 x_1)$; $n = 2$, $\big(x_0(x_1 x_2)\big)$, $\big((x_0 x_1)x_2\big)$; $n = 3$, $\big(x_0(x_1(x_2 x_3))\big)$, $\big((x_0 x_1)(x_2 x_3)\big)$, $\big(((x_0 x_1)x_2)x_3\big)$, $\big(x_0((x_1 x_2)x_3)\big)$, $\big((x_0(x_1 x_2))x_3\big)$. Zeige, dass die Anzahl der möglichen Beklammerungen gleich C_n ist: a. Durch Aufstellen einer Rekursion, b. durch Bijektion auf die Menge der Suchbäume.

▷ **13** Vor einer Kasse warten $2n$ Leute in einer Schlange. Der Eintritt kostet 10 Euro. Genau n der Leute haben einen 10 Euro Schein in der Tasche, die anderen n einen 20 Euro Schein. Der Kassierer hat kein Geld zu Beginn und kann daher jedem korrekt herausgeben, wenn zu jeder Zeit die Anzahl der 10 Euro – Leute mindestens so groß ist wie die Anzahl der 20 Euro – Leute. Zeige, dass die Anzahl der Schlangen, in denen der Kassierer stets herausgeben kann, die Catalan-Zahl C_n ist. Hinweis: Insgesamt haben wir $\binom{2n}{n}$ Schlangen, berechne nun die Anzahl der Schlangen, wo es nicht funktioniert.

14 Wir zerlegen ein regelmäßiges n-Eck, $n \geq 3$, in Dreiecke durch Einfügen von Diagonalen. Beispiel: $n = 4$

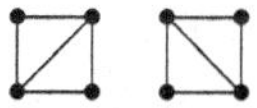

Zeige, dass die Anzahl der möglichen Triangulierungen des n-Eckes gleich C_{n-2} ist.

▷ **15** Die Zahlen 1 bis 100 seien in einem binären Suchbaum gespeichert. Welche der Folgen können *nicht* eine Suchfolge für das Element 37 sein? a. 2, 7, 87, 83, 30, 31, 81, 37; b. 75, 11, 67, 25, 55, 33, 34, 37; c. 10, 80, 48, 60, 22, 70, 43, 30, 37.

16 Wir können n Zahlen sortieren, indem wir zuerst einen binären Suchbaum bilden mit dem Einfügungsalgorithmus aus Abschnitt 9.4 und dann die Zahlen in In-Order ausgeben. Was ist die Laufzeit im besten und schlechtesten Fall?

▷ **17** Gegeben sei ein Graph $G = (E, K), |E| = n, |K| = m$. Gesucht ist eine unbekannte Kante k^*, und jeder Test besteht in einer Frage: Ist $u \in k^*, u \in E$, mit den Antworten ja oder nein. Sei L die minimale Länge eines Suchprozesses. Zeige: a. $|K| \leq \binom{L+1}{2} + 1$, b. $|E| \leq \binom{L+2}{2} + 1$. c. Schließe daraus untere Schranken für L mittels n und m. Hinweis: Induktion nach L.

18 Zeige, dass die Schranken in der vorigen Übung mit Gleichheit erfüllt sein können.

19 Gegeben ein Graph G. Wir sollen herausfinden, ob die unbekannte Kante k^* zu G oder zum Komplement $\overline{G}$ gehört, mit Hilfe derselben Tests wie in Übung 17. Zeige, dass für die minimale Suchlänge L gilt: $\min\big(n-\alpha(G), n-\omega(G)\big) \leq L \leq \min\big(n-\frac{\alpha(G)}{2}, n-\frac{\omega(G)}{2}\big)$, wobei $\alpha(G)$ die Unabhängigkeitszahl von G ist und $\omega(G)$ die Cliquezahl (d. h. $\omega(G) = \alpha(\overline{G})$). Hinweis: Betrachte eine Testfolge $v_1, \ldots, v_k$, wo die Antwort immer „nein" ist.

▷ **20** Angenommen, wir haben eine Menge S mit n Elementen gegeben, in der ein unbekanntes Element x^* ist. Als Tests sind erlaubt: $x^* \in A$ für $|A| \leq k$, wobei $k \leq n$ fest vorgegeben ist, mit den Antworten ja oder nein. Sei $L_{\leq k}(n)$ die Länge eines optimalen Suchalgorithmus. Zeige: a. $L_{\leq k}(n) = \lceil \lg n \rceil$ für $k \geq \frac{n}{2}$, b. $L_{\leq}(n) = t + \lceil \lg(n - tk) \rceil, t = \lceil \frac{n}{k} \rceil - 2$ für $k < \frac{n}{2}$. Hinweis: Die Funktion $L_{\leq k}(n)$ ist monoton steigend in n für festes k. Betrachte nun die Situation nach dem ersten Test $A_1, |A_1| \leq k$.

21 Es seien $m \cdot n$ Leute in einem $m \times n$-Rechteck angeordnet. Wir sollen die unbekannte Person x^* durch Fragen: Ist x^* in der i-ten Zeile bzw. ist x^* in der j-ten Spalte? finden. Wie viele Fragen benötigen wir?

22 Eine Menge S von n Personen sei gegeben, von denen jede mit derselben Wahrscheinlichkeit $p > 0$ krank ist. Unser Ziel ist, die kranken Personen $X^* \subseteq S$ zu ermitteln, wobei jede Testmenge $A \subseteq S$ die Information $A \cap X^* \neq \varnothing$ oder $A \cap X^* = \varnothing$ liefert. Was ist die Wahrscheinlichkeitsverteilung der Mengen X^*? Bestimme die optimale Suchlänge L und gib eine untere Schranke für $\overline{L}$ mit Hilfe von Satz 9.4. Hinweis: $\overline{L} \geq nH(p, 1-p)$.

▷ **23** Es sei $n = 2$ in der vorigen Übung. Die elementweise Suche liefert $\overline{L} \leq L = 2$. Zeige, dass $\overline{L} = 2$ genau für $p \geq \frac{3-\sqrt{5}}{2}$ gilt.

24 Es sei $H(p_1, \ldots, p_n) = -\sum_{i=1}^{n} p_i \lg p_i$ die Entropie der Verteilung $(p_1, \ldots, p_n)$. Zeige: a. $H(p_1, \ldots, p_n) \leq H(\frac{1}{n}, \ldots, \frac{1}{n}) = \lg n$ für alle $(p_1, \ldots, p_n)$ mit Gleichheit nur für die Gleichverteilung. b. $H(p_1, \ldots, p_n) = H(p_1, \ldots, p_k, s) + sH(p'_{k+1}, \ldots, p'_n)$ mit $2 \leq k \leq n-1, s = \sum_{i=k+1}^{n} p_i$, $p'_i = \frac{p_i}{s}$ $(i = k+1, \ldots, n)$.

▷ **25** Sei $h(n) = \min_T (T; \frac{1}{n}, \ldots, \frac{1}{n})$, d. h. $h(n)$ ist die optimale durchschnittliche Länge bei Gleichverteilung (ermittelt mit dem Huffman-Algorithmus), $q = 2$. Zeige, dass $h(n)$ eine wachsende Funktion in n ist, genauer $h(n) + \frac{1}{n} \leq h(n+1)$. Wann gilt Gleichheit? Hinweis: Betrachte einen optimalen $(n+1, 2)$-Baum und entferne ein Blatt.

26 Sei $(p_1, \ldots, p_n)$ eine Verteilung, $q \geq 2$. Zeige, dass $\overline{L}(p_1, \ldots, p_n) \leq \overline{L}(\frac{1}{n}, \ldots, \frac{1}{n})$ gilt. Hinweis: Setze $p_1 \geq \ldots \geq p_n$ und zeige zunächst $\sum_{i=1}^{k} p_i \geq \frac{k}{n}$ für alle k.

27 Sei $\overline{L}(p_1, \ldots, p_n)$ das Optimum für die Verteilung $(p_1, \ldots, p_n), q \geq 2$. Zeige, dass $\overline{L}(p_1, \ldots, p_n) = -\sum_{i=1}^{n} p_i \log_q p_i$ genau dann gilt, wenn alle p_i von der Form $p_i = q^{-\ell_i}$ für gewisse $\ell_i \in \mathbb{N}_0$ sind.

28 Betrachte die Verteilung $(p_1, \ldots, p_n)$ mit $p_i = i/\binom{n+1}{2}, i = 1, \ldots, n$. Berechne $\overline{L}(p_1, \ldots, p_n)$ für $q = 2$.

▷ **29** Angenommen, wir haben eine Liste $y_1 < y_2 < \ldots < y_n$ gegeben und wir wollen ein unbekanntes Element x^* einsortieren, d. h. wir müssen feststellen, wo x^* hineingehört. Als Tests haben wir $x^* = y_i$ mit den Antworten $<, =, >$. Bestimme die optimale Suchlänge. Hinweis: Stelle einen Suchalgorithmus als binären Baum dar (obwohl zunächst drei Antworten vorliegen).

▷ **30** Zeige, dass ein optimaler Algorithmus zur Bestimmung des Maximums und Minimums einer Liste mit n Elementen $\lceil \frac{3n}{2} \rceil - 2$ Vergleiche benötigt. Hinweis zur unteren Schranke: Konstruiere eine Gegenstrategie, die bei jedem Vergleich die Anzahl der möglichen Kandidaten für das Maximum und Minimum möglichst wenig verringert.

31 Berechne die optimale durchschnittliche Suchlänge zur Bestimmung des Maximums einer Liste, unter Annahme der Gleichwahrscheinlichkeit.

▷ **32** Es sei $M(n, n)$ die minimale Anzahl der Vergleiche, die wir benötigen, um eine n-Liste $\{x_1 < \ldots < x_n\}$ mit einer n-Liste $\{y_1 < \ldots < y_n\}$ zu sortieren. Berechne $M(n, n)$.

33 Angenommen, wir dürfen beliebige Vergleiche in einer Runde verwenden, aber maximal n viele. Am Anfang haben wir eine ungeordnete Liste gegeben. Zeige, dass nach der ersten Runde die Anzahl der möglichen Maximum Kandidaten mindestens $\lceil \frac{n}{3} \rceil$ ist, und dass es möglich ist, diese Anzahl auf $\leq \lceil \frac{4}{11} n \rceil$ zu beschränken. Betrachte das Beispiel $n = 16$ und verifiziere, dass beide Schranken scharf sind.

34 Die folgende Sortiermethode heißt „Bubble-Sort“. Sei die Eingabe $a_1, \ldots, a_n$. Wir vergleichen $a_1 : a_2$, falls $a_1 < a_2$ ist, bleiben die Elemente unverändert, anderenfalls tauschen sie ihre Plätze. Nun wird $a_2 : a_3$ verglichen usf. bis $a_{n-1} : a_n$. Auf diese Weise gelangt das größte Element an das Ende. Jetzt beginnen wir den nächsten Durchgang, wieder mit den ersten beiden Elementen, usf., dann den nächsten Durchgang, bis schließlich alles sortiert ist. In dem Beispiel schreiben wir die Liste von unten nach oben, so dass die großen Elemente nach oben „bubblen“:

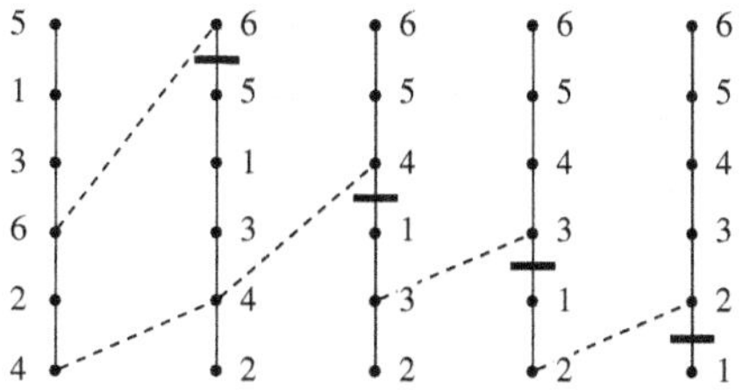

Führe Bubble-Sort für die Liste 6, 10, 9, 2, 8, 4, 11, 3, 1, 7, 5 durch und zeige allgemein, dass alle Elemente oberhalb des zuletzt ausgetauschten Elementes nach einem Durchgang in der richtigen Reihenfolge sind (angedeutet durch Striche im Beispiel).

▷ **35** Zur Analyse von Bubble-Sort untersuchen wir die Größen A = Anzahl der Austauschungen von Elementen, D = Anzahl der Durchgänge, V= Anzahl der Vergleiche. In unserem Beispiel aus der vorigen Übung haben wir $A = 8, V = 12, D = 5$. Sei $a_1, \ldots, a_n$ eine Permutation von $\{1, \ldots, n\}$, und $a'_1, \ldots, a'_n$ die Permutation nach einem Durchgang. Mit $b_1, \ldots, b_n$ bzw. $b'_1, \ldots, b'_n$ bezeichnen wir die zugehörigen Inversionstafeln (siehe Übung 1.32). Zeige: $b'_1, \ldots, b'_n$ entsteht aus $b_1, \ldots, b_n$, indem jedes $b_j \neq 0$ um 1 erniedrigt wird. Schließe daraus: Sei $b_1, \ldots, b_n$ die Inversionstafel der Ausgangspermutation, dann gilt $A = \sum_{i=1}^{n} b_i, D = 1 + \max(b_1, \ldots, b_n), V = \sum_{i=1}^{D} c_i$ mit $c_i = \max(b_j + j : b_j \geq i - 1) - i$.

▷ **36** Es seien alle Permutationen von $\{1, \ldots, n\}$ als Input in den Bubble-Sort gleichwahrscheinlich. Zeige, dass die Wahrscheinlichkeit, dass $D \leq k$ ist, gleich $\frac{1}{n!} k^{n-k} k!$ ist und folgere für den Erwartungswert $E(D) = n + 1 - \sum_{k=0}^{n} \frac{k^{n-k} k!}{n!}$. Den Erwartungswert $E(A) = \frac{n(n-1)}{4}$ haben wir schon in Übung 3.28 berechnet.

37 Entwirf eine Methode, wie man aus einem binären Suchbaum ein Element entfernen kann.

38 Es seien $\ell_1(\pi), \ldots, \ell_n(\pi)$ die Längen der Elemente $1, \ldots, n$ im binären Suchbaum induziert von der Permutation π. Zeige, dass $E(\ell_1(\pi)) = H_n - 1$ ist, unter der Voraussetzung, dass alle Permutationen gleichwahrscheinlich sind.

▷ **39** Unter denselben Voraussetzungen berechne $E(\ell_k(\pi))$. Hinweis: Verwende eine ähnliche Methode wie in Abschnitt 9.4.

40 Beschreibe binäre Suchbäume, in denen die Durchschnittslänge der Ecken $\Theta(\lg n)$ ist, aber die maximale Länge $\succ \lg n$ ist.

▷ **41** Zeige, dass die Ungleichung von Jensen (siehe Abschnitt 9.4 (3)) für beliebiges $c > 1$ gilt, d. h. $E(Y) \leq \log_c E(c^Y)$. Leite daraus eine bessere obere Schranke für $E(L(n))$ ab (siehe Abschnitt 9.4 (8)).

42 Zeige, dass jeder binäre Wurzelbaum mit n Blättern einen Unterbaum mit k Blättern besitzt, $\frac{n}{3} \leq k \leq \frac{2n}{3}$.

43 Sei T ein Wurzelbaum. Wir wandern zufällig von der Wurzel v_1 zu einem Blatt $u_1, u_2, u_3, \ldots$, d. h. von jeder inneren Ecke gehen wir mit Gleichverteilung zu einem der x_i Nachfolger. Sei S die Zufallsvariable $X = x_1 + x_1x_2 + x_1x_2x_3 + \ldots$. Zeige: $EX =$ Anzahl der Ecken von T minus 1.

10 Allgemeine Optimierungsmethoden

In den bisherigen Abschnitten von Teil II haben wir eine Reihe von Algorithmen für wichtige Probleme, wie das Job-Zuordnungsproblem oder das Traveling Salesman Problem, kennengelernt und dabei die grundlegenden Fragen diskutiert, die beim Entwurf und der Analyse von Algorithmen auftauchen: Wie beschreiben wir die Algorithmen? Welche Datenstrukturen sollen wir verwenden? Wie schnell ist der Algorithmus? Gibt es überhaupt effiziente Algorithmen?

In diesem Kapitel wollen wir noch einige allgemeine Methoden für Optimierungsprobleme besprechen und uns überlegen, welches Verfahren für welches Problem von Nutzen ist.

10.1 Backtrack

Angenommen, wir betreten ein Labyrinth an einer Stelle A und müssen unseren Weg zu einer Stelle E finden. Wir kennen weder die Gänge im Labyrinth noch den Ausgang E. Wie sollen wir vorgehen? Nun da hilft nur eines, wir müssen alle Wege durchprobieren. Dieses Durchprobieren wird durch die folgenden zwei Regeln organisiert:

(1) Gehe von der aktuellen Position zu einer noch nicht betretenen Nachbarstelle.
(2) Falls so eine Stelle nicht existiert, gehe einen Schritt zurück auf dem Weg, der zur aktuellen Position führte. Nun probiere wieder (1).

Dieses Zurückgehen (= **Backtrack**) ist die Essenz der Methode. Es erlaubt uns, aus allen Sackgassen wieder herauszufinden, und außerdem werden wir einen Irrweg nicht mehr als einmal gehen, also letzlich den Ausgang E finden.

Im folgenden Beispiel sind die möglichen Fortsetzungen des Weges durch Pfeile angedeutet.

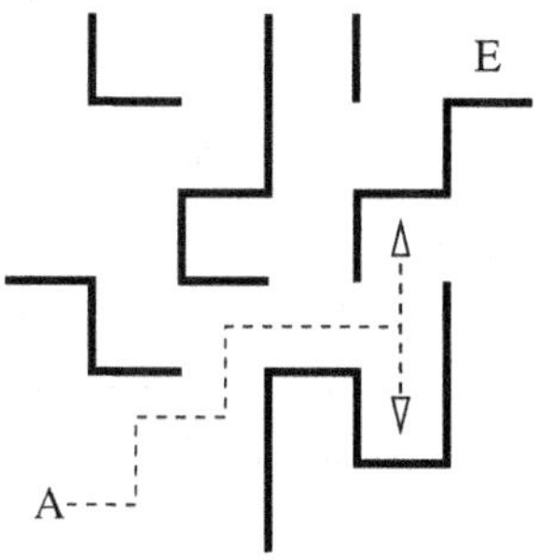

Backtrack ist also keine „schnelle“ Methode zur Auffindung der optimalen Lösung, sondern sie organisiert das erschöpfende Durchsuchen, so dass wir keine Schleifen bei der Suche erhalten. Wir erweitern eine partielle Lösung so lange es geht, und wenn wir nicht mehr weiterkönnen, gehen wir einen Schritt zurück und probieren von Neuem. Ein uns schon bekanntes Beispiel ist die Depth-First-Suche aus Abschnitt 7.2.

Allgemein können wir Backtrack mit einem Baumdiagramm modellieren. Gegeben sind Mengen $A_1, A_2, \dots$, und gesucht ist eine Folge $(a_1, a_2, a_3, \dots)$ mit $a_i \in A_i$, die gewissen Bedingungen genügt. Wir beginnen mit dem leeren Wort ( ) als Wurzel. S_1 ist die Menge der Kandidaten aus A_1, daraus wählen wir das erste Element a_1, (a_1) ist nun unsere Teillösung. Haben wir schon $(a_1, \dots, a_i)$ erhalten, so wählen wir aus der Kandidatenmenge $S_{i+1} \subseteq A_{i+1}$ (welche den Bedingungen genügt) das erste Element a_{i+1}, und erweitern die partielle Lösung zu $(a_1, a_2, \dots, a_i, a_{i+1})$. Falls S_{i+1} leer ist, gehen wir einen Schritt zurück und testen den nächsten Kandidaten aus S_i, usf.

Sehen wir uns das folgende wohlbekannte Damenproblem auf dem $n \times n$-Schachbrett an. Gesucht ist eine Platzierung von möglichst vielen Damen, so dass keine eine andere schlagen kann. Da in jeder Zeile und Spalte höchstens eine Dame stehen kann, können wir höchstens n Damen platzieren. Geht es immer mit n Damen? Für $n = 2, 3$ sieht man sofort, dass nur 1 bzw. 2 Damen platziert werden können.

Allgemein ist eine Lösung $a_1, a_2, \dots, a_n$ eine Permutation von $\{1, \dots, n\}$, wobei a_i die Position der Dame in Reihe i angibt. Die Diagonalbedingung besagt, dass $|a_i - a_j| \neq |i - j|$ für $i \neq j$ sein muss. Probieren wir $n = 4$. Zunächst sehen wir durch Symmetrie, dass wir $a_1 \leq 2$ annehmen können. Unser Backtrack-Baum hat also folgende Gestalt:

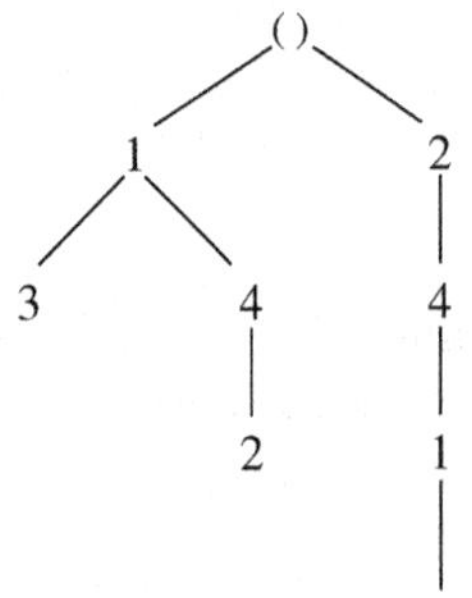

Mit der Symmetrie $a_1 = 2 \longleftrightarrow a_1 = 3$ haben wir somit genau zwei Platzierungen gefunden.

Auch für das übliche 8×8-Schachbrett kann das Damenproblem mittels Backtrack noch mit der Hand gelöst werden. Insgesamt gibt es genau 92 Anordnungen, z. B.

Für großes n muss Backtrack natürlich wegen der Anzahl der Verzweigungen im Suchbaum scheitern. Aber es geht für $n \geq 4$ immer, und mit ein bisschen Intuition ist eine Lösung leicht zu finden.

Um Backtrack effizienter zu machen, werden wir versuchen, ganze Teilbäume überflüssig zu machen. In unserem Damenproblem haben wir gesehen, dass wir aus Symmetriegründen $a_1 \leq \lceil \frac{n}{2} \rceil$ annehmen können – die Teilbäume mit $a_1 > \lceil \frac{n}{2} \rceil$ müssen nicht mehr durchlaufen werden.

Eine besondere interessante Variante dieser Idee ist das **Branch and bound**-Verfahren. Angenommen, wir haben ein Minimierungsproblem vorliegen. In jeder Ecke $(a_1, \ldots, a_k)$ des Backtrack Baumes assoziieren wir eine untere Schranke $c(a_1, \ldots, a_k)$ für das gesuchte Minimum c_{opt}. Nun verzweigen wir (branch), vergleichen die neuen Schranken (bound), und fahren mit der Ecke fort, welche die kleinste untere Schranke ergibt. Haben wir auf diese Weise in einem Blatt einen Wert c ermittelt, so können wir alle Teilbäume mit $c(a_1, \ldots, a_\ell) > c$ ignorieren.

Das Traveling Salesman-Problem wird die Idee des Branch and bound sofort klarmachen. Betrachten wir die Kostenmatrix

	1	2	3	4
1	∞	2	8	6
2	2	∞	6	4
3	4	5	∞	5
4	8	7	3	∞

Der Eintrag $c_{ij} \geq 0$ gibt die Kosten von i nach j an. Wir sehen, dass wir es mit einem asymmetrischen TSP zu tun haben, im allgemeinen ist $c_{ij} \neq c_{ji}$, und wir schreiben ∞ in die Hauptdiagonale, da $i \to i$ nicht möglich ist. Da von jeder Ecke eine Kante ausgehen muss, können wir von jeder Zeile den kleinsten Wert abziehen, und anschließend von jeder Spalte. Dies erniedrigt die Kosten der Tour, ändert aber nichts an der Gestalt der optimalen Tour. Der Leser wird sich erinnern, dass wir diese Idee schon beim gewichteten Matchingproblem in Abschnitt 8.2 verwendet haben.

Die neuen Matrizen sind nun

	1	2	3	4
1	∞	0	6	4
2	0	∞	4	2
3	0	1	∞	1
4	5	4	0	∞

$\longrightarrow$

	1	2	3	4
1	∞	0	6	3
2	0	∞	4	1
3	0	1	∞	0
4	5	4	0	∞

alle Touren
Schranke ≥ 12

Die Summe der abgezogenen Zahlen ist 12, also ist 12 eine untere Schranke für die Wurzel, in der alle Touren enthalten sind. Nun suchen wir uns einen 0-Eintrag, z. B. $(1, 2)$ und verzweigen. Der linke Teilbaum enthält alle Touren mit $1 \rightarrow 2$, der rechte alle Touren mit $1 \not\rightarrow 2$. Da in den Touren mit $1 \rightarrow 2$ von 1 keine Kante mehr ausgeht und nach 2 keine Kante mehr hineinführt, streichen wir die erste Zeile und zweite Spalte und setzen den $(2, 1)$-Eintrag $= \infty$. Auf diese Weise erhalten wir eine weitere Kostenmatrix, in der wir wieder die kleinsten Einträge abziehen können. Dies ergibt

	1	3	4
2	∞	4	1
3	0	∞	0
4	5	0	∞

$\longrightarrow$

	1	3	4
2	∞	3	0
3	0	∞	0
4	5	0	∞

Touren mit $1 \rightarrow 2$
Schranke ≥ 13

In den Touren mit $1 \not\rightarrow 2$ setzen wir den $(1, 2)$-Eintrag $= \infty$ und erhalten

	1	2	3	4
1	∞	∞	6	3
2	0	∞	4	1
3	0	1	∞	0
4	5	4	0	∞

$\longrightarrow$

	1	2	3	4
1	∞	∞	3	0
2	0	∞	4	1
3	0	0	∞	0
4	5	3	0	∞

Touren mit $1 \not\rightarrow 2$
Schranke ≥ 16

Wir fahren also mit dem Teilbaum $1 \rightarrow 2$ fort. Probieren wir als nächstes $(3, 4)$, so ergibt sich für $3 \rightarrow 4$ die Schranke 21 und für $3 \not\rightarrow 4$ die Schranke 13. Die Wahl $(2, 4)$ ergibt schließlich den folgenden endgültigen Backtrack-Baum:

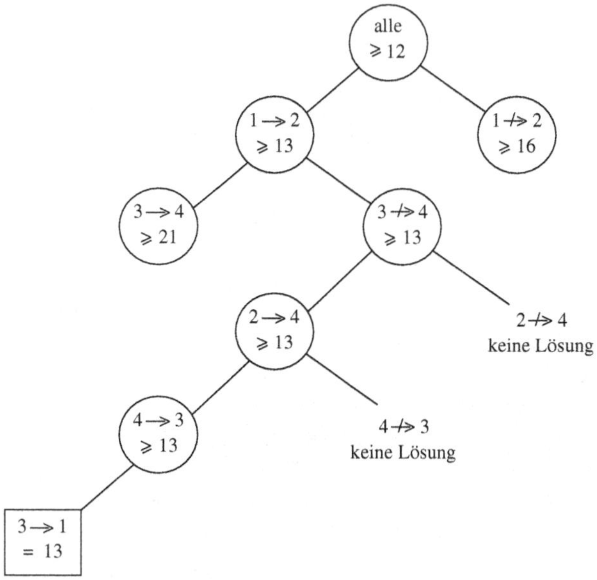

Die Tour $1 \longrightarrow 2 \longrightarrow 4 \longrightarrow 3 \longrightarrow 1$ mit Kosten 13 ist demnach optimal.

10.2 Dynamisches Programmieren

Dynamisches Programmieren wird, wie auch die „Divide and conquer"-Methode, auf Optimierungsprobleme angewandt, indem man das gegebene Problem in kleinere Unterprobleme zerlegt und dann die Lösung rekursiv berechnet. Bevor wir die allgemeinen Schritte des Dynamischen Programmierens besprechen, betrachten wir ein Beispiel.

Gegeben sei ein konvexes n-Eck in der Ebene. Das heißt, die geschlossene Randkurve besteht aus n Geradenstücken, und die Verbindungslinie zwischen je zweien der Randpunkte verläuft ganz im n-Eck. In der Figur ist beispielsweise das linke 5-Eck konvex, das rechte nicht.

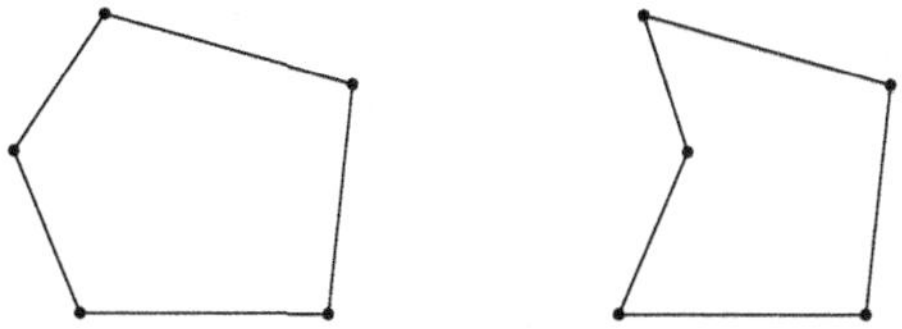

Wir sind an Triangulierungen von n-Ecken interessiert, das heißt, wir zerlegen das n-Eck durch Einfügen von $n-3$ Diagonalen in $n-2$ Dreiecke. Die folgende Figur zeigt eine Triangulierung des 8-Eckes:

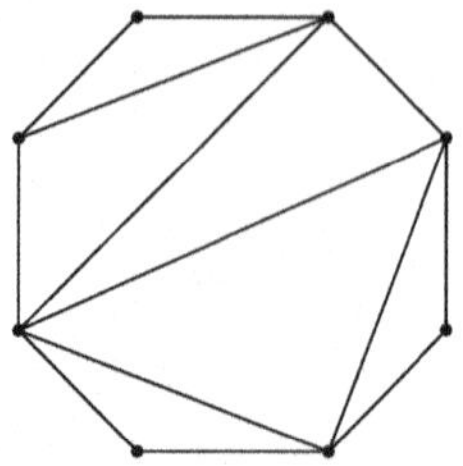

Nun wollen wir aber nicht irgendeine Triangulierung finden, sondern eine optimale in bezug auf eine Gewichtsfunktion. Es seien $v_1, \ldots, v_n$ die Ecken, dann erklären wir eine Gewichtsfunktion auf den $\binom{n}{3}$ Dreiecken $w(\Delta(v_i v_j v_k)) = w_{ijk} \in \mathbb{R}$. Ein natürlicher Kandidat ist z. B. $w =$ Flächeninhalt oder $w = |v_i - v_j| + |v_i - v_k| + |v_j - v_k|$, die Summe der Seitenlängen. Wir wollen aber nichts weiter an die Funktion w voraussetzen, jede reellwertige Funktion ist erlaubt.

Ist T eine Triangulierung, so sei $w(T) = \sum w(\Delta)$, erstreckt über alle $n-2$ Dreiecke Δ der Triangulierung, und unsere Optimierungsaufgabe besteht darin, eine Triangulierung von minimalem Gewicht zu bestimmen.

Wir könnten zunächst versuchen (z. B. mit Backtrack), alle Triangulierungen aufzulisten und eine optimale daraus zu bestimmen. Bevor wir das versuchen, sollten wir die Anzahl der Triangulierungen bestimmen (oder zumindest abschätzen). Es sei $R_n (n \geq 3)$ diese Zahl, wobei offenbar die Gestalt des konvexen n-Eckes keine Rolle spielt.

Der Anfangswert ist $R_3 = 1$, und für $n = 4$ erhalten wir $R_4 = 2$. Betrachten wir ein $(n+2)$-Eck. Wir numerieren die Ecken im Uhrzeigersinn $v_1, v_2, \ldots, v_{n+2}$. Die Kante $v_1 v_{n+2}$ kommt in genau einem Dreieck vor, sagen wir in $v_1 v_k v_{n+2}$, $2 \leq k \leq n+1$.

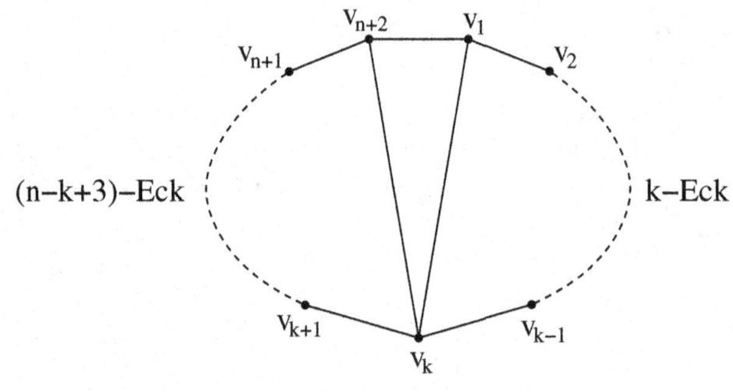

Wieviele Triangulierungen gibt es, in denen das Dreieck $v_1 v_k v_{n+2}$ erscheint? Nun, das konvexe k-Eck $v_1 v_2 \ldots v_k$ kann auf alle möglichen Arten trianguliert werden, und analog das konvexe $(n-k+3)$-Eck $v_k v_{k+1} \ldots v_{n+2}$. Wir erhalten somit die Rekursion

$$R_{n+2} = \sum_{k=2}^{n+1} R_k R_{n-k+3} \qquad (n \geq 1) ,$$

wobei wir $R_2 = 1$ setzen, um auch den Fall $v_{n+2}v_1v_2$ einzubeziehen. Indextransformation ergibt

$$R_{n+2} = \sum_{k=0}^{n-1} R_{k+2}R_{(n-1-k)+2} \qquad (n \geq 1)\,,$$

und diese Rekursion kennen wir schon aus Abschnitt 9.4 – sie definiert die Catalan-Zahlen. Ergebnis:

$$R_{n+2} = \frac{1}{n+1}\binom{2n}{n} \qquad (n \geq 0)\,.$$

Durch Induktion sieht man sofort $\frac{1}{n+1}\binom{2n}{n} \geq 2^{n-1}$, das heißt $R_n \geq 2^{n-3}$. Die Anzahl der Triangulierungen wächst also exponentiell, und eine erschöpfende Suche kommt somit nicht in Frage.

Wie funktioniert nun **Dynamisches Programmieren**? Gegeben sei das konvexe n-Eck mit den Ecken $v_1, v_2, \ldots, v_n$, und dem Gewicht w auf den Dreiecken. Als ersten Schritt sehen wir uns die *Struktur* der optimalen Lösungen an. Angenommen, in einer optimalen Triangulierung erscheint das Dreieck $v_1v_kv_n$, $2 \leq k \leq n-1$. Dann ist klar, dass die Triangulierungen auf den Teilen $v_1, \ldots, v_k$ bzw. $v_k, v_{k+1}, \ldots, v_n$ ebenfalls optimal sein müssen. Und das ist die Basis für unser Vorgehen: Eine optimale Lösung setzt sich aus optimalen Teillösungen zusammen.

Bezeichnen wir mit $c(i,j)$, $i < j$, das minimale Gewicht der Triangulierungen des $(j-i+1)$-Eckes $v_i, v_{i+1}, \ldots, v_j$, so besagt unsere obige Überlegung

$$(1) \qquad c(i,j) = \min_{i<k<j}(c(i,k) + c(k,j) + w_{ikj}) \qquad (j - i \geq 2)$$

mit der Anfangsbedingung

$$c(i,i+1) = 0 \quad \text{für alle} \quad i\,.$$

Aus (1) können wir nun das gesuchte Optimum $c(1,n)$ berechnen. Gleichung (1) heißt nach ihrem Entdecker die **Bellmansche Optimalitätsgleichung**.

Es ist nun klar, wie man aus (1) eine rekursive Prozedur zur Bestimmung von $c(1,n)$ entwickelt, aber es kann leicht gezeigt werden (siehe Übung 5), dass diese Methode wieder exponentielle Laufzeit hat. Also war alles umsonst? Nein, denn wir gehen genau umgekehrt vor. Wir zerlegen nicht $c(1,n)$ in kleinere Unterprobleme „top-down", sondern wir bauen $c(1,n)$ von unten auf „bottom-up", beginnend mit

$$c(1,2) = c(2,3) = \ldots = c(n-1,n) = 0\,.$$

Daraus berechnen wir mittels (1)

$$c(1,3), c(2,4), \ldots, c(n-2,n)\,,$$

dann $c(i,j)$ mit $j - i = 3$, usf., bis wir bei $c(1,n)$ angelangt sind. Diese bottom-up Methode ist der zweite Bestandteil des dynamischen Programmierens. Wir stellen rekursiv die Tafel der $c(i,j)$ her. Insgesamt gibt es $\binom{n}{2}$ Paare $i < j$, und der Berechnungsschritt (1) benötigt $O(n)$ Operationen, also ist die Gesamtlaufzeit $O(n^3)$.

Beispiel. Betrachten wir $n = 6$ mit der Gewichtsfunktion

ikj	w_{ikj}	ikj	w_{ikj}
123	3	234	6
124	1	235	1
125	6	236	3
126	1	245	7
134	2	246	1
135	4	256	4
136	4	345	4
145	5	346	4
146	1	356	2
156	2	456	5

Wir stellen nun zwei Tafeln $c(i,j)$ und $p(i,j)$ auf, wobei $k = p(i,j)$ ein Index $i < k < j$ ist, der bei der Berechnung von $c(i,j)$ in (1) das Minimum ergibt. Um die bottom-up Methode zu verdeutlichen, kippen wir das Dreieck um 90°.

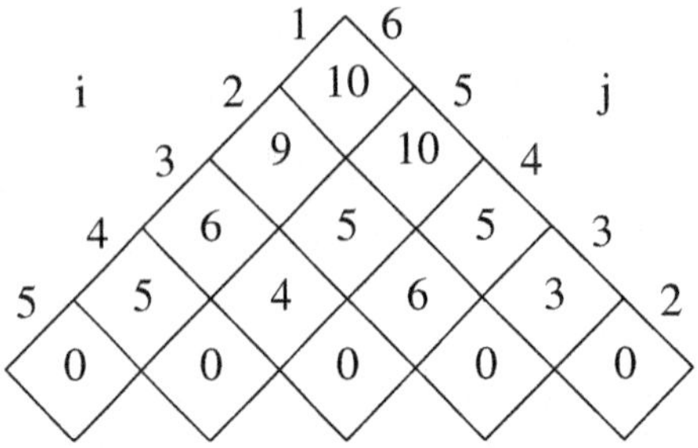

c(i,j)

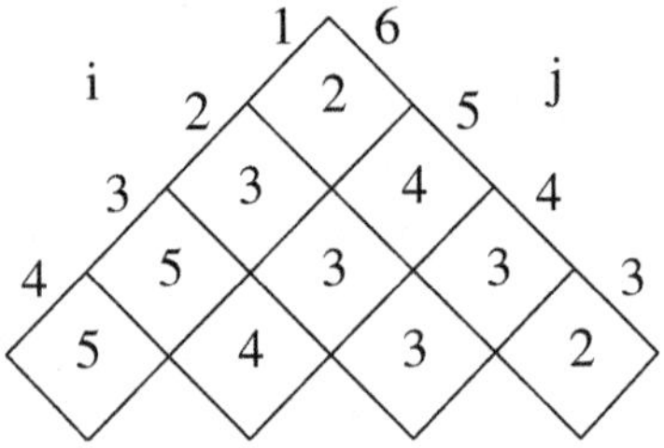

p(i,j)

Die Startwerte sind $c(i, i+1) = 0$, $1 \leq i \leq 5$. Die Werte $c(i, i+2)$ sind gerade $w_{i,i+1,i+2}$, und $p(i, i+2) = i+1$. Nun gehen wir rekursiv vor. Zum Beispiel haben wir

$$c(1,5) = \min \left\{ \begin{array}{l} c(2,5) + w_{125} = 5 + 6 = 11 \\ c(1,3) + c(3,5) + w_{135} = 3 + 4 + 4 = 11 \\ c(1,4) + w_{145} = 5 + 5 = 10 \end{array} \right\} = 10$$

und somit $p(1,5) = 4$. Der gesuchte Wert ist $c(1,6) = 10$ und eine optimale Zerlegung können wir aus der Tafel $p(i,j)$ ablesen. Wegen $p(1,6) = 2$ haben wir das Dreieck 126. Aus $p(2,6) = 3$ erhalten wir das Dreieck 236, und schließlich aus $p(3,6) = 5$ die Dreiecke 356 und 345. Eine optimale Triangulierung ist demnach

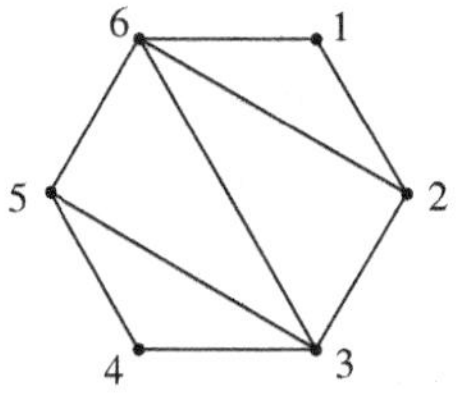

Die Summe ist $w_{126} + w_{236} + w_{356} + w_{345} = 1 + 3 + 2 + 4 = 10$ wie gesehen.

Als weiteres Beispiel wollen wir ein Suchproblem behandeln. Wir haben eine Liste $y_1 < y_2 < \ldots < y_n$ gegeben und ein neues Element z, welches wir einsortieren wollen. Wir vergleichen z mit Elementen y_i und bekommen als Antwort $z < y_i$, $z = y_i$ oder $z > y_i$. Die endgültige Position von z ist eine von $2n+1$ Möglichkeiten: entweder $z = y_i$ $(1 \leq i \leq n)$ oder $z < y_1$ bzw. $y_i < z < y_{i+1}$ $(1 \leq i \leq n)$, wobei wir $y_{n+1} = \infty$ setzen. Unser Suchbereich ist daher eine Menge $X \cup Y$, $X = \{x_0, x_1, \ldots, x_n\}$, $Y = \{y_1, \ldots, y_n\}$, wobei der Ausgang x_j bedeutet $y_j < z < y_{j+1}$ (bzw. $z < y_1$ für x_0) und y_i bedeutet $z = y_i$.

Da wir drei mögliche Antworten auf einen Vergleich $z : y_i$ haben, ist dies ein ternäres Problem. Wir können es aber auch als binären Suchbaum modellieren. Sei z. B. $n = 4$. Wir vergleichen zunächst $z : y_3$. Falls $z > y_3$ ist, machen wir den Test $z : y_4$, und im Falle $z < y_3$ den Vergleich $z : y_1$, und falls nun $z > y_1$ ist, den Vergleich $z : y_2$. Wenn bei einem Test $z = y_i$ resultiert, so stoppen wir natürlich.

Der Entscheidungsbaum sieht also folgendermaßen aus:

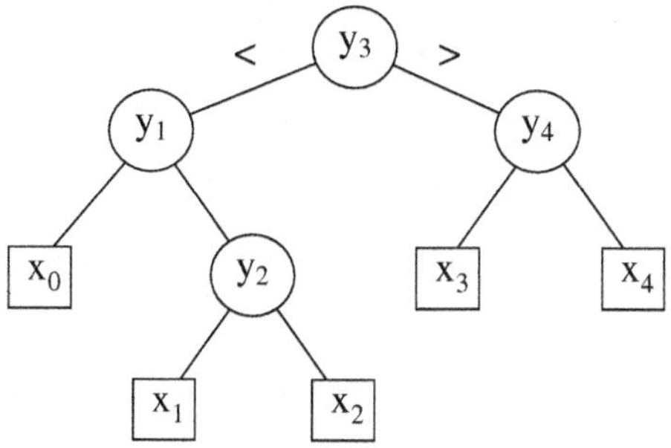

Wir sehen, dass die inneren Ecken zu den Ausgängen $z = y_i$ korrespondieren und die Blätter zu den Ausgängen $x_j : y_j < z < y_{j+1}$. Für die Blätter ist die Länge $\ell(x_j)$ gleich der Anzahl der Fragen, für die inneren Ecken müssen wir noch die Frage $z : y_i$ hinzuzählen, also ist hier $\ell(y_i) + 1$ die Anzahl der Tests. Die worst-case Länge des Algorithmus ist somit

$$\max\big(\max_{0 \leq j \leq 4} \ell(x_j),\ \max_{1 \leq i \leq 4} \ell(y_i) + 1\big) = 3\,.$$

Wir stellen uns nun folgende Frage, welche die Überlegungen aus Abschnitt 9.3 verallgemeinert. Angenommen, wir haben eine Verteilung $(p_0, \ldots, p_n, q_1, \ldots, q_n)$

auf $X \cup Y$ gegeben, $\sum_{j=0}^{n} p_j + \sum_{i=1}^{n} q_i = 1$. Was ist die minimale Durchschnittslänge eines Sortieralgorithmus? Wir sind also an der Größe

$$\overline{L}(p_0, \ldots, p_n, q_1, \ldots, q_n) = \min_T \left(\sum_{j=0}^{n} p_j \ell(x_j) + \sum_{i=1}^{n} q_i(\ell(y_i) + 1)\right)$$

interessiert, erstreckt über alle Bäume mit $n+1$ Blättern.

Angenommen, ein optimaler Algorithmus testet zuerst $z : y_k$. Dann muss der linke Teilbaum optimal für das Problem auf der Ergebnismenge $S_{0,k-1} = \{x_0, y_1, x_1, \ldots, y_{k-1}, x_{k-1}\}$ sein, und der rechte Baum optimal auf der Menge $S_{k,n} = \{x_k, y_{k+1}, x_{k+1}, \ldots, x_n\}$. Wir haben also genau die Situation für Dynamisches Programmieren.

Sei $c(i,j)$ die optimale Durchschnittslänge für die Ergebnismenge $S_{ij} = \{x_i, y_{i+1}, x_{i+1}, \ldots, y_j, x_j\}$, $i < j$, mit $c(i,i) = 0$ für alle i. Ferner setzen wir $w_{ij} = \sum_{k=i}^{j} p_k + \sum_{k=i+1}^{j} q_k$. Unter Einbeziehung des Vergleiches an der Wurzel (der die Höhe der Unterbäume um 1 erhöht) erhalten wir die Bellmansche Optimalitätsgleichung

$$(2) \qquad \begin{aligned} c(i,j) &= w_{ij} + \min_{i<k\leq j} (c(i,k-1) + c(k,j)) \quad (i<j) \\ c(i,i) &= 0 \quad \text{für alle } i\,. \end{aligned}$$

Mit unserer bottom-up-Methode berechnen wir das gesuchte Optimum $c(0,n)$ in Zeit $O(n^3)$.

Beispiel. Sei $n = 4$ mit den folgenden Wahrscheinlichkeiten (multipliziert mit 100):

	0	1	2	3	4
p_k	12	6	16	16	10
q_k		5	15	8	12

Wir stellen die Tafeln $c(i,j)$ und $p(i,j)$ auf, wobei $k = p(i,j)$ die Wurzel $z : y_k$ im Teilproblem S_{ij} bedeutet.

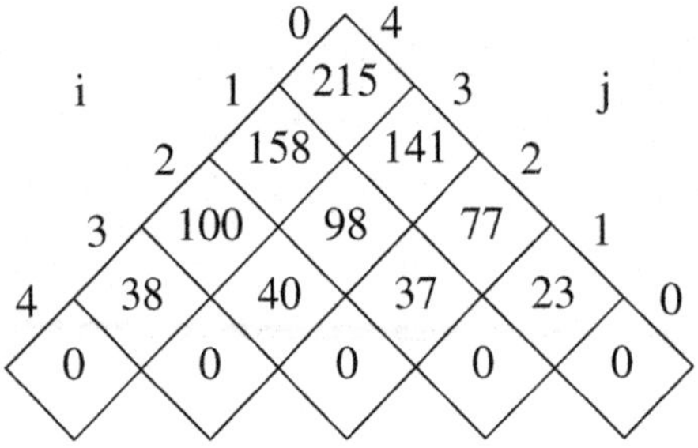

c(i,j)

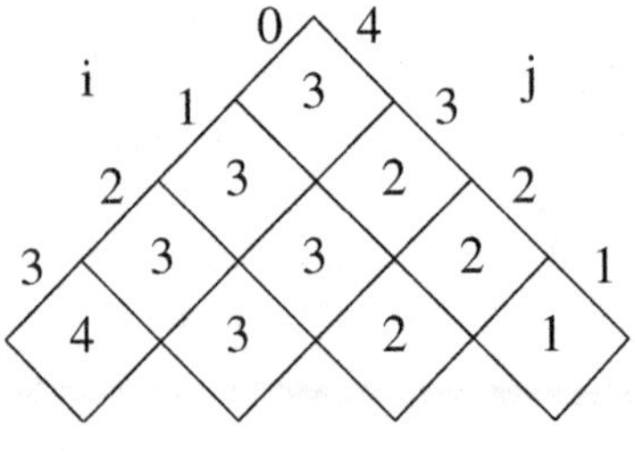

p(i,j)

Ein optimaler Baum mit Durchschnittslänge 2,15 ist daher folgendermaßen gegeben:

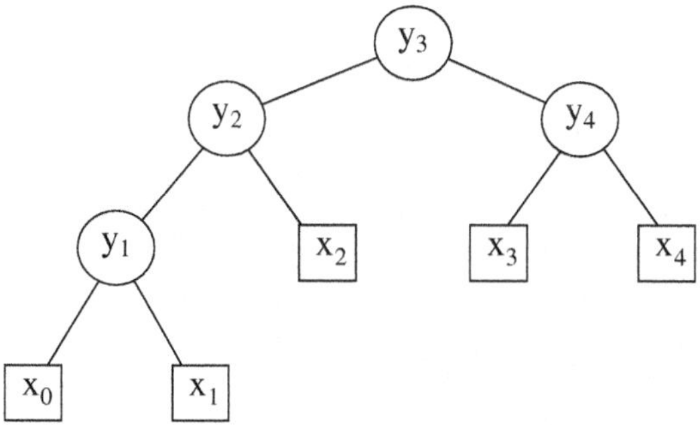

Auch das Traveling Salesman-Problem kann mit Dynamischem Programmieren behandelt werden. Als Eingabe haben wir die $n \times n$-Matrix (w_{ij}). Wir fixieren 1 als Ausgangspunkt der Tour. Wie sehen nun optimale Rundreisen T aus? Es sei k die letzte Ecke vor der Rückkehr zum Ausgangspunkt 1. Ist c^* die Länge einer optimalen Tour T, so gilt

$$c^* = c(k) + w_{k1}\,,$$

wobei $c(k) = w_{1i_1} + w_{i_1 i_2} + \ldots + w_{i_{n-2}k}$ gleich den Kosten des Weges $1, i_1, \ldots, i_{n-2}, k$ in der Tour T ist. Und nun ist klar, dass der Weg $1, i_1, \ldots, k$ optimal (das heißt mit minimalen Kosten) sein muss unter allen Wegen von 1 nach k.

Wir können daraus sofort die Bellmanschen Optimalitätsgleichungen aufstellen. Für $S \subseteq \{2, \ldots, n\}$ bezeichne $c(S, k)$, $k \in S$, die Kosten eines optimalen Weges von 1 nach k, der ausgehend von 1 genau die Ecken aus S durchläuft.

Die Gleichungen lauten dann

$$\begin{aligned} c(\{k\}, k) &= w_{1k} \qquad (k = 2, \ldots, n) \\ c(S, k) &= \min_{m \in S \smallsetminus \{k\}} (c(S \smallsetminus \{k\}, m) + w_{mk}) \quad (S \subseteq \{2, \ldots, n\}, |S| \geq 2) \\ c^* &= \min_{k \in \{2, \ldots, n\}} (c(\{2, \ldots, n\}, k) + w_{k1})\,. \end{aligned}$$

An Operationen verwenden wir Addition und Vergleiche (zur Berechnung des Minimums). Ist $|S| = \ell$, $2 \leq \ell \leq n-1$, so benötigen wir zur Bestimmung von $c(S, k)$ $\ell - 1$ Additionen, also insgesamt $\ell(\ell - 1)$ für festes S. Zusammen mit den $n-1$ Additionen zur Berechnung von c^* ergibt dies als Gesamtzahl der Additionen

$$\begin{aligned} A(n) &= \Big(\sum_{\ell=2}^{n-1} \binom{n-1}{\ell} \ell(\ell - 1)\Big) + (n-1) = \Big(\sum_{\ell=2}^{n-1} (n-1)(n-2) \binom{n-3}{\ell - 2}\Big) + (n-1) \\ &= (n-1)(n-2)2^{n-3} + n - 1 = O(n^2 2^n)\,. \end{aligned}$$

Die Gesamtzahl der Vergleiche ist von derselben Größenordnung, also ist die Laufzeit mittels dynamischem Programmieren $O(n^2 2^n)$. Natürlich ist dies exponentiell, und es ist ja auch nichts anderes zu erwarten, da das Traveling Salesman Problem

NP-vollständig ist. Andererseits ist der Algorithmus dem erschöpfenden Durchprobieren aller $(n-1)!$ Touren vorzuziehen, da wir nach der Stirlingschen Formel die asymptotische Abschätzung $n! \sim \sqrt{2\pi n}(\frac{n}{e})^n$ haben.

10.3 Der Greedy-Algorithmus

Algorithmen vom Greedy-Typ haben wir schon an mehreren Stellen kennengelernt. Das Problem des minimalen aufspannenden Baumes in Abschnitt 7.3 oder minimale Transversale in Abschnitt 8.2 sind fast schon klassische Beispiele. In 7.3 haben wir auch die theoretischen Grundlagen herausgearbeitet, wann der **Greedy-Algorithmus** funktioniert, nämlich dann, wenn die Mengen, welche in der Optimierungsprozedur vorkommen, ein *Matroid* bilden.

Wir haben es also wie beim Dynamischen Programmieren mit einer Situation zu tun, in der die Unterstrukturen ebenfalls optimal sind. Wir wollen uns noch ein Beispiel ansehen, und dann anhand eines weiteren Problemes die Unterschiede zur Methode des Dynamischen Programmierens aufzeigen.

Angenommen, wir haben n Jobs zu erledigen, die alle jeweils eine Zeiteinheit benötigen. Zusätzlich haben wir zwei Folgen $b_1, \ldots, b_n$, $1 \leq b_i \leq n$, und $s_1, \ldots, s_n$, $s_i \geq 0$, gegeben. Die Zahl b_i gibt an, dass der i-te Job spätestens nach b_i Einheiten beendet sein muss, wenn nicht, müssen wir eine Strafe s_i zahlen. Unsere Aufgabe besteht darin, die Erledigung der Jobs so zu arrangieren, dass die Gesamtstrafe der nicht rechtzeitig durchgeführten Jobs möglichst gering ist.

Betrachten wir das folgende Beispiel:

i	b_i	s_i
1	3	2
2	2	3
3	6	1
4	1	2
5	2	4
6	2	2
7	4	5

Wir könnten folgendermaßen vorgehen. Wir reihen zunächst die Jobs nach aufsteigenden Endzeiten b_i:

i	4	2	5	6	1	7	3
b_i	1	2	2	2	3	4	6

und wählen nun nach Greedy-Art möglichst viele Jobs, die rechtzeitig erledigt werden können. Also zuerst Job 4, dann 2, Jobs 5 und 6 gehen nicht, dann Jobs 1, 7 und 3. Die Reihenfolge ist also $4, 2, 1, 7, 3, 5, 6$ mit einer Gesamtstrafe $s_5 + s_6 = 6$. Ist das schon optimal?

Wir nennen irgendeine Reihenfolge der n Jobs einen *Plan* P und setzen $N = \{1, \ldots, n\}$. In P bezeichne p_i die Position des i-ten Jobs. Ein Job heißt *früh* in P, falls er rechtzeitig beendet ist, d. h. falls $p_i \leq b_i$ ist, andernfalls heißt er *spät*; $s(P)$ sei die Strafe, die beim Plan P gezahlt werden muss. Zunächst stellen wir fest, dass wir annehmen können, dass in P alle frühen vor allen späten Jobs kommen. Ist nämlich i früh und j spät mit $p_i > p_j$, also $b_i \geq p_i > p_j > b_j$, so können wir die Positionen von i und j vertauschen, und i ist nach wie vor früh und j spät. Die Strafe $s(P)$ bleibt also gleich. Ferner können wir die frühen Jobs alle nach aufsteigenden Endzeiten anordnen. Sind nämlich i und j frühe Jobs mit $p_i < p_j$, $b_i > b_j$, so gilt $p_i < p_j \leq b_j < b_i$, also können wir die Positionen von i und j vertauschen, und beide Jobs sind nach wie vor früh.

Wir können also voraussetzen, dass in einem Plan zuerst die frühen Jobs A platziert werden und dann die späten $S = N \setminus A$. Und jetzt kommt die entscheidende Idee. Die Gesamtstrafe von P ist $s(P) = \sum_{i \in S} s_i$. $s(P)$ ist also minimal, wenn $s(A) = \sum_{j \in A} s_j$ *maximal* ist. Wir nennen eine Menge $A \subseteq N$ *unabhängig* (inklusive $A = \varnothing$), falls die Jobs in A als frühe Jobs in einem Plan realisiert werden können. Können wir zeigen, dass $(N, \mathcal{A})$, $\mathcal{A}$ = Familie der unabhängigen Mengen, ein Matroid bilden, so können wir unseren Greedy-Algorithmus aus Satz 7.5 auf $(N, \mathcal{A})$ mit der Gewichtsfunktion s anwenden. Wir sehen also, dass wir die Jobs nach ihrer Strafe absteigend anordnen müssen und dann den jeweils nächstmöglichen nehmen müssen. Im Nachhinein überlegt ist das eigentlich klar – wir müssen zusehen, die Jobs mit der höchsten Strafe zuerst zu platzieren.

In unserem Beispiel erhalten wir:

i	7	5	2	1	4	6	3
s_i	5	4	3	2	2	2	1
b_i	4	2	2	3	1	2	6

Wir nehmen zuerst Job 7, dann 5. Job 2 kann ebenfalls platziert werden, wenn wir die Reihenfolge 5,2,7 nehmen, ebenso 1 mit der neuen Reihenfolge 5,2,1,7. Job 4 kann nicht platziert werden, auch nicht 6, aber wieder 3. Wir erhalten somit die optimale Basis des Matroides $A = \{7, 5, 2, 1, 3\}$. Arrangieren wir A nach aufsteigendem b_i, so ergibt sich der optimale Plan P

$$5, 2, 1, 7, 3, 4, 6$$

mit $s(P) = s_4 + s_6 = 4$.

Es bleibt der Nachweis, dass $(N, \mathcal{A})$ ein Matroid ist. Die ersten beiden Axiome sind klar. Bevor wir das Austauschaxiom beweisen, überlegen wir uns eine Charakterisierung unabhängiger Mengen A. Wir nehmen an, dass A mit aufsteigenden Endzeiten b_i angeordnet ist. Für $k = 1, \ldots, n$ sei $N_k(A)$ die Anzahl der Jobs in A mit $b_i \leq k$, $N_0(A) = 0$. Klarerweise muss $N_k(A) \leq k$ für alle k gelten, und ebenso klar folgt aus dieser Bedingung, dass A unabhängig ist. Die Bedingung $N_k(A) \leq k$ $(k = 0, \ldots, n)$ charakterisiert somit unabhängige Mengen.

Zum Nachweis von Axiom 3) seien $A, B \in \mathcal{A}$ mit $|B| = |A| + 1$. Wir haben $N_0(A) = N_0(B) = 0$ und $N_n(A) = |A| < |B| = N_n(B)$. Es existiert also ein größter Index t mit $0 \leq t < n$, so dass $N_t(B) \leq N_t(A)$ ist. Aus $N_{t+1}(B) > N_{t+1}(A)$

folgt, dass es einen Job $i \in B \setminus A$ gibt mit $b_i = t+1$. Sei $A' = A \cup \{i\}$. Für $k \leq t$ folgt $N_k(A') = N_k(A) \leq k$, da A unabhängig ist, und für $j \geq t+1$ gilt $N_j(A') \leq N_j(B) \leq j$, da B unabhängig ist. Nach unserer obigen Bemerkung ist also $A \cup \{i\}$ unabhängig, und der Beweis ist beendet.

Wir bemerken noch, dass eine Greedy-Vorgehensweise auch zum Ziel führen kann, ohne dass ein Matroid gegeben ist (obwohl es oft im Nachhinein gefunden werden kann). Der Huffman-Algorithmus aus Abschnitt 9.2 ist eine Greedy-Methode – wir wählen immer Blätter kleinster Wahrscheinlichkeit. Oder Dijkstras Kürzeste-Wege-Algorithmus aus Abschnitt 7.4.

Betrachten wir noch ein weiteres berühmtes Problem – das **Rucksackproblem** (knapsack problem). Jemand findet n Gegenstände. Jeder Gegenstand i hat einen Wert w_i und ein Gewicht g_i, $w_i, g_i \in \mathbb{N}$. Er möchte nun seinen Rucksack mit Gegenständen eines möglichst hohen Gesamtwertes füllen, kann aber höchstens ein Gewicht G tragen. Welche Gegenstände soll er nun einpacken?

Eine Greedy-Strategie wird zunächst die Gegenstände nach ihrem relativen Wert $\frac{w_i}{g_i}$ in absteigender Reihenfolge anordnen, und immer den nächsten noch möglichen Gegenstand einpacken. Leider funktioniert dies schon für $n = 3$ nicht. Sei z. B.

i	1	2	3
w_i	3	5	6
g_i	1	2	3
w_i/g_i	3	5/2	2

$G = 5$

Die Greedy-Methode wählt 1 und dann 2 mit Gesamtwert 8, aber 2 und 3 sind auch möglich mit Wert 11.

Angenommen, eine optimale Belegung B des Rucksacks enthält Gegenstand m. Dann ist $B \setminus \{m\}$ eine optimale Belegung des Unterproblems auf $\{1, \ldots, n\} \setminus \{m\}$ mit Gesamtgewicht $G - g_m$. Die richtige Methode ist also nicht der Greedy-Algorithmus, sondern Dynamisches Programmieren (mehr darüber in den Übungen).

In den Übungen werden wir auch sehen, dass der Greedy-Algorithmus sogar beliebig weit vom Optimum abweichen kann. Betrachten wir aber die folgende Variante, in der wir beliebig viele Exemplare eines Gegenstandes einpacken können, solange nicht das Gesamtgewicht G überschritten wird. Gesucht ist also ein Vektor $(x_1, \ldots, x_n), x_i \in \mathbb{N}_0$, mit $\sum g_i x_i \leq G$ und $\sum w_i x_i = \max$.

Probieren wir wiederum den Greedy-Algorithmus mit $\frac{w_1}{g_1} \geq \ldots \geq \frac{w_n}{g_n}$, wobei wir $g_1 \leq G$ annehmen können, da ansonsten der Gegenstandt 1 keine Rolle spielt. Mit der Greedy-Methode packen wir x_1 Exemplare von 1 ein mit $x_1 = \lfloor \frac{G}{g_1} \rfloor$. Sei nun $(x_1, \ldots, x_n)$ eine optimale Lösung, so haben wir $w_j \leq \frac{w_1}{g_1} g_j$ für alle j, also

$$w_{\text{opt}} = \sum_{j=1}^{n} w_j x_j \leq \frac{w_1}{g_1} \sum_{j=1}^{n} g_j x_j \leq w_1 \frac{G}{g_1} \leq 2w_1 \lfloor \frac{G}{g_1} \rfloor \leq 2w^* .$$

Der Greedy-Wert w^* erreicht also mindestens die Hälfte des Optimums. In den Übungen wird gezeigt, dass die Schranke $w^* \geq \frac{1}{2} w_{\text{opt}}$ allgemein nicht weiter verbessert werden kann. Und noch eine letzte Bemerkung: Das Rucksackproblem ist in beiden Varianten NP-vollständig.

Übungen zu Kapitel 10

▷ **1** Löse das Königsproblem (analog zum Damenproblem) auf dem $n \times n$-Schachbrett.

2 Bestimme mit Backtrack alle 3×3-magischen Quadrate (siehe Übung 12.37). Hinweis: 1 kann nicht in einer Ecke sein.

▷ **3** Zeige, dass wir im Damenproblem auf dem $n \times n$-Schachbrett $a_1 \neq 1$ annehmen können.

4 Diskutiere das übliche 3×3-Tic-Tac-Toe-Spiel anhand eines Spielbaumes.

▷ **5** Zeige, dass die Bestimmung von $c(1,n)$ aus der Rekursion (1) in Abschnitt 10.2 exponentielle Laufzeit hat.

6 Löse das folgende Traveling Salesman-Problem mit Branch and bound:

	1	2	3	4	5	6
1	∞	3	6	2	8	1
2	4	∞	3	4	4	5
3	3	2	∞	6	3	5
4	4	2	6	∞	4	4
5	3	3	2	6	∞	4
6	7	4	5	7	6	∞

7 Bestimme eine optimale Triangulierung des regulären Sechseckes mit der Gewichtsfunktion $w(v_i v_j v_k) = |v_i - v_j| + |v_j - v_k| + |v_k - v_i|$.

▷ **8** Das *Münzwechselproblem* lautet folgendermaßen: Gegeben sind m Münzen der Werte $c_1, c_2, \ldots, c_m$, $c_i \in \mathbb{N}$. Für $n \in \mathbb{N}$ bestimme (falls möglich) $k_1, \ldots, k_m$ mit $\sum_{i=1}^m k_i c_i = n$ und $\sum_{i=1}^m k_i$ minimal. Zeige, dass für die Potenzen $c^0, c^1, \ldots, c^{m-1}$ ($c > 1$, $m \geq 1$) ein Greedy-Algorithmus funktioniert.

9 Berechne die Anzahl der Vergleiche in dem Dynamischen Programm für das Traveling Salesman-Problem.

10 Löse mit Backtrack das Wolf, Esel, Mohrrüben-Problem: Ein Fährmann muss die drei über den Fluss bringen. Bei einer Fahrt kann er immer nur einen mitnehmen, und weder Wolf und Esel noch Esel und Mohrrübe dürfen allein auf einer Flussseite sein.

▷ **11** Konstruiere ein Beispiel, wo der Greedy-Algorithmus (nimm immer ein zulässiges Paar höchsten Wertes) für das gewichtete Job-Zuordnungsproblem $c : K \to \mathbb{R}^+$ aus Abschnitt 8.2 nicht funktioniert.

12 Löse das Damenproblem auf dem $n \times n$-Schachbrett.

13 Es seien Matrizen $M_1, \ldots, M_n$ vom Typ $r_i \times r_{i+1}$ $(i = 1, \ldots, n)$ gegeben. Eine Auswertung des Produktes $M_1 \ldots M_n$ besteht aus einer Folge von Matrizenmultiplikationen, wobei die Kosten der Multiplikation einer $r \times s$-Matrix A mit einer $s \times t$-Matrix B gleich rst sind. Bestimme mit Dynamischem Programmieren eine billigste Multiplikationsfolge. Hinweis: Siehe das Triangulierungsproblem aus Abschnitt 10.2.

14 Bestimme eine optimale Multiplikationsfolge für die sechs Matrizen mit den aufeinanderfolgenden Dimensionen $3, 5, 11, 2, 9, 23, 6$.

▷ **15** Drei eifersüchtige Männer wollen mit ihren Frauen über den Fluss setzen. Das Boot fasst höchstens zwei Personen. Bestimme einen Transportplan, der alle übersetzt, ohne dass jemals eine Frau mit einem anderen Mann (ohne ihren eigenen) auf einer Flussseite oder im Boot ist. Geht es auch mit vier Paaren?

16 Wir füllen einen $n \times n \times n$-Würfel mit n^3 Einheitswürfeln. Die Aufgabe ist, die n^3 Würfel mit weiß und schwarz so zu färben, dass die Anzahl der einfarbigen Linien (in jeder Richtung inklusive den Diagonalen) möglichst klein ist.

▷ **17** Das *Markenproblem* lautet folgendermaßen: Gegeben sind n Marken verschiedener Werte aus $\mathbb{N}$, und auf einen Brief können höchstens m Marken geklebt werden. Bestimme das größte N, so dass alle Summenwerte von 1 bis N realisiert werden können. Beispiel: Für $n = 4$, $m = 5$ realisiert $\{1, 5, 12, 28\}$ alle Zahlen von 1 bis 71. Entwirf ein Backtrack Programm.

▷ **18** Es sei $\chi(G)$ die chromatische Zahl des Graphen $G = (E, K)$, siehe Übung 6.12. Für $uv \notin K$ sei $G^+ = G \cup \{uv\}$ und G^- der Graph, der durch Identifikation von u und v in eine neue Ecke $\overline{uv}$ entsteht. Dabei ist z in G^- zu $\overline{uv}$ benachbart genau dann, wenn z zu u oder v in G benachbart war. Zeige $\chi(G) = \min(\chi(G^+), \chi(G^-))$. Durch Iteration entwirf einen Branch and bound-Algorithmus zur Bestimmung von $\chi(G)$. Hinweis: Benutze den größten vollständigen Untergraphen als Schranke.

19 Zeige, dass für $c_1 = 1$, $c_2 = 5$, $c_3 = 10$, $c_4 = 25$ der Greedy-Algorithmus für das Münzenproblem funktioniert (siehe Übung 8). Gib andererseits ein Beispiel $\{c_1, \ldots, c_m\}$ an, wo der Greedy-Algorithmus nicht die optimale Lösung ergibt (auch wenn alle n realisiert werden können).

20 Zeige, wie Dynamisches Programmieren auf das Rucksackproblem angewandt werden kann mit Laufzeit $O(Gn)$.

▷ **21** Zeige anhand eines Beispieles, dass der Greedy-Algorithmus für das Rucksackproblem beliebig weit vom Optimum abweichen kann. Das heißt, für jedes $0 < \varepsilon < 1$ gibt es einen Rucksack, so dass $w^* < (1 - \varepsilon) w_{\text{opt}}$ ist, $w^* =$ Greedy-Wert. Hinweis: Es genügt $n = 2$.

▷ **22** Seien im Rucksackproblem $\frac{w_1}{g_1} \geq \ldots \geq \frac{w_n}{g_n}$ die relativen Werte. Zeige: $w_{\text{opt}} \leq \sum_{j=1}^{k} w_j + \frac{w_{k+1}}{g_{k+1}}(G - \sum_{j=1}^{k} g_j)$ für alle k, und folgere daraus $w^* \geq w_{\text{opt}} - \max(w_j : j = 1, \ldots, n)$, $w^* =$ Greedy-Wert.

23 Eine Anzahl von Vorträgen $V_1, \ldots, V_n$ sollen in Räumen gehalten werden, wobei Vortrag V_i eine Zeit c_i benötigt. Zu einer gegebenen Zeit kann in einem Raum nur ein Vortrag stattfinden. Entwirf einen Greedy-Algorithmus, der möglichst wenige Räume benutzt, so dass alle Vorträge zur Zeit $C \geq \max c_i$ beendet sind.

▷ **24** Es seien n Jobs auf einer Maschine zu erledigen, wobei J_i zur Zeit a_i beginnt und zur Zeit e_i endet. Eine Menge von Jobs $J_{h_1}, \ldots, J_{h_m}$ heißt *zulässig*, falls $e_{h_i} \leq a_{h_{i+1}}$ für alle i

ist, das heißt falls sie hintereinander ausgeführt werden können. Zeige, dass der folgende Greedy-Algorithmus eine maximal große zulässige Menge liefert: Ordne die Jobs nach $e_1 \leq e_2 \leq \ldots \leq e_n$, und nimm immer den nächstmöglichen.

25 Eine Variante des Rucksackproblems erlaubt, Teile der Gegenstände einzupacken. Das heißt, gesucht ist $(x_1, \ldots, x_n)$ mit $0 \leq x_i \leq 1$, so dass $\sum g_i x_i \leq G$ ist und $\sum w_i x_i$ maximal ist. Zeige, dass der Greedy-Algorithmus eine optimale Lösung liefert. Hinweis: Zeige, dass immer eine optimale Lösung mit $x_1 =$ Greedy (x_1) existiert.

26 Sei die Variante des Rucksackproblems wie am Ende von Abschnitt 10.3 gegeben. Zeige anhand eines Beispieles, dass die Schranke $w^* \geq \frac{1}{2} w_{\text{opt}}$ nicht verbessert werden kann.

Literatur zu Teil II

Es gibt eine Reihe guter Lehrbücher zur Graphentheorie, z. B. Diestel oder West. Ein klassisches Gebiet der Graphentheorie, die Einbettbarkeit von Graphen in die Ebene, wurde ganz ausgespart. Diese Frage stand ganz am Anfang der Graphentheorie, in Form des allgemein bekannten 4-Farbenproblems. Wer mehr darüber erfahren möchte, vor allem über den Einfluss des 4-Farbenproblems auf die Entwicklung der Graphentheorie, kann dies im Buch von Aigner nachlesen. Über Graphenalgorithmen und kombinatorische Algorithmen gibt es eine große Zahl von Büchern. Sehr umfangreich und detailliert ist das Buch von Corman–Leiserson–Rivest, empfohlen seien auch Even, Horowitz–Sahni, Papadimitriou–Steiglitz und Jungnickel. Das Buch von Lawler enthält unter anderem eine Vertiefung über Matroide und die damit verbundenen algorithmischen Probleme. Für Sortieralgorithmen ist nach wie vor der Klassiker das Buch von Knuth, und wer sich in das relativ neue Gebiet der Suchtheorie einarbeiten will, der sollte zu dem entsprechenden Buch von Aigner oder Ahlswede–Wegener greifen. Eine ausgezeichnete Darstellung der Komplexitätsklassen P und NP und allgemein der Komplexitätstheorie ist im Buch von Garey–Johnson enthalten.

R. Ahlswede, I. Wegener: *Suchprobleme.* Teubner.

M. Aigner: *Graphentheorie – eine Entwicklung aus dem 4-Farben Problem.* Teubner.

M. Aigner: *Combinatorial Search.* Teubner-Wiley.

T. Corman, C. Leiserson, R. Rivest: *Introduction to Algorithms.* MIT Press.

R. Diestel: *Graphentheorie.* Springer-Verlag.

S. Even: *Algorithmic Combinatorics.* MacMillan.

M. Garey, D. Johnson: *Computers and Intractability: A Guide to the Theory of NP-Completeness.* Freeman.

E. Horowitz, S. Sahni: *Fundamentals of Computer Algorithms.* Computer Science Press.

D. Jungnickel: *Graphen, Netzwerke und Algorithmen.* Spektrum-Verlag

D. Knuth: *The Art of Computer Programming III, Sorting and Searching.* Addison-Wesley.

E. Lawler: *Combinatorial Optimization: Networks and Matroids.* Holt, Rinehart and Winston.

C. Papadimitriou, K. Steiglitz: *Algorithms and Complexity.* Prentice-Hall.

D. West: *Introduction to Graph Theory.* Prentice-Hall.

Teil III: Algebraische Systeme

Im ersten Teil haben wir uns mit der Abzählung von Mengen beschäftigt, die meist durch einfache kombinatorische Bedingungen erklärt waren, z. B. Untermengen oder Partitionen. Im zweiten Teil haben wir Graphen studiert und viele algorithmische Probleme gelöst, indem wir Graphen als Datenstruktur eingeführt haben. An mehreren Stellen haben wir gesehen, wie nützlich es ist, auf den Mengen, die zunächst keine weitere Struktur aufweisen, algebraische Begriffe einzuführen. Ein eindrucksvolles Beispiel waren die erzeugenden Funktionen $F(z) = \sum a_n z^n$. Zunächst sind die Zahlen a_n nichts weiter als die Mächtigkeit der gegebenen Mengen. Fassen wir sie aber als Koeffizienten der Reihe $F(z)$ auf, so können wir mit ihnen *rechnen*, sie addieren oder das Konvolutionsprodukt betrachten.

Ein weiteres Beispiel war der Greedy-Algorithmus zur Erzeugung minimaler aufspannender Bäume in Abschnitt 7.2. Er funktioniert, weil die Wälder ein Matroid bilden, ja der Korrektheitsbeweis wird sogar wesentlich durchsichtiger und auch einfacher, indem wir ihn auf die abstrakte Ebene der Matroide heben. Graphen oder allgemeiner Mengenfamilien haben wir mittels Inzidenz als $0,1$-Matrizen dargestellt, und mit Matrizen können wir wieder rechnen. Wir können sie addieren und multiplizieren, eine Matrix hat einen Rang, und wir werden erwarten, dass der Rang der Inzidenzmatrix etwas über den Graphen aussagt.

Informell gesagt haben wir algebraische Methoden verwendet, um gegebene diskrete Strukturen besser zu verstehen bzw. Probleme einfacher zu lösen. In diesem Teil nehmen wir in einem gewissen Sinn den umgekehrten Standpunkt ein. Wir untersuchen einige wichtige algebraische Systeme, arbeiten zunächst ihre Struktur heraus und überlegen uns dann, auf welche diskrete Fragestellungen wir sie gewinnbringend anwenden können.

Zum Beispiel kann man auf jeder endlichen Menge eine natürliche Addition oder Multiplikation einführen. Wir werden sehen, dass die Menge mit dieser Addition oder Multiplikation (oder beidem) eine Anzahl von Symmetrien aufweist – und diese Symmetrien verwenden wir dann zur Konstruktion diskreter Konfigurationen. Ein besonders wichtiges Beispiel sind Ungleichungssysteme, auf die wir im letzten Kapitel eingehen. Wir kommen auf algebraischem Weg zu einem grundlegenden Ergebnis, dem Hauptsatz der linearen Optimierung, und stellen dann fest, dass dieser Satz alle unsere Fluss-Schnitt Sätze umfasst, ja mehr noch, dass die Dualität „Maximum Packen – Minimum Bedecken“ erst durch die algebraische Betrachtung in den richtigen Rahmen gestellt wird.

11 Boolesche Algebren

11.1 Definition und Eigenschaften

Wir studieren die Menge $\mathcal{B}(n) = \{0,1\}^n$. Die Elemente von $\mathcal{B}(n)$ sind also Folgen oder Vektoren $\boldsymbol{x} = (x_1, \ldots, x_n)$ von 0'en und 1'en der Länge n, oder $0,1$-Wörter der Länge n. Zunächst ist das einfach eine Menge, aber wir können nun $\mathcal{B}(n)$ auf mehrfache Weise interpretieren, auf $\mathcal{B}(n)$ verschiedene Strukturen erklären, und das macht die Sache erst interessant. Mit $\boldsymbol{x}, \boldsymbol{y}, \boldsymbol{z} \ldots$ bezeichnen wir stets Elemente aus $\mathcal{B}(n)$, mit $x, y, z, \ldots$ einzelne Koordinaten.

Eine Interpretation kennen wir schon längst. Wir betrachten die Menge $S = \{1, \ldots, n\}$ der Stellen und interpretieren

$$\boldsymbol{x} = (x_1, \ldots, x_n) \quad \text{als} \quad A_{\boldsymbol{x}} = \{i : x_i = 1\} \,.$$

$\boldsymbol{x}$ ist also der **charakteristische Vektor** der Menge $A_{\boldsymbol{x}}$, und die Beziehung $\boldsymbol{x} \longleftrightarrow A_{\boldsymbol{x}}$ ist bijektiv. Wir bezeichnen von nun an mit $\mathbf{0} = (0, \ldots, 0)$ und $\mathbf{1} = (1, 1, \ldots, 1)$ das Nullwort bzw. das Einswort. Die zugehörigen Mengen sind $A_{\mathbf{0}} = \varnothing$ bzw. $A_{\mathbf{1}} = S$. $\mathcal{B}(S)$ bezeichnet analog die Familie aller Untermengen von S.

Eine andere und für das Rechnen auf Computern fundamentale Interpretation ergibt sich, indem wir $\boldsymbol{x}$ als **binäre Darstellung** einer natürlichen Zahl auffassen. In diesem Fall schreiben wir $\boldsymbol{x} = (x_0, x_1, \ldots, x_{n-1})$ und haben die Beziehung

$$\boldsymbol{x} = (x_0, x_1, \ldots, x_{n-1}) \longleftrightarrow z_{\boldsymbol{x}} = \sum_{i=0}^{n-1} x_i 2^i \,.$$

Das Nullwort entspricht hier $z_{\mathbf{0}} = 0$ und das Einswort $z_{\mathbf{1}} = 2^n - 1$.

Operationen mit Mengen oder Zahlen können also auch mittels $0,1$-Wörtern durchgeführt werden, und das ist der Grundgedanke, von dem wir uns im folgenden leiten lassen.

Für Mengen haben wir drei Grundoperationen: Vereinigung $\cup$, Durchschnitt $\cap$, und Komplement $^{-}$. Wir erklären entsprechende Operationen nun für $0,1$-Wörter koordinatenweise:

x	y	$x+y$
0	0	0
1	0	1
0	1	1
1	1	1

x	y	xy
0	0	0
1	0	0
0	1	0
1	1	1

x	$\overline{x}$
0	1
1	0

und allgemein

$$\begin{aligned}(x_1,\ldots,x_n)+(y_1,\ldots,y_n) &= (x_1+y_1,\ldots,x_n+y_n)\\(x_1,\ldots,x_n)(y_1,\ldots,y_n) &= (x_1y_1,\ldots,x_ny_n)\\\overline{(x_1,\ldots,x_n)} &= (\overline{x}_1,\ldots,\overline{x}_n).\end{aligned}$$

Offenbar entspricht $\boldsymbol{x}+\boldsymbol{y}$ der *Vereinigung* $A_{\boldsymbol{x}}\cup A_{\boldsymbol{y}}$, $\boldsymbol{xy}$ dem *Durchschnitt* $A_{\boldsymbol{x}}\cap A_{\boldsymbol{y}}$, und $\overline{\boldsymbol{x}}$ dem *Komplement* $\overline{A_{\boldsymbol{x}}}$. Die Rechenregeln sind bekannt: Die Operationen $+$ und $\cdot$ sind kommutativ, assoziativ und distributiv mit Nullelement $\mathbf{0}$ und Einselement $\mathbf{1}$, und eindeutiger Komplementierung, $\boldsymbol{x}\mapsto\overline{\boldsymbol{x}}$, wobei $\overline{\overline{\boldsymbol{x}}}=\boldsymbol{x}$ ist. Ferner gelten die Regeln von de Morgan: $\overline{\sum \boldsymbol{x}_i}=\prod\overline{\boldsymbol{x}}_i, \overline{\prod \boldsymbol{x}_i}=\sum\overline{\boldsymbol{x}}_i$, wobei $\sum$ und $\prod$ die eben eingeführten Summe und Produkt bezeichnen.

$\mathcal{B}(n)$ versehen mit den Operationen $+,\cdot$ und $^-$ (oder äquivalent $\mathcal{B}(S)$ mit $\cup,\cap,^-$) heißt die **Boolesche Algebra der Ordnung** n. Man beachte, dass weder $+$ noch $\cdot$ eine Gruppe ergibt, da $\mathbf{1}$ kein additives Inverses hat und z. B. $(1,0)$ kein multiplikatives Inverses für $n=2$.

Eine weitere Struktur erhalten wir, indem wir die Operationen $\oplus$ und $\cdot$ zugrundelegen:

x	y	$x\oplus y$
0	0	0
1	0	1
0	1	1
1	1	0

x	y	xy
0	0	0
1	0	0
0	1	0
1	1	1

In diesem Fall ist $\{0,1\}$ mit den Operatoren $\oplus,\cdot$ ein *Körper*, den wir auch das Galoisfeld $GF(2)$ nennen. (Wir kommen auf endliche Körper ausführlich in Abschnitt 12.2 zurück.) Erweitern wir die Operationen koordinatenweise, so wird $\mathcal{B}(n)$ ein *Vektorraum* der Dimension n über $GF(2)$. Als Menge interpretiert entspricht $\boldsymbol{x}\oplus\boldsymbol{y}$ der *symmetrischen Differenz* $(A_{\boldsymbol{x}}\smallsetminus A_{\boldsymbol{y}})\cup(A_{\boldsymbol{y}}\smallsetminus A_{\boldsymbol{x}})$, die wir also ebenfalls mit der kurzen Bezeichnung $A_{\boldsymbol{x}}\oplus A_{\boldsymbol{y}}$ versehen.

Die Inklusion auf Mengen $A\subseteq B$ legt als weitere Struktur eine *Ordnung* $\boldsymbol{x}\leq\boldsymbol{y}$ auf $\mathcal{B}(n)$ nahe: Für $\boldsymbol{x}=(x_1,\ldots,x_n),\boldsymbol{y}=(y_1,\ldots,y_n)$ setzen wir

$$\boldsymbol{x}\leq\boldsymbol{y}\Longleftrightarrow x_i\leq y_i\quad\text{für alle } i\,.$$

Offenbar gilt $\boldsymbol{x}\leq\boldsymbol{y}$ genau dann, wenn $A_{\boldsymbol{x}}\subseteq A_{\boldsymbol{y}}$ ist. Die Ordnung $\leq$ hat die zusätzliche Eigenschaft, dass zu je zwei Elementen $\boldsymbol{x},\boldsymbol{y}$ genau eine kleinste obere Schranke und genau eine größte untere Schranke existieren, die wir mit $\boldsymbol{x}\vee\boldsymbol{y}$ bzw. $\boldsymbol{x}\wedge\boldsymbol{y}$ bezeichnen. Nun, das ist klar. Aus der Definition folgt

$$\begin{aligned}\boldsymbol{z}=\boldsymbol{x}\vee\boldsymbol{y}\quad&\text{mit}\quad z_i=\max(x_i,y_i)\quad\text{für alle } i\\\boldsymbol{w}=\boldsymbol{x}\wedge\boldsymbol{y}\quad&\text{mit}\quad w_i=\min(x_i,y_i)\quad\text{für alle } i\,.\end{aligned}$$

Da für $n=1$ laut den Definitionstafeln für $+$ und $\cdot$

$$x\vee y=x+y\quad\text{und}\quad x\wedge y=xy$$

gelten, so ist auch allgemein

$$\boldsymbol{x} \vee \boldsymbol{y} = \boldsymbol{x} + \boldsymbol{y}\ , \quad \boldsymbol{x} \wedge \boldsymbol{y} = \boldsymbol{x}\boldsymbol{y}\ ,$$

d. h. $\boldsymbol{x} \vee \boldsymbol{y}$, $\boldsymbol{x} \wedge \boldsymbol{y}$ entsprechen wieder der Vereinigung und dem Durchschnitt von Mengen. Das ist natürlich auch der Grund für die Ähnlichkeit der Symbole $\vee, \cup$ bzw. $\wedge, \cap$. Eine Ordnung, die für alle $\boldsymbol{x}, \boldsymbol{y}$ ein *Supremum* $\boldsymbol{x} \vee \boldsymbol{y}$ und ein *Infimum* $\boldsymbol{x} \wedge \boldsymbol{y}$ besitzt, heißt ein *Verband*. $\mathcal{B}(n)$ ist also mit der Ordnung $\leq$ (bzw. $\mathcal{B}(S)$ mit $\subseteq$) ein Verband, genannt der **Boolesche Verband**. Der Grund, warum wir einmal $+$ und $\cdot$, das andere Mal $\vee$ und $\wedge$ verwenden, liegt im verschiedenen Ansatz. Das erste Mal steht der algebraische Aspekt im Vordergrund, das zweite Mal die Ordnung. Wir werden die Operationen je nach Problemstellung in der einen oder in der anderen Form verwenden.

Schließlich können wir auch einen Abstand erklären, den sogenannten *Hamming-Abstand*:

$$\Delta(\boldsymbol{x}, \boldsymbol{y}) = |\{i : x_i \neq y_i\}|\ .$$

Man sieht sofort, dass $\Delta : \mathcal{B}(n) \to \mathbb{R}^+$ eine Metrik im Sinne der Analysis ist, d. h. es gelten $\Delta(\boldsymbol{x}, \boldsymbol{y}) \geq 0$ mit $\Delta(\boldsymbol{x}, \boldsymbol{y}) = 0$ genau für $\boldsymbol{x} = \boldsymbol{y}$, $\Delta(\boldsymbol{x}, \boldsymbol{y}) = \Delta(\boldsymbol{y}, \boldsymbol{x})$, und die *Dreiecksungleichung* $\Delta(\boldsymbol{x}, \boldsymbol{z}) \leq \Delta(\boldsymbol{x}, \boldsymbol{y}) + \Delta(\boldsymbol{y}, \boldsymbol{z})$.

Der Leser wird wahrscheinlich schon den Zusammenhang zu den Würfelgraphen Q_n aus Abschnitt 6.1 bemerkt haben. Die Ecken sind die Wörter $\boldsymbol{x} \in \mathcal{B}(n)$, und zwei Ecken sind benachbart, wenn ihr Hamming-Abstand gleich 1 ist. Übrigens entspricht $\Delta(\boldsymbol{x}, \boldsymbol{y})$ genau dem Abstand in Q_n im graphentheoretischen Sinn.

11.2 Aussagenlogik und Boolesche Funktionen

Einer der historischen Ausgangspunkte für Boolesche Algebren war der Zusammenhang zur Aussagenlogik. Betrachten wir $n = 2$. Eine Abbildung $f : \mathcal{B}(2) \to \{0, 1\}$ heißt eine (zweiwertige) **Boolesche Funktion**. Da $|\mathcal{B}(2)| = 4$ ist, gibt es also $2^4 = 16$ solche Funktionen. Die Variablen x und y werden als **Aussagen** interpretiert, und zwar 1 als **wahr** und 0 als **falsch**.

Schreiben wir nochmals die Tafeln für unsere drei Grundoperationen $\vee, \wedge, \oplus$ hin:

x	y	$x \vee y$	$x \wedge y$	$x \oplus y$
0	0	0	0	0
1	0	1	0	1
0	1	1	0	1
1	1	1	1	0

Die Operation $x \vee y$ entspricht also der Aussage: $x \vee y$ ist wahr, wenn x oder y oder beide wahr sind; wir nennen $x \vee y$ im Sinne der Aussagenlogik **Disjunktion**. Der Operator $x \wedge y$ entspricht der **Konjunktion**: $x \wedge y$ ist genau dann wahr, wenn sowohl x als auch y wahr sind. Auf diese Weise können wir alle 16 Funktionen aussagenlogisch interpretieren. Zum Beispiel entspricht $x \oplus y$ dem entweder–oder (entweder x ist wahr und y ist falsch, oder y ist wahr und x ist falsch). Ein weiteres Beispiel ist:

x	y	$x \to y$
0	0	1
1	0	0
0	1	1
1	1	1

Dies entspricht der **Implikation** $x \to y$. $x \to y$ ist immer wahr, außer wenn x wahr und y falsch ist. Die Komplementierung $x \to \overline{x}$ wird natürlich als **Negation** $\neg x$ interpretiert.

Sehen wir uns ein Beispiel für $n = 3$ an. Was ist die Wahrheitstafel für die Funktion $f(x, y, z) = (x \to y) \wedge [(y \wedge \neg z) \to (x \vee z)]$? Wir setzen alle 8 möglichen Tripel (x, y, z) in f ein und berechnen die rechte Seite. Für $x = y = z = 0$ erhalten wir beispielsweise

$$f(0,0,0) = (0 \to 0) \wedge [(0 \wedge 1) \to (0 \vee 0)] = 1 \wedge [0 \to 0] = 1 \wedge 1 = 1\,,$$

und für $x = 1\,,\ y = 0\,,\ z = 1$

$$f(1,0,1) = (1 \to 0) \wedge [(0 \wedge 0) \to (1 \vee 1)] = 0\,,$$

da $1 \to 0 = 0$ ist.

Wir erkennen sofort zwei Probleme: 1. Können wir eine gegebene Boolesche Funktion $f : \mathcal{B}(n) \to \{0, 1\}$ auf eine einfache Form bringen, die eine schnelle Auswertung erlaubt? 2. Existiert für f überhaupt ein $(x_1, \ldots, x_n)$ mit $f(x_1, \ldots, x_n) = 1$? Wir fragen also: Kann f überhaupt *erfüllt* werden, d. h. jemals wahr werden?

Beide Fragen sind für die Aussagenlogik von eminenter Bedeutung. Man möchte eine Methode entwickeln, wie zusammengesetzte Aussagen als wahr (oder falsch) erkannt werden können, oder zumindest prinzipiell erkennen, ob sie erfüllbar sind.

Zur Behandlung der ersten Frage stellt man *Normalformen* auf. Die bekanntesten Normalformen sind die **disjunktive Normalform** DNF, bzw. durch Komplementierung die **konjunktive Normalform** CNF. Als Bausteine verwenden wir $+, \cdot$ und $^{-}$. Für jede Eingabe $\boldsymbol{c} = (c_1, \ldots, c_n)$ mit $f(\boldsymbol{c}) = 1$ bilden wir die sogenannte **Minterm Funktion** $m_{\boldsymbol{c}}$

$$m_{\boldsymbol{c}}(x_1, \ldots, x_n) = x_1^{c_1} x_2^{c_2} \ldots x_n^{c_n}\,,$$

wobei $x^1 = x$ und $x^0 = \overline{x}$ bedeuten soll. Nach Definition des Produktes gilt also $m_{\boldsymbol{c}}(\boldsymbol{x}) = 1$ genau für $\boldsymbol{x} = \boldsymbol{c}$ (klar?). Die Funktion f kann daher in der Form

(DNF) $$f(x_1, \ldots, x_n) = \sum_{\boldsymbol{c}: f(\boldsymbol{c})=1} x_1^{c_1} \ldots x_n^{c_n}$$

geschrieben werden. Dabei ist $f \equiv 0$ durch die leere Summe gegeben.

Zum Beispiel hat die Funktion $f(x_1, x_2, x_3) = x_1 \oplus x_2 \oplus x_3$ die DNF

$$f(x_1, x_2, x_3) = x_1\overline{x}_2\overline{x}_3 + \overline{x}_1 x_2 \overline{x}_3 + \overline{x}_1\overline{x}_2 x_3 + x_1 x_2 x_3\,.$$

Die DNF zeigt, dass *jede* Boolesche Funktion mittels der Operationen $+, \cdot, ^{-}$ ausgedrückt werden kann. Wir sagen daher, dass die Menge $\{+, \cdot, ^{-}\}$ eine **Basis** für alle Booleschen Funktionen bildet. Dabei setzen wir stets voraus, dass die Konstanten (= 0-wertige Funktionen) 0 und 1 frei gegeben sind. Dass dies von Bedeutung ist, wird weiter unten klar werden.

Durch Komplementierung erhalten wir die konjunktive Normalform (s. Übung 4):

$$\text{(CNF)} \qquad f(x_1, \ldots, x_n) = \prod_{\boldsymbol{c}: f(\boldsymbol{c})=0} (x_1^{\overline{c}_1} + \cdots + x_n^{\overline{c}_n}) .$$

Für unser Beispiel ergibt dies $x_1 \oplus x_2 \oplus x_3 = (x_1 + \overline{x}_2 + \overline{x}_3)(\overline{x}_1 + x_2 + \overline{x}_3)(\overline{x}_1 + \overline{x}_2 + x_3)(x_1 + x_2 + x_3)$.

Die beiden Operationen $+, \cdot$ allein bilden keine Basis. Zum Beispiel kann $x_1 \oplus x_2$ nicht mittels $+$ und $\cdot$ dargestellt werden. Warum? Ist eine Funktion f in der Gestalt

$$f(x_1, \ldots, x_n) = \sum_{(i_1, \ldots, i_\ell)} x_{i_1} \ldots x_{i_\ell}$$

gegeben, so sehen wir sofort, dass $f(\boldsymbol{x}) \leq f(\boldsymbol{y})$ für $\boldsymbol{x} \leq \boldsymbol{y}$ gilt, da dies ja laut den Tafeln für $+$ und $\cdot$ zutrifft. Auf die angegebene Weise können also nur *monotone* Funktionen dargestellt werden (und für diese Funktionen ist $\{+, \cdot\}$ tatsächlich eine Basis, siehe die Übungen). Unsere Funktion $x_1 \oplus x_2$ ist wegen $(1, 0) \leq (1, 1)$ und $1 \oplus 0 = 1$, $1 \oplus 1 = 0$ nicht monoton, und daher nicht mittels $+, \cdot$ darstellbar. Andererseits bilden wegen $xy = \overline{\overline{x} + \overline{y}}$ bzw. $x + y = \overline{\overline{x}\,\overline{y}}$ auch $\{+, ^{-}\}$ bzw. $\{\cdot, ^{-}\}$ Basen. Ebenso ist $\{\oplus, \cdot\}$ eine Basis, wie wir aus $x + y = (x \oplus y) \oplus (xy)$ und $\overline{x} = x \oplus 1$ erkennen. Zum Beispiel haben wir $x_1 x_2 \overline{x}_3 = x_1 x_2 (1 \oplus x_3) = x_1 x_2 \oplus x_1 x_2 x_3$. Für die Basis $\{\oplus, \cdot\}$ werden die Konstanten benötigt, da ansonsten das Komplement nicht erzeugt werden kann.

Bevor wir weitergehen, ist es Zeit für ein typisches Beispiel aus dem täglichen Leben. Im Wirtschaftsteil einer Zeitung steht folgender gelehrter Kommentar: „Entweder der Euro wird abgewertet oder, falls der Export nicht zurückgeht, müssen die Preise eingefroren werden. Wird der Euro nicht abgewertet, so geht der Export zurück und die Preise werden nicht eingefroren. Werden die Preise aber eingefroren, dann wird der Export nicht zurückgehen und der Euro darf nicht abgewertet werden.“

Was heißt das? Wir setzen x für „Euro wird abgewertet“, y für „Export geht zurück“ und z für „Preise werden eingefroren“. Dann lassen sich obige Aussagen schreiben als

$$A_1 := x \vee (\neg y \to z), \;\; A_2 := \neg x \to (y \wedge \neg z), \;\; A_3 := z \to (\neg y \wedge \neg x) .$$

Dies ergibt (nachprüfen!)

$$A_1 = x \vee y \vee z, \qquad A_2 = x \vee (y \wedge \neg z), \qquad A_3 = \neg z \vee (\neg y \wedge \neg x)$$

also

$$\begin{aligned} A_1 \wedge A_2 \wedge A_3 &= (x \vee y \vee z) \wedge (x \vee (y \wedge \neg z)) \wedge (\neg z \vee (\neg y \wedge \neg x)) \\ &= (x \vee (y \wedge \neg z)) \wedge (\neg z \vee (\neg y \wedge \neg x)) = (x \wedge \neg z) \vee (y \wedge \neg z) \\ &= \neg z \wedge (x \vee y) = \neg z \wedge (\neg x \rightarrow y). \end{aligned}$$

Das Gesagte ist also gleichbedeutend mit: „Die Preise werden nicht eingefroren und, wenn der Euro nicht abgewertet wird, so geht der Export zurück.“ Und das klingt schon wesentlich einfacher.

Kehren wir zurück zu den Normalformen. Wir haben gesehen, dass die disjunktive Normalform jede Boolesche Funktion als Summe von Produkten ausdrückt. Normalerweise ist aber die DNF nicht der einfachste Ausdruck dieser Gestalt. Betrachten wir als Beispiel $f(x,y,z) = \overline{x}yz + \overline{x}y\overline{z} + x\overline{y}z$. Jeder der drei Minterme enthält alle drei Variablen. Wegen $z + \overline{z} = 1$ und $w1 = w$ können wir aber

$$f(x,y,z) = \overline{x}y(z + \overline{z}) + x\overline{y}z = \overline{x}y + x\overline{y}z$$

auch als Summe von Produkten mit nur zwei Summanden schreiben. Nun liegt das allgemeine Problem auf der Hand: Finde für eine Boolesche Funktion, z. B. gegeben in DNF, eine Darstellung als Summe von Produkten mit möglichst wenig Summanden. Damit haben wir eine weitere Beschreibung, die sogenannte SOPE-Darstellung Boolescher Funktionen (sums of products expansion). Ein bekannter Algorithmus zur Konstruktion einer SOPE-Darstellung stammt von Quine und McCluskey (siehe dazu die Literatur). Für kleine n kann man sich die Transformation von der DNF in die SOPE-Darstellung mit Hilfe der sogenannten **Karnaugh-Abbildung** anschaulich klarmachen.

Betrachten wir wieder eine Funktion $f(x,y,z)$ gegeben in DNF. Wir wissen, dass die DNF 8 mögliche Minterme enthält, und wenn (wie in unserem Beispiel) zwei Minterme sich nur in einer Variablen unterscheiden, so können wir sie vereinfachen, indem wir diese Minterme addieren und die Variable streichen. Dies ist nun die Idee der Karnaugh-Abbildung. Wir repräsentieren die 8 möglichen Minterme durch ein rechteckiges Schema, so dass benachbarte Felder sich nur in einer Variablen unterscheiden:

	y	y	$\overline{y}$	$\overline{y}$
x				
$\overline{x}$				
	z	$\overline{z}$	$\overline{z}$	z

Das linke obere Feld korrespondiert beispielsweise zum Produkt xyz und das rechte untere Feld zu $\overline{x}\,\overline{y}z$. Gehen wir von einem Feld zu einem Nachbarfeld, so bleiben zwei Variablen gleich, während die dritte in das Komplement übergeht. Dabei muss man sich die Felder zyklisch angeordnet vorstellen, d. h. gehen wir vom rechten oberen Feld $x\overline{y}z$ nach rechts, so landen wir beim Feld xyz links oben, entsprechend für die Spalten.

Nun schreiben wir 1 in ein Feld, falls der entsprechende Minterm in der DNF auftritt. Erscheinen nun zwei 1'en in benachbarten Feldern, so zeichnen wir ein

Rechteck um diese 1'en und eliminieren die entsprechende Variable. In unserem Beispiel ergibt dies

	y	y	$\overline{y}$	$\overline{y}$
x				1
$\overline{x}$	1	1		
	z	$\overline{z}$	$\overline{z}$	z

$\overline{x}yz + \overline{x}y\overline{z} + x\overline{y}z$

$\longrightarrow$

	y	y	$\overline{y}$	$\overline{y}$
x				1
$\overline{x}$	1	1		
	z	$\overline{z}$	$\overline{z}$	z

$\overline{x}y + x\overline{y}z$

Eine SOPE-Darstellung entspricht daher einer minimalen Bedeckung aller 1'en mit Rechtecken. Beachte, dass ein Quadrat, welches vier 1'en bedeckt, der Eliminierung von zwei Variablen entspricht. Sei z. B. $f(x, y, z) = xy\overline{z} + xyz + x\overline{y}z + \overline{x}yz + \overline{x}\,\overline{y}z$. Die Karnaugh-Abbildung ist

	y	y	$\overline{y}$	$\overline{y}$
x	1	1		1
$\overline{x}$	1			1
	z	$\overline{z}$	$\overline{z}$	z

und wir erhalten $f(x, y, z) = xy\overline{z} + z$, da außen herum ein Quadrat alle vier 1'en in den Ecken bedeckt.

Kommen wir zur zweiten Frage: Wann ist eine Formel $f(x_1, \ldots, x_n)$, z. B. gegeben in disjunktiver Normalform, erfüllbar? Hier liegt also ein Entscheidungsproblem im Sinne von Abschnitt 8.5 vor. Dieses Problem SAT (für satisfiability) war das erste Beispiel, für das 1971 von Cook die *NP*-Vollständigkeit nachgewiesen wurde. Die Eingabelänge ist die Anzahl der binären Operationen, in die wir f z. B. mittels der DNF zerlegen. Natürlich ist SAT $\in$ *NP*, da wir für die x_i ja nur die Werte einsetzen müssen. Dass SAT tatsächlich *NP*-vollständig ist, geht über unseren Rahmen hinaus und kann z. B. in dem Buch von Garey–Johnson nachgelesen werden. Können wir SAT in polynomialer Zeit lösen, so auch alle Probleme in *NP*. Das Boolesche Erfüllbarkeitsproblem steht also im Zentrum der Algorithmentheorie.

11.3 Logische Netze

Wir haben im letzten Abschnitt gesehen, dass sich Boolesche Funktionen mit Hilfe von einigen wenigen Basisoperationen darstellen lassen. Wir wollen nun einige wichtige Funktionen näher studieren, und insbesondere möglichst effiziente Realisierungen herleiten.

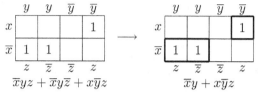

Unser Modell sieht folgendermaßen aus: Gegeben ist eine endliche Menge $\Omega = \{g_i : \mathcal{B}(n_i) \to \{0, 1\}\}$ von Booleschen Funktionen, die wir die *Basis* nennen. Basis heißt wie bisher, dass alle Booleschen Funktionen mittels Ω dargestellt werden können, so wie etwa durch $\Omega_0 = \{+, \cdot, ^-\}$. Die Eingabe ist $X = \{x_1, \ldots, x_n, 0, 1\}$, wobei $0, 1$ die Konstanten $0, 1$ sind. Eine **Berechnung** oder **Realisierung** von $f \in \mathcal{B}(n)$ erfolgt nun Schritt für Schritt aus den Eingaben und dann aus Auswertungen von Funktionen g_i aus unserer Basis mit Argumenten, die wir schon berechnet haben. Und am Schluss soll natürlich f vorliegen. Formal ist eine Berechnung von f also eine Folge $\alpha_1, \alpha_2, \ldots, \alpha_m$, so dass für alle α_j entweder $\alpha_j \in X$ gilt oder $\alpha_j = g_i(\alpha_{j_1}, \ldots, \alpha_{j_{n_i}})$ für ein g_i und $j_1, \ldots, j_{n_i} < j$. Schließlich ist $\alpha_m = f$. Allgemein können natürlich auch mehrere Ausgaben vorliegen (siehe die Addition weiter unten).

Eine Berechnung $\alpha_1, \ldots, \alpha_m$ können wir in naheliegender Weise durch einen gerichteten Graphen $\vec{G}$ repräsentieren. Die Ecken sind die α_j's, und wir zeichnen einen Pfeil $\alpha_j \to \alpha_k$, falls α_j in die Berechnung von α_k eingeht. Für $\alpha_j \to \alpha_k$ gilt also stets $j < k$. Dieser gerichtete Graph heißt ein **logisches Netz** zur Realisierung von f. $\vec{G}$ hat als Quellen die Menge X und als Senke $\alpha_m = f$.

Beispiel. Sei $\Omega_0 = \{+, \cdot, \bar{\ }\}$. Ein logisches Netz zur Berechnung von $f(x_1, x_2, x_3) = x_1\overline{x}_2 + x_2\overline{x}_3 + \overline{x}_1 x_3$ ist in der folgenden Figur gegeben, wobei wir der Übersichtlichkeit halber die Pfeile weglassen.

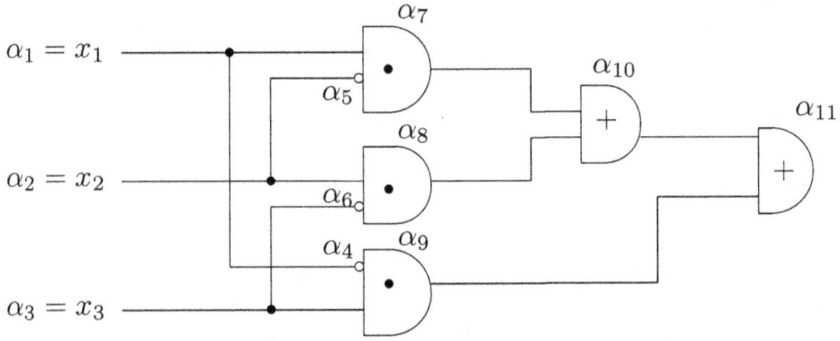

Formal setzen wir $\alpha_1 = x_1$, $\alpha_2 = x_2$, $\alpha_3 = x_3$, $\alpha_4 = \overline{\alpha}_1$, $\alpha_5 = \overline{\alpha}_2$, $\alpha_6 = \overline{\alpha}_3$, $\alpha_7 = \alpha_1\alpha_5$, $\alpha_8 = \alpha_2\alpha_6$, $\alpha_9 = \alpha_3\alpha_4$, $\alpha_{10} = \alpha_7 + \alpha_8$, $\alpha_{11} = \alpha_9 + \alpha_{10} = f$. Wir haben 3 Eingabeschritte, 3 Negationen, 3 Multiplikationen und 2 Additionen.

Wie in der Figur angedeutet ist, zeichnen wir für die Negation einen kleinen Kreis $\circ$, und für die zweistelligen Operationen sogenannte **Gatter**, UND-Gatter ⊡ bzw. ODER-Gatter ⊞. Ein theoretisch wie praktisch gleichermaßen interessantes Problem ergibt sich daraus: Gegeben eine Basis Ω und $f \in \mathcal{B}(n)$. Wie viele Rechenschritte benötigen wir zur Realisierung von f ? Unter Rechenschritten verstehen wir dabei nur die Kompositionen, die Eingaben werden nicht gezählt. In unserem Beispiel sind dies 8 Schritte. Geht es auch mit weniger als 8 ? Wir wollen mit $C_\Omega(f)$ die minimale Anzahl der Rechenschritte bezeichnen, und mit $C^*_\Omega(f)$ die Anzahl der *mehrwertigen* Operationen, also die Negationen nicht mitgezählt. Für unser Beispiel erhalten wir somit $C_{\Omega_0}(f) \leq 8$, $C^*_{\Omega_0}(f) \leq 5$.

Aus dem Beispiel erkennen wir noch ein weiteres Komplexitätsmaß. Die drei Multiplikationen können wir *parallel* ausführen, und zählen dies als *einen* Schritt. Danach kommen die beiden Additionen. Wir sagen, die *Tiefe* des Netzes ist 3 (ohne Negationen). Die Definition der Tiefe wird vom gerichteten Graphen $\vec{G}$ nahegelegt. Die *Quellen* sind die Eingaben (Ecken mit In-Grad 0), die *Senken* sind die Ergebnisse (Aus-Grad 0). Die Tiefe ist dann genau die Länge eines längsten gerichteten Weges in $\vec{G}$, in unserem Fall also 4, falls wir die Negationen zählen, bzw. 3, falls wir nur die Gatter berücksichtigen. Wir haben also zwei weitere Maße $D_{\Omega_0}(f) \le 4$, $D^*_{\Omega_0}(f) \le 3$ für die minimalen Realisierungen.

Nehmen wir wieder die Basis $\Omega_0 = \{+, \cdot, ^-\}$. Wir wollen eine untere Schranke für $C^*_{\Omega_0}(f), f \in \mathcal{B}(n)$ ableiten. Dazu betrachten wir den Graphen $\vec{G}$ des Netzes. Wir sagen, f hängt *wesentlich* von x_i ab, falls es $c_j \in \{0,1\}$, $j \neq i$, gibt mit $f(c_1, \ldots, c_{i-1}, 0, c_{i+1}, \ldots, c_n) \neq f(c_1, \ldots, c_{i-1}, 1, c_{i+1}, \cdots, c_n)$. Es ist klar, dass genau die wesentlichen Variablen als Quellen in jeder Realisierung von f vorkommen müssen, die unwesentlichen Variablen können wir unberücksichtigt lassen. Wir nehmen also oBdA an, dass f von allen x_i wesentlich abhängt. Ein optimales Netz habe ℓ Negationen (In-Grad = Aus-Grad = 1) und $C^*_{\Omega_0}(f)$ Operationen + und $\cdot$. Wir zählen nun die Kanten von $\vec{G}$ zweifach. Nach Ecken hinein führen $\ell + 2C^*_{\Omega_0}(f)$ Kanten, und aus Ecken heraus mindestens $n + \ell + C^*_{\Omega_0}(f) - 1$ (aus der Senke führt keine Kante heraus, aber Eingaben und Gatter werden eventuell mehrfach benutzt), also erhalten wir $\ell + 2C^*_{\Omega_0}(f) \ge n + \ell + C^*_{\Omega_0}(f) - 1$ oder

(1) $$C^*_{\Omega_0}(f) \ge n - 1\,.$$

Beispiel. Betrachten wir die *Matching-Funktion* f_M für n gerade:

$$f_M(x_1, \ldots, x_{n/2}, y_1, \ldots, y_{n/2}) = \begin{cases} 1 & \text{falls } x_i = y_i \text{ für alle } i \\ 0 & \text{sonst.} \end{cases}$$

f_M hängt von allen Variablen ab. Setzen wir nämlich alle Variablen $\neq x_i$ gleich 1, so gilt $f_M = 0$ für $x_i = 0$ und $f_M = 1$ für $x_i = 1$. Nach (1) gilt also $C^*_{\Omega_0}(f_M) \ge n - 1$. Um f_M zu realisieren, verwenden wir zunächst $g(x,y) = (x + \overline{y})(\overline{x} + y)$. Die Funktion g erfüllt $g(x,y) = 1$ genau für $x = y$. Die Matchingfunktion wird demnach durch

$$f_M = g(x_1, y_1)g(x_2, y_2) \ldots g(x_{n/2}, y_{n/2})$$

realisiert. Jede Funktion $g(x_i, y_i)$ benötigt 3 binäre Operationen aus unserer Basis, also insgesamt $\frac{3n}{2}$, und die sukzessiven Multiplikationen der $g(x_i, y_i)$ weitere $\frac{n}{2} - 1$. Wir erhalten somit

$$n - 1 \le C^*_{\Omega_0}(f_M) \le 2n - 1\,,$$

und es kann gezeigt werden, dass $C^*_{\Omega_0}(f_M) = 2n - 1$ die tatsächliche Komplexität ist. Verwenden wir statt $\{+, \cdot, ^-\}$ die Basis $\Omega_1 = \{\oplus, \cdot, ^-\}$, so können wir $g(x,y) = \overline{x \oplus y}$ mit einer binären Operation realisieren, und es folgt $C^*_{\Omega_1}(f_M) \le \frac{n}{2} + \frac{n}{2} - 1 = n - 1$, also $C^*_{\Omega_1}(f_M) = n - 1$ aufgrund der unteren Schranke (1), die natürlich auch für Ω_1 gültig ist.

Eine besonders wichtige Funktion ergibt sich aus der Interpretation von 0,1-Wörtern als Zahlen in ihrer Binärdarstellung. Angenommen, wir wollen 14 + 11 addieren. In Binärdarstellung ist dies $14 = 0 \cdot 2^0 + 1 \cdot 2^1 + 1 \cdot 2^2 + 1 \cdot 2^3$, $11 = 1 \cdot 2^0 + 1 \cdot 2^1 + 0 \cdot 2^2 + 1 \cdot 2^3$:

$$\begin{array}{rcccc} 14: & 0 & 1 & 1 & 1 \\ 11: & 1 & 1 & 0 & 1 \end{array}$$

Wir addieren im Binärsystem mit Summe $\boldsymbol{s}$ und Übertrag $\boldsymbol{u}$:

$\boldsymbol{x}$	0	1	1	1	
$\boldsymbol{y}$	1	1	0	1	
$\boldsymbol{u}$		0	1	1	1
$\boldsymbol{s}$	1	0	0	1	1

Die Summe ist $1 \cdot 2^0 + 0 \cdot 2^1 + 0 \cdot 2^2 + 1 \cdot 2^3 + 1 \cdot 2^4 = 25$.

Wir sehen, dass s_i und u_{i+1} jeweils Funktionen von x_i, y_i und u_i sind mit den folgenden Tafeln:

x	y	z	s	u
0	0	0	0	0
1	0	0	1	0
0	1	0	1	0
0	0	1	1	0
1	1	0	0	1
1	0	1	0	1
0	1	1	0	1
1	1	1	1	1

Die einzelnen Bausteine des logischen Netzes heißen *Voll-Addierer* FA. Die gesamte Addition von $\boldsymbol{x} = (x_0, \ldots, x_{n-1})$, $\boldsymbol{y} = (y_0, \ldots, y_{n-1})$ wird somit folgendermaßen dargestellt:

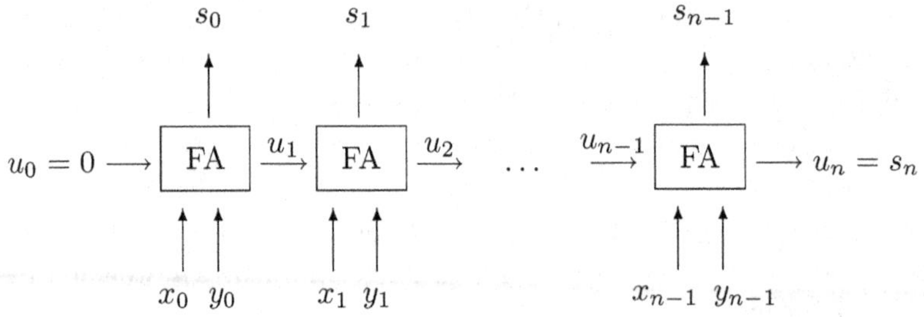

Der Leser kann sich leicht überzeugen, dass der Voll-Addierer durch folgendes Netz realisiert wird, wobei wir der Kürze halber auch $\oplus$-Gatter verwenden.

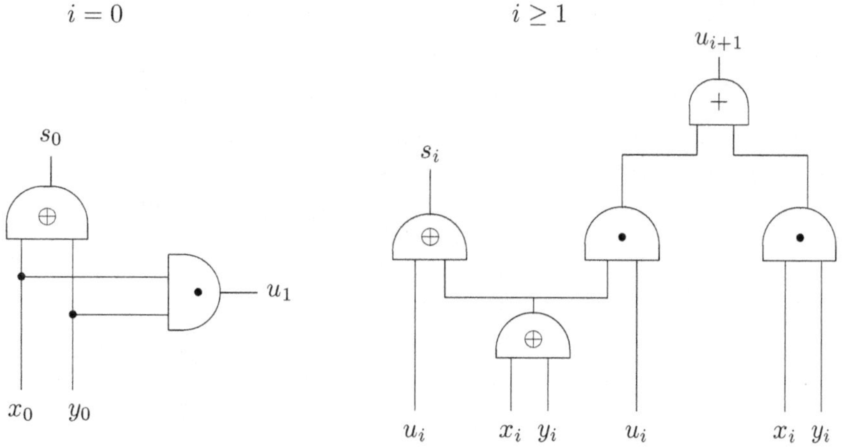

Die Gesamtzahl der Operationen in der Basis $\{+, \cdot, \oplus\}$ ist daher $2 + 5(n-1) = 5n - 3$. Da in $\Omega_0 = \{+, \cdot, ^-\}$ jedes $\oplus$-Gatter durch drei Additionen und Multiplikationen ersetzt werden kann, erhalten wir $C^*_{\Omega_0}(f_A) \leq 4 + 9(n-1) = 9n - 5$ für die Additionsfunktion $f_A : \mathcal{B}(2n) \to \mathcal{B}(n+1)$, $f_A(x_0, \ldots, x_{n-1}, y_0, \ldots, y_{n-1}) = (s_0, \ldots, s_{n-1}, s_n)$.

11.4 Boolesche Verbände, Ordnungen, Hypergraphen

Wir wollen uns nun dem Ordnungsgesichtspunkt einer Booleschen Algebra zuwenden und $\mathcal{B}(n)$ als **Mengenverband** $\mathcal{B}(S)$ auf einer n-Menge S interpretieren mit der Inklusion $A \subseteq B$ als Ordnungsrelation. Der Verband $\mathcal{B}(4)$ sieht folgendermaßen aus, wobei wir die geschweiften Klammern um die Mengen weglassen:

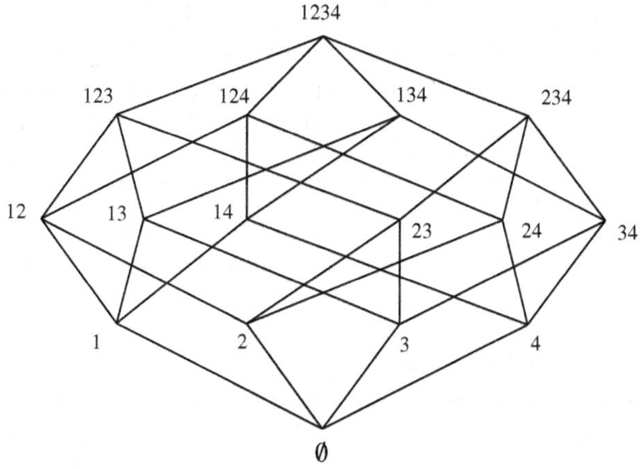

In diesem Diagramm sind die Inklusionen von unten nach oben als Kanten eingetragen. Wir haben nicht alle Inklusionen berücksichtigt, sondern nur die Relationen

$A \subseteq B$ mit $|B| = |A|+1$, die übrigen erhält man durch Transitivität. Zum Beispiel folgt aus $\{1\} \subseteq \{1,3\}, \{1,3\} \subseteq \{1,3,4\}$, dass $\{1\} \subseteq \{1,3,4\}$ gilt. Diese bildliche Darstellung heißt das **Hasse-Diagramm** von $\mathcal{B}(4)$ (siehe Abschnitt 9.3, wo wir Hassediagramme für Sortierprobleme verwendet haben). Wir können das Hasse-Diagramm auch als gerichteten Graphen von unten nach oben auffassen, mit $\varnothing$ als einziger Quelle und $\{1,2,3,4\}$ als einziger Senke.

Das Hasse-Diagramm kann natürlich auch für beliebige Ordnungen $(P, \leq)$ gezeichnet werden. Wir verbinden x und y, falls $x < y$ ist und es kein z gibt mit $x < z < y$. Das folgende Hasse-Diagramm

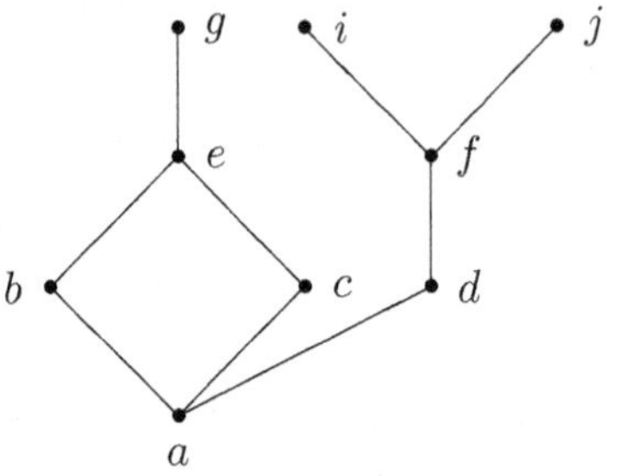

repräsentiert die Ordnung auf $P = \{a, b, \ldots, j\}$ mit den Relationen $a < b$, $a < c$, $a < d$, $a < e$, $a < f$, $a < g$, $a < i$, $a < j$, $b < e$, $b < g$, $c < e$, $c < g$, $d < f$, $d < i$, $d < j$, $e < g$, $f < i$, $f < j$. Aus der Ordnung $\leq$ auf P ergeben sich sofort einige Begriffe. Eine **Kette** in $(P, \leq)$ der *Länge* k ist eine Folge von $k+1$ verschiedenen Elementen $a_0 < a_1 \ldots < a_k$. Die Länge einer längsten Kette mit Endelement a heißt die *Höhe* $h(a)$ von $a \in P$, und $h(P) = \max_{a \in P} h(a)$ die Höhe von P. In unserem Beispiel sehen wir $h(a) = 0$, $h(b) = h(c) = h(d) = 1$, $h(e) = h(f) = 2$, $h(g) = h(i) = h(j) = 3$. Ein Element a heißt *minimal*, wenn es kein b gibt mit $b < a$, und analog *maximal*, wenn es kein c gibt mit $a < c$.

In einer Kette sind je zwei Elemente x, y **vergleichbar**, d. h. es gilt $x < y$ oder $y < x$. Umgekehrt nennen wir x, y **unvergleichbar**, falls weder $x < y$ noch $y < x$ zutrifft. In unserem Beispiel sind b und c oder e und j unvergleichbar. Eine **Antikette** ist eine Teilmenge $A \subseteq P$ von paarweise unvergleichbaren Elementen. Mit anderen Worten: A enthält keine Ketten der Länge ≥ 1. In unserem Beispiel sind $\{e, f\}$ und $\{b, c, i, j\}$ Antiketten.

Kehren wir zurück zu Booleschen Verbänden $\mathcal{B}(S)$, $|S| = n$. Eine Kette $\mathcal{C}$ ist eine Mengenfamilie $A_0 \subset A_1 \subset A_2 \subset \ldots \subset A_k$, und eine Antikette eine Familie $\mathcal{A} \subseteq \mathcal{B}(S)$ mit $A \nsubseteq B$ und $B \nsubseteq A$ für alle $A, B \in \mathcal{A}$. Was ist die Höhe von $A \subseteq S$? Nun offenbar $|A|$, da die längsten Ketten von $\varnothing$ nach A einer Permutation der Elemente von $A = \{a_1, \ldots, a_k\}$ entsprechen: $\varnothing \subset \{a_1\} \subset \{a_1, a_2\} \subset \ldots \subset A$. Insbesondere ist die Höhe von $\mathcal{B}(S)$ gleich n, und die Ketten der Länge n korrespondieren genau zu den $n!$ Permutationen von $\{1, 2, \ldots, n\}$.

Nun stellen wir uns die Frage, wie groß Antiketten in $\mathcal{B}(S)$ sein können. Zunächst ist klar, dass $\binom{S}{k} = \{A \subseteq S : |A| = k\}$ eine Antikette ist für alle k (da keine k-Menge in einer anderen k-Menge enthalten sein kann), also $|\binom{S}{k}| = \binom{n}{k}$. Wir wissen schon, dass die größten Binomialkoeffizienten in der Mitte auftreten, also $\max_{0\le k\le n}\binom{n}{k} = \binom{n}{\lfloor n/2\rfloor}$ (siehe Übung 1.8). Dass es keine größeren Antiketten gibt, besagt der folgende Satz von Sperner.

Satz 11.1. *In $\mathcal{B}(S), |S| = n$, gilt* $\max(|\mathcal{A}| : \mathcal{A}$ *Antikette* $) = \binom{n}{\lfloor n/2\rfloor}$.

Beweis. Für diesen fundamentalen Satz gibt es viele Beweise. Der folgende ist der kürzeste und eleganteste. Sei $|\mathcal{A}| = m$, und f_i die Anzahl der Mengen $A \in \mathcal{A}$ mit $|A| = i$, also $\sum_{i=0}^{n} f_i = m$. Wir betrachten die $n!$ maximalen Ketten in $\mathcal{B}(S)$ von $\varnothing$ bis $\{1,\dots,n\}$. Da $\mathcal{A}$ Antikette ist, trifft solch eine maximale Kette die Antikette $\mathcal{A}$ in höchstens einer Menge. Die Anzahl der Ketten, die durch ein $A \in \mathcal{A}$ gehen, ist $|A|!(n-|A|)!$, da wir zunächst auf alle möglichen Weisen von $\varnothing$ bis A gehen können und dann von A nach $S = \{1,\dots,n\}$ (Produktregel). Also erhalten wir

$$n! \ge \sum_{A\in\mathcal{A}} |A|!\,(n-|A|)! = \sum_{i=0}^{n} f_i\; i!(n-i)!$$

oder

$$(1) \qquad 1 \ge \sum_{i=0}^{n} f_i \frac{1}{\binom{n}{i}}\,.$$

Ersetzen wir $\binom{n}{i}$ durch das Maximum $\binom{n}{\lfloor n/2\rfloor}$, so ergibt (1)

$$1 \ge \sum_{i=0}^{n} f_i \frac{1}{\binom{n}{\lfloor n/2\rfloor}} = \frac{1}{\binom{n}{\lfloor n/2\rfloor}} \sum_{i=0}^{n} f_i = \frac{1}{\binom{n}{\lfloor n/2\rfloor}}\, m\,,$$

also wie gewünscht $m \le \binom{n}{\lfloor n/2\rfloor}$. Da $\binom{S}{\lfloor n/2\rfloor}$ Antikette ist, ist der Satz bewiesen. ∎

Übrigens kann leicht gezeigt werden, dass die einzigen maximal großen Antiketten in $\mathcal{B}(S)$ genau die Familien $\binom{S}{\frac{n}{2}}$ für n gerade bzw. $\binom{S}{\frac{n-1}{2}}$, $\binom{S}{\frac{n+1}{2}}$ für n ungerade sind (siehe Übung 30).

Stellen wir uns nun die folgende Aufgabe: Wir wollen $\mathcal{B}(S)$ in möglichst wenige disjunkte Ketten zerlegen. Sicherlich brauchen wir mindestens $\binom{n}{\lfloor n/2\rfloor}$ Ketten, da keine zwei Mengen einer Antikette in einer Kette erscheinen können. Gibt es aber nun eine Zerlegung in $\binom{n}{\lfloor n/2\rfloor}$ Ketten? Ja, die gibt es, und der entsprechende allgemeine Satz von Dilworth sagt aus, dass dies sogar für beliebige Ordnungen zutrifft.

Satz 11.2. *Es sei $(P,\le)$ eine endliche Ordnung. Dann gilt*

$$\min(|\mathcal{C}| : \mathcal{C} \textit{ Kettenzerlegung}) = \max(|A| : A \textit{ Antikette})\,.$$

Beweis. Sei $\mathcal{C} = \{C_1, C_2, \dots, C_t\}$ eine Zerlegung von P in t disjunkte Ketten. Da die Elemente einer Antikette A in verschiedenen C_i's erscheinen, haben wir $|\mathcal{C}| \geq |A|$, und somit

$$\min |\mathcal{C}| \geq \max |A| .$$

Um die Gleichheit zu beweisen, benutzen wir Induktion nach $n = |P|$. Für $n = 1$ ist nichts zu zeigen. Es sei $\mathcal{A}(P)$ die Familie der Antiketten von P. Wir nehmen induktiv an, dass $\min |\mathcal{C}| = \max\ |A|$ für alle Ordnungen Q mit $|Q| < |P|$ gilt. Es sei $m = \max\,(|A| : A \in \mathcal{A}(P))$. Nehmen wir zunächst an, es existiert eine Antikette A mit $|A| = m$, welche weder alle maximalen Elemente noch alle minimalen Elemente von P enthält. Wir definieren P^+ und P^- durch

$$\begin{aligned} P^+ &= \{p \in P : p \geq a \text{ für ein } a \in A\} \\ P^- &= \{p \in P : p \leq a \text{ für ein } a \in A\} . \end{aligned}$$

Die Voraussetzung an A impliziert $P^+ \neq P$, $P^- \neq P$ und $P = P^+ \cup P^-$, $A = P^+ \cap P^-$ (warum?). Nach Induktion können P^+ und P^- in jeweils m Ketten zerlegt werden, die in den Elementen von A zusammengefügt eine Kettenzerlegung von P in m Ketten ergeben.

Im anderen Fall enthält jede Antikette A mit $|A| = m$ entweder alle maximalen oder alle minimalen Elemente. Es kann daher höchstens zwei solche Antiketten geben, eine bestehend aus allen maximalen Elementen, die andere aus allen minimalen Elementen. Sei a ein maximales Element, und b ein minimales Element mit $b \leq a$. Nach Induktion können wir $P \smallsetminus \{a, b\}$ in $m - 1$ Ketten zerlegen, und können dann $b \leq a$ hinzufügen. ∎

Der Satz von Dilworth mit seiner Maximum-Minimum Aussage ähnelt stark früheren Sätzen dieses Typs – und das ist kein Zufall. Der Satz 8.3 über Maximum Matchings in bipartiten Graphen ist eine unmittelbare Folgerung aus 11.2. Dazu fassen wir $G = (S + T, K)$ als Ordnung auf $E = S + T$ auf, indem wir die Kanten von S nach T orientieren, also $u < v$ setzen, falls $u \in S$, $v \in T$ und $uv \in K$ ist. Eine disjunkte Kettenzerlegung entspricht einer Menge von nichtinzidenten Kanten zusammen mit den übrigen Ecken. Wir erhalten offenbar eine minimale Zerlegung, indem wir möglichst viele Kanten hineinpacken, d. h. ein Maximum Matching M nehmen. Somit haben wir $|\mathcal{C}| = |M| + (|E| - 2|M|) = |E| - |M|$, also

$$\min |\mathcal{C}| = |E| - \max\,(|M| : M \text{ Matching }) .$$

Eine Antikette entspricht einer Menge U von Ecken, die durch keine Kanten verbunden sind. Die Komplementärmenge $E \smallsetminus U$ ist daher ein Träger, und umgekehrt, falls D ein Träger ist, so ist $E \smallsetminus D$ eine Antikette. Eine maximal große Antikette A entspricht also einem minimal kleinen Träger $D = E \smallsetminus A$, und wir folgern

$$\max |A| = |E| - \min\,(|D| : D \text{ Träger }) .$$

Aus dem Satz von Dilworth folgt nun sofort $\max |M| = \min |D|$.

Wir können Mengenfamilien $\mathcal{F} \subseteq \mathcal{B}(S)$ auch als Verallgemeinerung von Graphen auffassen. Wir nennen S die *Ecken* und die Mengen $A \in \mathcal{F}$ die (Hyper-) *Kanten*, $(S, \mathcal{F})$ heißt dann ein **Hypergraph**. Mengen A, die mehrfach in $\mathcal{F}$ vorkommen, heißen wieder *Mehrfachkanten*. Graphen sind also der Spezialfall, wenn $\mathcal{F} \subseteq \binom{S}{2}$ ist. Viele Begriffe und Sätze aus der Graphentheorie können ohne weiteres auf Hypergraphen erweitert werden. Zum Beispiel ist der *Grad* $d(u)$, $u \in S$, die Anzahl der $A \in \mathcal{F}$ mit $u \in A$. Stellen wir die übliche Inzidenzmatrix $M = (m_{ij})$ auf, $S = \{u_1, \ldots, u_n\}$, $\mathcal{F} = \{A_1, \ldots, A_q\}$ mit

$$m_{ij} = \begin{cases} 1 & \text{falls } u_i \in A_j \\ 0 & \text{sonst,} \end{cases}$$

so erhalten wir durch zweifaches Abzählen

$$\sum_{u \in S} d(u) = \sum_{j=1}^{q} |A_j| \, .$$

Die Übungen enthalten eine Reihe von weiteren Beispielen, wie Graphenbegriffe sinnvoll auf Hypergraphen, d. h. auf Mengenfamilien, angewandt werden können. Besonders interessant ist der Fall $\mathcal{F} \subseteq \binom{S}{k}$. Wir nennen dann den Hypergraphen $(S, \mathcal{F})$ **k-uniform**. Graphen sind also genau die 2-uniformen Hypergraphen.

Betrachten wir ein Beispiel, das jedem geläufig ist, das Lotto. Die Zahlen $S = \{1, 2, \ldots, 45\}$ sind gegeben. Jeder Lottotip besteht aus einer Familie $\mathcal{F} \subseteq \binom{S}{6}$; $(S, \mathcal{F})$ ist also ein 6-uniformer Hypergraph. Ist X die gezogene 6-Menge, so wird ein Gewinn ausgezahlt, falls $|X \cap A| \geq 3$ für mindestens ein $A \in \mathcal{F}$ gilt. Um mit *Sicherheit* einen vollen Gewinn zu erzielen, müssen wir $\mathcal{F} = \binom{S}{6}$ setzen, mit $|\mathcal{F}| = \binom{45}{6} = 8,145.060$. Das geht natürlich nicht (und darum verdient der Staat insgesamt an jeder Ziehung, selbst wenn er den ganzen Gewinn ausschütten würde, was er aber nur zu 30% tut).

Jedenfalls haben wir es mit einem Minimierungsproblem zu tun: Um mit Sicherheit überhaupt einen Gewinn zu bekommen, müssen wir einen 6-uniformen Hypergraphen $(S, \mathcal{F})$ konstruieren, so dass zu *jedem* $X \in \binom{S}{6}$ ein $A \in \mathcal{F}$ existiert mit $|X \cap A| \geq 3$. Was ist $\min |\mathcal{F}|$? Niemand weiß es, und selbst für wesentlich kleinere Zahlen als 45, zum Beispiel 15, ist die Antwort offen.

Machen wir uns die Sache einfacher. Ein 6-uniformer Hypergraph $(S, \mathcal{F})$ ist sicherlich erfolgreich, wenn jedes Tripel von Zahlen in einem $A \in \mathcal{F}$ vorkommt. Wir sagen, $\mathcal{F}$ *bedeckt* ganz $\binom{S}{3}$. Allgemein haben wir folgendes Problem: Seien $n \geq k \geq t$ gegeben, $|S| = n$. Die **Bedeckungszahl** $C(n, k, t)$ ist die *minimale* Größe eines Hypergraphen $\mathcal{F} \subseteq \binom{S}{k}$, so dass jede t-Menge in *mindestens* einem $A \in \mathcal{F}$ vorkommt. Analog dazu ist die **Packungszahl** $P(n, k, t)$ die *maximale* Größe von $\mathcal{F} \subseteq \binom{S}{k}$, so dass jede t-Menge in *höchstens* einem $A \in \mathcal{F}$ auftritt.

Klarerweise ist $C(n, k, 1) = \lceil \frac{n}{k} \rceil$, $P(n, k, 1) = \lfloor \frac{n}{k} \rfloor$. Sehen wir uns den ersten interessanten Fall $k = 3$, $t = 2$ an. Sei $\mathcal{F} \subseteq \binom{S}{3}$ eine minimal große bedeckende Menge, $|\mathcal{F}| = C = C(n, 3, 2)$. Wir betrachten die Paare (X, A), $X \in \binom{S}{2}$, $A \in \mathcal{F}$, $X \subseteq A$. Durch zweifaches Abzählen erhalten wir $\binom{n}{2} \leq 3C$, also $C \geq \lceil \frac{n(n-1)}{3 \cdot 2} \rceil$.

Für $n = 4$ ergibt dies $C(4,3,2) \geq 2$. Zwei Tripel, z.B. $\{1,2,3\}$, $\{1,2,4\}$, genügen aber nicht, da $\{3,4\}$ nicht bedeckt ist.

Satz 11.3. *Es gilt* $C(n,3,2) \geq \lceil \frac{n}{3} \lceil \frac{n-1}{2} \rceil \rceil$, $P(n,3,2) \leq \lfloor \frac{n}{3} \lfloor \frac{n-1}{2} \rfloor \rfloor$.

Beweis. Seien $A_1, \ldots, A_C$, $C = C(n,3,2)$, die Tripel in $\mathcal{F}$, S die Grundmenge. Für $u \in S$ sei r_u die Anzahl der Tripel in $\mathcal{F}$, welche u enthalten. Da jedes Paar $\{u,v\}$ in einem Tripel A_i enthalten sein muss, und jedes A_j höchstens zwei Paare $\{u,x\}$ beisteuert, folgt $r_u \geq \frac{n-1}{2}$, also $r_u \geq \lceil \frac{n-1}{2} \rceil$. Nun gilt $3C = \sum_{u \in S} r_u$, somit $C = \frac{1}{3} \sum_{u \in S} r_u \geq \frac{n}{3} \lceil \frac{n-1}{2} \rceil$, also $C \geq \lceil \frac{n}{3} \lceil \frac{n-1}{2} \rceil \rceil$. Der Beweis für $P(n,3,2)$ verläuft analog. ∎

Den bestmöglichen Fall (ohne Aufrundungen) erhalten wir für $C(n,3,2) = \frac{n(n-1)}{6}$. Soll das erfüllt sein, so muss jedes Paar in *genau* einem Tripel sein, also auch $P(n,3,2) = \frac{n(n-1)}{6}$ gelten. Wann ist dies möglich? Nun, zuerst haben wir die *arithmetische* Bedingung, dass $\frac{n(n-1)}{6}$ eine ganze Zahl sein muss. Das heißt, n muss von der Form $n = 6m + 1$ oder $n = 6m + 3$ sein, also kann dies nur für $n = 3, 7, 9, 13, 15, \ldots$ erfüllt sein. Sehen wir uns das erste interessante Beispiel $n = 7$ an. Die folgende Familie $\mathcal{F}$ mit $|\mathcal{F}| = 7 = \frac{7 \cdot 6}{6}$ erfüllt die Bedingung:

$$\mathcal{F} = \{124, 235, 346, 457, 561, 672, 713\} .$$

Der Leser wird sicher sofort bemerkt haben, dass $\mathcal{F}$ eine besondere Struktur hat. Das erste Tripel ist $1, 2, 4$ und die weiteren erhalten wir, indem wir jeweils 1 zu den Elementen hinzuzählen, und zwar zyklisch, oder wie wir sagen, modulo 7.

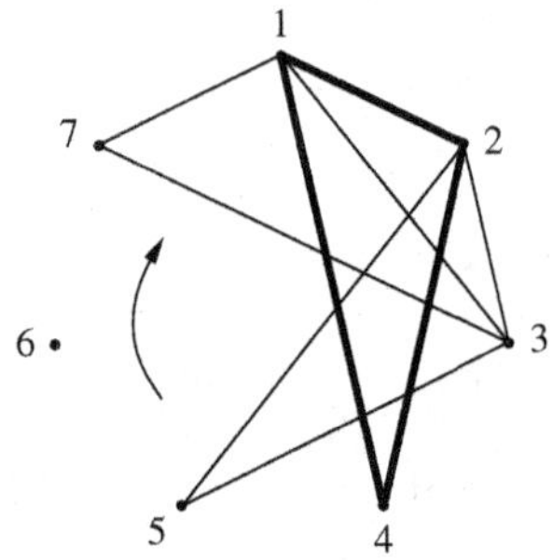

Allgemein werden wir erwarten, dass die extremalen Familien eine gewisse innere Struktur besitzen – und diese (algebraische) Struktur ist Thema des nächsten Kapitels.

Übungen zu Kapitel 11

1 Prüfe die üblichen Regeln für $(\mathcal{B}(n), +, \cdot)$ nach wie Kommutativität, Assoziativität, Distributivität, und zeige ferner $\boldsymbol{x} + \overline{\boldsymbol{x}} = \mathbf{1}$, $\boldsymbol{x} + \boldsymbol{x} = \boldsymbol{x}$, $\boldsymbol{x} \cdot \overline{\boldsymbol{x}} = \mathbf{0}$, $\boldsymbol{x} \cdot \boldsymbol{x} = \boldsymbol{x}$, $\boldsymbol{x} + \boldsymbol{x}\boldsymbol{y} = \boldsymbol{x}(\boldsymbol{x} + \boldsymbol{y}) = \boldsymbol{x}$.

2 Sind die folgenden Aussagen widersprüchlich oder konsistent? a. $A_1 = \{(x \to y) \to z, (\neg x \vee y) \to (y \wedge z), z \to (\neg x \to y)\}$, b. $A_1 \cup \{\neg(y \to z)\}$, c. $A_1 \cup \{y \to z\}$.

3 Die Booleschen Funktionen $f, g \in \mathcal{B}(n)$ seien monoton, $s = x_1 \wedge \ldots \wedge x_n, t = x_1 \vee \ldots \vee x_n$. Zeige: a. $s \leq f \vee g \Rightarrow s \leq f$ oder $s \leq g$, b. $f \wedge g \leq t \Rightarrow f \leq t$ oder $g \leq t$.

▷ **4** Zeige, dass CNF aus DNF durch Anwendung der de Morganschen Regeln folgt.

5 Zeige, dass jedes $f \in \mathcal{B}(n)$ in der Form $f(x_1, \ldots, x_n) = x_1 f(1, x_2, \ldots, x_n) + \overline{x}_1 f(0, x_2, \ldots, x_n)$ geschrieben werden kann, und wende dieses Prinzip auf $f = x_1\overline{x}_2 + x_2x_3 + x_2\overline{x}_3x_4$ an, um die DNF zu erhalten.

▷ **6** Sei $f : \mathcal{B}(3) \to \{0, 1\}$ gegeben durch $f(0,0,0) = f(0,1,1) = 0$ und ansonsten 1. Bestimme die DNF und CNF und finde eine noch einfachere Darstellung mit 3 Summanden, in denen die Variablen insgesamt nur 5-mal vorkommen.

7 Interpretiere alle 16 Booleschen Funktionen f mit zwei Variablen aussagenlogisch und als Operationen auf Mengen.

8 Zeige, dass $\Omega = \{\oplus, \cdot\}$ keine Basis mehr ist, wenn die Konstanten 0 und 1 nicht frei gegeben sind.

9 Zu einer Ordnung P assoziieren wir einen Graphen $G(P)$ folgendermaßen: die Ecken von $G(P)$ sind die Elemente aus P, und es gilt $xy \in K(G(P)) \Leftrightarrow x < y$ oder $y < x$ in P. $G(P)$ heißt der *Vergleichbarkeitsgraph* von P. Überlege, was der Satz von Dilworth für $G(P)$ bedeutet.

▷ **10** Zeige das folgende Gegenstück zu Satz 11.2: Sei P eine Ordnung, dann ist die Anzahl der Elemente in einer längsten Kette gleich der minimalen Anzahl von Antiketten, in die P zerlegt werden kann.

▷ **11** Sei $\mathcal{H} = (S, \mathcal{F})$ ein Hypergraph. Ein *Kreis* in $\mathcal{H}$ besteht aus einer Folge $u_1, F_1, u_2, F_2, \ldots, F_k, u_1$ mit $u_i \in S, F_j \in \mathcal{F}$, so dass aufeinanderfolgende Glieder inzident sind. $\mathcal{H}$ heißt *zusammenhängend*, falls jedes Paar u, v durch eine Folge $u, F_1, u_2, \ldots, F_k, v$ verbunden ist. Zeige: $\mathcal{H}$ ist zusammenhängend und kreislos $\Leftrightarrow \sum_{F \in \mathcal{F}}(|F| - 1) = |S| - 1$. Hinweis: Betrachte den bipartiten Graphen $G = (S + \mathcal{F}, K)$ mit $uF \in K \Leftrightarrow u \in F$.

12 Angenommen, je zwei Kanten eines Hypergraphen $\mathcal{H} = (S, \mathcal{F})$ haben ein Element gemeinsam, und $\mathcal{H}$ hat keine mehrfachen Kanten. Zeige: $|\mathcal{F}| \leq 2^{n-1}, n = |S|$. Für welche $\mathcal{F}$ gilt Gleichheit?

▷ **13** Beweise die Ring-Summen-Normalform (RSE): Jede Boolesche Funktion f kann eindeutig in der Form $f(\boldsymbol{x}) = \sum_I \oplus a_I \boldsymbol{x}_I$ geschrieben werden, wobei für $I = \{i_1 < \ldots < i_k\} \subseteq \{1, \ldots, n\}$, $\boldsymbol{x}_I = x_{i_1} x_{i_2} \ldots x_{i_k}$ ist und $a_I \in \{0, 1\}$. $\sum \oplus$ bedeutet Summation mit $\oplus$.

14 Bestimme DNF, CNF und RSE für die folgenden Booleschen Funktionen: a. $x_1x_2 + x_3$, b. $x_1 + \ldots + x_n$, c. $x_1x_2 \ldots x_n$.

▷ **15** Es seien $f \neq g \in \mathcal{B}(n)$ durch ihre RSE-Darstellung gegeben. Wie kann man eine Eingabe $\boldsymbol{a}$ mit $f(\boldsymbol{a}) \neq g(\boldsymbol{a})$ finden, ohne alle Eingaben zu testen?

▷ **16** Aus der Chemie: Fällt ein weißer Niederschlag, dann enthält die Probe Natrium oder Ammoniak. Ist kein Natrium in der Probe, so enthält sie Eisen. Ist Eisen vorhanden und fällt ein weißer Niederschlag, dann kann kein Ammoniak vorhanden sein. Was ist also sicher vorhanden, wenn ein weißer Niederschlag fällt?

---

17 Zeige, dass der Sheffer Stroke $\uparrow$ gegeben durch

x	y	$x \uparrow y$
0	0	1
1	0	1
0	1	1
1	1	0

zusammen mit den Konstanten 0, 1 eine einelementige Basis bildet. Unter den 16 Funktionen in $\mathcal{B}(2)$ gibt es eine weitere einelementige Basis, welche?

▷ **18** Zeige, dass die Basis $\Omega = \{+, \cdot\}$ genau die monotonen Funktionen realisiert.

19 Zeige, dass die SOPE-Darstellung von $x_1 \oplus \ldots \oplus x_n$ gleich der DNF ist.

▷ **20** Stelle eine Karnaugh-Abbildung für vier Variablen x, y, z, w auf, d. h. benachbarte Felder unterscheiden sich wieder in genau einer Variablen. Bestimme eine SOPE-Darstellung für die Funktion $g(x,y,z,w) = xy\overline{z}\,\overline{w} + xy\overline{z}w + x\overline{y}\,\overline{z}\,\overline{w} + xyzw + \overline{x}y\overline{z}\,\overline{w} + \overline{x}\,\overline{y}\,\overline{z}\,w + \overline{x}\,\overline{y}\,\overline{z}\,\overline{w}$ mit Hilfe der Karnaugh-Abbildung. Hinweis: Es genügen drei Summanden.

21 Berechne $C^*_\Omega(f)$ für die folgenden Funktionen in bezug auf die Basis $\Omega = \{+, \cdot, ^-, \oplus\}$:

a. $f(x_1, \ldots, x_n, y_1, \ldots, y_n) = \begin{cases} 1 & x_i + y_i = 1 \text{ für alle } i \\ 0 & \text{sonst} \end{cases}$,

b. $f(x_1, \ldots, x_n, y_1, \ldots, y_n) = \begin{cases} 1 & x_i \neq y_i \text{ für alle } i \\ 0 & \text{sonst.} \end{cases}$.

22 Ein logisches Netz hat *fan-in* bzw. *fan-out* s, falls jedes Gatter höchstens s Eingänge bzw. s Ausgänge hat. Sei Ω eine Basis und $C_s(f)$ die Komplexität bei fan-out s. Zeige $C_{s+1}(f) \leq C_s(f)$, $s \geq 1$.

▷ **23** Sei Ω eine Basis mit fan-in r. $L_\Omega(f) = C_1(f)$ (fan-out 1) heißt die *Formellänge* von $f \in \mathcal{B}(n)$. Zeige: $\log_r((r-1)L_\Omega(f) + 1) \leq D_\Omega(f)$, $D_\Omega(f) =$ Tiefe von f.

24 Konstruiere ein logisches Netz mit fan-out 1 für $f(x_1, \ldots, x_n) = x_1 x_2 \ldots x_n$, $n = 2^k$, welches gleichzeitig das Minimum für $L_\Omega(f)$ und für $D_\Omega(f)$ annimmt. Folgere, dass in der vorigen Übung Gleichheit gelten kann.

▷ **25** Es sei $N(n)$ die Anzahl der Booleschen Funktionen $f \in \mathcal{B}(n)$, welche wesentlich von jeder Variablen abhängen. Beweise: $\sum_{j=0}^{n} N(j)\binom{n}{j} = 2^{2^n}$ mit $N(0) = 2$, und bestimme $N(n)$ für $n \leq 4$. Berechne $\lim\limits_{n\to\infty} N(n)/2^{2^n}$.

26 Es seien $f_1, \ldots, f_m$ Boolesche Funktionen mit n Variablen wobei $f_i \neq f_j, \overline{f}_j$ für alle $i \neq j$ ist, und $C^*_\Omega(f_j) \geq 1$ für alle j, Ω beliebige Basis. Zeige: $C^*_\Omega(f_1, \ldots, f_m) \geq m - 1 + \min\limits_j C^*_\Omega(f_j)$.

▷ **27** Die folgende Funktion $f_T^{(n)}(x_0, \ldots, x_{n-1}) = (g_0, \ldots, g_{2^n-1})$ heißt Binär-Positions-Transformation. Es ist $g_i(x_0, \ldots, x_{n-1}) = 1 \Leftrightarrow \sum_{j=0}^{n-1} x_j 2^j = i$ wobei $\sum$ die gewöhnliche Zahlen-Addition ist. Zeige, dass $2^n + n - 2 \leq C^*_{\Omega_0}(f_T^{(n)}) \leq 2^n + n2^{\lceil n/2 \rceil} - 2$ für

$\Omega_0 = \{+, \cdot, ^{-}\}$ gilt. Hinweis: Es gilt $g_i(x_0, \ldots, x_{n-1}) = m_{\boldsymbol{c}}(x_0, \ldots, x_{n-1}) = x_0^{c_0} \ldots x_{n-1}^{c_{n-1}}$ (Minterm Funktion), wobei $\boldsymbol{c}$ die binäre Darstellung von i ist.

28 Bestimme gute obere und untere Schranken für $C^*_\Omega(f)$ und $D^*_\Omega(f)$ von

$$f : \{0,1\}^{(n+1)b} \to \{0,1\} \text{ mit } f(\boldsymbol{x}_1, \ldots, \boldsymbol{x}_n, \boldsymbol{y}) = \begin{cases} 1 & \boldsymbol{x}_i = \boldsymbol{y} \text{ für ein } i \\ 0 & \text{sonst}, \end{cases}$$

über der Basis $\Omega = \{+, \cdot, ^{-}, \oplus\}$, wobei $\boldsymbol{x}_i, \boldsymbol{y} \in \{0,1\}^b$ sind.

29 Für ein Gremium von drei Personen soll folgendes realisiert werden. Wenn eine Mehrheit „dafür" ist, soll eine Lampe brennen. Entwirf ein logisches Netz dafür.

▷ **30** Zeige, dass die einzigen maximal großen Antiketten in $\mathcal{B}(S)$, $|S| = n$, die Familien $\binom{S}{\lfloor n/2 \rfloor}$ bzw. $\binom{S}{\lceil n/2 \rceil}$ sind.

▷ **31** Ein Verband $(P, \leq)$ heißt *distributiv*, falls die Gesetze $x \wedge (y \vee z) = (x \wedge y) \vee (x \wedge z)$ und $x \vee (y \wedge z) = (x \vee y) \wedge (x \vee z)$ gelten. Zum Beispiel ist der Boolesche Verband distributiv. Zeige, dass in einem Verband das erste Gesetz bereits das zweite impliziert, und umgekehrt.

32 Der 3-uniforme Hypergraph $\mathcal{H} = (S, \mathcal{F})$ erfülle $|\mathcal{F}| = |S| - 1$. Beweise, dass $\mathcal{H}$ einen Kreis enthält.

33 Es sei $\mathcal{H} = (S, \mathcal{F})$ ein 3-uniformer Hypergraph ohne vielfache Kanten, $|S| = n \geq 6$, so dass je zwei Kanten einen nichtleeren Schnitt haben. Zeige: $|\mathcal{F}| \leq \binom{n-1}{2}$. Konstruiere einen Hypergraphen, für den Gleichheit gilt.

▷ **34** Es sei $(S, \mathcal{F})$ ein Hypergraph mit $|S| = n, |\mathcal{F}| = t$. Angenommen $|F| < n$ für alle $F \in \mathcal{F}$, und wann immer $u \notin F$ ist, dann gilt $d(u) \geq |F|$. Zeige, dass daraus $t \geq n$ folgt. Hinweis: Zeige zunächst, dass aus $t < n$, $\frac{d(u)}{t-d(u)} > \frac{|F|}{n-|F|}$ für jedes Paar (u, F) mit $u \notin F$ folgen würde.

35 Folgere aus der vorigen Übung die folgende Aussage: Sei $\mathcal{H} = (S, \mathcal{F})$ ein Hypergraph mit $S \notin \mathcal{F}$, in dem je zwei Elemente aus S in genau einer Kante liegen, dann gilt $|S| \leq |\mathcal{F}|$. Kann Gleichheit gelten?

36 Sei S eine Menge von n Punkten in der Ebene, die nicht alle auf einer Geraden liegen. Was folgt für die Menge $\mathcal{G}$ der durch S bestimmten Geraden? Hinweis: Vorige Übung.

37 Es sei P eine Ordnung. Ein *Filter* F ist eine Menge F mit der Eigenschaft $x \in F, y \geq x \Rightarrow y \in F$, inklusive $F = \varnothing$. Berechne die Anzahl der Filter für $P = \mathcal{B}(2)$ und $P = \mathcal{B}(3)$.

▷ **38** Es sei P eine Ordnung. Zeige, dass es genauso viele Filter in P gibt wie Antiketten.

39 Es sei P eine Ordnung und $\mathcal{A}$ die Menge der maximalen Antiketten A (d. h. $A \cup \{x\}$ ist keine Antikette mehr für jedes $x \notin A$). Für $A, B \in \mathcal{A}$ setze $A \leq B$, falls es zu jedem $x \in A$ ein $y \in B$ gibt mit $x \leq y$. Zeige, dass $\leq$ auf $\mathcal{A}$ einen Verband $\mathcal{A}_\leq$ definiert. Überlege, wie $\mathcal{A}_\leq$ für $P = \mathcal{B}(n)$ aussieht. Hinweis: Für $A, B \in \mathcal{A}$ betrachte die maximalen bzw. minimalen Elemente in $A \cup B$.

40 In einem Lotto werden 3 aus n Zahlen gezogen, und ein Tipp besteht aus einer 4-Menge. Ein Gewinn wird bei 3 Richtigen ausgezahlt. Wieviele Tipps muss man mindestens abgeben, um einen Gewinn zu garantieren? Konstruiere einen optimalen Tippschein für $n = 5, 6, 7$.

12 Modulare Arithmetik

12.1 Rechnen mit Kongruenzen

Kongruenzen gehören zu den wichtigsten Methoden, die uns zur Behandlung von zahlentheoretischen Fragen zur Verfügung stehen. Wir setzen eine gewisse Vertrautheit voraus, wollen aber alle wichtigen Begriffe zusammenstellen.

Wir studieren in diesem Abschnitt die ganzen Zahlen $\mathbb{Z}$. Der erste Satz der Zahlentheorie, mit dem alles anfängt, ist der Satz von der eindeutigen Primzerlegung. Jede natürliche Zahl $n \geq 2$ kann *eindeutig* in ein Produkt $n = p_1^{k_1} \dots p_t^{k_t}$, p_i Primzahlen, zerlegt werden. Insbesondere folgt daraus: Ist p Primzahl mit $p \,|\, mn$ und sind p und m teilerfremd, d. h. $p \nmid m$, so gilt $p \,|\, n$.

Seien $x, y \in \mathbb{Z}$ und m eine positive ganze Zahl. Wir sagen, x ist **kongruent** zu y modulo m, mit der Bezeichnung

$$x \equiv y \pmod{m},$$

falls $x - y$ durch m teilbar ist.

Wie man sofort sieht, ist $\equiv$ eine Äquivalenzrelation für jedes m, und es gilt $x \equiv r \pmod{m}$, wobei r der *Rest* von x bei Division durch m ist. Ist nämlich $x = qm+r$, $0 \leq r \leq m-1$, so folgt $x-r = qm$, also $x \equiv r \pmod{m}$. Jede Zahl x ist also kongruent zu einer der Zahlen $0, 1, \dots, m-1$. Da ihrerseits die Zahlen $0, 1, \dots, m-1$ paarweise inkongruent sind, so folgt, dass es genau m Kongruenzklassen modulo m gibt.

Das Modulo-Rechnen können wir uns zyklisch um einen Kreis der Länge m vorstellen:

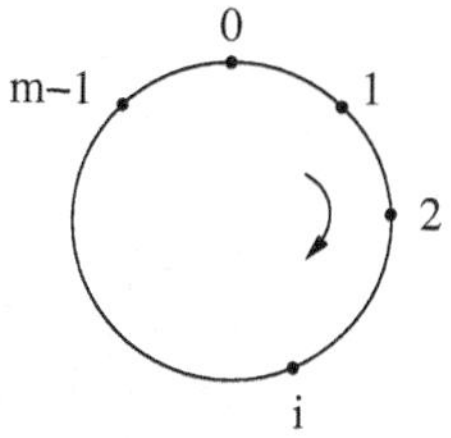

Um die Kongruenzklasse von x festzustellen, gehen wir in x Einer-Schritten rund um den Kreis, mit Ausgangspunkt 0. Nach jeweils m Schritten sind wir wieder bei 0. Ist $x = qm + r$, $0 \leq r \leq m - 1$, so umrunden wir also den Kreis q-mal, und landen schließlich bei r.

Für $x \in \mathbb{Z}$ bezeichnen wir mit $[x]$ die **Kongruenzklasse** oder **Restklasse** mod m. Jede Zahl $y \in [x]$, d. h. $y \equiv x \pmod{m}$, heißt ein *Vertreter* von $[x]$. Nehmen wir aus jeder Restklasse genau einen Vertreter, so sprechen wir von einem (vollständigen) *Vertretersystem*. Wir wissen schon, dass $0, 1, \dots, m-1$ ein Vertretersystem bilden, wir nennen es das *Standardsystem* modulo m. Genauso könnten wir aber auch $-3, -2, -1, 0, 1, 2, \ldots, m-4$ nehmen, oder irgendwelche anderen m inkongruenten Zahlen. Für $0 \le r \le m-1$ ist also $[r]$ die Menge aller ganzen Zahlen mit Rest r bei Division durch m. Zum Beispiel ist für $m = 2$, $[0]$ die Menge der geraden Zahlen und $[1]$ die Menge der ungeraden Zahlen.

Schön, jetzt wissen wir, was Kongruenzen sind, aber wozu sind sie gut? Nun zunächst erleichtern sie, Fragen der Teilbarkeit von Zahlen zu beantworten. Ohne eine Division durchzuführen, können wir sofort sagen, dass die Zahl 4173905263 (in Dezimalschreibweise) durch 11 teilbar ist. Den Grund werden wir gleich sehen.

Mit den Kongruenzklassen können wir rechnen, indem wir

$$[x] + [y] = [x+y]$$
$$[x]\,[y] = [xy]$$

setzen. Die Definition der Summe und des Produktes hängt nicht von den Vertretern x, y ab, da aus $x \equiv x'$, $y \equiv y'$ stets $x + y \equiv x' + y'$, $xy \equiv x'y'$ folgt (nachprüfen!). Die Kongruenzklassen bilden somit einen Ring $\mathbb{Z}_m$, genannt **Restklassenring** modulo m, mit dem Nullelement $[0]$ und dem Einselement $[1]$.

Für $m = 5$ erhalten wir beispielsweise die folgenden Additions- und Multiplikationstafeln von $\mathbb{Z}_5$:

+	0	1	2	3	4
0	0	1	2	3	4
1	1	2	3	4	0
2	2	3	4	0	1
3	3	4	0	1	2
4	4	0	1	2	3

·	1	2	3	4
1	1	2	3	4
2	2	4	1	3
3	3	1	4	2
4	4	3	2	1

Jetzt können wir unser 11-Teilerproblem mühelos lösen. Sei $n = a_s a_{s-1} \ldots a_0$ dezimal geschrieben, also $n = \sum_{i=0}^{s} a_i 10^i$, $0 \le a_i \le 9$. Da $10 \equiv -1 \pmod{11}$ ist, folgt $10^2 \equiv (-1)^2 = 1 \pmod{11}, 10^3 = 10^2 \cdot 10 \equiv 1 \cdot (-1) = -1 \pmod{11}$, und allgemein $10^{2i} \equiv 1 \pmod{11}$, $10^{2i+1} \equiv -1 \pmod{11}$. Also erhalten wir $n = \sum_{i=0}^{s} a_i 10^i \equiv a_0 - a_1 + a_2 - \ldots \pmod{11}$. Eine Zahl n ist also genau dann teilbar durch 11, d. h. $n \equiv 0 \pmod{11}$, wenn die alternierende Quersumme $a_0 - a_1 + a_2 - \ldots$ durch 11 teilbar ist. In unserem Beispiel erhalten wir $3-6+2-5+0-9+3-7+1-4 = -22 \equiv 0 \pmod{11}$, und die Teilbarkeit ist bewiesen.

Wann ist $\mathbb{Z}_m$ ein Körper? Das heißt, wann existiert zu allen $[x] \ne [0]$ ein multiplikatives Inverses $[y]$ mit $[x][y] = [1]$? Ist $m = m_1 m_2$ eine zusammengesetzte Zahl, so gilt $[m_1][m_2] = [m] = [0]$, also kann $[m_1]$ kein multiplikatives Inverses $[y]$ besitzen, da ansonsten $[m_2] = [1][m_2] = [y][m_1][m_2] = [0]$ folgen würde. Für eine Primzahl p liegt aber tatsächlich ein Körper vor. Sei nämlich $1 \le r \le p-1$. Betrachten wir alle Vielfachen kr, $0 \le k \le p-1$. Aus $p | kr - k'r = (k-k')r$ folgt $p | k-k'$ und somit $k = k'$, da p und r teilerfremd sind. Die Zahlen kr, $0 \le k \le p-1$, bilden also ebenfalls ein Vertretersystem modulo p, das heißt es gibt genau ein $s, 1 \leq s \leq p-1$, mit $sr \equiv 1 \pmod{p}$, was bedeutet, dass $[s]$ ein Inverses zu $[r]$ ist.

Prüfen wir dies für $m = 5$ und $r = 2$ nach. Die Vielfachen sind $0 \cdot 2 \equiv 0$, $1 \cdot 2 \equiv 2$, $2 \cdot 2 \equiv 4$, $3 \cdot 2 \equiv 1$, $4 \cdot 2 \equiv 3 \pmod{5}$, also ist $[3]$ das Inverse zu $[2]$.

Einer der Klassiker der Zahlentheorie ist der Satz von Fermat, der eine wichtige Methode für Primzahltests liefert. Sei p eine Primzahl, n relativ prim zu p, dann gilt $n^{p-1} \equiv 1 \pmod{p}$. Zum Beispiel haben wir $4^2 \equiv 1 \pmod{3}$, oder $20576^{42} \equiv 1 \pmod{43}$, d. h. die riesige Zahl 20576^{42} hat bei Division durch 43 den Rest 1, und wir erhalten das Resultat, ohne zu dividieren (was wir bei der Größe der Zahl auch gar nicht könnten).

Satz 12.1. *Sei p Primzahl und n relativ prim zu p, dann gilt* $n^{p-1} \equiv 1 \pmod{p}$.

Beweis. Mit unserer Kongruenzrechnung ist der Beweis in ein paar Zeilen erbracht. Wir betrachten die Reste $1, 2, \ldots, p-1$. Wir wissen schon, dass $1 \cdot n, 2 \cdot n, \ldots, (p-1)n$ wiederum alle Reste $\neq 0$ durchlaufen. Also gilt für das Produkt $u = 1 \cdot 2 \cdots (p-1)$, $u \equiv (1 \cdot n)(2 \cdot n) \cdots (p-1)n \equiv u \cdot n^{p-1} \pmod{p}$. Da u ein multiplikatives Inverses v besitzt, folgt $1 \equiv vu \equiv (vu)n^{p-1} \equiv n^{p-1} \pmod{p}$, und wir sind fertig. ■

Zum Satz von Fermat gibt es einen schönen kombinatorischen Beweis, der nochmals auf das „zyklische" Rechnen modulo p hinweist.

Wir betrachten alle Halsketten mit p Perlen, die jeweils mit einer von n Farben gefärbt werden. Wie viele Muster von Halsketten gibt es? Nun, das kennen wir schon längst. Der Satz von Polya 4.2 angewandt auf die zyklische Gruppe C_p ergibt als Anzahl

$$\frac{1}{p} \sum_{d|p} \varphi(d) n^{p/d} = \frac{1}{p}(n^p + (p-1)n) = \frac{n^p - n}{p} + n\,.$$

Also ist $\frac{n^p - n}{p}$ eine ganze Zahl, und da n und p teilerfremd sind, folgt $p | n^{p-1} - 1$.

12.2 Endliche Körper

Wir wissen aus dem vorigen Abschnitt, dass $\mathbb{Z}_p$ ein Körper mit p Elementen ist, wann immer p eine Primzahl ist. In dem letzten Beispiel haben wir gesehen, dass die Körper $\mathbb{Z}_p$ wesentlich mehr Struktur aufweisen, die für kombinatorische Probleme relevant ist. Grund genug zu fragen, ob es noch weitere endliche Körper gibt. Für den Leser, der weniger an Algebra interessiert ist, genügt der Hinweis, dass endliche Körper mit q Elementen genau für Primzahlpotenzen $q = p^n$ existieren, und zwar bis auf Isomorphie genau einer. Der Körper mit $q = p^n$ Elementen heißt nach dem Entdecker das **Galoisfeld** $GF(q)$. Insbesondere ist für eine Primzahl p, $GF(p) = \mathbb{Z}_p$.

Sei K irgendein endlicher Körper, dann bezeichnen wir mit $K[x]$ den Ring der Polynome $f(x) = a_0 + a_1 x + a_2 x^2 + \ldots$ mit Koeffizienten aus K. Polynome können wir addieren und multiplizieren, und wir haben das Nullelement $f(x) = 0$ und das Einselement $f(x) = 1$. Betrachten wir als Beispiel $\mathbb{Z}_5[x]$. Wir wählen die Standardvertreter $0, 1, 2, 3, 4$ und lassen die Klammern in $[i]$ weg. Für $f(x) = 2 + 3x + x^3$, $g(x) = 1 + 4x + x^2 + 4x^3$ gilt $f(x) + g(x) = 3 + 2x + x^2$ und $f(x)g(x) = 2 + x + 4x^2 + 2x^3 + x^4 + x^5 + 4x^6$. Zum Beispiel ist der Koeffizient von x^3 in $f(x)g(x)$, $2 \cdot 4 + 3 \cdot 1 + 0 \cdot 4 + 1 \cdot 1 \equiv 3 + 3 + 0 + 1 = 7 \equiv 2 \pmod 5$.

Nun machen wir dasselbe wie in $\mathbb{Z}$. Wir nennen zwei Polynome $g(x), h(x)$ *kongruent modulo* $f(x)$, mit der Bezeichnung

$$g(x) \equiv h(x) \pmod{f(x)},$$

falls $f(x)$ ein Teiler von $g(x) - h(x)$ ist, d. h. $g(x) - h(x) = q(x)f(x)$ gilt. Völlig analog zu $\mathbb{Z}$ ist $\equiv$ wieder eine Äquivalenzrelation, und es gilt wiederum für $g(x) \equiv g'(x)$, $h(x) \equiv h'(x)$, dass $g(x) + h(x) \equiv g'(x) + h'(x)$ und $g(x)h(x) \equiv g'(x)h'(x) \pmod{f(x)}$ erfüllt ist. Mit der Definition

$$[g(x)] + [h(x)] = [g(x) + h(x)]$$
$$[g(x)]\,[h(x)] = [g(x)h(x)]$$

wird also $K[x] \bmod f(x)$ ein Ring.

Auch in $K[x] \bmod f(x)$ haben wir ein Standard Vertretersystem. Wir gehen wie in $\mathbb{Z}$ vor. Sei $g(x) \in K[x]$ gegeben. Mit Polynomdivision erhalten wir

$$g(x) = q(x)f(x) + r(x) \qquad \text{mit Grad } r(x) < \text{ Grad } f(x).$$

Es gilt $f(x) \mid g(x) - r(x)$, d. h. $g(x) \equiv r(x) \pmod{f(x)}$. Jedes Polynom $g(x)$ ist also kongruent zu seinem Rest modulo $f(x)$, und wegen Grad $r(x) <$ Grad $f(x)$ sind diese Restpolynome $r(x)$ alle inkongruent modulo $f(x)$. Ist Grad $f(x) = n$, so bilden demnach die Polynome $r(x) = a_0 + a_1x + \ldots + a_{n-1}x^{n-1}$, $a_i \in K$, ein vollständiges Vertretersystem, und das ist unser *Standard Vertretersystem*. Die Anzahl der Restklassen ist $|K|^n$, da wir die a_i unabhängig voneinander wählen können.

Die Rolle der Primzahlen in $\mathbb{Z}$ übernehmen nun die irreduziblen Polynome. Ein Polynom $f(x) \in K[x]$ heißt *irreduzibel*, falls aus $f(x) = g(x)h(x)$ stets Grad $g(x) = 0$ oder Grad $h(x) = 0$ folgt, d. h. $g(x)$ oder $h(x)$ Konstanten sind. Im anderen Fall heißt $f(x)$ *reduzibel*. Zum Beispiel ist $x^2 + 1$ reduzibel über $\mathbb{Z}_5$, da $x^2 + 1 = (x+2)(x+3)$ gilt. Man kann andererseits leicht nachprüfen, dass das Polynom x^2+2 irreduzibel über $\mathbb{Z}_5$ ist. Wortwörtlich kann nun der Beweis übertragen werden, dass $K[x] \bmod f(x)$ genau dann ein Körper ist, wenn $f(x)$ irreduzibel ist.

Sehen wir uns ein kleines Beispiel an. Wir betrachten $K = \mathbb{Z}_2$. Das Polynom $x^2 + x + 1$ ist irreduzibel über $\mathbb{Z}_2$. Wäre nämlich $x^2 + x + 1 = (x + a)(x + b)$, so hätten wir $x^2 + x + 1 = x^2 + (a + b)x + ab$, also $a + b = 1$, $ab = 1$. Aus $ab = 1$ folgt aber $a = b = 1$, somit $a + b = 0$, Widerspruch. Das Standard Vertretersystem ist $0, 1, x, x + 1$, und wir erhalten die folgenden Additions- und Multiplikationstafeln des Körpers $\mathbb{Z}_2[x] \bmod x^2 + x + 1$ mit 4 Elementen:

$+$	0	1	x	$x+1$
0	0	1	x	$x+1$
1	1	0	$x+1$	x
x	x	$x+1$	0	1
$x+1$	$x+1$	x	1	0

$\cdot$	1	x	$x+1$
1	1	x	$x+1$
x	x	$x+1$	1
$x+1$	$x+1$	1	x

Zum Beispiel ist $x(x+1) = x^2 + x \equiv 1 \pmod{x^2 + x + 1}$, also $[x][x+1] = [1]$.

Fassen wir unsere Untersuchungen zusammen: Sei $K = \mathbb{Z}_p$ und $f(x)$ ein irreduzibles Polynom vom Grad n. Dann enthält der Körper $\mathbb{Z}_p[x] \bmod f(x)$ genau p^n Elemente. Es ist nicht allzu schwer, für jedes n die Existenz eines irreduziblen Polynoms vom Grad n über $\mathbb{Z}_p$ nachzuweisen (ein solches Polynom tatsächlich zu konstruieren, ist allerdings nicht immer leicht, siehe die angegebene Literatur). Also gibt es zu jeder Primzahlpotenz p^n einen endlichen Körper mit p^n Elementen.

Umgekehrt kann man ohne weiteres zeigen, dass nur für Primzahlpotenzen $q = p^n$ ein endlicher Körper mit q Elementen existiert, und dass es bis auf Isomorphie *genau* einen Körper $GF(q)$ mit q Elementen gibt. Den Beweis wollen wir uns schenken (siehe die Literatur), und statt dessen ein Beispiel zur Illustration betrachten.

Über $\mathbb{Z}_3$ sind die Polynome $f(x) = x^2 + x + 2$ und $g(x) = x^2 + 1$ irreduzibel. In beiden Fällen erhalten wir die Standardvertreter $a_0 + a_1 x$, $a_i \in \mathbb{Z}_3$, die wir einmal modulo $f(x)$ und das andere Mal modulo $g(x)$ betrachten. Der Leser kann sofort nachprüfen, dass die folgende Abbildung eine Isomorphie von $GF(9)$ ist.

$$
\begin{array}{rcl}
0 & \longrightarrow & 0 \\
1 & \longrightarrow & 1 \\
2 & \longrightarrow & 2 \\
x & \longrightarrow & x+1 \\
x+1 & \longrightarrow & x+2 \\
x+2 & \longrightarrow & x \\
2x & \longrightarrow & 2x+2 \\
2x+1 & \longrightarrow & 2x \\
2x+2 & \longrightarrow & 2x+1\,.
\end{array}
$$

Betrachten wir als Beispiel $2x+2$, $x+1$ in $\mathbb{Z}_3[x] \bmod x^2+x+2$. Das Produkt ist $(2x+2)(x+1) = 2x^2 + 4x + 2 = 2x^2 + x + 2 = 2(x^2+x+2) + (2x+1)$, also gilt $(2x+2)(x+1) \equiv (2x+1) \bmod x^2+x+2$. Die korrespondierenden Elemente $2x+1$, $x+2$ haben wegen $(2x+1)(x+2) = 2x^2 + 5x + 2 = 2x^2 + 2x + 2 = 2(x^2+1) + 2x$ als Produkt $2x$ in $\mathbb{Z}_3[x] \bmod x^2+1$, und $2x$ korrespondiert wieder zu $2x+1$.

12.3 Lateinische Quadrate

In diesem und dem nächsten Abschnitt wollen wir das Modulo-Rechnen und endliche Körper auf einige wichtige kombinatorische Probleme anwenden.

Angenommen, eine Reifenfirma möchte 5 Reifentypen A, B, C, D, E auf ihre Güte prüfen. An 5 aufeinanderfolgenden Tagen sollen 5 Autos mit jeweils einem Reifentyp getestet werden. Ein *Versuchsplan* wird aufgestellt:

Auto \ Tag	1	2	3	4	5
1	A	B	C	D	E
2	B	C	D	E	A
3	C	D	E	A	B
4	D	E	A	B	C
5	E	A	B	C	D

Mit diesem Versuchsplan kombinieren wir also jedes Auto mit jedem Reifentyp. Nun könnte es sein, dass die 5 Fahrer $\alpha, \beta, \gamma, \delta, \varepsilon$ einen Einfluss auf die Reifengüte haben. Man wird also versuchen, den Plan so zu gestalten, dass jeder Fahrer mit jedem Auto und jedem Reifentyp genau einmal testet. Wir stellen also einen weiteren Einsatzplan zusammen:

Auto \ Tag	1	2	3	4	5
1	α	β	γ	δ	ε
2	ε	α	β	γ	δ
3	δ	ε	α	β	γ
4	γ	δ	ε	α	β
5	β	γ	δ	ε	α

Man kann sofort nachprüfen, dass tatsächlich jedes der 25 Reifen-Fahrer Paare genau einmal vorkommt.

Definition. Sei A eine n-Menge. Ein **Lateinisches Quadrat der Ordnung n** über A ist eine Abbildung $L : \{1, \ldots, n\} \times \{1, \ldots, n\} \to A$, so dass $L(i, j) = L(i', j)$ impliziert $i = i'$, und analog $L(i, j) = L(i, j')$ impliziert $j = j'$. Ein Lateinisches Quadrat ist also eine $n \times n$-Matrix, in der in jeder Zeile und Spalte jedes Element aus A genau einmal vorkommt. Zwei Lateinische Quadrate L_1, L_2 über A heißen **orthogonal**, falls es zu jedem $(a_1, a_2) \in A^2$ genau ein Paar (i, j) gibt mit $L_1(i, j) = a_1$, $L_2(i, j) = a_2$.

Offenbar sind die Definitionen unabhängig von der Menge A. Wir können wie in unserem Beispiel einmal lateinische Buchstaben verwenden, das andere Mal griechische Buchstaben. Die Begriffe Lateinisches Quadrat oder Orthogonalität bleiben davon unberührt. Unser Eingangsbeispiel führt also auf ein Paar orthogonaler Lateinischer Quadrate der Ordnung 5. Nun könnten wir einen weiteren Parameter wählen, z. B. Straßenbeschaffenheit oder Wetterbedingungen, und fragen, ob wir weitere Versuchspläne, d. h. Lateinische Quadrate aufstellen können, die jeweils orthogonal zu den anderen sind.

Damit kommen wir zum Hauptproblem: *Sei $N(n)$ die Maximalzahl paarweiser orthogonaler Lateinischer Quadrate der Ordnung n; wie groß ist $N(n)$?*

Hier kommen nun unsere algebraischen Strukturen ins Spiel. Betrachten wir eine Gruppe mit n Elementen, z. B. $\mathbb{Z}_n$ mit der Addition als Verknüpfung. Nummerieren wir die Zeilen und Spalten mit $0, 1, \ldots, n-1$, so ergibt die Additionstafel ein Lateinisches Quadrat, indem wir $L(i,j) = i + j \pmod{n}$ setzen, da ja aus $i + j \equiv i' + j \pmod{n}$, $i \equiv i' \pmod{n}$ folgt, und ebenso aus $i + j \equiv i + j' \pmod{n}$, $j \equiv j' \pmod{n}$. Für $n = 6$ erhalten wir z. B. das Lateinische Quadrat

	0	1	2	3	4	5
0	0	1	2	3	4	5
1	1	2	3	4	5	0
2	2	3	4	5	0	1
3	3	4	5	0	1	2
4	4	5	0	1	2	3
5	5	0	1	2	3	4

Sei nun $q = p^m$ eine Primzahlpotenz. Dann wissen wir, dass es einen endlichen Körper mit q Elementen gibt, $GF(q) = \{a_0 = 0, a_1, a_2, \ldots, a_{q-1}\}$. Wir nummerieren die Zeilen und Spalten mit $a_0, a_1, \ldots, a_{q-1}$ und definieren für $h = 1, \ldots, q-1$ das Lateinische Quadrat L_h durch

$$L_h(a_i, a_j) = a_h a_i + a_j \qquad (i, j = 0, 1, \ldots, q-1)\ .$$

Jedes L_h ist ein Lateinisches Quadrat, da aus $a_h a_i + a_j = a_h a_i' + a_j$ durch Kürzen $a_h a_i = a_h a_i'$ folgt, und wegen $a_h \neq 0$ damit $a_i = a_i'$. Ebenso folgt aus $a_h a_i + a_j = a_h a_i + a_j'$ sofort $a_j = a_j'$. Seien nun L_h, L_k zwei dieser Lateinischen Quadrate und $(a_r, a_s) \in (GF(q))^2$. Das Gleichungssystem

$$\begin{aligned} a_h x + y &= a_r \\ a_k x + y &= a_s \end{aligned}$$

ist wegen $a_h \neq a_k$ eindeutig in x und y lösbar, also existieren i, j mit

$$\begin{aligned} L_h(a_i, a_j) &= a_h a_i + a_j = a_r \\ L_k(a_i, a_j) &= a_k a_i + a_j = a_s\ , \end{aligned}$$

d. h. L_h und L_k sind orthogonal. Wir haben somit $q-1$ paarweise orthogonale Lateinische Quadrate erhalten.

Für $q = 5$ ergibt dies mit $GF(5) = \mathbb{Z}_5 = \{0, 1, 2, 3, 4\}$

$L_1(i,j) = i + j$	$L_2(i,j) = 2i + j$	$L_3(i,j) = 3i + j$	$L_4(i,j) = 4i + j$
01234	01234	01234	01234
12340	23401	34012	40123
23401	40123	12340	34012
34012	12340	40123	23401
40123	34012	23401	12340

In unserem Reifentestproblem können wir also zumindest zwei weitere Parameter einführen, d. h. es gilt $N(5) \geq 4$. Geht es noch besser ? Nein, wie der folgende Satz zeigt.

Satz 12.2. *Für $n \geq 2$ gilt $N(n) \leq n-1$, und wir haben $N(n) = n-1$ für eine Primzahlpotenz $n = p^m$.*

Beweis. Es seien $L_1, \ldots, L_t$ orthogonale Lateinische Quadrate der Ordnung n über A, wobei wir $A = \{1, \ldots, n\}$ annehmen. Wir permutieren die Elemente in L_1 so, dass sie in der ersten Zeile in der Reihenfolge $1, 2, \ldots, n$ erscheinen. Ebenso verfahren wir mit den übrigen L_i. Diese Permutationen erhalten die Orthogonalität (klar?). Die neuen Lateinischen Quadrate, die wir wieder mit $L_1, \ldots, L_t$ bezeichnen, erfüllen somit

$$L_i(1,1) = 1,\ L_i(1,2) = 2,\ \ldots,\ L_i(1,n) = n \quad \text{für } i = 1, \ldots, t\,.$$

Nun betrachten wir die Stelle $(2,1)$. Für alle i muss $L_i(2,1) \neq 1$ gelten, da 1 schon in der ersten Spalte erscheint. Und ferner haben wir wegen der Orthogonalität $L_i(2,1) \neq L_j(2,1)$ für $i \neq j$, da die Paare (h,h), $1 \leq h \leq n$, ja schon in der ersten Zeile erfasst sind. Somit folgt $t \leq n-1$, und Gleichheit haben wir für Primzahlpotenzen schon gesehen. ∎

Wie sieht es mit unteren Schranken für $N(n)$ aus? Dazu haben wir folgendes Ergebnis.

Satz 12.3. *Sei $n = n_1 n_2$, dann gilt $N(n_1 n_2) \geq \min\,(N(n_1), N(n_2))$.*

Beweis. Sei $k = \min(N(n_1), N(n_2))$, und $L_1, \ldots, L_k$ orthogonale Lateinische Quadrate der Ordnung n_1 über A_1, und $L'_1, \ldots, L'_k$ solche der Ordnung n_2 über A_2, $|A_1| = n_1$, $|A_2| = n_2$. Wir setzen $A = A_1 \times A_2$, und definieren L^*_h, $h = 1, \ldots, k$, auf A durch

$$L^*_h((i,i'),(j,j')) = (L_h(i,j), L'_h(i',j'))\,.$$

Man sieht sofort, dass die L^*_h Lateinische Quadrate sind. Prüfen wir die Orthogonalität nach. Sei $((r,r'),(s,s')) \in A^2$, $1 \leq h \neq \ell \leq k$ gegeben. Wegen der Orthogonalität der L_h gibt es $(i,j) \in A_1^2$ mit $L_h(i,j) = r$, $L_\ell(i,j) = s$, und analog $(i',j') \in A_2^2$ mit $L'_h(i',j') = r'$, $L'_\ell(i',j') = s'$. Daraus folgt

$$\begin{aligned}&(L^*_h((i,i'),(j,j')),\ L^*_\ell((i,i'),\ (j,j'))) = \\ &((L_h(i,j), L'_h(i',j')),\ (L_\ell(i,j),\ L'_\ell(i',j'))) = ((r,r'),(s,s'))\,.\end{aligned}$$ ∎

Aus 12.3 können wir sofort eine Folgerung ziehen.

Folgerung 12.4. *Sei $n = p_1^{k_1} \ldots p_t^{k_t}$ die Primzerlegung von n, dann gilt $N(n) \geq \min\limits_{1 \leq i \leq t}(p_i^{k_i} - 1)$. Insbesondere haben wir $N(n) \geq 2$ für alle $n \not\equiv 2 \pmod 4$.*

Beweis. Die erste Behauptung folgt mit $N(p_i^{k_i}) = p_i^{k_i} - 1$ durch mehrfache Anwendung von 12.3. Für $n \not\equiv 2 \pmod 4$ ist $p_i^{k_i} \geq 3$ für alle Primpotenzteiler von n, und wir können das eben bewiesene Resultat anwenden. ∎

Für die ersten Werte von $N(n)$ erhalten wir aus unseren Ergebnissen folgende Tabelle:

n	2	3	4	5	6	7	8	9	10	11	12	13	14
$N(n)$	1	2	3	4	≥ 1	6	7	8	≥ 1	10	≥ 2	12	≥ 1

Der erste ungeklärte Fall ist $n = 6$. Euler, der die Vermutung $N(n) = 1$ für alle $n \equiv 2 \pmod 4$ aufstellte, machte diesen Fall 1782 als ein hübsches Puzzle publik: 36 Offiziere, je einer aus 6 verschiedenen Regimentern und 6 verschiedenen Rängen, sollen in einer 6×6-Formation aufgestellt werden, so dass jede waagerechte und senkrechte Kolonne genau einen Offizier jedes Regimentes und jedes Ranges enthält. Ist das möglich? Natürlich bedeutet dies gerade $N(6) \geq 2$. Mit einer äußerst mühseligen Aufzählung aller Möglichkeiten wurde über 100 Jahre später gezeigt, dass dies nicht geht, also $N(6) = 1$ ist.

Aber dies ist neben $N(2) = 1$ der einzige Fall, wo Eulers Vermutung zutrifft. 1960 zeigten Bose, Shrikhande und Parker, dass $N(n) \geq 2$ für *alle* $n \neq 2, 6$ gilt. Allerdings ist, abgesehen von Primzahlpotenzen, kein einziger Wert von $N(n)$ bekannt. Zum Beispiel weiß man heute $N(10) \geq 2$, $N(12) \geq 5$, aber man kennt keine 3 orthogonalen Lateinischen Quadrate der Ordnung 10 bzw. keine 6 der Ordnung 12, weiß aber andererseits auch nicht, ob sie nicht doch existieren.

12.4 Kombinatorische Designs

Blättern wir zu unserem Lotto-Problem am Ende von Abschnitt 11.4 zurück. Wir hatten uns folgendes Problem gestellt: Existiert zu $n = 6m + 1$ oder $n = 6m + 3$ stets eine Menge $\mathcal{B}$ von Tripeln aus einer Grundmenge S, $|S| = n$, so dass jedes Paar von Elementen aus S in genau einem Tripel aus $\mathcal{B}$ vorkommt?

Wir wollen das Problem allgemein formulieren: Seien die natürlichen Zahlen $v \geq k \geq t \geq 1$ und $\lambda \geq 1$ gegeben. Ein ***t*-Design** $(S, \mathcal{B})$ mit *Parametern* v, k, λ besteht aus einer Familie $\mathcal{B}$ von Untermengen von S, so dass Folgendes gilt:

(i) $|S| = v$,

(ii) $|B| = k$ für alle $B \in \mathcal{B}$,

(iii) jede t-Untermenge von S ist in genau λ Mengen aus $\mathcal{B}$ enthalten.

Die Mengen aus $\mathcal{B}$ heißen die **Blöcke** des Designs, wobei die Blöcke nicht unbedingt verschieden sein müssen. Im Fall $\lambda = 1$ nennt man ein t-Design auch ein **Steiner-System** $S_t(v, k)$. Unser Lottoproblem betrifft also die Steiner-Systeme $S_2(v, 3)$.

Die Fälle $k = v$, $k = v - 1$, $t = k$, $t = 1$ können leicht erledigt werden (siehe die Übungen), so dass wir im folgenden stets

$$2 \leq t < k \leq v - 2$$

voraussetzen.

Beispiele. a. Unser schon in 11.4 konstruiertes Steiner-System $S_2(7, 3)$ können wir bildlich folgendermaßen realisieren:

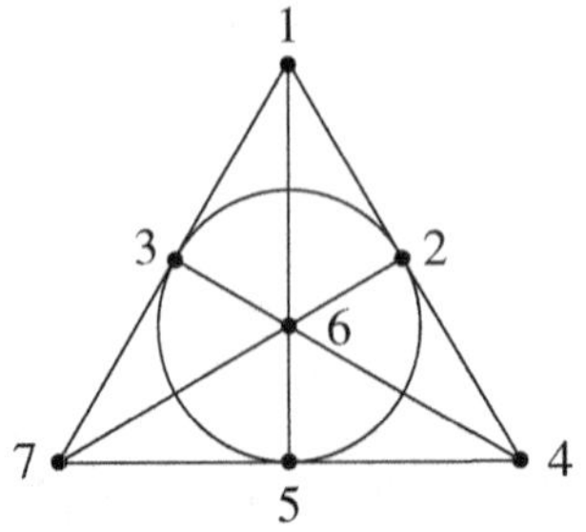

Dabei interpretieren wir jede „Gerade“ als Block (inklusive den Kreis). Dieses 2-Design ist bis auf Umnummerierung eindeutig und heißt die **Fano-Ebene**. Warum wir die Bezeichnung Ebene verwenden, wird in Kürze klar werden.

b. Sei S die Kantenmenge des vollständigen Graphen K_5, also $|S| = 10$. Als Blöcke $\mathcal{B}$ nehmen wir alle Kantenmengen der Form

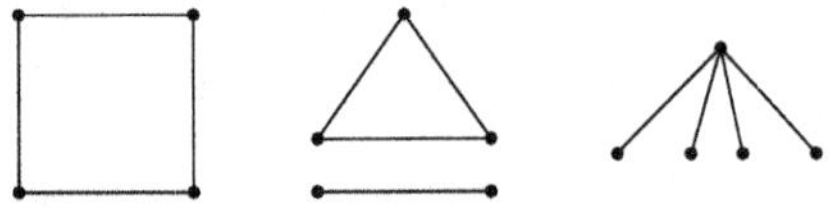

Insgesamt gibt es $5 \cdot 3 = 15$ Mengen des ersten Typs, 10 des zweiten und 5 des dritten Typs, also $|\mathcal{B}| = 30$. Man prüft sofort nach, dass $(S, \mathcal{B})$ ein 3-Design mit Parametern $v = 10$, $k = 4$, $\lambda = 1$ ist.

c. Sei $S = \{1, 2, 3, 4\} \times \{1, 2, 3, 4\}$. Für jedes Paar $(i, j) \in S$ erklären wir einen Block $B_{ij} = \{(k, \ell) \in S : k = i \text{ oder } \ell = j, \text{ aber } (k, \ell) \neq (i, j)\}$, also $|B_{ij}| = 6$. Wir können die B_{ij}'s durch ein Schachbrettmuster darstellen, z. B. ist $B_{2,3}$

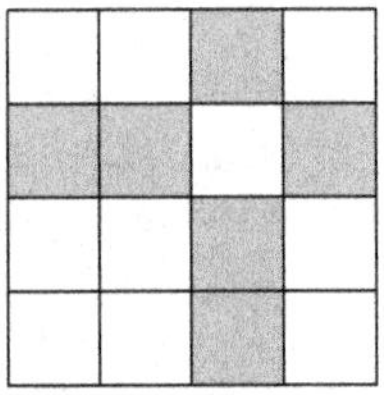

Man sieht leicht, dass $(S, \mathcal{B})$ ein 2-Design mit $v = 16$, $k = 6$, $\lambda = 2$ darstellt.

Das Hauptproblem der Design-Theorie lautet:

Gegeben v, k, λ, t. Wann existiert ein t-Design mit diesen Parametern?

Wir haben ein paar Beispiele von Designs für verschiedene Parameter gesehen. Aber dies waren mehr oder minder spezielle Konstruktionen. Woran wir wirklich interessiert sind, sind einerseits Bedingungen, die die Existenz eines Designs *ausschließen* bzw. allgemeine Methoden, die Designs für gewisse Parameter explizit *konstruieren*.

Zunächst haben wir folgende arithmetische Bedingungen, welche von den Parametern v, k, λ erfüllt sein müssen.

Satz 12.5. *Sei $(S, \mathcal{B})$ ein t-Design mit Parametern v, k, λ. Dann gilt:*
a. $|\mathcal{B}| = \lambda\binom{v}{t}/\binom{k}{t}$.
b. *Jede i-Untermenge von S ist in genau $\lambda_i = \lambda\binom{v-i}{t-i}/\binom{k-i}{t-i}$ Blöcken enthalten, $i = 1, 2, \ldots, t$. Insbesondere ist ein t-Design auch ein i-Design für alle $i \leq t$.*

Beweis. Behauptung a ergibt sich sofort durch zweifaches Abzählen der Paare (T, B), $|T| = t$, $B \in \mathcal{B}$, $T \subseteq B$, und b. wird mit Induktion nach i bewiesen, mit $\lambda_0 = |\mathcal{B}|$. ∎

Da $\lambda_i = \lambda\binom{v-i}{t-i}/\binom{k-i}{t-i} = \lambda\frac{(v-i)\ldots(v-t+1)}{(k-i)\ldots(k-t+1)}$ eine ganze Zahl sein muss, erhalten wir als notwendige Bedingung für die Existenz eines t-Designs mit den Parametern v, k, λ:

$$(1) \qquad \lambda(v-i)\ldots(v-t+1) \equiv 0 \pmod{(k-i)\ldots(k-t+1)}, \qquad i = 0, \ldots, t\,.$$

Nehmen wir z. B. $t = 3$, $k = 4$, $\lambda = 1$. Für welche v sind 3-Designs möglich? Bedingung (1) besagt

$$v(v-1)(v-2) \equiv 0 \pmod{24}, (v-1)(v-2) \equiv 0 \pmod{6}, v-2 \equiv 0 \pmod{2}\,.$$

Zunächst muss also v gerade sein. Aus $(v-1)(v-2) \equiv 0 \pmod{6}$ folgt $v \equiv 2, 4 \pmod{6}$, da $v \equiv 0 \pmod{6}$ unmöglich ist, und diese Werte erfüllen auch die erste Kongruenz $v(v-1)(v-2) \equiv 0 \pmod{24}$. Die notwendigen Bedingungen ergeben somit $v \equiv 2, 4 \pmod{6}$, also mit $v \geq k+2 = 6$ als erste Werte $v = 8, 10, 14, 16, \ldots$. Der Leser möge ein entsprechendes Design für $v = 8$ konstruieren (der Würfelgraph Q_3 hilft dabei), $v = 10$ haben wir schon in Beispiel b oben realisiert.

Wir beschränken uns im folgenden auf den Fall $t = 2$, der nach Satz 12.5b ja der einfachste ist. Ein 2-Design heißt üblicherweise ein **Blockplan**. Die notwendigen Bedingungen lauten in diesem Fall

$$(2) \qquad \begin{aligned} \lambda\, v(v-1) &\equiv 0 \pmod{k(k-1)} \\ \lambda(v-1) &\equiv 0 \pmod{(k-1)}\,. \end{aligned}$$

Ein berühmter Satz von Wilson besagt, dass diese notwendigen Bedingungen in einem asymptotischen Sinn auch hinreichend sind. Sind k, λ gegeben, so gibt es ein v_0, so dass für alle $v \geq v_0$, welche (2) erfüllen, ein Blockplan mit den Parametern v, k, λ tatsächlich existiert.

Nun zu den Konstruktionsmethoden, wobei wir $\lambda = 1$ voraussetzen und weiterhin $t = 2$, also Steiner Systeme mit den Parametern v, k betrachten. Wir setzen $b = |\mathcal{B}|$ und $r = \lambda_1 =$ Anzahl der Blöcke, die ein festes Element enthalten. Nach 12.5 haben wir $bk(k-1) = v(v-1)$, $r(k-1) = v-1$, also

(3)
$$\begin{aligned} b\,k &= v\,r \\ r(k-1) &= v-1\,, \end{aligned}$$

mit $2 \leq r < b$ wegen $k < v$.

Wir sehen, dass in einem Steiner-System wegen $\lambda = 1$ je zwei Blöcke höchstens ein Element gemeinsam haben. Einen besonders interessanten Spezialfall erhalten wir, wenn je zwei Blöcke einander in *genau* einem Element schneiden – nämlich die klassischen (endlichen) projektiven Ebenen. Wir interpretieren die Menge S als *Punkte*, die Blöcke als *Geraden*, und sagen, der Punkt u liegt auf der Geraden B, falls $u \in B$ gilt.

Definition. Eine (endliche) **projektive Ebene** ist ein Paar $(S, \mathcal{B})$, so dass folgende Axiome erfüllt sind:

(i) 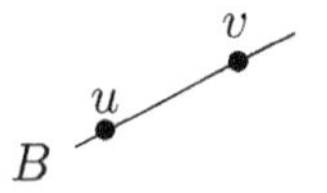

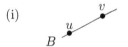

Zu $u \neq v \in S$ existiert genau eine Gerade $B \in \mathcal{B}$ mit $\{u, v\} \subseteq B$.

(ii) 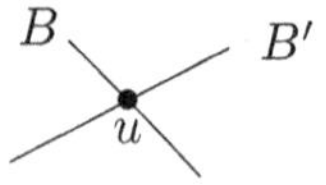

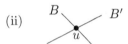

Zu $B \neq B' \in \mathcal{B}$ existiert genau ein Punkt $u \in B \cap B'$.

(iii) 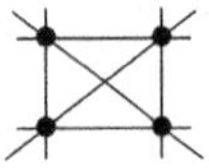
Es gibt vier Punkte, von denen keine drei auf einer gemeinsamen Geraden liegen.

Axiom (iii) ist eine Reichhaltigkeitsbedingung, um die folgende triviale Struktur auszuschließen:

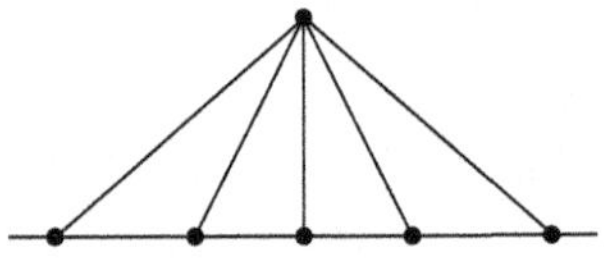

Satz 12.6. *Projektive Ebenen sind Blockpläne mit $k = r$ und $\lambda = 1$. Setzen wir $k = n + 1$, so gilt $v = b = n^2 + n + 1$, $k = r = n + 1$, $\lambda = 1$.*

Beweis. Es seien $B \neq B' \in \mathcal{B}$ beliebig gewählt. Man kann sich leicht überlegen, dass es einen Punkt $u \notin B \cup B'$ gibt (andernfalls würde die triviale Struktur resultieren). Betrachten wir u und B. Jede Gerade durch u hat genau einen Schnittpunkt mit B (siehe die Figur), und umgekehrt bestimmt jedes $v \in B$ eine Gerade durch $\{u, v\}$. Für die Anzahl r_u der Geraden durch u gilt also $r_u = |B|$. Wenden wir dieselbe Überlegung auf u und B' an, so folgt $|B| = r_u = |B'|$. Da B, B' beliebig gewählt waren, enthalten also alle Geraden dieselbe Anzahl k von Punkten, und es gilt $r_u = r = k$ für alle Punkte u, und wegen $b\,k = v\,r$ auch $b = v$.

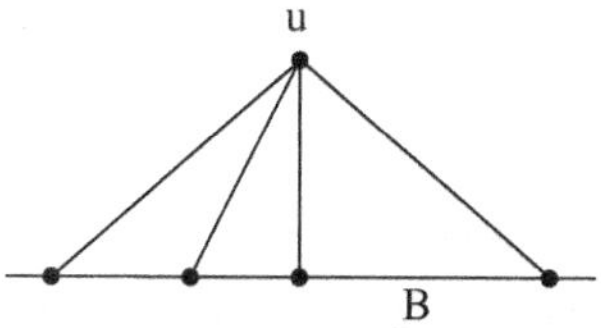

Setzen wir $k = n + 1$, so gilt $n \geq 2$ wegen $k \geq 3$ (da einander z. B. die beiden senkrecht gezeichneten Geraden in Axiom (iii) in einem dritten Punkt schneiden). Betrachten wir einen Punkt u. Jeder Punkt $\neq u$ kommt genau einmal auf einer Geraden durch u vor (siehe die Figur), und jede dieser Geraden enthält $k - 1 = n$ Punkte $\neq u$. Daraus folgt $v = 1 + (n + 1)n = n^2 + n + 1$. ∎

Die Zahl n heißt die *Ordnung* der projektiven Ebene. Eines der berühmtesten Probleme der gesamten Kombinatorik fragt: *Für welche natürlichen Zahlen $n \geq 2$ existiert eine projektive Ebene der Ordnung n?*

Eine projektive Ebene kennen wir schon, die kleinste mit Ordnung 2. Das ist natürlich unsere Fano-Ebene. Der folgende Satz bejaht die Existenz für Primzahlpotenzordnungen.

Satz 12.7. *Sei $q = p^m$ eine Primzahlpotenz. Dann existiert eine projektive Ebene der Ordnung q.*

Beweis. Wir nehmen das Galoisfeld $K = GF(q)$ und betrachten einen 3-dimensionalen Vektorraum über K. Die „Punkte“ S sind die 1-dimensionalen Unterräume, und die „Geraden“ $\mathcal{B}$ die 2-dimensionalen Unterräume. Je zwei 1-dimensionale Unterräume sind offenbar in genau einem 2-dimensionalen Unterraum enthalten (Axiom (i)). Sei $B \neq B'$. Nach der Dimensionsgleichung für Unterräume folgt

$$3 = \dim(B + B') = \dim(B) + \dim(B') - \dim(B \cap B') ,$$

also $\dim(B \cap B') = 2 + 2 - 3 = 1$, d. h. B und B' schneiden einander in einem Punkt (Axiom ii)). Schließlich erfüllen die vier 1-dimensionalen Unterräume erzeugt von den Vektoren $(1, 0, 0)$, $(0, 1, 0)$, $(0, 0, 1)$, $(1, 1, 1)$ Axiom (iii). Das System $(S, \mathcal{B})$ ist also eine projektive Ebene. Die Ordnung können wir nun leicht berechnen. Insgesamt gibt es $q^3 - 1$ Vektoren $\neq \mathbf{0}$. Jeder 1-dimensionale Unterraum enthält mit einem Vektor $\neq \mathbf{0}$ durch Multiplikation mit den Elementen $\neq 0$ genau $q - 1$ linear abhängige Vektoren $\neq \mathbf{0}$, und wir erhalten $|S| = \frac{q^3-1}{q-1} = q^2 + q + 1$, also ist die Ordnung q. ∎

Man kennt auch noch andere projektive Ebenen außer den eben besprochenen, aber niemandem ist es bisher gelungen, projektive Ebenen von Nicht-Primzahlpotenz Ordnung zu konstruieren. Das klingt bekannt - dasselbe Phänomen haben wir mit orthogonalen Lateinischen Quadraten kennengelernt. Es existiert die Maximalzahl $n - 1$, wenn n eine Primzahlpotenz ist, ansonsten weiß man, abgesehen von $n = 6$, nichts. Dieser Zusammenhang ist keineswegs zufällig, denn es gilt der folgende Satz, dessen Beweis den Übungen vorbehalten sei.

Satz 12.8. *Es existiert eine projektive Ebene der Ordnung $n \geq 2$ genau dann, wenn $N(n) = n - 1$ ist, d. h. wenn $n - 1$ orthogonale Lateinische Quadrate der Ordnung n existieren.*

Die Ordnung $n = 6$ ist damit erledigt – eine projektive Ebene der Ordnung 6 gibt es nicht. Mit enormem Computereinsatz wurde 1988 die Nichtexistenz für $n = 10$ bewiesen. Daraus folgt für Lateinische Quadrate $N(10) \leq 8$. Für die Existenz einer projektiven Ebene der Ordnung 12 bräuchte man 11 orthogonale Lateinische Quadrate, bis heute weiß man nur $N(12) \geq 5$.

Zum Schluss wollen wir uns endgültig unserem Lottoproblem zuwenden, also den Steiner-Tripelsystemen $S_2(v, 3), v \equiv 1, 3 \pmod 6$. Das kleinste kennen wir schon, es ist wiederum unsere Fano-Ebene $S_2(7, 3)$. Wie soll man nun allgemein solche Tripelsysteme konstruieren? Modulare Arithmetik hilft uns hier weiter.

Schreiben wir die Blöcke der Fano-Ebene mod 7 auf:

$$124, 235, 346, 450, 561, 602, 013.$$

Setzen wir $B_0 = \{1, 2, 4\}$, so sind die anderen Tripel von der Gestalt $B_i = B_0 + i \pmod 7), i = 1, \ldots, 6$, d. h. wir addieren zu allen Elementen aus B_0 jeweils i mod 7 hinzu. Wir sagen, die Fano-Ebene entsteht durch *Entwicklung des Startblockes* B_0 mod 7.

Dies sieht sehr vielversprechend aus für den allgemeinen Fall. Doch wieso funktioniert diese Entwicklung überhaupt? Probieren wir einen anderen Startblock $C_0 = \{1, 2, 5\}$. Durch Entwicklung erhalten wir

$$125, 236, 340, 451, 562, 603, 014.$$

Diesmal erhalten wir kein Steiner-System $S_2(7, 3)$, denn $\{1, 5\}$ erscheint in C_0, aber auch in C_3. Was ist der Grund dafür? Betrachten wir die sechs Differenzen in C_0 mod 7: $1 - 2 \equiv 6, 1 - 5 \equiv 3, 2 - 1 \equiv 1, 2 - 5 \equiv 4, 5 - 1 \equiv 4, 5 - 2 \equiv 3$. Da wir bei der Entwicklung jeweils dieselbe Zahl dazuaddieren, bleibt auch die (Multi-) Menge der Differenzen gleich. Und nun liegt der Grund für die Duplikation von $\{1, 5\}$ auf der Hand. Da die Differenz 3 zweimal vorkommt : $1 - 5 \equiv 3, 5 - 2 \equiv 3$, folgt, dass $\{5, 2\} + i$ immer die Differenz 3 hat, also müssen wir nur i finden mit $5 + i \equiv 1 \pmod 7$, um 1,5 zu duplizieren, und das passiert für $i = 3$.

Für den ursprünglichen Startblock $B_0 = \{1, 2, 4\}$ hingegen sind alle Differenzen verschieden: $1 - 2 \equiv 6, 1 - 4 \equiv 4, 2 - 1 \equiv 1, 2 - 4 \equiv 5, 4 - 1 \equiv 3, 4 - 2 \equiv 2$, und deswegen funktioniert die Entwicklung. Wir wollen dies sofort als allgemeines Ergebnis notieren.

Es sei $(G, +)$ eine kommutative Gruppe mit v Elementen. Eine Familie von Blöcken $B_i = \{p_{i1}, \ldots, p_{ik}\} \subseteq G, i \in I$, heißt (v, k, λ)-**Differenzenfamilie**, falls unter der Multimenge der Differenzen innerhalb der einzelnen Blöcke

$$\Delta B_i = \{p_{ij} - p_{ij'} : 1 \leq j \neq j' \leq k\} \quad (i \in I)$$

jedes Element $\neq 0$ von G genau λ-mal vorkommt.

Sei zum Beispiel $G = \mathbb{Z}_9$, $B_1 = \{0,1,2,5\}$, $B_2 = \{0,2,3,5\}$. Die Differenzen sind $\Delta B_1 = \{\pm1,\pm2,\pm4,\pm1,\pm4,\pm3\}, \Delta B_2 = \{\pm2,\pm3,\pm4,\pm1,\pm3,\pm2\}$. Jede Differenz $\pm1,\pm2,\pm3,\pm4$ kommt genau dreimal vor, also ist $\{B_1, B_2\}$ eine $(9,4,3)$-Differenzenfamilie.

Satz 12.9. *Es sei $(G,+)$ eine kommutative Gruppe mit v Elementen, $\overline{\mathcal{B}} = \{B_i : i \in I\} \subseteq \binom{G}{k}$, und $\mathcal{B} = \{B_i + g : i \in I, g \in G\}$. Dann gilt*

$$(G,\mathcal{B}) \text{ ist } (v,k,\lambda)\text{-Blockplan} \Longleftrightarrow \overline{\mathcal{B}} \text{ ist } (v,k,\lambda)\text{-Differenzenfamilie.}$$

Beweis. Es sei $B_i = \{p_{i1},\ldots,p_{ik}\}, \Delta B_i$ die Menge der Differenzen von B_i, und $\mathcal{B}_i = \{B_i + g : g \in G\}$. Für $x \neq y \in G$ gilt

$$x,y \in B_i + g \Leftrightarrow \exists j,\ell \text{ mit } p_{ij} + g = x, p_{i\ell} + g = y \Leftrightarrow x - y = p_{ij} - p_{i\ell} \in \Delta B_i\,.$$

Das heißt, die Anzahl der Blöcke in $\mathcal{B}_i$, welche x, y enthalten, ist gleich der Anzahl, wie oft $x - y \neq 0$ als Differenz in ΔB_i auftritt. Summation über i liefert nun das Ergebnis. ∎

Unser Beispiel $G = \mathbb{Z}_9$ von oben ergibt somit durch Entwicklung von B_1, B_2 einen $(9,4,3)$-Blockplan.

Wir sind vor allem an $\lambda = 1$, also an Steiner-Systemen interessiert. Dazu müssen wir Startblöcke B_i konstruieren, so dass jedes Element $\neq 0$ genau *einmal* als Differenz vorkommt. Nehmen wir als Beispiel $G = \mathbb{Z}_{41}, B_1 = \{1,10,16,18,37\}, B_2 = \{5,8,9,21,39\}$. ΔB_i enthält jeweils 20 Differenzen, und man prüft sofort nach, dass tatsächlich jedes Element $\neq 0$ als Differenz auftritt (und daher genau einmal). Ergebnis: Durch Entwicklung erhalten wir ein (41,5)-Steiner System.

Mit unseren Methoden können wir nun endgültig die Konstruktion von Steiner Tripel-Systemen $S_2(v,3)$ für *alle* $v \equiv 1,3 \pmod 6$ durchführen. Wir besprechen den Fall $v \equiv 3 (\bmod 6)$, die andere Möglichkeit $v \equiv 1 (\bmod 6)$ wird ganz ähnlich behandelt.

Sei also $v = 6m + 3$. Wir betrachten die additive Gruppe $G = \mathbb{Z}_{2m+1} \times \mathbb{Z}_3$, das heißt, die Elemente von G sind alle Paare $(i,j), i \in \mathbb{Z}_{2m+1}, j \in \mathbb{Z}_3$, mit koordinatenweiser Addition. Die Gruppe G hat somit $6m + 3$ Elemente, und wir müssen nun $b = \frac{v(v-1)}{6} = (2m+1)(3m+1)$ Tripel finden.
Als Startblöcke nehmen wir:

$$\begin{aligned} B_0 &= \{(0,0),(0,1),(0,2)\} \\ B_h &= \{(0,0),(h,1),(-h,1)\} \text{ für } h = 1,\ldots,m, \end{aligned}$$

und setzen

$$\begin{aligned} \mathcal{B}_0 &= \text{ Familie der \textit{verschiedenen} Blöcke der Form } \{B_0 + g : g \in G\} \\ \mathcal{B}_h &= \{B_h + g : g \in G\},\ h = 1,\ldots,m, \\ \mathcal{B} &= \mathcal{B}_0 \cup \bigcup_{h=1}^{m} \mathcal{B}_h. \end{aligned}$$

Behauptung: $(G, \mathcal{B})$ ist ein Steiner System $S_2(v, 3)$.

Betrachten wir $\mathcal{B}_0$. Jedes Tripel $\{(i,j),(i,j+1),(i,j+2)\}$ wird durch Entwicklung von B_0 genau dreimal erzeugt, nämlich $B_0+(i,j), B_0+(i,j+1), B_0+(i,j+2)$, also erhalten wir

$$\mathcal{B}_0 = \{\{(i,0),(i,1),(i,2)\} : i = 0,1,\ldots,2m\}, |\mathcal{B}_0| = 2m+1\,.$$

Man sieht sofort, dass die Tripel in den $\mathcal{B}_h$'s alle verschieden sind, also $|\mathcal{B}_h| = 6m+3$ $(h = 1,\ldots,m)$. Insgesamt enthält $\mathcal{B}$ daher $2m+1+(6m+3)m = (2m+1)(3m+1)$ Tripel - die Anzahl ist also schon einmal richtig. Jetzt müssen wir noch nachprüfen, dass jedes Paar $\{(x,y),(x',y')\}$ genau einmal vorkommt. Für $h = 1,\ldots,m$ haben wir

$$\Delta B_h = \{\pm(h,1), \pm(-h,1), \pm(2h,0)\}\,,$$

das heißt, die $6m$ Differenzen in $\bigcup \Delta B_h$ ergeben jedes Element $g \in G, g \neq (0,0)$, genau einmal, mit Ausnahme der Elemente $(0,1),(0,2)$, und das sind genau die beiden Elemente $\neq 0$ in B_0. Für $\{x,y\},\{x',y'\}$ mit $x \neq x'$ folgt daher wie im Beweis von 12.9, dass sie in genau einem Block von $\bigcup_{h=1}^{m} \mathcal{B}_h$ liegen, und für $x = x'$ liegen sie natürlich in genau einem Block von $\mathcal{B}_0$. Damit ist alles gezeigt.

Nun können wir endgültig auch unser abgewandeltes 45-Lotto beantworten. Mit $b = \frac{45\cdot 44}{6} = 330$ sehen wir, dass es 330 Tripel aus $\{1,2,\ldots,45\}$ gibt, die jedes Paar bedecken, und 330 ist die kleinste Zahl der Tripel mit dieser Eigenschaft.

Übungen zu Kapitel 12

1 Beweise die 3'er bzw. 9'er Probe: Eine Zahl $n = a_k a_{k-1} \ldots a_0$ in Dezimaldarstellung ist genau dann durch 3 bzw. 9 teilbar, wenn die Quersumme $\sum_{i=0}^{k} a_i$ durch 3 bzw. 9 teilbar ist.

2 Überprüfe nochmals genau, dass aus $x \equiv x', y \equiv y' \pmod{m}$ auch $x+y \equiv x'+y'$ und $xx' \equiv yy' \pmod{m}$ folgt.

▷ **3** Bestimme den Rest von 3^{15} und 15^{83} bei Division durch 13.

4 Löse das Gleichungssystem $x+2y = 4, 4x+3y = 4$ in $\mathbb{Z}_7$ und $\mathbb{Z}_5$.

5 Verallgemeinere Fermats Theorem: Sei $\varphi(m)$ die Anzahl der primen Restklassen $[r]$ modulo m, d. h. $\mathrm{ggT}(r,m) = 1$. Dann gilt $n^{\varphi(m)} \equiv 1 \pmod{m}$ für jedes n mit $\mathrm{ggT}(n,m) = 1$.

▷ **6** Mit den Ziffern $1,2,\ldots,9$ bilde man ein- oder zweistellige Zahlen, so dass jede Ziffer genau einmal vorkommt und die Summe genau 100 ist. Beispiel: 9, 37, 16, 28, 5, 4, aber die Summe ist 99.

7 Ermittle den Rest von $x^{81}+x^{49}+x^{25}+x^9+x$ bei Division durch x^3-x.

▷ **8** Finde ein irreduzibles Polynom $f(x)$ vom Grad 2 über $GF(5)$ und konstruiere daraus das Galoisfeld $GF(25)$.

9 Zerlege x^4+1 in irreduzible Faktoren über $\mathbb{Z}_3$.

▷ **10** Man nehme Junge, Dame, König und As in jeder Farbe und arrangiere die 16 Karten in einem 4×4-Quadrat, so dass in keiner Zeile, Spalte oder Diagonale derselbe Wert oder dieselbe Farbe zweimal erscheint. Kann erreicht werden, dass Rot-Schwarz wie auf einem Schachbrett jeweils abwechselnd erscheint?

11 Von Sir Ronald Fisher stammt das folgende Problem: In a set of sixteen people, four are English, four are Scot, four are Irish, and four Welsh. There are four each of the ages 35, 45, 55, and 65. Four are lawyers, four are doctors, four are soldiers, and four are clergymen. Four are single, four are married, four widowed, and four divorced. Finally, four are conservatives, four socialists, four liberals, and four fascists. No two of the same kind in one category are the same in another category. Three of the fascists are: a single English lawyer of 65, a married Scottish soldier of 55, and a widowed Irish doctor of 45. Furthermore, the Irish socialist is 35, the Scottish conservative is 45, and the English clergyman is 55. What can you say about the Welsh lawyer?

▷ **12** Wie viele Türme können auf einem $n \times n \times n$-Raumschachbrett aufgestellt werden, so dass sie einander nicht schlagen? Wieviele auf einem d-dimensionalen $n \times \ldots \times n$-Brett?

13 Konstruiere ein Paar orthogonaler Lateinischer Quadrate der Ordnung 12.

14 Zeige, dass Permutation von Zeilen oder Spalten oder Symbolen die Orthogonalität Lateinischer Quadrate erhält.

15 Bestimme die Anzahl der Lateinischen Quadrate der Ordnung $1, 2, 3, 4$ auf einer gegebenen Symbolmenge. Zeige, dass es bis auf Permutation der Zeilen, Spalten und Symbole genau ein Lateinisches Quadrat für $n \leq 3$ gibt und zwei für $n = 4$.

▷ **16** Sei $(G, \cdot)$ eine kommutative Gruppe ungerader Ordnung. Definiere $(G, \Box)$ durch $x \Box y = xy^{-1}$. Zeige, dass $L(x, y) = x \Box y$ ein Lateinisches Quadrat ist und orthogonal zu $L'(x, y) = xy$ ist.

17 Es sei $PG(q)$ die projektive Ebene über $GF(q)$. Drei Punkte, die nicht auf einer Geraden liegen, bilden ein Dreieck. Zeige, dass die Anzahl der Dreiecke $\frac{1}{6}q^3(q+1)(q^2+q+1)$ ist.

▷ **18** Sei $v = 2^n - 1$ und $S = \{0,1\}^n \setminus \mathbf{0}$. Wir addieren $\boldsymbol{x} + \boldsymbol{y}$ wie üblich. Drei Wörter $\boldsymbol{x}, \boldsymbol{y}, \boldsymbol{z}$ in S bilden einen Block, falls $\boldsymbol{x} + \boldsymbol{y} + \boldsymbol{z} = \mathbf{0}$ ist. Zeige, dass wir ein Steiner System $S_2(v, 3)$ erhalten.

19 In Abschnitt 11.4 haben wir die Packungs- und Bedeckungszahlen $P(n, k, t)$ bzw. $C(n, k, t)$ definiert. Zeige in Verallgemeinerung von Satz 11.3:
a. $P(n,k,t) \leq \lfloor \frac{n}{k} \lfloor \frac{n-1}{k-1} \lfloor \ldots \lfloor \frac{n-t+1}{k-t+1} \rfloor \ldots \rfloor$, b. $C(n,k,t) \geq \lceil \frac{n}{k} \lceil \frac{n-1}{k-1} \lceil \ldots \lceil \frac{n-t+1}{k-t+1} \rceil \ldots \rceil$.

▷ **20** Sei p Primzahl. Zeige, dass $(a+b)^p \equiv a^p + b^p \pmod p$ für $a, b \in \mathbb{Z}$ gilt. Hinweis: Binomialsatz oder Satz von Fermat.

21 Beweise den Satz von Wilson: Genau dann gilt $(p-1)! \equiv -1 \pmod p$, wenn p Primzahl ist.

▷ **22** Sei p Primzahl. Zeige: a. Falls $p \equiv 3 \pmod 4$ ist, dann gibt es kein $n \in \mathbb{Z}$ mit $p | n^2 + 1$, b. Falls $p \equiv 1 \pmod 4$, dann existieren solche n. Hinweis: Fermats Theorem und die vorige Übung.

23 Die Zahlen 407 und 370 (in Dezimaldarstellung) haben die Eigenschaft $407 = 4^3 + 0^3 + 7^3$ und $370 = 3^3 + 7^3 + 0^3$. Finde alle Zahlen $\neq 1$ mit dieser Eigenschaft.

24 Sei eine Zahl in Dezimaldarstellung gegeben, z. B. 145. Konstruiere die Folge $145 \to 1^2+4^2+5^2 = 42 \to 4^2+2^2 = 20 \to 2^2+0^2 = 4 \to 4^2 = 16 \to 1^2+6^2 = 37 \to 3^2+7^2 = 58 \to 5^2+8^2 = 89 \to 8^2+9^2 = 145 \to 42 \to 20\ldots$ Zeige, dass diese Folge für jede natürliche Zahl entweder in 1 endet oder, wie in dem Beispiel, in einem Zyklus endet, der 145 enthält.

▷ **25** Wir wollen n Damen auf einem $n \times n$-Schachbrett plazieren, so dass keine zwei Damen einander bedrohen. Zeige, dass die folgende Konstruktion für $n \equiv \pm 1 \pmod 6$, $n \geq 5$, funktioniert: Die i-te Dame wird auf Feld $(i, 2i) \bmod n$ plaziert, $0 \leq i \leq n-1$.

26 Es seien N Streichhölzer gegeben. Im ersten Zug zieht man $a_1 \leq 1$ Hölzer mit $N \equiv a_1 \pmod 2$, der verbleibende Haufen hat $N - a_1$ Hölzer. Nun zieht man im zweiten Zug $a_2 \leq 2$ Hölzer mit $N - a_1 \equiv a_2 \pmod 3$, im dritten Zug $a_3 \leq 3$ mit $N - a_1 - a_2 \equiv a_3 \pmod 4$ usf. Das Spiel endet, wenn im ℓ-ten Zug alle restlichen Hölzer weggenommen werden. Zeige, dass für die letzte Zahl immer $a_\ell = \ell$ gilt.

▷ **27** Wir betrachten die Funktion $f(m,n) = \frac{n-1}{2}[|B^2-1)| - (B^2-1)] + 2$ mit $B = m(n+1) - (n!+1), m, n \in \mathbb{N}$. Zeige, dass $f(m,n)$ stets eine Primzahl ist, und dass jede Primzahl $\neq 2$ genau einmal erzeugt wird. Hinweis: Übung 21.

▷ **28** Die Quersumme von 4444^{4444} in Dezimaldarstellung sei A, und die Quersumme von A sei B. Was ist die Quersumme von B?

29 Was sind die letzten drei Ziffern in 7^{9999}? Hinweis: Starte mit $7^4 = 2401$ und betrachte zunächst $7^{4k} = (2400+1)^k$ mittels Binomialsatz.

30 Für welche Primzahlen p ist das Polynom $x^2 + 1$ irreduzibel über $\mathbb{Z}_p$?

31 Bestimme alle Werte m, für die $x^2 + mx + 2$ irreduzibel über $\mathbb{Z}_{11}$ ist.

▷ **32** Sei $(G, \cdot)$ eine kommutative Gruppe, $|G| = n$. Zeige $a^n = 1$ für alle $a \in G$. Das kleinste $d \geq 1$ mit $a^d = 1$ heißt die Ordnung $\mathrm{ord}(a)$ von a. Zeige, dass stets $\mathrm{ord}(a)|n$ gilt. Hinweis: Beweis des Fermatschen Satzes zum ersten Teil, Euklidischer Algorithmus zum zweiten Teil.

33 Sei $(G, \cdot)$ eine Gruppe mit $|G| =$ gerade. Zeige, dass G ein Element der Ordnung 2 enthält.

▷ **34** Sei q eine ungerade Primzahlpotenz. Ein Element $a \in GF(q), a \neq 0$, nennen wir ein Quadrat, falls $a = b^2$ ist für ein b. Sei Q die Menge der Quadrate. Zeige $|Q| = \frac{q-1}{2}$. Für welche q ist $-1 \in Q$?

35 Zeige, dass in $GF(2^m)$ jedes Element ein Quadrat ist.

36 Sei $L : \mathbb{Z}_{2n} \times \mathbb{Z}_{2n} \to \mathbb{Z}_{2n}$ das Lateinische Quadrat der Ordnung $2n$ mit $L(i,j) \equiv i + j \pmod{2n}$. Zeige, dass es zu L kein orthogonales Lateinisches Quadrat gibt.

▷ **37** Ein *magisches Quadrat* Q der Ordnung n enthält alle Zahlen $1, \ldots, n^2$, so dass alle Zeilen, Spalten und die beiden Diagonalen die gleiche Summe haben. Q heißt *halbmagisch*, falls alle Zeilen- und Spaltensummen gleich sind. Überlege, wie aus jedem Paar orthogonaler Lateinischer Quadrate ein halbmagisches Quadrat konstruiert werden kann. Welche Bedingungen muss ein Paar orthogonaler Lateinischer Quadrate erfüllen, damit wir ein magisches Quadrat erhalten? Konstruiere magische Quadrate für $n = 4, 5$. Hinweis: Die beiden Quadrate bestimmen die 1'er bzw. 10'er Stellen.

38 Neun Gefangene werden in jeweils 3 Dreiergruppen ausgeführt, wobei eine Dreiergruppe durch zwei Fesseln verbunden ist, z. B. 1–2–3, 4–5–6, 7–8–9, dann sind 1 und 2, und 2 und 3 gefesselt. Man entwerfe einen Plan für 6 Tage, so dass je zwei Gefangene genau einmal aneinander gefesselt sind.

▷ **39** Zeige: Ein 1-Design mit Parametern v, k, λ existiert genau dann, wenn $k|\lambda v$ gilt.

40 Sei $k = v - 1$, dann existiert ein t-Design mit Parametern $v, k = v - 1, \lambda$ genau dann, wenn $v - t|\lambda$ gilt, und das einzig mögliche Design ist $\frac{\lambda}{v-t}\binom{S}{v-1}$, d. h. alle $(v-1)$-Mengen treten $\frac{\lambda}{v-t}$ mal auf.

▷ **41** Sei $D(v, k, \lambda)$ ein 2-Design mit b Blöcken und $M = (m_{ij})$ die $v \times b$-Inzidenzmatrix, wobei $1 < k < v - 1$ ist, also

$$m_{ij} = \begin{cases} 1 & u_i \in B_j \\ 0 & u_i \notin B_j \end{cases} .$$

Zeige

$$MM^T = \begin{pmatrix} r & & \lambda \\ & \ddots & \\ \lambda & & r \end{pmatrix}$$

und folgere daraus $v \leq b$. Hinweis: Berechne die Determinante von MM^T.

42 In einem Steiner-Tripelsystem $S_2(v, 3)$ konstruiere folgenden Graphen G. Die Ecken sind die Blöcke, und zwei Blöcke B, B' werden durch eine Kante verbunden, wenn $B \cap B' \neq \varnothing$ ist. Zeige, dass G einen Hamiltonschen Kreis besitzt.

43 Wir wissen, dass für die Packungszahl $P(n, 3, 2) \leq \lfloor \frac{n}{3} \lfloor \frac{n-1}{2} \rfloor \rfloor$ gilt. Zeige: a. $P(n, 3, 2) \leq \lfloor \frac{n}{3} \lfloor \frac{n-1}{2} \rfloor \rfloor - 1$ für $n \equiv 5 \pmod 6$. Hinweis: Setze $n = 6k + 5$ und bestimme die Anzahl der Blöcke. Eine Zahl n heiße „gut", falls $P(n, 3, 2) = \lfloor \frac{n}{3} \lfloor \frac{n-1}{2} \rfloor \rfloor$ ist. b. Ist die ungerade Zahl n gut, so ist auch $n - 1$ gut. c. Bestimme $P(n, 3, 2)$ für $n \leq 10$.

44 Sei D eine projektive Ebene der Ordnung n. Entferne aus D einen Block B und alle Punkte von B. Zeige, dass die resultierende Struktur D' ein Blockplan ist mit $v = n^2, k = n, \lambda = 1$, genannt eine *affine Ebene* der Ordnung n.

▷ **45** Zeige, dass die Blöcke $\mathcal{B}$ einer affinen Ebene der Ordnung n in $n + 1$ Klassen $\mathcal{B}_i$ eingeteilt werden können, so dass zwei Blöcke genau dann einander schneiden, wenn sie in verschiedenen Klassen liegen.

46 Zeige, dass die Fano-Ebene bis auf Permutation der Elemente die einzige projektive Ebene der Ordnung 2 ist. Zeige dasselbe für die affine Ebene der Ordnung 3.

47 Beweise Satz 12.8.

▷ **48** Sei q eine Primzahlpotenz der Form $4n+3$. Beweise, dass die Quadrate $\neq 0$ in $GF(q)$ eine Differenzenmenge mit den Parametern $(4n + 3, 2n + 1, n)$ bilden.

49 Bestimme die Quadrate $\neq 0$ in $\mathbb{Z}_{19}$ und konstruiere daraus einen Blockplan mit Parametern $(19, 9, 4)$.

▷ **50** In einer projektiven Ebene P der Ordnung q konstruiere den bipartiten Graphen $G = (S + \mathcal{B}, K)$ mit $S =$ Punkte von $P, \mathcal{B} =$ Blöcke von P, und $pB \in K \Leftrightarrow p \in B$. Zeige, dass der Graph G $(q + 1)$-regulär ist, dessen kürzeste Kreise die Länge 6 haben. Zeige ferner, dass G unter diesen Bedingungen, $(q+1)$-regulär und Länge der kürzesten Kreise $= 6$, die minimale Anzahl von Ecken hat. Hinweis: Übung 6.37.

13 Codierung

13.1 Problemstellung

Eine besondere interessante Anwendung unserer algebraischen Strukturen ergibt sich bei der sicheren Übertragung von Nachrichten. Bevor wir dies besprechen, wollen wir einige Überlegungen anstellen, wie die Übermittlung von Nachrichten vor sich geht. Zunächst einmal: Wie bilden wir Nachrichten? Die übliche Form sind gesprochene oder geschriebene Wörter. Wenn wir etwas in den Computer eingeben wollen, so drücken wir auf eine Taste, und die Übertragung geschieht mittels der durch die Hardware vorgegebenen mechanischen oder elektrischen Impulse. Telefon, Morseapparat, Telegraph, Funken usf., das alles sind Methoden der Kommunikation.

Wollen wir ein Wort senden, z. B. BACH, so *codieren* wir zunächst das Wort nach einem vorgegebenen System. Zum Beispiel können wir BACH in Morsezeichen (· kurz, – lang) ausdrücken, oder was auf dasselbe hinausläuft, in 0,1-Folgen. Natürlich können wir irgendein System verwenden, das uns effizient erscheint. Dieser erste Schritt der Nachrichtenübertragung heißt **Quellencodierung**.

Das so codierte Wort senden wir nun über den „Kanal" an den Empfänger. Und hier ergeben sich die eigentlichen Probleme. Wir konzentrieren uns dabei auf zwei Aspekte. Zum einen kann der Kanal Störungen ausgesetzt sein, z. B. atmosphärischen Störungen (denken wir an Übertragungen von einem Satelliten). In diesem Fall brauchen wir eine Methode, so dass Übertragungsfehler **erkannt** und **korrigiert** werden können. Der zweite Aspekt betrifft die Datensicherheit. Wie schützen wir eine Nachricht vor einem unbefugten Lauscher? Ein Lauscher könnte die Nachricht nicht nur abfangen und lesen, er könnte sie auch in veränderter Form an den Empfänger weitergeben. Wie erkennen wir, ob die Nachricht wirklich von dem eigentlichen Sender kommt? Diese Fragestellungen werden heute unter dem Begriff **Kryptographie** zusammengefasst, auf die wir im nächsten Kapitel zu sprechen kommen.

Die Methode für beide Aspekte ist im Prinzip die gleiche: die Nachricht wird vor der Sendung einer Sicherheitsmaßnahme unterzogen – sie wird nochmals codiert, so dass der Empfänger sie richtig decodieren kann (Fehler-Aspekt) bzw. dass sie vor einem Lauschangriff sicher ist (Kryptographie). Diesen zweiten Schritt bezeichnen wir als **Kanalcodierung**. Wir legen also folgendes Modell zugrunde:

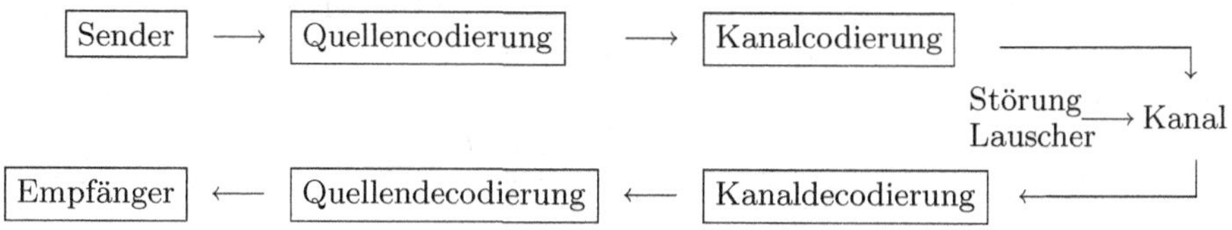

Beide Teile der Nachrichtenübertragung sind eine schöne Illustration der diskreten Methoden, die wir bisher besprochen haben.

13.2 Quellencodierung

Wir beschränken uns im folgenden auf $0,1$-Quellencodierungen. Das heißt, wir haben eine Menge X gegeben, z. B. $X = \{A, B, C, \dots, Z, \text{Ä}, \text{Ö}, \text{Ü}, \sqcup\}$, $\sqcup$ = Zwischenraum, und bilden nun jedes Element aus X auf ein $0,1$-Wort ab. Sei $A = \{0, 1\}$. Wie üblich, heißt $\boldsymbol{w} \in A^n$ ein $0,1$-*Wort der Länge* n, wobei wir auch das *leere Wort* $(\ ) \in A^0$ zulassen. Schließlich setzen wir $A^* = \bigcup_{n \geq 0} A^n$. Wir suchen also eine Abbildung $c : X \to A^*$, und nennen jede solche Abbildung eine **Quellencodierung** von X (mittels des Code-Alphabetes $\{0,1\}$). Die Bilder $c(x)$, $x \in X$, heißen die **Codewörter** von X unter der Codierung c und $C = c(X)$ der (Quellen-) **Code**.

Im übrigen ist es völlig gleichgültig, ob wir $A = \{0, 1, 2\}$ oder irgendein anderes Alphabet wählen. Die nachfolgenden Überlegungen verlaufen völlig analog. Nur $|A| \geq 2$ wird vorausgesetzt.

Was für Eigenschaften verlangen wir von einer Codierung c? Nun, eines ist klar: c muss *injektiv* sein. Sonst könnten wir eine Nachricht nicht eindeutig entschlüsseln.

Nehmen wir das folgende Beispiel: $X = \{\alpha, \beta, \gamma\}$, $c(\alpha) = 0$, $c(\beta) = 1$, $c(\gamma) = 00$, dann ist c injektiv. Angenommen, der Empfänger erhält 00. Dann weiß er nicht, ob $\alpha\alpha$ oder γ gesendet wurde. Der Grund ist offenbar, dass das Codewort 0 ein Anfangsstück oder, wie wir sagen, ein *Präfix* eines anderen Codewortes 00 ist. Das müssen wir also auch ausschließen.

Definition. $C \subseteq A^*$ heißt ein **Präfix-Code**, falls kein Wort aus C Präfix eines anderen Wortes aus C ist.

Natürlich ist ein Präfix-Code auch injektiv. Präfix-Codes erlauben nun eine *eindeutige* Entschlüsselung. Nehmen wir wieder $X = \{\alpha, \beta, \gamma\}$ und wählen wir diesmal den Präfix-Code $c(\alpha) = 00$, $c(\beta) = 1$, $c(\gamma) = 01$. Angenommen, der Empfänger erhält 0001010010100. Er decodiert von links nach rechts. Er geht soweit nach rechts, bis das erste Codewort entsteht, in unserem Fall 00. Da $C = c(X)$ Präfix-Code ist, weiß er, dass kein anderes Zeichen von X zuerst codiert wurde. Nun streicht er 00 weg, und sucht das nächste Codewort, in unserem Fall 01. Wiederum sichert die Präfixeigenschaft die Eindeutigkeit zu. Fahren wir so fort, so erhalten wir den eindeutigen Text $\alpha\gamma\gamma\alpha\beta\gamma\alpha$.

Schließlich wollen wir möglichst *effizient* codieren. Wir könnten in unserem Beispiel $X = \{\alpha, \beta, \gamma\}$ auch die Präfix-Codierung $c(\alpha) = 00$, $c(\beta) = 101$, $c(\gamma) = 1100$ wählen, die Wörter werden dadurch länger, und die Codierung und Decodierung aufwendiger. Man wird also sicherlich die erste Codierung vorziehen, sie leistet dasselbe und kostet weniger.

Ist $\boldsymbol{w} \in A^n$, so bezeichnen wir wie üblich mit $\ell(\boldsymbol{w}) = n$ die *Länge* des Wortes $\boldsymbol{w}$. Gesucht ist also ein Präfix-Code C, $|C| = |X|$, mit

$$\sum_{\boldsymbol{w} \in C} \ell(\boldsymbol{w}) = \min .$$

Nun sind die Quellen-Buchstaben im Allgemeinen nicht gleichhäufig. Zum Beispiel ist im deutschen Alphabet E bei weitem der häufigste Buchstabe (etwa 17,3 %), N der zweithäufigste (10,4 %), R der dritthäufigste (8,1 %), während X, Y, Q jeweils unter 0,02 % liegen. Eine effiziente Codierung wird also E, N, R auf kurze Codewörter abbilden und X, Y, Q auf längere.

Damit kommen wir zum Hauptproblem der Quellencodierung:

Gegeben eine Menge $X = \{x_1, \ldots, x_n\}$ *und eine Wahrscheinlichkeitsverteilung* $p_i = p(x_i)$, $i = 1, \ldots, n$. *Man konstruiere einen Präfix-Code* $c : X \to A^*$, $\boldsymbol{w}_i = c(x_i)$, *mit*

(1) $$\overline{L}(C) = \sum_{i=1}^{n} p_i \ell(\boldsymbol{w}_i) = \min .$$

$\overline{L}(C)$ heißt die *durchschnittliche Länge* der Codewörter aus $C = \{\boldsymbol{w}_1, \ldots, \boldsymbol{w}_n\}$.

Dieses Problem klingt sehr bekannt. Wir haben uns eine ganz ähnliche Aufgabe in Abschnitt 9.2 gestellt, als wir die durchschnittliche Länge von Wurzelbäumen mit n Endecken untersucht haben. Nun, das ist kein Zufall, es ist dasselbe Problem!

Wir stellen die 0, 1-Wörter aus A^* in Baumform dar:

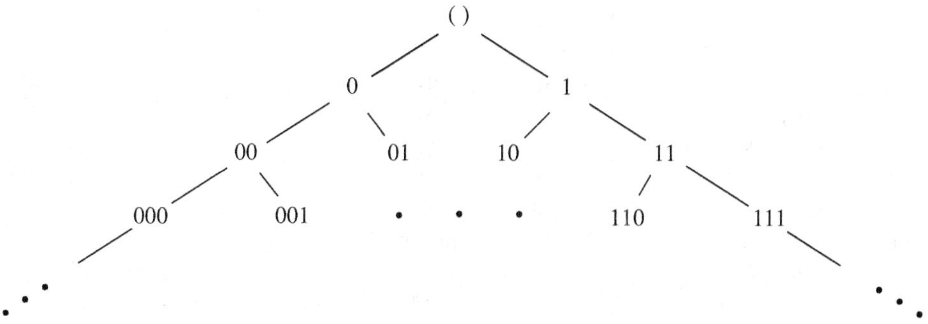

Die Wurzel ist das leere Wort ( ), erscheint eine 0, so gehen wir nach links, bei einer 1 gehen wir nach rechts. Zu $C \subseteq A^*$, $|C| = n$, können wir nun den binären Baum T assoziieren, der die Wörter aus C als Endecken hat. Die Präfix-Eigenschaft besagt nun, dass kein Wort aus C *vor* einem anderen Wort aus C im Baum T erscheint, T also tatsächlich n Endecken hat, $T \in \mathcal{T}(n, 2)$. Umgekehrt gehört natürlich zu jedem $T \in \mathcal{T}(n, 2)$ genau ein Code $C \subseteq A^*$, $|C| = n$, dessen Wörter genau den Endecken entsprechen.

Präfix-Codes $C \subseteq A^*$ und binäre Bäume sind einander also bijektiv zugeordnet, und das Hauptproblem (1) ist mit dieser Zuordnung nichts anderes als die Minimierungsaufgabe in 9.2, da $\overline{L}(C) = \overline{L}(T)$ für den Code und seinen zugeordneten Codebaum T gilt.

Unser Code $c(X) \to A^*$, $c(\alpha) = 00$, $c(\beta) = 1$, $c(\gamma) = 01$ entspricht z. B. dem Baum

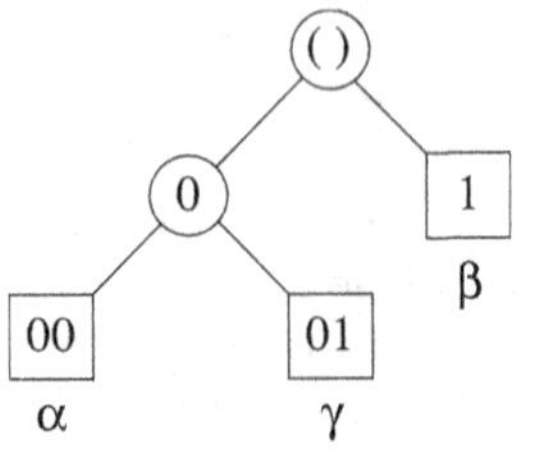

Jetzt ist unsere Bemerkung verständlich, dass die Größe $|A| = q$ des Codealphabets nicht weiter von Belang ist. Statt binärer Bäume erhalten wir q-äre Bäume $T \in \mathcal{T}(n, q)$.

Unser Hauptsatz 9.4 aus Abschnitt 9.2 kann somit wortwörtlich übertragen werden – er bestimmt die optimale durchschnittliche Länge bis auf einen Fehler < 1. Und der Algorithmus von Huffman liefert das exakte Ergebnis. Die Quellencodierung ist damit befriedigend abgehandelt.

13.3 Entdecken und Korrigieren von Fehlern

Wenden wir uns dem ersten Aspekt der Kanalcodierung zu. Wir senden ein 0, 1-Wort $\boldsymbol{w} \in A^*$ über den Kanal. Normalerweise wird 0 als 0 empfangen, und 1 als 1. Manchmal werden jedoch Störungen auftreten, so dass 0 als 1 empfangen wird oder 1 als 0. Unsere Aufgabe ist es, diese Fehler auszuschalten.

Meist verwendet man die folgende Methode: Wir zerlegen die Kette von 0'en und 1'en (oder jedes anderen Alphabets) in gleichlange Blöcke der Länge k. Unmittelbar nach jedem Block werden r *Kontrollsymbole* angehängt, welche in gewisser Weise aus den k *Informationssymbolen* gewonnen werden. Das gesamte Wort der Länge $n = k + r$ ist das (Kanal-) **Codewort**, und die Aufgabe besteht darin, die Kontrollsymbole so zu wählen, dass Übermittlungsfehler korrigiert oder zumindest entdeckt werden können. Zwei Beispiele mögen dies erläutern:

Wir nehmen $r = 2k$ und wiederholen die k Symbole zweimal. Ist z. B. das gegebene Wort 1011, so codieren wir 1011 1011 1011. Wir nennen diesen Code einen (2-fachen) **Wiederholungscode**. Wissen wir, dass bei der Übertragung höchstens ein Fehler passiert ist, erhalten wir z. B. das Wort 1011 1001 1011, so können wir den Fehler sofort korrigieren. Wir brauchen die Ziffern nur durchzugehen und nachsehen, wo sie nicht übereinstimmen. In unserem Fall ist die dritte Ziffer 1 in der Form 1 0 1 gesendet worden, also muss 0 fehlerhaft sein. Der Wiederholungscode korrigiert also einen Fehler. Trotzdem ist der Code nicht recht befriedigend, da die **Informationsrate** $\frac{k}{n} = \frac{1}{3}$ sehr klein ist, auf jedes Informationssymbol kommen zwei Kontrollsymbole.

Im zweiten Beispiel nehmen wir $r = 1$, indem wir an die k Informationssymbole ihre Summe mod 2 anhängen. Zum Beispiel $1011 \to 10111$ oder $1001 \to 10010$. Die Codewörter enthalten also stets eine gerade Anzahl von 1'en, weshalb der Code **Paritätscode** genannt wird, und das letzte Symbol *Parity Check*. Hier ist die Informationsrate $\frac{k}{k+1}$ hoch, aber der Paritätscode kann im allgemeinen einen Fehler nur entdecken (wenn die Anzahl der 1'en ungerade ist), aber nicht korrigieren. Erhalten wir zum Beispiel 10110011, so wissen wir wegen der fünf 1'en, dass ein Fehler passiert ist, können aber nicht sagen, wo er passiert ist. Der Paritätscode entdeckt also einen Fehler. Übrigens wird der Paritätscode im Scanner jedes Supermarktes verwendet.

Das Hauptproblem der Kanalcodierung liegt nun auf der Hand:

Man konstruiere einen Code mit möglichst hoher Informationsrate und möglichst geringer Wahrscheinlichkeit, dass das empfangene Wort falsch decodiert wird.

Die beiden angesprochenen Ziele sind ersichtlich gegenläufig. Je höher die Informationsrate, desto höher wird auch die Fehlerquote sein. Theoretisch ist das Problem aber gelöst, denn es gilt ein weiterer Satz von Shannon: Gegeben $\varepsilon > 0$ und $0 < I < K$, wobei K eine Größe ist, die sogenannte *Kapazität* des Kanals, die nur von der Wahrscheinlichkeitsverteilung der fehlerhaften Übertragung abhängt. Dann existiert ein Code mit Informationsrate $> I$ und Fehlerwahrscheinlichkeit des Decodierens $< \varepsilon$. Für $I \geq K$ ist eine Fehlerwahrscheinlichkeit $< \varepsilon$ nicht mehr gewährleistet.

Sind wir damit fertig? Leider nein, der Satz von Shannon ist ein reiner Existenzsatz – es *gibt* solch einen Code (bewiesen wird er mit Wahrscheinlichkeitstheorie) – aber wir wissen im allgemeinen nicht, wie man den Code tatsächlich konstruiert. Die Suche nach guten Codes bleibt uns also nicht erspart.

Wir sind in unserer Diskussion bei folgender Situation angelangt. Gegeben sei ein **Alphabet** A, üblicherweise $A = \{0, 1\}$, wir nehmen aber allgemein $|A| = q \geq 2$ an. Die Nachrichten, die über den Kanal gesendet werden sollen, sind Wörter $\boldsymbol{w} \in A^k$. Ein **Block-Code** C der Länge n über dem Alphabet A ist eine Teilmenge $C \subseteq A^n$ mit $n \geq k$. Die Wörter aus C sind die **Codewörter**. Ist $A = \{0, 1\}$, so heißt C ein *binärer* Code.

Der Codierer wählt zu jeder Nachricht $\boldsymbol{w}$ ein Codewort $\boldsymbol{x} \in C$. Der Kanal empfängt $\boldsymbol{x}$ und gibt $\boldsymbol{y} \in A^n$ aus, welches aufgrund der Störung nicht unbedingt in C liegen muss. Aufgabe des Decodierers ist daher, zu $\boldsymbol{y}$ ein Codewort $\boldsymbol{x}' \in C$ zu wählen, und dann $\boldsymbol{x}'$ zu einer Nachricht $\boldsymbol{w}' \in A^k$ zu decodieren. Wir haben also folgendes Schema:

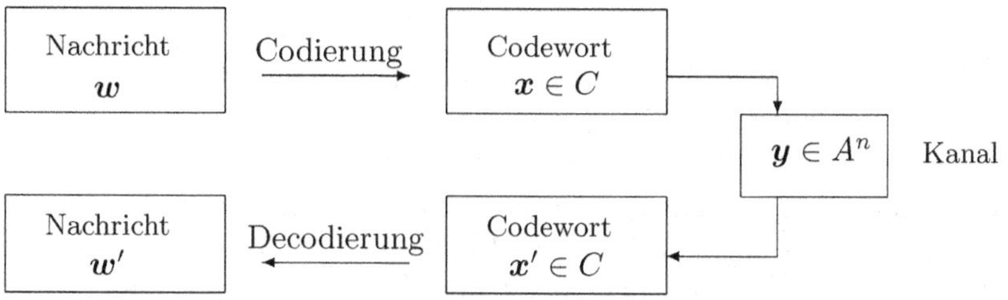

Zwei Probleme ergeben sich: Welches Codewort $\boldsymbol{x}' \in C$ soll der Decodierer wählen, falls er $\boldsymbol{y} \in A^n$ erhält, und wie codiert und decodiert man effizient? In diesem Abschnitt besprechen wir die erste Frage, und wenden uns im nächsten Abschnitt der Praxis des Codierens und Decodierens zu.

Der Decodierer geht nach einer Greedy-Methode vor. Er arbeitet nach der Regel, dass „wenige" Fehler wahrscheinlicher sind als „viele" und wählt zu $\boldsymbol{y} \in A^n$ ein Codewort $\boldsymbol{x}' \in C$, welches sich von $\boldsymbol{y}$ an möglichst wenigen Stellen unterscheidet. Hat er mehrere Codewörter zur Auswahl, so wählt er eines davon. Insbesondere nimmt er im Fall $\boldsymbol{y} \in C$ an, dass $\boldsymbol{y}$ auch tatsächlich gesendet wurde und setzt $\boldsymbol{x}' = \boldsymbol{y}$.

Wir werden also in natürlicher Weise zur **Hamming-Distanz** von Wörtern geführt, die wir für $A = \{0,1\}$ schon in Abschnitt 11.1 besprochen haben.

Seien $\boldsymbol{a} = (a_1, \ldots, a_n)$, $\boldsymbol{b} = (b_1, \ldots, b_n) \in A^n$, dann ist die *Hamming-Distanz* $\Delta(\boldsymbol{a}, \boldsymbol{b}) = |\{i : a_i \neq b_i\}|$. Wie im binären Fall ist Δ wiederum eine Metrik auf A^n, erfüllt also insbesondere die Dreiecksungleichung $\Delta(\boldsymbol{a}, \boldsymbol{b}) \leq \Delta(\boldsymbol{a}, \boldsymbol{c}) + \Delta(\boldsymbol{c}, \boldsymbol{b})$. Mit $B_t(\boldsymbol{a}) = \{\boldsymbol{x} \in A^n : \Delta(\boldsymbol{a}, \boldsymbol{x}) \leq t\}$ bezeichnen wir die Menge aller Wörter mit Abstand $\leq t$ von $\boldsymbol{a}$ und nennen $B_t(\boldsymbol{a})$ naheliegenderweise die **Kugel** um $\boldsymbol{a}$ vom **Radius** t.

Angenommen, wir wissen, dass im Kanal höchstens t Fehler passieren. Das heißt, das ausgegebene Wort $\boldsymbol{y} \in A^n$ unterscheidet sich von $\boldsymbol{x} \in C$ in höchstens t Stellen, es gilt also $\boldsymbol{y} \in B_t(\boldsymbol{x})$. Wann korrigiert der Decodierer richtig? Nach der allgemeinen Regel sucht er das *nächstgelegene* Codewort, und er wird das richtige Wort $\boldsymbol{x}$ genau dann wählen, wenn unter allen Codewörtern $\boldsymbol{x}$ das *eindeutig* nächstgelegene ist. Erfüllt der Code C also die Bedingung $B_t(\boldsymbol{a}) \cap B_t(\boldsymbol{b}) = \varnothing$ für alle $\boldsymbol{a} \neq \boldsymbol{b} \in C$, oder gleichbedeutend $\Delta(\boldsymbol{a}, \boldsymbol{b}) \geq 2t + 1$, so wählt der Decodierer in jedem Fall das richtige Ausgangswort. Diese Bedingung ist aber auch notwendig. Gilt nämlich $\boldsymbol{y} \in B_t(\boldsymbol{x}) \cap B_t(\boldsymbol{z})$, und ist $\Delta(\boldsymbol{z}, \boldsymbol{y}) \leq \Delta(\boldsymbol{x}, \boldsymbol{y}) \leq t$, so wählt er eventuell das falsche Codewort $\boldsymbol{z}$.

Genauso verfahren wir mit dem Begriff des Entdeckens von t Fehlern. Angenommen wiederum, es passieren höchstens t Fehler. Wird $\boldsymbol{x}$ in den Kanal eingegeben und $\boldsymbol{y} \in B_t(\boldsymbol{x})$ mit $\boldsymbol{y} \neq \boldsymbol{x}$ empfangen, dann entdeckt der Decodierer, dass $\boldsymbol{y}$ nicht das eingegebene Wort ist, außer wenn $\boldsymbol{y}$ selber Codewort ist, da er dann ja $\boldsymbol{x}' = \boldsymbol{y}$ setzt. In $B_t(\boldsymbol{x})$ darf also außer $\boldsymbol{x}$ kein weiteres Codewort liegen, d. h. es muss $B_t(\boldsymbol{a}) \cap C = \{\boldsymbol{a}\}$ für alle $\boldsymbol{a} \in C$ gelten oder gleichbedeutend $\Delta(\boldsymbol{a}, \boldsymbol{b}) \geq t + 1$ für alle $\boldsymbol{a} \neq \boldsymbol{b} \in C$.

Fassen wir zusammen: Ein Code $C \subseteq A^n$ heißt ***t*-fehlerkorrigierend**, falls $\Delta(\boldsymbol{a}, \boldsymbol{b}) \geq 2t + 1$ für alle $\boldsymbol{a} \neq \boldsymbol{b} \in C$ gilt, und ***t*-fehlerentdeckend**, falls $\Delta(\boldsymbol{a}, \boldsymbol{b}) \geq t + 1$ für alle $\boldsymbol{a} \neq \boldsymbol{b} \in C$ gilt.

Unsere Anfangsbeispiele können damit nochmals analysiert werden. Für den Wiederholungscode gilt $\Delta(\boldsymbol{a}, \boldsymbol{b}) \geq 3$, der Code entdeckt 2 Fehler und korrigiert 1 Fehler. Für den Paritätscode haben wir $\Delta(\boldsymbol{a}, \boldsymbol{b}) \geq 2$, der Code entdeckt 1 Fehler, kann ihn aber nicht korrigieren.

Im Folgenden werden wir uns daher auf folgendes Problem konzentrieren: Sei $C \subseteq A^n$, die **Distanz** von C ist $d(C) = \min\limits_{\boldsymbol{a} \neq \boldsymbol{b}} \Delta(\boldsymbol{a}, \boldsymbol{b})$.

Man finde einen Code $C \subseteq A^n$, für den
(i) *$d(C)$ möglichst groß ist (= gute Korrektur)*
(ii) *$|C|$ möglichst groß ist (= viele Nachrichten).*

Wiederum sind die beiden Ziele gegenläufig. Je größer der Code C ist, desto kleiner wird natürlich die Distanz. Wir haben damit folgendes Extremalproblem herausgearbeitet:

Gegeben n, d und A. Mit $\mathcal{C}(n, d; A)$ bezeichnen wir die Menge aller Codes $C \subseteq A^n$ mit Distanz $\geq d$, also $\mathcal{C}(n, d; A) = \{C \subseteq A^n : d(C) \geq d\}$. Man bestimme $M(n, d; A) = \max\ (|C| : C \in \mathcal{C}(n, d; A)\}$.

Natürlich spielt das Alphabet A keine Rolle, nur die Mächtigkeit $|A| = q \geq 2$ ist von Bedeutung. Wir können also auch $\mathcal{C}(n, d; q)$ und $M(n, d; q)$ schreiben. Eine erste obere Schranke, die sogenannte **Hamming-Schranke**, folgt sofort aus unserer Erörterung der t-Fehlerkorrektur.

Satz 13.1. *Sei $d = 2t + 1$ ungerade, $|A| = q$, dann gilt*

$$M(n, d; q) \leq \frac{q^n}{\sum\limits_{i=0}^{t} \binom{n}{i}(q-1)^i}.$$

Beweis. Sei $C \in \mathcal{C}(n, 2t+1; q)$, dann ist $\Delta(\boldsymbol{a}, \boldsymbol{b}) \geq 2t+1$, also $B_t(\boldsymbol{a}) \cap B_t(\boldsymbol{b}) = \varnothing$ für $\boldsymbol{a} \neq \boldsymbol{b} \in C$. Ein beliebiges Wort $\boldsymbol{a} \in A^n$ hat genau $\binom{n}{i}(q-1)^i$ Wörter mit Abstand i, da wir die i Fehlerstellen auf $\binom{n}{i}$ Arten wählen können und dann jeweils $q-1$ Möglichkeiten für den Fehler haben. Somit erhalten wir $|B_t(\boldsymbol{a})| = \sum_{i=0}^{t} \binom{n}{i}(q-1)^i$, und wegen der Disjunktheit der Kugeln gilt

$$|\bigcup_{\boldsymbol{a} \in C} B_t(\boldsymbol{a})| = |C| \sum_{i=0}^{t} \binom{n}{i}(q-1)^i \leq |A^n| = q^n. \qquad \blacksquare$$

Aus diesem Satz ergibt sich sofort ein reizvolles Problem. Ein t-fehlerkorrigierender Code hat die Eigenschaft, dass alle Kugeln $B_t(\boldsymbol{a})$, $\boldsymbol{a} \in C$, disjunkt sind. Ein beliebiges Wort $\boldsymbol{w} \in A^n$ liegt also in höchstens einer solchen Kugel. Wenn nun jedes Wort in *genau* einer Kugel liegt, wenn also die Kugeln $B_t(\boldsymbol{a})$ den Raum A^n lückenlos überdecken, so heißt C ***t*-perfekt**. Nach Satz 13.1 gilt somit:

$$C \subseteq A^n \text{ ist } t\text{-perfekt} \iff d(C) \geq 2t+1 \text{ und } |C| = q^n / \sum_{i=0}^{t} \binom{n}{i}(q-1)^i.$$

Sei $A = \{0, 1\}$, $n = 2t+1$, und $C = \{00\ldots0, 11\ldots1\}$ der binäre Wiederholungscode. Es gilt $d(C) = n = 2t+1$ und wegen $\sum_{i=0}^{t} \binom{n}{i} = \sum_{i=0}^{\frac{n-1}{2}} \binom{n}{i} = 2^{n-1}$ auch

$|C| = 2 = 2^n / \sum_{i=0}^{t} \binom{n}{i}$. Der Wiederholungscode ist also t-perfekt für jedes t. Nun dieses Beispiel ist nicht gerade aufregend, aber hier ist ein schöneres, und dazu verwenden wir unsere Fano-Ebene. Sei $A = \{0, 1\}$, $C \subseteq A^n$. Wie üblich interpretieren wir Wörter $\boldsymbol{a} = (a_1, \ldots, a_n)$ als Untermengen $U_{\boldsymbol{a}} = \{i : a_i = 1\} \subseteq S = \{1, \ldots, n\}$. Der Abstand $\Delta(\boldsymbol{a}, \boldsymbol{b})$ entspricht dann der Größe der symmetrischen Differenz $|U_{\boldsymbol{a}} \oplus U_{\boldsymbol{b}}|$. Ein Code $C \in \mathcal{C}(n, d; 2)$ ist also nichts anderes als eine Mengenfamilie $\mathcal{U} \subseteq \mathcal{B}(S)$ mit $|U \oplus V| \geq d$ für alle $U \neq V \in \mathcal{U}$. Insbesondere entspricht somit ein t-perfekter Code einer Mengenfamilie $\mathcal{U} \subseteq \mathcal{B}(S)$, $|S| = n$, mit $|U \oplus V| \geq 2t+1$ für alle $U \neq V \in \mathcal{U}$ und $|\mathcal{U}| = 2^n / \sum\limits_{i=0}^{t} \binom{n}{i}$.

Wie sollen wir solche „t-perfekten" Mengenfamilien konstruieren – Designs sind sicher ein guter Start. Probieren wir $n = 7$, $t = 1$. Wir müssen $\mathcal{U} \subseteq \mathcal{B}(S)$ finden mit $|U \oplus V| \geq 3$ und $|\mathcal{U}| = \frac{2^7}{1+7} = 2^4 = 16$. Wir nehmen $\varnothing$, die 7 Tripel der Fano-Ebene, und dann die 8 Komplemente dieser Mengen, also ist $|\mathcal{U}| = 16$. Man prüft sofort nach, dass die Bedingung $|U \oplus V| \geq 3$ für alle $U \neq V$ erfüllt ist. Übersetzt in 0, 1-Wörter erhalten wir den folgenden 1-perfekten Code $C \subseteq \{0, 1\}^7$:

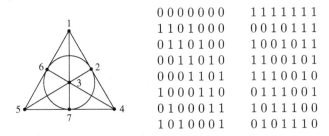

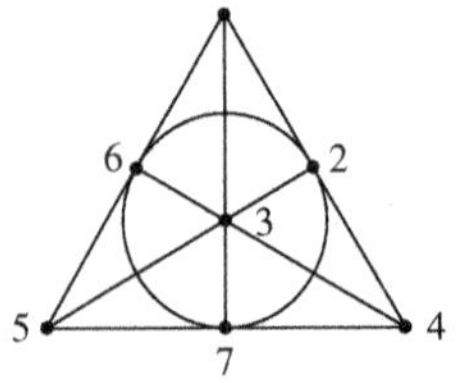

0 0 0 0 0 0 0	1 1 1 1 1 1 1
1 1 0 1 0 0 0	0 0 1 0 1 1 1
0 1 1 0 1 0 0	1 0 0 1 0 1 1
0 0 1 1 0 1 0	1 1 0 0 1 0 1
0 0 0 1 1 0 1	1 1 1 0 0 1 0
1 0 0 0 1 1 0	0 1 1 1 0 0 1
0 1 0 0 0 1 1	1 0 1 1 1 0 0
1 0 1 0 0 0 1	0 1 0 1 1 1 0

Wegen der Komplementierung entstehen die zweiten 8 Codewörter durch Austauschen von 0 und 1 aus den ersten 8 Wörtern. Im nächsten Abschnitt und in den Übungen wollen wir näher auf perfekte Codes eingehen.

13.4 Lineare Codes

Nun wollen wir systematisch Codes konstruieren und auf ihre Korrekturfähigkeit untersuchen. Dazu bietet sich Lineare Algebra an. Es sei $K = GF(q)$ das Galois-Feld mit q Elementen, q Primzahlpotenz, und K^n der n-dimensionale Vektorraum über K.

Jeder Unterraum $C \subseteq K^n$ heißt ein **linearer Code** über K. Die Dimension k des Unterraumes C heißt die **Dimension** von C, und C kurz ein (n, k)-Code. Zum Beispiel ist, wie man leicht sieht (und später bewiesen wird), der eben konstruierte Fano-Code ein (7,4)-Code über $GF(2)$.

In linearen Codes können wir die Distanz $d(C)$ bequemer ausdrücken. Für $\boldsymbol{a} \in K^n$ nennen wir $w(\boldsymbol{a}) = |\{i : a_i \neq 0\}|$ das **Gewicht** von $\boldsymbol{a}$. Seien $\boldsymbol{a}, \boldsymbol{b} \in K^n$. Da $a_i \neq b_i \iff a_i - b_i \neq 0$ gilt, haben wir $\Delta(\boldsymbol{a}, \boldsymbol{b}) = w(\boldsymbol{a} - \boldsymbol{b})$, und insbesondere $\Delta(\boldsymbol{0}, \boldsymbol{c}) = w(\boldsymbol{c})$ für $\boldsymbol{c} \in C$. In einem Unterraum C ist aber mit $\boldsymbol{a}, \boldsymbol{b} \in C$ auch $\boldsymbol{a} - \boldsymbol{b}$ in C. Wir folgern, dass für einen linearen Code C

$$d(C) = \min_{\boldsymbol{a} \neq \boldsymbol{b} \in C} \Delta(\boldsymbol{a}, \boldsymbol{b}) = \min_{\boldsymbol{0} \neq \boldsymbol{c} \in C} w(\boldsymbol{c})$$

gilt. Wir müssen also keine Abstände berechnen, sondern nur die Gewichte der Wörter betrachten.

Zu jedem linearen Code $C \subseteq K^n$ gibt es einen **dualen Code** $C^\perp$. Sei C ein (n,k)-Code. Aus der Linearen Algebra wissen wir, dass die Menge aller Vektoren $\boldsymbol{a} \in K^n$, die zu allen Vektoren aus C senkrecht stehen, einen Unterraum $C^\perp$ der Dimension $n-k$ bilden, also

$$C^\perp = \{\boldsymbol{a} \in K^n : \boldsymbol{a} \cdot \boldsymbol{c} = 0 \text{ für alle } \boldsymbol{c} \in C\},$$

wobei $\boldsymbol{a} \cdot \boldsymbol{c} = a_1c_1 + \ldots + a_nc_n$ das übliche Produkt von Vektoren bezeichnet. Es gilt ferner $(C^\perp)^\perp = C$. Wegen der Linearität des Produktes genügt es, $\boldsymbol{a} \cdot \boldsymbol{g}_i = 0$ für eine Basis $\{\boldsymbol{g}_1, \ldots, \boldsymbol{g}_k\}$ nachzuprüfen.

Dies ergibt nun zwei nützliche Beschreibungen eines linearen Codes C. Wir wählen einmal eine Basis $\boldsymbol{g}_1, \ldots, \boldsymbol{g}_k$ von C und bilden die $k \times n$-Matrix G mit den $\boldsymbol{g}_i$ als Zeilen. G heißt eine *Generatormatrix* von C. Jedes Codewort $\boldsymbol{c}$ ist durch die Koeffizienten w_i, $\boldsymbol{c} = \sum_{i=1}^k w_i \boldsymbol{g}_i$ eindeutig festgelegt, das heißt es gilt $\boldsymbol{c} = \boldsymbol{w}G$ als Vektor-Matrixprodukt. Zum anderen können wir eine Generatormatrix H des *dualen* Codes $C^\perp$ nehmen. H ist also eine $(n-k) \times n$-Matrix, und es gilt

(1) $$\boldsymbol{c} \in C \iff H\boldsymbol{c} = \boldsymbol{0}.$$

Jede solche Matrix H heißt eine *Kontrollmatrix* von C.

Der folgende Satz zeigt, wie man einen linearen Code der Distanz d konstruieren kann.

Satz 13.2. *Sei C ein (n,k)-Code über K, und H eine Kontrollmatrix. Dann gilt*

$$d(C) \geq d \iff \text{je } d-1 \text{ Spalten in } H \text{ sind linear unabhängig.}$$

Beweis. Es seien $\boldsymbol{u}_1, \ldots, \boldsymbol{u}_n$ die Spalten von H; die $\boldsymbol{u}_i$ sind also Vektoren in K^r, $r = n-k$. Aus (1) sehen wir

$$\boldsymbol{c} \in C \iff c_1\boldsymbol{u}_1 + \ldots + c_n\boldsymbol{u}_n = \boldsymbol{0}.$$

Angenommen $w(\boldsymbol{c}) \leq d-1$ und $c_{i_1}, \ldots, c_{i_\ell}$, $\ell \leq d-1$, sind die Einträge $\neq 0$. Dann haben wir $c_{i_1}\boldsymbol{u}_{i_1} + \ldots + c_{i_\ell}\boldsymbol{u}_{i_\ell} = \boldsymbol{0}$, das heißt die $\ell \leq d-1$ Spalten $\boldsymbol{u}_{i_1}, \ldots, \boldsymbol{u}_{i_\ell}$ sind linear abhängig. Sind umgekehrt $\boldsymbol{u}_{j_1}, \ldots, \boldsymbol{u}_{j_h}$ linear abhängig mit $h \leq d-1$, so existiert eine nichttriviale Linearkombination $c_{j_1}\boldsymbol{u}_{j_1} + \ldots + c_{j_h}\boldsymbol{u}_{j_h} = \boldsymbol{0}$, also liegt der Vektor $\boldsymbol{c}$ mit den Koordinaten c_{j_i} $(i = 1, \ldots, h)$ und 0 sonst in C und erfüllt $w(\boldsymbol{c}) \leq d-1$. ■

Beispiel. Mit Satz 13.2 können wir sofort eine Klasse von 1-perfekten Codes konstruieren, die sogenannten **Hamming-Codes**. Wir nehmen $K = GF(q)$, $r \geq 2$. Für $d = 3$ müssen wir Vektoren $\boldsymbol{u}_1, \ldots, \boldsymbol{u}_n$ in K^r finden, von denen je zwei linear unabhängig sind. Da jeder Vektor $q-1$ Vielfache $\neq \boldsymbol{0}$ erzeugt, gibt es insgesamt $\frac{q^r-1}{q-1}$ solche Vektoren. Setzen wir $n = \frac{q^r-1}{q-1}$, $k = n - r$, so erhalten wir nach dem Satz einen (n,k)-Code $C \subseteq K^n$, der $d(C) \geq 3$ erfüllt, also 1-fehlerkorrigierend ist. Schließlich gilt

$$|C| = q^k = \frac{q^n}{q^r} = \frac{q^n}{1 + \frac{q^r-1}{q-1}(q-1)} = \frac{q^n}{1 + n(q-1)},$$

also ist C tatsächlich 1-perfekt. Für $q = 2$ ergibt diese Konstruktion für $r = 2$ den binären Wiederholungscode, und für $r = 3$ den oben besprochenen Fano-Code, womit auch gezeigt ist, dass der Fano-Code ein (7,4)-Code ist.

Übrigens folgt aus der zweiten Bedingung des Satzes $d - 1 \leq r = n - k$, da K^r nicht mehr als r lineare unabhängige Vektoren enthalten kann, und es gilt somit die Schranke

$$(2) \qquad d(C) \leq n - k + 1 \quad \text{für einen } (n,k)\text{-Code } C\,.$$

Wir wenden uns nun den anderen beiden Fragen aus dem vorigen Abschnitt zu, wie wir das Codieren der Nachrichten bzw. das Decodieren effektiv bewerkstelligen. Für lineare Codes bietet sich folgende Vorgehensweise an.

C sei ein (n,k)-Code über $K = GF(q)$. Wir wählen eine Generatormatrix G mit Basis $\boldsymbol{g}_1, \ldots, \boldsymbol{g}_k$. Wir wissen schon, das jeder Vektor $\boldsymbol{c} \in C$ als Produkt $\boldsymbol{c} = \boldsymbol{w}G$ mit $\boldsymbol{w} \in K^k$ geschrieben werden kann. Wir identifizieren nun die *Nachrichten* mit den q^k Vektoren aus K^k und codieren mittels

$$\phi : \boldsymbol{w} \in K^k \to \boldsymbol{w}G \in C\,.$$

Natürlich gibt es verschiedene Codierungen ϕ, entsprechend den verschiedenen Generatormatrizen G. Eine Generatormatrix heißt *systematisch*, falls $G = (E_k, G_1)$ ist, E_k ist die $k \times k$-Einheitsmatrix, G_1 ist eine $(k, n-k)$-Matrix. In diesem Fall gilt

$$\phi\boldsymbol{w} = \boldsymbol{w}G = (\boldsymbol{w}, \boldsymbol{w}G_1)\,,$$

d. h. die k Informationssymbole erscheinen in den ersten k Stellen, und die $r = n-k$ Kontrollsymbole sind *lineare Funktionen* der Informationssymbole. Betrachten wir z. B. den $(n, n-1)$-Code über $GF(2)$ mit Generatormatrix

$$G = \begin{pmatrix} 1 & & & & 1 \\ & 1 & 0 & & 1 \\ & 0 & \ddots & & \vdots \\ & & & 1 & 1 \end{pmatrix}.$$

Wir erhalten die Codierung $\phi\boldsymbol{w} = (w_1, \ldots, w_{n-1}, \sum_{i=1}^{n-1} w_i)$, also unseren Paritätscode. Der duale Code $C^{\perp}$ ist ein $(n,1)$-Code mit Generatormatrix $G = (1, 1, \ldots, 1)$, und die entsprechende Codierung ist $\phi w = (w, w, \ldots, w)$. Das heißt, $C^\perp$ ist nichts anderes als der Wiederholungscode.

Die Decodierung in den Quellencode erfolgt umgekehrt durch Auflösung eines Gleichungssystems. Haben wir $\boldsymbol{c} \in C$ empfangen, so bestimmen wir $\boldsymbol{w}$ aus $\boldsymbol{w}G = \boldsymbol{c}$. Bei einer systematischen Codierung ist überhaupt nichts zu tun: die Nachricht besteht einfach aus den ersten k Symbolen des Codewortes.

Zur Kanal-Decodierung verwenden wir die zweite Beschreibung mittels einer Kontrollmatrix H. Besonders einfach ist die Bestimmung einer Kontrollmatrix, wenn der Code durch eine systematische Generatormatrix gegeben ist. In diesem Fall sieht man sofort, dass $H = (-G_1^T, E_{n-k})$ eine Kontrollmatrix ist, wobei G_1^T die transponierte Matrix von G_1 ist. Zum Beispiel ist $H = (1, 1, \ldots, 1)$ über $GF(2)$ die Kontrollmatrix des Paritätscodes, was wegen $H\boldsymbol{c} = \boldsymbol{0} \Longleftrightarrow c_1 + \ldots + c_n = 0$ natürlich auch direkt zu sehen ist.

Was ist die Kontrollmatrix des Fano-Codes? Nach Konstruktion des Hamming Codes für $n = 7$, $r = 3$ müssen wir alle linear unabhängigen Vektoren als Spalten schreiben. Da aber über $GF(2)$ je zwei Vektoren $\neq \boldsymbol{0}$ linear unabhängig sind, sind die Spalten gerade *alle* $2^3 - 1 = 7$ Vektoren $\neq \boldsymbol{0}$, und wir erhalten

$$H = \begin{pmatrix} 1 & 0 & 0 & 1 & 1 & 0 & 1 \\ 0 & 1 & 0 & 1 & 0 & 1 & 1 \\ 0 & 0 & 1 & 0 & 1 & 1 & 1 \end{pmatrix}.$$

Die Kontrollgleichungen für ein Codewort $\boldsymbol{c}$ im Fano-Code lauten daher:

$$\begin{array}{ccccccccccccc} c_1 & + & & & & + & c_4 & + & c_5 & & & + & c_7 = 0 \\ & & c_2 & + & & & c_4 & + & & + & c_6 & + & c_7 = 0 \\ & & & & c_3 & + & & & c_5 & + & c_6 & + & c_7 = 0 \end{array}$$

Wie decodiert man nun in der Praxis? Angenommen, C korrigiert bis zu t Fehlern. Wird $\boldsymbol{x} \in C$ gesendet und $\boldsymbol{y} \in K^n$ empfangen, so gilt $\Delta(\boldsymbol{x}, \boldsymbol{y}) \leq t$ und $\Delta(\boldsymbol{c}, \boldsymbol{y}) > t$ für alle $\boldsymbol{c} \in C$, $\boldsymbol{c} \neq \boldsymbol{x}$. Wir können in der Liste der Codewörter nachschauen, bis wir auf das eindeutige Codewort $\boldsymbol{x}$ stoßen mit $\Delta(\boldsymbol{x}, \boldsymbol{y}) \leq t$. Ein besseres Verfahren ist das folgende. Es sei H eine $r \times n$-Kontrollmatrix, $r = n - k$. Für $\boldsymbol{a} \in K^n$ nennen wir

$$s(\boldsymbol{a}) = H\boldsymbol{a} \in K^r$$

das *Syndrom* von $\boldsymbol{a}$. Die Funktion s ist also eine lineare Abbildung von K^n nach K^r mit Kern $= C$, da ja

$$s(\boldsymbol{a}) = 0 \Longleftrightarrow \boldsymbol{a} \in C$$

gilt. Sind also $\boldsymbol{a}, \boldsymbol{b}$ in derselben Restklasse von C, das heißt $\boldsymbol{b} = \boldsymbol{a} + \boldsymbol{c}$, $\boldsymbol{c} \in C$, so haben wir $s(\boldsymbol{b}) = s(\boldsymbol{a})$, und umgekehrt folgt aus $s(\boldsymbol{a}) = s(\boldsymbol{b})$ sofort $\boldsymbol{b} - \boldsymbol{a} \in C$, also $\boldsymbol{b} = \boldsymbol{a} + \boldsymbol{c}$.

Die Idee des Syndroms führt uns zu folgendem Verfahren. Wird $\boldsymbol{x} \in C$ gesendet und $\boldsymbol{y} = \boldsymbol{x} + \boldsymbol{e}$ empfangen, so nennen wir $\boldsymbol{e}$ den *Fehlervektor*. Es gilt $s(\boldsymbol{y}) = s(\boldsymbol{e})$

und Gewicht $w(\boldsymbol{e}) \leq t$. Wir sehen also in der Liste der möglichen Syndrome nach, suchen den eindeutigen Fehlervektor $\boldsymbol{e}$ mit $w(\boldsymbol{e}) \leq t$ und $s(\boldsymbol{e}) = s(\boldsymbol{y})$ und decodieren $\boldsymbol{y}$ zu $\boldsymbol{y} - \boldsymbol{e}$. Besonders einfach wird die Sache für 1-fehlerkorrigierende Codes. Hier sind die Fehlervektoren minimalen Gewichts von der Form

$$\boldsymbol{e} = (0, \ldots, \overset{\downarrow i}{a}, \ldots, 0)\,,$$

somit

$$s(\boldsymbol{e}) = a \cdot [i\text{ -te Spalte von } H].$$

Das heißt, ist ein empfangener Vektor $\boldsymbol{y}$ fehlerhaft, so entstand der Fehler an der i-ten Stelle genau dann, wenn $s(\boldsymbol{y})$ ein Vielfaches der i-ten Spalte von H ist.

Beispiel. Sehen wir uns die obige Kontrollmatrix H des Fano-Codes an. Angenommen, $\boldsymbol{x} = 1\,1\,1\,0\,0\,0\,1$ wird gesendet und $\boldsymbol{y} = 1\,1\,0\,0\,0\,0\,1$ empfangen. Wir berechnen $H\boldsymbol{y}$

$$\begin{pmatrix} 1\,0\,0\,1\,1\,0\,1 \\ 0\,1\,0\,1\,0\,1\,1 \\ 0\,0\,1\,0\,1\,1\,1 \end{pmatrix} \begin{pmatrix} 1 \\ 1 \\ 0 \\ 0 \\ 0 \\ 0 \\ 1 \end{pmatrix} = \begin{pmatrix} 0 \\ 0 \\ 1 \end{pmatrix},$$

also trat der Fehler an der 3. Stelle auf. Da die Summe zweier Spalten in H stets $\neq \boldsymbol{0}$ ist, so gilt $H\boldsymbol{e} \neq \boldsymbol{0}$ für alle Fehlervektoren $\boldsymbol{e}$ mit $w(\boldsymbol{e}) = 2$. Der Decodierer *entdeckt* also 2 Fehler, kann sie aber im allgemeinen nicht lokalisieren, da z. B.

$$\begin{pmatrix} 0 \\ 0 \\ 1 \end{pmatrix} + \begin{pmatrix} 1 \\ 1 \\ 1 \end{pmatrix} = \begin{pmatrix} 1 \\ 0 \\ 0 \end{pmatrix} + \begin{pmatrix} 0 \\ 1 \\ 0 \end{pmatrix}$$

ist.

Eine weitere wichtige Klasse von Codes sind die **Reed-Solomon Codes** C, die bei der Fehlerkorrektur in Compact Discs verwendet werden. Sei $GF(q) = \{0, 1, a_1, \ldots, a_{q-2}\}$ das Galoisfeld zur Primzahlpotenz q. Die Kontrollmatrix H ist die $(d-1) \times (q+1)$-Matrix, $d \geq 3$, definiert durch

$$H = \begin{pmatrix} 0 & 1 & 1 & 1 & \ldots & 1 \\ 0 & 0 & 1 & a_1 & & a_{q-2} \\ 0 & 0 & 1 & a_1^2 & \ldots & a_{q-2}^2 \\ \vdots & \vdots & \vdots & & & \\ 0 & 0 & 1 & a_1^{d-3} & \ldots & a_{q-2}^{d-3} \\ 1 & 0 & 1 & a_1^{d-2} & & a_{q-2}^{d-2} \end{pmatrix}.$$

Man prüft leicht nach, dass je $d-1$ Spalten von H linear unabhängig sind (beachte, dass die Spalten 3 bis $q+1$ eine Vandermonde-Matrix bilden). Nach Satz

13.2 bildet C daher einen $(q+1, q+2-d)$-Code mit $d(C) \geq d$. Da aus (2) die Ungleichung $d(C) \leq q+1-(q+2-d)+1 = d$ folgt, gilt sogar genau $d(C) = d$. Die Informationsrate ist $\frac{k}{n} = \frac{q+2-d}{q+1}$, also nahe 1.

Der Leser wird sich vielleicht gefragt haben, warum wir überhaupt lineare Codes über $GF(q)$ mit $q > 2$ betrachten. Schließlich können wir jede Nachricht in 0,1-Wörter codieren, warum beschränken wir uns also nicht auf $GF(2)$? Das folgende Beispiel gibt dazu eine schöne Illustration.

Betrachten wir $K = GF(2^8)$ und $d = 11$. Der Reed-Solomon Code C ist dann ein $(257, 247)$-Code mit $d(C) = 11$. Wir wissen aus Abschnitt 12.2, dass K ein Vektorraum der Dimension 8 über $GF(2)$ ist, das heißt wir können jedes Element $\boldsymbol{a} \in K$ als 0,1-Wort der Länge 8 schreiben, und daher jeden Codevektor $\boldsymbol{c} = (c_1, \ldots, c_{257}) \in C$ als 0,1-Wort der Länge $257 \cdot 8 = 2056$,

$$\boldsymbol{c} = (c_1^{(1)}, \ldots, c_1^{(8)}, \ldots, c_{257}^{(1)}, \ldots c_{257}^{(8)}) .$$

Auf diese Weise erhalten wir einen neuen Code C' über $GF(2)$ der Länge 2056. Nun behaupten wir, dass C' bis zu 33 *aufeinanderfolgende* Fehler korrigieren kann (einen sogenannten „burst-error", der z. B. bei Blitzschlag auftritt). Der Nachweis ist leicht: Die 33 Fehler treten in 5 aufeinanderfolgenden 8-er Blöcken auf, und da unser ursprünglicher Code C diese 5 Fehler korrigieren kann, so korrigiert C' alle 33 Fehler. Wollte man einen 33-fehlerkorrigierenden Code direkt über $GF(2)$ konstruieren, so erhielte man eine wesentlich schlechtere Informationsrate, wie man z. B. aus der Hamming-Schranke ablesen kann.

13.5 Zyklische Codes

In der Praxis des Decodierens linearer Codes müssen wir zu allen verschiedenen Syndromen einen Fehlervektor angeben. Für einen (40,10)-Code über $GF(2)$ sind somit bereits $2^{30} > 10^9$ Syndrome zu speichern. Wir müssen demnach nach linearen Codes suchen, die wesentlich mehr algebraische Struktur aufweisen.

Eine besonders wichtige Klasse sind die zyklischen Codes. Es sei wie üblich $K = GF(q)$. Wir schreiben Vektoren $\boldsymbol{a} \in K^n$ in der Form $\boldsymbol{a} = (a_{n-1}, a_{n-2}, \ldots, a_1, a_0)$. Dies hat den Vorteil, dass wir $\boldsymbol{a}$ mit dem *Polynom* $a(x) = \sum_{i=0}^{n-1} a_i x^i$ identifizieren können. Die Abbildung $\phi : \boldsymbol{a} \to a(x)$ ist ein Isomorphismus von K^n auf den Vektorraum $K^n[x]$ aller Polynome vom Grad $< n$.

Definition. Ein Code $C \subseteq K^n$ heißt **zyklisch**, falls C linear ist und mit $\boldsymbol{c} = (c_{n-1}, \ldots, c_0) \in C$ auch $\hat{\boldsymbol{c}} = (c_{n-2}, \ldots, c_0, c_{n-1}) \in C$ ist.

Zum Beispiel ist über $GF(2)$ der Wiederholungscode $\{(0, \ldots, 0), (1, \ldots, 1)\}$ zyklisch wie auch der Paritätscode, in dem alle Codewörter gerades Gewicht haben. Ebenso sehen wir, dass der $(7,4)$-Fano Code zyklisch ist. Wie erkennen wir, ob ein linearer Code zyklisch ist? Hier kommt unsere Zuordnung $\boldsymbol{c} \longrightarrow c(x)$ ins Spiel.

Satz 13.3. *Sei $C \subseteq K^n$ zyklisch,* $\dim C > 0$. *Dann existiert ein Polynom $g(x)$ mit höchstem Koeffizienten 1 und*
(i) $g(x)|x^n - 1$
(ii) $\mathbf{c} \in C \Longleftrightarrow g(x)|c(x)$.
$g(x)$ heißt das **Generatorpolynom** *von C.*

Ist umgekehrt $g(x)$ ein Polynom mit höchstem Koeffizienten 1 *und* $g(x)|x^n - 1$, *so bildet $C = \{\mathbf{c} \in K^n : g(x)|c(x)\}$ einen zyklischen Code.*

Beweis. Es sei $g(x) \in C(x)$ das eindeutige Polynom von minimalem Grad und höchstem Koeffizienten 1. Für $c(x) = c_{n-1}x^{n-1} + \ldots + c_0 \in C(x)$ haben wir $xc(x) = c_{n-2}x^{n-1} + \ldots + c_0 x + c_{n-1}x^n$, also für das verschobene Wort $\hat{\mathbf{c}}$

$$\hat{c}(x) = xc(x) - c_{n-1}(x^n - 1)\,. \tag{1}$$

Hat $g(x)$ Grad r, so folgt, dass $xg(x), \ldots, x^{n-1-r}g(x) \in C(x)$ ist, und somit jedes Produkt $a(x)g(x)$ mit Grad $a(x) \leq n - 1 - r$. Sei $c(x) \in C(x)$, dann wissen wir aus dem Divisionsalgorithmus für Polynome

$$c(x) = a(x)g(x) + r(x), \qquad \text{Grad } r(x) < \text{ Grad } g(x)\,.$$

Da $c(x), a(x)g(x) \in C(x)$ sind, so ist auch $r(x) \in C(x)$ und wir schließen $r(x) = 0$ wegen der Minimalität von $g(x)$, und somit $g(x)|c(x)$.

Sei nun $c(x) = x^{n-1-r}g(x) \in C(x)$, dann folgt aus (1)

$$\hat{c}(x) = x^{n-r}g(x) - (x^n - 1).$$

Da nun, wie oben gesehen, $g(x)|\hat{c}(x)$ gilt, so haben wir $g(x)|x^n - 1$ wie behauptet.

Es sei umgekehrt $C = \{\mathbf{c} \in K^n : g(x)|c(x)\}$, dann ist C offenbar Unterraum, und mit (1) folgt aus $g(x)|c(x)$, $g(x)|x^n - 1$ sofort $g(x)|\hat{c}(x)$, also $\hat{\mathbf{c}} \in C$. ■

Für zyklische Codes können wir sehr bequem eine Generatormatrix und eine Kontrollmatrix angeben. Sei $g(x) = x^r + g_{r-1}x^{r-1} + \ldots + g_0$ das Generatorpolynom, dann bildet $\{g(x), xg(x), \ldots, x^{k-1}g(x)\}$ eine Basis von $C(x)$, $k = n - r$. Wir erhalten somit die Generatormatrix

$$G = \begin{pmatrix} 1 & g_{r-1}\cdots & g_0 & 0 & \ldots & 0 \\ 0 & 1 & g_{r-1} & \cdots & g_0 & \ldots & 0 \\ \vdots & & \ddots & & & \\ 0 & & & 1 & g_{r-1} & \cdots & g_0 \end{pmatrix} = \begin{pmatrix} x^{k-1}g(x) \\ x^{k-2}g(x) \\ \vdots \\ g(x) \end{pmatrix}$$

Die Dimension von C ist also $n - \text{Grad } g(x)$.

Ist $g(x)$ das Generatorpolynom von C, so nennen wir $h(x) = \frac{x^n - 1}{g(x)}$ das *Kontrollpolynom*. Sei $h(x) = x^k + h_{k-1}x^{k-1} + \ldots + h_0$, dann folgt durch Koeffizientenvergleich in $g(x)h(x) = x^n - 1$

$$g_i + h_{k-1}g_{i+1} + h_{k-2}g_{i+2} + \ldots + h_i g_k = 0 \quad (i = 0, 1, \ldots, r-1),$$

also ist

$$H = \begin{pmatrix} 0 & \dots & \dots & h_0 & \dots & \dots & h_{k-1} & 1 \\ 0 & \dots & h_0 & h_1 & \dots & h_{k-1} & 1 & 0 \\ \vdots & & & \dots & & & & \\ h_0 & h_1 & \dots & h_{k-1} & 1 & 0 & \dots & 0 \end{pmatrix}$$

Kontrollmatrix von C.

Beispiel. Wollen wir alle zyklischen binären Codes der Länge 7 bestimmen, so müssen wir alle Teiler von x^7-1 durchgehen. Die Zerlegung von x^7-1 in irreduzible Faktoren ist (beachte $1 = -1$)

$$x^7 - 1 = (x+1)(x^3+x+1)(x^3+x^2+1).$$

Zu $g(x) = 1$ gehört der Code $C = GF(2)^7$. Für $g(x) = x+1$ erhalten wir

$$G = \begin{pmatrix} 1 & 1 & & & & \\ & 1 & 1 & & 0 & \\ & & & \ddots & & \\ & 0 & & & & \\ & & & & 1 & 1 \end{pmatrix}$$

das heißt den Paritätscode. Für $g(x) = x^3+x+1$ ist das Kontrollpolynom $h(x) = (x+1)(x^3+x^2+1) = x^4+x^2+x+1$, und wir erhalten die Kontrollmatrix

$$H = \begin{pmatrix} 0 & 0 & 1 & 1 & 1 & 0 & 1 \\ 0 & 1 & 1 & 1 & 0 & 1 & 0 \\ 1 & 1 & 1 & 0 & 1 & 0 & 0 \end{pmatrix}$$

und es resultiert der Fano-Code, wie wir schon wissen. Genau so leicht erledigt man die anderen Möglichkeiten.

Die Codierung mittels zyklischer Codes ist besonders einfach. Wir erklären $\phi : K^k \longrightarrow C$ durch $\phi \boldsymbol{a} = \boldsymbol{c}$, wobei $c(x) = a(x)g(x)$ ist. Zur Decodierung wird umgekehrt $\boldsymbol{c} \in C \longrightarrow \boldsymbol{a} \in K^k$ mit $a(x) = \frac{c(x)}{g(x)}$ gesetzt. Ist das empfangene Wort $v(x)$ nicht durch $g(x)$ teilbar, so liegt ein Fehler vor, $v(x) = c(x) + e(x)$, $c(x) \in C(x)$, und $e(x)$ wird mittels des Euklidischen Algorithmus aus

$$v(x)h(x) = c(x)h(x) + e(x)h(x) \equiv e(x)h(x) \pmod{x^n - 1}$$

berechnet.

Wie findet man nun „gute“ zyklische Codes C, das heißt Codes C mit $d(C) \geq d$? Aus $g(x)|c(x)$ erkennt man , dass jede Nullstelle α von $g(x)$ auch Nullstelle von $c(x)$ ist. Wir können C also auch durch Angabe der Nullstellen (in einem geeigneten Körper) beschreiben:

(2) $$\boldsymbol{c} \in C \Longleftrightarrow c(\alpha_i) = 0 \quad i = 1, \dots, r\,.$$

Ein Beispiel möge dies erläutern. Es sei $K = GF(q)$ und K^* die multiplikative Gruppe. Wir wissen aus Übung 12.32, dass $\beta^{q-1} = 1$ für alle $\beta \in K^*$ gilt, das heißt die β sind genau die Nullstellen des Polynoms $x^{q-1} - 1$, und wir können

$$(3) \qquad x^{q-1} - 1 = \prod_{\beta \in K^*} (x - \beta)$$

schreiben. In der Algebra lernt man, dass es in jedem endlichen Körper K Elemente α mit $\operatorname{ord}(\alpha) = q - 1$ gibt, sie heißen die *primitiven* Elemente von K. Mit anderen Worten: $K^* = \{1, \alpha, \alpha^2, \ldots, \alpha^{q-2}\}$.

Es sei nun α ein primitives Element und

$$g(x) = (x-1)(x-\alpha)(x-\alpha^2)\ldots(x-\alpha^{d-2}).$$

Laut (3) ist $g(x)$ ein Teiler von $x^{q-1} - 1$, und wir erhalten mit $g(x)$ als Generatorpolynom einen zyklischen Code C der Länge $q - 1$. Sehen wir uns (2) an, so erkennen wir

$$\begin{aligned} \mathbf{c} = (c_{q-2}, \ldots, c_0) \in C \quad &\Longleftrightarrow \quad c(\alpha^i) = 0 \quad (i = 0, \ldots, d-2) \\ &\Longleftrightarrow \quad \sum_{j=0}^{n-1} c_j \alpha^{ij} = 0 \quad (i = 0, \ldots, d-2). \end{aligned}$$

Also ist

$$H = \begin{pmatrix} 1 & 1 & \ldots & 1 \\ \alpha^{q-2} & \alpha^{q-3} & & 1 \\ \vdots & \vdots & & \vdots \\ \alpha^{(q-2)(d-2)} & \alpha^{(q-3)(d-2)} & \ldots & 1 \end{pmatrix}$$

eine Kontrollmatrix für C. Diese Matrix sollte uns bekannt vorkommen – es ist (abgesehen von den ersten beiden Spalten) genau die Kontrollmatrix der Reed-Solomon Codes. Wir haben also $d(C) \geq d$, und alle Reed-Solomon Codes sind zyklisch.

Übungen zu Kapitel 13

1 Es seien die ersten 100 Zahlen $\{0, 1, \ldots, 99\}$ gegeben. Die übliche dezimale Repräsentation ist kein Präfix-Code. Bestimme einen optimalen binären Quellencode C unter der Annahme, dass alle Zahlen gleichwahrscheinlich sind. Wie groß ist $\overline{L}(C)$?

▷ **2** Gibt es einen Präfix-Code über $\{0, 1\}$ mit sechs Codewörtern der Längen 1, 3, 3, 3, 3, 3? Dieselbe Frage für die Längen 2, 3, 3, 3, 3, 3.

3 Für jedes n konstruiere man einen Präfix-Code über $\{0, 1\}$ mit Codewörtern der Längen $1, 2, \ldots, n$. Zeige, dass genau eine Ziffer in jedem solchen Code überflüssig ist. Wo befindet sie sich?

4 Bestimme $\overline{L}(C)$ für einen Präfix-Code über $\{0,1\}$ mit den Wahrscheinlichkeiten $\frac{1}{64}(27,9,9,9,3,3,3,1)$.

▷ **5** Konstruiere einen Code $C \subseteq \{0,1\}^6$ mit $|C| = 5$, der einen Fehler korrigiert. Geht es auch mit $C \subseteq \{0,1\}^5$, $|C| = 5$?

6 Zeige, dass für einen 2-fehlerkorrigierenden Code $C \subseteq \{0,1\}^8$ gilt $|C| \leq 4$. Gibt es einen solchen Code?

▷ **7** Es sei $M(n,d) = M(n,d;2)$. Zeige: a. $M(n,2d-1) = M(n+1,2d)$. b. $M(n,d) \leq 2M(n-1,d)$.

8 Ein Code $C \subseteq GF(3)^6$ ist durch die Kontrollmatrix

$$H = \begin{pmatrix} 2 & 0 & 1 & 1 & 0 & 0 \\ 1 & 2 & 0 & 0 & 1 & 0 \\ 0 & 2 & 2 & 0 & 0 & 1 \end{pmatrix}$$

gegeben. Bestimme eine Generatormatrix G und codiere die Nachrichten 102, 101, 210, 122.

9 Betrachte den binären Code C gegeben durch die Kontrollmatrix

$$H = \begin{pmatrix} 1 & 1 & 0 & 0 & 1 & 0 & 0 \\ 0 & 0 & 1 & 1 & 0 & 1 & 0 \\ 1 & 1 & 1 & 1 & 0 & 0 & 1 \end{pmatrix}.$$

Ist C 1-fehlerkorrigierend? Stelle eine Liste der Syndrome auf und decodiere die folgenden Wörter: 0110111, 0111000, 1101011, 1111111.

▷ **10** Es sei C der Fano-Code. Angenommen, jedes Symbol wird mit Wahrscheinlichkeit p falsch übertragen. Was ist die Wahrscheinlichkeit, dass ein empfangenes Wort korrekt decodiert wird?

11 Sei $C \in \mathcal{C}(n,2t;2)$. Dann existiert ein weiterer Code $C' \in \mathcal{C}(n,2t;2)$, in dem alle Codewörter gerades Gewicht haben.

12 Zeige, dass in einem binären linearen Code entweder alle Codewörter gerades Gewicht haben oder die Hälfte gerades Gewicht und die andere Hälfte ungerades Gewicht.

13 Sei q Primzahlpotenz und $1 + n(q-1) | q^n$. Zeige, dass $1 + n(q-1) = q^r$ ist.

14 Beweise ausführlich, dass in der Kontrollmatrix der Reed–Solomon Codes je $d-1$ Spalten linear unabhängig sind.

▷ **15** Zeige, dass der lineare Code über $GF(3)$ mit Generatormatrix

$$\begin{pmatrix} 0\,1\,1\,2 \\ 1\,0\,1\,1 \end{pmatrix}$$

1-perfekt ist.

16 Seien C_1, C_2 zwei zyklische Codes über $GF(q)$ mit Generatorpolynomen $g_1(x)$, $g_2(x)$. Zeige: $C_1 \subseteq C_2 \iff g_2(x) | g_1(x)$.

▷ **17** Sei C ein binärer zyklischer Code, der ein Codewort ungeraden Gewichts enthält. Dann ist $(1,1,\ldots,1) \in C$.

18 Eine Quelle sendet 10 Signale aus, von denen zwei mit Wahrscheinlichkeit $0,14$ und acht mit Wahrscheinlichkeit $0,09$ auftreten. Bestimme $\overline{L}(C)$ über dem Alphabet $\{0,1,2\}$ bzw. $\{0,1,2,3\}$.

▷ **19** Angenommen, eine Quelle sendet n Signale mit einer gewissen Verteilung $(p_1,\ldots,p_n)$. Zeige, dass die Längen $\ell_1,\ldots,\ell_n$ der Codewörter in einem optimalen Code über $\{0,1\}$ stets $\sum_{i=1}^n \ell_i \le \frac{n^2+n-2}{2}$ erfüllen, und dass Gleichheit für gewisse Verteilungen gilt. Hinweis: Analysiere den Huffman-Algorithmus.

20 Zeige analog zur vorigen Übung, dass stets $\sum_{i=1}^n \ell_i \ge n \lg n$ gilt. Kann hier Gleichheit gelten?

▷ **21** Sei $\kappa : X \to A^*$ eine Quellencodierung. Wir erweitern κ zu $\kappa^* : X^* \to A^*$ mittels $\kappa^*(x_1x_2\ldots x_k) = \kappa(x_1)\kappa(x_2)\ldots\kappa(x_k)$. Der Code $C = \kappa(X)$ heißt *eindeutig decodierbar*, falls κ^* injektiv ist. Anders ausgedrückt: Aus $\boldsymbol{v}_1\ldots\boldsymbol{v}_s = \boldsymbol{w}_1\ldots\boldsymbol{w}_t$ mit $\boldsymbol{v}_i, \boldsymbol{w}_j \in C$ folgt $s = t$ und $\boldsymbol{v}_i = \boldsymbol{w}_i$ für alle i. Zeige die Verallgemeinerung der Kraftschen Ungleichung 9.2: Ist $|A| = q$, $C = \{\boldsymbol{w}_1,\ldots,\boldsymbol{w}_n\}$ eindeutig decodierbar, so gilt $\sum_{i=1}^n q^{-\ell(\boldsymbol{w}_i)} \le 1$. Hinweis: Betrachte die Anzahl $N(k,\ell)$ der Codewörter $\boldsymbol{w}_{i_1}\ldots\boldsymbol{w}_{i_k} \in C^k$ mit Gesamtlänge ℓ.

22 Es sei $A = \{1,\ldots,n\}$ und orthogonale Lateinische Quadrate $L_1,\ldots,L_t$ gegeben. Konstruiere den folgenden Code $C \subseteq A^{t+2}$. Das Codewort $\boldsymbol{c}_{ij}$ ist $\boldsymbol{c}_{ij} = \big(i,j,L_1(i,j),\ldots, L_t(i,j)\big)$, also $|C| = n^2$. Zeige, dass $t+1$ die minimale Distanz ist.

▷ **23** Die Hamming-Schranke besagt $M(n,2t+1;q) \le q^n / \sum_{i=0}^t \binom{n}{i}(q-1)^i$. Sei q Primzahlpotenz. Zeige umgekehrt, dass aus $\sum_{i=0}^{2t-1}\binom{n-1}{i}(q-1)^i < q^{n-k}$ die Existenz eines linearen (n,k)-Codes C über $GF(q)$ mit $d(C) \ge 2t+1$ folgt. Hinweis: Benutze Satz 13.2 und konstruiere sukzessive Vektoren aus $GF(q)^{n-k}$, von denen je $2t$ linear unabhängig sind.

24 Es sei $D = S_t(v,k)$ ein Steiner-System. Zeige, dass die Blöcke (geschrieben als $0,1$-Inzidenzvektoren) einen Code C mit $|C| = b$ und $d(C) \ge 2(k-t+1)$ ergeben.

▷ **25** Ein binärer linearer Code C heißt *selbst-dual*, falls $C = C^{\perp}$ ist. Angenommen der selbst-duale Code C hat eine Basis $\boldsymbol{g}_1,\ldots,\boldsymbol{g}_k$ mit $w(\boldsymbol{g}_i) \equiv 0 \pmod 4$ für alle i. Zeige, dass dann $w(\boldsymbol{c}) \equiv 0 \pmod 4$ für alle $\boldsymbol{c} \in C$ gilt.

26 Sei H_r der Hamming-Code mit Parametern $n = 2^r - 1$, $k = 2^r - 1 - r$, $d = 3$, und addiere eine Parity-Check-Spalte am Ende (so dass alle Codewörter gerade viele 1'en enthalten). Der neue Code sei $\hat{H}_r$. Zeige: a. Die Codewörter in H_r vom Gewicht 3, aufgefasst als Inzidenzvektoren der Mengen der 1'en, bilden ein Steiner-System $S_2(2^r-1,3)$, b. die Codewörter in $\hat{H}_r$ vom Gewicht 4 ein Steiner-System $S_3(2^r,4)$.

27 Berechne die Anzahl der Codewörter in H_r vom Gewicht 3 und die Anzahl der Codewörter in $\hat{H}_r$ vom Gewicht 4 aus der vorigen Übung.

▷ **28** Sei $C \in \mathcal{C}(n,d;2)$, $|C| = M$. Zeige: $\binom{M}{2}d \le \sum_{i,j}\Delta(\boldsymbol{c}_i,\boldsymbol{c}_j) \le \frac{nM^2}{4}$, wobei die Summation über alle Paare $\boldsymbol{c}_i,\boldsymbol{c}_j \in C$ läuft. Hinweis: Betrachte die $M \times n$-Matrix mit den Codewörtern als Zeilen.

29 Folgere aus der vorigen Übung mit $M(n,d) = M(n,d;2)$: a. $M(n,d) \le 2\lfloor\frac{d}{2d-n}\rfloor$, d gerade, $2d > n$, b. $M(2d,d) \le 4d$, c. $M(n,d) \le 2\lfloor\frac{d}{2d+1-n}\rfloor$, d ungerade, $2d+1 > n$, d. $M(2d+1,d) \le 4d+4$.

▷ **30** Gegeben k und $d \ge 2$. $N(k,d;q)$ bezeichne das kleinste n, so dass ein linearer (n,k)-Code über $GF(q)$ existiert. Zum Beispiel besagt (2) in Abschnitt 13.4: $N(k,d;q) \ge d + k - 1$. Das folgende Ergebnis verbessert dies. Zeige: $N(k,d;q) \ge d + N(k-1,\lceil\frac{d}{q}\rceil;q)$ und folgere $N(k,d;q) \geq d + \lceil \frac{d}{q} \rceil + \ldots + \lceil \frac{d}{q^{k-1}} \rceil$. Hinweis: Betrachte eine Generatormatrix G mit erster Zeile $(c_1, \ldots, c_d, 0, \ldots, 0)$, $c_i \neq 0$.

31 Bestimme die größtmögliche Dimension k eines binären Codes C der Länge n mit $d(C) = 1, 2$ und 3.

▷ **32** Die nächsten Übungen behandeln allgemein perfekte Codes. Es sei C ein t-perfekter Code, $C \subseteq \{0,1\}^n$. $\hat{C}$ entstehe aus C durch Hinzufügen einer Parity-Check-Spalte. Zeige: Die Codewörter in C vom Gewicht $2t+1$ bilden ein Steiner-System $S_{t+1}(n, 2t+1)$ und die Codewörter aus $\hat{C}$ vom Gewicht $2t+2$ ein Steiner-System $S_{t+2}(n+1, 2t+2)$. Sei h_{2t+1} die Anzahl der Codewörter vom Gewicht $2t+1$ in C. Zeige $h_{2t+1}\binom{2t+1}{t+1} = \binom{n}{t+1}$. Hinweis: Betrachte die Kugeln $B_t(\boldsymbol{a})$ mit $\boldsymbol{a} \in C$.

33 Folgere aus der vorigen Übung, dass aus der Existenz eines t-perfekten Codes $C \subseteq \{0,1\}^n$ folgt $\binom{n-i}{t+1-i} \equiv 0 \pmod{\binom{2t+1-i}{t+1-i}}$ für $i = 0, \ldots, t+1$, insbesondere also $n + 1 \equiv 0 \pmod{t+1}$.

▷ **34** Für 2-perfekte Codes $C \subseteq \{0,1\}^n$ gilt laut Satz 13.1, $|C|(1 + n + \binom{n}{2}) = 2^n$, also $n^2 + n = 2^{r+1} - 2$ für ein r. Zeige, dass aus dieser Gleichung $(2n+1)^2 = 2^{r+3} - 7$ folgt. Aus der Zahlentheorie weiß man, dass die Gleichung $x^2 + 7 = 2^m$ genau die Lösungen $x = 1, 3, 5, 11$ und 181 besitzt. Diskutiere diese Fälle und zeige, dass es bis auf den linearen Wiederholungscode keine weiteren 2-perfekten Codes gibt.

35 Zeige, dass es keinen 1-perfekten Code C mit $n = 7$, $q = 6$ gibt. Hinweis: Zeige, dass jedes 5-Tupel $(a_1, \ldots, a_5) \in A^5$, $|A| = 6$, genau einmal in einem Codewort vorkommt, und dass daraus die Existenz zweier orthogonaler Lateinischer Quadrate der Ordnung 6 resultieren würde.

▷ **36** Eine weitere interessante Klasse von Codes wird durch Hadamard-Matrizen erzeugt. Eine *Hadamard-Matrix* der Ordnung n ist eine $n \times n$-Matrix mit ± 1-Einträgen, für die $HH^T = nE_n$ gilt (E_n = Einheitsmatrix). Zeige: a. Falls eine Hadamard-Matrix der Ordnung n existiert, so ist $n = 1, 2$ oder $n \equiv 0 \pmod 4$. b. Ist H Hadamard-Matrix, so auch H^T. c. Ist H_n eine Hadamard-Matrix der Ordnung n, so ist $H_{2n} = \begin{pmatrix} H_n & H_n \\ H_n & -H_n \end{pmatrix}$ eine solche der Ordnung $2n$. d. Folgere, dass Hadamard-Matrizen für alle $n = 2^k$ existieren.

37 Eine Hadamard-Matrix mit lauter 1'en in der ersten Zeile und ersten Spalte heißt *normalisiert.* Zeige, dass die Existenz einer normalisierten Hadamard-Matrix der Ordnung $n = 4t \geq 8$ äquivalent ist zur Existenz eines Blockplans mit Parametern $v = b = 4t - 1$, $k = r = 2t - 1$, $\lambda = t - 1$. Hinweis: Ersetze die -1'en durch 0'en und entferne die erste Zeile und Spalte.

▷ **38** Sei H eine normalisierte Hadamard-Matrix der Ordnung $n \geq 4$. Konstruiere daraus Codes A, B, C mit $A \subseteq \{0,1\}^{n-1}$, $|A| = n$, $d(A) = \frac{n}{2}$; $B \subseteq \{0,1\}^{n-1}$, $|B| = 2n$, $d(B) = \frac{n}{2} - 1$; $C \subseteq \{0,1\}^n$, $|C| = 2n$, $d(C) = \frac{n}{2}$. Wie sehen B und C für $n = 8$ aus?

39 Es seien C_1, C_2 fehlerkorrigierende Codes der Länge n über $\{0,1\}$, $|C_1| = m_1$, $|C_2| = m_2$, $d(C_1) = d_1$, $d(C_2) = d_2$. Der Code $C_3 = C_1 * C_2$ ist definiert durch $C_3 = \{(\boldsymbol{u}, \boldsymbol{u} + \boldsymbol{v}) : \boldsymbol{u} \in C_1, \boldsymbol{v} \in C_2\}$. C_3 ist also ein Code der Länge $2n$ mit $|C_3| = m_1 m_2$. Zeige $d(C_3) = \min(2d_1, d_2)$.

▷ **40** Zu jedem $m \in \mathbb{N}$ und $0 \leq r \leq m$ definieren wir den Code $C(r,m)$ über $\{0,1\}$ der Länge 2^m rekursiv. Es ist $C(0,m) = \{\boldsymbol{0}, \boldsymbol{1}\}$, $C(m,m)$ = Menge aller 0,1-Wörter der Länge 2^m, und $C(r+1, m+1) = C(r+1, m) * C(r, m)$, wobei $*$ wie in der vorigen Übung definiert ist. Beispiel: $m = 1$, $C(0,1) = \{00, 11\}$, $C(1,2) = C(1,1) * C(0,1) = \{0000, 0011, 1010, 1001, 0101, 0110, 1111, 1100\}$. Die Codes $C(r,m)$ heißen *Reed-Muller*

Codes. Beweise: $|C(r,m)| = 2^a$ mit $a = \sum_{i=0}^{r} \binom{m}{i}$, $d(C(r,m)) = 2^{m-r}$. Der Code $C(1,5)$ wurde von der NASA bei ihren Raumfahrten verwendet.

41 Das Kroneckerprodukt $A \Box B$ zweier Matrizen ist

$$\begin{pmatrix} a_{11}B & a_{12}B \dots \\ \vdots & \\ a_{m1}B & \dots \end{pmatrix}.$$

Zeige, dass der Reed-Muller-Code $C(1,m)$ gleich dem Hadamard-Code C aus Übung 38 ist, wobei die Hadamard-Matrix H gleich dem m-fachen Koneckerprodukt von $\begin{pmatrix} 1 & 1 \\ 1 & -1 \end{pmatrix}$ ist.

▷ **42** Sei C ein binärer 3-perfekter Code der Länge $n = 7$. Die notwendige Bedingung lautet: $1 + n + \binom{n}{2} + \binom{n}{3} = 2^r$. Zeige, dass abgesehen vom Wiederholungscode ($n = 7, r = 6$) nur $n = 23$ mit $r = 11$ möglich ist. Hinweis: Schreibe die Bedingung in der Form $(n+1)(n^2 - n + 6) = 3.2^{r+1}$ und diskutiere die möglichen Teiler von $n+1$.

43 Die nächsten beiden Übungen zeigen, dass für $n = 23$ tatsächlich ein 3-perfekter binärer Code existiert, der sogenannte Golay-Code G_{23}. Sei Ik

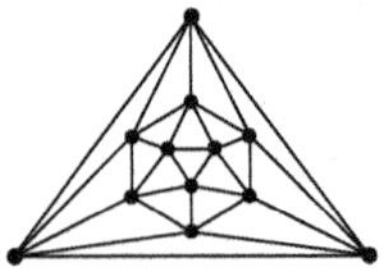

der Ikosaeder-Graph, A die Adjazenzmatrix von Ik, und B die 12×12-Matrix, die aus A durch $0 \longleftrightarrow 1$ entsteht. Zeige: $G = (E_{12}, B)$ ist Generatormatrix eines selbst-dualen Codes G_{24}, dessen Codewörter alle Gewicht $\equiv 0 \pmod 4$ haben. Hinweis: Zeige aus den Eigenschaften von Ik, dass je zwei Zeilen von B aufeinander senkrecht stehen (über $GF(2)$) und verwende Übung 25.

▷ **44** Zeige, dass für alle $\mathbf{0} \neq \mathbf{c} \in G_{24}$, $w(\mathbf{c}) \geq 8$ gilt. Folgere, dass der Code G_{23}, der durch Streichung einer Koordinate entsteht, 3-perfekt ist. Übrigens gibt es abgesehen vom Wiederholungscode keine t-perfekten Codes für $t \geq 4$.

45 Konstruiere aus G_{23} und G_{24} Steiner-Systeme $S_4(23,7)$ und $S_5(24,8)$.

46 Zeige, dass der duale Code eines zyklischen Codes wieder zyklisch ist.

14 Kryptographie

14.1 Kryptosysteme

Wir wenden uns nun dem zweiten Aspekt der Kanalcodierung zu – Geheimhaltung von Nachrichten. Man *codiere* (oder verschlüssele) einen **Text** T in der Form $c(T)$. Zu c gibt es eine Abbildung d, die wir wiederum *Decodierung* nennen, so dass $d(c(T)) = T$ gilt. $C = c(T)$ heißt das **Kryptogramm** (oder Geheimtext). Unsere Aufgabe besteht darin, das Kryptogramm so zu entwerfen, dass es von niemandem (außer dem Empfänger) entschlüsselt werden kann. Der Fehleraspekt spielt hier keine Rolle, wir nehmen an, dass eine Sendung stets fehlerfrei beim Empfänger ankommt.

In der Praxis ist c eine Abbildung, die von einer Anzahl Parametern k, den **Schlüsseln** (keys) abhängt. Formal ist also ein **Kryptosystem** ein Tripel $(\mathcal{T}, \mathcal{C}, \mathcal{K})$, $\mathcal{T} =$ Menge der Texte, $\mathcal{C} =$ Kryptogramme, $\mathcal{K} =$ Schlüsselmenge zusammen mit zwei Abbildungen $c : \mathcal{T} \times \mathcal{K} \longrightarrow \mathcal{C}$, $d : \mathcal{C} \times \mathcal{K} \longrightarrow \mathcal{T}$, welche für jedes Paar (T, k)

$$d(c(T, k), k) = T$$

erfüllen. Wir haben somit folgende Situation:

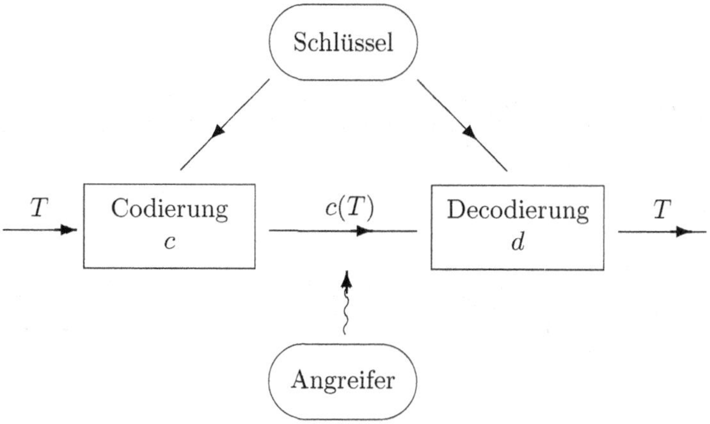

Geheime Codes hat es zu allen Zeiten gegeben – ihre Bedeutung für den militärischen Nachrichtenverkehr oder allgemein für die Datensicherheit liegt auf der Hand. Eine der ältesten Verschlüsselungen wird traditionell Caesar zugeschrieben. Jeder Buchstabe des Textes wird um eine Stelle weitergerückt (mod 26). Wir können aber auch um 4 oder allgemein k Stellen weiterrücken oder eine Kombination verwenden. Die Schlüsselmenge $\mathcal{K}$ ist in diesem Fall also $\{0, 1, \ldots, 25\}$.

Verwenden wir beispielsweise abwechselnd die Schlüssel 1 und 4, so wird aus

$$T \;=\; \text{KOMME} \quad \text{MORGEN} \quad \text{ZURUECK}$$

das Kryptogramm

$$c(T) \;=\; \text{LSNQF} \quad \text{QPVHIO} \quad \text{DVVVIDO}\,.$$

Man kann sich unschwer weitere Varianten dieser Methode ausdenken: Permutationen der Buchstaben oder andere Substitutionen, mehr darüber in den Übungen.

Eine schon etwas ausgefeiltere Methode benutzt Matrizen. Wir repräsentieren die Buchstaben A–Z als die Zahlen 0–25, und den Zwischenraum, Komma und Punkt als 26, 27, 28. Nun rechnen wir modulo der Primzahl $p = 29$. Eine andere Möglichkeit benutzt 0–9 für die gewöhnlichen Ziffern, 10 für den Zwischenraum und 11–36 für die Buchstaben, und wir arbeiten mod 37. Es ist günstig, eine Primzahl p als Gesamtzahl der Symbole zu nehmen, da das Rechnen in $\mathbb{Z}_p$ ja besonders einfach ist.

Nun zerlegen wir den Text T in Blöcke $\boldsymbol{x}_1, \ldots, \boldsymbol{x}_k$ der Länge n, wählen eine invertierbare Matrix A (über $\mathbb{Z}_p$) und verschlüsseln $\boldsymbol{x}$ in $c(\boldsymbol{x}) = A\boldsymbol{x}$. Die Decodierung erfolgt mit Hilfe der inversen Matrix $\boldsymbol{y} \to d(\boldsymbol{y}) = A^{-1}\boldsymbol{y}$. Mit dem 29-Alphabet und Blocklänge $n = 3$ sei z. B.

$$A = \begin{pmatrix} 2 & 0 & 21 \\ 5 & 4 & 1 \\ 3 & 3 & 7 \end{pmatrix}.$$

Die Nachricht KOMME MORGEN wird geschrieben als

$$10\ 14\ 12 \mid 12\ 4\ 26 \mid 12\ 14\ 17 \mid 6\ 4\ 13$$

und aus

$$\begin{pmatrix} 2 & 0 & 21 \\ 5 & 4 & 1 \\ 3 & 3 & 7 \end{pmatrix} \begin{pmatrix} 10 & 12 & 12 & 6 \\ 14 & 4 & 14 & 4 \\ 12 & 26 & 17 & 13 \end{pmatrix} = \begin{pmatrix} 11 & 19 & 4 & 24 \\ 2 & 15 & 17 & 1 \\ 11 & 27 & 23 & 5 \end{pmatrix}$$

entsteht das Kryptogramm

$$\begin{aligned} & 11\ 2\ 11 \mid 19\ 15\ 27 \mid 4\ 17\ 23 \mid 24\ 1\ 5 \\ = \; & \text{L C L T P, E R X Y B F}\,. \end{aligned}$$

Alle diese Verschlüsselungen werden uns nicht sehr sicher vorkommen (und sie sind es auch nicht), aber was heißt „Sicherheit"? Gibt es insbesondere ein System mit perfekter Sicherheit?

Dazu müssen wir uns zunächst in die Rolle des Angreifers versetzen und möglichst realistische Annahmen treffen. Der Angreifer weiß wie die Codierung c funktioniert und verfügt außerdem über weitere Informationen, wie etwa Buchstabenhäufigkeit oder worum es sich inhaltlich bei bei dem Text handeln könnte. Was ihm fehlt, ist die Kenntnis der Schlüssel. Drei mögliche Attacken (mit ansteigender Gefährlichkeit) kann man sich vorstellen:

A. Der Angreifer kennt nur das Kryptogramm $c(T)$ und will daraus auf den Text schließen.
B. Eine realistischere Variante besagt, dass der Angreifer einen längeren Text T *zusammen* mit dem zugehörigen Kryptogramm $c(T)$ kennt. Daraus will er die Schlüssel ermitteln.
C. Noch brisanter wird es, wenn vom Angreifer angenommen wird, dass er eine Anzahl von Paaren $(T, c(T))$ *seiner Wahl* in die Hände bekommt.

Betrachten wir die Substitionsmethode, in der der Schlüssel eine Permutation π der 26 Buchstaben ist, also aus X wird πX. Mit Variante C) hat der Gegener leichtes Spiel, er muss nur ein Stück Text T mit $c(T)$ vergleichen, in dem alle Buchstaben vorkommen. Mit B) sieht es indes anders aus. Falls der Angreifer nur die sinnlose Nachricht $A\ A \ldots A$ samt Kryptogramm $\pi A\ \pi A \ldots \pi A$ abfängt, so wird ihm das nichts nützen, auch wenn der Text noch so lang ist. Aber natürlich wird er auch hier (und ebenso bei Variante A) aufgrund der Buchstabenhäufigkeiten das System knacken können. Hier spielen also Wahrscheinlichkeiten eine Rolle und dies führt geradewegs zur Frage, was perfekte Sicherheit bedeutet.

Es sei das Kryptosystem $(\mathcal{T}, \mathcal{C}, \mathcal{K})$ gegeben, wobei $\mathcal{T} = \{T_1, T_2, \ldots, T_n\}$ endlich ist. Wir setzen voraus, dass die Wahrscheinlichkeiten $p_i = p(T_i)$ existieren, dass T_i gesendet worden ist, wobei wir stets $p_i > 0$ annehmen. Ferner sei $p(k_j)$ die Wahrscheinlichkeit, dass der Schlüssel k_j benutzt wurde. Die folgende Definition, die auf Shannon zurückgeht, ist intuitiv plausibel.

Definition. Das System $(\mathcal{T}, \mathcal{C}, \mathcal{K})$ hat **perfekte Sicherheit**, falls für alle $T \in \mathcal{T}$, $C \in \mathcal{C}$

(1) $$p(T|C) = p(T)$$

gilt, wobei $p(T|C)$ die bedingte Wahrscheinlichkeit ist.

Mit anderen Worten: Die Kenntnis des Kryptogramms C sagt absolut nichts darüber aus, welcher Text T gesendet wurde. Aus

$$p(C|T) = \frac{p(C \wedge T)}{p(T)} = \frac{p(T|C)p(C)}{p(T)}$$

folgt sofort die äquivalente Bedingung

(2) $$p(C|T) = p(C) \text{ für alle } T \in \mathcal{T}, C \in \mathcal{C}\,.$$

Perfekte Sicherheit ist natürlich erstrebenswert, aber gibt es überhaupt solche Systeme? Das klassische Beispiel, das **one-time pad**, geht auf Vernam zurück. Es funktioniert folgendermaßen. Wir nehmen das übliche 26-Alphabet $A - Z$ dargestellt als $0-25$, und betrachten einen Text $T = x_1 x_2 \ldots x_n$. Um T zu verschlüsseln, erzeugen wir eine *zufällige* Folge $\boldsymbol{z} = z_1 z_2 \ldots z_n$ aus $\{0, 1, \ldots, 25\}$, wobei jede Zahl unabhängig und mit Wahrscheinlichkeit $\frac{1}{26}$ gezogen wird, $\boldsymbol{z}$ ist der Schlüssel. Das Kryptogramm C wird nun definiert durch

$$C = c(T, \boldsymbol{z}) = y_1 y_2 \ldots y_n$$

mit $y_i = x_i + z_i \pmod{26}$ für alle i. Die Decodierung ist dann $d(y_i) = y_i - z_i$.

Offenbar sind alle 26^n Kryptogramme C gleichwahrscheinlich, also $p(C) = \frac{1}{26^n}$, und ebenso gilt $p(C|T) = \frac{1}{26^n}$, da ja jeder einzelne Buchstabe y_i in C mit Wahrscheinlichkeit $\frac{1}{26}$ aus x_i erzeugt wird. Also gewährleistet das one-time pad perfekte Sicherheit. Da wir jedesmal eine neue Schlüsselfolge bilden, erklärt sich der Name one-time pad.

So beruhigend dieses Verfahren ist, es hat enorme Nachteile. Der Schlüssel ist genau so lang wie der Text, und außerdem muss der gesamte Schlüssel vorher dem Empfänger übermittelt werden, was neue Unsicherheit mit sich bringt. Und auch auf der mathematischen Seite gibt es einen schwerwiegenden Einwand: Niemand weiß, wie man solche Zufallsfolgen tatsächlich erzeugt. Man wird sich auf sogenannte **Pseudo-Zufallsfolgen** beschränken müssen, die annähernd die gewünschten Eigenschaften aufweisen, und es ist nicht klar, ob ein solches System ähnliche Sicherheit garantiert. Zu dem faszinierenden Gebiet der Pseudo-Zufallsgeneratoren sei auf die Literatur verwiesen. Trotz all dieser Vorbehalte wurde das one-time pad angeblich für die Kommunikation Washington-Moskau über das Rote Telefon verwendet.

14.2 Lineare Schieberegister

Wir wollen uns nun ein Beispiel eines solchen Zahlengenerators ansehen, das die Querverbindungen zwischen Diskreter Mathematik und Algebra auf schönste illustriert.

Wir arbeiten über dem endlichen Körper $K = GF(q)$. Ein **lineares Schieberegister** ist eine Folge von n Registern $R_1, \ldots, R_n$ zusammen mit n Elementen $c_1, \ldots, c_n$ aus K. Die Figur zeigt die Funktion des Schieberegisters:

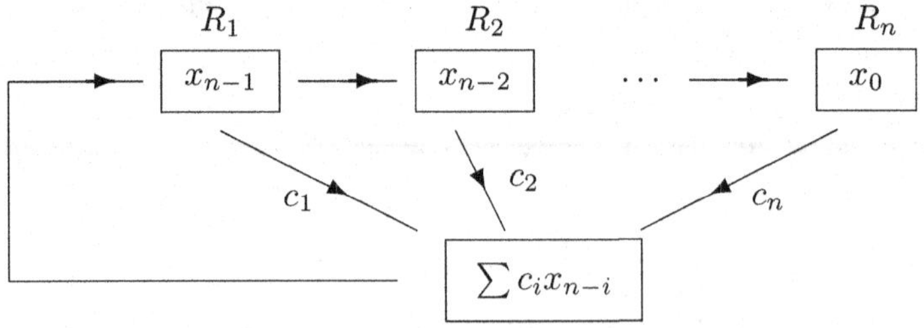

Das heißt, sind die Register anfänglich mit $\boldsymbol{x}(0) = (x_{n-1}(0), \ldots, x_0(0))$ belegt, so ist nach Ausführung des Schieberegisters der neue Vektor

$$\boldsymbol{x}(1) = (\sum_{i=1}^{n} c_i x_{n-i}(0), x_{n-1}(0), \ldots, x_1(0)),$$

und allgemein haben wir

$$(1) \qquad \boldsymbol{x}(t+1) = (\sum_{i=1}^{n} c_i x_{n-i}(t), x_{n-1}(t), \ldots, x_1(t)).$$

Wir setzen immer $c_n \neq 0$ voraus, da ansonsten das letzte Register überflüssig ist. Warum wir die Indizes $x_{n-1}, \ldots, x_0$ von links nach rechts wählen, wird sofort klar werden.

Starten wir mit einem beliebigen Input-Vektor $\boldsymbol{s} = (s_{n-1}, \ldots, s_0)$, so ergibt eine einmalige Anwendung ein neues Element s_n im ersten Register, die anderen werden verschoben, dann erhalten wir ein neues Element s_{n+1} in R_1, usf. Das Schieberegister, bestimmt durch $c_1, \ldots, c_n$, determiniert zusammen mit dem Input-Vektor $\boldsymbol{s}$ also die **Registerfolge** $(s_0, s_1, s_2, \ldots)$, und das ist die Folge, die uns interessiert.

Nun, das sollte uns bekannt vorkommen. Ein lineares Schieberegister mit n Registern ist nicht anderes als eine *Rekursion* der Länge n mit den konstanten Koeffizienten $c_1, \ldots, c_n$, die wir in Kapitel 3 ausführlich diskutiert haben. Nach Definition (1) gilt ja

$$(2) \qquad s_{i+n} = c_1 s_{i+n-1} + c_2 s_{i+n-2} + \ldots + c_n s_i \quad (i \geq 0)$$

und jetzt ist klar, warum wir die Indizes so gewählt haben. Gleichung (2) entspricht der Rekursionsgleichung A1) in Satz 3.1. Bringen wir alles auf eine Seite, so erhalten wir das Polynom $f(x) = x^n - c_1 x^{n-1} - \ldots - c_n$, das dem reflektierten Polynom $q^R(x)$ in Satz 3.1 entspricht. $f(x)$ heißt das **charakteristische Polynom** des Schieberegisters. Die Bedingung $c_n \neq 0$ bedeutet also $f(0) \neq 0$. Verwenden wir die Äquivalenz von A1) und A2) in Satz 3.1 (die natürlich auch für endliche Körper richtig ist), so erhalten wir:

Ist $S(x) = \sum_{k \geq 0} s_k x^k$ die erzeugende Funktion der Registerfolge (s_k), so gilt

$$(3) \qquad S(x) = \sum_{k \geq 0} s_k x^k = \frac{g(x)}{f(x)}, \quad \text{Grad } g < n,$$

wobei $g(x)$ durch die Input-Folge $\boldsymbol{s} = (s_{n-1}, \ldots, s_0)$ bestimmt ist. Aus der Äquivalenz von A1) und A2) folgt auch die Umkehrung: Zu jedem Polynom $g(x)$ mit Grad $g < n$ ist $S(x) = \frac{g(x)}{f(x)}$ die erzeugende Funktion einer Registerfolge, und zu jedem der q^n möglichen Input-Vektoren gehört genau ein Polynom $g(x)$.

Schön, das ist also nichts Neues, aber für *endliche* Körper tritt nun ein weiteres Phänomen hinzu: Alle Registerfolgen (s_k) sind periodisch! Das sieht man auf folgende Weise. Es sei A die $n \times n$ Matrix über K

$$A = \begin{pmatrix} c_1 & c_2 & \dots & & c_n \\ 1 & 0 & \dots & & 0 \\ \vdots & 1 & & & \vdots \\ \vdots & & \ddots & & \vdots \\ 0 & \dots & & 1 & 0 \end{pmatrix},$$

dann ist ein Schieberegistertakt durch $\boldsymbol{x} \longrightarrow A\boldsymbol{x}$ beschrieben. A ist eine invertible Matrix, da $\det A = (-1)^{n-1}c_n \neq 0$ ist. Ist der Input-Vektor $\boldsymbol{s} = \boldsymbol{0}$, so erhalten wir natürlich die Nullfolge. Wir setzen im Folgenden also stets $\boldsymbol{s} \neq \boldsymbol{0}$ voraus. Die Aktion des Schieberegisters ergibt somit die Vektoren

$$\boldsymbol{s}, A\boldsymbol{s}, A^2\boldsymbol{s}, \dots, A^i\boldsymbol{s}, \dots$$

Nun gibt es in K^n $q^n - 1$ Vektoren $\neq \boldsymbol{0}$, also muss es früher oder später ein Paar $i < j$ geben mit $A^i\boldsymbol{s} = A^j\boldsymbol{s}$, d. h. $A^t\boldsymbol{s} = \boldsymbol{s}$ mit $t = j - i$. Die Folge der Vektoren ist somit von der Form

$$\boldsymbol{s}, A\boldsymbol{s}, \dots, A^{t-1}\boldsymbol{s}, \boldsymbol{s}, A\boldsymbol{s}, \dots,$$

sie wiederholt sich periodisch nach jeweils t Schritten. Und dasselbe gilt dann natürlich auch für die Registerfolge (s_k):

$$s_{k+t} = s_k \quad (k \geq 0) \text{ mit } t \leq q^n - 1\,.$$

Fassen wir zusammen: Zu *jedem* Input-Vektor $\boldsymbol{s}$ ist die Registerfolge $(s_0, s_1, s_2, \dots)$ periodisch. Hat (s_k) die Periode t, dann ist auch jedes Vielfache von t eine Periode. Was uns interessiert, ist daher die *kleinste* Periode p, die wir mit $\mathrm{per}(\boldsymbol{s})$ bezeichnen.

Diese kleinste Periode kann durchaus von $\boldsymbol{s}$ abhängen, wie das folgende Beispiel zeigt. Es sei $K = GF(2)$, $n = 4$, $c_1 = c_2 = c_3 = 0$, $c_4 = 1$. Dann erhalten wir für die Input-Vektoren $(1,1,1,1)$, $(1,0,1,0)$, $(1,1,1,0)$:

0 0 0 1	0 0 0 1	0 0 0 1
1 1 1 1	1 0 1 0	1 1 1 0
....	0 1 0 1	0 1 1 1
1 1 1 1	....	1 0 1 1
	1 0 1 0	1 1 0 1
		....
		1 1 1 0
per = 1	per = 2	per = 4

Probiert man alle anderen Vektoren aus, so stellt man fest, dass die Periodenlänge immer höchstens 4 ist, während maximal ja $2^4 - 1 = 15$ möglich wäre. Welche Schieberegister haben nun die maximal mögliche Periode per $= q^n - 1$? Nun, eines ist klar: Falls $A^i\boldsymbol{s}$ durch alle $q^n - 1$ Vektoren $\neq \mathbf{0}$ läuft, bevor $A^{q^n}\boldsymbol{s} = \boldsymbol{s}$ wieder erscheint, so muss dies auch für *alle* anderen Inputs gelten – sie durchlaufen ja denselben Zyklus.

Beispiel. Sei wieder $K = GF(2)$ und die zwei Schieberegister gegeben durch $(c_1, c_2, c_3, c_4) = (1,0,0,1)$ bzw. $(1,0,1,1)$. Mit dem Input $(1,0,0,0)$ erhalten wir

1 0 0 1	1 0 1 1
1 0 0 0	1 0 0 0
1 1 0 0	1 1 0 0
1 1 1 0	1 1 1 0
1 1 1 1	0 1 1 1
0 1 1 1	0 0 1 1
⋮	0 0 0 1
	....
0 0 0 1	1 0 0 0
....	
1 0 0 0	
per = 15	per = 6

Im ersten Fall ergibt sich das Maximum per $= 2^4 - 1$, im zweiten Fall kann dies für keinen Input-Vektor auftreten. Warum dies so ist, können wir leicht mit erzeugenden Funktoren beantworten.

Hat die Folge (s_k) Periode t, so bedeutet dies für die erzeugende Funktion $S(x) = \sum\limits_{k\geq 0} s_k x^k$ ersichtlich

$$S(x) = (s_0 + s_1 x + \ldots + s_{t-1}x^{t-1})(1 + x^t + x^{2t} + \ldots),$$

also

$$S(x) = \frac{s(x)}{1 - x^t}, \quad \text{Grad } s(x) < t, \tag{4}$$

und umgekehrt hat die durch $S(x) = \frac{s(x)}{1-x^t}$ bestimmte Folge Periode t. Mit dieser einfachen Überlegung können wir sofort einen wichtigen Satz der Algebra herleiten.

Satz 14.1. *Sei $f(x) \in K[x]$ ein Polynom vom Grad n, $f(0) \neq 0$, dann gibt es ein $t \leq q^n - 1$ mit $f(x) | x^t - 1$. Gilt umgekehrt $f(x) | x^t - 1$, so hat das durch $f(x)$ bestimmte Schieberegister Periode t für jeden Input-Vektor $\boldsymbol{s}$.*

Beweis. Sei $S(x) = \frac{1}{f(x)}$, dann wissen wir, dass die Folge (s_k) eine gewisse Periode t hat. Nach (4) gilt somit

$$(5) \qquad S(x) = \frac{1}{f(x)} = \frac{s(x)}{1-x^t}$$

das heißt, $f(x)(-s(x)) = x^t - 1$ also $f(x)|x^t - 1$.

Ist umgekehrt $f(x)h(x) = x^t - 1$, so erhalten wir für einen beliebigen Input-Vektor $\boldsymbol{s}$

$$S(x) = \frac{g(x)}{f(x)} = \frac{g(x)h(x)}{x^t - 1} \text{ mit Grad } (gh) < t,$$

also hat (s_k) Periode t nach (4). ∎

Ähnlich zur Periode $\text{per}(\boldsymbol{s})$ definieren wir den *Exponenten* von f als $\exp(f) = \min(t : f(x)|x^t - 1)$. Der Satz besagt somit

$$(6) \qquad \text{per}(\boldsymbol{s}) \leq \exp(f) \leq q^n - 1 \text{ für alle } \boldsymbol{s} \in K^n \smallsetminus \boldsymbol{0}, \quad n = \text{Grad } f.$$

Noch etwas ist sofort ersichtlich. Ist f ein *irreduzibles* Polynom über $GF(q)$ (also nicht weiter zerlegbar) und $p = \text{per}(\boldsymbol{s})$, so haben wir laut (4) und (5)

$$S(x) = \frac{g(x)}{f(x)} = \frac{s(x)}{1-x^p}$$

also $f(x)s(x) = g(x)(1-x^p)$. Da f irreduzibel it, muss $f(x)$ entweder $g(x)$ oder $x^p - 1$ teilen, und dies kann wegen Grad $g < n$ nur $x^p - 1$ sein. Somit erhalten wir

Folgerung 14.2. *Ist $f(x)$ ein irreduzibles Polynom, so gilt* $\exp(f) = \text{per}(\boldsymbol{s})$ *für alle* $\boldsymbol{s} \in K^n \smallsetminus \boldsymbol{0}$.

Das letzte Resultat kann benutzt werden, um zu zeigen, dass ein Polynom $f(x)$ *nicht* irreduzibel ist. Man braucht nur zwei Input-Vektoren mit verschiedenen Perioden zu finden. Sei z. B. $K = GF(2)$, $f(x) = x^4 + x^2 + 1$, also $c_1 = c_3 = 1$, $c_2 = c_4 = 0$ (in $GF(2)$ ist $1 = -1$). Wir berechnen

0 1 0 1	0 1 0 1
0 0 0 1	0 1 1 0
1 0 0 0	1 0 1 1
0 1 0 0	1 1 0 1
1 0 1 0	....
0 1 0 1	0 1 1 0
0 0 1 0	
....	per = 3
0 0 0 1	
per = 6	

also ist x^4+x^2+1 nicht irreduzibel, es gilt $x^4+x^2+1=(x^2+x+1)^2$. Aus $x^6+1=(x^4+x^2+1)(x^2+1)$ sehen wir mit (6) $\mathrm{per}(\boldsymbol{s}) \le 6 = \exp(f)$ für alle $\boldsymbol{s}$.

Nun können wir unser Hauptergebnis mühelos beweisen.

Satz 14.3. *Sei ein Schieberegister R über $GF(q)$ mit charakteristischem Polynom $f(x)$ gegeben. Dann gilt:*

$$R \text{ hat maximale Periode } q^n-1 \iff f(x) \text{ ist irreduzibel mit } \exp(f)=q^n-1.$$

Beweis. Die Implikation $\Longleftarrow$ kennen wir schon. Ist umgekehrt $\mathrm{per}=q^n-1$, so gilt jedenfalls $\exp(f)=q^n-1$ wegen (6). Wäre $f(x)=h_1(x)h_2(x)$ mit Grad $h_i(x)=n_i<n$, so betrachten wir

$$S(x)=\frac{h_1(x)}{f(x)}=\frac{1}{h_2(x)}.$$

Die von $S(x)=\frac{h_1(x)}{f(x)}$ erzeugte Folge (s_k) hat Periode $\mathrm{per}=q^n-1$, andererseits sehen wir aus $S(x)=\frac{1}{h_2(x)}$ und (6), dass dieselbe Folge eine Periode $\le q^{n_2}-1<q^n-1$ hat, Widerspruch. ∎

Bemerkung. In der Algebra lernt man, dass es immer irreduzible Polynome $f(x)$ mit $\exp(f)=q^n-1$ gibt (sie heißen *primitive* Polynome) und dass ihre Anzahl gleich $\frac{\varphi(q^n-1)}{n}$ ist, wobei φ die Eulersche φ-Funktion ist. Folglich existieren für jedes n Schieberegister mit maximaler Periode q^n-1. Zum Beispiel gibt es für $q=2$, $n=3$ genau $\frac{\varphi(7)}{3}=2$ primitive Polynome, nämlich x^3+x+1 und x^3+x^2+1.

Werfen wir noch einen Blick auf die Verwendung von Schieberegisterfolgen als one-time pads. Sei $T=t_0t_1t_2\ldots$ eine Folge mit $t_i=GF(q)$ und $s_0s_1s_2\ldots$ eine Registerfolge. Wir verschlüsseln wie gewohnt $t_i \xrightarrow{c} t_i+s_i$ und decodieren $y_i \xrightarrow{d} y_i-s_i$. Wie sicher ist dieses System? Der Angreifer hat unter Annahme C) ein Textstück und das korrespondierende Kryptogramm seiner Wahl zur Verfügung und möchte daraus die Schlüssel $c_1,\ldots,c_n$ ermitteln. Wählt er $2n$ *aufeinanderfolgende* Symbole $s_k,\ldots,s_{k+2n-1}$ (die er wegen $s_i=y_i-t_i$ kennt), so erhält er $c_1,\ldots,c_n$ durch Auflösen des linearen Gleichungssystems

$$\begin{aligned}
s_{k+n} &= c_1s_{k+n-1} &&+\ldots+c_ns_k\\
s_{k+(n+1)} &= c_1s_{k+n} &&+\ldots+c_ns_{k+1}\\
&\vdots\\
s_{k+(2n-1)} &= c_1s_{k+(2n-2)} &&+\ldots+c_ns_{k+n-1}\,,
\end{aligned}$$

und das System ist geknackt.

Lineare Schieberegister sind also nicht besonders sicher, aber sie können verwendet werden, um auf elegante Weise zyklische Codes zu erzeugen. Es sei wie zuvor $K=GF(q)$ und

$$A = \begin{pmatrix} c_1 & & \cdots & & c_n \\ 1 & & & & 0 \\ & 1 & & & \vdots \\ 0 & & \ddots & 1 & 0 \end{pmatrix}$$

die Matrix des Registers, und $\boldsymbol{s}$ ein Input-Vektor $\neq \mathbf{0}$. Es sei nun $p = \text{per}(\boldsymbol{s})$ die Maximalperiode, und $\boldsymbol{s}, A\boldsymbol{s}, \ldots, A^{p-1}\boldsymbol{s}$ die Folge der Vektoren. Der Code $C \subseteq K^p$ sei durch die Kontrollmatrix

$$H = (A^{p-1}\boldsymbol{s},\ A^{p-2}\boldsymbol{s},\ \ldots,\ A\boldsymbol{s},\ \boldsymbol{s})$$

gegeben, das heißt

$$\boldsymbol{a} = (a_{p-1}, \ldots, a_0) \in C \Longleftrightarrow \sum_{i=0}^{p-1} a_i(A^i\boldsymbol{s}) = \mathbf{0}\ .$$

Multiplizieren wir diese Gleichung mit A, so erhalten wir

$$a_{p-2}(A^{p-1}\boldsymbol{s}) + \ldots + a_0(A\boldsymbol{s}) + a_{p-1}\boldsymbol{s} = \mathbf{0}\ ,$$

also $(a_{p-2}, \ldots, a_0, a_{p-1}) \in C$, und C ist zyklisch.

Beispiel. Nehmen wir ein Register über $GF(2)$ mit r Registern und maximaler Periode $2^r - 1$. Dann enthält H *alle* $2^r - 1$ Vektoren $\neq \mathbf{0}$ als Spalten, und es resultiert unser wohlbekannter binärer perfekter Hamming Code aus Abschnitt 13.4. Und damit ist auch bewiesen, dass alle diese Codes zyklisch sind.

14.3 Öffentliche Schlüsselsysteme

Wir haben im ersten Abschnitt Kryptosysteme und perfekte Sicherheit diskutiert und bemerkt, dass niemand weiß, wie dies in der Praxis realisiert werden soll. Wir werden also etwas bescheidener „sicher" auf „schwer zu knacken" abändern. Dazu bedienen wir uns der Begriffe „leicht" und „schwer" aus unserer Diskussion über die Komplexität algorithmischer Probleme in Abschnitt 8.5.

Unsere Aufgabe besteht ja darin, eine Codierung c zu finden, so dass aus der Kenntnis des Kryptogrammes $c(T)$ nicht auf den Text geschlossen werden kann. Solche Abbildungen werden heute üblicherweise **Einweg-Funktionen** f genannt. Unsere Bedingungen an f lauten daher:

(A) Die Berechnung von $f(T)$ aus T soll leicht sein, das heißt in polynomialer Zeit möglich sein. Mit anderen Worten, f ist in der Klasse P.

(B) Die Berechnung von $f^{-1}(C)$ aus C soll schwer sein. Das heißt, wir verlangen, dass kein polynomialer Algorithmus von f bekannt ist.

Bedingung (B) ist genau unsere Sicherheitsanforderung, dass ein unbefugter Dritter das Kryptogramm nicht knacken kann, und (A) ist eine Forderung an die Effizienz – wir wollen die Nachricht ja schnell an den Empfänger senden. Natürlich soll es dem Empfänger, aber nur ihm, möglich sein, das Kryptogramm effizient zu entschlüsseln. Wir werden also zu (A) und (B) noch eine dritte Bedingung hinzufügen. Wie man das macht, werden wir in Kürze sehen.

Einer der ersten Vorschläge für eine Einwegfunktion war der **diskrete Logarithmus**. Wir wählen eine große Primzahl p. Nach dem Satz von Fermat aus Abschnitt 12.1 wissen wir, dass

$$x^{p-1} \equiv 1 \pmod{p} \quad \text{für alle } x = 1, \ldots, p-1$$

gilt. Sei nun $a \in \{1, \ldots, p-1\}$. Falls die Zahlen $a, a^2, \ldots, a^{p-1}$ alle inkongruent modulo p sind, so nennen wir a eine **Primitivwurzel** modulo p. In Übung 27 wird gezeigt, dass jede Primzahl p Primitivwurzeln besitzt, und ihre Gesamtzahl gleich der Anzahl der zu $p-1$ relativ primen Zahlen $\leq p-1$ ist.

Zum Beispiel hat $p = 11$ die Primitivwurzeln $2, 6, 7, 8$, und wir erhalten beispielsweise für 7 die Folge der Potenzen 7^i

$$7^1 \equiv 7, 7^2 \equiv 5, 7^3 \equiv 2, 7^4 \equiv 3, 7^5 \equiv 10, 7^6 \equiv 4, 7^7 \equiv 6, 7^8 \equiv 9, 7^9 \equiv 8, 7^{10} \equiv 1.$$

Wir können nun den diskreten Logarithmus definieren. Zur Primzahl p mit der Primitivwurzel a erklären wir die *Exponentialfunktion* $\bmod p$

$$y \equiv a^x \pmod{p}.$$

Die Zahl x $(1 \leq x \leq p-1)$ heißt dann der *diskrete Logarithmus* von y modulo p (zur Basis a).

Wir behaupten nun, dass $f(x) = a^x$ eine Einwegfunktion ist. Bedingung (A) ist sofort nachzuprüfen. Wollen wir z. B. a^{39} berechnen, so setzen wir $a^{39} = a^{32} \cdot a^4 \cdot a^2 \cdot a$ und die einzelnen Potenzen a^{2^k} erhalten wir durch sukzessive Quadrierung, z. B. $a^{32} = ((((a^2)^2)^2)^2)^2$. Die Gesamtzahl der Multiplikationen ist also sicher durch $2\lceil \lg p \rceil$ beschränkt (siehe Übung 5.10), also ist $f \in P$. Beachte, dass die Reduktion der einzelnen Multiplikationen $\bmod p$ mittels des Euklidischen Algorithmus erfolgt, also ebenfalls polynomial ist.

Gegenwärtig ist kein polynomialer Algorithmus zur Berechnung diskreter Logarithmen bekannt, und es wird allgemein angenommen, dass die Komplexität dieses Problems gleich jener der Faktorisierung von Zahlen ist.

In der Praxis hängt die Codierung, wie wir wissen, von einer Anzahl von Schlüsseln k ab. Das Kryptogramm ist von der Form $c(T, k)$. Die Schlüssel stellen aber ihrerseits ein Problem dar, wie wir in mehreren Beispielen gesehen haben: sie sind ein Sicherheitsrisiko und sie verlangsamen den Informationsaustausch. Zur Behandlung dieser Probleme wurde 1976 von Diffie und Hellman die folgende Methode – genannt **Öffentliches-Schlüssel-System** (englisch Public-key cryptosystem) – vorgeschlagen. Die Idee ist bestechend einfach: Jeder Benutzer i hat einen *öffentlichen* Schlüssel k_i und einen *geheimen* Schlüssel g_i. Der öffentliche Schlüssel ist allgemein zugänglich, wie auch die verwendete Codierung c und Decodierung d. Für jeden Text T soll für alle i gelten

$$d\big(c(T, k_i), g_i\big) = T\,. \tag{1}$$

Will nun der Teilnehmer j eine Nachricht T an i schicken, so verwendet er den Schlüssel k_i von i, sendet

$$C = c(T, k_i),$$

und der Benutzer i decodiert mittels (1). Um die Effizienz und Sicherheit zu gewährleisten, muss das System also folgende Bedingungen erfüllen:

(A) Aus T und k_i ist die Berechnung von $C = c(T, k_i)$ leicht durchzuführen.
(B) Gegeben das Kryptogramm C, dann ist die Decodierung $d(C)$ *ohne* die Kenntnis von g_i schwer.
(C) Gegeben das Kryptogramm C *und* der Schlüssel g_i, dann ist die Berechnung von $d(C, g_i)$ leicht.

Die Bedingungen (A) und (B) besagen, dass die Codierung eine Einwegfunktion ist. Eine Einwegfunktion, die zusätzlich auch (C) erfüllt (also eine effiziente Invertierung bei Kenntnis des geheimen Schlüssels ermöglicht) heißt eine **Trapdoor Funktion**.

Wir wollen nun das berühmteste Trapdoor System besprechen, das sogenannte RSA-*System*, genannt nach den Entdeckern Rivest, Shamir und Adleman. Wiederum ist das Modulo-Rechnen der Schlüssel zum Erfolg. Die Codierung bzw. Decodierung funktioniert folgendermaßen:

1. Ein Benutzer wählt zwei große Primzahlen p und q und ein Paar von Zahlen $k, g, 1 \leq k, g \leq (p-1)(q-1)$, relativ prim zu $(p-1)(q-1)$ mit $kg \equiv 1 \pmod{(p-1)(q-1)}$.
2. Der Benutzer gibt als öffentlichen Schlüssel das Produkt $n = pq$ und k bekannt.
3. Ein Text T wird als Zahl in $\{0, \ldots, n-1\}$ dargestellt; falls T zu groß ist, wird er in Blöcke zerlegt.
4. Die Codierung erfolgt mittels

   $$C \equiv T^k \pmod{n},$$

   die Decodierung mittels des geheimen Schlüssels g durch

   $$D \equiv C^g \pmod{n}.$$

Bevor wir die Bedingungen (A), (B), (C) nachprüfen, wollen wir uns ein sehr kleines Beispiel aus der Arbeit von Rivest, Shamir und Adleman ansehen.

Es sei $p = 47$, $q = 59$, $n = 47 \cdot 59 = 2773$, $(p-1)(q-1) = 2668$. Wir wählen $g = 157$ (Primzahl) und $k = 17$ mit $17 \cdot 157 \equiv 1 \pmod{2668}$. Wollen wir einen Text senden, so setzen wir z. B. Zwischenraum $= 00$, $A = 01$, $B = 02, \ldots, Z = 26$. Wir fügen nun jeweils zwei Buchstaben zu einem 4-Block zusammen. Zum Beispiel wird aus

KOMME MORGEN ZURUECK

der Text

1115 1313 0500 1315 1807 0514 0026 2118 2105 0311 .

Wegen $n = 2773$ sind alle 4-Blöcke Zahlen $< n$. Die einzelnen Blöcke T werden nun gemäß $T^{17} \pmod{2773}$ verschlüsselt, und wir erhalten als Kryptogramm

1379 2395 1655 0422 0482 1643 1445 0848 0747 2676.

Wir wollen nun zeigen, dass das RSA-Sytem eine Trapdoor-Funktion darstellt. Die Exponentiation $T^k (\bmod n)$ haben wir schon als polynomial erkannt. Für g relativ prim zu $(p-1)(q-1)$ können wir irgendeine Primzahl $g > \max(p,q)$ nehmen, und k dann mit dem Euklidischen Algorithmus berechnen. Also ist Bedingung (A) erfüllt, und ebenso (C), da die Decodierung ebenfalls einer Exponentiation entspricht. Bevor wir Bedingung (B) diskutieren, müssen wir noch zeigen, dass $d\big(c(T)\big) = T$ ist, d. h. dass aus

$$C \equiv T^k \pmod{n}$$

stets

$$T \equiv C^g \pmod{n}$$

folgt. Mit anderen Worten, wir wollen

$$T^{kg} \equiv T \pmod{n}$$

zeigen.

Falls $T \equiv 0 \pmod{p}$ ist, so gilt natürlich $T^{kg} \equiv T \pmod{p}$. Sei also T relativ prim zu p. Nach dem Satz von Fermat haben wir $T^{p-1} \equiv 1 \pmod{p}$. Wegen $kg \equiv 1 \big(\bmod (p-1)(q-1)\big)$ gilt $kg = t(p-1)(q-1)+1$ für ein $t \in \mathbb{N}$ und somit

$$T^{kg} = T^{t(p-1)(q-1)}T = (T^{p-1})^{t(q-1)}T \equiv T \pmod{p}.$$

Analog schließen wir $T^{kg} \equiv T \pmod{q}$. Die beiden Kongruenzen bedeuten $p|T^{kg} - T, q|T^{kg} - T$, also folgt $pq|T^{kg} - T$ oder $T^{kg} \equiv T \pmod{n}$ wie gewünscht.

Nun zur Bedingung (B). Die Zahlen n, k sind öffentlich. Wenn jemand n faktorisieren kann, so erhält er aus $n = pq$ sofort $(p-1)(q-1)$ und damit g aus $kg \equiv 1 \big(\bmod (p-1)(q-1)\big)$. Kann man g berechnen, *ohne* p, q zu kennen? Aus der Kenntnis von $(p-1)(q-1)$ und $n = pq$ können wir sofort p und q ermitteln, also n faktorisieren. Es gilt nämlich

$$p + q = pq - (p-1)(q-1) + 1, \ (p-q)^2 = (p+q)^2 - 4pq\,,$$

und aus $p+q$ und $p-q$ erhalten wir unmittelbar p und q.

Es läuft also alles darauf hinaus, ob man große Zahlen effizient faktorisieren kann – und ein solcher Algorithmus ist gegenwärtig nicht bekannt. Natürlich könnte man sagen, dass $C \equiv T^k \pmod{n}$ eigentlich das Problem des k-ten Wurzelziehens modulo n betrifft, also zunächst nichts mit Faktorisieren zu tun hat. Rivest, Shamir und Adleman vermuten aber, dass *jede* effiziente Methode, ihr System zu knacken, einen Algorithmus zur Faktorisierung von Zahlen implizieren würde. Diese Vermutung ist unbewiesen, so dass wir resumierend nur sagen können: Bei unserem jetzigen Kenntnisstand ist das RSA-System sicher.

Noch ein wichtiges Problem kann mit dem RSA-System gelöst werden. Wie erkennt der Empfänger i, ob die Nachricht von j stammt? Dazu verwenden wir Codierungen c und Decodierungen d, die zusätzlich zu $d(c(T)) = T$ auch $c(d(T)) = T$ erfüllen. Das RSA-System genügt natürlich dieser Bedingung. Will nun i nachprüfen, ob j wirklich der Absender ist, so wählt er ein zufälliges Wort x und schickt $u = c(x, k_j)$ an j. Dieser sendet nun seine „Unterschrift" $d(u, g_j)$ zurück an i, und der Empfänger prüft, ob $c(d(u, g_j), k_j)$ tatsächlich u ist. Wenn ja, kann er wegen der Eigenschaft (B) sicher sein, dass die Nachricht tatsächlich von j stammt.

14.4 Zero-Knowledge-Protokolle

Die Kryptographie, wie wir sie bisher besprochen haben, beschäftigt sich mit Fragen der Datensicherheit und der Problematik des Schlüsselaustauschs. In unserem Internet-Zeitalter ist aber nicht nur das Geheimhalten von Daten wichtig, sondern schon die Art und Weise, wie die Kommunikation zwischen zwei Parteien vor sich geht. Wir nennen eine solche Kommunikation ein **Protokoll**.

Ein besonders interessantes Protokoll verlangt folgendes. Eine Person P (prover) möchte jemanden anderen V (verifier) davon überzeugen, dass er eine Information (oder wie wir auch sagen, ein Geheimnis) besitzt, *ohne* diese Information mitzuteilen. Ja mehr noch, V (oder irgendein unbefugter Lauscher) soll nicht imstande sein, auch nur einen Teil des Geheimnisses aus den Daten des Protokolls zu rekonstruieren.

Ein Beispiel: In Authentifikationssystemen weist P seine Identität üblicherweise dadurch nach, dass er die prüfende Instanz V überzeugen muss, ein Geheimnis zu besitzen. Dies kann ein Passwort sein oder die Geheimnummer einer Kreditkarte. V vergleicht nun das Passwort mit einem anfangs festgelegten Vergleichspasswort und kann so die Übereinstimmung feststellen. Das Risiko ist klar: Das Protokoll kann von einem Angreifer abgefangen werden, oder aber V selber kann es missbrauchen. Wie soll man da vorgehen?

Bevor wir ein Beispiel ansehen, wollen wir die Anforderungen an ein solches **Zero-Knowledge-Protokoll** präzisieren. Es wird zwischen P und V ein Protokoll angefertigt, und am Ende **akzeptiert** V, dass P das Geheimnis besitzt, oder er **verwirft**. Die Regeln, nach denen V akzeptiert oder verwirft (wie auch die Modalitäten des Protokolls), werden in beiderseitigem Einverständnis vorher festgelegt. Das Protokoll soll nun die folgenden Bedingungen erfüllen:

(A) Durchführbarkeit: Falls P das Geheimnis besitzt, so akzeptiert V mit beliebig hoher Wahrscheinlichkeit (nahe 1).
(B) Korrektheit: Falls P die Information nicht hat (P schwindelt), dann akzeptiert V nur mit beliebig kleiner Wahrscheinlichkeit (nahe 0).
(C) Zero-Knowledge: V erfährt durch das Protokoll nichts über das Geheimnis (er ist so klug wie zuvor).

Zusätzlich soll das Protokoll effizient sein, also in polynomialer Zeit ablaufen.

Das folgende amüsante Beispiel wird diese Begriffe sofort klarmachen. Sehen wir uns den folgenden Lageplan an:

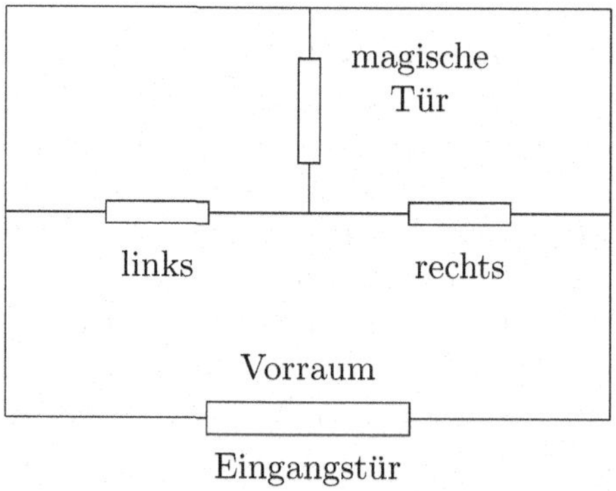

P behauptet gegenüber V, die geheime Code-Kombination der magischen Tür zu kennen. Das Protokoll läuft nun folgendermaßen ab:

1. P betritt den Vorraum und schließt die Außentür. Dann entscheidet er sich per Münzwurf für die linke oder rechte Tür, geht hinein und schließt die Tür hinter sich.
2. Nun betritt V den Vorraum, entscheidet sich zufällig für eine der beiden Türen und gibt dies P durch Zuruf bekannt.
3. Befindet sich P hinter der richtigen Tür, so kann er einfach heraustreten, andernfalls muss P den geheimen Code kennen und kommt wieder durch die richtige Tür heraus.

Dieses Verfahren wird n-mal wiederholt, und wenn P jedesmal durch die richtige Tür heraustritt, so ist V überzeugt und akzeptiert, ansonsten verwirft er.

Prüfen wir die Bedingungen nach. Kennt P die Kombination, so akzeptiert V mit Wahrscheinlichkeit 1. Bedingung (B) betrift die Möglichkeit, dass P den Code nicht kennt, aber trotzdem immer bei der richtigen Tür herauskommt, und die Wahrscheinlichkeit dafür ist $\frac{1}{2^n}$, also beliebig klein. Die Zero-Knowledge-Eigenschaft ist offenkundig erfüllt.

Nun aber zum richtigen Leben. Das bekannteste und in der Praxis am häufigsten eingesetzte Zero-Knowledge-Protokoll wurde von Fiat und Shamir 1985 vorgeschlagen. Und wieder steckt Modulo-Rechnen dahinter.

Rufen wir uns die benötigten Begriffe in Erinnerung. $\mathbb{Z}_n$ ist der Ring der Reste modulo n. Wir nennen r einen *primen* Rest, falls $\text{ggT}(r, n) = 1$ ist. Die primen Reste bilden mit der Multiplikation eine Gruppe, die *prime Restklassengruppe* $\mathbb{Z}_n^*$. Für $n = 14$ erhalten wir beispielsweise $\mathbb{Z}_{14}^* = \{1, 3, 5, 9, 11, 13\}$, und es ist klar, dass mit r auch $n - r$ primer Rest ist. Ein Element $r \in \mathbb{Z}_n^*$ heißt **quadratischer Rest**, falls in $\mathbb{Z}_n^*$ die Gleichung $r \equiv x^2 \pmod{n}$ lösbar ist. Natürlich ist mit $r \equiv x^2$ auch $r \equiv (-x)^2 \pmod{n}$. In $\mathbb{Z}_{14}^*$ sind daher die quadratischen Reste $(\pm 1)^2 = 1$, $(\pm 3)^2 = 9$, $(\pm 5)^2 = 11$. Ist $n = p$ eine Primzahl, so hat jede Gleichung $x^2 \equiv r \pmod{p}$ höchstens zwei Lösungen ($\mathbb{Z}_p$ ist ein Körper!), aber für zusammengesetztes n können durchaus mehr Lösungen resultieren. Zum Beispiel ist in $\mathbb{Z}_8$ jeder der primen Reste 1, 3, 5, 7 Lösung von $x^2 \equiv 1 \pmod{8}$.

Die Sicherheit des Fiat–Shamir-Protokolls beruht auf der Annahme, dass es (im Sinne der Komplexitätstheorie) schwierig ist, Quadratwurzeln in der Gruppe $\mathbb{Z}_n^*$ für großes n zu berechnen. Nun verfahren wir wie folgt. P (oder ein vertrauenswürdiges Trust-Center) wählt zwei große Primzahlen p und q und bildet $n = pq$. Als nächstes wird $s \in \mathbb{Z}_n^*$ gewählt und $v \equiv s^2 \pmod{n}$. Die Zahlen n und v werden V bekanntgegeben, p, q und s bleiben geheim. P weist nun seine Identität gegenüber V nach, indem er behauptet, eine Quadratwurzel von v zu kennen. Dies führt zu folgendem Protokoll:

1. P wählt zufällig $r \in \mathbb{Z}_n^*$ und schickt $x \equiv r^2 \pmod{n}$ zu V.
2. V wählt zufällig ein Bit $b \in \{0, 1\}$ und sendet dieses an P.
3. P schickt $y \equiv rs^b$ zurück an V.
4. V prüft nach, ob $y^2 \equiv xv^b \pmod{n}$ erfüllt ist.

Dieser Austausch wird n-mal wiederholt, und wenn jedesmal $y^2 \equiv xv^b \pmod{n}$ gilt, so akzeptiert V, ansonsten verwirft er.

Bedingung (A) ist sicherlich erfüllt. Kennt P keine Quadratwurzel von v (P schwindelt), so kann P höchstens auf eine der beiden Möglichkeiten $b = 0$ oder $b = 1$ richtig antworten. Denn wäre $y_0^2 \equiv x$ und $y_1^2 \equiv xv$ erfüllt, so wäre $(\frac{y_1}{y_0})^2 \equiv v$ eine Quadratwurzel von v, die aber P nicht kennt. P kann also höchstens mit Wahrscheinlichkeit $\frac{1}{2}$ richtig antworten. Man kann sich leicht überlegen, dass P immer mit Wahrscheinlichkeit $\frac{1}{2}$ richtig liegt (Übung 29). Nach n Wiederholungen ist die Betrugswahrscheinlichkeit also $\frac{1}{2^n}$. Und zur Zero-Knowledge Eigenschaft brauchen wir nur zu bemerken, dass V aus $y^2 \equiv xv^b$ nur die Information bekommt, dass x ein quadratischer Rest ist, da r zufällig gewählt wurde – aber das weiß er ja ohnehin.

Übungen zu Kapitel 14

▷ **1** Warum ist die Permutationsmethode $X \to \pi X$ wahrscheinlich sicherer als das Caesar System $X \to X + i$?

2 Ein affines Kryptosystem mit Blocklänge n besteht aus einer invertierbaren Matrix A und einem festen Vektor $\boldsymbol{b} \in K^n$. Die Verschlüsselung erfolgt durch $c(\boldsymbol{x}) = A\boldsymbol{x} + \boldsymbol{b}$. Wie viel Text T zusammen mit $c(T)$ benötigt der Angreifer unter Bedingung C) in Abschnitt 1, um den Code zu knacken?

▷ **3** Der Text wird in Blöcke der Länge n zerlegt, und die Verschlüsselung ist $c(\boldsymbol{x}) = \pi\boldsymbol{x}+\boldsymbol{b}$, wobei π eine Permutation der Koordinaten ist und $\boldsymbol{b} \in K^n$ ein fester Vektor. Zeige, dass dieses System ein affines Kryptosystem ist.

4 Eine affine Caesar Verschlüsselung ist von der Form $c : \mathbb{Z}_n \to \mathbb{Z}_n$, $c(x) \equiv ax + b \pmod{n}$ mit $0 < a$, $b < n$. Zeige, dass c genau dann eine Bijektion ist, wenn a und n relativ prim sind. Wie viele verschiedene solche Systeme gibt es daher?

5 Die folgende Nachricht sei mit einem affinen Caesar-System auf 26 Buchstaben verschlüsselt. Man entschlüssele VBEDXSXIXKPXS .

▷ **6** Sei per$(\boldsymbol{s})$ Minimalperiode eines Schieberegisters mit Input $\boldsymbol{s}$. Zeige: t ist Periode $\iff$ per$(\boldsymbol{s})|t$.

7 Bestimme alle irreduziblen Polynome über $GF(2)$ bis Grad 5. Welche davon sind primitiv?

▷ **8** Die Folgen (a_k) und (b_k) seien periodisch mit Minimalperioden r bzw. s. Ist die Summenfolge $(a_k + b_k)$ periodisch? Und wenn ja, was kann man über die Minimalperiode sagen?

9 Angenommen, a ist nicht Primitivwurzel von p. Zeige, dass dann $y \equiv a^x \pmod{p}$ nicht notwendig eine eindeutige Lösung in x bei gegebenem y hat (oder auch gar keine Lösung).

10 Sei a Primitivwurzel von p. Zeige, dass für den diskreten Logarithmus gilt: $\log_a(xy) = \log_a x + \log_a y \pmod{p-1}$.

11 Sei $n = pq$, p und q Primzahlen. Wie viele Lösungen kann eine Gleichung $x^2 \equiv s \pmod{n}$ in $\mathbb{Z}_n^*$ haben?

▷ **12** Es sei $(\mathcal{T}, \mathcal{C}, \mathcal{K})$ ein Kryptosystem mit perfekter Sicherheit. Zeige, dass $|\mathcal{K}| \geq |\mathcal{T}|$ gelten muss.

13 Sei $(\mathcal{T}, \mathcal{C}, \mathcal{K})$ gegeben mit $|\mathcal{T}| = |\mathcal{C}| = |\mathcal{K}|$. Zeige, dass genau dann perfekte Sicherheit garantiert ist, wenn es zu jedem Paar (T, C) genau einen Schlüssel k gibt mit $c(T, k) = C$, und alle Schlüssel gleich wahrscheinlich sind.

14 Wie viele invertierbare $n \times n$-Matrizen über $GF(q)$ gibt es?

▷ **15** Ein Schieberegister über $GF(2)$ mit n Registern habe maximale Periode $2^n - 1$, mit Registerfolge (s_k). Zeige, dass jeder Abschnitt von $2^n - 1$ aufeinanderfolgenden Symbolen 2^{n-1} Einsen und $2^{n-1} - 1$ Nullen enthält.

16 Sei ein Register wie in der vorigen Übung gegeben mit Input-Vektor $s_0 = \ldots = s_{n-2} = 0$, $s_{n-1} = 1$. Wir ordnen $s_0, \ldots, s_{2^n-1}$ im Uhrzeigersinn im Kreis. Zeige, dass die 2^n Wörter von n aufeinanderfolgenden Symbolen jedes 0,1-Wort der Länge n genau einmal ergeben. Solche Kreis-Arrangements heißen de Bruijn-Wörter.

▷ **17** Wir konstruieren de Bruijn-Wörter mittels Graphen. $\vec{G} = (E, K)$ sei folgender gerichteter Graph: $E = \{0,1\}^{n-1}$ und $a_1 a_2 \ldots a_{n-1} \to b_1 b_2 \ldots b_{n-1}$ falls $a_2 = b_1, a_3 = b_2, \ldots, a_{n-1} = b_{n-2}$. Beispiel: Für $n = 3$ ist $10 \to 00$, $10 \to 01$, $11 \to 10$, $11 \to 11$. Zeige: Jede Ecke hat In-Grad 2 und Aus-Grad 2. Konstruiere aus $\vec{G}$ ein de Bruijn-Wort. Hinweis: $\vec{G}$ ist Eulersch.

18 Zeige, dass die Koeffizienten $c_1, \ldots, c_n$ eines Schieberegisters nicht notwendig aus $2n$ Registerzahlen s_i gefunden werden können, wenn die s_i nicht aufeinander folgen.

▷ **19** Die Rekursion $s_{n+5} = s_{n+1} + s_n$ sei gegeben über $GF(2)$. Zeige, dass (s_k) durch ein lineares Schieberegister realisiert werden kann, und dass die möglichen Minimalperioden $1, 3, 7, 21$ sind.

20 Seien $f_1(x), f_2(x)$ charakteristische Polynome zweier Schieberegister R_1, R_2. Zeige: Jede Registerfolge (s_k) von R_1 ist auch eine solche von R_2 genau dann, wenn $f_1(x) | f_2(x)$ gilt.

▷ **21** Zeige, dass alle perfekten Hamming-Codes über $GF(q)$ zyklisch sind. Hinweis: Überlege, was $A^i \boldsymbol{s} = \lambda \boldsymbol{s}$ bedeutet, $A =$ Matrix des Registers.

22 Wir verwenden das RSA-System. Der Empfänger gibt als öffentlichen Schlüssel $k = 43, n = 77$ bekannt. Eine Nachricht M wird als $C = 5$ zum Empfänger gesandt und abgefangen. Was ist M?

▷ **23** Das folgende Public-key-System wurde von Elgamal vorgeschlagen. Alle Benutzer kennen dieselbe große Primzahl p und eine Primitivwurzel a. Benutzer j wählt eine natürliche Zahl x_j zufällig, das ist sein geheimer Schlüssel. Als öffentlichen Schlüssel gibt er $y_j \equiv a^{x_j} \pmod p$ bekannt. Angenommen, Benutzer i möchte zu j eine Nachricht M, $1 \le M \le p-1$, senden. Er geht folgendermaßen vor: (1) Er wählt zufällig eine Zahl k mit $1 \le k \le p-1$, (2) Er berechnet $K = y_j^k \pmod p$, (3) Er sendet das Paar (C_1, C_2) mit $C_1 \equiv a^k (\bmod\, p)$, $C_2 \equiv K \cdot M \pmod p$. Zeige, dass dieses System die Anforderungen eines Public-key-Systems erfüllt.

24 Zeige, dass ein polynomialer Algorithmus zur Berechnung des diskreten Logarithmus das Elgamal-System brechen würde.

▷ **25** Wir nehmen im Elgamal System $p = 71$ mit der Primitivwurzel 7. Angenommen $y_j = 3$ und Benutzer i wählt den Schlüssel $k = 2$. Wie sieht das Kryptogramm von $M = 30$ aus? Angenommen, unter Benutzung eines neuen Schlüssels k' wird $M = 30$ als $(2, C_2)$ gesandt. Was ist C_2?

26 Zeige, dass die Verschlüsselung einer Nachricht im Elgamal-System etwa $2 \log p$ Multiplikationen modulo p erfordert.

▷ **27** Sei p Primzahl. Zeige, dass die Gruppe $\mathbb{Z}_p^*$ zyklisch ist und dass es genau $\varphi(p-1)$ erzeugende Elemente gibt. Hinweis: Verwende $\sum\limits_{d|p-1} \varphi(d) = p - 1$.

28 Berechne die Anzahl der quadratischen Reste in $\mathbb{Z}_n^*$, $n = 2^k$ $(k \ge 3)$. Hinweis: Betrachte r und $\frac{n}{2} - r$ für $r < \frac{n}{4}$.

29 Zeige, dass im Fiat-Shamir-Protokoll ein Schwindler P stets erreichen kann, dass eine der beiden Gleichungen $y_0^2 \equiv x$ oder $y_1^2 \equiv xv \pmod{n}$ richtig ist.

30 Eine berühmte ungelöste Komplexitätsfrage ist das Graphenisomorphieproblem GI. Gegeben $G_1 = (E_1, K_1)$, $G_2 = (E_2, K_2)$, sind G_1 und G_2 isomorph? Das Problem ist in NP, aber man kennt keinen polynomialen Algorithmus. Auf der vermuteten Schwierigkeit von GI beruht das folgende Protokoll. P behauptet, einen Isomorphismus $\varphi : E_1 \to E_2$ zu kennen. 1. P wählt zufällig und gleichverteilt eine Permutation π von E_1 und schickt den Graphen $H = \pi G_1$ an V. 2. V wählt zufällig $i \in \{1,2\}$ und schickt i an P mit der Aufforderung, einen Isomorphismus von G_i mit H anzugeben. 3. P setzt $\rho = \pi$ (falls $i = 1$) bzw. $\rho = \pi \circ \varphi^{-1}$ (falls $i = 2$) und sendet ρ an V. 4. V verifiziert, ob $\rho : G_i \to H$ Isomorphismus ist. Dies wird n-mal wiederholt. Ist jedesmal ρ ein Isomorphismus, so akzeptiert V, ansonsten verwirft er. Zeige, dass dies ein Zero-Knowledge-Protokoll ist.

15 Lineare Optimierung

Dieses letzte Kapitel geht etwas über den Rahmen einer Einführung in die Diskrete Mathematik hinaus. Es geht tiefer in die zugrundeliegende mathematische Struktur und ist daher in der notwendigerweise knappen Darstellung theoretischer als die bisherigen Kapitel. Lineare Optimierung ist aber heute ein derart wichtiges Gebiet mit einer unübersehbaren Fülle von Anwendungen, vor allem für diskrete Probleme (aber nicht nur dort), dass die wesentlichen Ideen und Methoden jedem „diskreten" Mathematiker geläufig sein sollten. Im folgenden werden nur die grundlegenden Resultate vorgestellt, für ein weiterführendes Studium sei auf die Literatur verwiesen.

15.1 Beispiele und Definitionen

In Abschnitt 8.2 haben wir Job-Zuordnungsprobleme mit Eignungskoeffizienten (w_{ij}) auf folgende Form gebracht: Gegeben die Matrix (w_{ij}), gesucht ist (x_{ij}) mit $x_{ij} = 0$ oder 1, so dass

$$\sum_{i=1}^{n}\sum_{j=1}^{n} w_{ij}x_{ij} = \min$$

ist, unter den Nebenbedingungen

$$\sum_{j=1}^{n} x_{ij} = 1 \text{ für alle } i, \quad \sum_{i=1}^{n} x_{ij} = 1 \text{ für alle } j.$$

Das Rucksackproblem hat eine ganz ähnliche Gestalt. Gegeben w_i, g_i. Gesucht ist x_i, $1 \leq i \leq n$, mit $x_i = 1$ oder 0 ($x_i = 1$ bedeutet, dass der Gegenstand i eingepackt wird, $x_i = 0$ heißt, er wird nicht eingepackt), so dass

$$\sum_{i=1}^{n} w_i x_i = \max$$

ist, unter der Nebenbedingung

$$\sum_{i=1}^{n} g_i x_i \leq G\,.$$

Auch das Angebot-Nachfrage-Problem in Abschnitt 8.3 war von dieser Form. Und die Ungleichungen in der Behandlung von Flüssen in Netzwerken sehen ganz ähnlich aus. Natürlich kann auch das Traveling-Salesman-Problem auf diese Gestalt gebracht werden. Wie man solche Probleme allgemein behandelt, ist Inhalt dieses Kapitels.

Zuerst ein paar Begriffe: Wir betrachten $m \times n$-Matrizen A über $\mathbb{R}$. Alle unsere Überlegungen gelten aber auch für $\mathbb{Q}$. Die Menge aller $m \times n$-Matrizen ist $\mathbb{R}^{m \times n}$, und wir bezeichnen Vektoren mit $\boldsymbol{a}, \boldsymbol{b}, \boldsymbol{c}, \ldots$. Sind $\boldsymbol{a}, \boldsymbol{b} \in \mathbb{R}^n$, dann setzen wir wie gewohnt $\boldsymbol{a} \leq \boldsymbol{b}$, falls $a_i \leq b_i$ für alle Koordinaten gilt. Vektoren $\boldsymbol{a}$ sind grundsätzlich Spaltenvektoren, Zeilenvektoren bezeichnen wir mit $\boldsymbol{a}^T$, wie auch A^T die transponierte Matrix von A bezeichnet. Insbesondere bedeutet $\boldsymbol{a} \geq \boldsymbol{0}$, dass alle Koordinaten $a_i \geq 0$ sind.

Definition. Gegeben $A \in \mathbb{R}^{m \times n}$, $\boldsymbol{b} \in \mathbb{R}^m$, $\boldsymbol{c} \in \mathbb{R}^n$. Ein **Standardprogramm** besteht in der Aufgabe, $\boldsymbol{x} \in \mathbb{R}^n$ zu finden, so dass

$$\begin{array}{ll} (1) & A\boldsymbol{x} \leq \boldsymbol{b},\ x \geq \boldsymbol{0} \\ (2) & \boldsymbol{c}^T\boldsymbol{x} = \max \end{array} \qquad \textit{Standard-Maximum-Programm}$$

oder

$$\begin{array}{ll} (1) & A\boldsymbol{x} \geq \boldsymbol{b},\ x \geq \boldsymbol{0} \\ (2) & \boldsymbol{c}^T\boldsymbol{x} = \min\,. \end{array} \qquad \textit{Standard-Minimum-Programm}$$

Ein $\boldsymbol{x}^* \in \mathbb{R}^n$, welches (1) erfüllt, heißt **zulässige Lösung**. Erfüllt $\boldsymbol{x}^*$ zusätzlich (2), so heißt $\boldsymbol{x}^*$ **optimale Lösung**, und $\boldsymbol{c}^T\boldsymbol{x}^*$ der **Wert** des linearen Programms; $\boldsymbol{c}^T\boldsymbol{x}$ heißt die **Zielfunktion** des Programms.

Beispiel. Ein Obstbauer stellt zwei Säfte S_1, S_2 her. Neben dem Konzentrat, Zucker und Wasser verwendet er zwei Zusätze Z_1, Z_2. Unter Berücksichtigung der Vorräte will er einen Produktionsplan aufstellen, der ihm einen maximalen Gewinn garantiert. Daraus ergibt sich folgendes Programm

Anteil	S_1	S_2	Vorrat
Konzentrat	0,4	0,25	30
Zucker	0,2	0,3	25
Wasser	0,25	0,15	100
Z_1	0,15	0	10
Z_2	0	0,3	20
Gewinn pro Liter	7	3	

Nebenbedingungen				
R_1 :	$0,4x_1$	+	$0,25x_2$	$\leq$ 30
R_2 :	$0,2x_1$	+	$0,3x_2$	$\leq$ 25
R_3 :	$0,25x_1$	+	$0,15x_2$	$\leq$ 100
R_4 :	$0,15x_1$			$\leq$ 10
R_5 :			$0,3x_2$	$\leq$ 20
Q :	$7x_1$	+	$3x_2$	= max

Wir erhalten also ein Standard-Maximum-Programm mit den Nebenbedingungen $R_1, \ldots, R_5$ und der Zielfunktion Q. Die folgende Figur zeigt die gemometrische Struktur des linearen Programms. Der schraffierte Teil ist der Bereich der zulässigen Lösungen. Die Funktion $Q(x_1, x_2)$ beschreibt mit $Q(x_1, x_2) = m$ eine Familie von parallelen Geraden, und der eindeutige maximale Wert wird in der Ecke $\widetilde{\boldsymbol{x}}$ angenommen. Das lineare Programm hat daher die Lösung $\widetilde{\boldsymbol{x}} = (66.6, 13.3)$, und der optimale Gewinn ist 506.6.

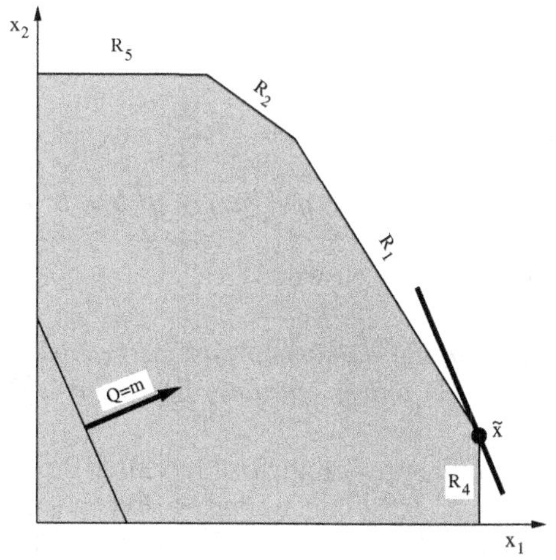

Aus unserem Beispiel ergeben sich die grundlegenden Fragen der linearen Optimierung:

1. Gegeben ein Standardprogramm. Wann existiert eine zulässige Lösung? Wann existiert eine optimale Lösung?
2. Wie sieht die Menge der zulässigen Lösungen aus? Wie sieht die Menge der optimalen Lösungen aus?
3. Wie berechnet man eine zulässige Lösung? Wie berechnet man eine optimale Lösung?

15.2 Dualität

Eine für Theorie und Praxis gleichermaßen fundamentale Tatsache ist, dass zu jedem Standardprogramm ein eindeutiges duales Standardprogramm gehört.

Definition. Sei

$$\text{(I)} \qquad \begin{array}{l} A\boldsymbol{x} \leq \boldsymbol{b},\ \boldsymbol{x} \geq \boldsymbol{0} \\ \boldsymbol{c}^T\boldsymbol{x} = \max \end{array}$$

ein Standard-Maximum-Programm. (I) heißt das **primale Programm**. Das Standard-Minimum-Programm

$$\text{(I}^*\text{)} \qquad \begin{array}{l} A^T\boldsymbol{y} \geq \boldsymbol{c},\ \boldsymbol{y} \geq \boldsymbol{0} \\ \boldsymbol{b}^T\boldsymbol{y} = \min \end{array}$$

heißt das zu (I) **duale Programm**. Ist umgekehrt (I*) gegeben, so heißt (I*) das primale Programm und (I) das duale Programm. Offensichtlich gilt (I**) =(I).

Satz 15.1. *Seien die Programme* (I) *und* (I*) *gegeben, und* $\boldsymbol{x}$ *eine zulässige Lösung von* (I), $\boldsymbol{y}$ *zulässige Lösung von* (I*). *Dann gilt*

$$\boldsymbol{c}^T\boldsymbol{x} \leq \boldsymbol{y}^T A\boldsymbol{x} \leq \boldsymbol{b}^T\boldsymbol{y} .$$

Beweis. Wegen $\boldsymbol{x} \geq \boldsymbol{0}$, $\boldsymbol{y} \geq \boldsymbol{0}$ haben wir

$$\boldsymbol{c}^T\boldsymbol{x} \leq (\boldsymbol{y}^T A)\boldsymbol{x} = \boldsymbol{y}^T(A\boldsymbol{x}) \leq \boldsymbol{y}^T\boldsymbol{b} = \boldsymbol{b}^T\boldsymbol{y} .$$ ■

Als unmittelbare Folgerung erhalten wir:

Satz 15.2. *Seien* $\boldsymbol{x}, \boldsymbol{y}$ *zulässige Lösungen von* (I) *bzw.* (I*). *Gilt* $\boldsymbol{c}^T\boldsymbol{x} = \boldsymbol{b}^T\boldsymbol{y}$, *so ist* $\boldsymbol{x}$ *optimale Lösung von* (I) *und* $\boldsymbol{y}$ *optimale Lösung von* (I*).

Beispiel. Betrachten wir das gewöhnliche Matching-Problem auf einem bipartiten Graphen $G = (S + T, K)$ ohne isolierten Ecken. A bezeichne die $n \times q$-Inzidenzmatrix der Ecken und Kanten, die Vektoren $\boldsymbol{b} = \boldsymbol{1} \in \mathbb{R}^n$ und $\boldsymbol{c} = \boldsymbol{1} \in \mathbb{R}^q$ haben lauter 1'en als Koordinaten. Fassen wir $\boldsymbol{x} \in \mathbb{R}^q$, $x_i = 1$ oder 0, wie üblich als charakteristischen Vektor einer Kantenmenge X auf, so bedeutet $A\boldsymbol{x} \leq \boldsymbol{1}$, dass X mit jeder Ecke höchstens einmal inzidiert, also ein *Matching* ist. Interpretieren wir $\boldsymbol{y} \in \mathbb{R}^n$, $y_i = 1$ oder 0, als Eckenmenge Y, so bedingt $A^T\boldsymbol{y} \geq \boldsymbol{1}$, dass jede Kante mit mindestens einer Ecke aus Y inzidiert, also Y ein *Träger* ist. Die Zielfunktionen sind $\boldsymbol{1}^T\boldsymbol{x} = |X|$, $\boldsymbol{1}^T\boldsymbol{y} = |Y|$. Aus 15.1 erhalten wir also unsere wohlbekannte Ungleichung

$$\max\,(|X| : X \text{ Matching}) \leq \min(|Y| : Y \text{ Träger}).$$

Der Hauptsatz der linearen Optimierung, den wir in Abschnitt 3 beweisen, besteht in der Umkehrung von 15.2. Falls (I) und (I*) zulässige Lösungen besitzen, so haben sie auch optimale Lösungen, und es gilt Wert (I) = Wert (I*).

In unserem Matching-Problem sind $\boldsymbol{x} = \boldsymbol{0}$ und $\boldsymbol{y} = \boldsymbol{1}$ offenbar zulässige Lösungen von $A\boldsymbol{x} \leq \boldsymbol{1}$ bzw. $A^T\boldsymbol{y} \geq \boldsymbol{1}$, also gibt es optimale Lösungen $\widetilde{\boldsymbol{x}}, \widetilde{\boldsymbol{y}}$. Folgt daraus unser Satz 8.3: $\max(|M| : M \text{ Matching}) = \min(|D| : D \text{ Träger})$? Nein, nicht unmittelbar, denn charakteristische Vektoren sind ja ganzzahlig 0 oder 1, aber für die optimalen Lösungen $\widetilde{\boldsymbol{x}}, \widetilde{\boldsymbol{y}}$ können wir zunächst nur sagen, dass die Koordinaten rationale Zahlen zwischen 0 und 1 sind. Die Frage, wann *ganzzahlige* optimale Lösungen existieren, ist von fundamentaler Bedeutung – wir werden darauf im letzten Abschnitt zurückkommen. Im Matching-Fall gibt es sie (wie wir sehen werden) tatsächlich immer, und Satz 8.3 ist daher ein Spezialfall des Hauptsatzes über lineare Optimierung.

Um die Frage zu beantworten, wann ein gegebenes Programm eine zulässige Lösung besitzt, untersuchen wir ganz allgemein Systeme von Gleichungen und Ungleichungen. Die folgenden drei Aussagen sind sogenannte „Alternativsätze“. Das „entweder–oder“ ist stets ausschließend gemeint. Die Bedeutung liegt darin, dass wir eine *positive* Bedingung dafür aufstellen, dass ein gewisses System *nicht* lösbar ist. Für die folgenden Überlegungen bezeichnen $\boldsymbol{a}^1, \dots, \boldsymbol{a}^n$ die Spaltenvektoren der Matrix A, $\boldsymbol{a}_1^T, \dots, \boldsymbol{a}_m^T$ die Zeilenvektoren, $r(A)$ den Rang der Matrix, und $\langle \boldsymbol{b}_1, \dots, \boldsymbol{b}_k \rangle$ den von den Vektoren $\boldsymbol{b}_1, \dots, \boldsymbol{b}_k$ aufgespannten Unterraum.

Satz 15.3. *Genau eine der beiden Möglichkeiten trifft zu:*

(A) $$A\boldsymbol{x} = \boldsymbol{b} \textit{ ist lösbar}$$

(B) $$A^T\boldsymbol{y} = \boldsymbol{0}\,,\ \boldsymbol{b}^T\boldsymbol{y} = -1 \textit{ ist lösbar.}$$

Beweis. Wären (A) und (B) zugleich lösbar mit $\boldsymbol{x}, \boldsymbol{y}$, dann hätten wir $0 = \boldsymbol{x}^T A^T \boldsymbol{y} = (A\boldsymbol{x})^T \boldsymbol{y} = \boldsymbol{b}^T \boldsymbol{y} = -1$, was nicht geht. Angenommen, (A) ist nicht lösbar. Dann gilt also $\boldsymbol{b} \notin \langle \boldsymbol{a}^1, \dots, \boldsymbol{a}^n \rangle$. Ist $r(A)$ der Rang von A, so haben wir $r(A \,|\, \boldsymbol{b}) = r(A) + 1$. Für die Matrix

$$A' = \left(\begin{array}{c|c} A & \boldsymbol{b} \\ \hline \boldsymbol{0}^T & -1 \end{array} \right)$$

gilt demnach $r(A') = r(A) + 1 = r(A \,|\, \boldsymbol{b})$, also ist die letzte Zeile $(\boldsymbol{0}^T | -1)$ linear abhängig von den ersten m Zeilen von A'. Es existieren daher $y_1, \dots, y_m$ mit $\sum_{i=1}^m y_i \boldsymbol{a}_i^T = \boldsymbol{0}^T$ und $\sum_{i=1}^m y_i b_i = -1$, d. h. $\boldsymbol{y} = (y_1, \dots, y_m)$ ist Lösung von (B). ∎

Geometrisch ist 15.3 unmittelbar klar. Liegt $\boldsymbol{b}$ nicht im Unterraum $U = \langle \boldsymbol{a}^1, \dots, \boldsymbol{a}^n \rangle$, so existiert ein Vektor $\boldsymbol{y}$, der auf U senkrecht steht und mit $\boldsymbol{b}$ einen stumpfen Winkel bildet.

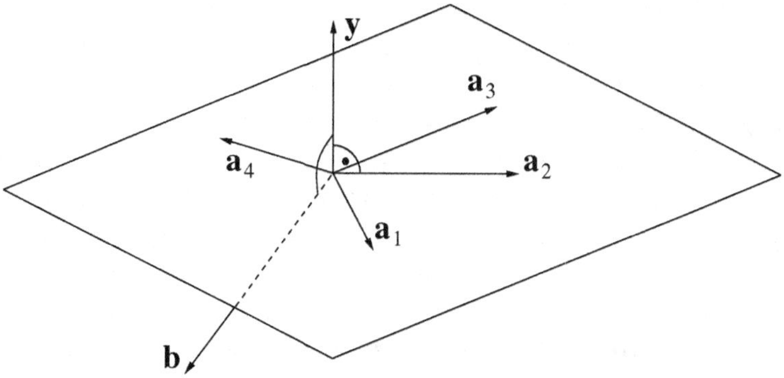

Der folgende Satz (oft Lemma von Farkas genannt) ist das grundlegende Ergebnis, aus dem sich alle weiteren ableiten.

Satz 15.4. *Genau eine der beiden Möglichkeiten trifft zu:*

(A) $$A\boldsymbol{x} = \boldsymbol{b},\ \boldsymbol{x} \geq \boldsymbol{0} \quad \textit{ist lösbar}$$

(B) $$A^T\boldsymbol{y} \geq \boldsymbol{0}\,,\ \boldsymbol{b}^T\boldsymbol{y} < 0 \quad \textit{ist lösbar.}$$

Beweis. Wäre $\boldsymbol{x}$ eine Lösung von (A) und $\boldsymbol{y}$ eine von (B), so hätten wir den Widerspruch $0 \le \boldsymbol{x}^T A^T \boldsymbol{y} = (A\boldsymbol{x})^T \boldsymbol{y} = \boldsymbol{b}^T \boldsymbol{y} < 0$. Angenommen, (A) ist nicht lösbar. Falls $A\boldsymbol{x} = \boldsymbol{b}$ schon nicht lösbar ist, so wären wir fertig mit dem vorangegangenen Satz 15.3. Wir nehmen also an, dass $A\boldsymbol{x} = \boldsymbol{b}$ lösbar ist, aber keine nichtnegative Lösung besitzt. Wir führen nun Induktion nach n. Für $n = 1$ haben wir $x_1 \boldsymbol{a}^1 = \boldsymbol{b}$, und wir nehmen an, dass $x_1 < 0$ Lösung ist. Mit $\boldsymbol{y} = -\boldsymbol{b}$ erhalten wir ${\boldsymbol{a}^1}^T \boldsymbol{y} = -\frac{\boldsymbol{b}^T}{x_1}\boldsymbol{b} > 0$ und $\boldsymbol{b}^T \boldsymbol{y} = -\boldsymbol{b}^T \boldsymbol{b} < 0$, also ist $\boldsymbol{y}$ Lösung von (B). Die Behauptung sei richtig für alle $k \le n-1$. Falls (A) keine nichtnegative Lösung hat, so auch $\sum_{i=1}^{n-1} x_i \boldsymbol{a}^i = \boldsymbol{b}$ nicht. Nach Induktionsvoraussetzung existiert also $\boldsymbol{v}$ mit ${\boldsymbol{a}^i}^T \boldsymbol{v} \ge 0 \ \ (i = 1, \ldots, n-1)$, $\boldsymbol{b}^T \boldsymbol{v} < 0$. Ist auch ${\boldsymbol{a}^n}^T \boldsymbol{v} \ge 0$, so sind wir fertig. Wir nehmen also ${\boldsymbol{a}^n}^T \boldsymbol{v} < 0$ an, und setzen

$$(*) \qquad \begin{aligned} \overline{\boldsymbol{a}}^i &= ({\boldsymbol{a}^i}^T \boldsymbol{v})\boldsymbol{a}^n - ({\boldsymbol{a}^n}^T \boldsymbol{v})\boldsymbol{a}^i \qquad (i = 1, \ldots, n-1) \\ \overline{\boldsymbol{b}} &= (\boldsymbol{b}^T \boldsymbol{v})\boldsymbol{a}^n - ({\boldsymbol{a}^n}^T \boldsymbol{v})\boldsymbol{b}. \end{aligned}$$

Ist nun $\sum_{i=1}^{n-1} x_i \overline{\boldsymbol{a}}^i = \overline{\boldsymbol{b}}$ mit $x_i \ge 0 \ \ (i = 1, \ldots, n-1)$ lösbar, so gilt

$$-\frac{1}{{\boldsymbol{a}^n}^T \boldsymbol{v}} \Big(\sum_{i=1}^{n-1} x_i ({\boldsymbol{a}^i}^T \boldsymbol{v}) - \boldsymbol{b}^T \boldsymbol{v}\Big)\boldsymbol{a}^n + \sum_{i=1}^{n-1} x_i \boldsymbol{a}^i = \boldsymbol{b},$$

wobei alle Koeffizienten der $\boldsymbol{a}^i \ \ (i = 1, \ldots, n)$ nichtnegativ sind, im Widerspruch zur Annahme, dass (A) nicht lösbar ist. Also ist $\sum_{i=1}^{n-1} x_i \overline{\boldsymbol{a}}^i = \overline{\boldsymbol{b}}$, $x_i \ge 0 \ \ (i = 1, \ldots, n-1)$ nicht lösbar, und es existiert nach Induktionsannahme $\boldsymbol{w} \in \mathbb{R}^m$ mit ${\overline{\boldsymbol{a}}^i}^T \boldsymbol{w} \ge 0 \ \ (i = 1, \ldots, n-1)$, $\overline{\boldsymbol{b}}^T \boldsymbol{w} < 0$. Dann ist aber

$$\boldsymbol{y} = ({\boldsymbol{a}^n}^T \boldsymbol{w})\boldsymbol{v} - ({\boldsymbol{a}^n}^T \boldsymbol{v})\boldsymbol{w}$$

eine Lösung von (B), denn es gilt nach $(*)$

$$\begin{aligned} {\boldsymbol{a}^i}^T \boldsymbol{y} &= ({\boldsymbol{a}^n}^T \boldsymbol{w})({\boldsymbol{a}^i}^T \boldsymbol{v}) - ({\boldsymbol{a}^n}^T \boldsymbol{v})({\boldsymbol{a}^i}^T \boldsymbol{w}) = {\overline{\boldsymbol{a}}^i}^T \boldsymbol{w} \ge 0 \qquad (i = 1, \ldots, n-1) \\ {\boldsymbol{a}^n}^T \boldsymbol{y} &= 0 \end{aligned}$$

und

$$\boldsymbol{b}^T \boldsymbol{y} = ({\boldsymbol{a}^n}^T \boldsymbol{w})(\boldsymbol{b}^T \boldsymbol{v}) - ({\boldsymbol{a}^n}^T \boldsymbol{v})(\boldsymbol{b}^T \boldsymbol{w}) = \overline{\boldsymbol{b}}^T \boldsymbol{w} < 0. \qquad \blacksquare$$

Der nächste Satz über nichtnegative Lösungen von Systemen von Ungleichungen ist der entscheidende Schritt zum Beweis des Hauptsatzes im nächsten Abschnitt.

Satz 15.5. *Genau eine der beiden Möglichkeiten trifft zu:*

(A) $\qquad A\boldsymbol{x} \le \boldsymbol{b},\ \boldsymbol{x} \ge \boldsymbol{0}$ *ist lösbar,*

(B) $\qquad A^T \boldsymbol{y} \ge \boldsymbol{0}\ ,\ \boldsymbol{y} \ge \boldsymbol{0},\ \boldsymbol{b}^T \boldsymbol{y} < 0$ *ist lösbar.*

Beweis. Sind $\boldsymbol{x}, \boldsymbol{y}$ Lösungen von (A) bzw. (B), so haben wir $0 \leq \boldsymbol{x}^T A^T \boldsymbol{y} = (A\boldsymbol{x})^T \boldsymbol{y} \leq \boldsymbol{b}^T \boldsymbol{y} < 0$, was nicht geht. Angenommen, (A) hat keine Lösung. Dies ist offenbar gleichbedeutend damit, dass $A\boldsymbol{x} + \boldsymbol{z} = \boldsymbol{b}$, $\boldsymbol{x} \geq \boldsymbol{0}$, $\boldsymbol{z} \geq \boldsymbol{0}$, keine Lösung besitzt. Mit $B = (A \mid E_m)$, E_m = Einheitsmatrix, heißt dies, dass $B\boldsymbol{w} = \boldsymbol{b}$, $\boldsymbol{w} \geq \boldsymbol{0}$, keine Lösung hat. Aufgrund von 15.4 existiert demnach $\boldsymbol{y} \in \mathbb{R}^m$ mit $A^T\boldsymbol{y} \geq \boldsymbol{0}$, $E_m\boldsymbol{y} = \boldsymbol{y} \geq \boldsymbol{0}$ und $\boldsymbol{b}^T\boldsymbol{y} < 0$. ∎

Beispiel. Betrachten wir das folgende Transportproblem. Gegeben sind m Fabriken $F_1, \ldots, F_m$, in denen eine bestimmte Ware hergestellt wird, und n Märkte $M_1, \ldots, M_n$, in denen die Ware benötigt wird. Im Jahr werden p_i Einheiten in der Fabrik F_i produziert, und q_j Einheiten im Markt M_j benötigt. Wir wollen einen Frachtplan (x_{ij}) aufstellen, der x_{ij} Einheiten von F_i nach M_j transportiert, so dass alle Märkte befriedigt werden. Wann ist dies möglich?

Unsere Ungleichungen sind

$$\begin{aligned} \sum_{j=1}^{n} x_{ij} &\leq p_i \qquad && (i = 1, \ldots, m) \\ \sum_{i=1}^{m} x_{ij} &\geq q_j \qquad && (j = 1, \ldots, n) \\ x_{ij} &\geq 0 \,. \end{aligned}$$

Eine notwendige Bedingung ist offenbar $\sum_{i=1}^{m} p_i \geq \sum_{j=1}^{n} q_j$. Mit Satz 15.5 können wir sofort zeigen, dass die Bedingung umgekehrt auch hinreicht. Zuerst müssen wir unsere Ungleichungen in die Form $A\boldsymbol{x} \leq \boldsymbol{b}$, $\boldsymbol{x} \geq \boldsymbol{0}$, bringen:

$$\sum_{j=1}^{n} x_{ij} \leq p_i \,, \quad \sum_{i=1}^{m} -x_{ij} \leq -q_j \,.$$

Schreiben wir (x_{ij}) zeilenweise als $\boldsymbol{x} = (x_{11}, \ldots, x_{1n}, x_{21}, \ldots, x_{2n}, \ldots, x_{m1}, \ldots, x_{mn})$, so ist A eine $((m+n) \times mn)$-Matrix, $\boldsymbol{b}$ ein $(m+n)$-Vektor mit $A\boldsymbol{x} \leq \boldsymbol{b}$:

$$A = \left(\begin{array}{ccccccccccc} 1 & \ldots & 1 & & & & & & & & \\ & & & 1 & \ldots & 1 & & 0 & & & \\ & & 0 & & & & \ddots & & & & \\ & & & & & & & 1 & \ldots & 1 & \\ -1 & & & -1 & & & & -1 & & & \\ & \ddots & & & & & & & & & \\ & & -1 & & \ldots & -1 & \ldots & \ldots & & -1 & \end{array} \right) \begin{array}{l} \left.\vphantom{\begin{array}{c}1\\1\\1\\1\end{array}}\right\} m \\ \left.\vphantom{\begin{array}{c}1\\1\\1\end{array}}\right\} n \end{array} , \quad \boldsymbol{b} = \begin{pmatrix} p_1 \\ p_2 \\ \vdots \\ p_m \\ -q_1 \\ \vdots \\ -q_n \end{pmatrix} .$$

Ist nun $A\boldsymbol{x} \leq \boldsymbol{b}$, $\boldsymbol{x} \geq \boldsymbol{0}$ nicht lösbar, so existiert nach 15.5 $\boldsymbol{y} \in \mathbb{R}^{m+n}$, $\boldsymbol{y} = (y_1, \ldots, y_m, y_1', \ldots, y_n')$ mit $A^T\boldsymbol{y} \geq \boldsymbol{0}$, $\boldsymbol{y} \geq \boldsymbol{0}$, $\boldsymbol{b}^T\boldsymbol{y} < 0$. Dies bedeutet

$$y_i - y_j' \geq 0 \qquad \text{für alle } i, j$$

und

$$\sum_{i=1}^{m} p_i y_i - \sum_{j=1}^{n} q_j y_j' < 0 \,.$$

Setzen wir $\widetilde{y} = \min y_i$, $\widetilde{y}' = \max y_j'$, so haben wir $\widetilde{y} \geq \widetilde{y}' \geq 0$, und somit

$$\begin{aligned} \widetilde{y}(\sum_{i=1}^{m} p_i - \sum_{j=1}^{n} q_j) &\leq \widetilde{y} \sum_{i=1}^{m} p_i - \widetilde{y}' \sum_{j=1}^{n} q_j \\ &\leq \sum_{i=1}^{m} p_i y_i - \sum_{j=1}^{n} q_j y_j' < 0 \,, \end{aligned}$$

also tatsächlich $\sum_{i=1}^{m} p_i < \sum_{j=1}^{n} q_j$.

15.3 Der Hauptsatz der linearen Optimierung

Das folgende Ergebnis ist einer der fundamentalen Sätze der Mathematik, elegant in der Theorie und universell anwendbar in der Praxis.

Satz 15.6. *Es seien das Standardprogramm* (I) *und das duale Programm* (I*) *gegeben:*

$$\text{(I)} \qquad \begin{aligned} &A\boldsymbol{x} \leq \boldsymbol{b},\ \boldsymbol{x} \geq \boldsymbol{0} \\ &\boldsymbol{c}^T\boldsymbol{x} = \max \end{aligned}$$

$$\text{(I}^*\text{)} \qquad \begin{aligned} &A^T\boldsymbol{y} \geq \boldsymbol{c},\ \boldsymbol{y} \geq \boldsymbol{0} \\ &\boldsymbol{b}^T\boldsymbol{y} = \min\,. \end{aligned}$$

i) *Haben* (I) *und* (I*) *zulässige Lösungen, so haben sie auch optimale Lösungen, und es gilt Wert* (I) = *Wert* (I*).

ii) *Ist eines von* (I) *oder* (I*) *nicht zulässig lösbar, so hat keines der Programme eine optimale Lösung.*

Beweis. Wir nehmen an, dass (I) und (I*) zulässige Lösungen besitzen. Nach 15.1 und 15.2 bleibt zu zeigen, dass das System

$$\text{(1)} \qquad A\boldsymbol{x} \leq \boldsymbol{b},\ \boldsymbol{x} \geq \boldsymbol{0}$$

$$\text{(2)} \qquad A^T\boldsymbol{y} \geq \boldsymbol{c},\ \boldsymbol{y} \geq \boldsymbol{0}$$

$$\text{(3)} \qquad \boldsymbol{c}^T\boldsymbol{x} - \boldsymbol{b}^T\boldsymbol{y} \geq 0$$

eine Lösung besitzt. Auf ein gemeinsames Ungleichungssystem umgeschrieben heißt dies, dass

$$\text{(4)} \qquad \begin{pmatrix} A & 0 \\ 0 & -A^T \\ -\boldsymbol{c}^T & \boldsymbol{b}^T \end{pmatrix} \begin{pmatrix} \boldsymbol{x} \\ \boldsymbol{y} \end{pmatrix} \leq \begin{pmatrix} \boldsymbol{b} \\ -\boldsymbol{c} \\ 0 \end{pmatrix}, \quad \begin{pmatrix} \boldsymbol{x} \\ \boldsymbol{y} \end{pmatrix} \geq \boldsymbol{0}$$

eine Lösung besitzt. Angenommen, (4) hat keine Lösung. Dann existieren nach 15.5 Vektoren $\boldsymbol{z} \in \mathbb{R}^m$, $\boldsymbol{w} \in \mathbb{R}^n$, $\alpha \in \mathbb{R}$ mit $\boldsymbol{z} \geq \boldsymbol{0}$, $\boldsymbol{w} \geq \boldsymbol{0}$, $\alpha \geq 0$, so dass

$$\text{(5)} \qquad A^T\boldsymbol{z} \geq \alpha\boldsymbol{c},\ A\boldsymbol{w} \leq \alpha\boldsymbol{b},\ \boldsymbol{b}^T\boldsymbol{z} < \boldsymbol{c}^T\boldsymbol{w}$$

gilt. Wir behaupten, dass $\alpha > 0$ sein muss. Wäre nämlich $\alpha = 0$, und sind $\overline{\boldsymbol{x}}, \overline{\boldsymbol{y}}$ zulässige Lösungen von (I) bzw. (I*), so hätten wir

$$0 \le \overline{\boldsymbol{x}}^T A^T \boldsymbol{z} = (A\overline{\boldsymbol{x}})^T \boldsymbol{z} \le \boldsymbol{b}^T \boldsymbol{z} < \boldsymbol{c}^T \boldsymbol{w} \le (A^T \overline{\boldsymbol{y}})^T \boldsymbol{w} = \overline{\boldsymbol{y}}^T A \boldsymbol{w} \le 0\,,$$

was nicht geht. Es sei nun $\boldsymbol{x} = \frac{\boldsymbol{w}}{\alpha}$, $\boldsymbol{y} = \frac{\boldsymbol{z}}{\alpha}$, dann gilt $A\boldsymbol{x} \le \boldsymbol{b}$, $A^T\boldsymbol{y} \ge \boldsymbol{c}$, $\boldsymbol{x} \ge \boldsymbol{0}\,, \boldsymbol{y} \ge \boldsymbol{0}$. Aus 15.1 folgt somit

$$\boldsymbol{c}^T \boldsymbol{w} = \alpha(\boldsymbol{c}^T \boldsymbol{x}) \le \alpha(\boldsymbol{b}^T \boldsymbol{y}) = \boldsymbol{b}^T \boldsymbol{z}\,,$$

im Widerspruch zu (5). Also besitzt (4) doch eine Lösung, und Teil i) ist bewiesen.

Nun nehmen wir an, dass (I) keine zulässige Lösung besitzt. Dann hat (I) natürlich auch keine optimale Lösung. Nach 15.5 existiert außerdem $\boldsymbol{w} \in \mathbb{R}^m$ mit $A^T\boldsymbol{w} \ge \boldsymbol{0}$, $\boldsymbol{w} \ge \boldsymbol{0}$ und $\boldsymbol{b}^T\boldsymbol{w} < 0$. Falls (I*) überhaupt eine zulässige Lösung $\overline{\boldsymbol{y}}$ besitzt, so ist auch $\overline{\boldsymbol{y}} + \lambda\boldsymbol{w}$ eine zulässige Lösung von (I*) für jedes $\lambda \ge 0$. Für die Zielfunktion von (I*) gilt dabei

$$\boldsymbol{b}^T(\overline{\boldsymbol{y}} + \lambda\boldsymbol{w}) = \boldsymbol{b}^T\overline{\boldsymbol{y}} + \lambda(\boldsymbol{b}^T\boldsymbol{w})\,,$$

und dieser Ausdruck kann wegen $\boldsymbol{b}^T\boldsymbol{w} < 0$ beliebig klein werden. Die Zielfunktion von (I*) hat demnach kein Minimum und daher (I*) keine optimale Lösung. Genauso schließt man für den Fall, wenn (I*) keine zulässige Lösung aufweist. ■

Ohne das duale Programm zu verwenden, haben wir somit folgende Kennzeichnung von Programmen mit optimaler Lösung.

Folgerung 15.7. *Ein Standard-Maximum (Minimum)-Programm besitzt genau dann eine optimale Lösung, wenn es eine zulässige Lösung gibt und die Zielfunktion nach oben (nach unten) beschränkt ist.*

Aus unserem Fragenkatalog am Ende von Abschnitt 15.1 haben wir damit die erste Frage beantwortet. Die Existenz von zulässigen Lösungen ist charakterisiert durch 15.5, die Existenz von optimalen Lösungen durch 15.6 bzw. 15.7.

Wir wollen noch eine wichtige Folgerung des Hauptsatzes notieren, die oft eine rasche Verifikation ermöglicht, ob eine zulässige Lösung bereits optimal ist.

Satz 15.8. *Es seien die Programme* (I) *und* (I*) *wie im Hauptsatz gegeben, und* $\boldsymbol{x}$ *und* $\boldsymbol{y}$ *zulässige Lösungen von* (I) *bzw.* (I*). *Dann sind* $\boldsymbol{x}$ *und* $\boldsymbol{y}$ *genau dann optimale Lösungen von* (I) *bzw.* (I*), *wenn gilt*

$$(6) \qquad y_i > 0 \Longrightarrow \sum_{j=1}^{n} a_{ij}x_j = b_i \quad (i = 1, \ldots, m)$$

$$(7) \qquad x_j > 0 \Longrightarrow \sum_{i=1}^{m} a_{ij}y_i = c_j \quad (j = 1, \ldots, n)\,.$$

Beweis. Angenommen $\boldsymbol{x}$ und $\boldsymbol{y}$ sind optimale Lösungen. Nach 15.6 und 15.1 gilt dann

$$(8) \qquad \sum_{j=1}^{n} c_j x_j = \sum_{i,j} y_i a_{ij} x_j = \sum_{i=1}^{m} b_i y_i \,.$$

Betrachten wir die zweite Gleichung in (8), so erhalten wir

$$\sum_{i=1}^{m} (b_i - \sum_{j=1}^{n} a_{ij} x_j) y_i = 0 \,.$$

Da wir stets $y_i \geq 0$ und $b_i - \sum_{j=1}^{n} a_{ij} x_j \geq 0$ haben, folgt aus $y_i > 0$ somit $\sum_{j=1}^{n} a_{ij} x_j = b_i$, also (6). Bedingung (7) wird analog aus der ersten Gleichung in (8) gefolgert. Erfüllen umgekehrt $\boldsymbol{x}, \boldsymbol{y}$ die Bedingungen (6) und (7), so gilt

$$\boldsymbol{c}^T \boldsymbol{x} = \sum_{j=1}^{n} c_j x_j = \sum_{j=1}^{n} (\sum_{i=1}^{m} a_{ij} y_i) x_j = \sum_{i=1}^{m} (\sum_{j=1}^{n} a_{ij} x_j) y_i = \sum_{i=1}^{m} b_i y_i = \boldsymbol{b}^T \boldsymbol{y} \,.$$

Nach 15.2 sind somit $\boldsymbol{x}$ und $\boldsymbol{y}$ optimale Lösungen. ∎

Beispiel. Betrachten wir das folgende Programm (I) und das dazu duale Programm (I*).

$$(\mathrm{I}) \quad \begin{array}{rrrrl} x_1 & +3x_2 & & +x_4 & \leq 4 \\ 2x_1 & +\ x_2 & & & \leq 3 \\ & x_2 & +4x_3 & +x_4 & \leq 3 \\ 2x_1 & +4x_2 & +\ x_3 & +x_4 & = \max \end{array} \qquad (\mathrm{I}^*) \quad \begin{array}{rrrl} y_1 & +2y_2 & & \geq 2 \\ 3y_1 & +\ y_2 & +\ y_3 & \geq 4 \\ & & 4y_3 & \geq 1 \\ y_1 & & +\ y_3 & \geq 1 \\ 4y_1 & +3y_2 & +3y_3 & = \min . \end{array}$$

Wir testen, ob die zulässige Lösung $\overline{\boldsymbol{x}} = (1,1,1/2,0)$ mit $\boldsymbol{c}^T \overline{\boldsymbol{x}} = 13/2$ optimal für das Programm (I) ist. Wenn ja, müssen nach 15.8 die ersten drei Nebenbedingungen von (I*) Gleichungen sein. Daraus errechnen wir die zulässige Lösung $\overline{\boldsymbol{y}} = (11/10,\ 9/20,\ 1/4)$ mit $\boldsymbol{b}^T \overline{\boldsymbol{y}} = 13/2$. Also sind $\overline{\boldsymbol{x}}, \overline{\boldsymbol{y}}$ optimal, da die Werte der Programme übereinstimmen.

Neben den Standardprogrammen kommen noch andere Typen von Linearen Programmen vor.

Definition. Gegeben $A \in \mathbb{R}^{m \times n}$, $\boldsymbol{b} \in \mathbb{R}^m$, $\boldsymbol{c} \in \mathbb{R}^n$. Ein **kanonisches Maximum-Programm** bzw. **Minimum-Programm** besteht in der Aufgabe, $\boldsymbol{x} \in \mathbb{R}^n$ zu finden mit

$$\begin{array}{l} A\boldsymbol{x} = \boldsymbol{b},\ \boldsymbol{x} \geq \boldsymbol{0} \\ \boldsymbol{c}^T \boldsymbol{x} = \max \end{array} \quad \text{bzw.} \quad \begin{array}{l} A\boldsymbol{x} = \boldsymbol{b},\ \boldsymbol{x} \geq \boldsymbol{0} \\ \boldsymbol{c}^T \boldsymbol{x} = \min . \end{array}$$

Jedes kanonische Programm kann in ein Standardprogramm tranformiert werden:

$$\begin{array}{lcl} A\boldsymbol{x} = \boldsymbol{b},\ \boldsymbol{x} \geq \boldsymbol{0} & \longrightarrow & A\boldsymbol{x} \leq \boldsymbol{b},\ -A\boldsymbol{x} \leq -\boldsymbol{b},\ \boldsymbol{x} \geq \boldsymbol{0} \\ \boldsymbol{c}^T\boldsymbol{x} = \max & & \boldsymbol{c}^T\boldsymbol{x} = \max\,. \end{array}$$

Umgekehrt kann ein Standardprogramm mit Nebenbedingungen $A\boldsymbol{x} \leq \boldsymbol{b}$ durch Einführen sogenannter „Schlupfvariablen“ $\boldsymbol{z}$ in ein kanonisches Programm verwandelt (im Beweis von 15.5 haben wir diesen Gedanken schon verwendet):

$$\begin{array}{lcl} A\boldsymbol{x} \leq \boldsymbol{b},\ \boldsymbol{x} \geq \boldsymbol{0} & \longrightarrow & A\boldsymbol{x} + \boldsymbol{z} = \boldsymbol{b},\ \boldsymbol{x} \geq \boldsymbol{0}\,,\ \boldsymbol{z} \geq \boldsymbol{0} \\ \boldsymbol{c}^T\boldsymbol{x} = \max & & \boldsymbol{c}^T\boldsymbol{x} + \boldsymbol{0}^T\boldsymbol{z} = \max\,. \end{array}$$

Beispiel. In Abschnitt 8.3 haben wir den fundamentalen Max-Fluss–Min-Schnitt-Satz in Netzwerken bewiesen, und an mehreren Stellen darauf hingewiesen, dass dieser Satz ein Spezialfall des Hauptsatzes der Linearen Optimierung ist. Wir wollen dies nun nachprüfen und Satz 8.8 mittels linearer Programmierung beweisen. Insbesondere wird auch die *Existenz* eines Maximum-Flusses über $\mathbb{R}$ folgen – und das *ohne* Stetigkeitsüberlegungen.

Es sei also $\vec{G} = (E, K)$ ein Netzwerk über $\mathbb{R}$ mit Quelle q, Senke s und Kapazität $c : K \to \mathbb{R}$. Wir fügen zu $\vec{G}$ die gerichtete Kante $k^* = (s, q)$ hinzu und erteilen ihr eine sehr große Kapazität, z. B. $c(k^*) > \sum_{k \in K} c(k)$. Das neue Netzwerk wird wieder mit $\vec{G}$ bezeichnet.

Betrachten wir nun die (n, m)-Inzidenzmatrix A von $\vec{G}$, wie üblich sind die Zeilen durch die Ecken $u \in E$ indiziert, die Spalten durch die Kanten $k \in K$ mit

$$a_{uk} = \begin{cases} 1 & \text{falls } u = k^+ \\ -1 & \text{falls } u = k^- \\ 0 & \text{falls } u, k \text{ nicht inzident sind.} \end{cases}$$

Ein Vektor $(x_k : k \in K)$ ist ein Fluss, und der Fluss ist zulässig, falls gilt:

$$\begin{array}{rll} (\partial f)(u) = \sum\limits_{k \in K} a_{uk}\, x_k = 0 & & (u \neq q, s) \\ 0 \leq x_k \leq c_k & & (k \neq k^*)\,. \end{array}$$

Der Wert des Flusses ist $w = \sum_{k \neq k^*} a_{sk} x_k = -\sum_{k \neq k^*} a_{qk} x_k$. Setzen wir $x_{k^*} = w$, so gilt auch $(\partial f)(s) = (\partial f)(q) = 0$. Dies war natürlich der Grund für die Einführung der Kante k^*.

Wir erhalten somit folgendes Programm:

$$\begin{aligned} A\boldsymbol{x} &= \boldsymbol{0}\,, \quad \boldsymbol{x} \geq \boldsymbol{0} \\ E_m \boldsymbol{x} &\leq \boldsymbol{c} \\ \boldsymbol{e}_{k^*}^T \boldsymbol{x} &= \max\,. \end{aligned}$$

Dabei ist E_m die $(m \times m)$-Einheitsmatrix, und $\boldsymbol{e}_{k^*}$ der Vektor der Länge m mit 1 an der Stelle k^* und 0 sonst. Transformiert auf ein Standard-Maximum-Programm erhalten wir (I) und das dazu duale Programm (I*) in der folgenden Gestalt:

$$\text{(I)}\quad \begin{pmatrix} A \\ \hline -A \\ \hline E_m \end{pmatrix} \boldsymbol{x} \le \begin{pmatrix} \mathbf{0} \\ \hline \mathbf{0} \\ \hline c \end{pmatrix} \qquad\qquad \text{(I}^*\text{)}\quad (A^T| - A^T|E_m) \begin{pmatrix} \boldsymbol{y}' \\ \hline \boldsymbol{y}'' \\ \hline \boldsymbol{z} \end{pmatrix} \ge \boldsymbol{e}_{k^*}$$

$$\boldsymbol{x} \ge \mathbf{0} \qquad\qquad \boldsymbol{y}' \ge \mathbf{0}\,,\ \boldsymbol{y}'' \ge \mathbf{0}\ ,\boldsymbol{z} \ge \mathbf{0}$$

$$\boldsymbol{e}_{k^*}^T \boldsymbol{x} = \max \qquad\qquad \boldsymbol{c}^T \boldsymbol{z} = \min\,.$$

(I) hat die zulässige Lösung $\boldsymbol{x} = \mathbf{0}$, (I*) die zulässige Lösung $\boldsymbol{y}' = \mathbf{0}, \boldsymbol{y}'' = \mathbf{0}, \boldsymbol{z} = \boldsymbol{e}_{k^*}$, also gibt es optimale Lösungen $\boldsymbol{x}$ bzw. $(\boldsymbol{y}', \boldsymbol{y}'', \boldsymbol{z})$. Damit ist die Existenzfrage nach dem Hauptsatz schon beantwortet (und dies ohne jedwede Stetigkeitsüberlegungen), und wir müssen nur noch zeigen, dass Wert (I) genau dem Wert eines Maximum-Flusses entspricht und Wert (I*) der Kapazität eines Minimum-Schnittes.

Seien also $\boldsymbol{x}$ bzw. $(\boldsymbol{y}', \boldsymbol{y}'', \boldsymbol{z})$ optimale Lösungen. Wir setzen $\overline{\boldsymbol{y}} = \boldsymbol{y}' - \boldsymbol{y}''$. Die Nebenbedingungen in (I*) besagen

$$\text{(9)}\qquad A^T \overline{\boldsymbol{y}} + \boldsymbol{z} \ge \boldsymbol{e}_{k^*},\ \boldsymbol{y}' \ge \mathbf{0},\ \boldsymbol{y}'' \ge \mathbf{0}, \boldsymbol{z} \ge \mathbf{0}\,.$$

Wäre $z_{k^*} > 0$, so hätten wir nach (6), $x_{k^*} = c_{k^*} > \sum_{k \ne k^*} c_k$. Nun ist aber, wie wir wissen, x_{k^*} gleich dem Wert des Flusses induziert durch $\boldsymbol{x}$ auf $K \setminus \{k^*\}$, und der Wert eines Flusses ist nach 8.7 beschränkt durch die Kapazität jedes Schnittes, also insbesondere durch $\sum_{k \ne k^*} c_k$. Dies führt also auf einen Widerspruch, und wir schließen $z_k^* = 0$. Daraus folgt nun wegen $A^T \overline{\boldsymbol{y}} + \boldsymbol{z} \ge \boldsymbol{e}_{k^*}$ für die Zeile k^* von A^T

$$\overline{y}_q \ge 1 + \overline{y}_s\,.$$

Wir definieren nun den Schnitt (X, Y) durch

$$X = \{u \in E : \overline{y}_u \ge 1 + \overline{y}_s\}\,,\ Y = E \setminus X\,.$$

Da $q \in X$ und $s \notin X$ ist, erhalten wir tatsächlich einen Schnitt, und ferner haben wir

$$\text{(10)}\qquad \overline{y}_u > \overline{y}_v \text{ für alle } u \in X, v \in Y\,.$$

Es bleibt zu zeigen, dass die Kapazität $c(X, Y)$ des Schnittes (X, Y) genau gleich dem Wert des Flusses $\boldsymbol{x}$ ist, also gleich x_{k^*}. Sei $k = (u, v) \in K$ mit $u \in X, v \in Y$, also insbesondere $k \ne k^*$. (9) ausgewertet für k besagt

$$-\overline{y}_u + \overline{y}_v + z_k \ge 0\,,$$

und wegen (10) schließen wir $z_k > 0$. Nach (6) in Satz 15.8 folgt daraus $x_k = c_k$. Nun nehmen wir $k = (v, u)$ an mit $u \in X, v \in Y, k \ne k^*$. Wir wollen zeigen, dass dann $x_k = 0$ ist. Dies gilt jedenfalls, wenn $c_k = 0$ ist. Sei also $c_k > 0$. Bedingung (9) ausgewertet für die Zeile k besagt wegen (10) und $z_k \ge 0$

$$-\overline{y}_v + \overline{y}_u + z_k > 0\,.$$

Aus 15.8 (7) folgt somit wie gewünscht $x_k = 0$. Nun sind wir fertig. Wie in Satz 8.8 erhalten wir für den Wert des Flusses

$$x_{k^*} = \sum_{k^- \in X, k^+ \in Y} x_k - \sum_{k^+ \in X, k^- \in Y} x_k = \sum_{k^- \in X, k^+ \in Y} c_k = c(X,Y)\,,$$

und der Beweis ist beendet.

15.4 Zulässige Lösungen und optimale Lösungen

Wir wollen nun die Frage 2 aus Abschnitt 15.1 beantworten. Wie können wir die Menge der zulässigen bzw. optimalen Lösungen beschreiben? Dazu betrachten wir stets ein kanonischen Minimumprogramm

$$\text{(I)} \qquad \begin{array}{c} A\boldsymbol{x} = \boldsymbol{b},\ \boldsymbol{x} \geq \boldsymbol{0} \\ \boldsymbol{c}^T\boldsymbol{x} = \min, \end{array}$$

was ja nach den Überlegungen des vorigen Abschnittes keine Einschränkung bedeutet. Sei $r(A)$ der Rang der Matrix A . Wir können $r(A) = m \leq n$ annehmen. Im Fall $n < m$ sind nach den Sätzen der Linearen Algebra ja $m - r(A)$ Gleichungen entbehrlich. Also bedeutet auch dies keine Einschränkung. M bezeichne die Menge der *zulässigen* Lösungen und M_{opt} die Menge der *optimalen* Lösungen.

Definition. $K \subseteq \mathbb{R}^n$ heißt **konvex**, falls $\boldsymbol{x}', \boldsymbol{x}'' \in K, 0 \leq \lambda \leq 1$, impliziert $\lambda\boldsymbol{x}' + (1-\lambda)\boldsymbol{x}'' \in K$.

Geometrisch heißt dies, dass mit je zwei Punkten $\boldsymbol{x}', \boldsymbol{x}'' \in K$ auch die Verbindungsstrecke $\overline{\boldsymbol{x}'\boldsymbol{x}''}$ in K liegt. Klarerweise ist der Durchschnitt konvexer Mengen wieder konvex.

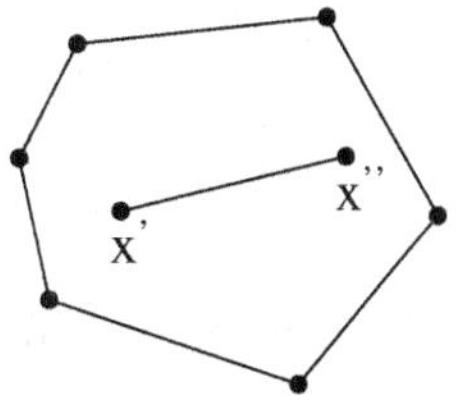

konvex

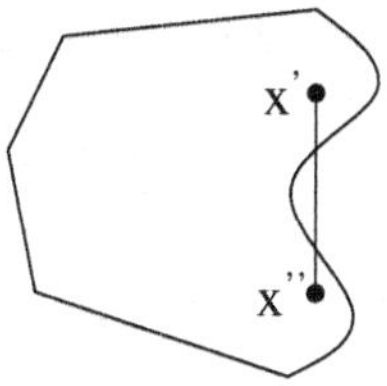

nicht konvex

Sei $K \subseteq \mathbb{R}^n$ konvex, dann heißt $\boldsymbol{p} \in K$ **Ecke**, falls $\boldsymbol{p}$ nicht im Inneren einer ganz in K liegenden Strecke ist. Das heißt, aus $\boldsymbol{p} = \lambda\boldsymbol{x}' + (1-\lambda)\boldsymbol{x}'', \boldsymbol{x}', \boldsymbol{x}'' \in K, 0 \leq \lambda \leq 1$, folgt $\boldsymbol{p} = \boldsymbol{x}'$ oder $\boldsymbol{p} = \boldsymbol{x}''$. $E(K)$ bezeichne die Menge der Ecken von K.

Die konvexe Figur in der obigen Abbildung hat sechs Ecken. Eine konvexe Menge kann auch unendlich viele Ecken haben oder gar keine. In der (konvexen) Kreisscheibe ist jeder Randpunkt Ecke, und der gesamte Raum $\mathbb{R}^n$ ist natürlich auch konvex, hat aber keine Ecken.

Satz 15.9. *Sei das Programm* (I) *gegeben. Die Menge M der zulässigen Lösungen ist konvex und abgeschlossen.*

Beweis. Seien $\boldsymbol{x}', \boldsymbol{x}'' \in M$, $0 \leq \lambda \leq 1$, $\boldsymbol{z} = \lambda\boldsymbol{x}' + (1-\lambda)\boldsymbol{x}''$. Dann gilt $A\boldsymbol{z} = \lambda A\boldsymbol{x}' + (1-\lambda)A\boldsymbol{x}'' = \lambda\boldsymbol{b} + (1-\lambda)\boldsymbol{b} = \boldsymbol{b}$, also $\boldsymbol{z} \in M$. Sei $H_i = \{\boldsymbol{x} \in \mathbb{R}^n : \boldsymbol{a}_i^T\boldsymbol{x} = b_i\}$, $i = 1, \ldots, m$, und $P_j = \{\boldsymbol{x} \in \mathbb{R}^n : x_j \geq 0\}$. Die Mengen H_i sind Hyperebenen und daher konvex und abgeschlossen, ebenso jeder „Orthant" P_j. Da $M = \bigcap_{i=1}^{m} H_i \cap \bigcap_{j=1}^{n} P_j$ gilt, so ist auch M konvex und abgeschlossen. ∎

Es sei $\boldsymbol{x} \in M$ und $Z \subseteq \{1, \ldots, n\}$ die Menge der Indizes k mit $x_k > 0$. Es gilt somit $x_j = 0$ für $j \notin Z$. Wir nennen $\{\boldsymbol{a}^k : k \in Z\}$ die zu $\boldsymbol{x}$ *gehörige Spaltenmenge*, also $\sum_{k \in Z} x_k\boldsymbol{a}^k = \boldsymbol{b}$. In unserem Beispiel in Abschnitt 15.1 haben wir gesehen, dass eine (in diesem Fall *die*) optimale Lösung in einer Ecke erscheint. Das wollen wir nun allgemein beweisen.

Satz 15.10. *Es sei das Programm* (I) *gegeben. Ist $M \neq \varnothing$, so enthält M Ecken.*

Beweis. Es sei $\boldsymbol{x} \in M$ so gewählt, dass die Indexmenge Z der zu $\boldsymbol{x}$ gehörigen Spaltenmenge minimal ist (unter all diesen Indexmengen). Ist $\boldsymbol{x} \notin E(M)$, so existieren $\boldsymbol{x}' \neq \boldsymbol{x}'' \in M, 0 < \lambda < 1$, mit $\boldsymbol{x} = \lambda\boldsymbol{x}' + (1-\lambda)\boldsymbol{x}''$. Aus $x_j = \lambda x_j' + (1-\lambda)x_j''$ folgt $x_j' = x_j'' = 0$ für alle $j \notin Z$. Also haben wir

$$\boldsymbol{b} = A\boldsymbol{x}' = \sum_{k \in Z} x_k'\boldsymbol{a}^k \,, \quad \boldsymbol{b} = A\boldsymbol{x}'' = \sum_{k \in Z} x_k''\boldsymbol{a}^k \,,$$

d. h. $\sum_{k \in Z}(x_k' - x_k'')\boldsymbol{a}^k = \boldsymbol{0}$ mit $x_k' - x_k'' \neq 0$ für mindestens ein k. Es sei $v_k = x_k' - x_k''$, also $\sum_{k \in Z} v_k\boldsymbol{a}^k = \boldsymbol{0}$, und $\rho = \min \frac{x_k}{|v_k|}$ über alle $k \in Z$ mit $v_k \neq 0$. Sei $\rho = \frac{x_h}{v_h}$, wobei wir annehmen können, dass $v_h > 0$ ist. Für $\overline{\boldsymbol{x}} = (\overline{x}_j)$ mit $\overline{x}_k = x_k - \rho v_k$ ($k \in Z$) und $\overline{x}_j = 0$ für $j \notin Z$ gilt dann

$$\overline{\boldsymbol{x}} \geq \boldsymbol{0} \,, \quad A\overline{\boldsymbol{x}} = A\boldsymbol{x} - \rho \sum_{k \in Z} v_k\boldsymbol{a}^k = A\boldsymbol{x} = \boldsymbol{b} \,,$$

d. h. $\overline{\boldsymbol{x}} \in M$. Da $\overline{x}_h = 0$ ist, so ist die zu $\overline{\boldsymbol{x}}$ gehörige Spaltenmenge echt in Z enthalten, im Widerspruch zur Voraussetzung. ∎

Satz 15.11. *$\boldsymbol{x} \in M$ ist genau dann Ecke von M, wenn die zu $\boldsymbol{x}$ gehörige Spaltenmenge linear unabhängig ist.*

Beweis. Es sei $\{\boldsymbol{a}^k : k \in Z\}$ die zu $\boldsymbol{x}$ gehörige Spaltenmenge. Ist $\boldsymbol{x}$ keine Ecke, $\boldsymbol{x} = \lambda\boldsymbol{x}' + (1-\lambda)\boldsymbol{x}''$, so folgt wie oben, dass $x_j' = x_j'' = 0$ für $j \notin Z$ ist, und daraus $\sum_{k \in Z}(x_k' - x_k'')\boldsymbol{a}^k = \boldsymbol{0}$, d. h. $\{\boldsymbol{a}^k : k \in Z\}$ ist linear abhängig. Es sei nun umgekehrt $\{\boldsymbol{a}^k : k \in Z\}$ linear abhängig, $\sum_{k \in Z} v_k\boldsymbol{a}^k = \boldsymbol{0}$ mit $v_{k^*} \neq 0$ für ein $k^* \in Z$. Da $x_k > 0$ ist für alle $k \in Z$, gilt für ein genügend kleines $\rho > 0$, dass $x_k - \rho v_k > 0$ ist für alle $k \in Z$. Seien nun $\boldsymbol{x}', \boldsymbol{x}'' \in \mathbb{R}^n$ bestimmt durch $x'_k = x_k + \rho v_k, x''_k = x_k - \rho v_k$ $(k \in Z), x'_j = x''_j = 0$ $(j \notin Z)$, so gilt $x'_{k^*} \neq x_{k^*} \neq x''_{k^*}$, also $\boldsymbol{x}' \neq \boldsymbol{x}, \boldsymbol{x}'' \neq \boldsymbol{x}$. Somit gilt

$$\boldsymbol{x}' \geq \mathbf{0}\,, \boldsymbol{x}'' \geq \mathbf{0}\,,\quad A\boldsymbol{x}' = A\boldsymbol{x}'' = \boldsymbol{b} \text{ und } \boldsymbol{x} = \frac{1}{2}\boldsymbol{x}' + \frac{1}{2}\boldsymbol{x}''\,,$$

also ist $\boldsymbol{x}$ nicht Ecke. ■

Aus der Charakterisierung 15.11 können wir sofort zwei Folgerungen ziehen.

Folgerung 15.12. *Ist $\boldsymbol{x}$ Ecke von M, so hat $\boldsymbol{x}$ höchstens m positive Koordinaten.*

Wir nennen eine Ecke $\boldsymbol{x}$ von M **nichtentartet**, falls $\boldsymbol{x}$ *genau* m positive Koordinaten besitzt, andernfalls heißt $\boldsymbol{x}$ **entartet**.

Folgerung 15.13. *Ist $M \neq \varnothing$, so hat M endlich viele Ecken.*

Beweis. Es gibt nur endlich viele linear unabhängige Teilmengen von Spalten, und zu jeder dieser Spaltenmengen korrespondiert (wenn überhaupt) eine eindeutige zulässige Lösung. ■

Fassen wir zusammen: Es sei das kanonische Programm (I) gegeben, M die Menge der zulässigen Lösungen. Für M gibt es folgende Möglichkeiten:

(a) $M = \varnothing$ (das heißt, es gibt keine zulässige Lösung)

(b) $M \neq \varnothing$ ist konvex und abgeschlossen und besitzt endlich viele Ecken.

Eine Menge, die b) erfüllt, heißt *polyedrische Menge*. Umgekehrt kann man zeigen, dass eine polyedrische Menge M, die $\boldsymbol{x} \geq \mathbf{0}$ für alle M erfüllt, zulässige Lösungsmenge eines kanonischen Programms ist. Damit ist die Struktur der Lösungsmenge M befriedigend beschrieben. Für die Menge M_{opt} der optimalen Lösungen gilt ein analoger Satz.

Satz 15.14. *Sei das Programm* (I) *gegeben. Die Menge M_{opt} ist konvex und abgeschlossen, und es gilt $E(M_{\text{opt}}) = E(M) \cap M_{\text{opt}}$.*

Beweis. Ist $M_{\text{opt}} = \varnothing$, so ist nichts zu beweisen. Andernfalls sei $w =$ Wert (I). Dann ist

$$M_{\text{opt}} = M \cap \{\boldsymbol{x} \in \mathbb{R}^n : \boldsymbol{c}^T\boldsymbol{x} = w\}$$

ebenfalls konvex und abgeschlossen nach 15.9. Ist $\boldsymbol{x} \in E(M) \cap M_{\text{opt}}$, so ist $\boldsymbol{x}$ sicherlich auch nicht im Inneren einer Verbindungsstrecke zweier Punkte aus M_{opt}, also $\boldsymbol{x} \in E(M_{\text{opt}})$. Sei nun $\boldsymbol{x} \in E(M_{\text{opt}})$ und $\boldsymbol{x} = \lambda\boldsymbol{u} + (1-\lambda)\boldsymbol{v}$, $\boldsymbol{u}, \boldsymbol{v} \in M, 0 < \lambda < 1$. Wir haben $w = \boldsymbol{c}^T\boldsymbol{x} = \lambda\boldsymbol{c}^T\boldsymbol{u} + (1-\lambda)\boldsymbol{c}^T\boldsymbol{v}$, und wegen $\boldsymbol{c}^T\boldsymbol{u} \geq w, \boldsymbol{c}^T\boldsymbol{v} \geq w$ gilt folglich $w = \boldsymbol{c}^T\boldsymbol{u} = \boldsymbol{c}^T\boldsymbol{v}$, d. h. $\boldsymbol{u}, \boldsymbol{v} \in M_{\text{opt}}$. Wegen $\boldsymbol{x} \in E(M_{\text{opt}})$ folgt daraus $\boldsymbol{x} = \boldsymbol{u}$ oder $\boldsymbol{x} = \boldsymbol{v}$, d. h. $\boldsymbol{x} \in E(M) \cap M_{\text{opt}}$. ■

Der folgende Satz bildet die Basis für den Simplexalgorithmus des nächsten Abschnittes.

Satz 15.15. *Sei das Programm* (I) *gegeben. Existieren Optimallösungen, so ist unter diesen auch eine Ecke von* M. *Mit anderen Worten:* $M_{\text{opt}} \neq \varnothing \Rightarrow E(M_{\text{opt}}) \neq \varnothing$.

Beweis. Sei $M_{\text{opt}} \neq \varnothing$. Wir ergänzen (I) durch die Gleichung $\boldsymbol{c}^T\boldsymbol{x} = w$, $w =$ Wert (I). Die Menge der zulässigen Lösungen von

$$\begin{pmatrix} A \\ \hline \boldsymbol{c}^T \end{pmatrix} \boldsymbol{x} = \begin{pmatrix} \boldsymbol{b} \\ \hline w \end{pmatrix}, \ \boldsymbol{x} \geq \boldsymbol{0}$$

ist dann genau M_{opt}. Nach 15.10 enthält daher M_{opt} Ecken. ∎

Die Sätze 15.11 und 15.15 ermöglichen im Prinzip die Bestimmung einer optimalen Ecke durch folgende Methode. Zu einer Ecke $\boldsymbol{x} \in M$ nennen wir jede m-Menge von linear unabhängigen Spalten von A, welche die zu $\boldsymbol{x}$ gehörige Spaltenmenge enthält, eine **Basis** von x. Eine nichtentartete Ecke hat also genau eine Basis.

Wir gehen nun folgendermaßen vor: Wir betrachten der Reihe nach die $\binom{n}{m}$ Untermatrizen $A' \subseteq A$, bestehend aus m Spalten von A, und lösen $A'\boldsymbol{x} = \boldsymbol{b}$. Wir lassen alle jene A' außer acht, für die $A'\boldsymbol{x} = \boldsymbol{b}$ überhaupt keine Lösung oder keine Lösung $\boldsymbol{x} \geq \boldsymbol{0}$ hat. Die verbleibenden Lösungen $\boldsymbol{x}$ sind nach 15.11 genau die Ecken von M, und wir können durch Berechnen von $\boldsymbol{c}^T\boldsymbol{x}$ die nach 15.15 existierende optimale Ecke und den Wert des Programms bestimmen.

Beispiel. Folgendes Programm sei gegeben:

$$\begin{array}{rcrcrcrcrl} 5x_1 & - & 4x_2 & + & 13x_3 & - & 2x_4 & + & x_5 & = 20 \\ x_1 & - & x_2 & + & 5x_3 & - & x_4 & + & x_5 & = 8 \\ x_1 & + & 6x_2 & - & 7x_3 & + & x_4 & + & 5x_5 & = \min. \end{array}$$

Wir testen der Reihe nach die $\binom{5}{2} = 10$ Untermatrizen

$$\begin{array}{r} 5x_1 - 4x_2 = 20 \\ x_1 - x_2 = \ \ 8 \end{array}, \ldots, \begin{array}{r} -2x_4 + x_5 = 20 \\ -x_4 + x_5 = \ \ 8 \end{array}$$

Als Ecken ergeben sich die Lösungen von

$$\begin{array}{ccc} \begin{array}{r} 5x_1 + x_5 = 20 \\ x_1 + x_5 = \ \ 8 \end{array} & \begin{array}{r} -4x_2 + 13x_3 = 20 \\ -\ x_2 + \ 5x_3 = \ \ 8 \end{array} & \begin{array}{r} 13x_3 + x_5 = 20 \\ 5x_3 + x_5 = \ \ 8 \end{array} \\ \boldsymbol{x}' = (3,0,0,0,5) & \boldsymbol{x}'' = (0,4/7,12/7,0,0) & \boldsymbol{x}''' = (0,0,3/2,0,1/2). \end{array}$$

Aus $\boldsymbol{c}^T\boldsymbol{x}' = 28$, $\boldsymbol{c}^T\boldsymbol{x}'' = -60/7$, $\boldsymbol{c}^T\boldsymbol{x}''' = -8$ erhalten wir $\boldsymbol{x}''$ als einzige optimale Ecke und ferner den Wert $-60/7$.

Für große Zahlen n und m ist dieses Verfahren natürlich hoffnungslos aufwendig. Wir müssen daher nach einer besseren Methode suchen, um eine optimale Ecke zu finden. Dies geschieht im nächsten Abschnitt.

15.5 Der Simplexalgorithmus

Das Simplexverfahren zur Lösung linearer Programme wurde von Dantzig 1947 vorgeschlagen. Dieser Algorithmus ist eine der erstaunlichsten Erfolgsgeschichten der gesamten Mathematik – gleichermaßen bedeutend innerhalb und außerhalb der Mathematik. Ein Grund für den ungewöhnlichen Erfolg war ohne Zweifel die gleichzeitige Entwicklung der ersten schnellen Rechner. Lineare Programme mit hunderten von Nebenbedingungen konnten nun gelöst werden. Heute gehört der Simplex-Algorithmus zum Grundwissen jedes Anwenders, der sich mit Optimierungsfragen beschäftigt.

Der Grundgedanke ist einfach. Wir haben ein kanonisches Minimumprogramm $A\boldsymbol{x} = \boldsymbol{b}$ mit $r(A) = m \leq n$ und eine Zielfunktion $Q(x) = \boldsymbol{c}^T\boldsymbol{x}$ gegeben

$$\text{(I)} \qquad \begin{aligned} A\boldsymbol{x} = \boldsymbol{b},\ \boldsymbol{x} \geq \boldsymbol{0} \\ Q(\boldsymbol{x}) = \boldsymbol{c}^T\boldsymbol{x} = \min. \end{aligned}$$

Der Algorithmus besteht aus zwei Schritten:

(A) Bestimme eine zulässige Ecke $\boldsymbol{x}^0$.

(B) Falls $\boldsymbol{x}^0$ nicht optimal ist, bestimme eine Ecke $\boldsymbol{x}^1$ mit $Q(\boldsymbol{x}^1) < Q(\boldsymbol{x}^0)$.

Nach endlich vielen Schritten erreichen wir eine optimale Ecke. (Falls überhaupt eine optimale Lösung existiert.)

Wir behandeln zuerst (B): Es sei $\boldsymbol{x}^0 = (x_k^0) \in M$ Ecke mit Basis $\{\boldsymbol{a}^k : k \in Z\}$. Dann existieren eindeutige Elemente $\tau_{kj} \in \mathbb{R}$ $(k \in Z,\ j = 1, \ldots, n)$ mit

$$\text{(1)} \qquad \boldsymbol{a}^j = \sum_{k \in Z} \tau_{kj}\boldsymbol{a}^k \qquad (j = 1, \ldots, n)\,.$$

Aus der linearen Unabhängigkeit von $\{\boldsymbol{a}^k : k \in Z\}$ folgt $\tau_{kk} = 1$ für $k \in Z$ und $\tau_{kj} = 0$ für $k, j \in Z,\ k \neq j$.

Es sei $\boldsymbol{x} \in M$ beliebig. Dann gilt

$$\sum_{k \in Z} x_k^0 \boldsymbol{a}^k = \boldsymbol{b} = \sum_{j=1}^{n} x_j \boldsymbol{a}^j = \sum_{j=1}^{n} x_j \Big(\sum_{k \in Z} \tau_{kj}\boldsymbol{a}^k\Big) = \sum_{k \in Z}\Big(\sum_{j=1}^{n} \tau_{kj} x_j\Big)\boldsymbol{a}^k\,,$$

also $x_k^0 = \sum_{j=1}^n \tau_{kj}x_j = \sum_{j \notin Z} \tau_{kj}x_j + x_k$, d. h. $x_k = x_k^0 - \sum_{j \notin Z} \tau_{kj}x_j \quad (k \in Z)$. Dies ergibt

$$Q(\boldsymbol{x}) = \sum_{j=1}^{n} c_j x_j = \sum_{k \in Z} c_k x_k + \sum_{j \notin Z} c_j x_j = \sum_{k \in Z} c_k x_k^0 - \sum_{j \notin Z}\Big(\sum_{k \in Z} \tau_{kj} c_k - c_j\Big) x_j\,.$$

Setzen wir

$$\text{(2)} \qquad z_j = \sum_{k \in Z} \tau_{kj} c_k \qquad (j \notin Z)\,,$$

so erhalten wir also

(3) $$Q(\boldsymbol{x}) = Q(\boldsymbol{x}^0) - \sum_{j \notin Z} (z_j - c_j) x_j \,.$$

Nun unterscheiden wir folgende Fälle:

Fall 1. $z_j \leq c_j$ für alle $j \notin Z$. Dann gilt $Q(\boldsymbol{x}) \geq Q(\boldsymbol{x}^0)$ für alle $\boldsymbol{x} \in M$, also ist $\boldsymbol{x}^0$ optimal, und wir sind fertig.

Fall 2. Es existiert $j \notin Z$ mit $z_j > c_j$ und $\tau_{kj} \leq 0$ für alle $k \in Z$. Sei $\delta > 0$ beliebig. Wir definieren $\boldsymbol{x}(\delta) = (x_i(\delta))$ durch

$$\begin{aligned} x_k(\delta) &= x_k^0 - \delta \tau_{kj} \qquad && (k \in Z) \\ x_j(\delta) &= \delta && \\ x_i(\delta) &= 0 && (i \notin Z,\, i \neq j) \,. \end{aligned}$$

Dann gilt $\boldsymbol{x}(\delta) \geq 0$ und nach (1)

$$A\boldsymbol{x}(\delta) = \sum_{k \in Z} x_k(\delta) \boldsymbol{a}^k + \delta \boldsymbol{a}^j = \sum_{k \in Z} x_k^0 \boldsymbol{a}^k - \delta \sum_{k \in Z} \tau_{kj} \boldsymbol{a}^k + \delta \boldsymbol{a}^j = \boldsymbol{b} \,,$$

das heißt $\boldsymbol{x}(\delta) \in M$ für jedes $\delta > 0$. Wegen

$$Q(\boldsymbol{x}(\delta)) = Q(\boldsymbol{x}^0) - (z_j - c_j)\delta$$

wird $Q(\boldsymbol{x})$ beliebig klein, also hat das Programm (I) keine optimale Lösung.

Fall 3. Es existieren $s \notin Z$, $k \in Z$ mit $z_s > c_s$ und $\tau_{ks} > 0$. Wir setzen $\delta = \min x_k^0 / \tau_{ks}$ über alle $k \in Z$ mit $\tau_{ks} > 0$ und bilden $\boldsymbol{x}^1 = \boldsymbol{x}(\delta)$ wie in Fall 2. Es sei $r \in Z$ ein Index, so dass $\delta = x_r^0 / \tau_{rs}$ ist. Wegen $x_r^0/\tau_{rs} \leq x_k^0/\tau_{ks}$ $(k \in Z,\, \tau_{ks} > 0)$ haben wir $x_k^1 = x_k^0 - \frac{x_r^0}{\tau_{rs}} \tau_{ks} \geq 0$, somit $\boldsymbol{x}^1 \geq \boldsymbol{0}$. dass $A\boldsymbol{x}^1 = \boldsymbol{b}$ erfüllt ist, folgt wie in Fall 2. Wir zeigen nun, dass $\boldsymbol{x}^1$ eine Ecke ist. Die zugehörige Spaltenmenge von $\boldsymbol{x}^1$ ist in $\{\boldsymbol{a}^k : k \in (Z \setminus \{r\}) \cup \{s\}\}$ enthalten. Wäre diese Spaltenmenge linear abhängig, so hätten wir

$$\sum_{k \in Z \setminus \{r\}} \mu_k \boldsymbol{a}^k + \mu \boldsymbol{a}^s = \boldsymbol{0} \qquad (\text{nicht alle } \mu_k, \mu = 0)$$

und daher $\mu \neq 0$, also $\boldsymbol{a}^s = \sum_{k \in Z \setminus \{r\}} (-\frac{\mu_k}{\mu}) \boldsymbol{a}^k$. Andererseits ist aber $\boldsymbol{a}^s = \sum_{k \in Z} \tau_{ks} \boldsymbol{a}^k$, also $\tau_{rs} = 0$, im Widerspruch zur Wahl von r. $\boldsymbol{x}^1$ ist also eine (möglicherweise entartete) Ecke nach 15.11.

Fall 3a. $\delta > 0$. Dann gilt $Q(\boldsymbol{x}^1) = Q(\boldsymbol{x}^0) - (z_s - c_s)\delta < Q(\boldsymbol{x}^0)$.

Fall 3b. $\delta = 0$. Hier ist $Q(\boldsymbol{x}^1) = Q(\boldsymbol{x}^0)$.

Dieser letzte Fall kann nur eintreten, wenn $x_r^0 = 0$ ist, das heißt, falls $\boldsymbol{x}^0$ eine entartete Ecke ist. Hier haben wir $\boldsymbol{x}^1 = \boldsymbol{x}^0$, und wir wechseln jedesmal nur eine Basis von $\boldsymbol{x}^0$. Es könnte also passieren, dass wir die Basen von $\boldsymbol{x}^0$ zyklisch durchlaufen und den Zielwert stets gleich lassen. Man muss daher eine gewisse (z. B. lexikographische) Reihenfolge innerhalb der Basen von $\boldsymbol{x}^0$ aufstellen, um jede Basis höchstens einmal zu durchlaufen (siehe dazu Übung 24). In der Praxis kommt dieser Fall jedoch selten vor.

Im Fall 3a bestimmen wir mit der neuen Ecke $\boldsymbol{x}^1$ mit $Q(\boldsymbol{x}^1) < Q(\boldsymbol{x}^0)$ wieder die Tafel (τ'_{kj}) und testen wieder die Fälle 1–3 durch. Da nur endlich viele Ecken existieren, müssen wir schließlich bei Fall 1 (optimale Lösung) oder bei Fall 2 (keine optimale Lösung existiert) landen.

Zur Durchführung des Austauschschrittes im Fall 3a ordnet man die benötigten Daten üblicherweise in folgendem Schema an, wobei $d_j = z_j - c_j$ gesetzt wird.

	$j \notin Z$ / $k \in Z$	j	s *		
	k	τ_{kj}	τ_{ks}	x_k^0	x_k^0/τ_{ks}
*	r	τ_{rj}	τ_{rs} (umkreist)	x_r^0	x_r^0/τ_{rs}
		d_j	d_s	$Q(x^0)$	

Die beim Austauschschritt verwendete r-te Zeile und s-te Spalte werden mit $*$ markiert, das Element τ_{rs} heißt das **Pivotelement** und wird umkreist (oder fett gezeichnet). Nun ersetzen wir die Basis $\{\boldsymbol{a}^k : k \in Z\}$ von $\boldsymbol{x}^0$ durch die neue Basis $\{\boldsymbol{a}^k : k \in Z' = (Z \setminus r) \cup \{s\}\}$ von $\boldsymbol{x}^1$. Für die neue Tafel (τ'_{kj}) heißt dies, dass die $*$-Zeile nun den Index s hat und die $*$-Spalte den Index r. Die neue Tafel (τ'_{kj}) können wir mittels (1) leicht berechnen. Nach (1) gilt

$$(4) \qquad \boldsymbol{a}^r = \sum_{k \in Z \setminus \{r\}} \left(-\frac{\tau_{ks}}{\tau_{rs}}\right)\boldsymbol{a}^k + \frac{1}{\tau_{rs}}\boldsymbol{a}^s \,,$$

und somit

$$(5) \quad \boldsymbol{a}^j = \sum_{k \in Z \setminus r} \tau_{kj}\boldsymbol{a}^k + \tau_{rj}\boldsymbol{a}^r = \sum_{k \in Z \setminus \{r\}} \left(\tau_{kj} - \frac{\tau_{ks}}{\tau_{rs}}\tau_{rj}\right)\boldsymbol{a}^k + \frac{\tau_{rj}}{\tau_{rs}}\boldsymbol{a}^s \quad (j \neq r)\,.$$

Bezeichnet $\boldsymbol{t}_k$ die k-te Zeile von (τ_{kj}) und entsprechend $\boldsymbol{t}'_k$ die k-te Zeile von (τ'_{kj}), so erhalten wir aus (4) und (5)

$$(6)\quad \begin{cases} \boldsymbol{t}'_k = \boldsymbol{t}_k - \dfrac{\tau_{ks}}{\tau_{rs}}\boldsymbol{t}_r & \text{mit Ausnahme Spalte } r \\ \tau'_{k,r} = -\dfrac{\tau_{ks}}{\tau_{rs}} \end{cases} \quad (k \neq s)$$

$$\begin{cases} \boldsymbol{t}'_s = \dfrac{1}{\tau_{rs}}\boldsymbol{t}_r & \text{mit Ausnahme Spalte } r \\ \tau'_{s,r} = \dfrac{1}{\tau_{rs}}\,. \end{cases}$$

Wegen $x_k^1 = x_k^0 - \frac{\tau_{ks}}{\tau_{rs}} x_r^0 \quad (k \neq s)$, $x_s^1 = \frac{x_r^0}{\tau_{rs}}$, gelten die Formeln (6) auch für die $\boldsymbol{x}$-Spalte der Tafel.

Betrachten wir schließlich noch die $\boldsymbol{d}$-Zeile in unserer Tafel. Wir setzen $\boldsymbol{d} = (d_j) = \boldsymbol{z} - \boldsymbol{c}$, wobei wir beachten, dass $\boldsymbol{d}$ nur aus den Koordinaten $d_j \ (j \neq Z)$ besteht. Nach (2) haben wir $\boldsymbol{z} = \sum_{k \in Z} c_k \boldsymbol{t}_k$, $\boldsymbol{z}' = \sum_{k \in Z'} c_k \boldsymbol{t}'_k$ und daher mit (6)

$$\begin{aligned} \boldsymbol{d}' &= \sum_{k \in Z'} c_k \boldsymbol{t}'_k - \boldsymbol{c}' = \sum_{k \in Z \setminus \{r\}} c_k(\boldsymbol{t}_k - \frac{\tau_{ks}}{\tau_{rs}}\boldsymbol{t}_r) + \frac{1}{\tau_{rs}} c_s \boldsymbol{t}_r - \boldsymbol{c}' \\ &= \sum_{k \in Z} c_k \boldsymbol{t}_k - c_r \boldsymbol{t}_r - \frac{z_s}{\tau_{rs}}\boldsymbol{t}_r + c_r \boldsymbol{t}_r + \frac{c_s}{\tau_{rs}}\boldsymbol{t}_r - \boldsymbol{c}' \\ &= \boldsymbol{z} - \frac{d_s}{\tau_{rs}}\boldsymbol{t}_r - \boldsymbol{c}'\,, \end{aligned}$$

also

$$(7)\quad \begin{cases} \boldsymbol{d}' = \boldsymbol{d} - \dfrac{d_s}{\tau_{rs}}\boldsymbol{t}_r & \text{mit Ausnahme der } r\text{-ten Spalte} \\ d'_r = -\dfrac{d_s}{\tau_{rs}}\,. \end{cases}$$

Aus (3) sehen wir, dass $Q(\boldsymbol{x}^1) = Q(\boldsymbol{x}^0) - d_s\delta = Q(x^0) - \frac{d_s}{\tau_{rs}} x_r^0$ ist, also gilt (7) auch für die $\boldsymbol{x}$-Spalte.

Zusammenfassung: Wir erhalten die neue Tafel aus der alten durch folgende Rechnung:

(i) Dividiere Zeile $\boldsymbol{t}_r$ durch τ_{rs}.
(ii) Subtrahiere jenes Vielfache von $\boldsymbol{t}_r$ von Zeile $\boldsymbol{t}_k$ (bzw. $\boldsymbol{d}$) welches 0 in Spalte s ergibt, um $\boldsymbol{t}'_k$ bzw. $\boldsymbol{d}'$ zu erhalten.
(iii) Ersetze Spalte s durch das $(-\frac{1}{\tau_{rs}})$-fache und das Pivotelement τ_{rs} durch $\frac{1}{\tau_{rs}}$.

Damit ist Schritt (B) vollkommen beschrieben.

Wir wenden uns nun Schritt (A) zu, der Bestimmung einer zulässigen Lösung.

Fall 1. Das ursprüngliche Programm ist vom Typ

$$\begin{aligned} A\boldsymbol{x} &\le \boldsymbol{b},\ \boldsymbol{x} \ge \boldsymbol{0} \\ \boldsymbol{c}^T\boldsymbol{x} &= \max \end{aligned}$$

mit $\boldsymbol{b} \ge \boldsymbol{0}$. Durch Einführen der Schlupfvariablen $\boldsymbol{z}$ erhalten wir

$$\begin{aligned} (A|E_m)(\frac{\boldsymbol{x}}{\boldsymbol{z}}) &= \boldsymbol{b},\ (\frac{\boldsymbol{x}}{\boldsymbol{z}}) \ge \boldsymbol{0} \\ (-\boldsymbol{c}, \boldsymbol{0})^T(\frac{\boldsymbol{x}}{\boldsymbol{z}}) &= \min . \end{aligned}$$

Die zulässige Lösung $\boldsymbol{x}^0 = (\frac{\boldsymbol{0}}{\boldsymbol{b}})$ ist nach 15.11 eine Ecke mit den Einheitsvektoren aus E_m als Basis. Daraus folgt $\tau_{kj} = a_{kj}$, $z_j = 0$ $(j = 1, \ldots, n)$, somit $d_j = c_j$ und $Q(\boldsymbol{x}^0) = 0$. Das Ausgangsschema hat daher die Gestalt

(8)

	1	j	n	
$n+1$	a_{11}	a_{1j}	a_{1n}	b_1
		$\vdots$		$\vdots$
$n+m$	a_{m1}	a_{mj}	a_{mn}	b_m
	c_1	c_j	c_n	0

Fall 2. Das Programm sei bereits in der Form

$$\text{(I)} \qquad \begin{aligned} A\boldsymbol{x} &= \boldsymbol{b},\ \boldsymbol{x} \ge \boldsymbol{0} \\ \boldsymbol{c}^T\boldsymbol{x} &= \min \end{aligned}$$

gegeben, wobei wir $\boldsymbol{b} \ge \boldsymbol{0}$ annehmen können. (Ansonsten multiplizieren wir Zeilen mit -1). Wir lösen zunächst das Programm

$$\text{(II)} \qquad \begin{aligned} (A|E_m)(\frac{\boldsymbol{x}}{\boldsymbol{z}}) &= \boldsymbol{b},\ (\frac{\boldsymbol{x}}{\boldsymbol{z}}) \ge \boldsymbol{0} \\ \sum_{i=1}^{m} z_i &= \min . \end{aligned}$$

Zu dieser Aufgabe ist eine Anfangsecke bekannt, nämlich $(\frac{\boldsymbol{0}}{\boldsymbol{b}})$. Da die Zielfunktion von (II) nach unten beschränkt ist, existiert eine optimale Lösung $(\frac{\boldsymbol{x}^*}{\boldsymbol{z}^*})$. Ist $\boldsymbol{z}^* \ne \boldsymbol{0}$ und somit Wert (II) > 0, so hat (I) keine zulässige Lösung, da jede solche Lösung mit 0'en aufgefüllt auch eine zulässige Lösung von (II) wäre mit Wert (II) $= 0$. Ist hingegen $\boldsymbol{z}^* = \boldsymbol{0}$, so ist $\boldsymbol{x}^*$ eine (möglicherweise entartete) Ecke von (I), deren zugehörige Spaltenmenge zu einer Basis ergänzt werden kann. Die Ausgangstafel für (II) ist in diesem Fall:

(9)

	1	j	n	
$n+1$	a_{11}	a_{1j}	a_{1n}	b_1
		$\vdots$		$\vdots$
$n+m$	a_{m1}	a_{mj}	a_{mn}	b_m
	$\sum_{i=1}^{m} a_{i1}$	$\sum_{i=1}^{m} a_{ij}$	$\sum_{i=1}^{m} a_{in}$	$\sum_{i=1}^{m} b_i$

In Zusammenfassung erhalten wir also folgende algorithmische Beschreibung des Simplexverfahrens:

1. Stelle die Ausgangstafel mittels (8) oder (9) her.
2. Teste d_j:
   (i) Falls $d_j \leq 0$ ist für alle $j \Longrightarrow$ Lösung optimal.
   (ii) Falls $d_j > 0$ existiert mit $\tau_{kj} \leq 0$ für alle $k \Longrightarrow$ keine optimale Lösung existiert.
   (iii) Wähle $s \notin Z$ mit $d_s > 0$ und bestimme $r \in Z$ mit $\tau_{rs} > 0$ und $\frac{x_r^0}{\tau_{rs}} \leq \frac{x_k^0}{\tau_{ks}}$ für alle $k \in Z$ mit $\tau_{ks} > 0$.
3. Vertausche $\boldsymbol{a}^r$ und $\boldsymbol{a}^s$, erstelle die neue Tafel mit Hilfe der Formeln (6) und (7) und gehe nach 2.

Beispiel. Anhand des folgenden Programmes sehen wir, dass das Simplexverfahren geometrisch im Durchlaufen von Kanten der konvexen Menge M der zulässigen Lösungen besteht, bis eine optimale Ecke gefunden ist.

$$\begin{aligned} x_1 \quad\quad\quad\quad &\leq 2 \\ x_1 + x_2 + 2x_3 &\leq 4 \\ 3x_2 + 4x_3 &\leq 6 \\ \boldsymbol{x} &\geq \boldsymbol{0} \\ Q(\boldsymbol{x}) = x_1 + 2x_2 + 4x_3 &= \max \end{aligned}$$

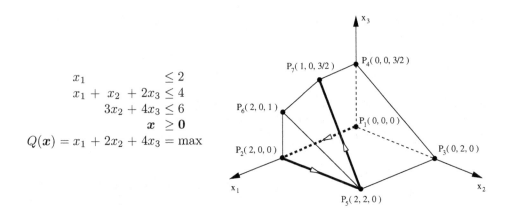

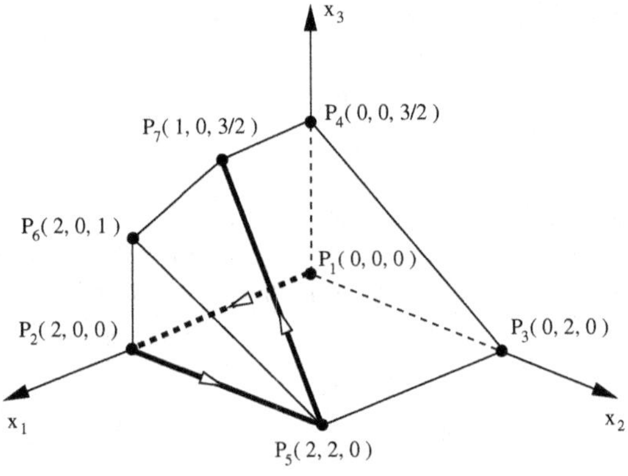

Die Menge der zulässigen Lösungen besitzt 7 Ecken. Die folgenden Austauschschritte entsprechen dem Durchlauf $P_1 \longrightarrow P_2 \longrightarrow P_5 \longrightarrow P_7$, P_7 ist optimal. Dabei bleiben wir im dritten Schritt bei der entarteten Ecke P_5 hängen und vertauschen nur eine Basis. Zur besseren Unterscheidung schreiben wir x_j, z_i anstelle der Indizes. Die Pivotelemente sind fett gezeichnet.

		*				
		x_1	x_2	x_3		
*	z_1	**1**	0	0	2	2
	z_2	1	1	2	4	4
	z_3	0	3	4	6	/
		1	2	4	0	(P_1)

			*			
		z_1	x_2	x_3		
	x_1	1	0	0	2	/
*	z_2	−1	**1**	2	2	2
	z_3	0	3	4	6	2
		−1	2	4	−2	(P_2)

		*				
		z_1	z_2	x_3		
	x_1	1	0	0	2	2
	x_2	-1	1	2	2	/
*	z_3	**3**	-3	-2	0	0
		1	-2	0	-6	(P_5)

				*		
		z_3	z_2	x_3		
	x_1	$-1/3$	1	$2/3$	2	3
*	x_2	$1/3$	0	$\mathbf{4/3}$	2	$3/2$
	z_1	$1/3$	-1	$-2/3$	0	/
		$-1/3$	-1	$2/3$	-6	(P_5)

	z_3	z_2	x_2		
x_1	$-1/2$	1	$-1/2$	1	
x_3	$1/4$	0	$3/4$	$3/2$	
z_1	$1/2$	-1	$1/2$	1	
	$-1/2$	-1	$-1/2$	-7	(P_7)

$P_7 = (1, 0, 3/2)$ ist also optimale Lösung, und der Wert des Programmes ist 7 (indem wir wieder zum ursprünglichen Maximum Programm zurückkehren).

Damit haben wir auch unsere Frage 3 aus Abschnitt 15.1 nach der Bestimmung von Lösungen beantwortet – aber es bleibt natürlich die Laufzeitanalyse des Simplexalgorithmus. Man kann zeigen, dass es Eingaben gibt, für die das Simplexverfahren exponentielle Laufzeit aufweist. In der Praxis ist der Algorithmus aber bis jetzt unübertroffen. Erfahrungsgemäß ist die Anzahl der Iterationen etwa linear in bezug auf die Eingangsgröße. Dieses heuristische Ergebnis wurde dadurch bestätigt, dass das Simplexverfahren – unter Annahme eines naheliegenden wahrscheinlichkeitstheoretischen Modells – im Durchschnitt polynomiale Laufzeit aufweist.

Im Jahr 1979 wurde von Khachian ein ganz anderes Verfahren, die sogenannte Ellipsoidmethode, zur Behandlung von linearen Programmen vorgestellt – und diese Methode hat tatsächlich polynomiale Laufzeit in den Eingangsgrößen. Später kam ein weiteres polynomiales Verfahren von Karmarkar hinzu (siehe dazu die angegebene Literatur). Mit der Arbeit von Khachian war auch der Komplexitätsstatus des Linearen Programmierens gelöst. Bis dahin war Lineares Programmieren über $\mathbb{Q}$ oder $\mathbb{R}$ eines der Probleme in NP, von denen man nicht wusste, ob sie in P sind oder vielleicht sogar NP-vollständig sind. Im Gegensatz dazu ist ganzzahliges lineares Programmieren NP-vollständig. Das heißt, die Eingaben A, $\boldsymbol{b}$ und $\boldsymbol{c}$ sind ganzzahlig und gefragt ist, ob eine *ganzzahlige* optimale Lösung existiert. Für die meisten kombinatorischen Anwendungen (z. B. für das Hamilton Problem oder das Rucksackproblem) sind natürlich ganzzahlige Lösungen gefragt. Und hier liegen die Probleme ganz anders.

15.6 Ganzzahlige lineare Optimierung

Kehren wir noch einmal zu unserem Job-Zuordnungsproblem zurück. Gesucht war eine $(n \times n)$-Matrix (x_{ij}), $x_{ij} = 1$ oder 0, so dass gilt

$$\text{(I)} \qquad \begin{aligned} &\sum_{j=1}^{n} x_{ij} = 1\,(\forall i),\ \sum_{i=1}^{n} x_{ij} = 1\,(\forall j) \\ &x_{ij} = 1 \text{ oder } 0 \\ &\sum w_{ij}x_{ij} = \max . \end{aligned}$$

Das ist nicht ein lineares Programm, wie wir es kennen, da die gesuchten Koordinaten $x_{ij} = 1$ oder 0 sein müssen. In dem kanonischen Programm

$$\text{(II)} \qquad \begin{aligned} &\sum_{j=1}^{n} x_{ij} = 1\,(\forall i),\ \sum_{i=1}^{n} x_{ij} = 1\,(\forall j) \\ &x_{ij} \geq 0 \\ &\sum w_{ij}x_{ij} = \max \end{aligned}$$

wissen wir zwar, dass eine optimale Lösung $(\tilde{x}_{ij})$ existiert, aber zunächst können wir nur feststellen, dass die $\tilde{x}_{ij}$ rationale Zahlen zwischen 0 und 1 sind. Trotzdem können wir behaupten, dass die Aufgaben (I) und (II) denselben Wert haben. Wieso? Die Menge der zulässigen Lösungen von (II) sind alle Matrizen (x_{ij}) mit Zeilen- und Spaltensummen 1 und $x_{ij} \geq 0$, also die doppelt-stochastischen Matrizen. Der Satz von Birkhoff und von Neumann aus Abschnitt 8.2 besagt nun, dass jede doppelt-stochastische Matrix eine konvexe Kombination von Permutationsmatrizen ist (siehe Übung 17). Die Ecken der zulässigen Menge von (II) sind also genau die Permutationsmatrizen, und nach Satz 15.15 sind Optimallösungen immer unter den Ecken zu finden. Die Permutationsmatrizen sind aber genau jene, die durch (I) beschrieben werden. Der Simplexalgorithmus wird also tatsächlich eine Permutationsmatrix, das heißt eine 0,1-Lösung des Job-Zuordnungsproblems, ergeben.

Um 0,1-Lösungen eines ganzzahligen Optimierungsproblems zu erhalten, gehen wir also umgekehrt vor. Wir schließen nicht von der Menge M der zulässigen Lösungen auf die Ecken, sondern von den Ecken auf M. Allgemein stellt sich das Problem folgendermaßen dar: Es sei S eine Menge und $\mathcal{U} \subseteq \mathcal{B}(S)$ eine Familie von Untermengen, über die wir optimieren wollen. Wir haben die Kostenfunktion $c : S \longrightarrow \mathbb{R}$ gegeben, mit $c(B) = \sum_{a \in B} c(a)$. Gesucht ist

$$U_0 \in \mathcal{U} \text{ mit } c(U_0) = \min_{U \in \mathcal{U}} c(U).$$

(oder analog max $c(U)$).

Nun algebraisieren wir das Problem auf folgende Weise: Zu $B \subseteq S$ erklären wir wie üblich den charakteristischen Vektor $\boldsymbol{x}_B = (x_{B,u})$ mit

$$x_{B,u} = \begin{cases} 1 & \text{falls } u \in B \\ 0 & \text{falls } u \notin B. \end{cases}$$

Als nächstes betrachten wir die konvexe, abgeschlossene Menge M, welche aus allen konvexen Kombinationen der $\boldsymbol{x}_U$, $U \in \mathcal{U}$, besteht, das heißt

$$M = \sum_{U \in \mathcal{U}} \lambda_U \boldsymbol{x}_U,\ \lambda_U \geq 0,\ \sum_{U \in \mathcal{U}} \lambda_U = 1.$$

Die Ecken der konvexen Menge M sind nach *Konstruktion* genau die 0,1-Vektoren $\boldsymbol{x}_U$ ($U \in \mathcal{U}$). Fassen wir also M als zulässige Menge der Lösungen auf, so wissen wir nach 15.15, dass die Zielfunktion

$$\boldsymbol{c}^T \boldsymbol{x} = \sum_{a \in S} c_a x_a$$

an einer Ecke $\boldsymbol{x}_U$ das Minimum annimmt, und diese Menge U ist unsere gesuchte Lösung.

Um den Simplexalgorithmus anwenden zu können, müssen wir daher die Menge M als Lösungsmenge eines Ungleichungssystems $A\boldsymbol{x} \geq \boldsymbol{b},\ \boldsymbol{x} \geq \boldsymbol{0}$, darstellen. Dass so eine Beschreibung immer *existiert*, besagt ein fundamentaler Satz von Weyl-Minkowski. Die Lösungsstrategie reduziert also auf die Frage, *wie* das System $A\boldsymbol{x} \geq \boldsymbol{b},\ \boldsymbol{x} \geq \boldsymbol{0}$, bestimmt werden kann. Für unser Job-Zuordnungsproblem konnten wir die Antwort mit Hilfe des Satzes von Birkhoff-von Neumann geben, im allgemeinen werden wir aber auf große Schwierigkeiten stoßen. Viele raffinierte Methoden sind für spezielle 0,1-Probleme entwickelt worden. Wiederum ist das Traveling Salesman Problem eine schöne Illustration.

Gegeben ist die Kostenmatrix (c_{ij}) auf dem vollständigen Graphen K_n. Die Grundmenge S sind die Kanten $\{ij : 1 \leq i, j \leq n\}$, und die ausgezeichneten Mengen $\mathcal{U}$ sind die Hamiltonschen Kreise C. Die von den Vektoren $\boldsymbol{x}_C$ konvex aufgespannte Menge heißt das TSP-Polytop M, also

$$M = \{\sum_{C \in \mathcal{U}} \lambda_C \boldsymbol{x}_C : \lambda_C \geq 0, \sum \lambda_C = 1\} \quad \text{mit } \boldsymbol{c}^T \boldsymbol{x}_C = \min .$$

Die Literaturliste enthält einige der Methoden, wie das TSP-Polytop M für nicht allzu große n auf ein lineares Programm transformiert werden kann. Allgemein ist solch eine schnelle Transformation wegen der NP-Vollständigkeit von TSP natürlich nicht zu erwarten.

Kehren wir nochmals zur üblichen Form $A\boldsymbol{x} \leq \boldsymbol{b},\ \boldsymbol{x} \geq \boldsymbol{0}$, zurück. Angenommen, A ist eine ganzzahlige Matrix und $\boldsymbol{b}$ ein ganzzahliger Vektor. Wann können wir behaupten, dass alle Ecken der zulässigen Menge M ganzzahlig sind, und somit auch eine optimale Lösung? Hier gibt es tatsächlich eine vollständige Charakterisierung. Eine Matrix $A \in \mathbb{Z}^{m \times n}$ heißt **vollständig unimodular**, falls die Determinante jeder quadratischen Untermatrix die Werte 0,1 oder -1 hat. Der Satz von Hoffman-Kruskal lautet nun: Eine Matrix $A \in \mathbb{Z}^{m \times n}$ ist genau dann vollständig unimodular, wenn jede Ecke der zulässigen Menge $\{\boldsymbol{x} : A\boldsymbol{x} \leq \boldsymbol{b},\ \boldsymbol{x} \geq \boldsymbol{0}\}$ ganzzahlige Koordinaten hat, und das für jeden Vektor $\boldsymbol{b} \in \mathbb{Z}^m$.

Mit diesem Ergebnis können wir nun endgültig den Matchingsatz max $(|X| : X \text{ Matching}) = \min(|Y| : Y \text{ Träger})$ in einem bipartiten Graphen als Spezialfall des Hauptsatzes der Linearen Programmierung ableiten. In Abschnitt 15.2 haben wir schon bewiesen, dass das Lineare Programm $A\boldsymbol{x} \leq \mathbf{1}$, $\boldsymbol{x} \geq \mathbf{0}$, $\mathbf{1}^T\boldsymbol{x} = \max$, immer eine optimale Lösung hat, wobei A die Inzidenzmatrix des Graphen ist. Aber wir konnten zunächst nur behaupten, dass es unter den optimalen Lösungen rationale Vektoren mit $0 \leq x_i \leq 1$ gibt. Es ist aber nun ein leichtes, die Unimodularität von A nachzuweisen (siehe die Übungen für einen Hinweis), und der Matchingsatz folgt aus dem Resultat von Hoffman-Kruskal. Übrigens ist die Inzidenzmatrix eines Graphen G *genau dann* unimodular, wenn G bipartit ist. Wir haben also eine algebraische Bestätigung dafür gefunden, dass das Matching Problem für bipartite Graphen in einem gewissen Sinn leichter zu behandeln ist als für beliebige Graphen.

Übungen zu Kapitel 15

1 Konstruiere ein Standardprogramm, das eine zulässige, aber keine optimale Lösung hat.

▷ **2** Konstruiere ein Standardprogramm, welches mehr als eine, aber nur endlich viele optimale Lösungen hat.

3 Interpretiere das duale Programm des Job-Zuordnungsproblems. Das heißt, was wird hier minimiert?

▷ **4** Löse das folgende Programm mit Hilfe von Satz 15.2 und 15.8:

$$\begin{array}{rcrcl} -2x_1 & + & x_2 & \leq & 2 \\ x_1 & - & 2x_2 & \leq & 2 \\ x_1 & + & x_2 & \leq & 5 \\ & & \boldsymbol{x} & \geq & \mathbf{0} \end{array} \qquad x_1 - x_2 = \max.$$

5 Beschreibe das lineare Programm der vorigen Übung geometrisch.

6 Das allgemeine Job-Zuordnungsproblem für m Personen und n Jobs ist $\sum_{i=1}^{m} x_{ij} \leq 1 \ (\forall j)$, $\sum_{j=1}^{n} x_{ij} \leq 1 \ (\forall i)$, $\boldsymbol{x} \geq \mathbf{0}$, $\sum_{i,j} w_{ij}x_{ij} = \max$. Löse das folgende Problem mit der Matrix (w_{ij}) mit Hilfe des dualen Programms:

$$(w_{ij}) = \begin{pmatrix} 12 & 9 & 10 & 3 & 8 & 2 \\ 6 & 6 & 2 & 2 & 9 & 1 \\ 6 & 8 & 10 & 11 & 9 & 2 \\ 6 & 3 & 4 & 1 & 1 & 3 \\ 11 & 1 & 10 & 9 & 12 & 1 \end{pmatrix}$$

Überprüfe das Ergebnis mit der Methode aus Abschnitt 8.2.

▷ **7** Es sei das folgende Transportproblem mit Kostenmatrix A und Angebotsvektor $\boldsymbol{p}$ und Nachfragevektor $\boldsymbol{q}$ gegeben:

		M_1	M_2	M_3	M_4	$\boldsymbol{p}$
$A =$	F_1	4	4	9	3	3
	F_2	3	5	8	8	5
	F_3	2	6	5	7	7
	$\boldsymbol{q}$	2	5	4	4	

Das heißt, $\sum a_{ij}x_{ij}$ soll minimiert werden. Finde eine optimale Lösung, welche nur 5 Routen $F_i \to M_j$ verwendet. Ist 5 die minimale Zahl, für die das möglich ist? Hinweis: Der Wert des Programmes ist 65.

8 Löse das folgende Programm mittels der Methode am Ende von Abschnitt 15.4:

$$\begin{array}{rcrcrcl} 4x_1 & + & 2x_2 & + & x_3 & = & 4 \\ x_1 & + & 3x_2 & & & = & 5 \\ & & & & \boldsymbol{x} & \geq & \boldsymbol{0} \\ 2x_1 & + & 3x_2 & & & = & \max. \end{array}$$

Verifiziere die Richtigkeit mit Hilfe des dualen Programmes.

▷ **9** Zeige mittels Satz 15.3 den folgenden Satz der Linearen Algebra: Es sei U ein Unterraum von $\mathbb{R}^n$ und $U^\perp = \{\boldsymbol{y} : \boldsymbol{y}^T\boldsymbol{x} = 0 \text{ für alle } \boldsymbol{x} \in U\}$, dann gilt $U^{\perp\perp} = U$ (siehe Abschnitt 13.4).

10 Es sei $\boldsymbol{x}^0$ eine optimale Ecke. Zeige, dass $\boldsymbol{x}^0$ eine Basis $\{\boldsymbol{a}^k : k \in Z\}$ besitzt mit $z_j \leq c_j$ $(j \notin Z)$, mit den Bezeichnungen wie in Abschnitt 15.5.

▷ **11** Beweise den folgenden Alternativsatz: Genau eine der beiden Möglichkeiten trifft zu: (A) $A\boldsymbol{x} \leq \boldsymbol{b}$ ist lösbar, (B) $A^T\boldsymbol{y} = \boldsymbol{0}$, $\boldsymbol{y} \geq \boldsymbol{0}$, $\boldsymbol{b}^T\boldsymbol{y} = -1$ ist lösbar. Hinweis: Verwende Satz 15.4.

12 Benutze die vorige Übung, um zu zeigen, dass das folgende Programm keine zulässige Lösung hat:

$$\begin{aligned} 4x_1 - 5x_2 &\geq 2 \\ -2x_1 - 7x_2 &\geq 2 \\ -x_1 + 3x_2 &\geq -1. \end{aligned}$$

▷ **13** Interpretiere den Gleichgewichtssatz 15.8 für das Transportproblem. Das heißt, warum ist er intuitiv richtig?

▷ **14** Beschreibe das duale Programm eines kanonischen Maximum Programmes.

15 Der Vektor $\boldsymbol{x} \in \mathbb{R}^n$ heißt *semipositiv*, falls $\boldsymbol{x} \geq \boldsymbol{0}$ und $\boldsymbol{x} \neq \boldsymbol{0}$. Zeige: Genau eine der beiden Möglichkeiten trifft zu: $A\boldsymbol{x} = \boldsymbol{0}$ hat eine semipositive Lösung oder $A^T\boldsymbol{y} > \boldsymbol{0}$ ist lösbar.

16 Folgere aus der vorigen Übung: Entweder enthält ein Unterraum U einen positiven Vektor $\boldsymbol{a} > \boldsymbol{0}$ oder $U^\perp$ enthält einen semipositiven Vektor. Veranschauliche dieses Ergebnis in $\mathbb{R}^2$ und $\mathbb{R}^3$.

▷ **17** Der Vektor $\boldsymbol{x}$ heißt konvexe Kombination von $\boldsymbol{x}^1, \ldots, \boldsymbol{x}^n$, falls $\boldsymbol{x} = \sum_{i=1}^n \lambda_i \boldsymbol{x}^i$ mit $\lambda_i \geq 0$ $(\forall i)$ und $\sum_{i=1}^n \lambda_i = 1$. Sei $K \subseteq \mathbb{R}^n$. Zeige, dass die kleinste konvexe Menge, die K enthält (genannt die *konvexe Hülle*) genau aus den konvexen Kombinationen von Vektoren aus K besteht.

18 Es sei $A\boldsymbol{x} \le \boldsymbol{b}$ gegeben. Wir wissen aus Übung 11, dass dieses Programm genau dann keine Lösung hat, wenn (I) $A^T\boldsymbol{y} = \boldsymbol{0}$, $\boldsymbol{b}^T\boldsymbol{y} = -1$, $\boldsymbol{y} \ge \boldsymbol{0}$ lösbar ist. Betrachte nun (II): $A^T\boldsymbol{y} = \boldsymbol{0}$, $\boldsymbol{b}^T\boldsymbol{y} - \alpha = -1$, $\boldsymbol{y} \ge \boldsymbol{0}$, $\alpha \ge 0$, $\alpha = \min$. Zeige, dass (II) eine optimale Lösung hat, und genau dann Wert > 0 hat, wenn (I) lösbar ist. Sei Wert (II) > 0 und $(\boldsymbol{x}, \beta)^T$ Lösung des zu (II) dualen Programmes. Zeige, dass $-\frac{\boldsymbol{x}}{\beta}$ Lösung von $A\boldsymbol{x} \le \boldsymbol{b}$ ist.

19 Löse mit Hilfe der vorigen Übung:

$$\begin{array}{rcrcrcr} 5x_1 & + & 4x_2 & - & 7x_3 & \le & 1 \\ -x_1 & + & 2x_2 & - & x_3 & \le & -4 \\ -3x_1 & - & 2x_2 & + & 4x_3 & \le & 3 \\ 3x_1 & - & 2x_2 & - & 2x_3 & \le & -7 \end{array} .$$

20 Löse das folgende Programm mit der Simplexmethode und veranschauliche geometrisch:

$$\begin{array}{rcrcrcl} 3x_1 & + & 4x_2 & + & x_3 & \le & 25 \\ x_1 & + & 3x_2 & + & 3x_3 & \le & 50 \\ & & & & \boldsymbol{x} & \ge & \boldsymbol{0} \\ 8x_1 & + & 19x_2 & + & 7x_3 & = & \max . \end{array}$$

Überprüfe die Lösung mit dem dualen Programm.

▷ **21** Es sei das Standardprogramm (I) $A\boldsymbol{x} \le \boldsymbol{b}$, $\boldsymbol{x} \ge \boldsymbol{0}$, $\boldsymbol{c}^T\boldsymbol{x} = \max$ gegeben. Die folgende Aussage zeigt, wie man aus der Simplextafel einer optimalen Lösung von (I) sofort eine optimale Lösung für das duale Programm (I*) ablesen kann. Zeige: Ist $\frac{\boldsymbol{t}_{k\,(k\in Z)}}{\boldsymbol{d}}$ die Tafel für eine optimale Lösung von (I), so ist $\boldsymbol{y} = (y_j)$ mit

$$y_j = \begin{cases} -d_{n+j} & \text{falls } n+j \notin Z \\ 0 & \text{falls } n+j \in Z \end{cases}$$

eine optimale Lösung von (I*), mit den Bezeichnungen wie in Abschnitt 15.5.

22 Verifiziere die vorige Übung anhand des Beispieles in Abschnitt 15.5.

23 Seien $\boldsymbol{a}, \boldsymbol{b} \in \mathbb{R}^n$. Wir definieren die lexikographische Ordnung $\boldsymbol{a} \prec \boldsymbol{b}$ durch $a_i < b_i$, wobei i der erste Index ist mit $a_i \ne b_i$. Zeige, dass $\boldsymbol{a} \prec \boldsymbol{b}$ eine lineare Ordnung auf $\mathbb{R}^n$ ist.

24 Es sei das Programm (I) $A\boldsymbol{x} = \boldsymbol{b}$, $\boldsymbol{x} \ge \boldsymbol{0}$, $\boldsymbol{c}^T\boldsymbol{x} = \min$ gegeben mit den Bezeichnungen wie in Abschnitt 15.5. Wir geben eine Zusatzvorschrift, um auch entartete Ecken $\boldsymbol{x}^0$ mit $\min x_k^0/\tau_{ks} = 0$ behandeln zu können. Sind $r, r', \ldots$ die Indizes k mit $x_k^0/\tau_{ks} = 0$, so wählen wir jenes r, für das der Vektor $\boldsymbol{w}_r = (x_r^0/\tau_{rs}, \tau_{r1}/\tau_{rs}, \ldots, \tau_{rm}/\tau_{rs})$ lexikographisch möglichst klein ist. Zeige: a. $\boldsymbol{w}_r \ne \boldsymbol{w}_{r'}$ für $r \ne r'$. b. Der Vektor $(Q(\boldsymbol{x}^0), z_1, \ldots, z_m)$ wird nach dem Austausch in den lexikographisch kleineren Vektor $(Q(\boldsymbol{x}^1), z_1', \ldots z_m')$ übergeführt. c. Keine Basis wird mehr als einmal nach einem Austausch erreicht.

▷ **25** Zeige, dass die Inzidenzmatrix eines bipartiten Graphen unimodular ist. Hinweis: Falls $\det A \ne 0$ ist, so muss eine Diagonale (Transversale) von 1'en existieren.

Literatur zu Teil III

Boolesche Algebren sind ein Standardthema der Diskreten Mathematik und in fast jedem Text zu finden, z. B. in dem Buch von Korfhage. Wer tiefer in die Theorie der logischen Netze einsteigen will, sollte die Bücher von Savage oder Wegener konsultieren. Einen Überblick über das Gebiet der Hypergraphen geben Berge und Bollobás. Im Buch von Berge steht dabei die Analogie zu Graphen im Vordergrund, während das Buch von Bollobás mehr den Standpunkt der Mengenfamilien einnimmt. Ein wunderschönes kleines Buch über kombinatorische Designs ist das Buch von Ryser. Empfehlenswert sind auch die entsprechenden Kapitel in den Büchern von Biggs und Cameron. Der Standardtext zur Codierungstheorie ist das Buch von MacWilliams–Sloane. Eine schöne zusammenfassende Darstellung von Informationstheorie und Codierungstheorie findet man in McEliece. Gute Einführungen bieten auch Welsh und Schulz. Über endliche Körper gibt das Buch von Lidl–Niederreiter erschöpfende Auskunft. Die Literatur über Lineares Programmieren ist nahezu unübersehbar, stellvertretend für viele sei das Buch von Schrijver empfohlen, und für ganzzahlige Optimierung sei auf das Buch von Burkard verwiesen.

C. Berge: *Graphs and Hypergraphs.* North Holland.

N. Biggs: *Discrete Mathematics.* Oxford Science Publications.

B. Bollobás: *Combinatorics, Set Systems, Hypergraphs, Families of Vectors and Combinatorial Probability.* Cambridge University Press.

R. Burkard: *Methoden der ganzzahligen Optimierung.* Springer.

P. J. Cameron: *Combinatorics, Topics, Techniques, Algorithms.* Cambridge University Press.

R. Korfhage: *Discrete Computational Structures.* Academic Press.

R. Lidl, H. Niederreiter: *Finite Fields. Encyclopaedia of Math. Vol. 20.* Cambridge University Press.

F. MacWilliams, N. Sloane: The Theory of Error-Correcting Codes. North Holland.

R. McEliece: *The Theory of Information and Coding.* Addison-Wesley.

H. Ryser: *Combinatorial Mathematics.* Carus Math. Monographs.

J. Savage: *The Complexity of Computing.* J. Wiley & Sons.

A. Schrijver: *Theory of Linear and Integer Programming.* Wiley Publications.

R.-H. Schulz: *Codierungstheorie, eine Einführung.* Vieweg-Verlag.

I. Wegener: *The Complexity of Boolean Functions.* Teubner-Wiley.

D. Welsh: *Codes and Cryptography.* Oxford Science Publications.

Lösungen zu ausgewählten Übungen

1.3 Angenommen $A \subseteq N$ ist ein Gegenbeispiel. Wir betrachten das Inzidenzsystem $(A, N \smallsetminus A, I)$ mit $aIb \Leftrightarrow |a-b| = 9$. Für $10 \leq a \leq 91$ ist $r(a) = 2$, ansonsten $r(a) = 1$. Es gilt daher $\sum_{a \in A} r(a) \geq 92$, und andererseits $\sum_{b \in N \smallsetminus A} r(b) \leq 90$, Widerspruch. Für $|A| = 54$ nehmen wir sechs 9'er Blöcke, jeweils 9 auseinander.

1.5 Jede Partei hat zwischen 1 und 75 Sitze. Hält die erste Partei i Sitze, so gibt es für die zweite Partei die Möglichkeiten $76-i, \ldots, 75$. Die Gesamtzahl ist also $\sum_{i=1}^{75} i = \binom{76}{2}$.

1.9 Nach Induktion gilt $M(i) \leq M(j)$ für $1 \leq i \leq j \leq n$. Sei $2 \leq k \leq M(n)$. Dann ist $S_{n+1,k} - S_{n+1,k-1} = (S_{n,k-1} - S_{n,k-2}) + k(S_{n,k} - S_{n,k-1}) + S_{n,k-1} > 0$ nach Induktion. Ebenso schließt man $S_{n+1,k} - S_{n+1,k+1} > 0$ für $k \geq M(n) + 1$.

1.10 Für gegebenes n sei m die Zahl mit $m! \leq n < (m+1)!$ und a_m maximal mit $0 \leq n - a_m m!$. Es folgt $1 \leq a_m \leq m$ und $n - a_m m! < m!$. Die Existenz und Eindeutigkeit folgt nun mit Induktion nach m.

1.13 Der Trick ist, die $n-k$ *fehlenden* Zahlen zu betrachten. Schreiben wir sie als senkrechte Striche, dann können die k Elemente in die $n-k+1$ Zwischenräume platziert werden, und die Menge ergibt sich von links nach rechts. Zu b. zeigt man, dass $\sum_k f_{n,k}$ die Fibonacci Rekursion erfüllt.

1.16 Es gibt 12 Möglichkeiten, dass die erste und letzte Karte eine Dame ist und 50! Möglichkeiten dazwischen. Die Wahrscheinlichkeit ist daher $12 \cdot 50!/52! = \frac{1}{221}$.

1.19 Von $n+1$ Zahlen müssen zwei aufeinanderfolgen, also sind sie relativ prim. Zum zweiten Problem schreibe jede Zahl in der Form $2^k m$, m ungerade, $1 \leq m \leq 2n-1$. Es müssen also zwei Zahlen in einer Klasse $\{2^k m : k \geq 0\}$ liegen. $\{2, 4, \ldots 2n\}$ und $\{n+1, n+2, \ldots, 2n\}$ zeigen, dass beide Behauptungen für n Zahlen falsch sind.

1.21 Sei (k, ℓ) der größte gemeinsame Teiler von k und ℓ. Für $d|n$ sei $S_d = \{k\frac{n}{d} : (k,d) = 1, 1 \leq k \leq d\}$, also $|S_d| = \varphi(d)$. Aus $k\frac{n}{d} = k'\frac{n}{d'}$ folgt $kd' = k'd$, und daher $k = k', d = d'$. Die Mengen S_d sind also paarweise disjunkt. Sei umgekehrt $m \leq n, (m,n) = \frac{n}{d}$, so ist $m \in S_d$,und wir erhalten $S = \sum_{d|n} S_d$.

1.23 Nach Wegnehmen von n Zahlen zerfällt N in Teilintervalle der Längen $a_0, b_1, a_1, \ldots, b_s, a_s, b_{s+1}$, wobei a_i die Intervalle der verbliebenen und b_j jene der weggenommenen Zahlen bezeichnen, und möglicherweise $a_0 = 0$, $b_{s+1} = 0$ ist. Wegen $\Sigma b_j = n$ gilt $s \leq n$. Um die alternierende Eigenschaft zu erhalten, muss jeweils höchstens ein Element aus $a_1, \ldots, a_s$ entfernt werden. Dies ergibt $a_0 + \sum_{i=1}^{s}(a_i - 1) = 2n - s \geq n$ Zahlen mit den gewünschten Eigenschaften.

1.25 Sei r wie im Hinweis, dann gilt $r \leq \frac{n^2}{2} < n(n-1)$ wegen $n \geq 4$. Die Anzahl der Einsen in der Inzidenzmatrix spaltenweise gezählt ist daher $(n-2)!r < n!$. Es muss also eine Zeile mit lauter Nullen vorkommen.

1.29 Sei $f(n,i)$ die Anzahl mit i am Anfang. Die folgende Zahl ist dann $i+1$ oder $i-1$ mit den Anzahlen f_+, f_-. Identifizieren wir i mit $i+1$ und erniedrigen alle Zahlen $> i+1$ um 1, so sehen wir $f_+ = f(n-1, i)$, und analog $f_- = f(n-1, i-1)$. Die Zahlen $f_{n,i}$ erfüllen also die Binomialrekursion mit $f(n,1) = 1$. Es gilt daher $f(n,i) = \binom{n-1}{i-1}$, $\sum_i f(n,i) = 2^{n-1}$.

1.32 Klarerweise ist $0 \le b_j \le n-j$. Da es höchstens $n!$ Folgen $(b_1,\dots,b_n)$ gibt, bleibt zu zeigen, dass es zu einer Folge $(b_1,\dots,b_n)$ eine Permutation π gibt. π wird von hinten aufgebaut. Ist $b_{n-1}=1$, so steht $n-1$ hinter n, ansonsten vor n. Nun wird $n-2$ je nach b_{n-2} plaziert, usf.

1.36 Fügen wir n in eine Permutation π von $\{1,\dots,n-1\}$ ein, so erhöhen wir die Anzahl der Anstiege um 1 oder 0. Hat π $k-1$ Anstiege, so erhöhen wir π genau dann um 1, wenn n in einen der $n-k-1$ Nicht-Anstiege oder am Ende eingefügt wird. Eine Permutation π mit k Anstiegen wird genau dann nicht erhöht, wenn n in einen der k Anstiege oder am Anfang eingefügt wird.

1.39 Seien R und R' zwei Spaltenmengen mit $|R| = |R'| = r$. Es ist leicht, eine Bijektion zwischen allen Wegen mit den r Diagonalen in R bzw. R' herzustellen. Wir können uns also auf die ersten r Spalten beschränken. Die Wege sind dann durch die r Diagonalen in den ersten r Spalten eindeutig bestimmt. Ersetzen wir die Diagonalen durch Waagerechten, so erhält man eine Bijektion auf die Wege im $n \times (n-r)$-Gitter, und es folgt für die Gesamtzahl $\sum_{r=0}^{n} \binom{n}{r}\binom{2n-r}{n}$.

1.41 Wir betrachten wie im Hinweis die Wege von $(0,0)$ nach $(a+b,a-b)$. Die erlaubten Wege müssen $(1,1)$ als ersten Punkt benutzen. Insgesamt gibt es $\binom{a+b-1}{a-1}$ Wege von $(1,1)$ nach $(a+b,a-b)$, da sie durch die Positionen der $a-1$ Stimmen für A eindeutig bestimmt sind. Wir müssen nun alle Wege W abziehen, die die x-Achse berühren. Zu einem solchen W konstruieren wir einen Weg W' von $(1,-1)$ nach $(a+b,a-b)$, indem wir alle Stücke zwischen Punkten mit $x=0$ unter die x-Achse reflektieren und am Ende unverändert lassen. Man sieht sofort, dass $W \to W'$ eine Bijektion auf alle Wege von $(1,-1)$ nach $(a+b,a-b)$ ist, und wir erhalten als Ergebnis $\binom{a+b-1}{a-1} - \binom{a+b-1}{a} = \frac{a-b}{a+b}\binom{a+b}{a}$.

1.43 Es sei n gerade. Aus $\binom{n}{k} = \frac{n}{k}\binom{n-1}{k-1}$ folgt $a_n = 1 + \sum_{k=1}^{n/2}[\binom{n}{k}^{-1} + \binom{n}{n-k+1}^{-1}] = 1 + \frac{1}{n}\sum_{k=1}^{n/2}[k\binom{n-1}{k-1}^{-1} + (n-k+1)\binom{n-1}{n-k}^{-1}]$ und mit $\binom{n-1}{k-1} = \binom{n-1}{n-k}$, $a_n = 1 + \frac{n+1}{n}\sum_{k=1}^{n/2}\binom{n-1}{k-1}^{-1}$ $= 1 + \frac{n+1}{2n}a_{n-1}$. Der Fall n ungerade geht analog. Für die ersten Werte haben wir $a_0 = 1, a_1 = 2, a_2 = \frac{5}{2}, a_3 = a_4 = \frac{8}{3} > a_5 = \frac{13}{5}$. Ist $a_{n-1} > 2 + \frac{2}{n-1}$, so folgt $a_n > \frac{n+1}{2n}(2 + \frac{2}{n-1}) + 1 = 2 + \frac{1}{n}(1 + \frac{n+1}{n-1}) > 2 + \frac{2}{n}$, oder $\frac{n}{2n+2}a_n > 1$. Für $a_{n+1} - a_n$ gilt daher $a_{n+1} - a_n = (\frac{n+2}{2n+2} - 1)a_n + 1 = -\frac{n}{2n+2}a_n + 1 < 0$, somit $a_{n+1} < a_n$ für $n \ge 4$ durch Induktion. Der Grenzwert existiert daher und ist 2.

1.45 Ist $k = 2m > 2$, so steht 1 in Zeile m und Spalte $2m$ ohne Kreis. Sei also k ungerade. Angenommen, $k = p > 3$ ist prim. Die Zeilen n, welche Einträge in Spalte p liefern, erfüllen $2n \le p \le 3n$, und der Eintrag in Spalte p ist $\binom{n}{p-2n}$. Aus $\frac{p}{3} \le n \le \frac{p}{2}$ folgt $1 < n < p$, also sind n und p relativ prim und daher auch n und $p-2n$. Nun haben wir $\binom{n}{p-2n} = \frac{n}{p-2n}\binom{n-1}{p-2k-1}$ oder $(p-2n)\binom{n}{p-2n} = n\binom{n-1}{p-2n-1}$, und es folgt $n|\binom{n}{p-2n}$, das heißt, jeder Eintrag in Spalte p ist umkreist. Sei $k = p(2m+1)$ eine zusammengesetzte ungerade Zahl, p Primzahl, $m \ge 1$, dann erfüllt $n = pm$ die Bedingungen $2n \le k \le 3n$, und man sieht leicht, dass $\binom{n}{k-2n} = \binom{pm}{p}$ kein Vielfaches von n ist.

1.46 Sei die Verteilung $(p_1,\dots,p_6)$. Dann gilt $1 = (\sum p_i)^2 \le 6\sum p_i^2$ (direkt beweisen oder Übung 2.22).

1.49 Für $i \in R$ sei X_i die Zufallsvariable mit $X_i = 1$ (Hase bleibt am Leben), $X_i = 0$ (Hase wird getroffen). Es ist $EX_i = (\frac{r-1}{r})^n$ und daher $EX = (1-\frac{1}{r})^n r$. Aus Markovs Ungleichung folgt $p(X \ge 1) \le (1-\frac{1}{r})^n r$. Aus $\log x \le x-1$ folgt $\log(1-\frac{1}{r})^n \le -\frac{n}{r}$ und daher $p(X \ge 1) \le re^{-\frac{n}{r}}$. Einsetzen von $n \ge r(\log r + 5)$ liefert das Resultat $p(X \ge 1) \le e^{-5} < 0{,}01$.

1.51 Sei $X : \pi \to \mathbb{N}$ die Zufallsvariable mit $X = k$, falls das zweite As in der k-ten Karte liegt, somit $p(X = k) = (k-1)(n-k)/\binom{n}{3}$ mit $\sum_{k=2}^{n-1}(k-1)(n-k) = \binom{n}{3}$. Sei $S = \binom{n}{3}EX = \sum_{k=2}^{n-1} k(k-1)(n-k)$. Ersetzen wir den Laufindex k durch $n+1-k$, so erhalten wir $2S = (n+1)\sum_{k=2}^{n-1}(k-1)(n-k)$, somit $EX = \frac{n+1}{2}$.

1.53 Wir können annehmen, dass x zwischen 0 und 1 liegt. Es sei $kx = q + r_k$ mit $q \in \mathbb{N}, 0 < r_k < 1$. Wir klassifizieren die Zahlen kx nach ihren Resten r_k. Falls $r_k \leq \frac{1}{n}$ oder $r_k \geq \frac{n-1}{n}$ ist, so sind wir fertig. Die $n-1$ Reste fallen also in eine der $n-2$ Klassen $\frac{1}{n} < r \leq \frac{2}{n}, \ldots, \frac{n-2}{n} < r \leq \frac{n-1}{n}$. Es gibt also $kx, \ell x$ $(k < \ell)$ mit $|r_\ell - r_k| < \frac{1}{n}$, und $(\ell - k)x$ ist die gesuchte Zahl.

1.55 Sei N eine n-Menge mit $n = R(k-1,\ell) + R(k,\ell-1) - 1$. Die einzige Situation, die Schwierigkeiten bereitet, ist dass jedes Element mit genau $R(k-1,\ell)-1$ ein rotes Paar bildet, und mit genau $R(k,\ell-1)-1$ ein blaues Paar. Da aber $R(k-1,\ell)-1$ und $R(k,\ell-1)-1$ beide ungerade sind, zeigt doppeltes Abzählen, dass dies nicht möglich ist. Für $R(3,4)$ erhalten wir $R(3,4) \leq 9$. Die Färbung auf $N = \{0,1,\ldots,7\}$ mit $\{i,j\}$ rot $\iff |j-i| = 1$ oder $4 \pmod 8$ hat nicht die Ramsey Eigenschaft, also gilt $R(3,4) = 9$.

1.57 Sei A das Ereignis wie im Hinweis, dann ist $p(A) = 2^{-\binom{k}{2}}$, also $\bigcup_{|A|=k} p(A) \leq \binom{n}{k}2^{-\binom{k}{2}}$. Aus $\binom{n}{k} < n^k/2^{k-1}$ folgt mit $n < 2^{k/2}$, $\binom{n}{k} < 2^{\frac{k^2}{2}-k+1}$, also $\bigcup_{|A|=k} p(A) < 2^{-\frac{k}{2}+1} \leq \frac{1}{2}$ wegen $k \geq 4$. Aus Symmetrie gilt auch $p(\bigcup_{|B|=k} B) < \frac{1}{2}$, wobei B das Ereignis ist, dass alle Personen in B paarweise nicht bekannt sind. $R(k,k) \geq 2^{k/2}$ folgt.

1.59 Sei s wie im Hinweis. Wir nennen $a_i, i > s$, einen Kandidaten, falls $a_i > a_j$ ist für alle $j \leq s$. Die Strategie, a_i als Maximum zu erklären, ist erfolgreich, wenn (A) $a_i =$ Max ist und (B) $a_j, s < j < i$, keine Kandidaten sind. Die Wahrscheinlichkeit für (A) ist $\frac{1}{n}$ und für (B) $\frac{s}{i-1}$, also ist die Strategie für a_i mit Wahrscheinlichkeit $\frac{1}{n}\frac{s}{i-1}$ erfolgreich. Summation über $i = s+1, s+2, \ldots$ ergibt als Gewinnchance $p(s) = \sum_{i=s+1}^{n} \frac{s}{n}\frac{1}{i-1} = \frac{s}{n}(H_{n-1} - H_{s-1}) \sim \frac{s}{n}\log\frac{n}{s}$. Maximierung von $f(x) = \frac{1}{x}\log x$ ergibt $x = e$ und somit $f(x_{\max}) \sim \frac{1}{e} \sim 0.37$. Die Rundung von $x_{\max}$ zur nächsten rationalen Zahl $\frac{n}{s}$ ändert das Ergebnis nur unwesentlich.

2.1 Multiplikation mit $2^{n-1}/n!$ ergibt mit $S_n = 2^n T_n/n!$ die Rekursion $S_n = S_{n-1} + 3 \cdot 2^{n-1} = 3(2^n - 1) + S_0$. Also ist die Lösung $T_n = 3 \cdot n!$.

2.4 Sei T_n die n-te Zahl. Wir haben $T_0 = 1, T_1 = 0$ und nach Vorschrift $T_n = nT_{n-1} + (-1)^n$. Dies ist genau die Rekursion für die Derangement Zahlen.

2.6 Mit partieller Summation haben wir $\sum_{k=1}^{n-1} \frac{H_k}{(k+1)(k+2)} = \sum_1^n H_x x^{\underline{-2}} = -x^{\underline{-1}}H_x|_1^n + \sum_1^n (x+1)^{\underline{-1}}x^{\underline{-1}} = -x^{\underline{-1}}H_x|_1^n + \sum_1^n x^{\underline{-2}} = -x^{\underline{-1}}(H_x+1)|_1^n = 1 - \frac{H_n+1}{n+1}$.

2.9 Zu beweisen ist $x^{\overline{n}} = \sum_{k=0}^{n} \frac{n!}{k!}\binom{n-1}{k-1}x^{\underline{k}}$ oder $\binom{x+n-1}{n} = \sum_{k=0}^{n}\binom{n-1}{n-k}\binom{x}{k}$, aber dies ist genau die Vandermondesche Formel. Die Inversionsformel folgt nun durch $x \to -x$.

2.13 Sei S die Menge aller r-Untermengen, und E_i die Eigenschaft, dass i *nicht* in A liegt, $i \in M$. Dann gilt $N(E_{i_1} \ldots E_{i_k}) = \binom{n-k}{r}$, und die Formel folgt.

2.17 Sei p_H die Wahrscheinlichkeit, kein Herz zu erhalten, dann ist $p_H = \binom{39}{13}/\binom{52}{13}$, analog für die anderen Farben. Die Wahrscheinlichkeit p_{HK} ohne Herz und Karo ist $p_{HK} = \binom{26}{13}/\binom{52}{13}$, und schließlich $p_{HKP} = 1/\binom{52}{13}$ ohne Herz, Karo, Pik. Inklusion–Exklusion besorgt den Rest. Frage b. geht analog.

2.18 Wir können die n-te Scheibe nur bewegen, wenn der $(n-1)$-Turm in richtiger Ordnung auf B liegt. Dies ergibt die Rekursion $T_n = 2T_{n-1}+1, T_1 = 1$, also $T_n = 2^n - 1$. In b. erhalten wir $S_n = 3S_{n-1} + 2, S_1 = 2$, also $S_n = 3^n - 1$. Die Rekursion für R_n ist $R_n = 2R_{n-1} + 2, R_1 = 2$, also $R_n = 2^{n+1} - 2 = 2T_n$.

2.20 Sei $2n$ gegeben. In der ersten Runde scheiden $2, 4, \ldots, 2n$ aus. Die nächste Runde beginnt wieder bei 1, und durch die Transformation $1, 2, 3, \ldots, n \to 1, 3, 5, \ldots, 2n-1$, erhalten wir $J(2n) = 2J(n) - 1$. Die Rekursion für $J(2n+1)$ wird analog bewiesen. Sei $n = 2^m + \ell, 0 \leq \ell < 2^m$, dann folgt mit Induktion nach m, $J(n) = 2\ell + 1$.

2.22 Wir haben $S = \sum_{j<k}(a_k - a_j)(b_k - b_j) = \sum_{k<j}(a_k - a_j)(b_k - b_j)$, also $2S = \sum_{j,k}(a_k - a_j)(b_k - b_j) = \sum_{j,k} a_k b_k - \sum_{j,k} a_k b_j - \sum_{j,k} a_j b_k + \sum_{j,k} a_j b_j = 2n\sum_{k=1}^{n} a_k b_k - 2(\sum_{k=1}^{n} a_k)(\sum_{k=1}^{n} b_k)$. Es folgt $(\sum_k a_k)(\sum_k b_k) = n\sum_k a_k b_k - S$. Falls $a_1 \leq \ldots, \leq a_n, b_1 \leq \ldots \leq b_n$ gilt, so ist $S \geq 0$.

2.24 Induktion nach n. Wir betrachten den Hof H_1 und legen durch ihn eine Gerade, auf der kein weiterer Hof oder Brunnen liegt. Durch Drehen dieser Geraden lässt sich stets erreichen, dass in einer der entstehenden Halbebenen gleichviele Höfe und Brunnen liegen, und zwar zusammen mindestens 2 und höchstens $2(n-1)$.

2.26 Eine Strecke $\overline{PQ}$ mit Länge d nennen wir einen Durchmesser. Angenommen, von P gehen drei Durchmesser $\overline{PA}, \overline{PB}, \overline{PC}$ aus. Die Punkte A, B, C liegen auf einem Kreis um P vom Radius d, und da d maximal ist, auf einem Bogenstück der Länge $\leq d\frac{\pi}{3}$. Sei B zwischen A und C auf diesem Bogen, dann geht von B außer $\overline{BP}$ kein weiterer Durchmesser aus. Damit haben wir zwei Möglichkeiten: Entweder von jedem Punkt gehen genau zwei Durchmesser aus, oder es gibt einen Punkt, von dem höchstens ein Durchmesser ausgeht. Im ersten Fall sind wir fertig mit zweifachem Abzählen, im zweiten durch Induktion.

2.29 Die Gleichung folgt aus (3) und (12) in Abschnitt 2.2. In b. setze $f(x) = \binom{n+x}{n}$.

2.30 Ist $n = k + (k+1) + \ldots + (\ell - 1)$, so folgt wie im Hinweis $2n = (\ell - k)(\ell + k - 1)$. Einer der beiden Faktoren ist gerade, der andere ungerade. Ist $2n = xy$ eine Zerlegung, so erhalten wir mit $k = \frac{1}{2}|x - y| + \frac{1}{2}, \ell = \frac{1}{2}(x+y) + \frac{1}{2}$ eine Zerlegung $2n = (\ell - k)(\ell + k - 1)$. Die gesuchte Anzahl ist also gleich der Anzahl der ungeraden Teiler von n, das heißt $\prod(k_i + 1)$ mit $n = 2^m \prod_{p_i > 2} p_i^{k_i}$ nach Übung 1.2.

2.33 Wir haben $(-1)^{k+1}\binom{n}{k+1}^{-1} - (-1)^k \binom{n}{k}^{-1} = (-1)^{k+1}\binom{n-1}{k}^{-1}[\frac{k+1}{n} + \frac{n-k}{n}] = (-1)^{k+1}\binom{n-1}{k}^{-1}\frac{n+1}{n}$, also $\sum(-1)^x\binom{n}{x}^{-1} = \frac{n+1}{n+2}(-1)^{x-1}\binom{n+1}{x}^{-1}$. Mit Summation folgt $\sum_{k=0}^{n}(-1)^k\binom{n}{k}^{-1} = \frac{n+1}{n+2}[(-1)^n + 1] = 2\frac{n+1}{n+2}\,[n = \text{gerade}]$.

2.37 Es gilt $\sum_a^b x^m = S_m(b) - S_m(a)$. Aus $\sum_{k=-n+1}^{-1} k^m = (-1)^m \sum_{k=1}^{n-1} k^m = (-1)^m \cdot S_m(n)$ folgt $(-1)^m S_m(n) = \sum_{-n+1}^{0} x^m = S_m(0) - S_m(1-n) = -S_m(1-n)$, also a. Daraus resultiert $(-1)^m S_m(1) = 0$ und $(-1)^m S_m(\frac{1}{2}) = -S_m(\frac{1}{2})$, also die weiteren Behauptungen.

2.39 Mit $b_k = k! a_k$ resultiert $n! = \sum_{k=0}^{n}\binom{n}{k} b_k$, und daraus mittels Binomialinversion $b_n = D_n$ (Derangementzahl), somit $a_n = \frac{D_n}{n!}$.

2.42 Sei $p_3(n)$ die erste Anzahl und $p_{\leq 2}(n)$ die zweite. Im ersten Fall sei E_i die Eigenschaft, dass $3i$ als Summand vorkommt. Mit Inklusion–Exklusion erhalten wir $p_3(n) = p(n) - p(n-3) - p(n-6) - \ldots + p(n-3-6) + p(n-3-9) + \ldots$ Im zweiten Fall sei E_i die Eigenschaft, dass der Summand i dreimal vorkommt, und es resultiert dieselbe alternierende Summe. Allgemein gilt $p_d(n) = p_{\leq d-1}(n)$.

2.45 Ist E_i die Eigenschaft, dass i Fixpunkt ist, so gilt $N(E_{i_1} \ldots E_{i_k}) = (n-k)!$ für $k \geq t$, also ist die gesuchte Zahl $F_t = \sum_{i=0}^{n-t}(-1)^i\binom{t+i}{i}\binom{n}{t+i}(n-t-i)! = \frac{n!}{t!}\sum_{i=0}^{n-t}\frac{(-1)^i}{i!} = \binom{n}{t}D_{n-t}$. Die Gleichung $F_t = \binom{n}{t}D_{n-t}$ ist natürlich auch unmittelbar klar.

3.2 Wir haben $f(0) = 1, f(1) = 2$. Sei A dick. Falls $n \notin A$ ist, so ist A dick in $\{1, \ldots, n-1\}$, falls $n \in A$ ist, so ist $\{i - 1 : i \in A \setminus n\}$ dick in $\{1, \ldots, n-2\}$ bzw. $\varnothing$, falls $A = \{n\}$. Es folgt $f(n) = f(n-1) + f(n-2)$, also $f(n) = F_{n+2}$. Die dicken k-Mengen von $\{1, \ldots, n-1\}$ sind genau die k-Untermengen von $\{k, \ldots, n-1\}$, somit $F_{n+1} = \sum_k \binom{n-k}{k}$. c. ist nach a. äquivalent zu $(n+1) + \sum_{k=1}^{n}\binom{n+1}{n-k}f(k-1) = f(2n)$. Sei $A = \{1, \ldots, n-1\}, B = \{n, \ldots, 2n\}$, dann folgt c. durch Klassifikation der dicken Mengen X mit $|X \cap B| = n - k$.

3.5 Es ist $L_nF_n = F_{n-1}F_n + F_nF_{n+1}$. Andererseits sieht man $F_{2n} = F_{n-1}F_n + F_nF_{n+1}$ durch wiederholte Anwendung der Fibonacci Rekursion (siehe Übung 3.33). Einsetzen in $F_n = \frac{1}{\sqrt{5}}(\phi^n - \hat{\phi}^n)$ ergibt $L_n = \phi^n + \hat{\phi}^n$.

3.9 Betrachten wir die erste Zahl. Ist sie 1 oder 2, so können wir sie mit $f(n-1)$ Wörtern der Länge $n-1$ kombinieren, ist sie 0, so muss die zweite 1 oder 2 sein, und wir können den Rest auf $f(n-2)$ Arten wählen. Die Rekursion ist also $f(n) = 2(f(n-1)+f(n-2)) + [n=0] + [n=1]$ mit $f(0) = 1$. Für die erzeugende Funktion $F(z)$ ergibt dies $F(z) = \frac{1+z}{1-2z-2z^2}$ und mit der üblichen Methode $f(n) = \frac{3+2\sqrt{3}}{6}(1+\sqrt{3})^n + \frac{3-2\sqrt{3}}{6}(1-\sqrt{3})^n$.

3.12 Es ist $a_k = b_n = n^{\underline{k}}$, also $\widehat{A}(z) = \sum_k \binom{n}{k}z^k = (1+z)^n$ und $\widehat{B}(z) = \sum_{n \geq k}\frac{n^{\underline{k}}}{n!}z^n = \sum_{n \geq k}\frac{z^n}{(n-k)!} = z^k \sum_{n \geq k}\frac{z^{n-k}}{(n-k)!} = z^k e^z$.

3.14 Wir verwenden die Rekursion $S_{n+1,m+1} = \sum_k \binom{n}{k}S_{k,m}$ aus Übung 1.35. Es gilt also $e^z\widehat{S}_m(z) = \sum_{n \geq 0}(\sum_k \binom{n}{k}S_{k,m})\frac{z^n}{n!} = \sum_{n \geq 0}S_{n+1,m+1}\frac{z^n}{n!}$, somit $\widehat{S}'_{m+1}(z) = e^z\widehat{S}_m(z)$. Mit $\widehat{S}_0(z) = 1$ folgt $\widehat{S}'_1(z) = e^z$, also $\widehat{S}_1(z) = e^z - 1$ (wegen $\widehat{S}_1(0) = 0$). Mit Induktion erhalten wir $\widehat{S}_m(z) = \frac{(e^z-1)^m}{m!}$, $\sum_{m \geq 0}\widehat{S}_m(z)t^m = e^{t(e^z-1)}$.

3.16 Es gilt $\sum_{n \geq 0}F_{2n}z^{2n} = \frac{1}{2}(F(z) + F(-z)) = \frac{1}{2}(\frac{z}{1-z-z^2} + \frac{-z}{1+z-z^2}) = \frac{z^2}{1-3z^2+z^4}$ nach der vorigen Übung, also $\sum_n F_{2n}z^n = \frac{z}{1-3z+z^2}$.

3.17 $G(z) - 1$ ist die Konvolution von $G(z)$ und $\sum_{n \geq 1} n\, z^n = \frac{z}{(1-z)^2}$. Somit gilt $G(z) = \frac{1-2z+z^2}{1-3z+z^2} = 1 + \frac{z}{1-3z+z^2}$ und nach der vorigen Übung $g_n = F_{2n}$ für $n \geq 1$.

3.20 Sei x fest, dann ist $F(z)^x = \exp(x \log F(z)) = \exp(x \log(1 + \sum_{k \geq 1}a_kz^k)) = \exp(x\sum_{\ell \geq 1}\frac{(-1)^{\ell+1}}{\ell}(\sum_{k \geq 1}a_kz^k)^\ell) = \sum_{m \geq 0}\frac{x^m}{m!}(\sum_{\ell \geq 1}\frac{(-1)^{\ell+1}}{\ell}(\sum_{k \geq 1}a_kz^k)^\ell)^m$. Also ist $[z^n]F(z)^x$ ein Polynom $p_n(x)$ vom Grad n mit $p_n(0) = 0$ für $n > 0$. Die erste Konvolution folgt aus $F(z)^xF(z)^y = F(z)^{x+y}$, die zweite durch Vergleich des Koeffizienten von z^{n-1} in $F'(z)F(z)^{x-1}F(z)^y = F'(z)F(z)^{x+y-1}$, da $F'(z)F(z)^{x-1} = x^{-1}\frac{\partial}{\partial z}F(z)^x = x^{-1}\sum_{n \geq 0} n\, p_n(x)z^{n-1}$ ist.

3.24 $EX = \sum_{n \geq 1} n\, p_n$, $P'_X(z) = \sum n\, p_nz^{n-1}$, also $EX = P'_X(1)$. $VX = EX^2 - (EX)^2 = \sum n^2p_n - (\sum n\, p_n)^2 = \sum n(n-1)p_n + \sum n\, p_n - (\sum n\, p_n)^2$, also $VX = P''_X(1) + P'_X(1) - (P'_X(1))^2$. c. ist klar.

3.26 Sei k die Anzahl „Kopf", $0 \leq k \leq n$. Dann ist $p(X = k) = \binom{n}{k}2^{-n}$, also $P_X(z) = 2^{-n}\sum_k \binom{n}{k} = (\frac{1+z}{2})^n$. Aus Übung 3.24 folgt $EX = \frac{n}{2}$, $VX = \frac{n}{4}$.

3.28 Wir haben $p(X_n = k) = \frac{I_{n,k}}{n!}$. Durch Klassifikation nach der Position von n folgt $I_{n,k} = I_{n-1,k} + \ldots + I_{n-1,k-n+1}$, also $P_n(z) = \frac{1+z+\ldots+z^{n-1}}{n} P_{n-1}(z)$, somit

$$P_n(z) = \prod_{i=1}^{n} \frac{1+z+\ldots+z^{i-1}}{i},$$

da $P_1(z) = 1$ ist. Mit

$$P'_n(z) = \sum_{i=1}^{n} \Big(\prod_{j \neq i} \frac{1+z+\ldots+z^{j-1}}{j}\Big) \cdot \frac{1+2z+\ldots+(i-1)z^{i-2}}{i}$$

berechnet man $EX = P'_X(1) = \sum_{i=1}^{n} \frac{i-1}{2} = \frac{n(n-1)}{4}$. Analog für VX nach Übung 3.24.

3.29 Betrachte die linke 3×1-Kante. Entweder sie enthält einen senkrechten Dominostein (oben oder unten), dann können wir mit B_{n-1} Möglichkeiten fortsetzen. Oder alle drei Steine sind waagerecht und wir setzen auf A_{n-2} Arten fort. Die Rekursion ist daher $A_n = 2B_{n-1} + A_{n-2} + [n = 0]$, und durch eine analoge Überlegung $B_n = A_{n-1} + B_{n-2}$. Daraus erhalten wir durch Eliminierung von $B(z)$, $A(z) = \frac{1-z^2}{1-4z^2+z^4}$. Wir erkennen $A_{2n+1} = 0$, was natürlich klar ist. Behandeln wir $\frac{1-z}{1-4z+z^2}$ wie üblich, so ergibt sich $A_{2n} = \frac{(2+\sqrt{3})^n}{3-\sqrt{3}} + \frac{(2-\sqrt{3})^n}{3+\sqrt{3}}$.

3.31 Wie in Übung 3.22 erhalten wir $A(z) = \frac{1}{(1-z)(1-z^2)(1-z^4)\ldots}$, also $A(z^2) = (1-z)A(z)$. Für $B(z)$ folgt $B(z) = \frac{A(z)}{1-z}$, also $B(z^2) = \frac{A(z^2)}{1-z^2} = \frac{A(z)}{1+z}$. Somit gilt $A(z) = (1+z)B(z^2)$, das heißt $a_{2n} = a_{2n+1} = b_n$.

3.34 Wir wissen $\sum_k \binom{n}{k} w^k = (1+w)^n$, also nach Übung 3.15, $\sum_k \binom{n}{2k+1} w^{2k+1} = \frac{(1+w)^n - (1-w)^n}{2}$. Klammern wir links w aus und setzen $w^2 = z$, so erhalten wir $\sqrt{z} \sum_k \binom{n}{2k+1} z^k = \frac{(1+\sqrt{z})^n - (1-\sqrt{z})^n}{2}$, und mit $z = 5$, $\sum_k \binom{n}{2k+1} 5^k = 2^{n-1} F_n$.

3.38 Sei $F(x,y) = \sum_{m,n} f_{m,n} x^m y^n$. Aus den Anfangsbedingungen erhält man $\sum_n f_{0,n} y^n = \frac{1}{1-y}$, $\sum_m f_{m,0} x^m = \frac{1}{1-x}$, und daraus $\sum_{mn=0} f_{m,n} x^m y^n = \frac{1-xy}{(1-x)(1-y)}$. Für $m, n \geq 1$ ergibt die Rekursion $\sum_{m,n \geq 1} f_{m,n} x^m y^n = y(F(x,y) - \frac{1}{1-y}) + (q-1)xy\, F(x,y)$, woraus $F(x,y) = \frac{1}{1-x} \cdot \frac{1}{1-(1+(q-1)x)y}$ folgt. Somit ist $[y^n]\ F(x,y) = (1+(q-1)x)^n = \sum_{k=0}^{n} \binom{n}{k} (q-1)^k x^k$. Multiplikation mit $\frac{1}{1-x}$ (das heißt Summation der $[x^k]$) ergibt schließlich $f_{m,n} = \sum_{k=0}^{m} \binom{n}{k} (q-1)^k$.

3.40 Mit Konvolution haben wir $\widehat{G}(z) = -2z\widehat{G}(z) + (\widehat{G}(z))^2 + z$, also $\widehat{G}(z) = \frac{1+2z-\sqrt{1+4z^2}}{2}$ (da das Pluszeichen wegen $\widehat{G}(0) = 0$ nicht geht). Verwenden wir Übung 1.40, so ergibt dies $g_{2n+1} = 0$, $g_{2n} = (-1)^n \frac{(2n)!}{n} \binom{2n-2}{n-1}$. Siehe dazu Abschnitt 9.4.

3.42 Wir setzen $f(0) = 1$ und haben $f(1) = f(2) = 0$, also $f(n) + f(n+1) = D_n$ für $n \leq 1$. Durch Einfügen von $n+1$ in die Permutationen von $\{1, \ldots, n\}$ beweist man leicht die Rekursion $f(n+1) = (n-2)f(n) + 2(n-1)f(n-1) + (n-1)f(n-2)$ $(n \geq 2)$. Umformen ergibt für $f(n) + f(n+1)$ genau die Rekursion für D_n. Aus Übung 3.13 erhalten wir $\widehat{F}(z) + \widehat{F}'(z) = \widehat{D}(z) = \frac{e^{-z}}{1-z}$, $\widehat{F}(0) = 1$. Mit dem Ansatz $\widehat{F}(z) = c(z)e^{-z}$ ergibt sich die Lösung $\widehat{F}(z) = c(z)e^{-z}$, $c(z) = -\log(1-z) + 1$. Nun ist $f(n) = \widehat{F}(0)^{(n)}$. Aus $c^{(k)}(0) = (k-1)!$, $\widehat{F}(z)^{(n)} = \sum_{k=0}^{n} (-1)^k \binom{n}{k} c^{(n-k)}(z) e^{-z}$ folgt $f(n) = \sum_{k=0}^{n-1} (-1)^k \binom{n}{k} (n-k-1)! + (-1)^n = n! \sum_{k=0}^{n-1} \frac{(-1)^k}{k!(n-k)} + (-1)^n$.

3.45 $\widehat{S}(z,n) = \sum_{m\ge 0}\sum_{k=0}^{n-1} k^m \frac{z^m}{m!} = \sum_{k=0}^{n-1}\sum_{m\ge 0}\frac{(kz)^m}{m!} = \sum_{k=0}^{n-1} e^{kz} = \frac{e^{nz}-1}{e^z-1} = \frac{e^{nz}-1}{z}\widehat{B}(z)$ nach der vorigen Übung. $B_m(x)$ ist die Konvolution von (B_m) und (x^m), also erhalten wir $\widehat{B}(z,x) = \widehat{B}(z)e^{xz} = \frac{ze^{xz}}{e^z-1}$, und somit $\widehat{B}(z,n) - \widehat{B}(z,0) = \frac{ze^{nz}}{e^z-1} - \frac{z}{e^z-1} = z\widehat{S}(z,n)$. Koeffizientenvergleich für z^{m+1} ergibt $\frac{1}{m!}S_m(n) = \frac{1}{(m+1)!}(B_{m+1}(n) - B_{m+1}(0)) = \frac{1}{(m+1)!}(\sum_k \binom{m+1}{k} B_k\, n^{m+1-k} - B_{m+1})$, $S_m(n) = \frac{1}{m+1}\sum_{k=0}^{m}\binom{m+1}{k} B_k\, n^{m+1-k}$.

4.1 Die Symmetriegruppe ist $G = \{\,\mathrm{id}\,, i \mapsto n+1-i\}$, also $Z(G) = \frac{1}{2}(z_1^n + z_2^{n/2})$, n gerade, bzw. $Z(G) = \frac{1}{2}(z_1^n + z_1 z_2^{\frac{n-1}{2}})$, n ungerade. Die Ersetzung $z_1 \to 1+x$, $z_2 \to 1+x^2$ ergibt $m_k = \frac{1}{2}(\binom{n}{k} + \binom{n/2}{k/2}[k \equiv 0])$ für n gerade bzw. $m_k = \frac{1}{2}(\binom{n}{k} + \binom{n-1/2}{\lfloor k/2\rfloor})$ für n ungerade. Für $n = 5$, $k = 3$ erhalten wir sechs Muster und für $n = 6$, $k = 4$ neun Muster.

4.4 $|\mathcal{M}| = \binom{r+n-1}{n}$ und $|\mathcal{M}| = Z(S_n; r, \ldots, r) = \frac{1}{n!}\sum_{g\in S_n} r^{b(g)}$, also $r^{\overline{n}} = \sum_{g\in S_n} r^{b(g)} = \sum_{k=0}^{n} s_{n,k} r^k$.

4.8 Die Symmetriegruppe G besteht aus der Identität, den 4 Achsen durch eine Ecke – gegenüberliegende Seite, und den 3 Achsen durch gegenüberliegende Kanten, also $|G| = 12$. Ecken- und Seitenmuster haben denselben Zyklenindikator $Z(G) = \frac{1}{12}(z_1^4 + 8z_1z_3 + 3z_2^2)$. Dies sieht man auch durch die Dualität Ecken - Seiten.

4.10 Die Gruppe besteht aus id, Umdrehung plus jeweils Vertauschung $0 \longleftrightarrow 1$. Die Fixpunktmengen sind alle $\binom{2n}{n}$ Wörter, die $\binom{n}{n/2}$ Wörter $a_1 \ldots a_n\, a_n \ldots a_1$ (dies geht nur für n gerade). Für die Fixpunktmenge von Umdrehen + Vertauschen erhalten wir die 2^n Wörter $a_1a_2 \ldots a_n\, \overline{a}_n \ldots \overline{a}_1$, $\overline{a}_i \ne a_i$. Das Lemma ergibt $|\mathcal{M}| = \frac{1}{4}(\binom{2n}{n} + 2^n + \binom{n}{n/2}[n \equiv 0])$.

4.11 Wir können die $k-1$ anderen Stellen des Zyklus auf $\binom{n-1}{k-1}$ Arten wählen, also ist $p = \frac{1}{n!}\binom{n-1}{k-1}(k-1)!(n-k)! = \frac{1}{n}$. Ist X die Länge des Zyklus, so folgt $EX = \sum_{k=1}^{n}\frac{k}{n} = \frac{n+1}{2}$. Sei Y die Anzahl der Zyklen, so ist $EY = \frac{1}{n!}\sum_{k=0}^{n} k s_{n,k} = \frac{1}{n!}(x^{\overline{n}})'_{x=1}$, also $EY = H_n$, harmonische Zahl.

4.16 Da für $\mathrm{Inj}(N,R)$ aus $f \circ \tau_g = f \circ \tau_h$ offenbar $g = h$ folgt, so enthält jedes Muster genau $|G|$ Abbildungen, $w(\mathrm{Inj}(N,R); G) = \frac{1}{|G|}\sum_{f\in \mathrm{Inj}} w(f) = \frac{1}{|G|}\sum_{(i_1,\ldots,i_n)} x_{i_1}\cdots x_{i_n} = \frac{n!}{|G|}a_n(x_1,\ldots,x_r)$. Setzen wir $x_1 = \ldots = x_r = 1$, so erhalten wir für $G = \{\,\mathrm{id}\,\}$ die Anzahl $r^{\underline{n}}$ der injektiven Abbildungen und für $G = S_n$ die Anzahl $\binom{r}{n}$.

4.17 $G = \{\,\mathrm{id}\,, \varphi : 0 \leftrightarrow 1\}$. Sei X die Menge der Tafeln, dann ist $|X_{\mathrm{id}}| = 16$. Schreiben wir $\overline{x} = 1 + x$, so ist $x \cdot y \in X_\varphi$ genau dann, wenn $\varphi(x \cdot y) = \varphi x \cdot \varphi y$ ist, das heißt $\overline{x \cdot y} = \overline{x} \cdot \overline{y}$. Mit $0 \cdot 0 = a$ folgt $1 \cdot 1 = \overline{a}$, aus $0 \cdot 1 = b$ folgt $1 \cdot 0 = \overline{b}$. Somit sind genau die 4 Tafeln

	0	1
0	a	b
1	$\overline{b}$	$\overline{a}$

in X_φ, und es folgt $|\mathcal{M}| = \frac{1}{2}(16 + 4) = 10$. Für 3 Elemente erhält man $|\mathcal{M}| = 3330$.

4.19 Für $G = \{\,\mathrm{id}\,\}$ sind alle Mengen inäquivalent, also $\sum_{k=0}^{n}\binom{n}{k}x^k = Z(\{\,\mathrm{id}\,\}; 1 + x, \ldots) = (1+x)^n$. Für $G = S_n$ sind alle k-Mengen äquivalent, also mit $x = 1$, $\sum_{k=0}^{n} 1 = n + 1 = \frac{1}{n!}\sum_{g\in S_n} 2^{b(g)}$. Für $G = C_n$ erhalten wir mit $x = 0$, $1 = Z(C_n; 1, \ldots, 1) = \frac{1}{n}\sum_{d|n}\varphi(d)$.

4.21 Wir haben $\exp(\sum_{k\geq 1} z_k \frac{y^k}{k}) = \prod_{k\geq 1} e^{z_k \frac{y^k}{k}} = \prod_{k\geq 1} \sum_{j\geq 0} \frac{z_k^j y^{kj}}{k^j j!}$ und durch Ausmultiplizieren für $[y^n] : \sum_{(b_1,\ldots,b_n)} \frac{z_1^{b_1}\ldots z_n^{b_n}}{1^{b_1}\ldots n^{b_n} b_1!\ldots b_n!}$. Nach Abschnitt 1.3 ist dies aber genau $Z(S_n; z_1, \ldots, z_n)$. Setzen wir $z_1 = z_2 = 1$, $z_i = 0$ für $i \geq 3$, so ist $\sum_{n\geq 0} T_n y^n = \sum_{n\geq 0} Z(S_n; 1, 1, 0, \ldots 0) y^n = \sum_{n\geq 0} \frac{i_n}{n!} y^n$. Nach der Formel ist also $\sum_{n\geq 0} \frac{i_n}{n!} y^n = e^{y+\frac{y^2}{2}}$. Wollen wir die Anzahl der Permutationen mit lauter h-Zyklen bestimmen, so setzen wir $z_h = 1$, $z_j = 0$ $(j \neq h)$ und erhalten $\sum_{n\geq 0} \frac{h_n}{n!} y^n = e^{\frac{y^h}{h}}$.

4.23 Sei $\overline{\mathcal{M}}$ die Menge der selbst-dualen Muster, dann ist $|\overline{\mathcal{M}}| = \frac{1}{|G|} \sum_{\mathcal{M}\in\overline{\mathcal{M}}} \sum_{g\in G} |M_g|$. Sei $f \in M \in \overline{\mathcal{M}}$, $G_f = \{g \in G : f \circ \tau_g = f\}$. f wird in der inneren Summe genau $|G_f|$-mal gezählt, f wird aber auch genau so oft gezählt, wie es $g \in G$ gibt mit $h \circ f = f \circ \tau_g$, also $|\overline{\mathcal{M}}| = \frac{1}{|G|} \sum_{g\in G} |\{f \in R^N : h \circ f = f \circ \tau_g\}|$. Sei $h \circ f = f \circ \tau_g$ dann bildet f den Zyklus $(a, \tau_g a, \tau_g^2 a, \ldots)$ ab auf $(\alpha, \beta, \alpha, \beta, \ldots)$ mit $R = \{\alpha, \beta\}$, das heißt die Bilder $0, 1$ erscheinen alternierend. Alle Zyklen müssen demnach gerade Länge haben. Ist der Typ $t(\tau_g) = 1^0 2^{b_2} 3^0 4^{b_4} \ldots$, so gibt es genau $2^{b_2} 2^{b_4} \ldots 2^{b_n}$ Abbildungen mit $h \circ f = f \circ \tau_g$, und das Resultat folgt.

5.2 Wenn alle Funktionen positiv sind, so ist dies sicher richtig. Im anderen Fall könnten wir als Beispiel $f_1(n) = n^2, g_1(n) = n^3 + n, f_2(n) = 0, g_2(n) = -n^3$ haben.

5.4 Zum Beispiel $\sqrt{|fh|}$.

5.6 Aus der Annahme $T(\frac{n}{2}) \leq c\frac{n}{2}$ folgt $T(n) \leq (c+1)n$ mit einer neuen Konstanten $c+1$.

5.10 Eine Addition kann das bisher größte Element höchstens verdoppeln, also ist $a_\ell \leq 2^\ell$ und somit $\ell(n) \geq \lg n$. Für $n = 2^\ell$ ist natürlich $\ell(n) = \lg n$. Sei $n = 2^m + \ldots$ die Binärdarstellung von n. Mit m Additionen erzeugen wir alle Potenzen 2^k $(k \leq m)$ und mit höchstens m weiteren die Zahl n.

5.12 Der Ausdruck $k^2 + O(k)$ ist die Menge aller Funktionen $k^2 + f(k,n)$ mit $|f(k,n)| \leq Ck$ für $0 \leq k \leq n$. Die Summe ist daher die Menge aller Funktionen $\sum_{k=0}^{n}(k^2 + f(k,n)) = \frac{n^3}{3} + \frac{n^2}{2} + \frac{n}{6} + f(0,n) + \ldots + f(n,n)$. Nun schließen wir $|\frac{n^2}{2} + \frac{n}{6} + f(0,n) + \ldots + f(n,n)| \leq \frac{n^2}{2} + \frac{n}{6} + C(0 + 1 + \ldots + n) = \frac{n^2}{2} + \frac{n}{6} + C\frac{n}{2} + C\frac{n^2}{2} < (C+1)n^2$, also ist die Gleichung richtig.

5.15 In a. haben wir $\sum_{k\geq 0} |f(k)| = \sum_{k\geq 0} k^{-a} < \infty$ und $f(n-k) = (n-k)^{-a} = O(n^{-a})$ für $0 \leq k \leq \frac{n}{2}$. Es folgt $\sum_{k=0}^{n} a_k b_{n-k} = \sum_{k=0}^{n/2} O(f(k))O(f(n)) + \sum_{k=n/2}^{n} O(f(n)) \cdot O(f(n-k)) = 2O(f(n)) \sum_{k\geq 0} |f(k)| = O(f(n))$. In b. setze $a_n = b_n = a^{-n}$, dann gilt $\sum_{k=0}^{n} a_k b_{n-k} = (n+1)a^{-n} \neq O(a^{-n})$.

5.18 Die erste Rekursion steuert n bei. Nach der ersten Rekursion zerfällt $T(\frac{n}{4})$, $T(\frac{3n}{4})$ in $T(\frac{n}{16}), T(\frac{3n}{16}), T(\frac{3n}{16}), T(\frac{9n}{16})$ und der Beitrag ist $\frac{n}{4} + \frac{3n}{4} = n$. In jedem Schritt wird n addiert, insgesamt haben wir $\lg n$ Runden, also folgt $T(n) = O(n \lg n)$.

5.20 Nach Satz 5.1 haben wir $T(n) = n^{\lg 7}$. Betrachten wir $S(n) = \alpha S(\frac{n}{4}) + n^2$. Für $\alpha < 16$ ergibt Satz 5.1(c) $S(n) = \Theta(n^2) \prec T(n)$, und für $\alpha = 16$ ergibt Satz 5.1(b) $S(n) = \Theta(n^2 \lg n) \prec T(n)$. Im Fall (a) ist $\alpha > 16$ mit $S(n) = \Theta(n^{\log_4 \alpha})$. $S(n) \prec T(n)$ ist also genau für $\alpha < 49$ erfüllt.

5.23 Angenommen $T(k) = O(k), T(k) \leq ck$. Dann haben wir rekursiv $T(n) \leq \frac{2c}{n} \sum_{k=0}^{n-1} k + an + b = (c+a)n - c + b > cn$ für $n \geq n_0$ wegen $a > 0$. Genauso schließt man für $T(k) = \Omega(k^2)$.

5.25 Wir beweisen umgekehrt, dass eine Berechnung von $ggT(a,b), a > b$, die n Schritte benötigt, $b \geq F_{n+1}$ und $a \geq F_{n+2}$ zur Folge hat. Für $n = 1$ ist dies richtig, und der allgemeine Fall folgt induktiv aus der Fibonacci Rekursion. Mit $a = F_{n+2}, b = F_{n+1}$ sehen wir, dass das Ergebnis nicht verbessert werden kann. Sei F_{n+2} die kleinste Fibonacci Zahl $> b$, dann wissen wir, dass die Laufzeit $\leq n$ ist. Aus $b \geq F_{n+1} \geq \frac{\phi^n}{\sqrt{5}}$ folgt $n = O(\log b)$. Die letzte Behauptung besagt, dass für $b < 10^m$ die Laufzeit höchstens $5m$ ist. Nun folgt aus Übung 3.33 leicht $F_{5m+2} \geq 10^m$, und somit die Aussage aus dem ersten Teil.

5.26 Wie im Hinweis braucht der Kellner höchstens 2 Flips, um $n, n-1, \ldots, 3$ an den Schluss zu bringen, und dann höchstens einen weiteren Flip. Zur unteren Schranke: Wir sagen, i ist benachbart zu $i+1$ $(i = 1, \ldots, n-1)$, und n ist benachbart zum Schluss. Ein Flip kann die Anzahl der Nachbarschaften höchstens um 1 erhöhen. Hat die Ausgangspermutation also keine Nachbarschaften, so brauchen wir jedenfalls n Flips. Solche Permutationen sind für $n \geq 4$ leicht zu finden. Für $n = 3$ prüft man $\ell(3) = 3$ direkt nach.

5.29 Transferiere die obersten $\binom{n}{2}$ Scheiben auf B ($W_{\binom{n}{2}}$ Züge), die restlichen n nach D (ohne Benutzung von B, also T_n Züge), und schließlich die Scheiben von B nach D. Für $U_n = (W_{\binom{n+1}{2}} - 1)/2^n$ erhalten wir mit $T_n = 2^n - 1$ (Übung 2.18) die Rekursion $U_n \leq U_{n-1} + 1$, also $W_{\binom{n+1}{2}} \leq 2^n(n-1) + 1$. Übrigens ist kein besserer Algorithmus bekannt.

5.32 Ist $N_1 = a_k \ldots a_1$ in Binärdarstellung gegeben, so gilt $N = 2N_1 + a_0$. Das heißt, mit Division durch 2 erhalten wir a_0. Insgesamt benötigen wir also k Schritte (die letzten beiden Stellen a_k, a_{k-1} ergeben sich in einem Schritt). Hat N n Dezimalstellen, so gilt $2^k \leq N < 10^n$, also $f(n) = O(n)$.

6.1 Haben alle n Ecken verschiedenen Grad, so müssen die Grade die Zahlen $0, 1, \ldots, n-1$ sein. Die Grade 0 und $n-1$ schließen einander aber aus.

6.5 Für $n = 4$ haben wir K_4. Ein 3-regulärer Graph G auf $n \geq 4$ Ecken enthält ein Paar nichtinzidenter Kanten $k = uv$, $k' = u'v'$. Wir entfernen k, k', verbinden u, v mit einer neuen Ecke a, u' und v' mit einer neuen Ecke a' und schließlich a mit a'.

6.8 Entfernen wir eine Kante k, so resultiert nach Induktion ein Graph mit mindestens $n - q + 1$ Komponenten. Wiedereinfügen von k kann die Anzahl höchstens um 1 erniedrigen.

6.10 Sei A unabhängig mit $|A| = \alpha(G)$, dann ist $N(A) = E \setminus A$, also $|N(A)| = n - \alpha(G) \leq \alpha(G)\Delta$.

6.13 Jede der $\chi(G)$ Farbklassen ist eine unabhängige Menge A_i mit $\sum A_i = E$. Es folgt $n = \sum |A_i| \leq \alpha(G)\chi(G)$. K_n erfüllt Gleichheit.

6.15 Zunächst ist klar, dass G zusammenhängend ist. Sei K_m auf $\{u_1, \ldots, u_m\}$ ein größter vollständiger Untergraph. Ist $m < n$, so muss ein $v \notin \{u_1, \ldots, u_m\}$ zu mindestens einer Ecke in K_m benachbart sein, und damit zu allen, Widerspruch.

6.20 $B \subseteq E$ trifft alle Kanten genau dann, wenn $S \setminus B$ unabhängig ist. Sei A eine kleinste solche Menge, $|A| = m$, $m + \alpha(G) = n$. Wir haben $|K| \leq \sum_{u \in A} d(u)$, da jede Kante rechts mindestens einmal gezählt wird. Da G keine Dreiecke enthält, gilt $d(u) \leq \alpha$, und somit

$|K| \leq \sum_{u \in A} d(u) \leq m\alpha \leq (\frac{m+\alpha}{2})^2 = \frac{n^2}{4}$. Ist $|K| = \frac{n^2}{4}$, so müssen alle Ungleichungen Gleichungen sein, und $K_{n/2,n/2}$ resultiert.

6.22 Sei G der Graph mit S als Eckenmenge, in dem zwei Punkte x, y benachbart sind, falls $|x - y| > \frac{1}{\sqrt{2}}$ ist. Man zeigt leicht, das G keinen K_4 enthält, also folgt $\lfloor \frac{n^2}{3} \rfloor$ nach Übung 6.21. Das gleichseitige Dreieck zeigt, dass Gleichheit möglich ist.

6.25 Alle k-Mengen, die 1 enthalten, kommen in Farbklasse 1, alle, die 2 enthalten (aber nicht 1), in Klasse 2 usf., bis $n - 2k + 1$. Es bleiben alle k-Mengen aus $\{n - 2k + 2, \ldots, n\}$ übrig, und diese haben paarweise nichtleeren Schnitt. Übrigens gilt immer Gleichheit. $K(5, 2)$ ist der Petersen-Graph.

6.26 Der Petersen-Graph ist $K(5, 2)$ aus Übung 6.25. Jede Permutation von $\{1, \ldots, 5\}$ ergibt einen Automorphismus von $K(5, 2)$. Sei nun $\varphi : E \to E$ Automorphismus. Wir betrachten den 5-Kreis $\{1, 2\}, \{3, 4\}, \{5, 1\}, \{2, 3\}, \{4, 5\}$ in $K(5, 2)$. Es sei $\varphi\{1, 2\} = \{a, b\}$, $\varphi\{3, 4\} = \{c, d\}$, dann ist o.b.B.A. $\varphi\{5, 1\} = \{a, e\}$, $\varphi\{2, 3\} = \{b, c\}$. Für $\varphi\{4, 5\} = \{x, y\}$ folgt $x, y \notin \{a, b, c\}$ da $\{4, 5\}$ zu $\{1, 2\}, \{2, 3\}$ benachbart ist, also $\{x, y\} = \{d, e\}$. Durch Betrachtung eines weiteren 5-Kreises folgt $\varphi : 1, 2, 3, 4, 5 \to a, b, c, d, e$, also induziert φ eine Permutation auf $\{1, \ldots, 5\}$, und $\mathrm{Aut}(\mathrm{Pet}) = S_5$.

6.28 Seien S, T die definierenden Eckenmengen mit $|S| = m \leq n = |T|$. In einer optimalen Nummerierung müssen 1 und $m + n$ auf derselben Seite sein. Seien 1, $m + n$ in T, b die Bandbreite und k bzw. K die kleinste bzw. größte Nummer in S. Dann gilt $K - k \geq m - 1$, $K - 1 \leq b$, $m + n - k \leq b$, woraus $b \geq m + \lceil \frac{n}{2} \rceil - 1$ folgt. Der Fall 1, $m + n \in S$ ergibt analog $b \geq n + \lceil \frac{m}{2} \rceil - 1$, unsere ursprüngliche Wahl war also besser. Geben wir $\lfloor \frac{n}{2} \rfloor + 1, \ldots, \lfloor \frac{n}{2} \rfloor + m$ in S, den Rest in T, so erhalten wir $b = m + \lceil \frac{n}{2} \rceil - 1$.

6.32 Nummeriere die Ecken $v_1, \ldots, v_n$. Gib v_1 die Farbe 1 und induktiv v_i die kleinste Farbe, die nicht unter den Nachbarn von v_i in $\{v_1, \ldots, v_{i-1}\}$ erscheint. Da v_i höchstens Δ Nachbarn hat, brauchen wir niemals mehr als $\Delta + 1$ Farben.

6.34 Induktion nach n. Angenommen $\chi(H) + \chi(\overline{H}) \leq n$ für alle Graphen auf $n - 1$ Ecken. Sei G Graph auf n Ecken, $v \in E$ mit $d(v) = d$. Für $H = G \smallsetminus v, \overline{H} = \overline{G} \smallsetminus v$ gilt $\chi(G) \leq \chi(H) + 1, \chi(\overline{G}) \leq \chi(\overline{H}) + 1$. Der einzig interessante Fall tritt auf, wenn in beiden Fällen Gleichheit gilt. Dann gilt aber $\chi(H) \leq d, \chi(\overline{H}) \leq n - 1 - d$, also wieder $\chi(G) + \chi(\overline{G}) \leq n + 1$. Die zweite Ungleichung folgt aus Übung 6.13.

6.35 Es seien $C_1, \ldots, C_k$ die Farbklassen einer k-Färbung. Orientieren wir alle Kanten von links nach rechts, d. h. mit aufsteigendem Index der Farbklassen, so ist die Bedingung erfüllt, da für je $k - 1$ aufeinanderfolgende Kanten in einer Richtung immer eine in der anderen Richtung folgen muss. Umgekehrt wählen wir $u_0 \in E$ fest. Für $v \neq u_0$ betrachten wir alle Kantenzüge P von u_0 nach v und versehen die Kanten mit dem Gewicht 1 bzw. $-(k - 1)$ wie im Hinweis. $w(P)$ sei das Gesamtgewicht. Da das Gewicht eines Kreises nach Voraussetzung ≤ 0 ist, gibt es einen Zug P_v mit maximalem Gewicht $w(P_v)$. Ist nun $v \to v'$, so gilt $w(P_{v'}) \geq w(P_v) + 1, w(P_v) \geq w(P_{v'}) - (k - 1)$, also $1 \leq w(P_{v'}) - w(P_v) \leq k - 1$. Wählen wir die Farbe 0 für u_0 und für v die Farbe r mit $w(P_v) = qk + r, 0 \leq r \leq k - 1$, so erhalten wir eine k-Färbung.

6.37 a. C_t, b. K_{k+1}, c. $K_{k,k}$, d. Petersen-Graph ($f(3, 5) \geq 10$ folgt aus der unteren Formel, die Eindeutigkeit bedarf einiger Sorgfalt.) Eine Ecke hat k Nachbarn, jeder Nachbar $k - 1$ weitere Nachbarn usf. Wegen $t = 2r + 1$ sind alle Ecken bis zur $(r - 1)$-sten Iteration verschieden, und es folgt $f(k, 2r + 1) \geq 1 + k \sum_{i=0}^{r-1} (k - 1)^i = \frac{k(k-1)^r - 2}{k-2}$. Der Fall $t = 2r$ geht analog.

6.40 Die Endecken jedes längsten Weges sind keine Schnittecken.

6.43 Sei u eine Ecke mit maximalem Aus-Grad $d^+(u) = d$. Für $v \notin N^+(u)$ haben wir $v \to u$ und daher $v \to w$ für höchstens $d-1$ Ecken aus $N^+(u)$. Also gibt es einen Weg $u \to w_0 \to v$.

6.45 Angenommen $d^-(v_i) < d^-(v_{i+1})$. Sei $s = \#k < i : v_i \to v_k$, $s' = \#\ell > i : v_\ell \to v_i$ und analog t, t' für v_{i+1}. Wir haben $d^-(v_i) = s+(n-i-s')$, $d^-(v_{i+1}) = t+(n-i-1-t')$, also $s-s' < t-t'-1$. Der Austausch $v_i \longrightarrow v_{i+1}$ verändert $f(\pi)$ zu $f(\pi)+s-s'-t+t'+1 < f(\pi)$, also war π nicht optimal.

6.46 Graphen mit Brücken können offenbar nicht geeignet orientiert werden. Umgekehrt entfernen wir eine Äquivalenzklasse der Relation $\approx$ (siehe Übung 6.41). Nach Induktion kann der Restgraph stark zusammenhängend orientiert werden. Die Kanten der Äquivalenzklasse orientieren wir zyklisch und erhalten so eine gewünschte Orientierung.

7.2 Sei $E = \{u_1, \ldots, u_{2m}\}$ und P_i ein Weg von u_i nach u_{i+m} $(i = 1, \ldots, m)$. K' enthalte alle Kanten, die in einer ungeraden Anzahl der P_i's erscheinen. $G' = (E, K')$ hat dann die gewünschte Eigenschaft. $K_3 + K_3$ ist ein Gegenbeispiel für unzusammenhängende Graphen.

7.5 In $\sum_{u \neq v} d(u,v)$ sind $n-1$ Terme gleich 1 und alle anderen mindestens 2. Das Minimum wird also erreicht, wenn alle anderen Terme gleich 2 sind, und dies ergibt den Stern $K_{1,n-1}$. Im anderen Fall erhalten wir den Weg der Länge $n-1$ durch Induktion nach n.

7.9 Angenommen T und T' sind verschiedene optimale Bäume und $k = uv \in K(T) \setminus K(T')$. Auf dem eindeutigen Weg in T', welcher u mit v verbindet, liegt eine Kante k', welche die beiden Komponenten von $T \setminus \{k\}$ verbindet. Nun hat entweder $(T \setminus \{k\}) \cup \{k'\}$ oder $(T' \setminus \{k'\}) \cup \{k\}$ geringeres Gewicht als T.

7.11 Sei $n_i = |\{u \in E : d(u) = i\}|$, dann ist $\sum_{i=0}^{t} i n_i = 2n - 2 = 2\sum_{i=1}^{t} n_i - 2$, $t = \max d(u)$. Es folgt $n_1 = n_3 + 2n_4 + \ldots + (t-2)n_t + 2$, also $n_1 \geq t$. Gleichheit gilt, wenn $n_t = 1$ und alle anderen Ecken Grad 1 oder 2 haben.

7.12 Sei $\mathcal{T}_k$ die Menge aller Bäume mit $d(n) = k$. Zu jedem $T \in \mathcal{T}_k$ erzeugen wir $n-1-k$ Bäume in $\mathcal{T}_{k+1}$ auf folgende Weise: Wir betrachten eine mit n nichtinzidente Kante uv (wobei $d(n,v) = d(n,u) + 1$ ist), löschen uv und hängen v an n an. Umgekehrt sieht man leicht, dass zu $T' \in \mathcal{T}_{k+1}$ genau $k(n-1)$ Bäume aus $\mathcal{T}_k$ gehören. Durch Entwickeln der Rekursion erhalten wir $C(n,k) = \binom{n-2}{k-1}(n-1)^{n-1-k}$ und $t(n) = n^{n-2}$ nach dem Binomialsatz.

7.13 Laut Hinweis haben wir $\det M_{ii} = \sum \det N \cdot \det N^T = \sum (\det N)^2$, wobei N alle $(n-1) \times (n-1)$-Untermatrizen von C-{Zeile i} durchläuft. Die $n-1$ Spalten von N korrespondieren zu einem Untergraphen von G mit $n-1$ Kanten, und es bleibt zu zeigen, $\det N = \pm 1$ ist, falls G ein Baum ist, und 0 sonst. Angenommen, die $n-1$ Spalten ergeben einen Baum. Dann gibt es eine Ecke $v_1 \neq v_i$ (v_i korrespondiert zur i-ten Zeile) vom Grad 1; es sei k_1 die inzidente Kante. Wir entfernen v_1, k_1 und erhalten wiederum einen Baum. Es gibt wieder eine Ecke $v_2 \neq v_i$ vom Grad 1, usf. Permutieren der Zeilen und Spalten in N ergibt eine Dreiecksmatrix N' mit ± 1 in der Hauptdiagonale, also $\det N = \pm \det N' = \pm 1$. Angenommen, die $n-1$ Spalten ergeben keinen Baum. Dann gibt es eine Komponente, die v_i nicht enthält. Da die entsprechenden Spalten jeweils eine 1 und eine -1 enthalten, summieren die Zeilen dieser Komponente zu 0 und sind daher linear abhängig.

7.17 Jede Kante von K_n ist in derselben Anzahl a von aufspannenden Bäumen. Zweifaches Abzählen ergibt $a\binom{n}{2} = n^{n-2}(n-1)$, also $a = 2n^{n-3}$, und wir erhalten $t(G) = n^{n-3}(n-2)$.

7.18 Sei a_n die Anzahl der aufspannenden Bäume in $G(2,n)$, also $a_0 = 0$, $a_1 = 1$, $a_2 = 4$, und b_n die Anzahl der aufspannenden Wälder mit genau zwei Komponenten, von denen eine u_n, die andere v_n enthält. Eine Fallunterscheidung, wie u_n, v_n an $G(2, n-1)$ angehängt sind, zeigt $a_n = 3a_{n-1} + b_{n-1} + [n = 1]$, $b_n = 2a_{n-1} + b_{n-1} + [n = 1]$. Eliminierung von $B(z) = \sum b_n z^n$ ergibt $A(z) = \sum a_n z^n = \frac{z}{1-4z+z^2}$ und mit den Methoden aus Abschnitt 3.2 erhalten wir $a_n = \frac{1}{2\sqrt{3}}((2+\sqrt{3})^n - (2-\sqrt{3})^n)$.

7.21 Sei A die Kantenmenge des durch den Algorithmus konstruierten Baumes und $\{b_1, \ldots, b_{n-1}\}$ die Kantenmenge eines beliebig anderen Baumes. Sei $b_i = u_i v_i$, dann gibt es einen eindeutigen Schritt unseres Algorithmus, bei dem die zweite der Ecken u_i, v_i zu S hinzugefügt wird, und die Schritte sind für $b_i \neq b_j$ verschieden. Da b_i in diesem Augenblick eine Kandidatenkante ist, folgt $w(a_i) \leq w(b_i)$ für die entsprechende A-Kante.

7.24 a. ist klar, da alle Basen gleichmächtig sind. b. folgt aus Axiom (3) für Matroide angewandt auf $A \smallsetminus \{x\}$ und B. Erfüllt umgekehrt $\mathcal{B}$ die Bedingungen, so definiert man $\mathcal{U} = \{A : A \subseteq B \text{ für ein } B \in \mathcal{B}\}$ und weist die Axiome für $\mathcal{U}$ nach.

7.27 Die minimal abhängigen Mengen in $\mathcal{M} = (K, \mathcal{W})$ sind die Kantenmengen von Kreisen. Für $\mathcal{M}^*$ nehmen wir an, dass G zusammenhängend ist (allgemein komponentenweise). A ist genau dann unabhängig in $\mathcal{M}^*$, wenn $K \smallsetminus A$ einen aufspannenden Baum enthält (siehe die vorige Übung), also ist B minimal abhängig in $\mathcal{M}^*$, wenn B minimale Schnittmenge ist.

7.30 Angenommen $A, B \in \mathcal{U}$, $|B| = |A| + 1$ und $A \cup \{x\} \notin \mathcal{U}$ für alle $x \in B \smallsetminus A$. Sei $w : S \to \mathbb{R}$ definiert durch $w(x) = -|A| - 2$ für $x \in A$, $w(x) = -|A| - 1$ für $x \in B \smallsetminus A$, $w(x) = 0$ sonst. Es sei X die vom Greedy konstruierte Lösung. Dann ist $A \subseteq X$, $X \cap (B \smallsetminus A) = \varnothing$, somit $w(X) = -|A|(|A|+2) > -(|A|+1)^2 \geq w(B)$, also liefert der Greedy nicht das Optimum.

7.33 Ist C ein Kreis mit negativem Gesamtgewicht, so können wir C beliebig oft durchlaufen und jedesmal den Abstand senken. Wie im Hinweis sei induktiv bereits bewiesen, dass $\ell(v_{i-1}) = d(u, v_{i-1})$ nach der $(i-1)$-sten Runde ist. In der i-ten Runde prüfen wir an einer Stelle $\ell(v_{i-1}) + w(v_{i-1}, v_i)$ gegen das bisherige $\ell(v_i)$ und erhalten $\ell(v_i) = \ell(v_{i-1}) + w(v_{i-1}, v_i) = d(u, v_{i-1}) + w(v_{i-1}, v_i) = d(u, v_i)$. Da jede Ecke $v \neq u$ höchstens den Graphenabstand $|E| - 1$ hat, sind wir nach $|E| - 1$ Iterationen fertig.

7.35 Ergänze den Bellman–Ford-Algorithmus nach $|E| - 1$ Durchläufen durch: Prüfe für jede Kante $(x, y), \ell(y)$ gegen $\ell(x) + w(x, y)$. Falls für eine Kante $\ell(y) > \ell(x) + w(x, y)$ gilt, drucke „Kein kürzester Weg".

8.3 Nach Satz 8.2 müssen wir $|N(A)| \geq m - n + |A|$ für alle $A \subseteq S$ zeigen. Sei $|A| = r$, $|N(A)| = s$, dann gilt $(m-1)n < |K| \leq rs + (n-r)n \leq n(s+n-r)$, also $m - 1 < s + n - r$ oder $s \geq m - n + r$. Der Graph $K_{m-1,n}$ plus eine Kante von einer neuen Ecke $u_m \in S$ nach T zeigt, dass m nicht verbessert werden kann.

8.7 Sei $u_1 v_1, \ldots, u_m v_m$ ein Maximum Matching. Angenommen $m < n/2$, dann bilden die restlichen Ecken $\{u, v, \ldots\}$ eine unabhängige Menge. Aus $d(u) + d(v) \geq n - 1 > 2m$ folgt, dass es ein Paar u_i, v_i gibt, zu dem drei Kanten von u, v führen. Also existiert ein Matching in $\{u, v, u_i, v_i\}$.

8.8 Offenbar muss mn gerade sein. Sei m gerade, dann finden wir ein Matching in jedem der n Wege. Die Anzahl der 1-Faktoren in $G(2,n)$ ist F_{n+1} (Fibonacci-Zahl).

8.13 Sei C ein Hamiltonscher Kreis. Wenn wir A entfernen, dann bleiben höchstens $|A|$ zusammenhängende Stücke auf C.

8.15 Mit Induktion nehmen wir an, dass Q_{n-1} Hamiltonsch ist mit $u_1 u_2 \dots u_{2^{n-1}}$. Es ist $Q_n = \{(v,0) : v \in Q_{n-1}) \cup \{(v,1) : v \in Q_{n-1}\}$, und somit $(u_1,0),\dots,(u_{2^{n-1}},0)$, $(u_{2^{n-1}},1)\dots,(u_1,1)$ ein Hamiltonscher Kreis.

8.17 Sei $n \geq 3$ ungerade. Färben wir die Käsestücke abwechselnd weiß und schwarz wie auf einem Schachbrett, so muss der Weg zwischen weiß und schwarz alternieren. Die linke untere Ecke und die Mittelecke sind verschieden gefärbt, also hat jeder solche Weg ungerade Länge. Da n^3 ungerade ist, müsste er aber gerade Länge haben.

8.20 Das Komplement eines Trägers in G ist eine unabhängige Menge in G, also ein vollständiger Untergraph in $\overline{G}$ (siehe die Lösung zu Übung 6.20). Dies beweist die Äquivalenz. Dass z. B. das Cliquenproblem in *NP* liegt, ist klar.

8.22 a. $\Rightarrow$ b. $|S| = |T|$ ist klar. Angenommen $|N(A)| \leq |A|$ für $\varnothing \neq A \neq S$. Da G einen 1-Faktor hat, muss $|N(A)| = |A|$ sein. Es gibt eine Kante k, welche $N(A)$ mit $S \setminus A$ verbindet, da G zusammenhängend ist, und diese Kante k ist in keinem 1-Faktor. b. $\Rightarrow$ c. Sei $A \subseteq S \setminus \{u\}$, dann gilt $|N_{G \setminus \{u,v\}}(A)| \geq |N_G(A)| - 1 \geq |A|$. c. $\Rightarrow$ a. Angenommen G ist nicht zusammenhängend. Sei G_1 eine Komponente mit $|E(G_1) \cap S| \leq |E(G_1) \cap T|$. Sei $u \in E(G_1) \cap S$, $v \in T \setminus E(G_1)$, dann hätte $G \setminus \{u,v\}$ keinen 1-Faktor. Sei nun $k = uv$ eine Kante, dann existiert ein 1-Faktor in $G \setminus \{u,v\}$, also mit k ein 1-Faktor in G.

8.26 Wenn G einen 1-Faktor hat, dann wählt der zweite Spieler immer einen Matching Partner. Im anderen Fall wählt der erste Spieler ein Maximum Matching M und beginnt mit u_1 außerhalb M. Spieler 2 muss nach M hineingehen, und der erste Spieler wählt den Matching Partner. Der zweite Spieler kann auf diese Weise nie M verlassen, da wir ansonsten einen alternierenden Wege hätten.

8.28 Wir beweisen die Aussage allgemeiner für alle bipartiten Graphen $G = (S+T, K)$, $|S| = |T| = n$, welche einen 1-Faktor besitzen, mit $d(u) \geq k$ für alle $u \in S \cup T$. Für $n = k$ haben wir $G = K_{k,k}$. Die 1-Faktoren in $K_{k,k}$ entsprechen den $k!$ Permutationen. Sei $n > k$. $A \subseteq S$ heißt *kritisch*, falls $|A| = |N(A)|$ ist. $\varnothing$ und S sind natürlich immer kritisch. Fall a. $\varnothing$ und S sind die einzigen kritischen Mengen. Sei $uv \in K$ und $G' = G \setminus \{u,v\}$. Wegen $|A| < |N(A)|$ für $A \neq \varnothing$, S gilt in G' stets $|A| \leq |N(A)|$. Nach Induktion besitzt G' mindestens $(k-1)!$ verschiedene 1-Faktoren, welche wir mit den Kanten $uv_1,\dots,uv_k$ ergänzen können. Fall b. $A \neq \varnothing$, S ist kritische Menge. Jeder 1-Faktor muss dann genau A mit $N(A)$ und daher $S \setminus A$ mit $T \setminus N(A)$ verbinden. Nach Induktion besitzt bereits der bipartite Graph auf $A + N(A)$ $k!$ 1-Faktoren, die alle auf ganz G ergänzt werden können.

8.32 Sei $d(G) = \min\,(|A| : A \text{ Träger})$, dann ist $d(G) + \alpha(G) = n$. Nach Satz 8.3 haben wir $d(G) = m(G)$ und nach der vorigen Übung $m(G) + \beta(G) = n$. Für den Kreis C_5 gilt $\alpha = 2$, $\beta = 3$.

8.34 Im bipartiten Graphen auf $S + (\mathcal{F} \cup \mathcal{F}')$ betrachten wir eine Teilmenge $B = \{A_{i_1},\dots,A_{i_r}\} \cup \{A'_{j_1},\dots,A'_{j_s}\}$ der rechten Seite. Nach Voraussetzung gilt $|N(B)| \geq \frac{a(r+s)}{2b} \geq r + s$. Es existiert also ein Matching $\varphi : \mathcal{F} \cup \mathcal{F}' \to S$ von rechts nach links. Besetzt der erste Spieler $s \in S$ mit $A = \varphi^{-1}(s)$, so kontert der zweite, indem er $t \in S$ mit $t = \varphi(A')$ besetzt. Für das $n \times n$-Tic-Tac-Toe gilt $a = n$, $b \leq 4$, also resultiert für $n \geq 3$ stets ein Remis.

8.36 Wir betrachten den vollständigen bipartiten Graphen $K_{m,n}$ auf $Z+S$ mit allen Kanten gerichtet von Z nach S, $Z=\{1,\ldots,m\}$, $S=\{1,\ldots,n\}$. Die Kapazität c ist auf allen Kanten 1, das Angebot in $i\in Z$ ist r_i, die Nachfrage in $j\in S$ ist s_j. Ein zulässiger Fluss nimmt dann die Werte $0,1$ an (Satz 8.9), und wegen $\sum r_i=\sum s_j$ entsprechen die 1-Werte einer gewünschten Matrix. Wir müssen also die Bedingung (1) am Ende von Abschnitt 8.3 nachprüfen. Sei (X,Y) ein Schnitt mit $Z\cap Y=I$, $S\cap Y=J$. Genau die Kanten zwischen $Z\smallsetminus I$ und J steuern die Kapazität 1 bei, so dass wir die Bedingung $\sum_{j\in J}s_j\leq\sum_{i\in I}r_i+|Z\smallsetminus I|\,|J|$ für alle $I\subseteq Z$, $J\subseteq S$ erhalten. Unter den k-Mengen $J\subseteq S$ ist die schärfste Bedingung links wegen $s_1\geq\ldots\geq s_n$ durch $J=\{1,\ldots,k\}$ gegeben, und man sieht sofort, dass für $|J|=k$ die schärfste Bedingung rechts für $I_0=\{i\in Z:r_i\leq k\}$ resultiert. Dann ist aber $\sum_{i\in I_0}r_i+k\,|Z\smallsetminus I_0|=\sum_{i=1}^{m}\min(r_i,k)$.

8.37 Wir nummerieren die Städte so, dass $\ell_1\geq\ldots\geq\ell_n$ gilt, wobei ℓ_i die Länge der Kante ist, die bei (NN) an i angehängt wird. $c_{\text{opt}}\geq 2\ell_1$ folgt sofort aus der Dreiecksungleichung. Sei $S_k=\{1,\ldots,2k\}$ und T_k die Tour durch S_k in derselben zyklischen Ordnung wie in der optimalen Tour. Aus der Dreiecksungleichung folgt $c_{\text{opt}}\geq c(T_k)$. Sei ij eine Kante in T_k. Falls i in (NN) vor j eingefügt wurde, so folgt $c_{ij}\geq\ell_i$, andernfalls $c_{ji}=c_{ij}\geq\ell_j$, also $c_{ij}\geq\min(\ell_i,\ell_j)$. Summation liefert $c_{\text{opt}}\geq c(T_k)\geq\sum c_{ij}\geq\sum\min(\ell_i,\ell_j)\geq 2(\ell_{k+1}+\ldots+\ell_{2k})$, da ein Minimum höchstens zweimal in der Summe erscheint. Genauso folgt $c_{\text{opt}}\geq 2\sum_{j=\lceil n/2\rceil+1}^{n}\ell_j$. Wählen wir $k=1,2,\ldots,2^{\lceil\lg n\rceil-2}$ und summieren wir alle Ungleichungen, so resultiert $(\lceil\lg n\rceil+1)c_{\text{opt}}\geq 2\sum_{i=1}^{n}\ell_i=2c_{NN}$.

8.38 Sei $\lambda=\min|A|$, $\mu=\max|\mathcal{W}|$, dann gilt offenbar $\mu\leq\lambda$. Wir betrachten das Netzwerk $\vec{G}=(E,K)$ wie im Hinweis. Die Kapazität eines Schnittes (X,Y) ist wegen $c\equiv 1$, $c(X,Y)=|S(X,Y)|$ (Bezeichnung wie in Lemma 8.7). Da jedes $S(X,Y)$ trennende Menge ist, folgt $\lambda\leq c(X,Y)$. Nach Satz 8.8 bleibt zu zeigen, dass $w(f)\leq\mu$ für jeden zulässigen Fluss f gilt. Es ist klar, dass die Addition von αf_P (Bezeichnung wie in Satz 8.8) genau einem gerichteten Weg von u nach v entspricht, so dass wegen $c\equiv 1$, $w(f)\leq\mu$ folgt.

8.41 Eckendisjunkte S,T-Wege entsprechen Matchings, trennende Eckenmengen entsprechen Trägern, also resultiert Satz 8.3.

8.43 Sei $G=(E,K)\neq K_n$ wie im Hinweis gewählt. Dann ist $G\cup\{uv\}$ Hamiltonsch für jedes Paar $uv\notin K$. G besitzt also einen Weg $u=u_1,u_2,\ldots,u_n=v$. Sei $A=\{u_i: u\,u_{i+1}\in K\}$, $B=\{u_j:u_jv\in K\}$, also $|A|=d(u)$, $|B|=d(v)$. Da $v\notin A\cup B$ ist, gilt $n\leq d(u)+d(v)=|A|+|B|=|A\cup B|+|A\cap B|<n+|A\cap B|$, dass heißt es gibt ein $u_k\in A\cap B$. Nun erhalten wir aber den Hamiltonschen Kreis $u=u_1,\ldots,u_k$, $v=u_n,u_{n-1},\ldots,u_{k+1},u$.

8.46 Jemand gibt einen Isomorphismus $\varphi:G\to H$ an. Dann muss für jede 1 oder 0 in der Adjazenzmatrix von G geprüft werden, ob der entsprechende Eintrag in der Adjazenzmatrix von H ebenfalls 1 oder 0 ist. Dies kann mit $O(n^2)$ Operationen durchgeführt werden.

8.48 Nach der vorigen Übung gilt $P\subseteq co-NP$. Sei $P=NP$ und $A\in co-NP$. Betrachten wir A' mit den Wahrheitswerten 1 und 0 ausgetauscht, so ist $A'\in NP=P$, also $A\in P$, da $P=co-P$ ist. Es folgt $co-NP=P=NP$.

9.2 Wir haben den Suchbereich $S=\{1_L,1_S,\ldots,n_L,n_S\}$ wie in Abschnitt 9.1, also $L\geq\lceil\log_3 2n\rceil$. Angenommen $2n=3^k-1, k\geq 1$. Wenn der erste Test links und rechts je ℓ Münzen auf die Schalen legt, so wird S in die Mengen S_i mit $2\ell,2\ell$ und $2n-4\ell$

Elemente zerlegt. Da $|S_i|$ jeweils gerade ist, folgt $\max |S_i| \geq 3^{k-1} + 1$, somit $L \geq k+1$, also $L \geq \lceil \log_3(2n+2) \rceil$. Die Umkehrung folgt leicht durch Induktion.

9.4 Die Formel gilt für $n = 1, 2$. Entfernen wir aus einem Baum $T \in \mathcal{T}(n, 2)$ eine Gabel, wobei die Blätter Länge ℓ haben, so erhalten wir $e(T) = e(T') + \ell + 1$, $i(T) = i(T') + \ell - 1$, also mit Induktion $e(T) - i(T) = e(T') - i(T') + 2 = 2(n-1)$.

9.8 Wir können die Anzahl der Kandidaten in jeder Runde höchstens halbieren, woraus $L \geq \lceil \lg n \rceil$ folgt. Haben wir umgekehrt s Kandidaten, so können wir durch disjunkte Vergleiche $\lfloor \frac{s}{2} \rfloor$ Kandidaten eliminieren.

9.11 $L_0(n) = n - 1$ ist klar; ebenso $L_1(1) = 0, L_1(2) = 1$. Wir haben $L_1(3) = 1$, indem wir zuerst $x^* = 1$ testen. Sei $n \geq 4$. Testen wir zuerst $x^* = 2$, so ist nach Induktion $L \leq 1 + \max(1, \lceil \frac{n-3}{3} \rceil) = \lceil \frac{n}{3} \rceil$. Umgekehrt enthält jeder Teilbaum mit s Blättern immer einen Unterbaum mit mindestens $s - 3$ Blättern. Mit einer analogen Überlegung erhält man $L_2(n) = \lceil \frac{n}{5} \rceil + 1$ für $n = 5t, 5t+3, 5t+4$ $(n \geq 3)$ und $L_2(n) = \lceil \frac{n}{5} \rceil$ für $n = 5t+1, 5t+2$ $(n \geq 12)$.

9.13 Seien A die 10-Euro Leute und B die 20-Euro Leute. Eine Folge von A's und B's ist unzulässig, falls an einer Stelle mehr B's als A's sind. Sei $2m - 1$ die erste Stelle, wo dies passiert. Bis zu dieser Stelle gibt es also $m-1$ A's und m B's. Vertauschen wir diese A's und B's, so erhalten wir eine Folge von $n+1$ B's und $n-1$ A's. Ist umgekehrt eine Folge von $n+1$ B's und $n-1$ A's gegeben, so gibt es eine erste Stelle, wo die B's eins mehr sind als die A's. Tauschen wir wieder die A's und B's aus, so ergibt sich eine unzulässige Folge. Man sieht sofort, dass dies eine Bijektion der unzulässigen Folgen auf die $\binom{2n}{n-1}$ Folgen von $n+1$ B's und $n-1$ A's ist, und wir erhalten $\binom{2n}{n} - \binom{2n}{n-1} = \frac{1}{n+1}\binom{2n}{n}$.

9.15 Folge c, da nach 48 die Suche im linken Unterbaum stattfindet, 60 aber im rechten ist.

9.17 Für $L = 1$ kann der Graph höchstens 2 Kanten haben. Angenommen, $u \in E$ ist die erste Testecke. Sei L die optimale Suchlänge. Falls $d(u) = d > L$ ist, und die Antwort ist „ja", dann ist die zweite Endecke von k^* unter den Nachbarn von u und wir brauchen $d(u) - 1 \geq L$ weitere Tests. Also muss $d(u) \leq L$ gelten. Es gibt eine mit u nichtinzidente Kante, da ansonsten $G = K_{1,d}$ und u nicht optimal wäre. Ist nun die Antwort „nein", dann ist das Problem auf $G' = G \setminus \{u\}$ mit $L(G') \leq L - 1$ reduziert. Nach Induktion haben wir $|K(G)| = d + |K(G')| \leq \binom{L+1}{2} + 1$. Analog zeigt man b. Auflösung der Schranken ergibt $L \geq \lceil \sqrt{2|K| - \frac{7}{4}} - \frac{1}{2} \rceil, L \geq \lceil \sqrt{2n - \frac{7}{4}} - \frac{3}{2} \rceil$.

9.20 a. ist klar, da $k \geq \frac{n}{2}$ keine Einschränkung an die Tests bedeutet. Sei $f_k(n) = L_{\leq k}(n)$, $f_k(n)$ ist monoton steigend in n. Sei nämlich $A_1, A_2, \ldots$ die Testfolge in einem optimalen Algorithmus für S, dann bildet $A_1 \cap T, A_2 \cap T \ldots$ eine erfolgreiche Testfolge für $T \subseteq S$. Sei A_1 die erste Testmenge, $|A_1| = \ell \leq k$. Betrachten wir die Unterbäume verwurzelt in A_1 und $S \setminus A_1$, so erhalten wir die Rekursion $f_k(n) = 1 + \max(f_k(\ell), f_k(n-\ell)) = 1 + f_k(n-\ell) \geq 1 + f_k(n-k)$. Daraus folgt $f_k(n) \geq t + \lceil \lg(n - tk) \rceil$ mit $t = \lceil \frac{n}{k} \rceil - 2$. Umgekehrt nehmen wir als erste Testmengen $A_1 = \{a_1, \ldots, a_k\}$, $A_2 = \{a_{k+1}, \ldots, a_{2k}\}, \ldots, A_t = \{a_{(t-1)k+1}, \ldots, a_{tk}\}$. Falls $x^* \in \bigcup A_i$ ist, so sind wir mit $\lceil \lg k \rceil$ weiteren Tests fertig, im anderen Fall benötigen wir $\lceil \lg(n - tk) \rceil$ weitere Tests.

9.23 Die einzige Alternative zu elementweiser Suche ist $S = \{a, b\}$ als erste Testmenge. Wir erhalten $S \cap X^* = \varnothing$ mit Wahrscheinlichkeit $(1-p)^2$. In diesem Fall sind wir fertig, im anderen Fall testen wir $\{a\}$. Jetzt hat die Antwort $X^* \cap \{a\} = \varnothing$ Wahrscheinlichkeit $p(1-p)$, und wir erhalten $X^* = \{b\}$. Im anderen Fall teste $\{b\}$. Mit Wahrscheinlichkeit p

brauchen wir also 3 Tests, und wir erhalten $\overline{L} = (1-p)^2 + 2p(1-p) + 3p = -p^2 + 3p + 1$, und dieser Ausdruck ist ≥ 2 genau für $p \geq \frac{3-\sqrt{5}}{2}$.

9.25 Ersetze in einem optimalen Baum $T \in \mathcal{T}(n+1, 2)$ eine Gabel wie im Huffman-Algorithmus, wobei die Blätter Länge ℓ haben, so dass $T' \in \mathcal{T}(n, 2)$ resultiert. Für $e(T), e(T')$ wie in Übung 9.4 erhalten wir $e(T) = e(T') + \ell + 1$. Es gilt $h(n+1) = \frac{e(T)}{n+1}$, $h(n) \leq \frac{e(T')}{n}$, also $\frac{n+1}{n} h(n+1) = \frac{e(T)}{n} \geq h(n) + \frac{\ell+1}{n}$, und somit $h(n+1) \geq h(n) + \frac{1}{n} + \frac{1}{n}(\ell - h(n+1))$. Gleichheit gilt daher, wenn $n + 1 = 2^k$ für ein k ist.

9.29 Der Suchbereich ist $S = \{y_1, \ldots, y_n, z_0, \ldots, z_n\}$, wobei z_i bedeutet, dass $y_i < x^* < y_{i+1}$ ist. Man konstruiert nun einen vollständigen binären Baum $T \in \mathcal{T}(n+1, 2)$ mit z_i in den Blättern und y_i in den inneren Ecken und füllt die Ecken von T in In-Order. Ist $x^* = y_i$, so ist die Anzahl der Tests $\ell(y_i) + 1$, ist $x^* = z_i$, so erhalten wir $\ell(z_i)$, und somit $L = \lceil \lg(n+1) \rceil$.

9.30 Wir führen $\lfloor \frac{n}{2} \rfloor$ disjunkte Vergleiche durch und bestimmen das Maximum der $\lfloor \frac{n}{2} \rfloor$ größeren Elemente bzw. das Minimum der $\lfloor \frac{n}{2} \rfloor$ kleineren. Dies ergibt $L \leq \lceil \frac{3n}{2} \rceil - 2$. Zur unteren Schranke: Mit Max_i bezeichnen wir die Menge der Maximumskandidaten nach i Vergleichen, analog Min_i. Sei $s_i = |\mathrm{Max}_i| + |\mathrm{Min}_i|$. Am Anfang haben wir $s_0 = 2n$ und am Ende $s_L = 2$. Sei $x : y$ der $(i+1)$-ste Vergleich. Erhalten wir die Antwort $x < y$, falls $x \in \mathrm{Min}_i$ oder $y \in \mathrm{Max}_i$ (mit einem beliebigen Ausgang in den anderen Fällen), so folgt $s_{i+1} \geq s_i - 1$, außer wenn x, y bisher noch in keinem Vergleich waren. In diesem Fall ist $s_{i+1} = s_i - 2$. Dieser zweite Fall kann aber höchstens $\lfloor \frac{n}{2} \rfloor$-mal eintreten, und es resultiert $2 \geq 2n - L - \lfloor \frac{n}{2} \rfloor$.

9.32 Vergleichen wir immer die Minima der aktuellen Listen, so sind wir in $2n - 1$ Vergleichen fertig. Umgekehrt müssen in der gemeinsamen Liste $\{z_1 < z_2 < \ldots < z_{2n}\}$ alle Vergleiche $z_i : z_{i+1}$ durchgeführt worden sein, da sie nicht durch Transitivität erzwungen werden können. Also gilt $M(n, n) = 2n - 1$.

9.35 Ein j mit $b_j > 0$ wird mit dem größten $k > j$, das vor j kommt, ausgetauscht, also gilt $b'_j = b_j - 1$. $A = \sum_{j=1}^{n} b_j$ folgt unmittelbar, und ebenso $D = 1 + \max(b_1, \ldots, b_n)$, wobei 1 für den letzten Durchgang gezählt wird. Sei (b'_j) die Inversionstafel nach $i - 1$ Durchgängen. Ist $b'_j = b_j - i + 1 \geq 0$, so hat j b'_j Vorgänger $> j$. Sei j das letzte Element, das ausgetauscht wird. Dann „bubblet“ das größte k vor j in die Position $b'_j + j$. Im i-ten Durchgang benötigen wir also $c_i = \max(b'_j + j - 1 : b_j - i + 1 \geq 0) = \max(b_j + j : b_j \geq i - 1) - i$ Vergleiche.

9.36 Die Wahrscheinlichkeit $D \leq k$ ist gleich $\frac{1}{n!}$ mal der Anzahl der Inversionstafeln mit $b_i \leq k - 1$ für alle i, also gleich $\frac{k!\,k^{n-k}}{n!}$. Die Wahrscheinlichkeit $p(D = k)$ ist daher $\frac{1}{n!}(k!\,k^{n-k} - (k-1)!\,(k-1)^{n-k+1})$ und wir erhalten $E(D) = n + 1 - \sum_{k=0}^{n} \frac{k!\,k^{n-k}}{n!}$.

9.39 Es sei $E_{n,k} = E(\ell_k(\pi))$ auf $\{1, \ldots, n\}$. Wir beweisen zunächst $E_{n,k} = E_{n-1,k} + \frac{1}{n+1-k}$ für $k < n$. Die Nummer i ist mit Wahrscheinlichkeit $\frac{1}{n}$ die Wurzel. Unterscheiden wir die Fälle $i < k$ bzw. $i > k$ so erhalten wir $E_{n,k} = \frac{1}{n} \sum_{i=1}^{k-1} (1 + E_{n-i,k-i}) + \frac{1}{n} \sum_{i=k+1}^{n} (1 + E_{i-1,k})$, also $n\,E_{n,k} = n - 1 + \sum_{i=1}^{k-1} E_{n-i,k-i} + \sum_{i=k+1}^{n} E_{i-1,k}$. Schreiben wir dieselbe Gleichung für $n - 1$ anstelle n und ziehen die zweite von der ersten ab, so resultiert mit Induktion $n\,E_{n,k} - (n-1)E_{n-1,k} = 1 + \sum_{i=1}^{k-1} \frac{1}{n-k+1} + E_{n-1,k}$, also $E_{n,k} = E_{n-1,k} + \frac{1}{n-k+1}$. Auflösung der Rekursion ergibt $E_{n,k} = E_{k,k} + (H_{n+1-k} - 1)$. Aus Symmetriegründen ist $E_{k,k} = E_{k,1} = H_k - 1$ (siehe vorige Übung) und wir erhalten $E(\ell_k(\pi)) = H_k + H_{n+1-k} - 2$.

9.41 Die Ungleichung von Jensen gilt für beliebiges $c > 0$, wir brauchen wie in Abschnitt 9.4 nur $x_i = c^{y_i}$ zu setzen. Führen wir dieselbe Analyse wie dort durch, so erhalten wir $g(2) = c$, $g(n) = \frac{(n-1+2c)(n-2+2c)\ldots(2+2c)c}{n(n-1)\ldots 3} = (1 + \frac{2c-1}{n})\ldots(1 + \frac{2c-1}{3})c$. Da $c \leq 1 + \frac{2c-1}{2}$ ist und $1 + x \leq e^x$ für jedes $x \in \mathbb{R}$ gilt, resultiert $g(n) \leq \exp((2c-1)(H_n - 1)) < \exp((2c-1)\log n) = n^{2c-1}$. Daraus ergibt sich wie in Abschnitt 9.4, $E(L(n)) \leq \frac{2c-1}{\log c}\log n$. Der Minimalwert für $\frac{2c-1}{\log c}$ wird für die Lösung der Gleichung $2\log c - 2 + \frac{1}{c} = 0$ erreicht, und für dieses c_0 gilt $\frac{2c_0-1}{\log c_0} \approx 4.311$. Übrigens ist $E(L(n)) = \Theta(c_0 \log n)$.

10.1 Sei n gerade. Wir unterteilen das Brett in $\frac{n^2}{4}$ Quadrate der Seitenlänge 2. In jedes Quadrat kann höchstens ein König platziert werden. Wählen wir jedesmal die rechte untere Ecke, so resultiert $\frac{n^2}{4}$. Für n ungerade erhält man $\frac{(n+1)^2}{4}$.

10.3 Ist eine Dame in einer Ecke platziert, so müssen die anderen drei Ecken frei bleiben.

10.5 Zählen wir für die Additionen und die Vergleiche in (1) jeweils nur 1, so erhalten wir für die Laufzeit die Rekursion $T(n) \geq \sum_{k=2}^{n-1}(T(k)+T(n-k+1)+1)+1 = 2\sum_{k=2}^{n-1}T(k)+(n-1)$ für $n \geq 3$, $T(2) = 0$. Daraus folgt mit Induktion $T(n) \geq 2 \cdot 3^{n-3}$.

10.8 Die Greedy-Methode nimmt k_m maximal mit $k_m c^m \leq n$, dann k_{m-1} maximal mit $k_{m-1}c^{m-1} \leq n - k_m c^m$ usf. Sei nun $(\ell_0, \ldots, \ell_m)$ eine optimale Lösung, dann gilt $\ell_i \leq c - 1$ für $i < m$. Es sei i_0 der größte Index mit $\ell_{i_0} \neq k_{i_0}$, dann ist $\ell_{i_0} < k_{i_0}$ nach der Greedy-Konstruktion. Es muss also einen größten Index $j_0 < i_0$ geben mit $\ell_{j_0} > k_{j_0}$. Ist $I = \{i : k_i > \ell_i\}$, $J = \{j : \ell_j > k_j\}$, so gilt $\sum_{i \in I}(k_i - \ell_i)c^i = \sum_{j \in J}(\ell_j - k_j)c^j$. Andererseits ist $\sum_{i \in I}(k_i - \ell_i)c^i \geq c^{i_0}$ und $\sum_{j \in J}(\ell_j - k_j)c^j \leq c^{j_0+1} - 1 < c_{i_0}$ wegen $j_0 < i_0$. Der Greedy-Algorithmus liefert also sogar das eindeutige Optimum.

10.11 In der Matrix $\binom{4\ 3}{3\ 1}$ konstruiert der Greedy-Algorithmus $x_{11} = x_{22} = 1$ mit $w = 5$, während $w_{\text{opt}} = 6$ ist.

10.15 Es seien A, B, C die Männer und a, b, c ihre Frauen. Wir beschreiben eine Situation durch die Personenmenge diesseits des Ufers. Die möglichen Mengen sind *ABCabc*, *ABCab*, *ABCac*, *ABCbc*, *ABCa*, *ABCb*, *ABCc*, *ABab*, *ACac*, *BCbc*, *ABC* und ihre Komplementärmengen. Wir können den Transport in naheliegender Weise durch einen Graphen beschreiben. Gesucht ist also ein Weg ungerader Länge von *ABCabc* nach $\varnothing$. Lösung: *ABCabc*, *ABCa*, *ABCab*, *ABC*, *ABCa*, *Aa*, *ABab*, *ab*, *abc* , *a*, *ab*, $\varnothing$. Für vier Paare gibt es keine Lösung.

10.17 Illustration für $n = 3$, $m = 4$. Seien $a_1 < a_2 < a_3$ die Marken. Dann gilt $a_1 = 1$, $2 \leq a_2 \leq 5$, $a_2 < a_3 \leq 4a_2 + 1$. Wir starten den Baum mit $a_1 = 1$, $a_2 = 2$ und testen der Reihe nach $a_3 = 3$ bis 9. Dabei notieren wir das jeweilige N, z. B. $N(1,2,3) = 12$, $N(1,2,4) = 14$, und gehen zurück zu $a_2 = 3$. Das Optimum ist $N = 26$ für $\{1,5,8\}$.

10.18 Jede Färbung f von G^+ oder G^- ist auch Färbung von G, indem wir dieselben Farben verwenden, also $\chi(G) \leq \chi(G^+), \chi(G^-)$. Ist umgekehrt f eine Färbung von G, so ist f eine Färbung von G^+ (falls $f(u) \neq f(v)$) oder von G^- (falls $f(u) = f(v)$). Sei $\omega(G)$ die Eckenzahl eines größten vollständigen Untergraphen von G, dann ist $\chi(G) \geq \omega(G)$. Nach dem Branching von G in G^+, G^- erhalten wir die neuen Schranken $\omega(G^+), \omega(G^-)$. Am Schluss haben wir $H = K_m$, $\chi(H) = m$, und verfolgen den Baum zurück.

10.21 Sei $g_1 = 1$, $g_2 = n$, $w_1 = 2$, $w_2 = n$, $G = n$. Dann ist $w^* = 2$, $w_{\text{opt}} = n$, und somit $w^* = \frac{2}{n}w_{\text{opt}} < (1-\varepsilon)w_{\text{opt}}$ für $n > \frac{2}{1-\varepsilon}$.

10.22 Sei $(x_1, \ldots, x_n) \in \{0,1\}^n$ eine optimale Lösung , das heißt $x_i = 1$ oder 0, je nachdem ob das i-te Element im Rucksack ist oder nicht. Wegen $\frac{w_1}{g_1} \geq \ldots \geq \frac{w_n}{g_n}$ gilt

$w_{\text{opt}} \le \sum_{j=1}^{k} w_j x_j + \sum_{j=k+1}^{n} \frac{w_{k+1}}{g_{k+1}} g_j x_j = \frac{w_{k+1}}{g_{k+1}} \sum_{j=1}^{n} g_j x_j + \sum_{j=1}^{k} (w_j - \frac{w_{k+1}}{g_{k+1}} g_j) x_j \le \frac{w_{k+1}}{g_{k+1}} G + \sum_{j=1}^{k} (w_j - \frac{w_{k+1}}{g_{k+1}} g_j) = \sum_{j=1}^{k} w_j + \frac{w_{k+1}}{g_{k+1}} (G - \sum_{j=1}^{k} g_j)$. Sei k der größte Index mit $\sum_{j=1}^{k} g_j \le G$, dann haben wir $0 \le G - \sum_{j=1}^{k} g_j < g_{k+1}$ und somit $w_{\text{opt}} \le w^* + w_{k+1}$.

10.24 Für die Jobs J_i gelte $e_1 \le \ldots \le e_n$. Sei $A = \{J_k, \ldots\}$ eine optimale Lösung. Falls $k \ne 1$ ist, so ist wegen $e_1 \le e_k$ auch $(A \setminus \{J_k\}) \cup \{J_1\}$ eine optimale Lösung. Iteration zeigt, dass der Greedy-Algorithmus funktioniert.

11.4 Nach Definition der Minterme gilt $\overline{f(x_1, \ldots, x_n)} = \sum_{\boldsymbol{c}: f(\boldsymbol{c})=0} x_1^{c_1} \ldots x_n^{c_n}$, also nach de Morgan $f(x_1, \ldots, x_n) = \overline{\sum_{\boldsymbol{c}: f(\boldsymbol{c})=0} x_1^{c_1} \ldots x_n^{c_n}} = \prod_{\boldsymbol{c}: f(\boldsymbol{c})=0} (x_1^{\overline{c}_1} + \ldots + x_n^{\overline{c}_n})$.

11.6 DNF : $\overline{x}_1\overline{x}_2x_3 + \overline{x}_1x_2\overline{x}_3 + x_1\overline{x}_2\overline{x}_3 + x_1\overline{x}_2x_3 + x_1x_2\overline{x}_3 + x_1x_2x_3$, CNF : $(x_1 + x_2 + x_3)(x_1 + \overline{x}_2 + \overline{x}_3)$. Vereinfachung ergibt $f(x_1, x_2, x_3) = x_1 + x_2\overline{x}_3 + \overline{x}_2x_3$.

11.10 Sei M die Anzahl der Elemente in einer längsten Kette und m die minimale Anzahl von Antiketten, in die P zerlegt werden kann. Offenbar gilt $M \le m$. Umgekehrt sei $\ell(x)$ die Anzahl der Elemente einer längsten Kette, die in x endet. Dann ist $A_k = \{x \in P : \ell(x) = k\}$ eine Antikette und $P = \sum_{k=1}^{M} A_k$.

11.11 Der bipartite Graph $G = (S + \mathcal{F}, K)$ ist ein Baum. Es gilt also $|K| = \sum_{F \in \mathcal{F}} |F| = |S| + |\mathcal{F}| - 1$.

11.13 In einem Minterm der DNF können wir $\overline{x}$ durch $1 \oplus x$ ersetzen. Da für jedes $\boldsymbol{x}$ mit $f(\boldsymbol{x}) = 1$ nur ein Minterm den Wert 1 hat, können wir die ODER-Summe $\sum$ durch $\sum \oplus$ ersetzen. Jede Boolesche Funktion hat daher eine RSE-Darstellung, und da die Anzahl 2^{2^n} der Booleschen Funktionen gleich der Anzahl der Koeffizientenfolgen (a_I) ist, folgt die Eindeutigkeit.

11.15 Wir müssen $\boldsymbol{x}$ finden mit $(f \oplus g)(x_1, \ldots, x_n) = 1$. Sei die RSE von $f \oplus g = \sum c_I \boldsymbol{x}_I$. Ist ℓ minimal mit $c_L = 1$, $|L| = \ell$, dann ist $\boldsymbol{x}$ mit $x_i = 1$ für $i \in L$, $x_j = 0$ für $j \notin L$, ein gewünschtes $\boldsymbol{x}$.

11.16 Wir setzen x_1: weißer Niederschlag, x_2: Natrium vorhanden, x_3: Ammoniak vorhanden, x_4: Eisen vorhanden. Die Aussagen sind dann: $A_1 : x_1 \to (x_2 \vee x_3)$, $A_2 : \neg x_2 \to x_4$, $A_3 : (x_1 \wedge x_4) \to \neg x_3$, $A_4 : x_1$. Ausrechnen ergibt $A_1 \wedge A_2 \wedge A_3 \wedge A_4 = x_1 \wedge x_2 \wedge \neg(x_3 \wedge x_4)$. Auf jeden Fall ist also Natrium vorhanden, aber nicht gleichzeitig Ammoniak und Eisen.

11.18 Es sei $f(\boldsymbol{x})$ monoton und $X = \{\boldsymbol{x} : f(\boldsymbol{x}) = 1\}$. Zu $\boldsymbol{x} \in X$ assoziieren wir wie üblich die Menge $A_{\boldsymbol{x}} \subseteq \{1, \ldots, n\}$ und setzen $\boldsymbol{x}' = x_{i_1} \ldots x_{i_\ell}$ mit $A_{\boldsymbol{x}} = \{i_1, \ldots, i_\ell\}$. Ist X' die Menge der minimalen Vektoren in X, so gilt $f(\boldsymbol{x}) = \sum_{\boldsymbol{x} \in X'} \boldsymbol{x}'$.

11.20 $g(x, y, z, w) = \overline{z}\,\overline{w} + xyw + \overline{x}\,\overline{y}\,\overline{z}w$. Eine Karnaugh Abbildung für vier Variablen ist

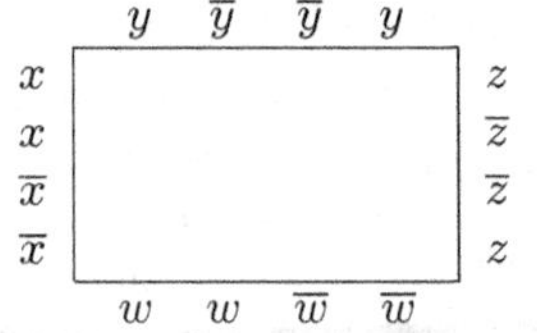

11.23 Ein optimales logisches Netz mit fan-out 1 hat als zugeordneten gerichteten Graphen einen Baum mit einer eindeutigen Senke ($= f$). Gehen wir zurück, so sehen wir, dass die Anzahl der Gatter, d. h. $L_\Omega(f)$, höchstens $1 + r + \ldots + r^{d-1} = \frac{r^d - 1}{r - 1}$ ist. Es folgt $D_\Omega(f) \ge \log_r((r-1)L_\Omega(f) + 1)$.

11.25 Die Anzahl der Booleschen Funktionen in $\mathcal{B}(n)$, welche wesentlich von j Variablen abhängen, ist $N(j)$, woraus die Formel folgt. Daraus berechnen wir $N(1) = 2$, $N(2) = 10$, $N(3) = 218$, $N(4) = 64594$. Zum Grenzwert haben wir $\sum_{j=0}^{n-1} N(j)\binom{n}{j} \leq 2^{2^{n-1}}2^n$, $\lim(2^{2^{n-1}+n}/2^{2^n}) = 0$, und somit $\lim N(n)/2^{2^n} = 1$.

11.27 Die untere Schranke folgt aus Übung 11.26, da $C^*_{\Omega_0}(g_j) \geq n-1$ ist (alle Variablen sind wesentlich). Zur oberen Schranke haben wir den Minterm $g_i = x_0^{c_0} \dots x_{n-1}^{c_{n-1}}$ wie im Hinweis. Sei n gerade, und $f_T^{(n/2)}(x_0, \dots, x_{n/2-1})$, $f_T^{(n/2)}(x_{n/2}, \dots, x_{n-1})$ bereits durch logische Netze realisiert. Dann existieren die entsprechenden Minterme, und die 2^n Minterme von $f_T^{(n)}$ können durch UND-Kombinationen aller möglichen Paare realisiert werden. Es folgt $C^*_{\Omega_0}(f_T^{(n)}) \leq 2^n + 2C^*_{\Omega_0}(f_T^{(n/2)})$. Eine direkte Realisierung der Minterme von $f_T^{(n/2)}$ benötigt $\frac{n}{2}2^{n/2} - 1$ Gatter, und es folgt $C^*_{\Omega_0}(f_T^{(n)}) \leq 2^n + n2^{n/2} - 2$. Für ungerades n ersetzen wir $\frac{n}{2}$ durch $\lceil \frac{n}{2} \rceil$.

11.30 Sei n gerade und $\mathcal{A}$ eine Antikette mit $|\mathcal{A}| = \binom{n}{n/2}$. Wir setzen $\mathcal{A}_1 = \{A \in \mathcal{A} : n \notin A\}$, $\mathcal{A}_2 = \{A \in \mathcal{A} : n \in \mathcal{A}\}$. Dann sind $\mathcal{A}_1, \mathcal{A}'_2 = \{A \smallsetminus \{n\} : A \in \mathcal{A}_2\}$ Antiketten in $S \smallsetminus \{n\}$. Es folgt $|\mathcal{A}_1|, |\mathcal{A}'_2| \leq \binom{n-1}{n/2}$, also muss wegen $\binom{n}{n/2} = \binom{n-1}{n/2} + \binom{n-1}{n/2}$ und Induktion $\mathcal{A}_1 = \binom{S \smallsetminus \{n\}}{n/2}$ oder $\binom{S \smallsetminus \{n\}}{n/2-1}$ und $\mathcal{A}'_2 = \binom{S \smallsetminus \{n\}}{n/2-1}$ oder $\binom{S \smallsetminus \{n\}}{n/2}$ sein. Man sieht sofort, dass nur die Kombination $\mathcal{A}_1 = \binom{S \smallsetminus \{n\}}{n/2}$ und $\mathcal{A}'_2 = \binom{S \smallsetminus \{n\}}{n/2-1}$ möglich ist. Analog schließt man für ungerades n.

11.31 Nehmen wir das erste Gesetz an. Dann gilt: $(x \vee y) \wedge (x \vee z) = [(x \vee y) \wedge x] \vee [(x \vee y) \wedge z] = x \vee [(x \vee y) \wedge z] = x \vee [(x \wedge z) \vee (y \wedge z)] = x \vee (y \wedge z)$.

11.34 Angenommen $t < n$, dann folgt $n - |F| > t - |F| \geq t - d(u)$ für jedes Paar $u \notin F$, also $\frac{|F|}{n-|F|} < \frac{d(u)}{t-d(u)}$. Summieren wir diese Ungleichungen über alle Paare $u \notin F$, so erhalten wir $\sum_F (n-|F|)\frac{|F|}{n-|F|} < \sum_u (t-d(u))\frac{d(u)}{t-d(u)}$, also $\sum_F |F| < \sum_u d(u)$, was nicht geht, da wir hier Gleichheit haben.

11.38 Sei F ein Filter, dann bilden die minimalen Elemente in F eine Antikette. Ist umgekehrt A Antikette, dann ist $F = \{x : x \geq a \text{ für ein } a \in A\}$ ein Filter, und die Abbildung ist eine Bijektion.

12.3 Aus $3^3 \equiv 27 \equiv 1 \pmod{13}$ folgt $3^{15} = (3^3)^5 \equiv 1 \pmod{13}$. Da $15 \equiv 2 \pmod{13}$ ist, können wir uns auf 2^{83} beschränken. Aus $2^6 \equiv 64 \equiv -1 \pmod{13}$ folgt $2^{83} = (2^6)^{13}2^5 \equiv -32 \equiv 7 \pmod{13}$.

12.6 Sei Z die Summe der Zehnerstellen, E die Summe der Einerstellen. Dann gilt $10Z + E = 100$ und somit $Z + E \equiv 1 \pmod 9$. Andererseits ist $Z + E = 45 \equiv 0 \pmod 9$, die Sache geht also nicht.

12.8 Ist $x^2 + ax + b$ reduzibel, so gilt $x^2 + ax + b = (x - \alpha)(x - \beta)$ mit $\alpha + \beta = -a$, $\alpha\beta = b$. Wir müssen also nur die Additions- und Multiplikationstafel durchgehen, um geeignete a, b zu finden, für die es keine α, β gibt, z. B. $a = b = 1$. Also ist $x^2 + x + 1$ irreduzibel. Die Elemente von $GF(25)$ werden mit $\alpha x + \beta$ $(\alpha, \beta = 0, 1, \dots, 4)$ identifiziert mit Addition und Multiplikation modulo $x^2 + x + 1$.

12.10 Die Werte seien J, D, K, A und die Farben $1, 2, 3, 4$. Normieren wir die erste Zeile in dieser Reihenfolge, so sieht man, dass bis auf Vertauschung die einzigen orthogonalen

4×4-Quadrate, die auch die Diagonalbedingungen erfüllen, wie folgt aussehen:

J	D	K	A
K	A	J	D
A	K	D	J
D	J	A	K

1	2	3	4
4	3	2	1
2	1	4	3
3	4	1	2

Horizontal gesehen, müssen $1, 3$ eine Farbe, $2, 4$ die andere haben. Vertikal stoßen aber z. B. 1 und 3 aneinander. Eine Schachbrettanordnung ist also nicht möglich.

12.12 Wir können nicht mehr als n^2 Türme plazieren, da in jeder Schicht nur n Türme aufgestellt werden können. Ein Arrangement mit n^2 Türmen entspricht einem Lateinischen Quadrat, indem wir die Türme in Schicht i in die Positionen von i plazieren. Durch zyklisches Vertauschen der Ziffern sieht man, dass im n^d-Brett n^{d-1} Türme aufgestellt werden können.

12.16 Aus $x\Box y = x\Box z$ folgt $xy^{-1} = xz^{-1}$, also $y = z$, und ebenso $y = z$ aus $y\Box x = z\Box x$. Das heißt, $L(x,y) = x\Box y$ ergibt ein Lateinisches Quadrat. In einer Gruppe ungerader Ordnung hat $x^2 = 1$ nur die Lösung $x = 1$ (siehe Übung 12.32). Die Abbildung $x \mapsto x^2$ ist also eine Bijektion. Betrachten wir das Gleichungssystem $xy^{-1} = a$, $xy = b$, so folgt $x^2 = ab$, $y^2 = ba^{-1}$. Das Paar (x, y) ist somit eindeutig bestimmt.

12.18 Da die Vektoraddition auf S eine Gruppe bildet, so gibt es zu $\boldsymbol{x} + \boldsymbol{y}$ genau ein $\boldsymbol{z}$ mit $\boldsymbol{x} + \boldsymbol{y} + \boldsymbol{z} = \boldsymbol{0}$.

12.20 Wir haben $(a+b)^p = \sum_{k=0}^{p} \binom{p}{k} a^k b^{p-k}$. Für $0 < k < p$ ist $\binom{p}{k}$ ein Vielfaches von p, und es folgt $(a+b)^p \equiv a^p + b^p \pmod p$. Zweiter Beweis. Für $a \equiv 0$, $b \equiv 0$ oder $a + b \equiv 0 \pmod p$ ist die Aussage richtig. Sind alle drei Zahlen $\not\equiv 0 \pmod p$, so haben wir nach dem Satz von Fermat $(a + b)^p \equiv a + b \equiv a^p + b^p \pmod p$.

12.22 Für $p \equiv 3 \pmod 4$ ist $\frac{p-1}{2}$ ungerade. Aus $n^2 \equiv -1 \pmod p$ folgt daher $(n^2)^{\frac{p-1}{2}} \equiv -1 \pmod p$, im Widerspruch zum Satz von Fermat. Für $p \equiv 1 \pmod 4$ sei $n = (\frac{p-1}{2})!$. Aus $k \equiv -(p - k) \pmod p$ für $k = 1, \ldots, \frac{p-1}{2}$ folgt $n^2 \equiv (-1)^{\frac{p-1}{2}} (p-1)! \equiv -1 \pmod p$ nach Übung 12.21.

12.25 Aus $2i \equiv 2j \pmod n$ folgt $n | 2(i-j)$ also $i \equiv j \pmod n$, da n ungerade ist. Die Damen stehen also in verschiedenen Zeilen und Spalten. Die Diagonalbedingung verlangt $|i' - i| \neq |j' - j|$ für zwei Damenfelder $(i, j), (i', j')$. Angenommen $2i, 2i' \leq n - 1$, dann folgt aus $i' - i \equiv 2i' - 2i$ sofort $i \equiv i' \pmod n$, was nicht geht. Ebenso erledigt man die Fälle $2i > n - 1$ oder $2i' > n - 1$.

12.27 Sei $B^2 \geq 1$, dann ist $f(m,n) = 2$. Für $B^2 = 0$ erhalten wir $f(m,n) = n + 1$. In diesem Fall ist $B = 0$, das heißt $m(n+1) = n! + 1$ oder $n! \equiv -1 \pmod{n+1}$. Nach Übung 12.21 folgt, dass $f(m,n) = n+1$ Primzahl ist. Umgekehrt ist $f(1,1) = 2$. Für eine ungerade Primzahl p setzen wir $n = p - 1$, $m = \frac{(p-1)!+1}{p}$ (was nach Übung 12.21 zulässig ist). Mit dieser Wahl ist $B = 0$ und daher $f(m,n) = n + 1 = p$. Die Eindeutigkeit folgt aus der Beobachtung, dass $f(m,n) = 2$ oder $f(m,n) = n + 1$ ist.

12.28 Hat die Zahl n genau k Stellen, so gilt $10^{k-1} \leq n < 10^k$, also $k - 1 \leq \log_{10} n < k$. Für $n = 4444^{4444}$ haben wir $\log_{10} n = 4444 \log_{10} 4444$ und wegen $4444 < 10^4$ also $\log_{10} n < 4444 \cdot 4 < 20000$. Für A folgt daher $A < 9 \cdot 20000 < 199999$ und daraus $B < 46$. Die Quersumme S von B kann daher höchstens 12 sein (z. B. für $B = 39$). Nun gilt $n \equiv A \equiv B \equiv S \pmod 9$. Aus $4444 \equiv -2 \pmod 9$ berechnet man sofort $n \equiv 7 \pmod 9$ und daraus $S = 7$ wegen $S \leq 12$.

12.32 Sei $a \in G$. Mit $g \in G$ durchläuft auch ag die ganze Gruppe, und wir erhalten $\prod_{g\in G} g = \prod_{g\in G}(ag)$, also $1 = a^n$. Sei $d = \operatorname{ord}(a)$, dann wissen wir aus dem eben Bewiesenen $d \leq n$. Schreiben wir $n = qd + r$, $0 \leq r < d$, so gilt $1 = a^n = (a^d)^q a^r = a^r$, also $r = 0$ wegen der Minimalität von d.

12.34 Wir bemerken zunächst $1 \neq -1$ wegen q ungerade, und daher $a \neq -a$ für alle $a \neq 0$. Jedes Paar $\{a, -a\}$ erzeugt ein Quadrat a^2. Ist $a^2 = b^2$, so folgt $(a+b)(a-b) = 0$, somit $b = a$ oder $b = -a$, und daraus $|Q| = \frac{q-1}{2}$. Fassen wir die Elemente $b \neq 0, 1, -1$ paarweise $\{b, b^{-1}\}$ zusammen, so erhalten wir $\prod_{b\neq 0} b = -1$. Wählen wir aus jedem Paar $\{b, -b\}$ ein Element aus, so ergibt dies $(-1)^{\frac{q-1}{2}} \prod_{b^2\in Q} b^2 = -1$. Für $q \equiv 1 \pmod 4$ ist also $a^2 = -1$ mit $a = \prod_{b^2\in Q} b$. Existiert umgekehrt a mit $a^2 = -1$, so ist $\operatorname{ord}(a) = 4$ in der multiplikativen Gruppe des Körpers $GF(q)$. Nach Übung 12.32 folgt $q - 1 \equiv 0 \pmod 4$. Resultat: $-1 \in Q \Leftrightarrow q \equiv 1 \pmod 4$.

12.37 Seien L_0 und L_1 orthogonale Lateinische Quadrate jeweils gefüllt mit $0, 1, \ldots, n-1$. Durch $M(i,j) = L_0(i,j) + n\,L_1(i,j)$ erhalten wir ein halbmagisches Quadrat mit den Zahlen $0, 1, \ldots, n^2 - 1$. Addieren wir 1 zu jedem Eintrag, so resultiert ein halbmagisches Quadrat auf $1, \ldots, n^2$. Erfüllen L_0, L_1 auch die Diagonalbedingung, so erhalten wir ein magisches Quadrat. Übung 12.10 gibt ein Paar solcher Lateinischer Quadrate der Ordnung 4. Ordnung 5 lässt sich leicht konstruieren.

12.39 Die Notwendigkeit ergibt sich aus $bk = v\lambda$. Umgekehrt sei S eine Menge mit v Elementen, $b = \frac{v\lambda}{k}$. Wir müssen eine $v \times b$-Inzidenzmatrix M konstruieren mit genau λ Einsen in jeder Zeile und k Einsen in jeder Spalte. Sei M eine Inzidenzmatrix mit k Einsen in jeder Spalte. Angenommen, nicht alle Zeilensummen sind λ. Dann muss es i, j geben mit $r_i > \lambda > r_j$. Es gibt also eine Spalte s mit $s_i = 1$, $s_j = 0$. Tauschen wir diese 0 und 1 in Spalte s, so erhalten wir eine neue Matrix M' mit $r'_i = r_i - 1$, $r'_j = r_j + 1$. Wiederholung dieses Austauschschrittes liefert die gewünschte Matrix.

12.41 Dass MM^T von der angegebenen Form ist, folgt aus der Definition. Die Determinante von MM^T ist leicht berechnet: $\det MM^T = (r + \lambda(v-1))(r-\lambda)^{v-1}$. Wegen $k < v$ ist $r > \lambda$, somit $\det MM^T \neq 0$. Da der Rang einer Matrix nicht größer als die Spaltenzahl ist, folgern wir $v = rg(MM^T) \leq rg(M) \leq b$.

12.45 Sei $B^* = \{u_1, \ldots, u_{n+1}\}$ die aus der projektiven Ebene entfernte Gerade. Definieren wir in der affinen Ebene $(S, \mathcal{B})$ die Klasse $\mathcal{B}_i$ als jene Geraden, die in der projektiven Ebene den Punkt u_i enthielten, so sind die Aussagen erfüllt.

12.48 Aus Übung 12.34 wissen wir $|Q| = 2n+1$. Sei $a \in Q$, $a = \alpha^2$, dann ist a durch eine Anzahl r_a von Differenzen $a = x^2 - y^2$ darstellbar. Wir müssen zeigen, dass $r_a = r_b$ ist für alle $b \neq 0$. Sei $a = x^2 - y^2$ und $b \in Q$, $b = \beta^2$. Dann gilt $b = (\beta\alpha^{-1})^2\alpha^2 = \gamma^2 a$, $\gamma = \beta\alpha^{-1}$, und wir erhalten die Darstellung $b = (\gamma x)^2 - (\gamma y)^2$. Verschiedene Darstellungen von a entsprechen verschiedenen Darstellungen von b, also gilt $r_a = r_b$. Ist $b \notin Q$, so folgt $-b \in Q$ wegen $-1 \notin Q$ (Übung 12.34), und wir können analog schließen mit $-b = \beta^2$. Die Gesamtzahl der Differenzen aus Q ist $(2n+1)2n$, also tritt jedes Element $\neq 0$ genau n-mal als Differenz auf.

12.50 Da je zwei Punkte einer projektiven Ebene in genau einem Block liegen, folgt, dass die Taillenweite von G mindestens 6 ist. Jedes Dreieck ergibt andererseits einen Kreis der Länge 6. Die untere Schranke für $f(q+1, 6)$ in Übung 6.37 ergibt gerade die Eckenzahl $2(q^2 + q + 1)$ von G.

13.2 Wir verwenden die Kraftsche Ungleichung $\sum_{i=1}^{6} 2^{-\ell_i} \leq 1$ (Satz 9.2). Der erste Code existiert nicht, den zweiten gibt es.

13.5 $C = \{000000, 111000, 100110, 010101, 001011\}$. Mit Länge 5 gibt es keinen 1-fehlerkorrigierenden Code C mit $|C| = 5$.

13.7 Sei $C \in \mathcal{C}(n, 2d-1)$, $|C| = M(n, 2d-1)$. Wir konstruieren C^*, indem wir an jedes Codewort einen Parity-check anhängen. Gilt $\Delta_C(\boldsymbol{a}, \boldsymbol{b}) = 2d-1$, so hat die Anzahl der 1'en in $\boldsymbol{a}$ verschiedene Parität von der Anzahl der 1'en in $\boldsymbol{b}$, so dass $\Delta_{C^*}(\boldsymbol{a}^*, \boldsymbol{b}^*) = 2d$ gilt, und somit $M(n+1, 2d) \geq M(n, 2d-1)$. Umgekehrt lassen wir eine Stelle weg. Zu b. betrachten wir die letzte Stelle. Die Codewörter mit derselben Ziffer bilden mit den ersten $n-1$ Stellen einen Code in $\mathcal{C}(n-1, d)$.

13.10 Da der Fano-Code 1-perfekt ist, wird das empfangene Wort genau dann richtig decodiert, wenn höchstens ein Fehler passiert ist. Die gesuchte Wahrscheinlichkeit ist daher $(1-p)^7 + 7p(1-p)^6$.

13.15 Der Code $C^\perp$ hat Basis $\{2210, 2101\}$. In der (4×2)-Matrix $\binom{2\,2\,1\,0}{2\,1\,0\,1}^T$ sind je zwei Zeilen linear unabhängig, also folgt nach Satz 13.2, $d(C) \geq 3$. Mit $|C| = 9$, $n = 4$, $q = 3$, ist die Hammingschranke mit Gleichheit erfüllt.

13.17 Sei $\boldsymbol{u}_1$ ein Codewort ungeraden Gewichts w. Verschieben wir $\boldsymbol{u}_1$ n-mal, so erhalten wir Codewörter $\boldsymbol{u}_1, \ldots, \boldsymbol{u}_n$, in denen an jeder Stelle 1 insgesamt w-mal auftritt. Daraus folgt $\sum_{i=1}^{n} \boldsymbol{u}_i = (1, 1, \ldots, 1)$.

13.19 Angenommen wir ersetzen im Huffman-Algorithmus eine Gabel mit den Blättern u, v, $\ell(u) = \ell(v) = m$. Ist L die Gesamtlänge des ursprünglichen Baumes und L' die des neuen, so gilt $L' = L - m - 1 \geq L - n$ wegen $m \leq n-1$. Für L' gilt also $L \leq L' + n$ und somit $L \leq n + (n-1) + \ldots + 2 = \frac{n^2+n-2}{2}$. Für eine Verteilung $(p_1 \geq \ldots \geq p_n)$ mit $p_i > \sum_{j>i} p_j$ gilt Gleichheit.

13.21 Es sei $\alpha = \sum_{i=1}^{n} q^{-\ell(\boldsymbol{w}_i)}$, dann gilt für alle k, $\alpha^k = (\sum_{\boldsymbol{w} \in C} q^{-\ell(\boldsymbol{w})})^k = \sum_{\boldsymbol{v} \in C^k} q^{-\ell(\boldsymbol{v})} = \sum_{a}^{b} N(k, \ell) q^{-\ell}$ mit $a = k \cdot \min \ell(\boldsymbol{w}_i)$, $b = k \cdot \max \ell(\boldsymbol{w}_i)$. Da C eindeutig decodierbar ist, folgt $N(k, \ell) \leq q^\ell$, und somit $\alpha^k \leq k \cdot c$ mit $c = \max \ell(\boldsymbol{w}_i) \geq 1$. Daraus resultiert $\alpha \leq \sqrt[k]{kc}$ für jedes k, somit $\alpha \leq \lim \sqrt[k]{kc} = 1$.

13.23 Nach Satz 13.2 müssen wir Vektoren $\boldsymbol{u}_1, \ldots, \boldsymbol{u}_n \in GF(q)^{n-k}$ finden, von denen je $2t$ linear unabhängig sind. Für $\boldsymbol{u}_1$ nehmen wir irgendeinen Vektor $\neq \boldsymbol{0}$. Angenommen, wir haben schon h Vektoren $\boldsymbol{u}_1, \ldots, \boldsymbol{u}_h$ mit dieser Eigenschaft konstruiert. Betrachten wir eine i-Menge $U \subseteq \{\boldsymbol{u}_1, \ldots, \boldsymbol{u}_h\}$. Die Anzahl der Vektoren, die von U (aber keiner Teilmenge) abhängig sind, ist höchstens $(q-1)^i$. Solange also $\binom{h}{1}(q-1) + \binom{h}{2}(q-1)^2 + \ldots + \binom{h}{2t-1}(q-1)^{2t-1} < q^{n-k} - 1$ ist, können wir einen weiteren Vektor $\boldsymbol{u}_{h+1}$ hinzufügen.

13.25 Für $\boldsymbol{x}, \boldsymbol{y} \in \{0,1\}^n$ sei $\langle \boldsymbol{x}, \boldsymbol{y} \rangle = |\{i : x_i = y_i = 1\}|$. Dann gilt $w(\boldsymbol{x} + \boldsymbol{y}) = w(\boldsymbol{x}) + w(\boldsymbol{y}) - 2\langle \boldsymbol{x}, \boldsymbol{y} \rangle$. Jedes $\boldsymbol{c} \in C$ ist Linearkombination $\boldsymbol{c} = \boldsymbol{g}_{i_1} + \ldots + \boldsymbol{g}_{i_m}$. Wir führen Induktion nach m. Für $m = 1$ ist dies die Voraussetzung. Sei $\boldsymbol{z} = \boldsymbol{x} + \boldsymbol{y}$, $w(\boldsymbol{x}) \equiv w(\boldsymbol{y}) \equiv 0 \pmod 4$, dann folgt aus obiger Gleichung $w(\boldsymbol{z}) \equiv 0 \pmod 4$, da $\langle \boldsymbol{x}, \boldsymbol{y} \rangle$ gerade ist wegen $C = C^\perp$.

13.28 Die Summe zählt die Paare $m_{ik} \neq m_{jk}$ in der $M \times n$-Matrix. Da $d(C) \geq d$ ist, folgt $\sum \geq \binom{M}{2} d$. In einer Spalte ist der Beitrag $a \cdot b$, $a = \#0$'en, $b = \#$ 1'en. Aus $a \cdot b \leq \frac{M^2}{4}$ folgt durch Summation über die Spalten die obere Schranke.

13.30 Es sei $G = \left(\begin{array}{c|c} c_1 \dots c_d & 0 \dots 0 \\ \hline A_1 & G_1 \end{array}\right)$. Der Rang von G_1 ist $k-1$. Wären nämlich die Zeilen von G_1 linear abhängig, so existiert ein Codewort $\boldsymbol{b} = (b_1, \dots, b_d, 0, \dots, 0)$ erzeugt von den Zeilen von $G \neq \boldsymbol{c}$. Da $\boldsymbol{b} \neq \boldsymbol{c}$ ist, existiert $b_i \neq c_i$, und $\boldsymbol{b} - b_i c_i^{-1}\boldsymbol{c}$ wäre ein Codewort vom Gewicht $< d$. Sei C_1 der von G_1 erzeugte Code mit $d(C_1) = d_1$. Es bleibt zu zeigen, dass $d_1 \geq \frac{d}{q}$ ist. Wir nehmen $\boldsymbol{u}_1 \in C_1$ mit $w(\boldsymbol{u}_1) = d_1$, dann gibt es in C ein Codewort $\boldsymbol{u} = (\boldsymbol{v}_1, \boldsymbol{u}_1)$. Da $\Delta(\boldsymbol{c}, \boldsymbol{u}) \geq d$ ist muss $\Delta(\boldsymbol{v}_1, (c_1 \dots c_d)) \geq d - d_1$ sein, und daraus folgt leicht die Behauptung.

13.32 Sei $A = \{0,1\}$ und $w(\boldsymbol{c})$ das Gewicht von $\boldsymbol{c} \in A^n$. Wegen $\boldsymbol{0} \in C$ gilt $w(\boldsymbol{a}) \geq 2t+1$ für $\boldsymbol{0} \neq \boldsymbol{a} \in C$. Jedes Wort $\boldsymbol{c} \in A^n$ mit $w(\boldsymbol{c}) = t+1$ liegt demnach in genau einer Kugel $B_t(\boldsymbol{a})$, $\boldsymbol{a} \in C$, $w(\boldsymbol{a}) = 2t+1$. Ist h_{2t+1} die Anzahl der $\boldsymbol{a} \in C$ mit $w(\boldsymbol{a}) = 2t+1$, so folgt durch zweifaches Abzählen $h_{2t+1}\binom{2t+1}{t+1} = \binom{n}{t+1}$. Identifizieren wir $\boldsymbol{a} \in C$, $w(\boldsymbol{a}) = 2t+1$ mit $U_{\boldsymbol{a}} = \{i : a_i = 1\}$, so bilden die $U_{\boldsymbol{a}}$ ein Steiner System $S_{t+1}(n, 2t+1)$. Analog wird die Behauptung für $\widehat{C}$ gezeigt.

13.34 Aus $n^2 + n = 2^{r+1} - 2$ folgt $(2n+1)^2 = 2^{r+3} - 7$. Nach der Bemerkung haben wir die folgenden Lösungspaare $(n,r) : (0,0), (1,1), (2,2), (5,4), (90,12)$. Die ersten drei Paare sind ausgeschlossen. Das Paar $n = 5$, $r = 4$ ergibt den binären Wiederholungscode. Das letzte Paar würde nach Übung 13.32 ein Steiner System $S_3(90,5)$ ergeben. Nach Übung 13.33 gilt $n+1 \equiv 0 \pmod{t+1}$, im Widerspruch zu $3 \nmid 91$.

13.36 $H_1 = (1)$, $H_2 = \left(\begin{smallmatrix} 1 & 1 \\ 1 & -1 \end{smallmatrix}\right)$. Sei $n \geq 3$. Durch Multiplikation der Spalten mit -1 (dies ändert nichts an der Hadamard Eigenschaft) können wir annehmen, dass die erste Zeile aus lauter 1'en besteht. Aus $HH^T = nE_n$ folgt, dass jede weitere Zeile gleichviele 1'en und -1'en enthält, also $n \equiv 0 \pmod 2$. Aus $h_i \cdot h_j = 0$ für je zwei Zeilen $i, j \geq 2$ folgt daraus $n \equiv 0 \pmod 4$. Aus $HH^T = nE_n$ folgt $H^{-1} = n^{-1}H^T$, also $H^T H = nE_n$. c. und d. sind klar.

13.38 Wir ersetzen -1 durch 0. A besteht aus allen Zeilen von H_n, mit der ersten Spalte entfernt. B besteht aus A zusammen mit allen Komplementen, C aus allen Zeilen von H zusammen mit den Komplementen. B_8 ist unser altbekannter Fano-Code, $C_8 = \widehat{B}_8$ im Sinne von Übung 13.26.

13.40 Mit Induktion haben wir $|C(r+1, m+1)| = |C(r+1, m)|\,|C(r,m)| = 2^{b+c}$ mit $b = \sum_{i=0}^{r+1}\binom{m}{i}$, $c = \sum_{i=0}^{r}\binom{m}{i}$, also $a = b + c = \sum_{i=0}^{r+1}\binom{m+1}{i}$. Nach Übung 13.39 gilt mit Induktion $d(C(r+1, m+1)) = 2^{m-r}$.

13.42 Wir haben $(n+1)(n^2 - n + 6) = (n+1)[(n+1)^2 - 3(n+1) + 8] = 3 \cdot 2^{r+1}$. Ist $n+1 \equiv 0 \pmod{16}$, so folgt $n^2 - n + 6 \not\equiv 0 \pmod{16}$, somit $n^2 - n + 6 | 24$, was wegen $n \geq 15$ unmöglich ist. Es gilt also $n+1|24$ und wir erhalten die Möglichkeiten $n = 7, 11, 23$. $n = 7$ ergibt den Wiederholungscode, $n = 11$ erfüllt nicht die Gleichung, und es bleibt $n = 23$. Hier gilt tatsächlich $1 + 23 + \binom{23}{2} + \binom{23}{3} = 2048 = 2^{11}$.

13.44 Sei B die Matrix wie in der vorigen Übung. Wir haben $B^2 = E_{12}$ und somit $BG = B(E_{12}, B) = (B, E_{12})$. Also ist auch (B, E_{12}) Generatormatrix. Mit anderen Worten: Ist $\boldsymbol{c} = (\boldsymbol{c}_L, \boldsymbol{c}_R) \in G_{24}$, so auch $\hat{\boldsymbol{c}} = (\boldsymbol{c}_R, \boldsymbol{c}_L)$. Angenommen $w(\boldsymbol{c}) = 4$, dann können wir o.B.d.A. $w(\boldsymbol{c}_L)) \leq 2$ annehmen. Offenbar impliziert $\boldsymbol{c}_L = \boldsymbol{0}$, dass $\boldsymbol{c} = \boldsymbol{0}$ ist. Aus $w(\boldsymbol{c}_L) = 1$ folgt $\boldsymbol{c} = \boldsymbol{g}_i \in G$, im Widerspruch zu $w(\boldsymbol{g}_i) = 8$. Ebenso erledigt man den Fall $w(\boldsymbol{c}_L) = 2$. Es gilt somit $d(G_{24}) = 8$, und durch Streichen der letzten Spalte resultiert ein (23,12)-Code mit $d = 7$.

14.1 Das Caesarsystem wird durch Betrachtung der Buchstabenhäufigkeit geknackt. Bei Permutationen bleiben zwar die Häufigkeiten einzelner Buchstaben dieselben, aber Buchstabenfolgen werden verzerrt.

14.3 Eine Permutation π kann durch die $n \times n$-Permutationsmatrix $A_\pi = (i, \pi_i)$ mit genau einer 1 in jeder Zeile und Spalte und 0'en sonst dargestellt werden.

14.6 Ist A die Matrix des Registers, so ist t genau dann Periode, wenn $A^t\boldsymbol{s} = \boldsymbol{s}$. Sei $p = \text{per}(\boldsymbol{s})$ und $t = kp + r$, $0 \leq r < p$. Dann gilt $\boldsymbol{s} = A^r(A^{kp}\boldsymbol{s}) = A^r\boldsymbol{s}$, also $r = 0$.

14.8 Sei $t = \text{kgV}(r, s)$, dann gilt $a_{n+t} + b_{n+t} = a_n + b_n$ für alle n, also per $\leq \text{kgV}(r, s)$.

14.12 Sei $\mathcal{T} = \{T_1, \ldots, T_n\}$ und $k \in \mathcal{K}$. Die Kryptogramme $C_1 = c(T_1, k), \ldots, C_n = c(T_n, k)$ sind verschieden, daher gilt $p(C_j) = p(C_j|T_j) > 0$ für alle j. Sei $h \neq j$, dann ist $p(C_j|T_h) = p(C_j) > 0$, also muss es einen weiteren Schlüssel k' geben mit $c(T_h, k') = C_j$. Da dies für alle $h \neq j$ gilt, folgt $|\mathcal{K}| \geq n$.

14.15 $2^n - 1$ aufeinander folgende Vektoren ergeben alle $2^n - 1$ Vektoren $\neq \boldsymbol{0}$ genau einmal. Wir identifizieren einen Vektor $(x_{n-1}, \ldots, x_0)$ mit der natürlichen Zahl $x = \sum_{i=0}^{n-1} x_i 2^i$, das heißt wir erhalten alle Zahlen $1 \leq x \leq 2^n - 1$. Da die ungeraden Zahlen eins mehr sind als die geraden Zahlen, folgt die Behauptung.

14.17 Jedes Wort $a_1 a_2 \ldots a_{n-1}$ hat Aus-Nachbarn $a_2 \ldots a_{n-1}\,0$ und $a_2 \ldots a_{n-1}\,1$ und In-Nachbarn $0\,a_1 \ldots a_{n-2}, 1\,a_1 \ldots a_{n-2}$. Der gerichtete Graph $\vec{G}$ enthält also einen Euler-Kreis und dieser ergibt das de Bruijn Wort.

14.19 Das charakteristische Polynom ist $f(x) = x^5 + x + 1 = (x^2 + x + 1)(x^3 + x^2 + 1)$. Beide Faktoren sind primitiv (siehe Übung 14.7), also $\exp(x^2 + x + 1) = 3$, $\exp(x^3 + x^2 + 1) = 7$, $\exp(x^5 + x + 1) = 21$. Die Periode 1 wird natürlich durch $\boldsymbol{0}$ realisiert.

14.21 Sei $\boldsymbol{s}$ ein Input, und i der kleinste Exponent mit $A^i\boldsymbol{s} = \lambda\boldsymbol{s}$. Daraus folgt, dass die Folge $\boldsymbol{s}, A\boldsymbol{s}, \ldots, A^{q^n-2}\boldsymbol{s}$ von der Form ist: $\boldsymbol{b}_0 = \boldsymbol{s}, \boldsymbol{b}_1 = A\boldsymbol{s}, \ldots, \boldsymbol{b}_{i-1} = A^{i-1}\boldsymbol{s}, \lambda\boldsymbol{b}_0, \lambda\boldsymbol{b}_1, \ldots, \lambda\boldsymbol{b}_{i-1}, \lambda^2\boldsymbol{b}_0 \ldots$. Da $GF(q)$ $q - 1$ Elemente $\neq 0$ enthält, folgt $i \geq \frac{q^n-1}{q-1}$, das heißt, die ersten $\frac{q^n-1}{q-1}$ Vektoren sind linear unabhängig.

14.23 Die Codierung ist Potenzierung, also leicht. Die Decodierung geht in zwei Schritten vor: Zuerst wird K berechnet aus $K \equiv y_j^k \equiv a^{x_j k} \equiv (a^k)^{x_j} \equiv C_1^{x_j} \pmod p$, dann $M \equiv C_2/K \pmod p$. Also ist die Decodierung bei Kenntnis von x_j leicht. Ohne Kenntnis von x_j wird vermutet, dass das Problem äquivalent zum diskreten Logarithmus ist.

14.25 $K = 9$, $C_1 = 49$, $C_2 = 9 \cdot 30 \equiv 57 \pmod{71}$, also $M = (49, 57)$. Aus $2 \equiv 7^{k'} \pmod{71}$ folgt $k' = 6$, $K = 19$, also $C_2 = 2$.

14.27 Jedes Element $a \in \mathbb{Z}_p^*$ hat eine Ordnung $d|p - 1$ (siehe Übung 12.32). Sei $\psi(d) = \#\{a : \mathbb{Z}_p^* : \text{ord}\,(a) = d\}$, also $\sum_{d|p-1} \psi(d) = p - 1$. Wenn überhaupt $a \in \mathbb{Z}_p^*$ mit $\text{ord}\,(a) = d$ existiert, so gilt $(a^i)^d \equiv 1 \pmod p$ für alle a^i, das heißt $a, a^2, \ldots, a^d$ sind Nullstellen des Polynoms $x^d - 1$ in $\mathbb{Z}_p$. Da $\mathbb{Z}_p$ Körper ist, hat $x^d - 1$ genau die Elemente a^i als Nullstellen. Wenn also $\psi(x) \neq 0$ ist, so gilt $\psi(d) = \varphi(d)$. Es folgt $p - 1 = \sum_{d|p-1} \psi(d) \leq \sum_{d|p-1} \varphi(d) = p - 1$, somit $\psi(d) = \varphi(d)$ für alle d, und insbesondere $\psi(p-1) = \varphi(p-1)$.

15.2 Da M_{opt} konvex ist, ist mit $\boldsymbol{x} \neq \boldsymbol{y} \in M_{\text{opt}}$ auch die Strecke $\overline{\boldsymbol{xy}}$ in M_{opt}, also kann es so ein Programm nicht geben.

15.4 Offensichtlich sind $x_1 > 0$, $x_2 > 0$, also folgt nach 15.8, dass im dualen Programm die beiden Ungleichungen mit Gleichheit erfüllt sind. Daraus berechnen wir $y_2 - y_3 = \frac{1}{3}$, und es folgt leicht $y_2 > 0$, $y_3 > 0$. Es sind also die zweite und dritte Gleichung im primalen

Programm mit Gleichheit erfüllt, woraus $x_1 = 4$, $x_2 = 1$, Wert (I) $= 3$ resultiert. Da nun die erste Gleichung mit Ungleichung erfüllt ist, schließen wir $y_1 = 0$, und daraus $y_1 = 0$, $y_2 = \frac{2}{3}$, $y_3 = \frac{1}{3}$, Wert (I*) $= 3$.

15.7 Eine optimale Lösung ist $x_{14} = 3$, $x_{22} = 5$, $x_{31} = 2$, $x_{33} = 4$, $x_{34} = 1$ mit Wert $= 65$. Mit vier Routen geht es nicht.

15.9 Offensichtlich gilt $U^{\perp\perp} \supseteq U$. Wir nehmen als Spalten von A eine Basis von U, dann bedeutet $\boldsymbol{b} \notin U$, dass $A\boldsymbol{x} = \boldsymbol{b}$ nicht lösbar ist. Also gibt es eine Lösung von $A^T\boldsymbol{y} = \boldsymbol{0}$, $\boldsymbol{b}^T\boldsymbol{y} = -1$. Die Bedingung $A^T\boldsymbol{y} = \boldsymbol{0}$ impliziert $\boldsymbol{y} \in U^{\perp}$ und $\boldsymbol{b}^T\boldsymbol{y} = -1$, daher $\boldsymbol{b} \notin U^{\perp\perp}$.

15.11 Dass (A) und (B) nicht zugleich lösbar sind, folgt unmittelbar. Angenommen, (B) ist nicht lösbar. Mit $C = \left(\frac{A^T}{\boldsymbol{b}^T}\right)$, $\boldsymbol{c} = \left(\frac{\boldsymbol{0}}{-1}\right)$ bedeutet dies, dass $C\boldsymbol{y} = \boldsymbol{c}$, $\boldsymbol{y} \geq \boldsymbol{0}$, nicht lösbar ist. Nach Satz 15.4 existiert daher $(\boldsymbol{z}, \alpha) \in \mathbb{R}^{n+1}$ mit $A\boldsymbol{z} + \alpha\boldsymbol{b} \geq \boldsymbol{0}$, $\alpha > 0$. Dann ist aber $\boldsymbol{x} = -\frac{\boldsymbol{z}}{\alpha}$ Lösung von (A).

15.13 Wir schreiben das Transportproblem als Standard-Minimum-Programm (I) $-\sum_j x_{ij} \geq -p_i$, $\sum_i x_{ij} \geq q_j$, $\sum a_{ij}x_{ij} = \min$. Das duale Programm (I*) ist $y'_j - y_i \leq a_{ij}$, $\sum q_j y'_j - \sum p_i y_i = \max$. Angenommen, ein Konkurrenzspediteur bietet dem Planer in der Fabrik F_i den Preis y_i an, transportiert alle Güter, so dass mindestens q_j Einheiten in M_j ankommen und verkauft alles zurück zum Preis y'_j mit $y'_j - y_i \leq a_{ij}$. Der Planer hat also $\sum q_j y'_j - \sum p_i y_i \leq \sum a_{ij}x_{ij} =$ Wert (I) zu zahlen. Er wird also einwilligen, und der Konkurrent wird versuchen, seinen Gewinn zu maximieren. Ist $y'_j - y_i < a_{ij}$, so zahlt der Planer weniger als seine Kosten und wird diese Route stillegen, $x_{ij} = 0$. Ebenso interpretiert man die anderen Gleichungen.

15.14 Aus $\left(\frac{A}{-A}\right)\boldsymbol{x} \leq \left(\frac{\boldsymbol{b}}{-\boldsymbol{b}}\right)$, $\boldsymbol{x} \geq \boldsymbol{0}$, $\boldsymbol{c}^T\boldsymbol{x} = \max$ folgt $A^T(\boldsymbol{y}' - \boldsymbol{y}'') \geq \boldsymbol{c}$, $\boldsymbol{y}' \geq \boldsymbol{0}$, $\boldsymbol{y}'' \geq \boldsymbol{0}$, $\boldsymbol{b}^T\boldsymbol{y}' - \boldsymbol{b}^T\boldsymbol{y}'' = \min$. Setzen wir $\boldsymbol{y} = \boldsymbol{y}' - \boldsymbol{y}''$, so erhalten wir ein Programm *ohne* Vorzeichenbeschränkung $A^T\boldsymbol{y} \geq \boldsymbol{c}$, $\boldsymbol{b}^T\boldsymbol{y} = \min$.

15.17 Sind $\boldsymbol{x}, \boldsymbol{y}$ konvexe Kombinationen der $\boldsymbol{x}^1, \ldots, \boldsymbol{x}^n$, so gilt dies auch für $\lambda\boldsymbol{x} + (1-\lambda)\boldsymbol{y}$, $0 \leq \lambda \leq 1$. Umgekehrt sei $\boldsymbol{x} = \sum_{i=1}^n \lambda_i \boldsymbol{x}^i$ konvexe Kombination mit $0 < \lambda_n < 1$. Nach Induktion ist $\boldsymbol{y} = \frac{1}{1-\lambda_n}\sum_{i=1}^{n-1} \lambda_i \boldsymbol{x}^i \in K$ und daher $\boldsymbol{x} = (1-\lambda_n)\boldsymbol{y} + \lambda_n \boldsymbol{x}^n \in K$.

15.21 Wir beschreiben (I) wie üblich durch $(A|E_m)\left(\frac{\boldsymbol{x}}{\boldsymbol{z}}\right) = \boldsymbol{b}$, $\left(\frac{\boldsymbol{x}}{\boldsymbol{z}}\right) \geq \boldsymbol{0}$, $-\boldsymbol{c}^T\boldsymbol{x} = \min$. Insbesondere gilt $\boldsymbol{a}^{n+j} = \boldsymbol{e}_j$ $(j = 1, \ldots, m)$, wobei $\boldsymbol{e}_j$ den Einheitsvektor mit 1 an j-ter Stelle bezeichnet. Es sei $A_Z \subseteq (A|E_m)$ jene $m \times m$-Matrix, welche genau die Spalten $\boldsymbol{a}^k$ $(k \in Z)$ enthält und entsprechend $\boldsymbol{c}_Z = (c_k : k \in Z)$. In der Simplextafel T für die optimale Lösung $\boldsymbol{x}$ gilt somit $\boldsymbol{a}^j = \sum_{k\in Z} \tau_{kj}\boldsymbol{a}^k$, also $\boldsymbol{e}_j = \boldsymbol{a}^{n+j} = \sum_{k\in Z} \tau_{k,n+j}\boldsymbol{a}^k$ $(j = 1, \ldots, m)$. Sei $\boldsymbol{y} = (y_i)$ wie angegeben. Für $n + j \notin Z$ haben wir $d_{n+j} \leq 0$, $c_{n+j} = 0$ und somit $y_j = -d_{n+j} = \sum_{k\in Z} c_k \tau_{k,n+j} \geq 0$. Für $n + j \in Z$ gilt $\sum_{k\in Z} c_k\tau_{k,n+j} = c_{n+j} = 0$. Insgesamt gilt also $\boldsymbol{y}^T = \boldsymbol{c}_Z^T(\tau_{k,n+j})$, woraus $A_Z^T\boldsymbol{y} = \boldsymbol{c}_Z$ resultiert. Für $i \notin Z$ $(1 \leq i \leq n)$ haben wir $\boldsymbol{a}^i = \sum_{k\in Z} \tau_{ki}\boldsymbol{a}^k$, somit $\boldsymbol{a}^{i^T}\boldsymbol{y} = \sum_{k\in Z} \tau_{ki}(\boldsymbol{a}^{k^T}\boldsymbol{y}) = \sum_{k\in Z} \tau_{ki}c_k = -z_i = -d_i + c_i \geq c_i$ wegen $d_i \leq 0$. $\boldsymbol{y}$ ist also eine zulässige Lösung von (I*). Wir wenden nun Satz 15.8 an. Ist $\boldsymbol{a}_j^T\boldsymbol{x} < b_j$, so muss $n+j \in Z$ sein und es gilt $y_j = 0$ nach Voraussetzung. Gilt $x_k > 0$, so ist $k \in Z$ und wir haben $\boldsymbol{a}^{k^T}\boldsymbol{y} = c_k$.

15.25 Sei B die $n \times q$-Inzidenzmatrix des bipartiten Graphen $G = (S + T, K)$ und A eine quadratische Untermatrix, entsprechend den Ecken $S' + T'$ und den Kanten K'. Falls $\det A \neq 0$ ist, so muss es eine Diagonale D mit 1'en geben. Inzidiert $k \in K'$ nur mit S' aber nicht T' (oder umgekehrt), so muss die entsprechende 1 in D sein. Es folgt $\det A = \pm \det A'$, wobei die Kanten in A' von S' nach T' führen. Möglicherweise liegen

1'en bereits fest (da eine Endecke schon in D erscheint.). Fahren wir so fort, so ergibt sich eine eindeutige Diagonale, also $\det A = \pm 1$, oder $\det A = \pm \det C$, wobei die Kanten von C genau zwischen den Ecken von C führen. In diesem Fall ist aber wegen der Bipartitheit die Zeilensumme der Ecken von C aus S gleich der aus T. Die Zeilen von C sind also linear abhängig, und es folgt $\det C = 0$.

Sachwortverzeichnis